高等教育土木类专业系列教材

建筑制图与房屋建筑学

JIANZHU ZHITU YU FANGWU JIANZHUXUE

［第2版］

编著　何培斌　郑　旭　张小月　李　珂

重庆大学出版社

内容提要

本书是高等教育土木类专业系列教材，是国内首本将《建筑制图》和《房屋建筑学》课程创新合并编著的教材。全书共15章，主要内容有建筑概论、建筑设计基本知识、建筑平面设计与建筑平面图、建筑剖面设计与建筑剖面图、建筑体型及立面设计、民用建筑各组成部分（基础、墙柱、楼地面、楼梯、屋顶、门窗等）构造、建筑工业化简介、建筑节能等。每章都附有本章要点、小结、复习思考题，以方便教与学。

本书可作为高等院校卓越工程师系列土木工程类专业教材，也可以作为一般土建类专业或相近专业的教材，以及从事土建专业工程技术人员的参考书。

图书在版编目（CIP）数据

建筑制图与房屋建筑学 / 何培斌等编著. -- 2版
. -- 重庆 : 重庆大学出版社, 2023.7
高等教育土木类专业系列教材
ISBN 978-7-5689-0335-6

Ⅰ.①建… Ⅱ.①何… Ⅲ.①建筑制图—高等学校—教材②房屋建筑学—高等学校—教材 Ⅳ.①TU204
②TU22

中国国家版本馆CIP数据核字（2023）第096180号

高等教育土木类专业系列教材
建筑制图与房屋建筑学
（第2版）
编 著 何培斌 郑 旭 张小月 李 珂
策划编辑：王 婷
责任编辑：文 鹏 版式设计：王 婷
责任校对：王 倩 责任印制：赵 晟
*
重庆大学出版社出版发行
出版人：饶帮华
社址：重庆市沙坪坝区大学城西路21号
邮编：401331
电话：（023）88617190 88617185（中小学）
传真：（023）88617186 88617166
网址：http://www.cqup.com.cn
邮箱：fxk@cqup.com.cn（营销中心）
全国新华书店经销
重庆亘鑫印务有限公司印刷
*
开本：787mm×1092mm 1/16 印张：25.5 字数：638千
2017年7月第1版 2023年7月第2版 2023年7月第2次印刷
印数：2 001—5 000
ISBN 978-7-5689-0335-6 定价：59.00元

第 2 版前言

党的二十大报告指出:"必须坚持在发展中保障和改善民生,鼓励共同奋斗创造美好生活,不断实现人民对美好生活的向往"。民用建筑的设计与构造直接涉及人们在各类民用建筑日常使用中的合理性与舒适性,《建筑制图》《房屋建筑学》是土木建筑大类各专业必须学习和掌握的课程知识。

2017 年 1 月,由重庆大学何培斌编著的《建筑制图与房屋建筑学》第 1 版出版,一直作为重庆大学土木工程卓越工程师班的《建筑制图与房屋建筑学》课程以及建筑环境与能源应用工程专业的《房屋建筑学》课程教材使用。

第 2 版是在《建筑制图与房屋建筑学》第 1 版的基础上,根据使用本教材的各院校的反馈意见及编者自己的使用情况进行修订的。本次修订保持了第 1 版的特色,除更正了第 1 版中的某些疏漏与谬误外,还按行业要求以及最新的国家标准,重点对第 1 章、第 2 章、第 3 章、第 8 章等进行了局部内容的修改,使之更能适应现阶段建筑业转型升级的要求。

本书在重新编写过程中,仍然坚持根据全国高等学校土木工程学科专业指导委员会编制的《高等学校土木工程本科指导性专业规范》要求,坚持"以实践应用为目的,以必需、适当拓展为度"的原则编写。同时,以怎样进行中小型民用建筑的施工图设计和绘制的实际操作为重点,注重课程思政,坚持突出科学性、时代性、工程实践性的编写原则,吸取工程技术界的最新成果,为读者介绍富有时代特色的工程建筑施工图实例,使学生在学习过程中体会到我国建筑业的蓬勃发展,增强中国特色社会主义道路的自信心和专业自信心,有利于提高其创新意识,培养其实践能力,做到学以致用,解决实际工程中遇到的问题。在内容的选择和组织上,尽量做到主次分明、深浅恰当、详略适度、由浅入深、循序渐进;并注重图文并茂、言简意赅,方便有关土建类各专业的教师教学和学生自学。

本教材第2版由重庆大学何培斌、郑旭、张小月、李珂编著。何培斌负责全书总体设计、协调及最终定稿。具体分工如下:何培斌(第1章、第2章、第3章、第4章、第5章、第10章)、郑旭(第6章、第7章、第8章)、李珂(第9章、第11章、第12章)、张小月(第13章、第14章、第15章)。

本书在编写过程中,参考了一些有关的书籍,谨向其编者表示衷心的感谢,参考文献列于书末。

限于编者的水平,本书可能有不少的疏漏、谬误,敬请读者批评指正。

编　者

2023年4月

前 言

本书是重庆大学出版社组织编写的“高等教育土建类专业规划教材·卓越工程师系列”教材之一。它是编著者根据多年教学实践和重点课程、精品课程的建设经验,以及9次带队参加全国大学生先进成图技术与产品信息建模创新大赛的实战经验编写的。本书主要作为本科院校土木工程专业卓越工程师班学生系统学习中小型民用建筑的基本设计、构成、组合方式和构造方法以及绘制建筑施工图的教材使用,也可作为其他类型的学校,如高职高专、开放大学、电视大学的有关专业选用;此外,亦可作为有关土建工程技术人员学习中小型民用建筑的基本设计和构造方法以及绘制建筑施工图使用。

作为卓越工程师系列教材,本书的编著者在编著过程中,本着“以实践应用为目的,以必需、适当拓展为度”的原则编写,其主要特点是:

1.增加信息量,利用大量的实例和图片,介绍建筑的发展历程、代表人物和代表性建筑,以及设计的基本原理等,增加本书的可读性。

2.注重本科卓越工程师的教育规律,在内容的选择和组织上强调知识的实践和应用,增加实践性教学内容。主要章节后都有相应的实训项目供学生做课程设计以及构造设计,加强学生动手能力。

3.与时俱进,所有引用的设计规范都采用国家颁布的最新规范,以适应现行的市场及行业的要求。

此外,本书在编著中还特别注重:坚持与时俱进、学以致用,突出科学性、时代性、工程实践性的编著原则,注重吸取工程技术界的最新成果,比如增加了建筑节能、装配式建筑等章节,为学生推介富有时代特色的建筑工程实例。

本书由重庆大学土木工程学院何培斌编著。

本书在编著过程中，重庆大学魏晓芳老师以及张尽沙、樊泽学、徐颖、方治弘、邓家屯、吴烨璇等参与了部分章节插图的绘制工作，谨在此表示衷心的感谢。同时还参考了一些有关书籍，再次谨向这些书籍的编者表示衷心的感谢。限于编者的水平，本书可能有不少的疏漏、谬误，敬请批评指正。

编　者

2016 年 9 月

目　录

1 建筑概论

[本章要点]

认识建筑的概念,建筑的起源和发展,建筑的分类与分级,建筑设计的内容及过程,建筑设计的要求和依据。

建筑作为动词,意指工程技术与建筑艺术的综合创作,它包括了各种土木工程的建筑活动。建筑作为名词泛指一切建筑物和构筑物,是人类为了满足生活与生产劳动的需要,利用所掌握的技术手段与物质生产资料,在科学规律与美学法则的指导下,通过对空间的限定、组织而形成的社会生活环境。

1.1 中国建筑的起源和发展

建筑物最初是人类为了遮蔽风雨和防备野兽侵袭的需要而产生的。当初人们利用树枝、石块等一些容易获得的天然材料,粗略加工,盖起了树枝棚、石屋等原始建筑物(图 1.1)。

图 1.1 原始建筑物

作为人类文化的一个重要组成部分，我国的建筑尤其是古代建筑，具有卓越的技术与艺术成就和鲜明独特的风格特征。在世界建筑史上，她以其独特而完整的艺术体系而占有重要的地位和辉煌的篇章；她以自身绚丽多彩的光芒，展现在世界文明群星璀璨的星空中。同世界其他国家相似，我国的古代建筑也经历了原始社会、奴隶社会和封建社会三个时期。

▶1.1.1 原始社会时期

大约六七千年以前新石器时代的氏族公社时期，我们的祖先用木架和泥草模仿天然洞穴，建成了简单的穴居和浅穴居，并在此基础上逐步发展成为地面上的木骨泥墙或干阑式房屋及原始村落。长江下游的浙江余姚河姆渡村遗址、仰韶文化时期（母系氏族）的西安半坡村遗址（图1.2）以及其后的龙山文化时期（父系氏族）的西安客省庄遗址等，都是我国古代原始社会时期较有代表性的建筑遗址。在此期间，建筑技术上的典型成就包括木结构技术上的榫卯结构、较为整齐成熟且与外墙分工明确的木构架、墙面及地面的白灰抹面、少量土坯砖的应用等。

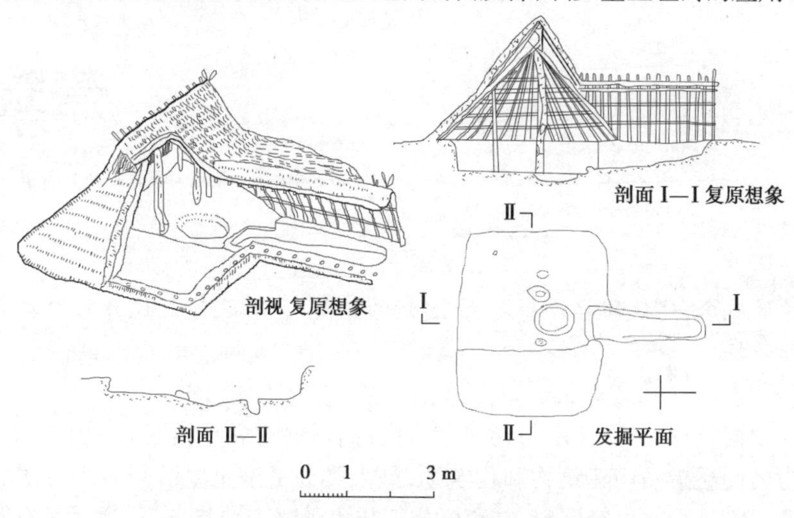

图1.2 西安半坡村遗址的建筑物

▶1.1.2 奴隶社会时期

大约在公元前21世纪至公元前16世纪，我国历史上出现了第一个奴隶制王朝——夏朝，其中心大约在今河南嵩山和山西夏县一带。从夏朝开始，经过商朝、西周和春秋，中国古代奴隶社会跨越了大约1 600多年的历史，青铜文化是这一历史时期的代表文化。商朝时，奴隶社会大发展的青铜工艺已相当成熟，手工业的专业分工明显，建筑技术相应得到明显提高。从河南偃师二里头商朝宫殿的遗址（图1.3）中，已能看出中国古典建筑“三段式”（即高台建筑）的雏形，并由此产生了用“土木”代表建筑工程的概念。当时，人们对铁的性能已有所认识了。

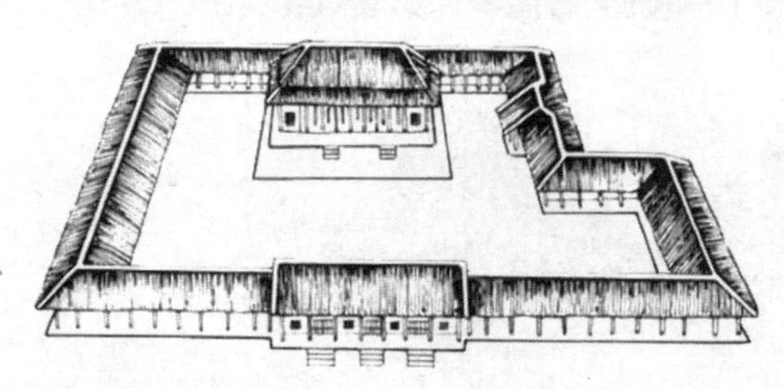

图1.3 二里头商朝宫殿遗址

从周朝始，在今黄河流域的陕西岐山凤雏村出现了我国迄今为止已知的最早的四合院，长江中下游则仍以干阑式建筑为主。此时期，建筑上的重大贡献是瓦的发明及由此带来的屋面构造的改变，出现了简单的屋面排水系统等。

春秋时期，铁工具及建筑用的瓦材被普遍采用。“高台建筑”用于诸侯宫殿，促进了夯土技术的日益成熟；木结构构件的加工制造工艺日臻完美。历史上神话般的传奇人物公输班(鲁班)即是这个时期在手工业不断发展的形势下所涌现出的技术高超的匠师代表。

▶1.1.3 封建社会时期

从公元前(BC)475年至公元(AD)1840年的2 300多年时间里，我国经历了漫长的封建社会时期，这一时期是形成我国古典建筑的主要阶段。

从战国时起(BC475—BC221)，随着铁工具的普遍使用，建筑技术更上一层楼。木构架从结构技术到施工质量均明显提高，砖石结构在地下建筑(陵墓)中得到发展，城市规模不断扩大，高台建筑更加发达。到BC221年秦始皇统一中国后，聚集原战国时的六国之人力物力，大兴土木，修建了规模空前的宫殿、陵墓、长城和水利工程。著名的阿房宫(图1.4)、骊山陵、兵马俑、都江堰(图1.5)等，都是当时的产物。

图1.4 阿房宫复原重建

图1.5 都江堰

中国古代建筑在BC206—AD220年政治强盛、经济发达的汉代经历了第一次发展和进步的高潮。高台建筑兴盛不衰，“三段式”中屋顶的形式多样化，带来了后人称颂的“第五立面”。木构架发展成为较成熟的三种形式：抬梁(叠架)式(图1.6)、穿斗式(图1.7)、干阑(井干)式(图1.8)。斗拱普遍而成组地使用且使用目的十分明确(防雨而出挑)(图1.9)；砖石和拱券结构在地下建筑中得到了突飞猛进的发展；造园艺术逐步演变成较成熟的“自然式”山水风景园林。此外，石材的加工技术和雕刻工艺随金属工具的进步而有显著的提高。总之，中国古代建筑作为世界建筑艺术之林中一个独特的体系，在汉朝时就已基本形成。

图1.6 抬梁(叠架)式

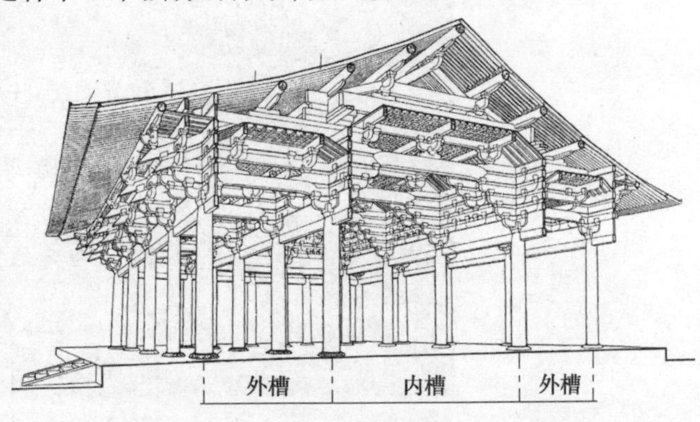

图1.7 穿斗式

图 1.8　干阑(井干)式

图 1.9　斗拱

图 1.10　安济桥

AD220 年—AD581 年是我国历史上的魏晋南北朝(三国、两晋、南北朝)时期。随着道教的兴起与佛教的传入,宗教建筑如寺、塔、石窟以及精美的雕刻与壁画得到较大发展,相应地还带动了木刻技术水平的发展。到隋朝时(AD581 年—AD618 年),建筑业已开始使用图纸。工匠李春建造了结构形式比欧洲早 700 年的安济桥(图 1.10),隋朝的都城大兴城(即后来的唐代长安城)、隋朝东都洛阳、大运河及长城等均在隋朝时得以修建或扩建。

唐朝(AD618 年—AD907 年)是我国封建社会政治、经济、文化发展的巅峰时期,也是我国古代建筑发展的第二个高峰期,唐代都城长安之宏大繁荣(图 1.11),比同时期的罗马城大 20 倍以上。长安城宫庭——大明宫,除去太液池以北的内苑地带不计,也比后来的明朝故官紫禁城的总面积大三倍多,唐王朝的恢宏气势可见一斑。不仅如此,在城市的西北部还建造了世界上第一个公园——“芙蓉园”。

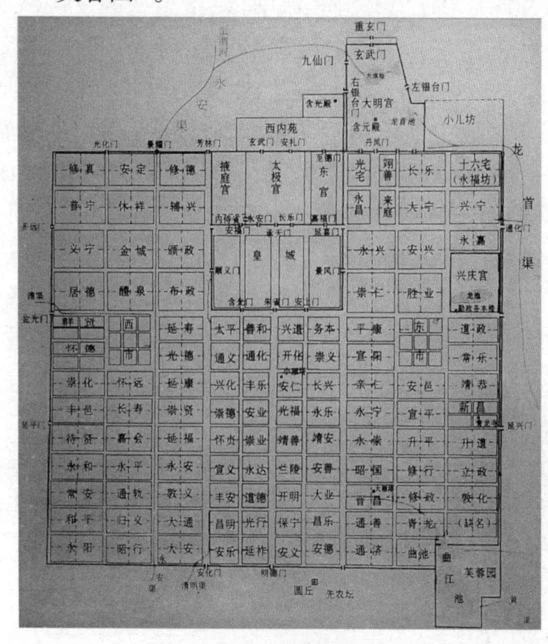

图 1.11　唐代长安城

唐代建筑在中国历史上的影响十分重大,其建筑成就和特点主要有:

①规划严整,规模宏大。唐长安在规划方面表现为城市平面布局方正、中轴明确、前市后朝,其南北轴线大街(朱雀大街)宽达 120 m;东西干道更是宽达 200 m;城市的次要道路也有 48 m 宽;全城共有 108 坊,西市供胡商,东市供一般贸易。

②群体处理渐趋成熟。唐代建筑不仅懂得利用地形、轴线展开(大明宫)和陪衬(乾陵)等手法,还懂得了主次分明的原理和前导空间的运用。

③木结构建筑解决了大体量和大面积的技术问题,并已定型化和模数化;斗拱等形式更为成熟。大明宫当中的含元殿跨度达 10 m;而著名的山西五台山华光寺以建筑、雕塑、字画和书法而号称四绝,其中建筑上的表现除斗拱等模数化以外,其挑檐深度也达 3~4 m。

④设计及施工技术水平提高。设计与施工的技术人员具有非常全面的专业技术素质。

⑤砖石建筑有进一步的发展,其主要应用表现在宗教建筑——佛塔中,如著名的西安大雁塔(图 1.12)、小雁塔(图 1.13)、河南登封嵩岳寺塔等。此间,砖塔在形式上已开始出现仿木结构的现象。

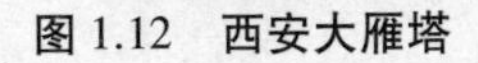

图 1.12 西安大雁塔

图 1.13 西安小雁塔

⑥艺术加工表现为真实和成熟。唐代建筑的艺术风格恢宏壮观、舒展平远、简洁豪放、率真朴实。

AD960 年,北宋统一了黄河流域以南的广大地区,宋朝自此宣告建立。在自 AD960 年至 1279 年的前后 300 多年时间里,宋朝在我国的建筑历史上作出了突出的贡献:

①改变了城市结构的布局、管理方式。

②颁布了我国建筑史上首部国家级行业规范《营造法式》(图 1.14)。

③建筑的群体组合方面加强了进深方向的空间层次,以便更好地烘托建筑主体。

④建筑类型增多,出现了商业、娱乐、公共安全等建筑及夜市、草市等新型商业场所。

⑤建筑风格趋于华丽,砖石结构上由部分仿木发展为全仿木。现存全国最高的河北定县开元寺料敌塔(高 84 m,见图 1.15),便是宋朝留给我们的遗产。

辽代与金朝实际上是与宋朝共存的两个由少数民族建立的政权,由于受北方汉族工匠做法影响较大,故辽代建筑风格多有唐风。

图 1.14 《营造法式》

图 1.15 河北定县开元寺料敌塔

1279—1368 年,蒙古人在侵入中原并吞并金、宋等以后,创立了强大的军事帝国——元朝。在建筑方面,除了都城有所发展外,整个元朝唯一值得一提的,只有因统治者的原因而兴盛一时的宗教而建造的喇嘛教建筑。

1368—1644 年的明朝,建筑上有 7 个方面的显著进步:a.砖普及;b.琉璃质量提高;c.木结构得到简化且定型化;d.型体成熟;e.私园发达;f.官式建筑的装修、彩绘定型化;g.家具举世闻名。

1644—1911 年,是我国历史上最后一个封建王朝——清。清朝建筑多承明风:a.园林盛极一时;b.藏传佛教建筑兴盛;c.住宅形式多样化;d.简化官式建筑的单体,提高群体组合与装修水平;e.1734 年(清雍正十二年),我国建筑史上第二部行业规范——工部《工程做法》问世。

清朝为我们留下了许多优秀的建筑作品(如园林建筑等),因此,清代是我国继唐宋以后封建社会中最后的一个建筑高潮。

中国古代建筑的主要成就介绍如下:

- 北京故宫(紫禁城)

北京故宫是明清两代的皇宫,又称紫禁城(图 1.16)。故宫始建于 1406 年(明永乐四年),1420 年(永乐十八年)建成,历经明清两代 24 个皇帝。故宫规模宏大,占地 72 万 m^2,东西宽

图 1.16 北京故宫

750 m,南北长 960 m,建筑面积达 15 万多 m^2,有房屋 9 999 间半,是世界上最大最完整的古代宫殿建筑群。为了突出帝王至高无上的权威,故宫有一条贯穿宫城南北的中轴线,在这条中轴线上,按照“前朝后寝”的古制,布置着象征政权中心的三大殿(太和殿、中和殿、保和殿)和帝后居住的后三宫(乾清宫、交泰殿、坤宁宫)。在其内廷部分(乾清门以北),左右各形成一条以太上皇居住的宫殿宁寿宫和以太妃居住的宫殿慈寿宫为中心的次要轴线,这两条次要轴线又以太和门为中心,与左边的文华殿、右边的武英殿相呼应。两条次要轴线和中央轴线之间,有斋宫及养心殿,其后即为嫔妃居住的东西六宫。出于防御的需要,这些宫殿建筑的外围筑有高达 10 m 的宫墙,四角有角楼,外有护城河。

• 佛光寺大殿

佛光寺大殿(图 1.17)建于 AD857 年(大中十一年)。佛光寺是一座中型寺院,坐东向西,大殿在寺的最后即最东的高地上,高出前部地面十二三米。大殿为中型殿堂,面阔七间,通长 34 m;进深四间,17.66 m;殿内有一圈内柱,后部设“扇面墙”,三面包围着佛坛,坛上有唐代雕塑。屋顶为单檐庑殿,屋坡舒缓大度,檐下有雄大而疏朗的斗拱,简洁明朗,体现出一种雍容庄重、气度不凡、健康爽朗的格调,展示了大唐建筑气魄宏伟、严整而又开朗的艺术风采。柱高与开间的比例略呈方形,斗拱高度约为柱高的 1/2。粗壮的柱身、宏大的斗拱再加上深远的出檐,都给人以雄健有力的感觉。同时,佛光寺大殿也是中国最早的木结构殿堂。

• 万里长城

起源于春秋战国时期的万里长城(图 1.18),东起山海关,西至嘉峪关,横贯河北、北京、内蒙古、山西、陕西、宁夏、甘肃等 7 个省、市、自治区,全长约 6 700 km,在世界上有“万里长城”之誉。

图 1.17 佛光寺大殿

图 1.18 万里长城

• 山西应县木塔(佛宫寺释迦塔)

位于山西省的佛宫寺释迦塔,俗称山西应县木塔(图 1.19)。该塔从 1056 年的辽代开始修建,140 年后整体增修完毕。木塔建造在 4 m 高的台基上,塔高近 70 m,底层直径为 30 m。整个木塔共用了红松木料 3 000 m^3,约有 3 000 t 重。应县木塔的结构,大胆继承了汉(BC206 年—AD220 年)、唐(AD618 年—AD907 年)以来富有民族特点的重楼形式,整个设计科学严密、构造完美。木塔呈平面八角形,从外观看上去是 5 层,不过每层间又夹设了暗层,实际共有 9 层。据史书记载,在木塔落成近 300 年的时候,当地曾发生过 6.5 级大地震,余震连续 7 天,木塔旁的房屋全部倾倒,只有木塔岿然不动。近些年,在应县附近发生的大地震都波及木塔,木塔整体摇动,风铃全部震响,木塔却没有受到影响。应县木塔作为世界上保存最完整、结构最奇巧、外形最壮观的古代高层木塔,充分反映了中国古代工匠们在结构组成、力学平衡及抗震、防雷等方面所创造的伟大成就。

图 1.19　山西应县木塔

• 布达拉宫

AD631 年(藏历铁兔年)由吐蕃松赞干布兴建的布达拉宫(图 1.20),海拔 3 700 多 m,占地总面积 36 万余 m^2,建筑总面积达 13 万余 m^2,主楼高 117 m,看似 13 层,实际 9 层。其中,宫殿、灵塔殿、佛殿、经堂、僧舍、庭院等一应俱全,是当今世界上海拔最高、规模最大的宫殿式建筑群。

布达拉宫依山垒砌,群楼重叠、殿宇嵯峨、气势雄伟,有横空出世、气贯苍穹之势,坚实敦厚的花岗石墙体、松茸平展的白玛草墙领、金碧辉煌的金顶,具有强烈装饰效果的巨大鎏金宝瓶、幢和经幡,交相辉映,红、白、黄三种色彩的鲜明对比,分部合筑、层层套接的建筑型体,都体现了藏族古建筑迷人的特色,是藏式建筑的杰出代表。

• 颐和园

颐和园,原名清漪园(图 1.21),始建于 1750 年(清乾隆十五年),是利用昆明湖、万寿山为基址,以杭州西湖风景为蓝本,汲取江南园林设计手法和意境而建成的一座大型天然山水园,占地约 290 hm^2,历时 15 年竣工,是为清代北京著名的“三山五园”(香山、玉泉山、万寿山、静宜园、静明园、清漪园、圆明园、畅春园)中最后建成的一座。颐和园是我国现存规模最大、保存最完整的皇家园林,为中国四大名园(另三座为承德避暑山庄、苏州拙政园、苏州留园)之一,被誉为皇家园林博物馆。

图 1.20　布达拉宫

图 1.21　颐和园

• 民居建筑

中国民居有许多种(图 1.22),按平面形式可分为 9 种以上。其中,横长方形住宅是民居的基本形式,中间为明间,左右对称,以三间最普遍。四合院住宅在我国分布很广,北京最为典型。窑洞式穴居分布在我国少雨的黄土高原地区,有单独的沿崖窑洞、土坯或砖石的拱式土窑洞,以及天井地坑院落式窑洞。此外,还有少数民族种类繁多的蒙古包以及藏族、朝鲜族、维吾尔族、西南少数民族和福建、广东的客家民居形式。

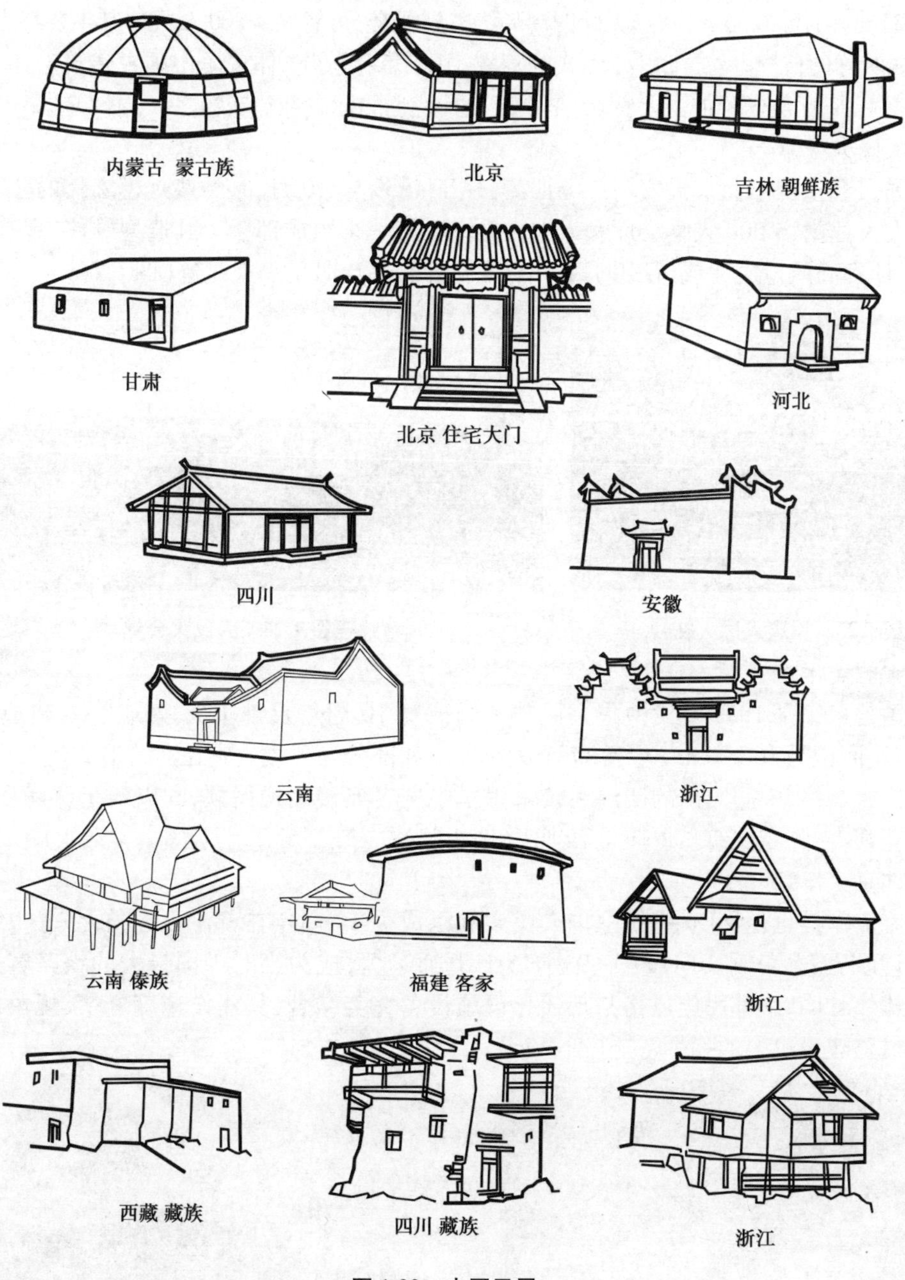

图 1.22 中国民居

▶1.1.4 中国现代建筑(1949 年至今)

中华人民共和国成立后,中国建筑进入了新的历史时期。大规模、有计划的国民经济建设推动了建筑业的蓬勃发展。新中国成立初期,其建筑形式基本沿袭 20 世纪 30 年代的古典式手法,以局部应用大屋顶为主要特征,普遍采用大屋顶。

● 重庆人民大礼堂

重庆人民大礼堂于1951年6月破土兴建,1954年4月竣工。整座建筑由大礼堂和东、南、北楼四大部分组成。占地总面积为6.6万 m^2,其中礼堂占地1.85万 m^2。礼堂建筑高65 m,大厅净空高55 m,内径46.33 m,圆形大厅四周环绕五层挑楼,可容纳4 200余人。其主要特点就是采用中轴线对称的传统办法,配以柱廊式的双翼,并以塔楼收尾,体现了中国古建筑宏伟壮观、明显的轴线关系、比例匀称的主要特点,是重庆独具特色的标志性建筑物之一(图1.23)。

● 人民大会堂

人民大会堂位于北京天安门广场西侧,建于1959年10月,是一座规模宏伟的公共建筑,包括万人大礼堂、5 000人宴会厅和人大常委办公楼三个组成部分。其造型雄伟,富有民族风格,从设计到高质量的建成,仅用了10个月的时间,在当时是一大奇迹(图1.24)。

图1.23 重庆人民大礼堂

图1.24 人民大会堂

● 中国美术馆

中国美术馆是1950年代中华人民共和国成立10周年首都十大建筑之一,建成于1962年,总建筑面积为16 000 m^2,包括17个大小展厅和部分办公楼。它在建筑形式上采用了我国传统的民族风格,中间突出的四层主楼采用了中国古典楼阁式屋顶,配以浅米黄陶质面砖的外墙和花饰,使整座建筑显得庄重而华丽(图1.25)。

● 北京火车站

北京火车站也是1950年代中华人民共和国成立10周年首都十大建筑之一。1959年1月20日开工兴建,9月10日竣工,9月15日开通运营,成为当时中国最大的铁路客运车站。其建筑雄伟壮丽,浓郁民族风格与现代化设施设备完美结合,其建设速度之快、规模之大,堪称中国铁路建设史上的一个奇迹(图1.26)。

图1.25 中国美术馆

图1.26 北京火车站

进入20世纪80年代,中国开始了全面的改革开放,随着中外文化和思想的交流,建筑作品的创作出现了空前的繁荣。引进国外设计,广泛介绍国外建筑理论等,进一步活跃了中国建筑学术思想和建筑创作活动,最显著的标志就是建筑多元化的崛起。在民族风格上,也从更广泛的角度去认识传统,从空间构成、序列组织、群体布局、室内设计、庭院意匠等形式上多侧面、多层次、多方位地探索寻求,创造了一些具有浓郁的民族特色、本土特色的建筑形象(图1.27至图1.32)。

图1.27 毛主席纪念堂

图1.28 上海博物馆

图1.29 深圳地王大厦

图1.30 上海中心建筑群

图1.31 鸟巢

图1.32 水立方

1.2　外国建筑的起源和发展

外国建筑有许多值得我们借鉴的地方，在建筑空间处理、艺术与结构、建筑设计的方法、施工技术等方面有独特艺术魅力。

▶1.2.1　原始社会

由于原始人对自然界、太阳的崇拜，这个时期还出现了不少宗教和纪念性的建筑（构筑）物，最著名的是英格兰西南部索尔兹伯里巨石阵（图1.33）。

图1.33　索尔兹伯里巨石阵

图1.34　方尖碑

▶1.2.2　奴隶社会

1）古埃及建筑

• 方尖碑（图1.34）

古埃及崇拜太阳的纪念碑，常成对地竖立在神庙的入口处。其断面呈正方形，上小下大，顶部为金字塔形，常镀合金。其高度不等，已知最高者达50余米，一般细长比为（9~10）：1，用整块的花岗岩制成，碑身刻有象形文字的阴刻图案。

• 金字塔（图1.35）

金字塔是古埃及法老的陵墓，造型多为正四方锥体，因外形像汉字的“金”，所以称作“金字塔”。最著名的胡夫金字塔，是吉萨金字塔群中最大者，形体呈立方锥形，四面正向方位。塔原高146.4 m，现为137 m，底边各长230.6 m，占地5.3 hm^2，用230余万块平均约2.5 t的石块干砌而成。这座灰白色的人工大山，以蔚蓝天空为背景，屹立在一望无际的黄色沙漠上，是千百万奴隶勤劳与智慧的结晶。

• 太阳神庙（图1.36）

古埃及新生王国时期，太阳神庙代替陵墓成为皇帝崇拜的纪念性建筑物。庙宇有两个艺术重点：一是大门，群众性的宗教仪式在它前面举行，力求富丽堂皇，和宗教仪式的戏剧性相适应；二是大殿内部，力求幽暗而威严，和仪典的神秘性相适应。

图 1.35 吉萨金字塔群

图 1.36 太阳神庙图

2) 古西亚建筑

古西亚建筑是指 BC3500 年—BC500 年时期,由幼发拉底河和底格里斯河所孕育的美索不达米亚平原的建筑,如位于乌尔的观象台(图 1.37),著名的萨尔贡王宫、波斯波利斯王宫、空中花园等。古西亚的建筑成就还在于创造了以土为基础原料的结构体系和装饰方法。古西亚建筑发展了券、拱和穹窿结构,随后又创造了装饰墙面的面砖和彩色琉璃砖,这些使建筑的材料、构造和造型艺术有机结合的成就,对后面的拜占庭和伊斯兰教建筑产生很大的影响。

图 1.37 乌尔观象台

3) 古希腊建筑

古希腊是西方文明的发源地,对后来西方文明的发展有着深远的影响。尤其是在建筑方面,可以说是欧洲建筑的起点。因此,在西方古典建筑发展历史中,古希腊时期是最重要的建筑发展时期之一。

古希腊是一个泛神论国家,希腊神庙不仅是宗教活动中心,也是城邦公民社会活动和商业活动的场所,还是储存公共财富的地方。这样神庙就成了希腊崇拜的圣地,围绕圣地又建起竞技场、会堂旅舍等公共建筑。古希腊最有代表性的建筑有克里特岛克诺索斯国王王宫、迈西尼卫城狮子门、德尔斐的阿波罗圣地、雅典卫城(图 1.38)、帕提农神庙(图 1.39)、伊瑞克提翁神庙、奖杯亭、阿索斯中心广场。

图 1.38 雅典卫城图

图 1.39 帕提农神庙

- 雅典卫城(图 1.38)

公元前 5 世纪中叶,在希波战争中,希腊人以高昂的英雄主义精神打败了波斯的侵略。作为全希腊的盟主,雅典进行了大规模的建设。建设的重点在卫城,在这种情况下,雅典卫城达到了古希腊圣地建筑群、庙宇、柱式和雕刻的最高水平。

4)古罗马建筑

古罗马通常指从前9世纪初在意大利半岛中部兴起的文明。古罗马的建筑艺术是古希腊建筑艺术的继承和发展。古罗马的建筑不仅借助更为先进的技术手段,发展了古希腊艺术的辉煌成就,而且也将古希腊建筑艺术风格的和谐、完美、崇高的特点发挥得淋漓尽致。在建筑理论方面,军事工程师维特鲁威著写的《建筑十书》,是一本全面反映古罗马时期建筑成就的著作。

古罗马重要建筑物有:君士坦丁凯旋门、恺撒广场、奥古斯都广场、图拉真广场、罗马大角斗场、万神庙、卡拉卡拉公共浴场、戴克利提乌姆公共浴场、庞贝城潘萨府邸、庞贝城银婚府邸、巴拉丁山宫殿、阿德良离宫、戴克利提乌姆离宫等。

- 君士坦丁凯旋门(图1.40)

君士坦丁凯旋门建于AD312年,是为庆祝君士坦丁大帝彻底战胜他的强敌马克森提并统一帝国而建。这是一座有3个拱门的凯旋门,高21 m,面阔25.7 m,进深7.4 m。由于它调整了高与阔的比例,横跨在道路中央,显得形体巨大。凯旋门的里里外外充满了各种浮雕,巨大的凯旋门和丰富的浮雕气派很大,大部分构件是从过去的一些纪念性建筑(如图拉真广场建筑上的横饰带、哈德良广场上一系列盾形浮雕以及马克·奥尔略皇帝纪念碑上的八块镶板)拆除过来的。君士坦丁凯旋门宏伟壮观,尤其是它上面所保存的罗马帝国各个重要时期的雕刻,是一部生动的罗马雕刻史诗。

- 罗马大角斗场(图1.41)

罗马大角斗场又称为罗马斗兽场,由弗拉维安王朝的3个皇帝建造。这个用石头建起的罗马斗兽场长188 m,宽156 m,高57 m。从外部看,罗马斗兽场由一系列3层的环形拱廊组成,最高的第4层是顶阁。这3层拱廊中的石柱根据经典的标准分别设计(由地面开始,多利安式样、爱奥尼亚式样和科林斯式样)。罗马斗兽场能容纳观众大约5万人,共有3层座位:下层、中层及上层,顶层还有一个只能站着的看台。观众们从第一层的80个拱门入口处进入罗马斗兽场,另有160个出口遍布于每一层的各级座位,被称为吐口,观众可以通过它们涌进和涌出,混乱和失控的人群因此能够被快速疏散,据说这里只需十分钟就可以被清空。

图1.40 君士坦丁凯旋门

图1.41 古罗马角斗场

- 万神庙(图1.42)

罗马万神庙采用了穹顶覆盖的单一空间集中式构图,它也是罗马穹顶技术的最典型代表。万神庙平面为圆形,穹顶直径达43.3 m,顶端高度也是43.3 m。按照当时的观念,穹顶象征天宇。穹顶中央开了一个直径8.9 m的圆洞,寓意着神的世界和人的世界的某种联系。从圆洞进来柔和漫射光,照亮空阔的内部,有一种宗教的宁谧气息。这是现代结构出现以前世界上跨度最大的空间结构建筑。

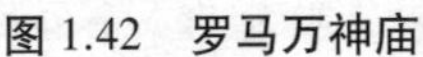

图1.42 罗马万神庙

图1.43 卡拉卡拉浴场

• 卡拉卡拉浴场(图1.43)

卡拉卡拉浴场是由卡拉卡拉皇帝于AD200年左右下令建造的,是世界上最大的浴场之一。卡拉卡拉浴场长375 m,宽363 m,两侧的后半向外凸出一个半圆形,里面有厅堂,大约是演讲厅,旁边有休息厅,可容纳1 600人。在巨大的圆屋顶下,设有游泳池、桑拿池和冷水池,周围布满珍奇的植物、精致的雕刻和巧夺天工的镶嵌图案。温水浴厅是所有浴室中最大的,长55.8 m,宽24.1 m,拱顶高度为38.1 m。大温水浴厅温水厅用三个十字拱覆盖,十字拱的质量集中在8个墩子上,墩子外侧有一道短墙抵御侧推力,短墙之间再跨上筒形拱,增强了整体刚度,又扩大了大厅。

►1.2.3 封建社会

1)拜占庭建筑

拜占庭原为希腊的殖民城市,AD330年,罗马皇帝君士坦丁一世迁都于此,改名为君士坦丁堡。拜占庭建筑的特点主要有四个方面:

①屋顶造型,普遍使用"穹窿顶"。

②整体造型中心突出。在一般的拜占庭建筑中,建筑构图的中心往往十分突出,那体量既高又大的圆穹顶,往往成为整座建筑的构图中心。

③创造了把穹顶支承在独立方柱上的结构方法和与之相应的集中式建筑形制。其典型做法是在方形平面的四边发券,在4个券之间砌筑以对角线为直径的穹顶,仿佛一个完整的穹顶在四边被发券切割而成,它的质量完全由4个券承担,从而使内部空间获得了极大的自由。

④在色彩的使用上,既注意变化,又注意统一,使建筑内部空间与外部立面显得灿烂夺目。水平切口和四个发券之间所余下的四个角上的球面三角形部分,称为帆拱。它是拜占庭建筑的主要成就之一。

• 圣索菲亚大教堂(图1.44)

圣索菲亚大教堂长94 m,宽72 m,主穹窿直径长31 m。主穹窿的南北方向由复杂的拱门、穹隅等结构支撑;东西两侧是两个与它等直径的半穹窿,它们相互邻接,跨越中殿上部。整个建筑体系有着宏伟的纪念碑效果。

图 1.44　圣索菲亚大教堂

图 1.45　比萨大教堂

2)"罗马风"建筑

公元 9 世纪左右,欧洲正式进入封建社会。这时的建筑除基督教堂外,还有封建城堡与教会修道院等。由于建筑材料大多来自古罗马废墟,建筑艺术上继承了古罗马的半圆形拱券结构,形式上又略有古罗马的风格,故称为"罗马风"建筑。它所创造的扶壁、肋骨拱与束柱,在结构与形式上都对后来的建筑影响很大。

- 比萨教堂(图 1.45)

比萨大教堂始建于 1063 年。教堂平面呈长方的拉丁十字形,长 95 m,纵向四排 68 根科林斯式圆柱。纵深的中堂与宽阔的耳堂相交处为一椭圆形拱顶所覆盖,中堂用轻巧的列柱支撑着木架结构的屋顶。大教堂正立面高约 32 m,底层入口处有三扇大铜门,上有描写圣母和耶稣生平事迹的各种雕像。大门上方是几层连列券柱廊,以带细长圆柱的精美拱圈为标准,逐层堆叠为长方形、梯形和三角形,布满整个大门正面。教堂外墙是用红白相间的大理石砌成,色彩鲜明,具有独特的视觉效果。

3)"哥特式"建筑

12—15 世纪,哥特式建筑就是欧洲封建城市经济占主导地位时期的建筑。这时期的建筑仍以教堂为主,建筑风格完全脱离了古罗马的影响,而是以尖券(来自东方)、尖形肋骨拱顶、坡度很大的两坡屋面和教堂中的钟楼、扶壁、束柱、花空棂等为其特点,以法国为中心。

图 1.46　巴黎圣母院

- 巴黎圣母院(图 1.46)

巴黎圣母院位于巴黎塞纳河城岛的东端,始建于 1163 年,是巴黎大主教莫里斯·德·苏利决定兴建的。整座教堂在 1345 年才全部建成,历时 180 多年。它的正面有一对钟塔,主入口的上部设有巨大的玫瑰窗,在中庭的上方有一个高达百米的尖塔。所有的柱子都挺拔修长,与上部尖尖的拱券连成一气,中庭又窄又高又长。从外面仰望教堂,那高峻的形体加上顶部耸立的钟塔和尖塔,使人感到一种向蓝天升腾的雄姿。该教堂以其哥特式的建筑风格,祭坛、回廊、门窗等处的雕刻和绘画艺术,以及堂内所藏的 13—17 世纪的大量艺术珍品而闻名于世。

4)文艺复兴建筑

文艺复兴建筑是 15—19 世纪流行于欧洲的建筑风格,有时也包括巴洛克建筑和古典主义建筑,起源于意大利佛罗伦萨。在理论上以文艺复兴思潮为基础;在造型上排斥象征神权至上的哥特建筑风格,提倡复兴古罗马时期的建筑形式,特别是古典柱式比例、半圆形拱券、以穹隆为中心的建筑形体等。

• 圣彼得大教堂(图 1.47)

圣彼得大教堂是现在世界上最大的教堂,总面积达 2.3 万 m^2,主体建筑高 45.4 m,长约 211 m,最多可容纳近 6 万人同时祈祷。教堂最早是建于西元 324 年,16 世纪教皇朱利奥二世决定重建圣彼得大教堂,并于 1506 年破土动工。在长达 120 年的重建过程中,意大利最优秀的建筑师布拉曼特、米开朗基罗、德拉·波尔塔和卡洛·马泰尔相继主持过设计和施工,直到 1626 年 11 月 18 日才正式宣告落成。

• 卢浮宫(图 1.48)

卢浮宫又译罗浮宫,是世界上最古老、最大、最著名的博物馆之一,位于法国巴黎市中心的塞纳河北岸(右岸),始建于 1204 年,历经 700 多年扩建、重修达到今天的规模。卢浮宫占地面积(含草坪)约为 45 hm^2,建筑物占地面积为 4.8 hm^2,全长 680 m。它的整体建筑呈 U 形,分为新、老两部分,老的建于路易十四时期,新的建于拿破仑时代。宫前的金字塔形玻璃入口,由华人建筑大师贝聿铭设计。同时,卢浮宫也是法国历史上最悠久的王宫。

图 1.47 圣彼得大教堂

图 1.48 卢浮宫

▶1.2.4 18—19 世纪西欧及美国建筑

1) 古典复兴建筑

古典复兴是最先出现在文化上的一种思潮,在建筑史上是指 18 世纪 60 年代到 19 世纪末,在欧美盛行的古典建筑形式。这种思潮曾受到当时启蒙运动的影响,如美国国会大厦。

• 美国国会大厦(图 1.49)

美国国会大厦始建于 1793 年,它南北长214 m,东西宽 107 m,高 88 m,占地 1.6 hm^2,有 540 个房间和 658 扇窗户。整个建筑成乳白色,除极小一部分用砂岩砌建外,其余用的全是精美的大理石,具有新古典风格。

图 1.49 美国国会大厦

图 1.50 雄师凯旋门

2)“帝国”风格

“帝国”风格是指法国拿破仑帝国的代表建筑风格。它追求外观上的雄伟、壮丽,内部则常常吸取东方或洛可可的装饰手法,建筑大多是罗马帝国建筑样式的翻版,作用是颂扬对外战争的胜利。主要作品有军功庙、雄师凯旋门、演兵场凯旋门等。

- 雄师凯旋门(图1.50)

1805年12月2日,法国皇帝拿破仑1世在奥斯特利茨战役中大败奥俄联军,为庆祝胜利,他决定在戴高乐广场(当时称星形广场,1970年为纪念去世的法国总统戴高乐改称现名)修建雄师凯旋门,以纪念自己的凯旋。雄师凯旋门由法国著名建筑师查尔格林设计,整个设计按拿破仑的要求体现了帝国风格。雄师凯旋门于1806年动工,1830年7月29日竣工。

3)浪漫主义风格

浪漫主义又名“哥特复兴”,是18世纪下半叶到19世纪上半叶,欧洲文学领域的一种主要思潮。体现在建筑上,主要是在英国,它要求发扬个性、提倡天性的同时,用中世纪艺术的自然形式来反对当时制度下用机器制造的工艺品,以及用它来和古典主义抗衡。其代表建筑是英国国会大厦。

- 英国国会大厦(图1.51)

英国国会大厦建立在泰晤士河畔一个近于梯形的地段上,面向泰晤士河。各部分之间分段相连,形成许多内院,大厦内的主要厅堂都在建筑物的中间。整个建筑物中西南角的维多利亚塔最高,高达103 m,此外,97 m高的钟楼也很引人注目,上面有著名的“大本钟”。

4)折中主义风格

折中主义风格是指19世纪末到20世纪初,在欧美流行的一种创作思潮。为了弥补浪漫主义和新古典主义的局限性,它主张任意模仿历史上的各种风格,自由组合各种样式,并没有固定的风格,讲究权衡的推敲,沉醉于“纯形式”的美。比较重要的代表是巴黎歌剧院。

- 巴黎歌剧院(图1.52)

巴黎歌剧院(1861—1874年)的立面构图骨架是鲁佛尔宫东廊的样式,但加上了巴洛克装饰。整个建筑长173 m,宽125 m,建筑总面积达11 237 m^2。剧院有着全世界最大的舞台,可同时容纳450名演员。剧院里有2 200个座位,演出大厅的悬挂式分枝吊灯重约8 t。其富丽堂皇的休息大厅里面装潢豪华,四壁和廊柱布满巴洛克式雕塑、挂灯、绘画。其艺术氛围十分浓郁,是观众休息、社交的理想场所。

图1.51 英国国会大厦

图1.52 巴黎歌剧院图

5)初期功能主义

功能主义主要是指一种由纯几何体,钢筋与玻璃,特别是由模版显现粗犷痕迹、无覆盖的“素混凝土”外观,使建筑物的材料样貌清晰可见,并从作品看到设计历程及建筑群组、结构的组成关系。初期功能主义重要的建筑物有水晶宫、埃菲尔铁塔等。

• 水晶宫(图1.53)

“水晶宫”是英国工业革命时期的代表性建筑。其建筑面积约7.4万 m^2,宽约124.4 m,长约564 m,共5垮,高3层,由英国园艺师J.帕克斯顿按照当时建造的植物园温室和铁路站棚的方式设计,大部分为铁结构,外墙和屋面均为玻璃,整个建筑通体透明,宽敞明亮,故被誉为“水晶宫”。

• 埃菲尔铁塔(图1.54)

1889年世界博览会,埃菲尔铁塔由工程师埃菲尔设计建造,高328 m,采用高架铁结构,突破了古代建筑高度;使用了新的设备水力升降机。新结构和新设备体现了资本主义初期工业生产的强大威力。

图1.53 水晶宫

图1.54 埃菲尔铁塔

►1.2.5 前现代主义时期建筑(19世纪末—第一次世界大战战后初期)

1)工艺美术运动

工艺美术运动是19世纪中叶后出现在英国的美术流派,它反对新兴的机器制品,在建筑上,主张用浪漫的“田园风格”来抵制机器大工业对人类艺术的破坏,同时也力求摆脱古典建筑形式的束缚。其代表作是魏布设计的莫里斯的住宅——红屋(图1.55):其平面根据需要布置成L形,用本地产的红砖建造,不加粉饰,体现材料本身的质感。

2)芝加哥学派

1871年10月8日发生在芝加哥市中心的一场毁掉全市1/3建筑的大火灾,加剧了新建房屋的需求。在这种形势下,芝加哥出现了一个主要从事高层商业建筑的建筑师和建筑工程师的群体,后来被称作“芝加哥学派”。路易·沙利文是“芝加哥学派”中最著名的建筑师。他提出了“形式随从功能”的设计思想及高层办公建筑的五个原则,作品有芝加哥百货公司大厦(图1.56)。

图 1.55　莫里斯的住宅——红屋

图 1.56　芝加哥百货公司大厦

3)表现派

20 世纪初在德国奥地利首先出现表现主义的绘画、音乐和戏剧。表现主义者认为艺术的人物在于表现个人的主观感受和体验。这一派建筑师常常采用奇特、夸张的建筑体形来表现某些思想情绪,象征某种时代精神。德国建筑师门德尔松设计的爱因斯坦天文台是其最重要的代表性建筑。

图 1.57　爱因斯坦天文台

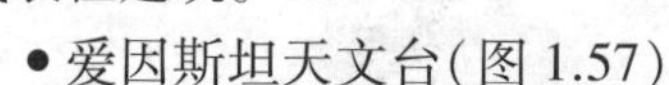

● 爱因斯坦天文台(图 1.57)

门德尔松在爱因斯坦天文台的设计中抓住相对论是一次科学上的伟大突破,其深奥的理论对于一般人来说既新奇又神秘这一印象,把它作为建筑表现的主题。他用混凝土和砖塑造了一座混混沌沌的多少有些线型的体形,上面开出一些形状不规则的窗洞,墙面上还有一些莫名其妙的突起。整个建筑造型奇特,难以言状,表现出一种神秘莫测的气氛。

▶1.2.6　现代主义建筑(第一次世界大战战后—第二次世界大战结束)

1)现代主义建筑的主要代表人物

● 格罗皮乌斯

瓦尔特·格罗皮乌斯(Walter Gropius,1883—1969)是德国现代建筑师和建筑教育家,现代主义建筑学派的倡导人和奠基人之一,公立包豪斯(Bauhaus)学校的创办人。格罗皮乌斯力图探索艺术与技术的新统一,倡导利用机械化大量生产建筑构件和预制装配的建筑方法,还提出一整套关于房屋设计标准化和预制装配的理论和办法。格罗皮乌斯发起组织现代建筑协会,传播现代主义建筑理论,对现代建筑理论的发展起到一定作用,代表作是 1965 年完成的《新建筑学与包豪斯》,主要建筑作品为包豪斯校舍(图 1.58)等。

图 1.58　包豪斯校舍

● 勒·柯布西耶

勒·柯布西耶(Le Corbusier,1887—1965),原名 Charles Edouard Jeannert-Gris,是20世纪最重要的建筑师之一,是现代建筑运动的激进分子和主将。勒·柯布西耶的主要建筑作品有:郎香教堂(图1.59)、印度昌迪加尔法院(图1.60)等。

图1.59 郎香教堂

图1.60 印度昌迪加尔法院

● 路德维希·密斯·凡·德罗

路德维希·密斯·凡·德罗(Ludwig Mies van der Rohe,1886—1969),德国建筑师,生于德国亚琛,过世于美国芝加哥,原名为玛丽亚·路德维希·密夏埃尔·密斯(Maria Ludwig Michael Mies),是最著名的现代主义建筑大师之一。密斯最著名的现代建筑宣言莫过于"少就是多"(Less is more),而他本人也在自己新世纪的建筑实践中实践着自己的建筑哲学。后来20世纪风靡世界的"玻璃盒子"源于密斯的理念以及终极一生对于玻璃与钢在建筑中使用的研究。他的主要建筑作品有:巴塞罗那博览会德国馆、伊利诺斯工学院建筑系馆(图1.61)、西格拉姆大楼等。

图1.61 伊利诺斯工学院建筑系馆

● 赖特

弗兰克·劳埃德·赖特(Frank Lloyd Wright,1869—1959)是20世纪美国一位重要的建筑师,是有机建筑的代表人,在世界上享有盛誉。赖特对现代建筑有很大的影响,但是他的建筑思想和欧洲新建运动的代表人物有明显的差别,走的是一条独特的道路。赖特对现代大城市持批判态度,很少设计大城市里的摩天楼。他对建筑工业化不感兴趣,一生中设计得最多的建筑类型是别墅和小住宅。赖特的主要作品有:东京帝国饭店、流水别墅(图1.62)、约翰逊蜡烛公司总部、西塔里埃森、古根海姆美术馆(图1.63)、普赖斯大厦、唯一教堂、佛罗里达南方学院教堂等。

图1.62 流水别墅

图1.63 古根海姆美术馆

2)20 世纪建筑流派的主要代表作

●纽约世界贸易中心(图 1.64)

纽约世界贸易中心(World Trade Center,1973 年—2001 年 9 月 11 日,简称世贸中心)原为美国纽约的地标之一,原址位于美国的纽约州纽约市曼哈顿岛西南端,西临哈德逊河,由美籍日裔建筑师雅玛萨基(Minoru Yamasaki,山崎实)设计,建于 1962—1976 年。占地 6.5 hm^2,由两座 110 层(另有 6 层地下室)高 411.5 m 的塔式摩天楼和 4 幢办公楼及一座旅馆组成。摩天楼平面为正方形,边长 63 m,每幢摩天楼建筑面积 46.6 万 m^2。在 2001 年 9 月 11 日的 9.11恐怖袭击事件中坍塌。

●悉尼歌剧院(图 1.65)

悉尼歌剧院占地 1.84 hm^2,长 183 m,宽 118 m,高 67 m。悉尼歌剧院从 20 世纪 50 年代开始构思兴建,1955 年起公开搜集世界各地的设计作品,至 1956 年共有 32 个国家 233 个作品参选,后来丹麦建筑师约恩·乌松的设计雀屏中选,共耗时 16 年、斥资 1 200 万澳币完成建造,最后在 1973 年 10 月 20 日正式开幕。

图 1.64　纽约世界贸易中心

图 1.65　悉尼歌剧院

●巴西议会大厦(图 1.66)

巴西议会大厦矗立在巴西首都巴西利亚市的三权广场上,建于 1958—1960 年,设计人是巴西建筑师 O.尼迈耶(Oscar Niemeyer)。整幢大厦水平、垂直的体形对比强烈,而用一仰一覆两个半球体调和、对比,丰富建筑轮廓,构图新颖醒目。巴西利亚城总体规划由纵横两条轴线所组成,主要行政、公共建筑均沿纵轴布置,"三权广场"、国民议会及办公楼、总统办公楼、最高法院等象征国家权力的建筑均设于此。由于配合默契巧妙,建筑单体、群体乃至整个城市浑然融合为一体。1987 年,联合国教科文组织将巴西利亚这座建都不到 30 年的城市列为世界文化遗产,这是世界对巴西现代建筑设计的最高评价,作为巴西利亚最重要的公共建筑,巴西议会大厦也随之名扬天下。

●代代木国立综合体育馆(图 1.67)

日本建筑大师丹下健三设计的代代木体育馆是 20 世纪 60 年代日本建筑技术进步的象征,它脱离了传统的结构和造型,被誉为划时代的作品。代代木国立室内综合体育馆的整体构成、内部空间以及结构形式,展示出丹下健三杰出的创造力、想象力和对日本文化的独到理解。它是由奥林匹克运动会游泳比赛馆、室内球技馆及其他设施组成的大型综合体育设施,采用高张力缆索为主体的悬索屋顶结构,创造出带有紧张感、力动感的大型内部空间。

图 1.66 巴西议会大厦

图 1.67 代代木体育馆

● 吉隆坡石油双塔(图 1.68)

双子大厦,即国家石油公司双塔大楼(Petronas Towers),位于吉隆坡市中心美芝律,高 88 层,巍峨壮观,气势雄壮,是马来西亚的骄傲,以 451.9 m 的高度打破了美国芝加哥希尔斯大楼保持了 22 年的最高纪录。世界著名的建筑大师西泽配利是这座大楼的设计者。这个工程于 1993 年 12 月 27 日动工,1996 年 2 月 13 日正式封顶,1997 年建成使用。在第 40—41 层有一座天桥,方便楼与楼之间来往。从吉隆坡市内各处都很容易见到这座大厦。大厦非常壮观,就像两座高高的尖塔刺破长空。

图 1.68 吉隆坡石油双塔

图 1.69 迪拜塔

● 迪拜塔(图 1.69)

迪拜塔(阿拉伯语:دبي برج,Burj Dubai),又称迪拜大厦或比斯迪拜塔,是位于阿拉伯联合酋长国迪拜的一栋摩天大楼。该项目由美国芝加哥公司的美国建筑师阿德里安·史密斯(Adrian Smith)设计,韩国三星公司负责实施。它于 2004 年 9 月 21 日动工, 2010 年 1 月 4 日竣工,162 层,总高 828 m,为当时世界第一高楼与人工构造物,造价达 15 亿美元。

1.3 民用建筑的分类与分级

▶1.3.1 民用建筑的分类

1)按建筑的使用性质分类

建筑物按照使用性质,通常可以分为生产性建筑(即工业建筑、农业建筑)和非生产性建筑(即民用建筑)。

民用建筑根据建筑物的使用功能,又可以分为居住建筑和公共建筑两大类。

(1)居住建筑

居住建筑是供人们生活起居用的建筑物,有住宅、公寓、宿舍等。

居住建筑中,住宅建设是改善和提高广大人民生活水平的一个重要方面。住宅建筑需要的量大、面广,国家对住宅建设的投资在基本建设的总投资中占有很大比例,建造住宅所需的材料,建筑设计和施工的工作量,也都是很大的。为了加速实现我国现代化建设和尽快提高人民生活水平,住宅建设应考虑设计标准化、构件工厂化、施工机械化等方面的要求。我国幅员广大,地区条件也有很大差别,在推行住宅建筑工业化的同时,也要因地制宜、就地取材,充分利用当地现有各种有利条件,建造功能合理、环境宜人的居住建筑。

(2)公共建筑

公共建筑是供人们进行各项社会活动的建筑物。公共建筑按使用功能的特点,可以分为以下一些建筑类型:

①生活服务性建筑:食堂、菜场、浴室、服务站等;

②文教建筑:学校、图书馆等;

③托幼建筑:托儿所、幼儿园等;

④科研建筑:研究所、科学实验楼等;

⑤医疗建筑:医院、门诊所、疗养院等;

⑥商业建筑:商店、商场等;

⑦行政办公建筑:各种办公楼等;

⑧交通建筑:车站、水上客运站、航空港、地铁站等;

⑨通讯广播建筑:邮电所、广播台、电视塔等;

⑩体育建筑:体育馆、体育场、游泳池等;

⑪观演建筑:电影院、剧院、杂技场等;

⑫展览建筑:展览馆、博物馆等;

⑬旅馆建筑:旅馆、宾馆等;

⑭园林建筑:公园、动物园、植物园等;

⑮纪念性建筑:纪念堂、纪念碑等。

2)按建筑规模与数量分类

- 大量性建筑:住宅、中小学校等。
- 大型性建筑:体育馆、影剧院、车站、码头、空港等。

3)按层数、建筑的类型分类

根据《民用建筑设计统一标准》(GB 50352—2019)中第3.1.2条规定:

①建筑高度不大于27.0 m的住宅建筑、建筑高度不大于24.0 m的公共建筑及建筑高度大于24.0 m的单层公共建筑为低层或多层民用建筑。

②建筑高度大于27.0 m的住宅建筑和建筑高度大于24.0 m的非单层公共建筑且高度不大于100.0 m的,为高层民用建筑。

③建筑高度大于100 m的为超高层建筑。

4)按结构形式分类

此外,建筑还可按其结构形式的不同而分为木结构、砖木结构、砖混结构,钢筋混凝土结构及钢结构等类型。

▶1.3.2 建筑的使用年限

根据《民用建筑设计统一标准》(GB 50352—2019)中第3.2.1条规定,民用建筑的设计使用年限按表1.1来划分。

表1.1 按使用性质和耐久性规定的建筑物等级

类 别	设计使用年限/年	示 例
1	5	临时性建筑
2	25	易于替换结构构件的建筑
3	50	普通建筑和构筑物
4	100	纪念性建筑和特别重要的建筑

▶1.3.3 建筑的耐火等级

若按耐火性分级,根据《建筑设计防火规范(2018版)》(GB 50016—2014)中第5.1.1条规定,普通民用建筑耐火等级可分为四级,其相应建筑各主要承重构件的耐火极限和燃烧性能见表1.2。

表1.2 建筑物构件的燃烧性能和耐火极限 单位:h

<table>
<tr><th colspan="2" rowspan="2">构件名称</th><th colspan="4">耐火等级</th></tr>
<tr><th>一级</th><th>二级</th><th>三级</th><th>四级</th></tr>
<tr><td rowspan="8">墙</td><td>防火墙</td><td>不燃性3.00</td><td>不燃性3.00</td><td>不燃性3.00</td><td>不燃性3.00</td></tr>
<tr><td>承重墙</td><td>不燃性3.00</td><td>不燃性2.50</td><td>不燃性2.00</td><td>难燃性0.50</td></tr>
<tr><td>非承重外墙</td><td>不燃性1.00</td><td>不燃性1.00</td><td>不燃性0.50</td><td>可燃性</td></tr>
<tr><td>楼梯间和前室的墙</td><td rowspan="3">不燃性2.00</td><td rowspan="3">不燃性2.00</td><td rowspan="3">不燃性1.50</td><td rowspan="3">难燃性0.50</td></tr>
<tr><td>电梯井的墙</td></tr>
<tr><td>住宅建筑单元之间的墙和分户墙</td></tr>
<tr><td>疏散走道两侧的隔墙</td><td>不燃性1.00</td><td>不燃性1.00</td><td>不燃性0.50</td><td>难燃性0.25</td></tr>
<tr><td>房间隔墙</td><td>不燃性0.75</td><td>不燃性0.50</td><td>难燃性0.50</td><td>难燃性0.25</td></tr>
</table>

续表

构件名称	耐火等级			
	一级	二级	三级	四级
柱	不燃性 3.00	不燃性 2.50	不燃性 2.00	难燃性 0.50
梁	不燃性 2.00	不燃性 1.50	不燃性 1.00	难燃性 0.50
楼板	不燃性 1.50	不燃性 1.00	不燃性 0.50	可烯性
屋顶承重构件	不燃性 1.50	不燃性 1.00	难燃性 0.50	可燃性
疏散楼梯	不燃性 1.50	不燃性 1.00	不燃性 0.50	可燃性
吊顶(包括吊顶搁栅)	不燃性 0.25	难燃性 0.25	难燃性 0.15	可燃性

注:1.除规范另有规定外以木柱承重且墙体采用不燃材料的建筑,其耐火等级应按四级确定。

2.住宅建筑构件的耐火极限和燃烧性能可按现行国家标准《住宅建筑规范》(GB 50368—2005)的规定执行。

在以上将建筑按耐火性分级时,涉及了两个重要的概念:“耐火极限”和“耐火性能”。按有关权威文献的解释,耐火极限是指“建筑构件按时间-温度标准曲线进行耐火试验,从受到火的作用时起,到失去支持能力或完整性被破坏或失去隔火作用的时日止的这段时间,用小时表示”。定义中提到的时间-温度标准曲线如图 1.70 所示。

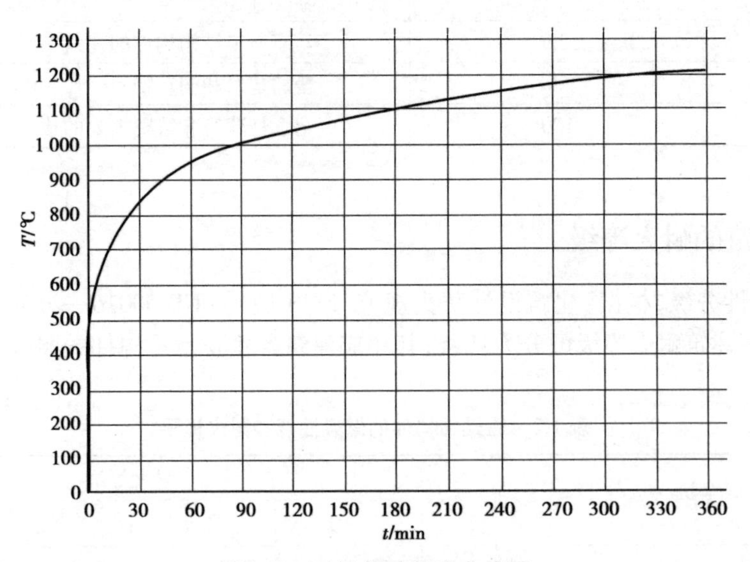

图 1.70　时间-温度标准曲线图

构件的燃烧性能指组成构件的材料受到火的作用以后参与燃烧的能力。它可分为三类:

①不燃性:用不燃烧性材料做成的构件统称为不燃性构件。不燃烧性材料是指在空气中受到火烧或高温作用时不起火、不微燃、不碳化的材料,如钢材、混凝土、砖、石、砌块、石膏板等。

②难燃性:凡用难燃烧材料做成的构件或用燃烧材料做成而用非燃烧材料作保护层的构件,统称为难燃性构件。难燃性构件是指在空气中受到火烧或高温作用时难起火、难微燃、难碳化,当火源移走后燃烧或微燃立即停止的材料,如沥青混凝土、经阻燃处理后的木材、塑料、水泥、刨花板、板条抹灰墙等。

③可燃性:凡用可燃烧材料做成的构件统称为可燃性构件。燃烧材料是指在空气中受到火烧或高温作用时立即起火或微燃,且火源移走后仍继续燃烧或微燃的材料,如木材、竹子、刨花板、宝丽板、塑料等。

建筑物的耐久性与耐火性是有联系的。通常,耐久性能要求越高,相应的耐火性能也就要求得越高。

1.4 建筑的基本构成要素和建筑方针

▶1.4.1 建筑的基本构成要素

建筑必须具备良好的使用功能才具有存在的价值;必须得到物质技术条件的支持才得以成立;必须具有美好的外在形象才能被人民所喜闻乐见。因此,建筑的功能、物质技术条件及形象,构成了建筑的三个基本要素。

1)建筑功能

建筑是供人民生活、学习、工作、娱乐的场所,不同的建筑有不同的使用要求。例如,影剧院要求有良好的视听环境,火车站要求人流线路通畅,工业建筑则要求符合产品的生产工艺流程等。

建筑不单是要满足各自的使用功能要求,而且还要为人们创造一个舒适的卫生环境,满足人们生理要求的功能。因此,建筑应具有良好的朝向,以及保暖、隔热、隔声、采光、通风的性能。

以上两点是建造和装饰房屋要达到的基本目的。

2)建筑技术条件

建筑技术是建造房屋的手段,包括建筑材料与制品技术、结构技术、施工技术和设备技术(指水、暖、电、卫、通信、消防、输送等设备)。

建筑不可能脱离建筑技术而存在,例如在19世纪中叶以前的几千年间,建筑材料一直以砖瓦木石为主,所以古代建筑的跨度和高度都受到限制。19世纪中叶到20世纪初,钢铁、水泥相继出现,为发展高层和大跨度的建筑创造了物质技术条件,可以说高度发展的建筑技术是现代建筑的一个重要标志。

3)建筑形象

建筑形象是建筑体型、立面式样、建筑色彩、材料质感、细部装修等的综合反映。建筑形象处理得当,就能产生一定的艺术效果,给人以一定的感染力和美的享受。例如我们所看到的一些建筑,常常给人以庄严雄伟、朴素大方、生动活泼等不同的感觉,这就是建筑艺术形象的魅力。

不同时代的建筑有不同的建筑形象。例如古代建筑与现代建筑的形象就不一样。不同民族、不同地域的建筑也会产生不同的建筑形象,例如汉族和少数民族、南方和北方,都会形成本民族、本地区的各自的建筑形象。

建筑三要素是辩证统一的关系,不能分割,但又有主次之分。第一是功能,是起主导作用的因素;第二是物质技术条件,是达到目的的手段,但是技术对功能又有约束和促进的作用;第三是建筑形象,是功能和技术的反映。充分发挥设计者的主观作用,在一定功能和技术条件下,可以把建筑设计和装饰得更加实用和美观。

▶1.4.2 建筑方针

早在 1953 年我国发展国民经济第一个五年计划开始时,当时的国务院总理周恩来就代表中共中央发布了"适用、经济、在可能条件下注意美观"的建筑方针。虽然时间已经过去 60 多年了,我国国民经济的发展水平、建筑艺术、结构技术以及建材、设备、施工等一系列学科与工种都随着时代的进步与科技的发达而有了突飞猛进的发展,但上述方针因为正确地把握了建筑各构成要素之间本质而内在的辩证关系而对今天的建设仍具有指导意义。2016 年 2 月 6 日《中共中央国务院关于进一步加强城市规划建设管理工作的若干意见》中指出,我国现阶段的建筑方针是"适用、经济、绿色、美观"。同时,这一方针也是衡量建筑优劣的基本标准。

1.5 建筑设计的内容及过程

建筑房屋,从拟订计划到建成使用,通常有编制计划任务书、选择和勘测基地、设计、施工,以及交付使用后的回访总结等几个阶段。设计工作又是其中比较关键的环节,必须严格执行国家基本建设计划,并且具体贯彻建筑方针和政策。通过设计这个环节,把计划中有关设计任务的文字资料编制成表达整幢或成组房屋立体形象的全套图纸。

通过本节的叙述,在学习平、立、剖面设计之前,先对建筑设计的内容和过程有一个概括性了解。

▶1.5.1 建筑设计的内容

房屋的设计,一般包括建筑设计、结构设计和设备设计几部分,它们之间既有分工,又相互密切配合。由于建筑设计是建筑功能、工程技术和建筑艺术的综合,因此它必须综合考虑建筑、结构、设备等工种的要求,以及这些工种的相互联系和制约。设计人员必须贯彻执行建筑方针和政策,正确掌握建筑标准,重视调查研究的工作方法。建筑设计还和城市建设、建筑施工、材料供应以及环境保护等部门的关系极为密切。

设计人员根据有关文件,通过调查研究,收集必要的原始数据和勘测设计资料,综合考虑总体规划、基地环境、功能要求、结构施工、材料设备、建筑经济以及建筑艺术等多方面的问题,进行设计并绘制成建筑图纸,编写主要设计意图的说明书,其他工种也相应设计并绘制各类图纸,编制各工种的计算书、说明书以及概算和预算书。上述整套设计图纸和文件便成为房屋施工的依据。

▶1.5.2 建筑设计的过程和设计阶段

在具体着手建筑平、立、剖面的设计前,需要有一个准备过程,以做好熟悉任务书、调查研究等一系列必要的准备工作。

建筑设计一般分为初步设计和施工图设计两个阶段,对于大型的、比较复杂的工程,也可采用三个设计阶段,即在二个设计阶段之间还有一个技术设计阶段,用于深入解决各工种之间的协调等技术问题。

由于建造房屋是一个较为复杂的物质生产过程,影响房屋设计和建造的因素又很多,因此必须在施工前有一个完整的设计方案,综合考虑多种因素,编制出一整套设计施工图纸和文件。实践证明,遵循必要的设计程序,充分作好设计前的准备工作,划分必要的设计阶段,对提高建筑物的质量、多快好省地设计和建造房屋是极为重要的。

整个设计过程也是学习和贯彻方针政策,不断进行调查研究,合理地解决建筑物的功能、技术、经济和美观问题的过程。

设计过程和各个设计阶段具体分述如下:

1)设计前的准备工作

(1)熟悉设计任务书

具体着手设计前,首先需要熟悉设计任务书,以明确建设项目的设计要求。设计任务书的内容有:

①建设项目总的要求和建造目的的说明;

②建筑物的具体使用要求、建筑面积,以及各类用途房间之间的面积分配;

③建设项目的总投资和单方造价,并说明土建费用、房屋设备费用以及道路等室外设施费用情况;

④建设基地的范围、大小,周围原有建筑、道路、地段环境的描述,并附有地形测量图;

⑤供电、供水和采暖、空调等设备方面的要求,并附有水源、电源接用许可文件;

⑥设计期限和项目的建设进程要求。

设计人员应对照有关定额指标,校核任务书中单方造价、房间使用面积等内容,在设计过程中必须严格掌握建筑标准、用地范围、面积指标等有关限额。同时,设计人员在深入调查和分析设计任务以后,从合理解决使用功能、满足技术要求、节约投资等考虑,或从建设基地的具体条件出发,也可对任务书中一些内容提出补充或修改,但需征得建设单位的同意;涉及用地、造价、使用面积的,还需经城建部门或主管部门批准。

(2)收集必要的设计原始数据

通常,建设单位提出的设计任务,主要是从使用要求、建设规模、造价和建设进度方面考虑的。房屋的设计和建造,还需要收集下列有关原始数据和设计资料:

①气象资料:所在地区的温度、湿度、日照、雨雪、风向和风速,以及冻土深度等;

②基地地形及地质水文资料:基地地形标高,土壤种类及承载力,地下水位、地下有无人防工程以及地震设防烈度等;

③水电等设备管线资料:基地地下的给水、排水、电缆等管线布置,以及基地上的架空线等供电线路情况;

④设计项目的有关定额指标:国家或所在省市地区有关设计项目的定额指标,例如住宅的每户面积或每人面积定额、学校教室的面积定额,以及建筑用地、用材等指标。

(3)设计前的调查研究

设计前调查研究的主要内容有:

①建筑物的使用要求:深入访问使用单位中有实践经验的人员,认真调查同类已建房屋的实际使用情况,通过分析和总结,对所设计房屋的使用要求做到"胸中有数"。以食堂设计

为例,首先需要了解主副食品加工的作业流线,厨师操作时对建筑布置的要求,明确餐厅的使用要求以及有无兼用功能,掌握使用单位每餐实际用膳人数,主食中米、面的比例,以及燃料种类等情况,以确定家具、炊具和设备布置等要求,为具体着手设计做好准备。

②建筑材料供应和结构施工等技术条件:了解设计房屋所在地区建筑材料供应的品种、规格、价格等情况,预制混凝土制品以及门窗的种类和规格,新型建筑材料的性能、价格以及采用的可能性。结合房屋使用要求和建筑空间组合的特点,了解并分析不同结构方案的选型,当地施工技术和起重、运输等设备条件。

③基地踏勘:根据城建部门所划定的设计房屋基地的图纸,进行现场踏勘,深入了解基地和周围环境的现状及历史沿革,核对已有资料与基地现状是否符合,如有出入给予补充或修正;从基地的地形、方位、面积和形状等条件,以及基地周围原有建筑、道路、绿化等多方面的因素,考虑拟建建筑物的位置和总平面布局的可能性。

④当地传统建筑经验和生活习惯:传统建筑中有许多结合当地地理、气候条件的设计布局和创作经验,根据拟建建筑物的具体情况,可以"取其精华",以资借鉴。同时在建筑设计中,也要考虑当地的生活习惯以及人们喜闻乐见的建筑形象。

⑤学习有关方针政策,以及同类型设计的文字、图纸资料。

a.理解主管部门有关建设任务使用要求、建筑面积、单方造价和总投资的批文,以及国家有关部、委或各省、市、地区规定的有关设计定额和指标。

b.工程设计任务书:由建设单位根据使用要求提出各个房间的用途、面积大小以及其他的一些要求,工程设计的具体内容、面积、建筑标准等都需要和主管部门的批文相符合。

c.城建部门同意设计的批文:内容包括用地范围(常用红线画定,简称"红线图"),以及有关规划、环境等城镇建设对拟建房屋的要求。

d.同时也需要学习并分析有关设计项目的国内外图纸文字资料等设计经验。

2)方案设计阶段

方案设计是整个设计过程中带有方向性和战略性意义的决定性环节。对此环节的关注不仅体现在建设方身上,城市规划和消防管理部门等也将对建筑的方案进行过问和干预。实际上,没有获得上述部门同意或认可的后期设计工作,绝对是毫无意义的。

方案设计的任务主要是从总体上把握住建筑工程的大关系,如总体布置、功能划分、空间形式及空间组合方式、结构选型和外观造型等。必须保证这些大的关系和存在的主要矛盾等问题的解决方案既能被建设方接纳,又不违背国家或地方的有关法规从而获得有关主管部门的首肯。为达此目的,设计实践中往往采用同时提供多种方案的方法,供有关人员比较、选择。

方案设计的图纸和设计文件有:

①建筑总平面图。比例尺为1∶500~1∶2 000。

②各层平面图及主要剖面、立面图。比例尺为1∶100~1∶200。

③说明书。(说明设计方案的主要意图,主要结构方案及构造特点,以及主要技术经济指标等。)

④根据设计任务的需要,辅以建筑效果图或建筑模型。

经过建设方同意和主管部门行文批准的方案才能作为下一阶段(初步设计)的依据。

3)初步设计阶段

初步设计是三阶段建筑设计时的中间阶段。它的主要任务是在方案设计的基础上,进一步确定房屋各工种和工种之间的技术问题。

初步设计的内容为各工种相互提供资料、提出要求,并共同研究和协调编制拟建工程各工种的图纸和说明书,为各工种编制施工图打下基础。在三阶段设计中,经过送审并批准的初步设计图纸和说明书等,是施工图编制、主要材料设备订货以及基建拨款的依据文件。

初步设计的图纸和设计文件,要求建筑工种的图纸标明与技术工种有关的详细尺寸,并编制建筑部分的技术说明书。结构工种应有房屋结构布置方案图,并附初步计算说明,设备工种也应提供相应的设备图纸及说明书。

初步设计的图纸和设计文件有:

①建筑总平面图。比例尺为1∶500。

②各层平面图及主要剖面、立面图。比例尺为1∶100~1∶200。

③初步设计说明书(包括消防专篇、节能专篇、绿化环保专篇)。

④建筑概算书。

4)施工图设计阶段

施工图设计是建筑设计的最后阶段。它的主要任务是满足施工要求,即在初步设计或技术设计的基础上,综合建筑、结构、设备各工种,相互交底、核实校对,深入了解材料供应、施工技术、设备等条件,把满足工程施工的各项具体要求反映在图纸中,做到整套图纸齐全统一,明确无误。

施工图设计的内容包括:确定全部工程尺寸和用料,绘制建筑、结构、设备等全部施工图纸,编制工程说明书、结构计算书和预算书。

施工图设计的图纸及设计文件有:

①建筑施工图(简称“建施图”),包括以下内容:

a.建筑总平面图。比例尺1∶500(建筑基地范围较大时,也可用1∶1 000,1∶2 000)。

b.各层平面图及主要剖面、立面图。比例尺为1∶100~1∶200。

c.建筑构造节点详图。根据需要可采用1∶1,1∶5,1∶10,1∶20等比例尺(主要为檐口、墙身和各构件的连接点,楼梯、门窗以及各部分的装饰大样等)。

d.设计说明。

②结构施工图(简称“结施图”),包括:基础平面图和基础详图,楼板及屋顶平面图和详图,结构构造节点详图以及设计说明。

③设备施工图(简称“设施图”),包括:给排水、电器照明及暖气或空调等工种的平面布置图、系统图和节点详图以及设计说明。

④结构及设备的计算书。

⑤工程预算书。

1.6 建筑设计的要求和依据

▶1.6.1 建筑设计的要求

1)满足建筑功能要求

满足建筑物的功能要求,为人们的生产和生活活动创造良好的环境,是建筑设计的首要任务。例如要设计学校,首先要考虑满足教学活动的需要,教室设置应分班合理,采光通风良好,同时还要合理安排教师备课、办公、储藏和厕所等行政管理和辅助用房,并配置良好的体育场和室外活动场地等。

2)采用合理的技术措施

正确选用建筑材料,根据建筑空间组合的特点,选择合理的结构、施工方案,使房屋坚固耐久、建造方便。例如近年来,我国设计建造的一些覆盖面积较大的体育馆,由于屋顶采用钢网架空间结构和整体提升的施工方法,既节省了建筑物的用钢量,也缩短了施工工期。

3)具有良好的经济效果

建造房屋是一个复杂的物质生产过程,需要大量人力、物力和资金,在房屋的设计和建造中要因地制宜、就地取材,尽量做到节省劳动力,节约建筑材料和资金。设计和建造房屋要有周密的计划和核算,重视经济领域的客观规律,讲究经济效果。房屋设计的使用要求和技术措施,要和相应的造价、建筑标准统一起来。

4)考虑建筑美观要求

建筑物是社会的物质和文化财富,它在满足使用要求的同时,还需要考虑人们对建筑物在美观方面的要求,考虑建筑物所赋予人们在精神上的感受。建筑设计要努力创造具有我国时代精神的建筑空间组合与建筑形象。历史上创造的具有时代印记和特色的各种建筑形象,往往是一个国家、一个民族文化传统宝库中的重要组成部分。

5)符合总体规划以及国家和地方建筑技术法规的要求

单体建筑是总体规划中的组成部分,单体建筑的设计应符合所在地总体规划提出的要求以及国家和地方建筑技术法规的要求。建筑物的设计,还要充分考虑和周围环境的关系,例如原有建筑的状况,道路的走向,基地面积大小以及绿化等方面和拟建建筑物的关系。新设计的单体建筑,应使所在基地形成协调的室外空间组合、良好的室外环境。

1.6.2 建筑设计的依据

1)人体尺度和人体活动所需的空间尺度

建筑物中家具、设备的尺寸、踏步、窗台、栏杆的高度,门洞、走廊、楼梯的宽度和高度,以至各类房间的高度和面积大小,都和人体尺度以及人体活动所需的空间尺度直接或间接有关,因此人体尺度和人体活动所需的空间尺度,是确定建筑空间的基本依据之一。我国成年男子和女子的平均高度分别为 1 670 mm 和 1 560 mm),人体尺度和人体活动所需的空间尺度如图 1.71 所示。

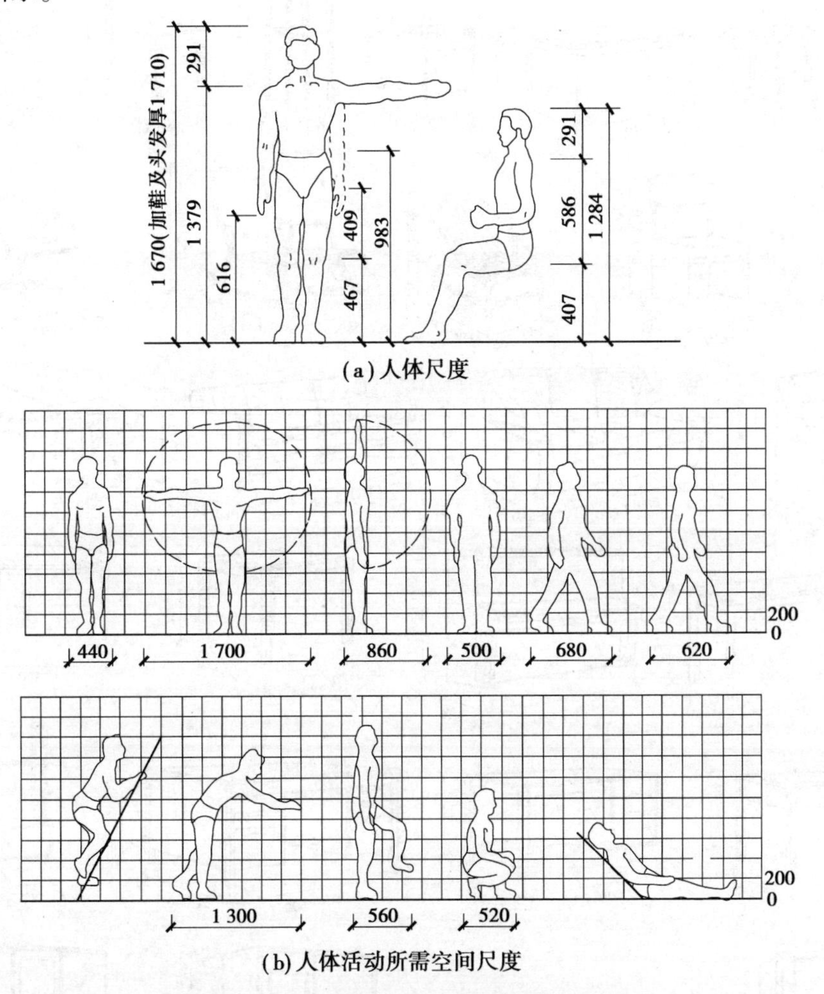

(a) 人体尺度

(b) 人体活动所需空间尺度

图 1.71 人体尺度和人体活动所需的空间尺度

近年来,在建筑设计中日益重视人体工程学的运用。人体工程学是运用人体计测、生理心理计测和生物力学等研究方法,综合地进行人体结构、功能、心理等问题的研究,用以解决人与物、人与外界环境之间的协调关系并提高效能。建筑设计中,人体工程学的运用,将使确定空间范围,始终以人的生理、心理需求为研究中心,使空间范围的确定具有定量计测的科学依据(图 1.72)。

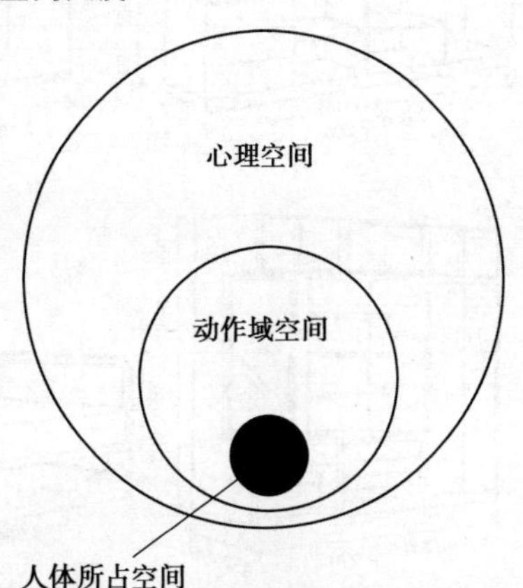

图 1.72 单人所需空间范围示意

2) 家具、设备的尺寸和使用它们的必要空间

家具、设备的尺寸,以及人们在使用家具和设备时,在它们近旁必要的活动空间,是考虑房间内部使用面积的重要依据。民用建筑中常用的家具尺寸如图 1.73 所示。

图 1.73　民用建筑常用家具尺度

3)温度、湿度、日照、雨雪、风向、风速等气候条件

气候条件对建筑物的设计有较大影响。例如湿热地区,房屋设计要很好地考虑隔热、通风和遮阳等问题;干冷地区,通常又希望把房屋的体型尽可能设计得紧凑一些,以减少外围护面的散热,有利于室内采暖、保温。

日照和主导风向,通常是确定房屋朝向和间距的主要因素;风速是高层建筑、电视塔等设计中考虑结构布置和建筑体型的重要因素;雨雪量的多少对屋顶形式和构造也有一定影响。

在设计前,需要收集当地上述有关的气象资料,作为设计的依据(图1.74、表1.3)。

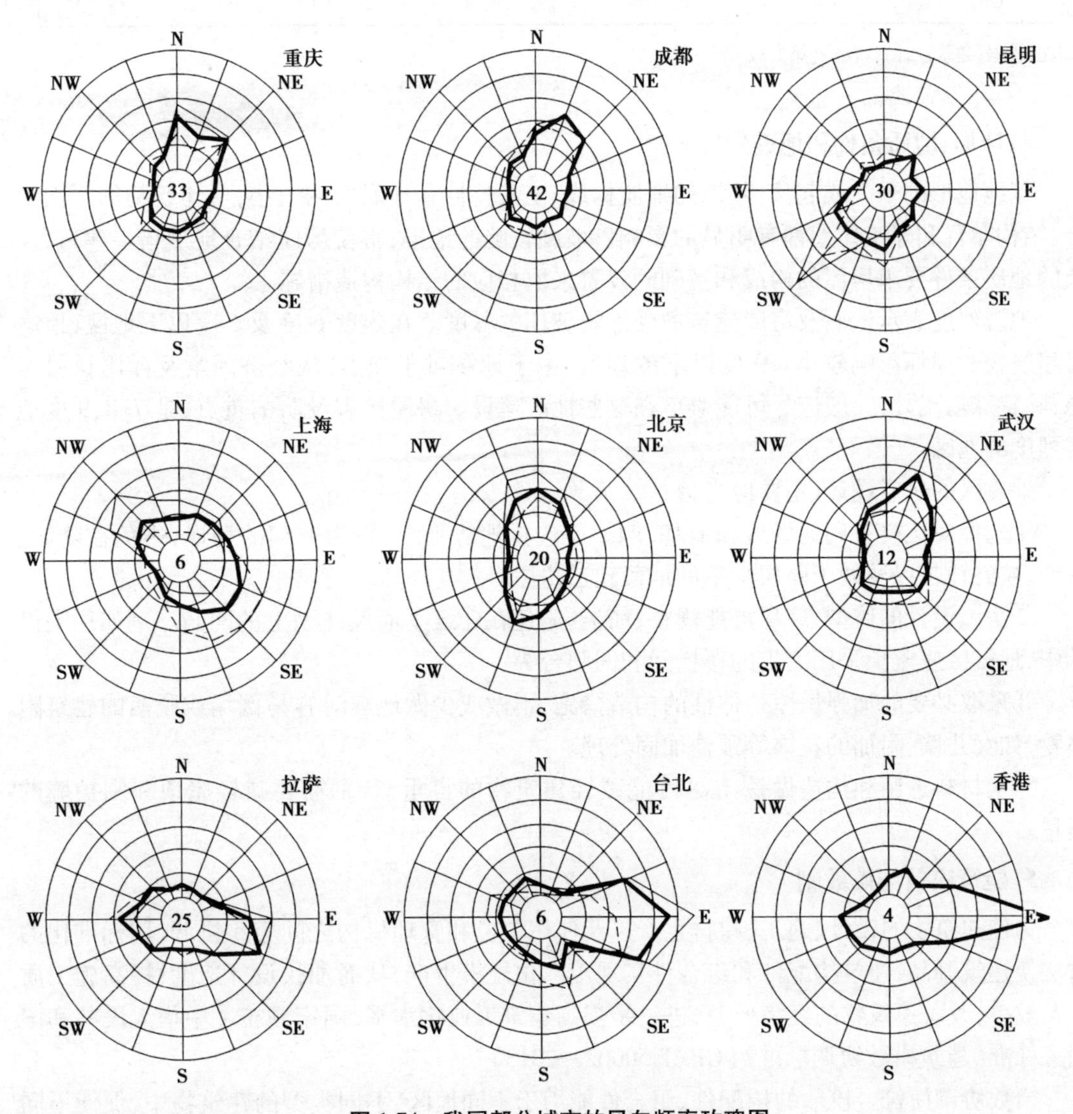

图1.74 我国部分城市的风向频率玫瑰图

表1.3　我国部分城市的最冷最热月气温[①]

城市名称	最冷月平均/℃	最热月平均/℃	城市名称	最冷月平均/℃	最热月平均/℃
北京	−4.8	25.8	汉口	3.4	28.6
哈尔滨	−19.7	22.9	长沙	4.2	29.6
乌鲁木齐	−16.1	23.2	重庆	7.4	28.5
天津	−4.7	26.5	福州	10.6	28.7
西安	−1.7	27.3	广州	13.7	28.3
上海	3.8	28	南宁	13.5	29

注:①据《建筑设计资料集》(第二版)第一册。

4)地形、地质条件和地震烈度

基地地形的平缓或起伏,基地的地质构成、土壤特性和地耐力的大小,对建筑物的平面组合、结构布置和建筑体型都有明显的影响。坡度较陡的地形,常使房屋结合地形错层建造,复杂的地质条件要求房屋的构成和基础的设置采取相应的结构构造措施。

地震烈度表示地面及房屋建筑遭受地震破坏的程度。在烈度6度及6度以下地区,地震对建筑物的损坏影响较小。9度以上的地区,由于地震过于强烈,从经济因素及耗用材料考虑,除特殊情况外,一般应尽可能避免在这些地区建设。房屋抗震设防的重点,是7、8、9度地震烈度的地区。

地震区的房屋设计,主要应考虑:

①选择对抗震有利的场地和地基,例如应选择地势平坦、较为开阔的场地,避免在陡坡、深沟、峡谷地带以及处于断层上下的地段建造房屋。

②房屋设计的体型,应尽可能规整、简洁,避免在建筑平面及体型上的凹凸。例如住宅设计中,地震区应避免采用突出的楼梯间和凹阳台等。

③采取必要的加强房屋整体性的构造措施,不做或少做地震时容易倒塌或脱落的建筑附属物,如女儿墙、附加的花饰等须作加固处理。

④从材料选用和构造做法上尽可能减轻建筑物的自重,特别需要减轻屋顶和围护墙的质量。

5)建筑模数与模数制

为使建筑物的设计、施工、建材生产以及使用单位和管理机构之间容易协调,用标准化的方法使建筑制品、建筑构配件和组合件实现工厂化规模生产,从而加快设计速度,提高施工质量及效率,改善建筑物的经济效益,进一步提高建筑工业化水平,国家颁布了中华人民共和国国家标准《建筑模数协调标准》(GB/T 50002—2013)。

模数协调使符合模数的构配件、组合件能用于不同地区、不同类型的建筑物中,促使不同材料、形式和不同制造方法的建筑构配件、组合件有较大的通用性和互换性。在建筑设计中能简化设计图的绘制,在施工中能使建筑物及其构配件和组合件的放线、定位和组合等更有规律、更趋统一、协调,从而便利施工。

模数是选定的尺寸单位,作为尺度协调的增值单位。模数协调选用的基本尺寸单位,叫基本模数。基本模数的数值为 100 mm,其符号为 M,即 M=100 mm,整个建筑物和建筑物的一部分以及建筑组合件的模数化尺寸应是基本模数的倍数。模数协调标准选定的扩大模数和分模数叫导出模数,导出模数是基本模数的整倍数和分数。

扩大模数应符合基数为 2M、3M、6M、12M…的规定,其相应的尺寸分别为 200、300、600、1 200…。分模数应符合基数为 M/10、M/5、M/2 的规定,其相应的尺寸分别为 10、20、50。

建筑物的开间或柱距,进深或跨度,梁、板、隔墙和门窗洞口宽度等部分的截面尺寸宜采用水平基本模数和水平扩大模数数列,且水平扩大模数数列宜采用 $2n$M、$3n$M(n 为自然数)。

建筑物的高度、层高和门窗洞口高度等宜采用竖向基本模数和竖向扩大模数数列,且竖向扩大模数数列宜采用 nM。

构造节点和分部件的接口尺寸等宜采用分模数数列,且分模数数列宜采用 M/10、M/5、M/2。

本章小结

(1)在人类发展的漫长过程中,为了生存和发展而不断地与自然、猛兽斗争,劳动工具得以进化,生产力得到了发展,出现了赖以生存的住所而产生了房屋建筑。

(2)建筑的概念包含三方面的含义:一是建筑物和构筑物的统称;二是人们进行建造的行为;三是涵盖了经济与社会科学、文化艺术、工程技术等多领域与多学科的综合学科。

(3)建筑包含了与其时代、社会、经济、文化相适宜的三个基本要素:建筑功能、建筑技术和建筑形象。

(4)我国的建筑方针是:“适用、安全、经济、美观”,是评价建筑优劣的基本原则。

(5)外国建筑发展伴随着社会的发展而经历了巨大的发展与变化。由原始社会开始,外国建筑历经古代、中世纪、资本主义萌芽时期,直至今天,建筑的形式、内容都发生了巨大的变化,并从一个侧面反映出时代的发展变化。

(6)外国古代建筑以古埃及建筑、古西亚建筑、古印度建筑、古希腊建筑和古罗马建筑为主要代表;中世纪建筑则以拜占庭建筑、罗马风建筑、哥特建筑和欧洲文艺复兴建筑为主要风格;资本主义近代建筑经历了“古典复兴”“浪漫主义”和“折中主义”、建筑的新材料、新技术与新类型和“新建筑运动流派”等阶段。

(7)中国建筑具有悠久的历史和鲜明的特色,在世界建筑史上占有重要的位置。中国古代建筑,与古代埃及建筑、古代西亚建筑、古代印度建筑、古代爱琴海建筑及古代美洲建筑共同构成世界六支原生古老建筑体系。

(8)中国建筑发展的历史可分为古代建筑、近代建筑、现代建筑三个阶段。中国古代建筑经历了原始社会、奴隶社会和封建社会三个历史阶段,其中,封建社会是形成我国古典建筑的主要阶段;自 1840 年鸦片战争起,中国建筑开始进入了现代建筑时期,产生了中国近代的新建筑体系,形成中国近代建筑发展“中、新、旧”建筑体系并存的格局;中华人民共和国建立后,中国建筑进入现代时期,中国现代建筑经历了 20 世纪 50 年代前期的复古主义阶段、中国社会主义建筑新风格阶段和至今的多元化的建筑风格阶段。

(9)建筑按功能分为民用建筑、工业建筑和农业建筑;按规模分为大量性建筑和大型性建筑;按层数和高度则可分为低层、多层、高层和超高层建筑。

(10)建筑物按设计使用年限来划分可分为四类:设计使用年限为100年以上的为4类;50年的为3类;25年的为2类;5年的为1类。按耐火性等级划分则依据建筑构件的耐火极限和燃烧性能分为四个等级。

复习思考题

1.1 建筑概念包含了哪些含义?

1.2 建筑的三个基本要素是什么?

1.3 我国现行的建筑方针是什么?

1.4 外国建筑发展经历了哪些阶段?

1.5 外国中世纪建筑的主要风格有哪些?试列举其代表建筑。

1.6 外国资本主义近代建筑经历哪些阶段?试列举其代表人物。

1.7 中国建筑发展的历史可分为哪几个阶段?

1.8 中国古代建筑具有哪些鲜明的特色?中国古代建筑的结构与构造有什么特点?

1.9 中国封建社会在城市规划方面有哪些突出的成就?

1.10 中国近代建筑经历了怎样的发展历程?这一时期产生了哪些流派体系?

1.11 什么叫大量性建筑和大型性建筑?

1.12 建筑物按层数和高度是如何进行分类的?

1.13 什么叫耐火极限?如何划分建筑物的耐火等级?

2

建筑设计基础知识

［本章要点］

认识制图工具并掌握使用方法，熟悉中华人民共和国国家标准《房屋建筑制图统一标准》GB/T 50001—2010 规定的绘制建筑施工图的图幅、图框、线型、字体及尺寸标注的基本要求。掌握线型、字体及尺寸标注的基本要求，重点掌握剖面图及断面图的要求。

2.1　制图工具及使用方法

建筑图样是建筑设计人员用来表达设计意图、交流设计思想的技术文件，是建筑物施工的重要依据。所有的建筑图，都是运用建筑制图的基本理论和基本方法绘制的，都必须符合国家统一的建筑制图标准。传统的尺规作图是现代计算机绘图的基础，本章将介绍尺规绘图工具的使用、有关建筑制图国家标准的一些基本规定，以及建筑制图的一般步骤等。

▶2.1.1　图板

图板是用作图时的垫板，要求板面平坦、光洁，左边是导边，必须保持平整（图 2.1）。图板的大小有各种不同规格，可根据需要而选定。0 号图板适用于画 A0 号图纸，1 号图板适用于画 A1 号图纸，四周还略有宽余。图板放在桌面上，板身宜与水平桌面成 10°~15°倾斜。

图板不可用水刷洗和在日光下曝晒。

▶2.1.2　丁字尺

丁字尺由相互垂直的尺头和尺身组成（图 2.1）。尺身要牢固地连接在尺头上，尺头的内

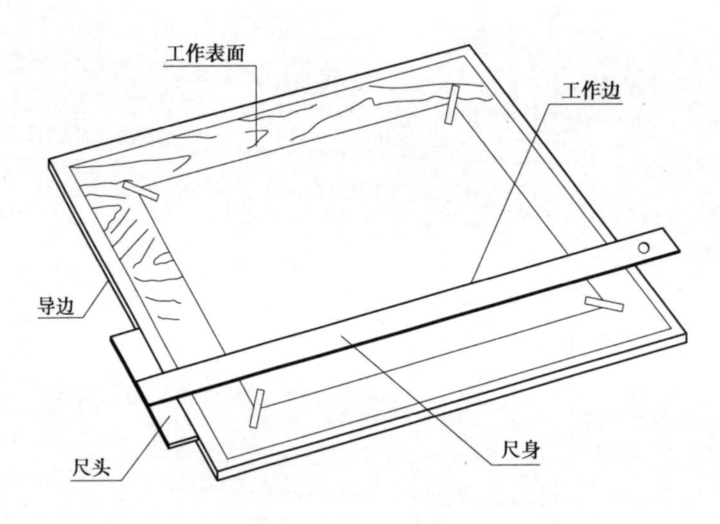

图 2.1　图板和丁字尺

侧面必须平直,用时应紧靠图板的左侧——导边。在画同一张图纸时,尺头不可以在图板的其他边滑动,以避免图板各边不成直角时,画出的线不准确。丁字尺的尺身工作边必须平直光滑,不可用丁字尺击物和用刀片沿尺身工作边裁纸。丁字尺用完后,宜竖直挂起来,以避免尺身弯曲变形或折断。

丁字尺主要用于画水平线,并且只能沿尺身上侧画线。作图时,左手把住尺头,使它始终紧靠图板左侧,然后上下移动丁字尺,直至工作边对准要画线的地方,再从左向右画水平线。画较长的水平线时,可把左手滑过来按住尺身,以防止尺尾翘起和尺身摆动(图 2.2)。

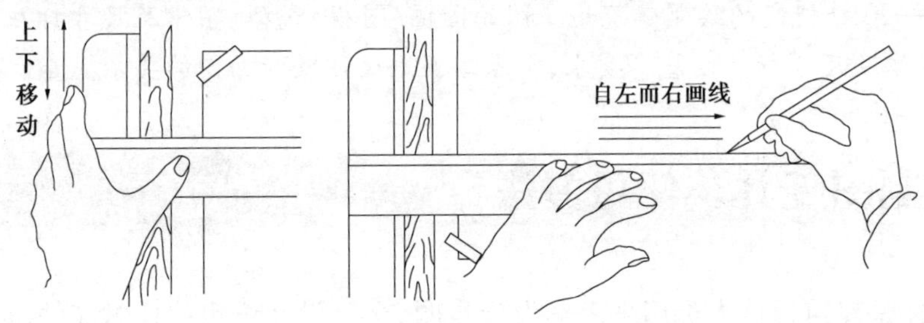

图 2.2　上下移动丁字尺及画水平线的手势

▶2.1.3　三角尺

一副三角尺有 30°、60°、90°和 45°、45°、90°两块,且后者的斜边等于前者的长直角边。三角尺除了直接用来画直线外,还可以配合丁字尺画铅垂线和画 30°、45°、60°及 15°×n 的各种斜线(图 2.3)。

画铅垂线时,先将丁字尺移动到所绘图线的下方,把三角尺放在应画线的右方,并使一直角边紧靠丁字尺的工作边,然后移动三角尺,直到另一直角边对准要画线的地方,再用左手按住丁字尺和三角尺,自下而上画线[图 2.3(a)]。

丁字尺与三角尺配合画斜线,以及两块三角尺配合画各种斜度的相互平行或垂直的直线时,其运笔方向如图 2.3(b)和图 2.4 所示。

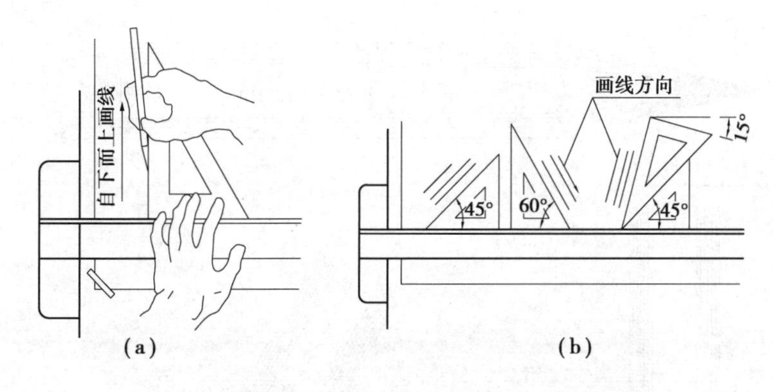

图 2.3 用三角尺和丁字尺配合画垂直线和各种斜线

图 2.4 用三角尺画平行线及垂直线

▶2.1.4 铅笔

绘图铅笔有各种不同的硬度。标号 B,2B,…,6B 表示软铅芯,数字越大,表示铅芯越软。标号 H,2H,…,6H 表示硬铅芯,数字越大,表示铅芯越硬,标号 HB 表示中软。画底稿宜用 H 或 2H,徒手作图可用 HB 或 B,加重直线用 H、HB(细线)、HB(中粗线)、B 或 2B(粗线)。铅笔尖应削成锥形,芯露出 6~8 mm。削铅笔时要注意保留有标号的一端,以便始终能识别其软硬度(图 2.5)。使用铅笔绘图时,用力要均匀,用力过大会划破图纸或在纸上留下凹痕,甚至折断铅芯。画长线时,要边画边转动铅笔,使线条粗细一致。画线时,从正面看笔身应倾斜约 60°,从侧面看笔身应铅直(图 2.5)。持笔的姿势要自然,笔尖与尺边距离始终保持一致,线条才能画得平直准确。

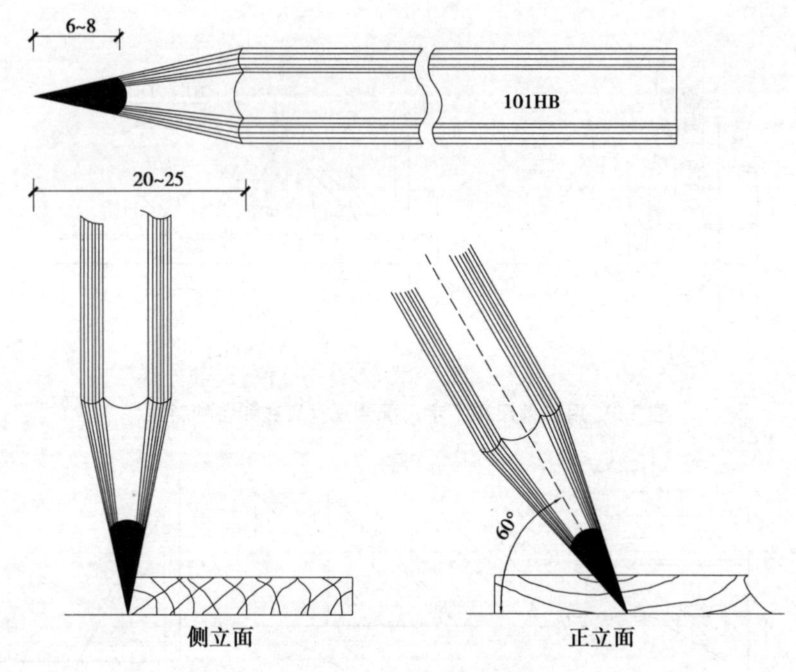

图 2.5　铅笔及其使用

▶2.1.5　圆规

圆规是用来画圆及圆弧的工具(图 2.6)。圆规的一腿为可固定的活动钢针,其中有台阶状的一端多用来加深图线时用。另一腿上附有插脚,根据不同用途可换上铅芯插脚、鸭嘴笔插脚、针管笔插脚、接笔杆(供画大圆用)。画图时应先检查两脚是否等长,当针尖插入图板后,留在外面的部分应与铅芯尖端平(画墨线时,应与鸭嘴笔脚平),如图 2.6(a)所示。铅芯可磨成约 65°的斜截圆柱状,斜面向外,也可磨成圆锥状。

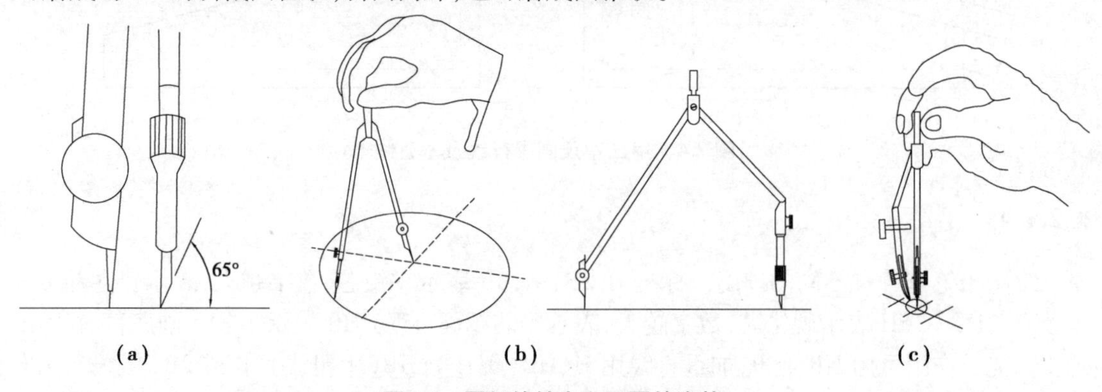

图 2.6　圆规的针尖和画圆的姿势

画圆时,首先调整铅芯与针尖的距离等于所画圆的半径,再用左手食指将针尖送到圆心上轻轻插住,尽量不使圆心扩大,并使笔尖与纸面的角度接近垂直;然后右手转动圆规手柄,转动时,圆规应向画线方向略为倾斜,速度要均匀,沿顺时针方向画圆,整个圆一笔画完。在绘制较大的圆时,可将圆规两插杆弯曲,使它们仍然保持与纸面垂直[图 2.6(b)]。直径在 10 mm以下的圆,一般用点圆规来画。使用时,右手食指按顶部。大拇指和中指按顺时针方向迅速地旋动套管,画出小圆[图 2.6(c)]。需要注意的是,画圆时必须保持针尖垂直于纸面。圆画出后,要先提起套管,然后拿开点圆规。

▶2.1.6 比例尺

比例尺是用来放大或缩小线段长度的尺子。现以比例直尺为例,说明它的用法。

①用比例尺量取图上线段长度。已知图的比例为 1∶200,要知道图上线段 *AB* 的实长,就可以用比例尺上 1∶200 的刻度去量度(图 2.7)。将刻度上的零点对准 *A* 点,而 *B* 点恰好在刻度 4.2 m 处,则线段 *AB* 的长度可直接读得 4.2 m,即 4 200 mm。

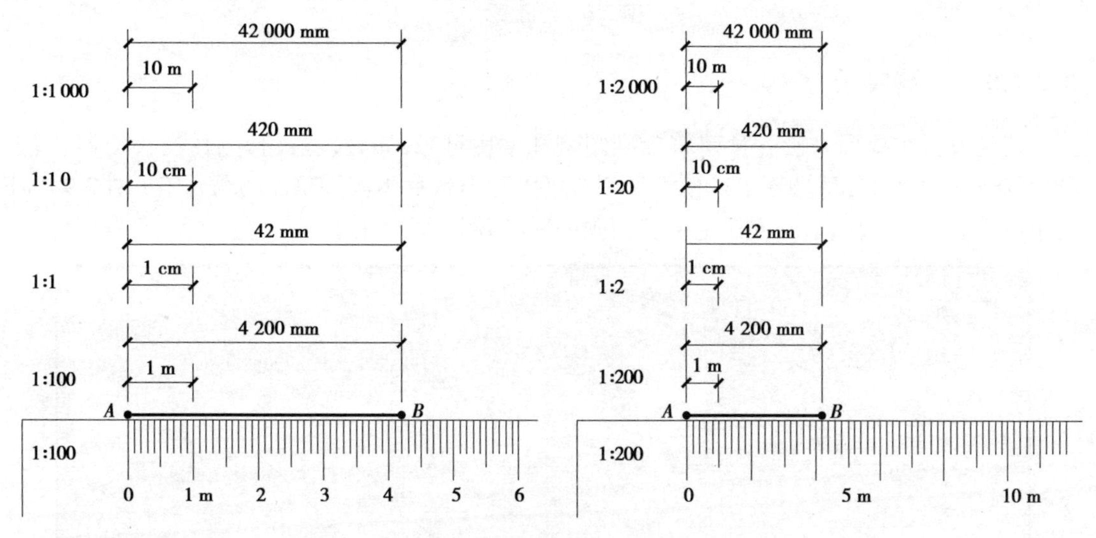

图 2.7　比例尺及其用法

②用比例尺上的 1∶200 的刻度量读比例是 1∶2、1∶20 和 1∶2 000 的线段长度。例如,在图 2.7 中,*AB* 线段的比例如果改为 1∶2,由于比例尺 1∶200 刻度的单位长度比 1∶2 缩小了 100 倍,则 *AB* 线段的长度应读为 $4.2\times\frac{1}{10}=0.42$ m,同样,比例改为 1∶2 000,则应读为 $4.2\times10=42$ m。

上述量读方法可归结为表 2.1。

表 2.1　量读方法

比　例		读　数
比例尺刻度	1∶200	4.2 m
图中线段比例	1∶2(分母后少两位零)	0.042 m(小数点前移两位)
	1∶20(分母后少一位零)	0.42 m(小数点前移一位)
	1∶2 000(分母后多一位零)	42 m(小数点后移一位)

③用 1∶500 的刻度量读 1∶250 的线段长度。由于 1∶500 刻度的单位长度比 1∶250 缩小了 1/2,所以把 1∶500 的刻度作为 1∶250 用时,应把刻度上的单位长度放大 2 倍,即将 10 m作为 5 m 用。

比例尺是用来量取尺寸的,不可用来画线。

▶2.1.7　绘图墨水笔

绘图墨水笔是过去用来描图的主要工具,现在用计算机绘图后已基本不用,但仍有学校作为学生练习在用,故在此简单介绍。绘图墨水笔的笔尖是一支细的针管,又名针管笔(图2.8)。绘图墨水笔能像普通钢笔一样吸取墨水。笔尖的管径从0.1 mm到1.2 mm,有多种规格,可视线型粗细而选用。使用时应注意保持笔尖清洁。

图2.8　绘图墨水笔

▶2.1.8　建筑模板

建筑模板主要用来画各种建筑标准图例和常用符号,如柱、墙、门开启线、大便器、污水盆、详图索引符号、轴线圆圈等。模板上刻有可以画出各种不同图例或符号的孔(图2.9),其大小已符合一定的比例,只要用笔沿孔内画一周,图例就画出来了。

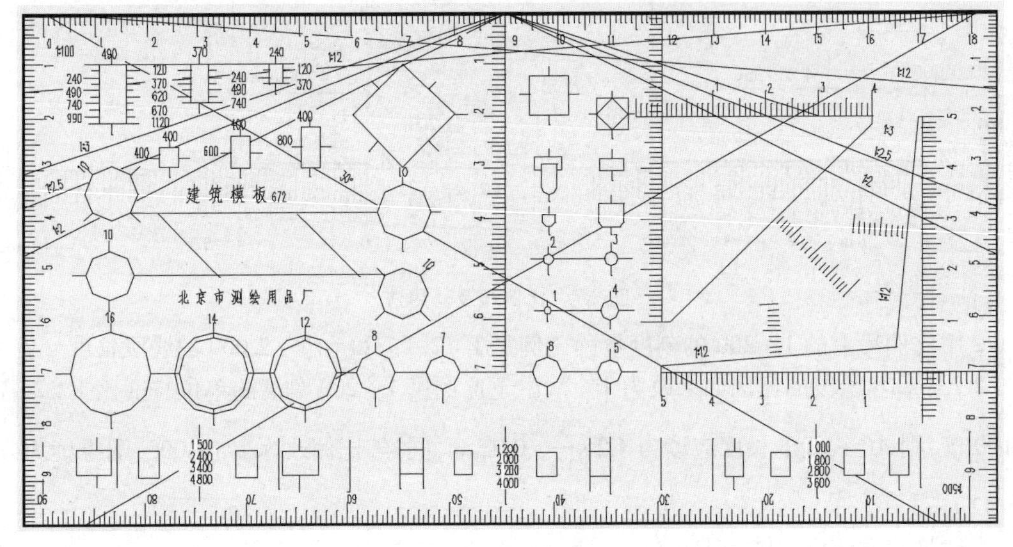

图2.9　建筑模板

2.2　国家制图标准有关建筑制图的基本规定

▶2.2.1　图幅、图标及会签栏

图幅即图纸幅面,指图纸的大小规格。为了便于图纸的装订、查阅和保存,满足图纸现代化管理要求,图纸的大小规格应力求统一。建筑工程图纸的幅面及图框尺寸应符合中华人民共和国国家标准《房屋建筑制图统一标准》(GB/T 50001—2017)规定(以下简称“《房屋建筑制图统一标准》”),见表2.2。表中数字是裁边以后的尺寸,尺寸代号的意义如图2.10所示。

表 2.2　幅面及图框尺寸(摘自 GB/T 50001—2017)

尺寸代号 \ 幅面代号	A0	A1	A2	A3	A4
b/mm×l/(mm×mm)	841×1 189	594×841	420×594	297×420	210×297
c/mm	10			5	
a/mm	25				

图幅分横式和立式两种。从表 2.2 中可以看出 A1 号图幅是 A0 号图幅的对折,A2 号图幅是 A1 号图幅的对折,其余类推,上一号图幅的短边,即是下一号图幅的长边。

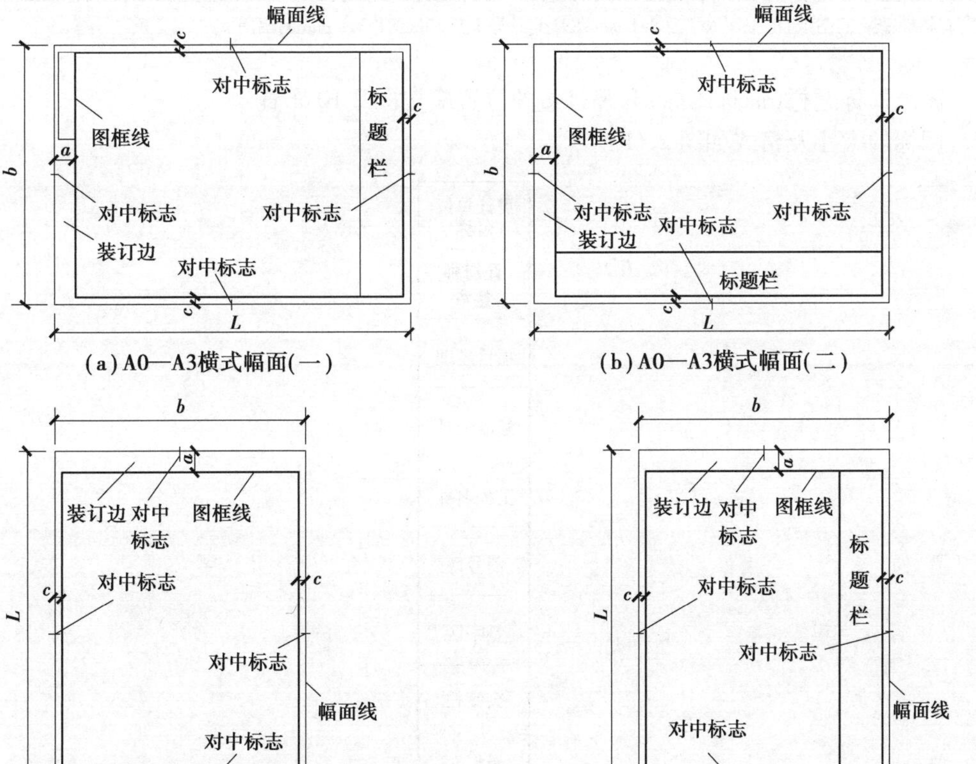

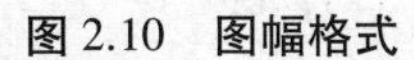

(a) A0—A3横式幅面(一)　(b) A0—A3横式幅面(二)

(c) A0—A4立式幅面(一)　(d) A0—A4立式幅面(二)

图 2.10　图幅格式

建筑工程同一个专业所用的图纸应整齐统一,选用图幅时宜以一种规格为主,尽量避免大小图幅掺杂使用,一般不宜多于两种幅面。目录及表格所采用的 A4 幅面,可不在此限。

在特殊情况下,允许 A0—A3 号图幅按表 2.3 的规定加长图纸的长边,但图纸的短边不得加长。

表 2.3　图纸长边加长尺寸(摘自 GB/T 50001—2017)

幅面代号	长边尺寸/mm	长边加长后尺寸/mm
A0	1 189	1 486(A0+1/4)　1 783(A0+1/2)　2 080(A0+3/4)　2 378(A0+1)
A1	841	1 051(A1+1/4)　1 261(A1+1/2)　1 471(A1+3/4)　1 682(A1+1)　1 892(A1+5/4)　2 102(A1+3/2)
A2	594	743(A2+1/4)　891(A2+1/2)　1 041(A2+3/4)　1 189(A2+1)　1 338(A2+5/4)　1 486(A2+3/2)　1 635(A2+7/4)　1 783(A2+2)　1 932(A2+9/4)　2 080(A2+5/2)
A3	420	630(A3+1/2)　841(A3+1)　1 051(A3+3/2)　1 261(A3+2)　1 471(A3+5/2)　1 682(A3+3)　1 892(A3+7/2)

注:有特殊需要的图纸,可采用 $b \times l$ 为 841 mm×891 mm 与 1 189 mm×1 261 mm 的幅面。

图纸的标题栏(简称图标)和装订边的位置应按图 2.10 布置。

图标的大小及格式如图 2.11 所示。

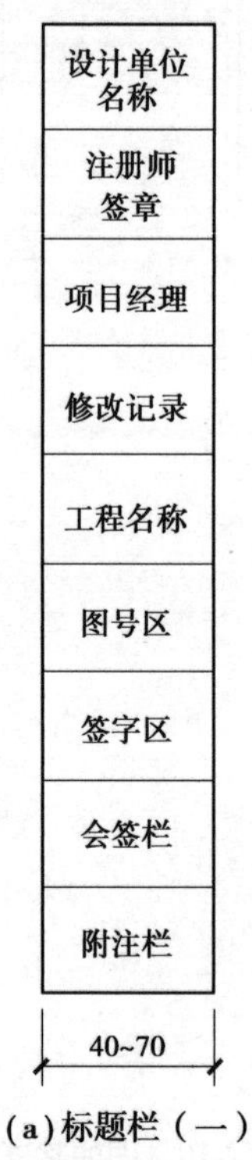

(a)标题栏(一)

(b)标题栏(二)

图 2.11　标题栏(图标)

会签栏应按图 2.12 的格式绘制,栏内应填写会签人员所代表的专业、姓名、日期(年、月、日);一个会签栏不够用时可另加一个,两个会签栏应并列;不需会签的图纸可不设此栏。

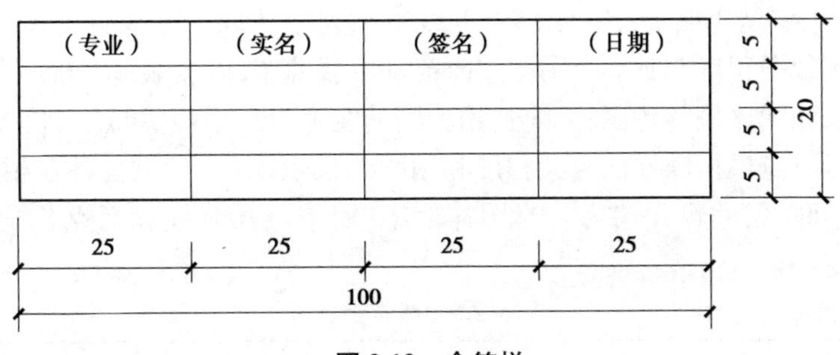

图 2.12　会签栏

▶2.2.2　线型

任何建筑图样都是用图线绘制成的,因此,熟悉图线的类型及用途,掌握各类图线的画法,是建筑制图最基本的技能。

为了使图样清楚、明确,建筑制图采用的图线分为实线、虚线、单点长画线、双点长画线、折断线和波浪线6类,其中前4类线型按宽度不同又分为粗、中粗、中、细4种,后两类线型一般均为细线。各类线型的规格及用途见表2.4。

表 2.4　线型(摘自 GB/T 50001—2017)

名　称		线　型	线　宽	一般用途
实线	粗		b	主要可见轮廓线
	中粗		$0.7b$	可见轮廓线
	中		$0.5b$	可见轮廓线
	细		$0.25b$	可见轮廓线、图例线等
虚线	粗	3~6 ≤1	b	见各有关专业制图标准
	中粗		$0.7b$	不可见轮廓线
	中		$0.5b$	不可见轮廓线、图例线等
	细		$0.25b$	不可见轮廓线、图例线等
单点长画线	粗	≤3 15~20	b	见各有关专业制图标准
	中		$0.5b$	见各有关专业制图标准
	细		$0.25b$	中心线、对称线等
双点长画线	粗	5 15~20	b	见各有关专业制图标准
	中		$0.5b$	见各有关专业制图标准
	细		$0.25b$	假想轮廓线、成型前原始轮廓线
折断线			$0.25b$	断开界线
波浪线			$0.25b$	断开界线

图线的宽度 b,宜从 1.4,1.0,0.7,0.5 mm 线宽系列中选取。图线宽度不应小于 0.1 mm。每个图样,应根据复杂程度与比例大小,先选定基本线宽 b,再按表 2.5 确定相应的线宽组。在同一张图纸中,相同比例的各图样,应选用相同的线宽组。虚线、单点长画线及双点长画线的线段长度和间隔,应根据图样的复杂程度和图线的长短来确定,但宜各自相等,表 2.5 中所示线段的长度和间隔尺寸可作参考。当图样较小,用单点长画线和双点长画线绘图有困难时,可用实线代替。

表 2.5　线宽组

线宽比	线宽组/mm			
b	1.4	1.0	0.7	0.5
$0.7b$	1.0	0.7	0.5	0.35
$0.5b$	0.7	0.5	0.35	0.25
$0.25b$	0.35	0.25	0.18	0.13

注:①需要缩微的图纸,不宜采用 0.18 mm 及更细的线宽。

②同一张图纸内,各不同线宽中的细线,可统一采用较细的线宽组的细线。

图纸的图框线和标题栏线,可采用表 2.6 中所示的线宽。

表 2.6　图框线、标题栏线的宽度

幅面代号	图框线宽度/mm	标题栏外框线宽度/mm	标题栏分格线、会签栏线宽度/mm
A0、A1	b	$0.5b$	$0.25b$
A2、A3、A4	b	$0.7b$	$0.35b$

此外,在绘制图线时还应注意以下几点:

①单点长画线和双点长画线的首末两端应是线段,而不是点。单点长画线(双点长画线)与单点长画线(双点长画线)交接或单点长画线(双点长画线)与其他图线交接时,应是线段交接。

②虚线与虚线交接或虚线与其他图线交接时,都应是线段交接。虚线为实线的延长线时,不得与实线连接。虚线的正确画法和错误画法,如图 2.13 所示。

③相互平行的图线,其净间隙或线中间隙不宜小于 0.2 mm。

④图线不得与文字、数字或符号重叠、混淆,不可避免时,应首先保证文字等的清晰。

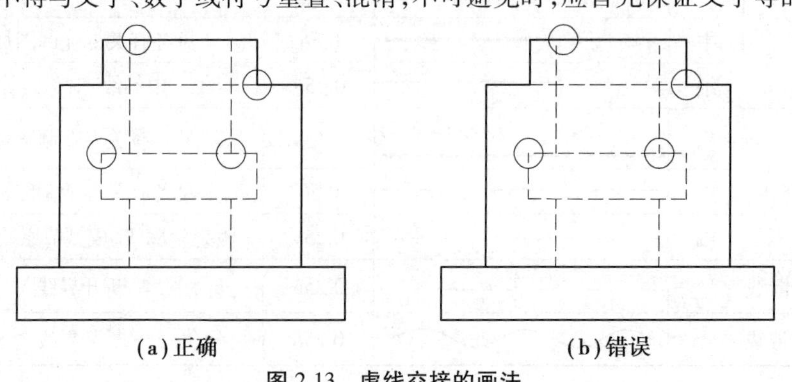

(a)正确　　(b)错误

图 2.13　虚线交接的画法

▶2.2.3 字体

图纸上所需书写的文字、数字或符号等，均应笔画清晰、字体端正、排列整齐；标点符号应清楚正确。如果字迹潦草，难于辨认，则容易发生误解，甚至造成工程事故。

图样及说明中的汉字应写成长仿宋体，大标题、图册封面、地形图等的汉字，也可以写成其他字体，但应易于辨认。汉字的简化写法，必须遵照国务院公布的《汉字简化方案》和有关规定。

(1)长仿宋字体

长仿宋字体是由宋体字演变而来的长方形字体，它的笔画匀称明快，书写方便，因而是工程图纸最常用字体。写仿宋字(长仿宋体)的基本要求，可概括为"行款整齐、结构匀称、横平竖直、粗细一致、起落顿笔、转折勾棱"。

长仿宋体字样如图2.14所示。

建筑设计结构施工设备水电暖风平立侧断剖切面总详标准草略正反迎背新旧大中小上下内外纵横垂直完整比例年月日说明共编号寸分吨斤厘毫甲乙丙丁戊己表庚辛红橙黄绿青蓝紫黑白方粗细硬软镇郊区域规划截道桥梁房屋绿化工业农业民用居住共厂址车间仓库无线电农机粮畜舍晒谷厂商业服务修理交通运输行政办宅宿舍公寓卧室厨房厕所贮藏浴室食堂饭厅冷饮公从餐馆百货店菜场邮局旅客站航空海港口码头长途汽车行李候机船检票学校实验室图书馆文化宫运动场体育比赛博物馆走廊过道盥洗楼梯层数壁橱基础底层墙踢脚阳台门散水沟窗格

图2.14 长仿宋字样

①字体格式。为了使字写得大小一致、排列整齐，书写前应事先用铅笔淡淡地打好字格，再进行书写。字格高宽比例一般为3∶2。为了使字行清楚，行距应大于字距。通常字距约为字高的1/4，行距约为字高的1/3(图2.15)。

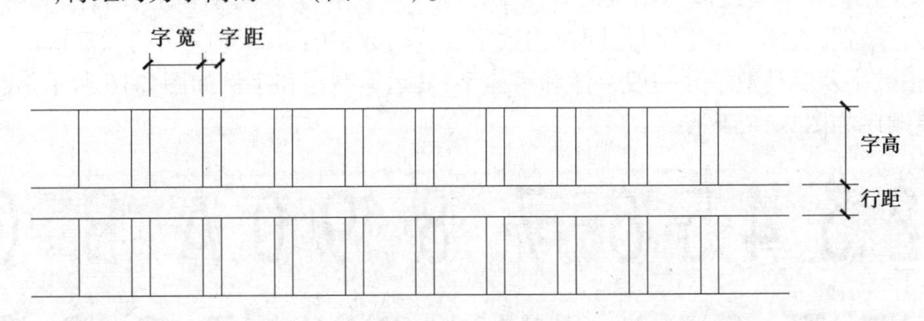

图2.15 字格

字的大小用字号来表示，字的号数即字的高度，各号字的高度与宽度的关系见表2.7。

表2.7 字号

字　号	20	14	10	7	5	3.5
字高/mm	20	14	10	7	5	3.5
字宽/mm	14	10	7	5	3.5	2.5

图纸中常用的为10、7、5三个字号。如需书写更大的字，其高度应按$\sqrt{2}$的比值递增。汉字的字高应不小于3.5 mm。

②字体的笔画。长仿宋字体的笔画要横平竖直,注意起落。

③字体结构。形成一个完善结构的字的关键是各个笔画的相互位置要正确,各部分的大小、长短、间隔要符合比例,上下左右要匀称,笔画疏密要合适。

(2)拉丁字母、阿拉伯数字及罗马数字

拉丁字母、阿拉伯数字及罗马数字的书写与排列等,应符合表 2.8 的规定。

表 2.8　拉丁字母、阿拉伯数字、罗马数字书写规则

书写格式		一般字体	窄字体
字母高	大写字母	h	h
	小写字母(上下均无延伸)	$7/10h$	$10/14h$
小写字母向上或向下延伸部分		$3/10h$	$4/14h$
笔画宽度		$1/10h$	$1/14h$
间　隔	字母间	$2/10h$	$2/14h$
	上下行底线间最小间隔	$14/10h$	$20/14h$
	文字间最小间隔	$6/10h$	$6/14h$

注:①小写拉丁字母 a、c、m、n 等上下均无延伸,j 上下均有延伸;

②字母的间隔,如需排列紧凑,可按表中字母的最小间隔减少一半。

拉丁字母、阿拉伯数字可以直写,也可以斜写。斜体字的斜度是从字的底线逆时针向上倾斜 75°,字的高度与宽度应与相应的直体字相等。当数字与汉字同行书写时,其大小应比汉字小一号,并宜写直体。拉丁字母、阿拉伯数字及罗马数字的字高,应不小于 2.5 mm。拉丁字母、阿拉伯数字及罗马数字分一般字体和窄体字,其运笔顺序和字例如图 2.16 所示。

运笔顺序如图 2.16 所示。

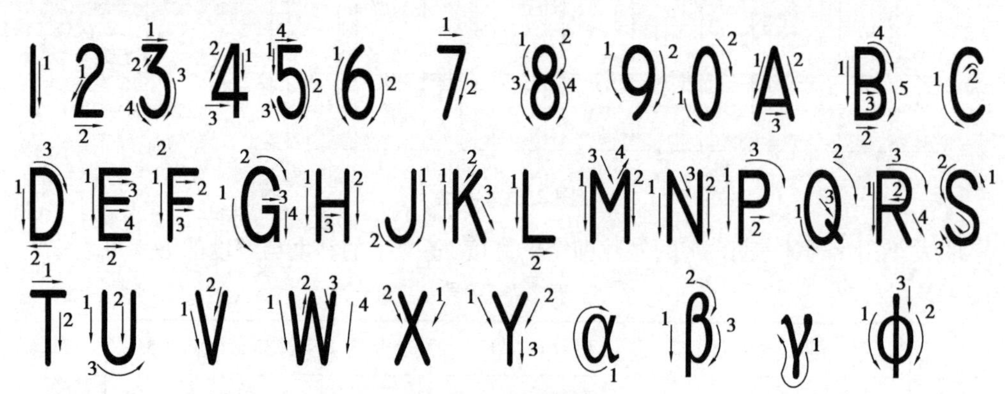

图 2.16　运笔顺序

▶2.2.4　尺寸标注

在建筑施工图中,图形只能表达建筑物的形状,建筑物各部分的大小还必须通过标注尺寸才能确定。房屋施工和构件制作都必须根据尺寸进行,因此尺寸标注是制图的一项重要工作,必须认真细致,准确无误。如果尺寸有遗漏或错误,必将给施工造成困难和损失。

注写尺寸时,应力求做到正确、完整、清晰、合理。

本节将介绍《房屋建筑制图统一标准》中有关尺寸标注的一些基本规定。

(1)尺寸的组成

建筑图样上的尺寸一般应由尺寸界线、尺寸线、尺寸起止符号和尺寸数字四部分组成,如图 2.17 所示。

①尺寸界线是控制所注尺寸范围的线,应用细实线绘制,一般应与被注长度垂直;其一端应离开图样轮廓线不小于 2 mm,另一端宜超出尺寸线 2~3 mm。必要时,图样的轮廓线、轴线或中心线可用作尺寸界线(图 2.18)。

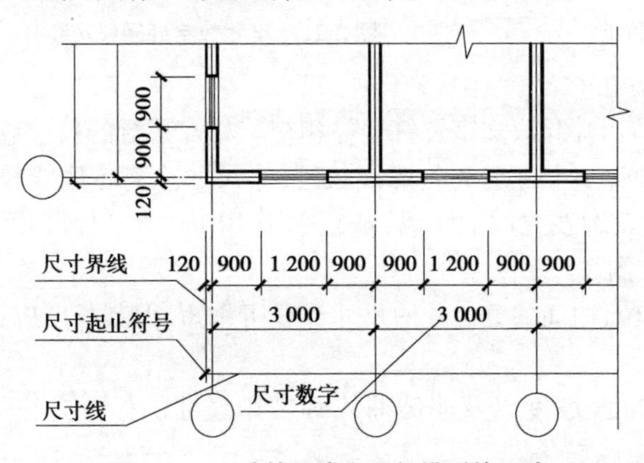

图 2.17　尺寸的组成和平行排列的尺寸

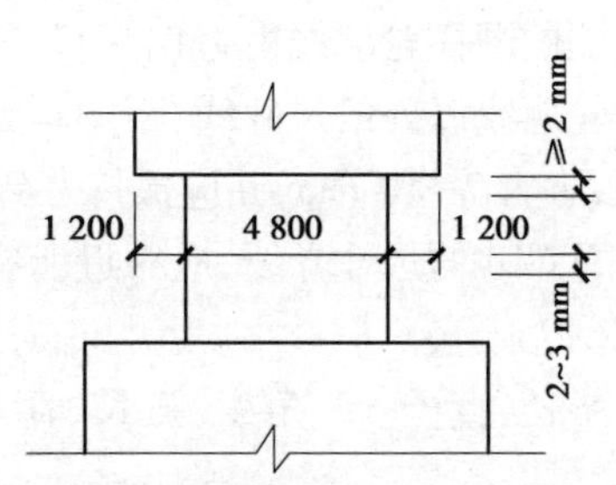

图 2.18　轮廓线用作尺寸界线

②尺寸线用来注写尺寸,必须用细实线单独绘制,应与被注长度平行,且不宜超出尺寸界线。任何图线或其延长线均不得用作尺寸线。

③尺寸起止符号一般应用中粗斜短线绘制,其倾斜方向应与尺寸界线呈顺时针 45°角,长度宜为 2~3 mm。半径、直径、角度和弧长的尺寸起止符号,宜用箭头表示(图2.19)。

④建筑图样上的尺寸数字是建筑施工的主要依据,建筑物各部分的真实大小应以图样上所注写的尺寸数字为准,不得从图上直接量取。图样上的尺寸单位,除标高及总平面图以米为单位外,均必须以毫米为单位,图中不需注写计量单位的代号或名称。本书正文和图中的尺寸数字以及习题集中的尺寸数字,除有特别注明外,均按上述规定。

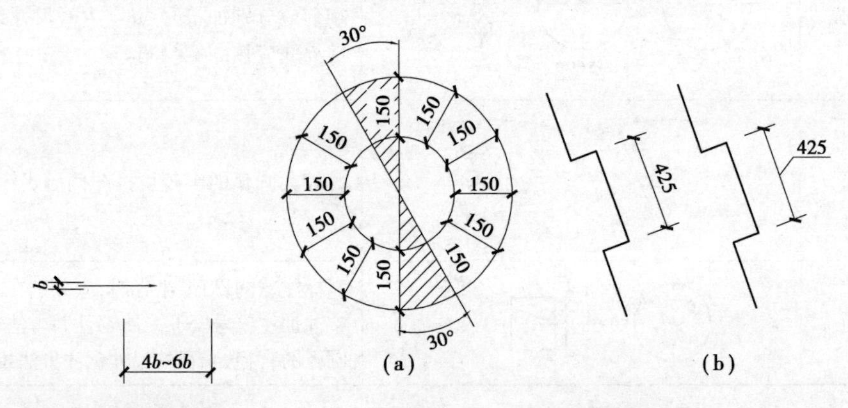

图 2.19　箭头的画法　　图 2.20　尺寸数字读数方向

尺寸数字的读数方向,应按图 2.20(a)规定的方向注写,尽量避免在图中所示的 30°范围内标注尺寸。实在无法避免时,宜按图 2.20(b)的形式注写。

尺寸数字应依据其读数方向注写在靠近尺寸线的上方中部,如没有足够的注写位置,最外边的尺寸数字可注写在尺寸界线外侧,中间相邻的尺寸数字可错开注写,也可引出注写,如图 2.21 所示。

图线不得穿过尺寸数字,不可避免时,应将尺寸数字处的图线断开,如图 2.22 所示。

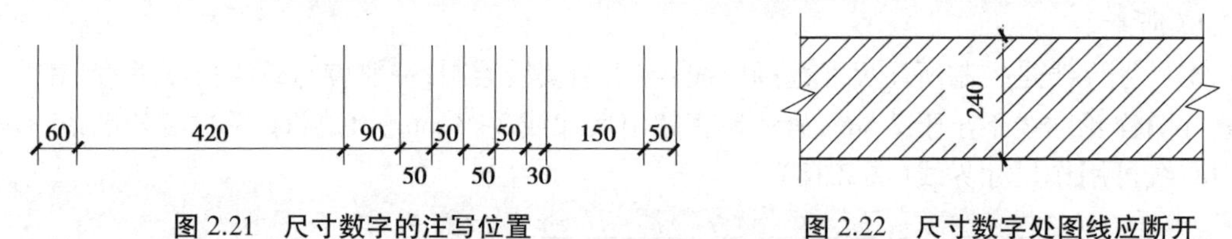

图 2.21 尺寸数字的注写位置　　**图 2.22 尺寸数字处图线应断开**

(2)常用尺寸的排列、布置及注写方法

尺寸宜标注在图样轮廓线以外,不宜与图线、文字及符号等相交。相互平行的尺寸线,应从被注的图样轮廓线由近向远整齐排列,小尺寸应离轮廓线较近,大尺寸应离轮廓线较远。图样轮廓线以外的尺寸线,距图样最外轮廓线之间的距离,不宜小于 10 mm。平行尺寸线的间距,宜为 7~10 mm,并应保持一致,如图 2.17 所示。

总尺寸的尺寸界线,应靠近所指部位,中间的分尺寸的尺寸界线可稍短,但其长度应相等(图 2.17)。

半径、直径、球、角度、弧长、薄板厚度、坡度以及非圆曲线等常用尺寸的标注方法见表 2.9。

表 2.9 常用尺寸标注方法

标注内容	图　例	说　明
角　度	60°　75°20′　6°09′56″　60°	尺寸线应画成圆弧,圆心是角的顶点,角的两边为尺寸界线。角度的起止符号应以箭头表示,如没有足够的位置画箭头,可以用圆点代替。角度数字应水平方向书写。
圆和圆弧	ϕ600　ϕ600　R20	标注圆和圆弧的直径、半径时,尺寸数字前应分别加符号“ϕ”“R”,尺寸线及尺寸界线应按图例绘制。
大圆弧	R150　R150	较大圆弧的半径可按图例形式标注。
球　面	R10　SR23	标注球的直径、半径时,应分别在尺寸数字前加注符号“$S\phi$”、“SR”注写方法与圆和圆弧的直径、半径的尺寸标注方法相同。

续表

标注内容	图　例	说　明
薄板厚度	δ10 160 220 70 60 180 120 300	在薄板板面标注厚尺寸时，应在厚度数字前加厚度符号“δ”。
正方形	30 40 60 20 □50	在正方形的侧面标注该正方形的尺寸，除可用“边长×边长”外，也可在边长数字前加正方形符号“□”。
坡	2% 1:2 2%	标注坡度时，在坡度数字下，应加注坡度符号。坡度符号的箭头，一般应指向下坡方向，坡度也可用直角三角形的形式标注。
小圆和 小圆弧	ϕ24 ϕ24 ϕ12 ϕ16 ϕ4 900 R16 R10 R5 R16	小圆的直径和小圆弧的半径可按图例形式标注。
弧长和弦长	120 113	尺寸界线应垂直于该圆弧的弦。标注弧长时，尺寸线应以与该圆弧同心的圆弧线表示，起止符号应用箭头表示，尺寸数字上方应加注圆弧符号。标注弦长时，尺寸线应以平行与该弦的直线表示，起止符号用中粗斜线表示。
构件外形为 非圆曲线时	240 306 556 750 880 972 1 000 50 500 500 500 400 500 500 500 6 800	用坐标形式标注尺寸。
复杂的圆形	8×100=800 12×100=1 200	用网格形式标注尺寸。

(3)尺寸的简化标注

①杆件或管线的长度，在单线图（桁架简图、钢筋简图、管线图等）上，可直接将尺寸数字沿杆件或管线的一侧注写（图 2.23）。

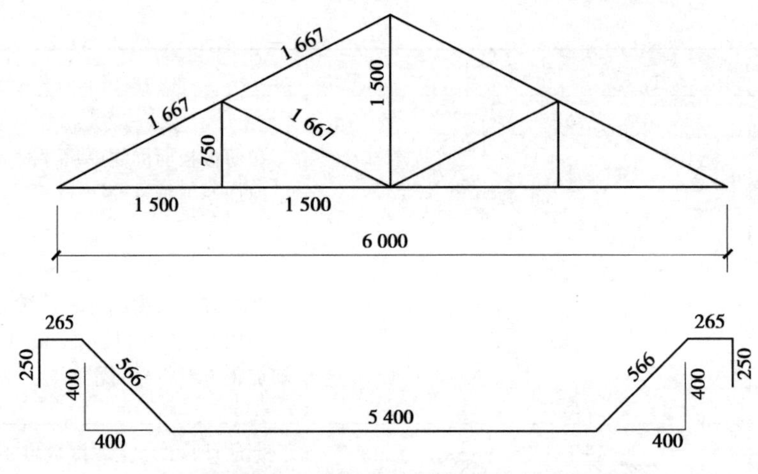

图 2.23　单线图尺寸标注方法

②连续排列的等长尺寸,可用“个数×等长尺寸=总长”的形式标注(图 2.24)。

③如果构配件内的构造要素(如孔、槽等)相同,可仅标注其中一个要素的尺寸(图 2.25)。

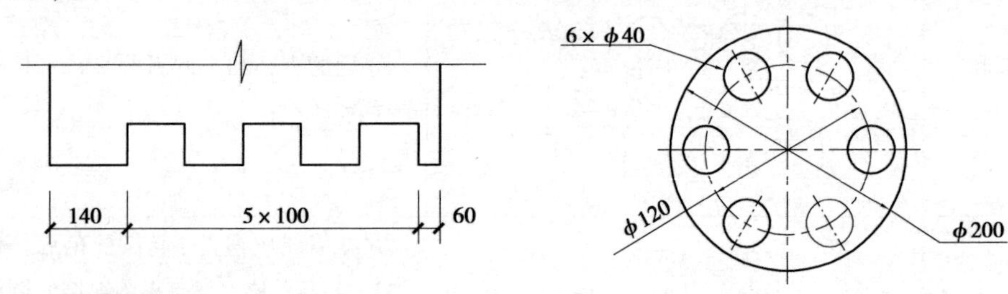

图 2.24　等长尺寸简化标注方法

图 2.25　相同要素尺寸标注方法

④对称构配件采用对称省略画法时,该对称构配件的尺寸线应略超过对称符号,仅在尺寸线的一端画尺寸起止符号,尺寸数字应按整体全尺寸注写,其注写位置宜与对称符号对齐(图 2.26)。

⑤两个构配件,如仅个别尺寸数字不同,可在同一图样中将其中一个构配件的不同尺寸数字注写在括号内,该构配件的名称也应注写在相应的括号内(图 2.27)。

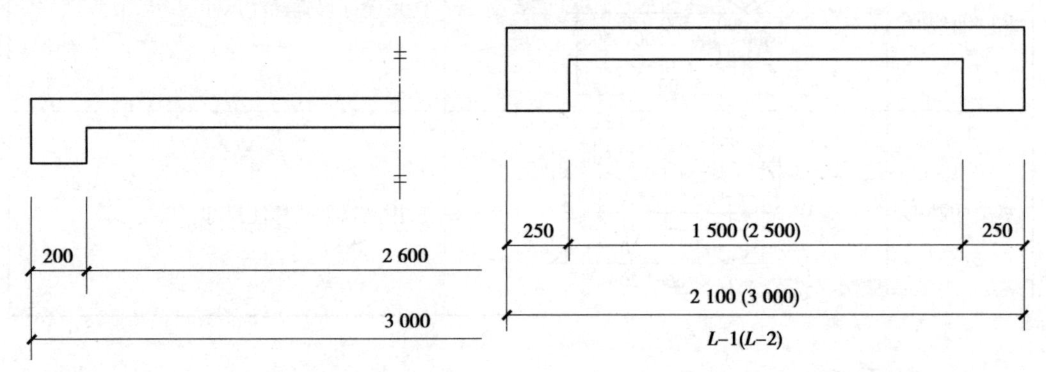

图 2.26　对称构件尺寸数字标注方法

图 2.27　相似构件尺寸数字标注方法

⑥数个构配件,如仅某些尺寸不同,这些有变化的尺寸数字,可用拉丁字母注写在同一图样中,另列表格写明其具体尺寸(图 2.28)。

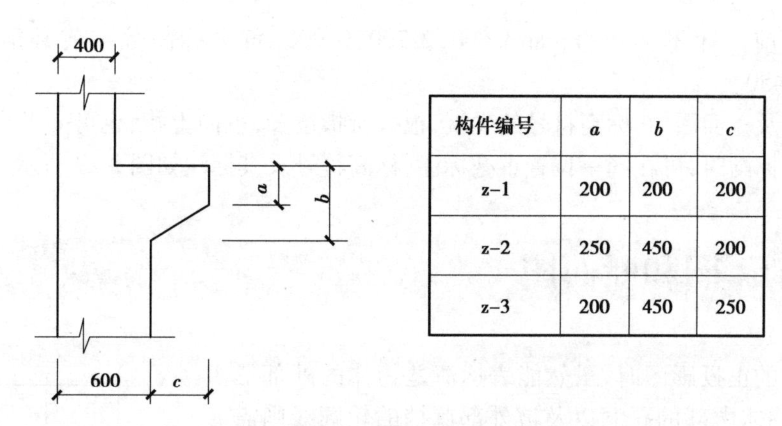

构件编号	*a*	*b*	*c*
z-1	200	200	200
z-2	250	450	200
z-3	200	450	250

图 2.28　相似构配件尺寸表格式标注方法

(4)标高的注法

标高分绝对标高和相对标高。以我国青岛市外黄海海面为±0.000 的标高称为绝对标高,如世界最高峰珠穆朗玛峰高度为 8 848.46 m(中国国家测绘局 2020 年 5 月测定),即为绝对标高。而以某一建筑底层室内地坪为±0.000 的标高称为相对标高,如目前已建成的中国最高建筑上海浦东 119 层的上海中心大厦高 632 m,即为相对标高。

建筑图样中,除总平面图上标注绝对标高外,其余图样上的标高都为相对标高。

标高符号,除用于总平面图上室外整平标高采用全部涂黑的三角形外,其他图面上的标高符号一律用图 2.29 所示符号。

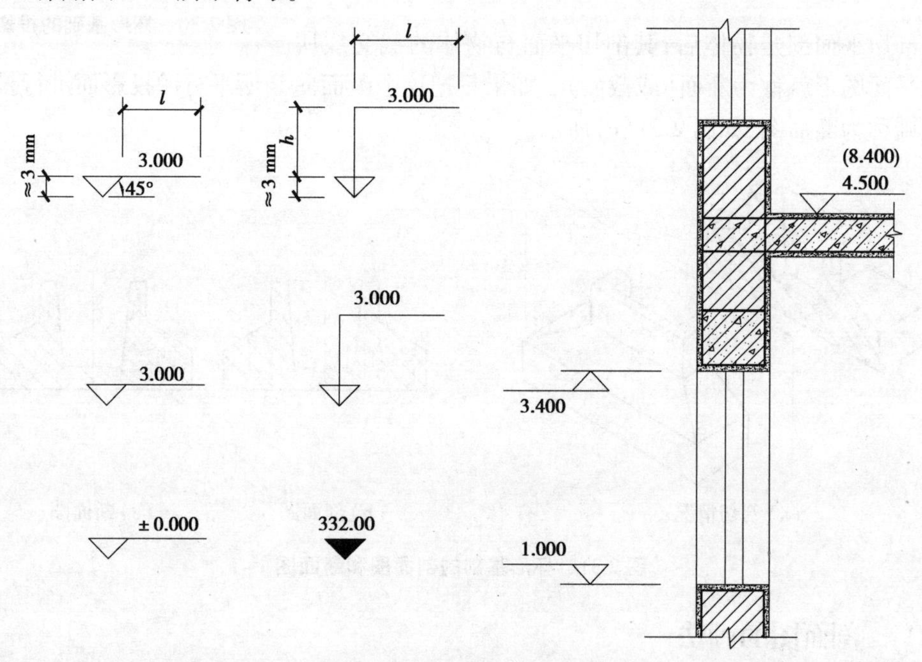

图 2.29　标高符号及其标注

标高符号图形为三角形或倒三角形,高约 3 mm,三角形尖部所指位置即为标高位置;其水平线的长度,根据标高数字长短定。标高数字以 m 为单位,总平面图上注至小数点后 2 位数,如 8 844.43,而其他任何图上标注至小数点后 3 位数,即 mm 为止。零点标高注成±0.000,

正数标高数字前一律不加正号,如 3.000、2.700、0.900,负数标高数字前必须加注负号,如-0.020、-0.450。

在剖面图及立面图中,标高符号的尖端,根据所指位置,可向上指,也可向下指,如同时表示几个不同的标高时,可在同一位置重叠标注,标高符号及其标注如图 2.29 所示。

2.3 剖面图和断面图

在画物体的正投影图时,虽然能表达清楚物体的外部形状和大小,但物体内部的孔洞以及被外部遮挡的轮廓线则需要用虚线来表示。当物体内部的形状较复杂时,在投影中就会出现很多虚线,且虚线相互重叠或交叉,既不便于看图,又不利于标注尺寸,而且难于表达出物体的材料。

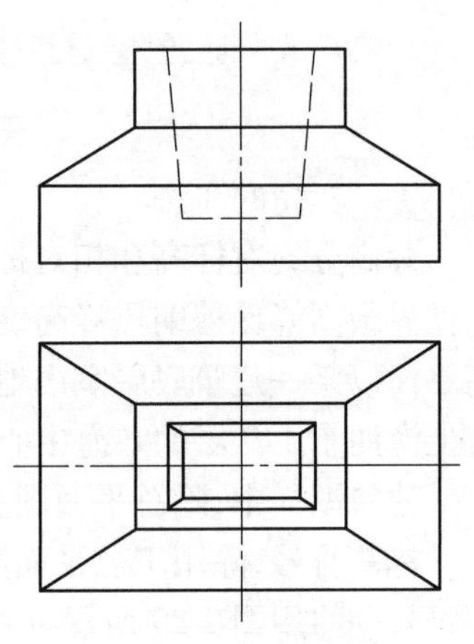

图 2.30 杯形基础的投影图

如图 2.30 所示的钢筋混凝土杯形基础,其 V 面投影中就出现了表达其杯形空洞的虚线。为此,我们假想用一个剖切平面 P 沿前后对称平面将其剖开,如图 2.31(a)所示,把位于观察者和剖切平面之间的部分移去,而将剩余部分向 P 所平行的投影面进行投影,所得的图就称为剖面图,如图 2.31(b)所示。

当剖切平面剖开物体后,其剖切平面与物体的截交线所围成的平面图形就称为断面(或截面)。如果只把这个断面向 P 所平行的投影面进行投影,所得的图则称为断面图,如图 2.31(c)所示。

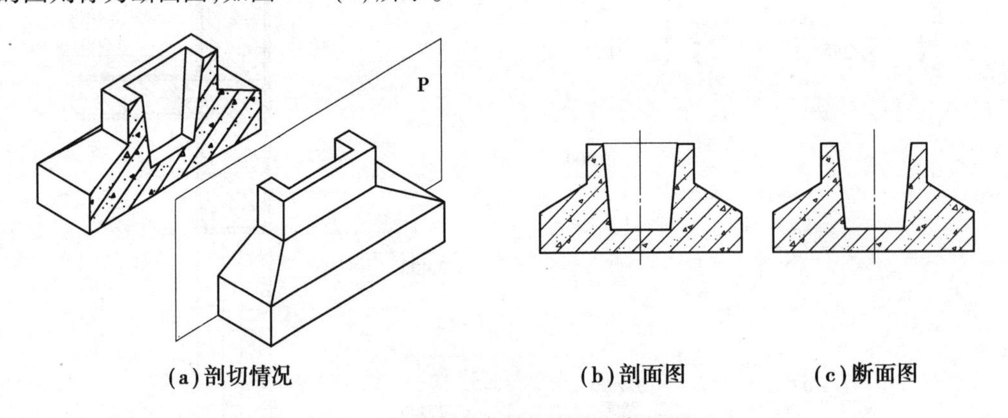

(a)剖切情况　(b)剖面图　(c)断面图

图 2.31 杯形基础的剖面图和断面图

▶2.3.1 剖面图的画法

(1)确定剖切平面的位置

剖切平面应平行于投影面,且尽量通过物体的孔、洞、槽的中心线。如要将 V 面投影画成剖面图,则剖切平面应平行于 V 面;如果要将 H 面投影或 W 面投影画成剖面图时,则剖切平面应分别平行于 H 面或 W 面。

(2)剖面图的图线及图例

如图 2.31(b)所示,物体被剖切后所形成的断面轮廓线,用粗实线画出;物体未剖到部分的投影轮廓线用细实线画出;看不见的虚线,一般省略不画。

为使物体被剖到部分与未剖到部分区别开来,使图形清晰可辨,应在断面轮廓范围内画上表示其材料种类的图例。材料的图例应符合《房屋建筑制图统一标准》规定要求,常用的建筑材料图例见表 2.10。

表 2.10 常用建筑材料图例(摘自 GB/T 50001—2017)

序号	名　称	图　例	说　明
1	自然土壤		包括各种自然土壤
2	夯实土壤		—
3	砂、灰土		—
4	砂砾石、碎砖三合土		—
5	天然石材		—
6	毛　石		—
7	普通砖		包括普通砖、多孔砖、混凝上砖等砌体
8	耐火砖		包括耐酸砖等砌体
9	空心砖		包括空心砖、普通或轻骨料混凝土小型空心砌块等砌体
10	加气混凝土		包括加气混凝土砌块砌体,加气混凝土墙板及加气混凝土材料制品等
11	饰面砖		包括铺地砖、玻璃马赛克、陶瓷锦砖、人造大理石等
12	焦渣、矿渣		包括与水泥、石灰等混合而成的材料

续表

序号	名　称	图　例	说　明
13	混凝土		1.包括各种强度等级、骨料、添加剂的混凝土； 2.在剖面图上绘制表达钢筋时，则不需绘制图例线； 3.断面图形较小，不易绘制表达图例线时，可填黑或深灰（灰度宜70%）
14	钢筋混凝土		
15	多孔材料		包括水泥珍珠岩、沥青珍珠岩、泡沫混凝土、软木、蛭石制品等
16	纤维材料		包括矿棉、岩棉、玻璃棉、麻丝、木丝板、纤维板等
17	泡沫塑料材料		包括聚苯乙烯、聚乙烯、聚氨酯等多孔聚合物类材料
18	木　材		1.上图为横断面，左上图为垫木、木砖或木龙骨； 2.下图为纵断面
19	胶合板		应注明×层胶合板
20	石膏板		包括圆孔或方孔石膏板、防水石膏板、硅钙板、防火石膏板等
21	金　属		1.包括各种金属； 2.图形小时，可填黑或深灰（灰度宜70%）
22	网状材料		1.包括金属、塑料等网状材料； 2.应注明具体材料名称
23	液　体		应注明具体液体名称
24	玻　璃		包括平板玻璃、磨砂玻璃、夹丝玻璃、钢化玻璃、中空玻璃、夹层玻璃、镀膜玻璃等
25	橡　胶		—

续表

序号	名 称	图 例	说 明
26	塑 料		包括各种软、硬塑料及有机玻璃等
27	防水材料		构造层次多或绘制比例大时,采用上面的图例
28	粉 刷		本图例采用较稀的点

当不必指明材料种类时,应在断面轮廓范围内用细实线画上45°的剖面线,同一物体的剖面线应方向一致,间距相等。

(3)剖面图的标注

为便于了解剖切位置和投影方向,寻找投影的对应关系,还应对剖面图进行以下的剖面标注:

①剖切符号。剖面图的剖切符号,应由剖切位置线及剖视方向线组成,均应以粗实线绘制。剖切位置线的长度为6~10 mm;剖视方向线应垂直于剖切位置线,长度为4~6 mm(如图2.32所示)。绘图时,剖面剖切符号不宜与图面上的图线相接触。

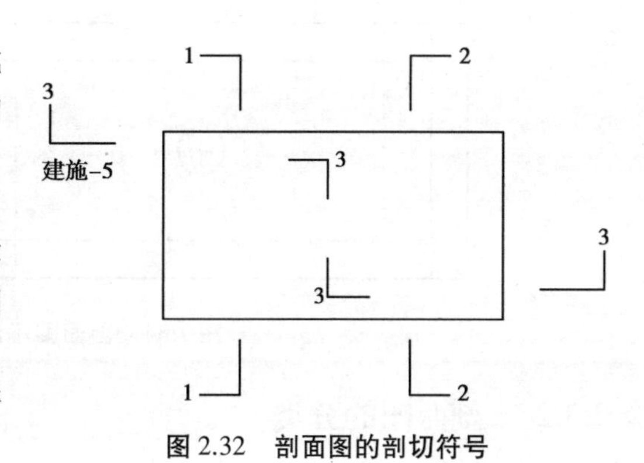

图2.32 剖面图的剖切符号

②剖面剖切符号的编号。剖视方向线的端部宜按顺序由左至右、由下至上用阿拉伯数字编排注写剖面编号,并在剖面图的下方正中分别注写1—1剖面图、2—2剖面图、3—3剖面图…以表示图名。图名下方还应画上粗实线,粗实线的长度与图名字体的长度相等,如图2.33所示。

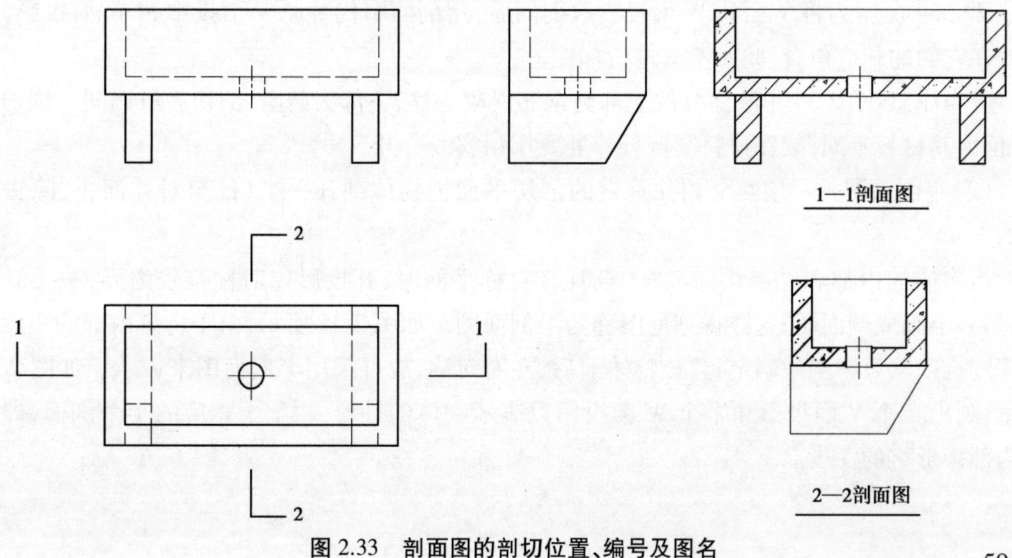

图2.33 剖面图的剖切位置、编号及图名

必须指出:剖切平面是假想的,其目的是为了表达出物体内部形状,故除了剖面图和断面图外,其他各投影图均按原来未剖时画出。一个物体无论被剖切几次,每次剖切均按完整的物体进行。

另外,对通过物体对称平面的剖切位置,或习惯使用的位置,或按基本视图的排列位置,则可以不注写图名,也无需进行剖面标注,如图 2.34 所示。

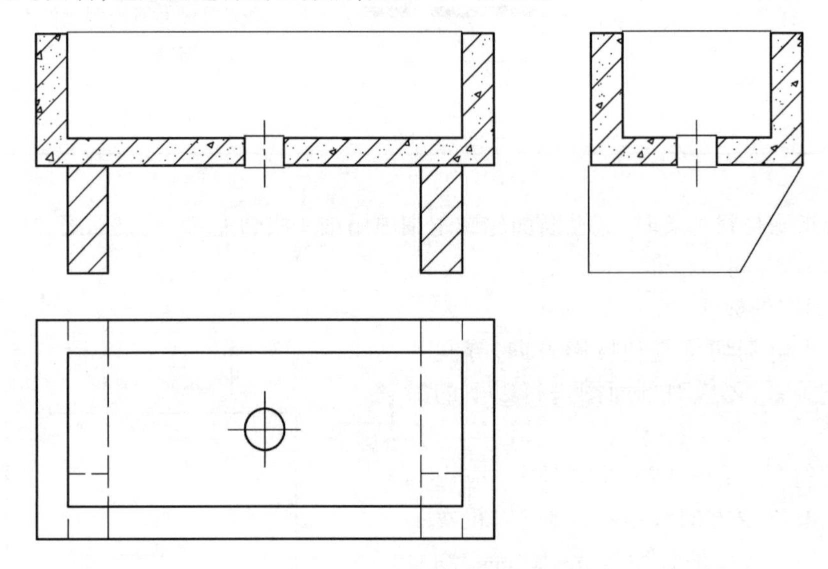

图 2.34　剖面图不注写编号的情况

▶2.3.2　剖面图的分类

(1)全剖面图——用一个剖切平面将物体全部剖开

图 2.33 所示为洗涤盆的投影,从图中可知,物体外形比较简单。而内部有圆孔,故剖切平面沿洗涤盆圆孔的前后、左右对称平面而分别平行于 V 面和 W 面把它全部剖开,然后分别向 V 面和 W 面进行投影,即可得到如图 2.33 所示的 1—1、2—2 剖面图。

图 2.34 所示为将 V 面和 W 面投影取剖面后,用剖面图代替原 V 面投影和 W 面投影,并安放在它们的相应位置,此时不必进行标注。

应当注意:图 2.34 中洗涤盆的上部为钢筋混凝土盆,下部为砖墩,剖切后虽属同一剖切平面,但因其材料不同,故在材料图例分界处要用粗实线分开。

(2)半剖面图——用两个相互垂直的剖切平面把物体剖开一半(剖至对称面止,除去物体的 1/4)

当物体的内部和外部均需表达,且具有对称平面时,其投影以对称符号为界,一半画外形,另一半画成剖面图,这样得到的图称为半剖面图。如图 2.35 所示,由于物体内部的矩形坑的深度难以从投影图中确定,且该物体前后、左右对称,故可采用半剖面图来表示。如图 2.36 所示,画出半个 V 面投影和半个 W 面投影以表示物体的外形,再配上相应的半个剖面,即可知内部矩形坑的深度。

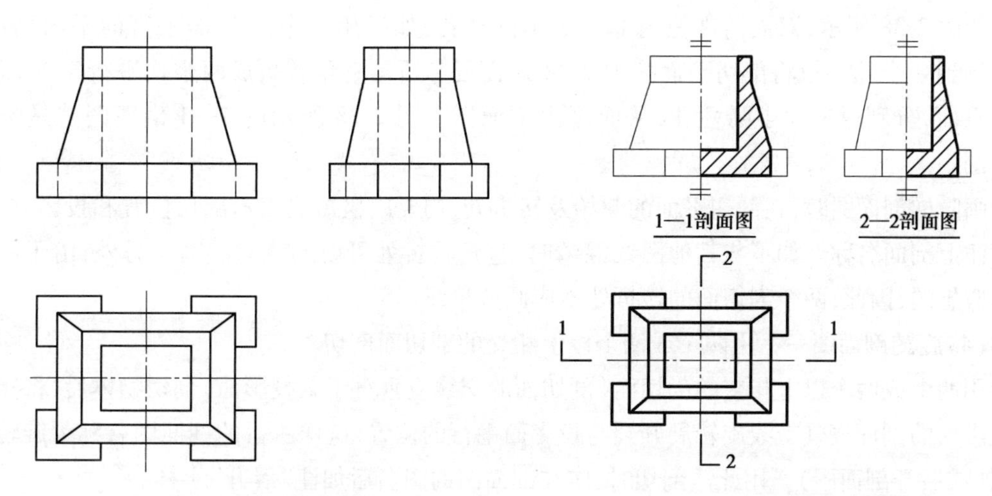

图 2.35　物体的投影图　　　　图 2.36　物体的半剖面图

必须指出，在半剖面图中，如果物体的对称符号是竖直方向，则剖面部分应画在对称符号的右边；如果物体的对称符号是水平方向，则剖面部分应画在对称符号的下边。另外，在半剖面图中，因内部情况已由剖面图表达清楚，故表示外形的那半边一律不画虚线，只是在某部分形状尚不能确定时，才画出必要的虚线。根据《房屋建筑制图统一标准》规定，由于半剖面图是一种简化画法，因此，半剖面图的剖切符号及图名仍应在平面图中标注。

半剖面图也可以理解为把物体剖去 1/4 后画出的投影图，但外形与剖面的分界线应用对称线画出，如图 2.37 所示。

(3)阶梯剖面图——用两个或两个以上平行的剖切面剖切

当用一个剖切平面不能将物体需要表达的内部都剖到时，可以将剖切平面直角转折成相互平行的两个或两个以上平行的剖切平面，由此得到的剖面图就称为阶梯剖面图。

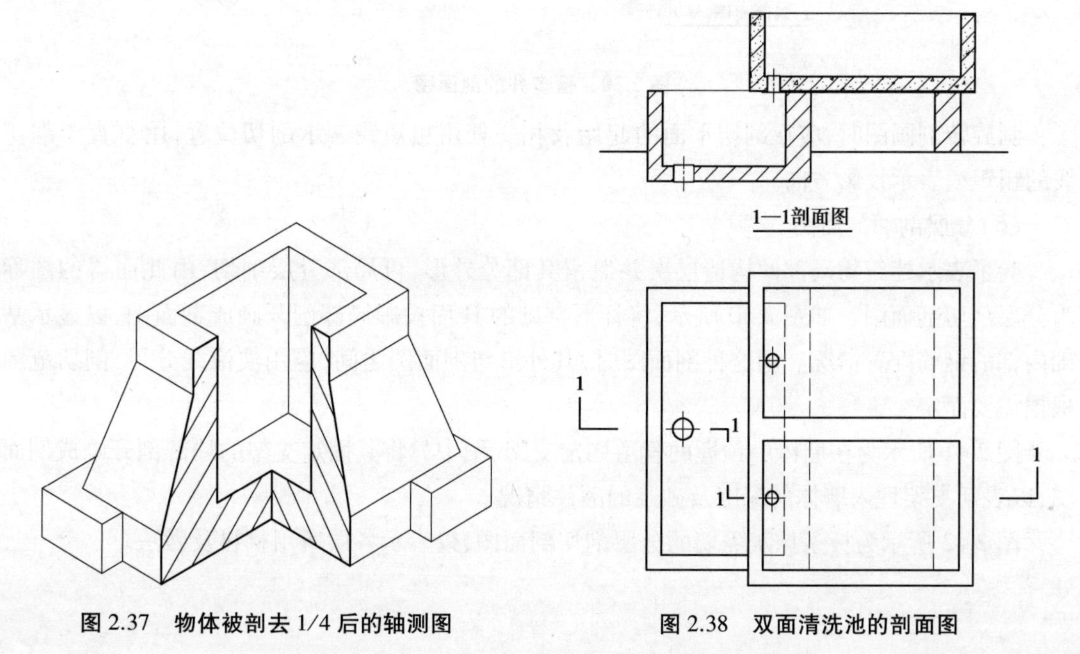

图 2.37　物体被剖去 1/4 后的轴测图　　　　图 2.38　双面清洗池的剖面图

如图 2.38 所示,双面清洗池内部有 3 个圆柱孔,如果用一个与 V 面平行的平面剖切,只能剖到一个孔。故将剖切平面按图 2.38 H 面投影所示直角转折成两个均平行于 V 面的剖切平面,分别通过大小圆柱孔,从而画出剖面图。图 2.38 所示的 1—1 剖面图就是阶梯剖面图。

画阶梯剖面图时,在剖切平面的起始及转折处,均要用粗短线表示剖切位置和投影方向,同时注上剖面名称。如不与其他图线混淆时,直角转折处可以不注写编写。另外,由于剖切面是假想的,因此,两个剖切面的转折处不应画分界线。

(4)旋转剖面图——用两个或两个以上相交的剖切面剖切

用两个或两个以上相交的剖切面(剖切面的交线应垂直于某投影面)剖切物体后,将倾斜于投影面的剖面绕其交线旋转展开到与投影面平行的位置,这样所得的剖面图就称为旋转剖面图(或展开剖面图)。用此法剖切时,应在剖面图的图名后加注“展开”字样。

如图 2.39 所示,其检查井的两圆柱孔的轴线互成 135°,若采用铅垂的两剖切平面并按图中 H 面投影所示的剖切线位置将其剖开,此时左边剖面与 V 面平行,而右边与 V 面倾斜的剖面就绕两剖切平面的交线旋转展开至与 V 面平行的位置,然后向 V 面投影画出图,即得该检查井的剖面图。

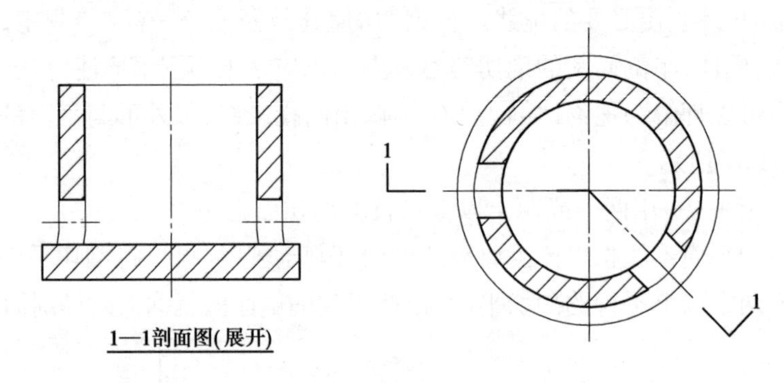

图 2.39　检查井的剖面图

画旋转剖画图时,应在剖切平面的起始及相交处用粗短线表示剖切位置,用垂直于剖切线的粗短线表示投影方向。

(5)分层剖切剖面图

为了表示建筑物局部的构造层次并保留其部分外形,可局部分层剖切,由此而得的图称为分层剖切剖面图。如图 2.40 所示,将杯形基础的 H 面投影局部剖开画成剖面图,以显示基础内部的钢筋配置情况。画这种剖面图时,其外形与剖面图之间,应用波浪线分界,剖切范围根据需要而定。

图 2.41 所示为在墙体中预埋的管道固定支架,图中只将其固定支架的局部剖开画成剖面图,以表示支架埋入墙体的深度及砂浆的灌注情况。

图 2.42 所示为板条抹灰隔墙的分层剖切剖面图,以表示各层所用材料及做法。

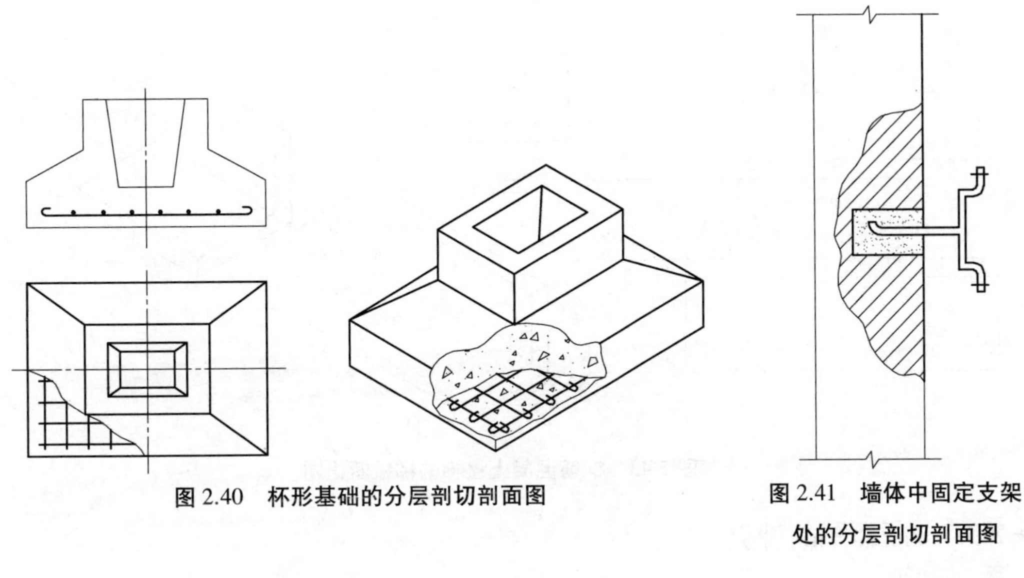

图 2.40 杯形基础的分层剖切剖面图

图 2.41 墙体中固定支架处的分层剖切剖面图

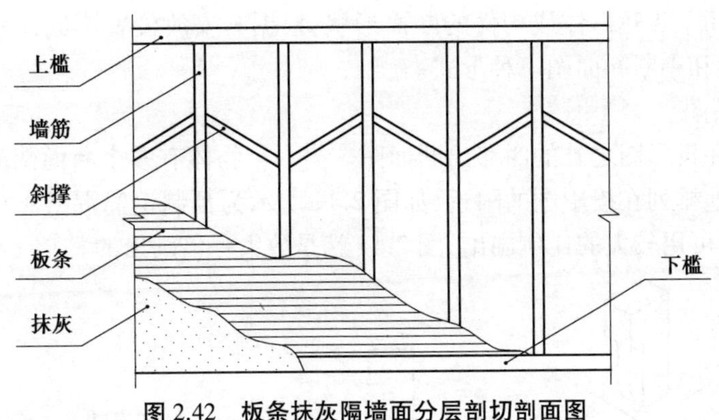

图 2.42 板条抹灰隔墙面分层剖切剖面图

▶2.3.3 断面图的画法

①断面的剖切符号,只用剖切位置线表示,并以粗实线绘制,长度为 6~10 mm,如图 2.43 所示。

②断面剖切符号的编号,宜采用阿拉伯数字,按顺序连续编排,并注写在剖切位置线的一侧,编号所在的一侧即为该断面的剖视方向,如图 2.43 所示。

③断面图的正下方只注写断面编号以表示图名,如 1—1,2—2…,并在编号数字下面画一粗短线,而省去“断面图”字样,如图 2.43 所示。

④断面图的剖面线及材料图例的画法与剖面图相同。

图 2.43 所示为钢筋混凝土楼梯的梯板断面图。它与剖面图的区别在于:断面图只需画出物体被剖后的断面图形,至于剖切后沿投影方向能见到的其他部分,则不必画出。显然,剖面图包含了断面图,而断面图则是剖面图的一部分。另外,断面的剖切位置线的外端,不用与剖切位置线垂直的粗短线来表示投影方向,而用断面编号数字的注写位置来表示。如图 2.43 所示,1—1 断面的编号注写在剖切位置线的右侧,则表示剖切后向右方投影。

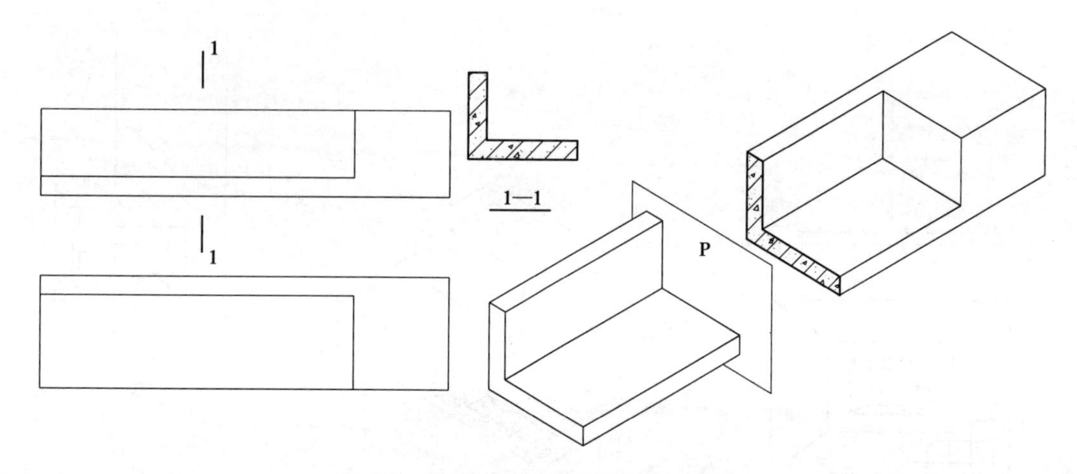

图 2.43 钢筋混凝土楼梯的梯板断面图

▶2.3.4 断面图的种类

断面图主要用于表达形体或构件的断面形状，根据其安放位置不同，一般可分为移出断面图、重合断面图和中断断面图三种形式。

(1)移出断面图

将断面图画在投影图之外的叫移出断面图。当一个物体有多个断面图时，应将各断面图按顺序依次整齐地排列在投影图的附近，如图 2.44 所示为预制钢筋混凝土柱的移出断面图。根据需要，断面图可用较大的比例画出，图 2.44 就是放大一倍画出的。

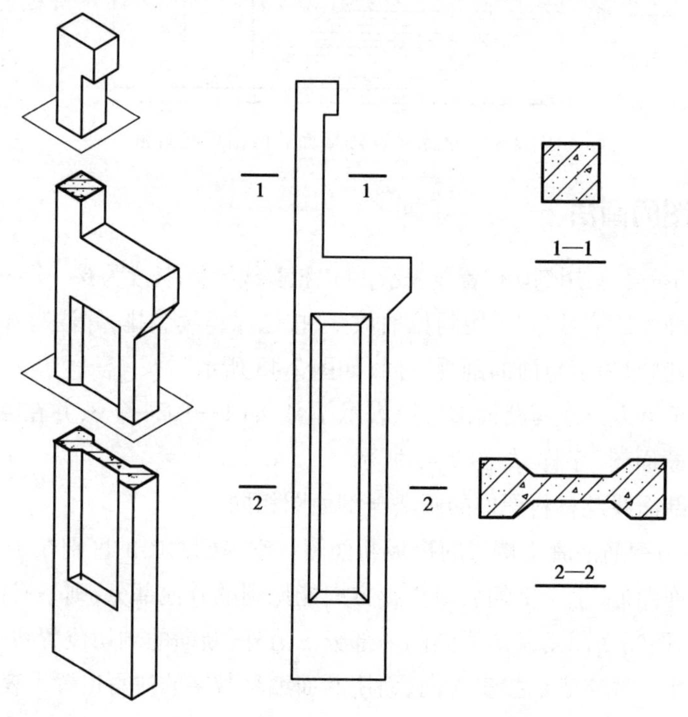

图 2.44 钢筋混凝土柱的移出断面图

(2)重合断面图

断面图旋转90°后重合画在基本投影图上,称为重合断面图。其旋转方向包括上、下、左、右。

图2.45为墙面装饰线脚的重合断面图。其中,图2.45(a)是将被剖切的断面向下旋转90°而成;图2.45(b)是将被剖切的断面向左旋转90°而成。画重合断面图时,其比例应与基本投影图相同,且可省去剖切位置线和编号。另外,为了使断面轮廓线区别于投影轮廓线,断面轮廓线应以粗实线绘制,而投影轮廓线则以中粗实线绘制。

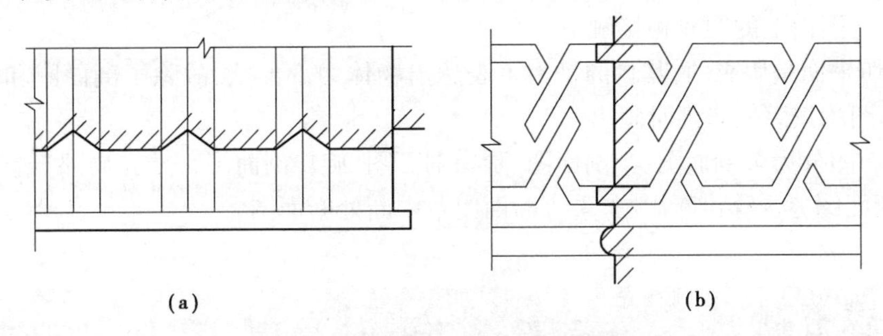

图2.45 墙面装饰线脚的重合断面图

(3)中断断面图

断面图画在构件投影图的中断处,称为中断断面图。它主要用于一些较长且均匀变化的单一构件。图2.46所示为角钢的中断断面图,其画法是在构件投影图的某一处用折断线断开,然后将断面图画在当中。

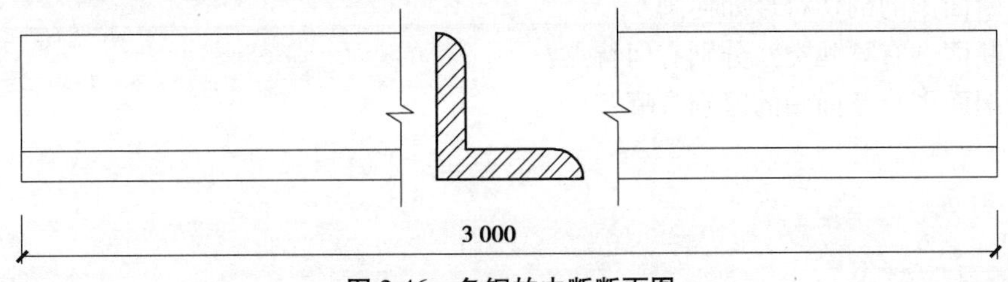

图2.46 角钢的中断断面图

画中断断面图时,原投影长度可缩短,但尺寸应完整地标注。画图的比例、线型与重合断面图相同,也不需标注剖切位置线和编号。

本章小结

(1)建筑制图工具的正确使用是建筑设计及绘制建筑图样的基础。

(2)中华人民共和国国家标准《房屋建筑制图统一标准》(GB/T 50001—2010)规定对图幅、图框、比例、字体、尺寸标注要求是我们在绘制建筑施工图时必须遵守的标准。

(3)假想用一个剖切平面P将形体剖开,把位于观察者和剖切平面之间的部分移去,而将剩余部分向P所平行的投影面进行投影,所得的图就称为剖面图。

(4)假想用一个剖切平面P将形体剖开,其剖切平面与物体的截交线所围成的平面图形就称为断面(或截面),把这个断面向P所平行的投影面进行投影,所得的图则称为断面图。

(5)物体被剖切后所形成的断面轮廓线,用粗实线画出;物体未剖到部分的投影轮廓线用细实线画出;看不见的虚线,一般省略不画。

(6)为使物体被剖到部分与未剖到部分区别开来,使图形清晰可辨,应在断面轮廓范围内画上表示其材料种类的图例。材料的图例应符合《房屋建筑制图统一标准》(GB/T 50001—2017)的规定要求。

(7)剖面图的剖切符号,应由剖切位置线及剖视方向线组成,均应以粗实线绘制。剖切位置线的长度为6~10 mm;剖视方向线应垂直于剖切位置线,长度为4~6 mm。绘图时,剖面剖切符号不宜与图面上的图线相接触。

(8)剖切平面是假想的,其目的是为了表达出物体内部形状,故除了剖面图和断面图外,其他各投影图均按原来未剖时画出。

(9)剖面图分为全剖面图、半剖面图、阶梯剖面图、旋转剖面图、分层(局部)剖面图。

(10)断面图分为移出断面图、重合断面图及中断处断面图。

复习思考题

2.1　A2图幅的大小是多少?装订边尺寸为多少?

2.2　剖面图的剖切符号由哪几部分组成,有何规定?

2.3　剖面图有哪几类?分别有何特点?

2.4　断面图的剖切符号如何画?

2.5　断面图有哪几类?分别有何特点?

2.6　剖面图与断面图的区别有哪些?

3

建筑平面设计与建筑平面图

[本章要点]

建筑平面设计的内容包括使用部分和交通联系部分的平面设计,以及这两大部分的平面组合设计。使用部分的平面设计又包括使用房间和辅助房间等单个房间的平面设计;平面组合设计是根据各类建筑的功能要求,抓住主要使用房间、辅助使用房间、交通联系部分间的相互关系,结合基地环境和其他条件,采取不同的组合方式将各单个房间合理地组合起来。

建筑平面可表达建筑物在水平方向上房屋各房间的组合关系。由于建筑平面通常较为集中地反映房屋功能,一些剖面关系较为简单的民用建筑,它们的平面布置基本上就能够反映空间组合的主要内容,因此,我们应该先学习建筑平面设计和表达平面设计思想的建筑平面图。

3.1 建筑平面图

▶3.1.1 建筑平面图的用途

建筑平面图简称“平面图”,是用以表达房屋建筑的平面形状、房间布置、内外交通联系,以及墙、柱、门窗等构配件的位置、尺寸、材料和做法等内容的图样。

平面图是建筑施工图的主要图样之一,是施工过程中房屋的定位放线、砌墙、设备安装、装修及编制概预算、备料等的重要依据。

▶3.1.2 平面图的形成

平面图通常是假想用一水平剖切面经过门窗洞口将房屋剖开,移去剖切平面以上的部分,将余下部分用直接正投影法投影到 H 面上而得到的正投影图。即平面图实际上是剖切位置位于门窗洞口处的水平剖面图(图 3.1、图 3.2)。

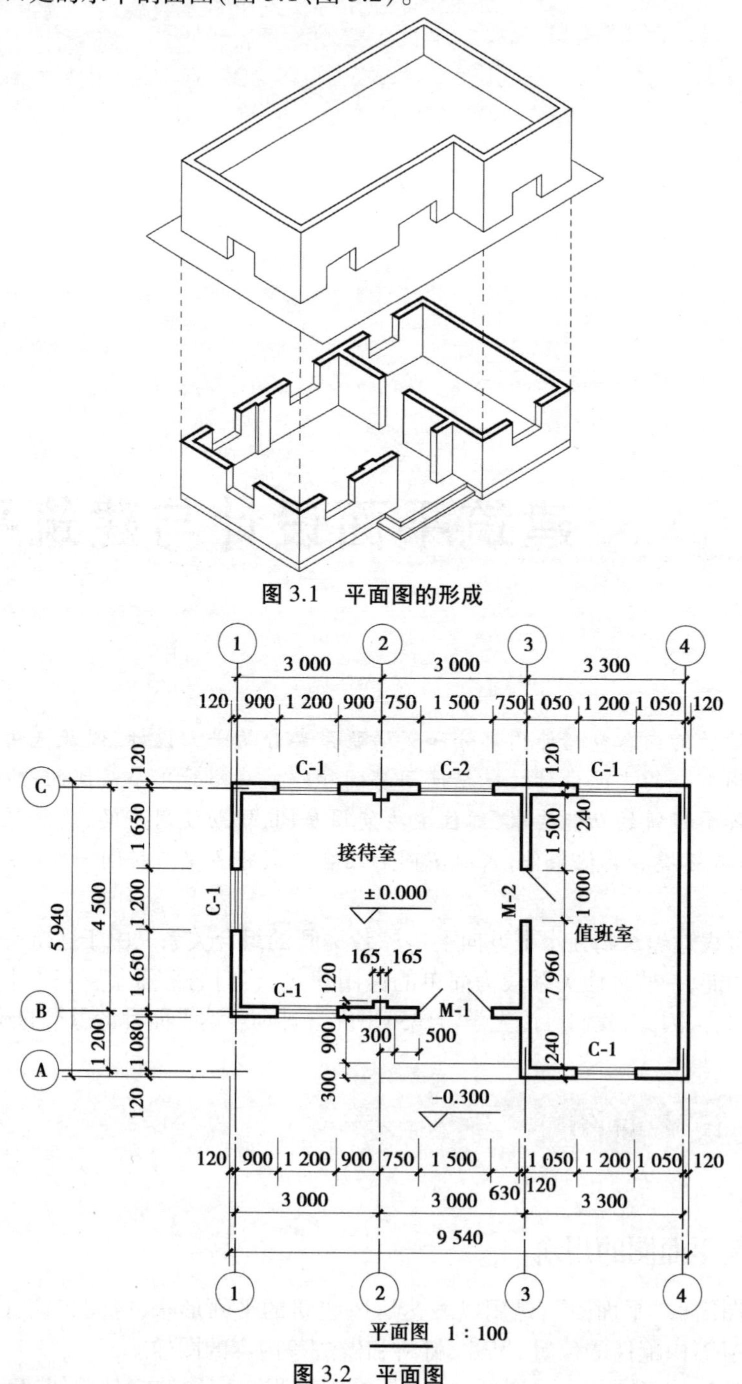

图 3.1　平面图的形成

图 3.2　平面图

▶3.1.3　平面图的比例及图名

1)比例

平面图用 1∶50、1∶100、1∶200 的比例绘制,实际工程中常用 1∶100 的比例绘制。

2)图名

一般情况下,房屋有几层,就应画几个平面图,并在图的下方标注相应的图名,如“底层平面图”“二层平面图”等。图名下方应加一条粗实线,图名右方标注比例。当房屋中间若干层的平面布局、构造情况完全一致时,则可用一个平面图来表达这相同布局的若干层,称为标准层平面图。

▶3.1.4 平面图的图示内容

底层平面图应画出房屋本层相应的水平投影,以及与本栋房屋有关的台阶、花池、散水等的投影(图3.2);二层平面图除画出房屋二层范围的投影内容之外,还应画出底层平面图无法表达的雨篷、阳台、窗楣等内容,而对于底层平面图上已表达清楚的台阶、花池、散水等内容就不再画出;三层以上的平面图则只需画出本层的投影内容及下一层的窗楣、雨篷等下一层无法表达的内容。

建筑平面图由于比例小,各层平面图中的卫生间、楼梯间、门窗等投影难以详尽表示,常采用中华人民共和国国家标准《建筑制图标准》(GB/T 50104—2010),以下简称“《建筑制图标准》”)规定的图例来表达,而相应的详尽情况则另用较大比例的详图来表达。具体图例见表3.1。

表3.1 建筑构造及配件图例(摘自GB/T 50104—2010)

序号	名称	图例	说明
1	墙体		1.上图为外墙,下图为内墙。 2.外墙细线表示有保温层或有幕墙。 3.应加注文字或涂色或图案填充表示材料的墙体。 4.在各层平面图中,防火墙应着重以特殊图案填充表示。
2	隔断		1.加注文字或涂色或图案填充表示材料的轻质隔断。 2.适用于到顶与不到顶的隔断。
3	玻璃幕墙		幕墙龙骨是否表示由项目设计决定。
4	栏杆		
5	楼梯	下 下 上 上	1.上图为顶层楼梯平面,中图为中间层楼梯平面,下图为底层楼梯平面。 2.需设置靠墙扶手或中间扶手时,应在图中表示。

续表

序号	名 称	图 例	说 明
6	坡道	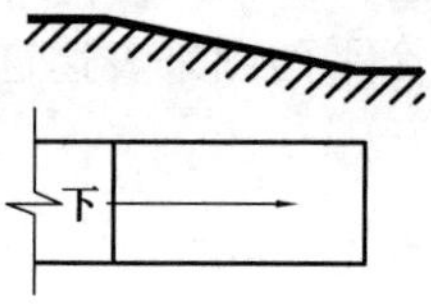 下	长坡道
		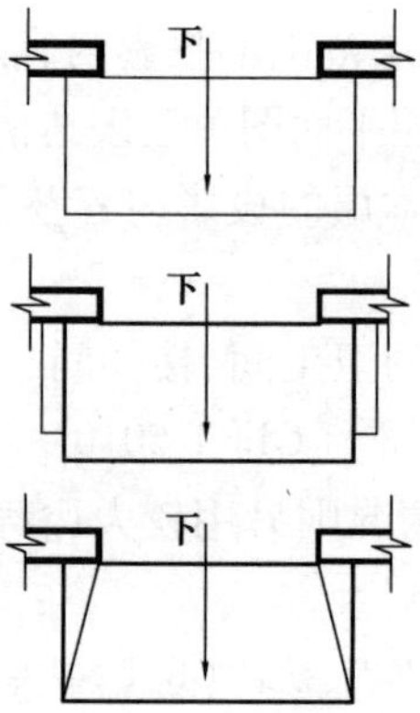 下 下 下	上图为两侧垂直的门口坡道，中图为有挡墙的门口坡道，下图为两侧找坡的门口坡道。
7	台阶	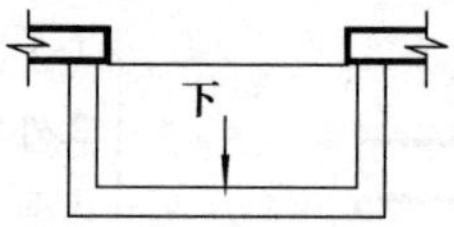 下	
8	平面高差	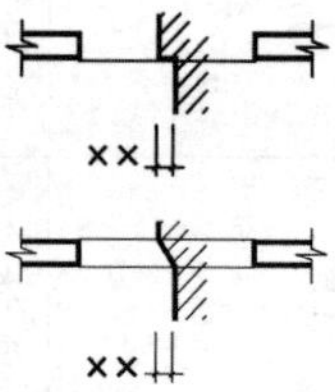 ×× ××	用于高差小的地面或楼面交接处，并应于门的开启方向协调。
9	检查孔	 	左图为可见检查孔，右图为不可见检查孔。
10	孔洞	 	阴影部分变可填充灰度或涂色代替。
11	坑槽	 	

续表

序号	名称	图例	说明
12	墙预留洞	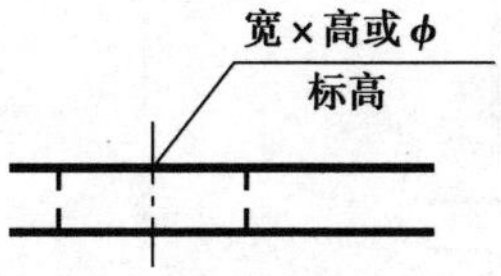 宽×高或ϕ 标高	1.上图为预留洞,下图为预留槽。 2.平面以洞(槽)中心定位。 3.宜以涂色区别墙体和留洞(槽)。
13	墙预留槽	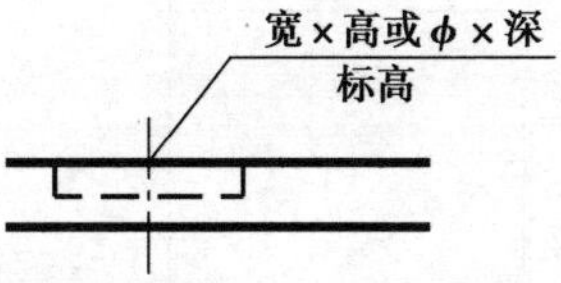 宽×高或ϕ×深 标高	
14	烟道	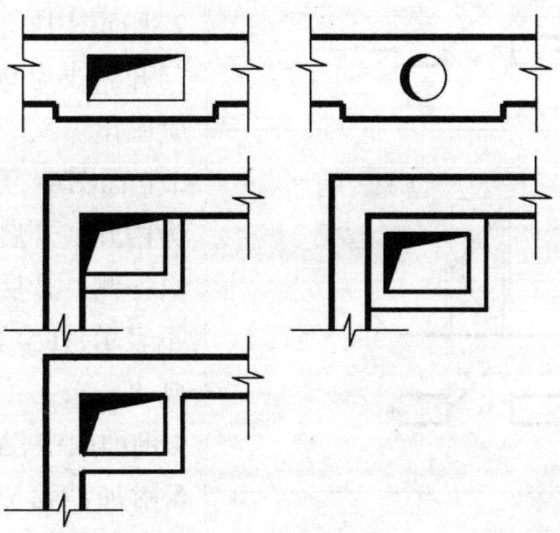	1.阴影部分可以涂色代替。 2.烟道与墙体为同一材料,其相接处墙身线应断开。
15	风道	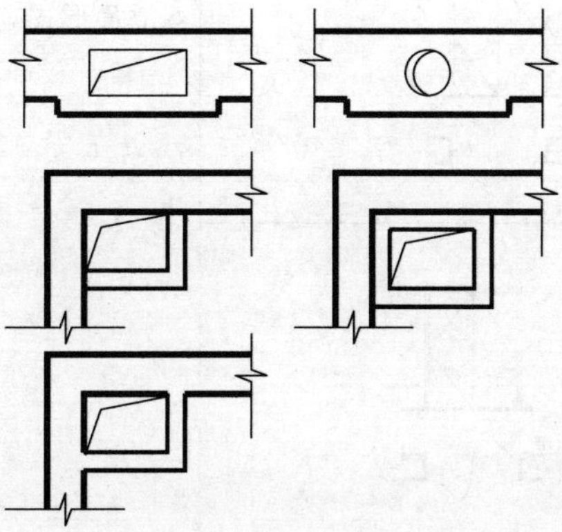	
16	空门洞	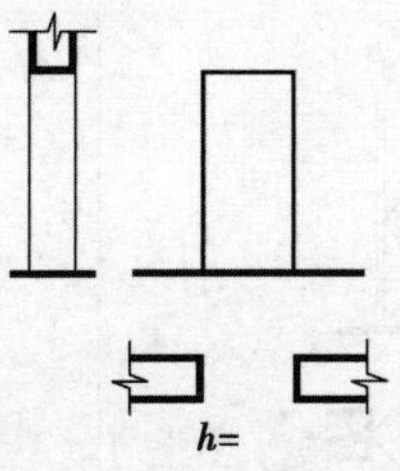 h=	h为门洞高度。

续表

<table>
<tr><th>序号</th><th>名 称</th><th>图 例</th><th>说 明</th></tr>
<tr><td>17</td><td>单扇开启单扇门(包括平开或单面弹簧)</td><td> 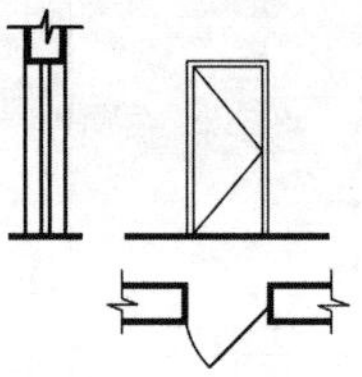</td><td rowspan="5">1.门的名称代号用 M 表示。
2.平面图中,下为外、上为内。
门开启线为 90°、60°或 45°,开启弧线宜画出。
3.立面图中,开启线实线为外开,虚线为内开。开启线交角的一侧为安装合页一侧。开启线在建筑立面图中可以不表示,在立面大样图中可根据需要画出。
4.剖面图中,左为外、右为内。
5.附加纱窗应以文字说明,在平、立、剖面图中均不表示。
6.立面形式应按实际情况绘制。</td></tr>
<tr><td>18</td><td>双面开启单扇门(包括双面平开或双面弹簧)</td><td></td></tr>
<tr><td>19</td><td>双层单扇平开门</td><td></td></tr>
<tr><td>20</td><td>单面开启双扇门(包括平开或单面弹簧)</td><td></td></tr>
<tr><td>21</td><td>双面开启双扇门(包括双面平开或双面弹簧)</td><td></td></tr>
<tr><td>22</td><td>双层双扇平开门</td><td> 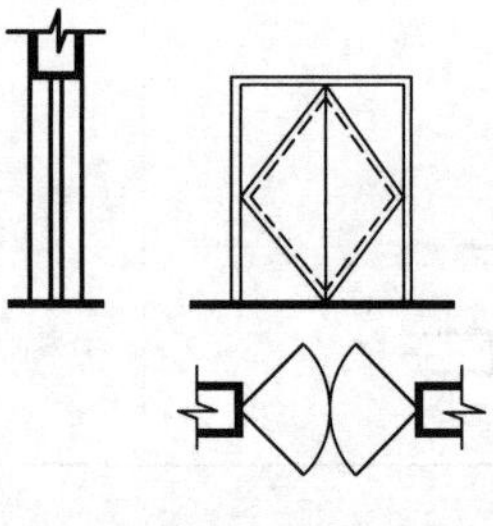</td><td></td></tr>
</table>

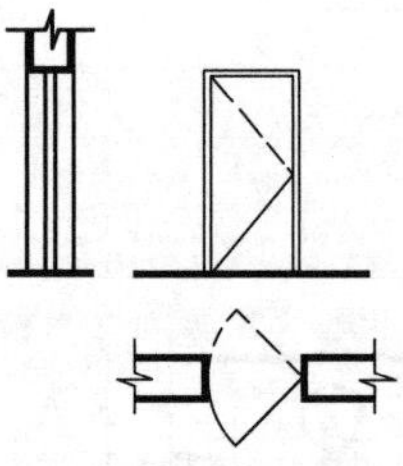

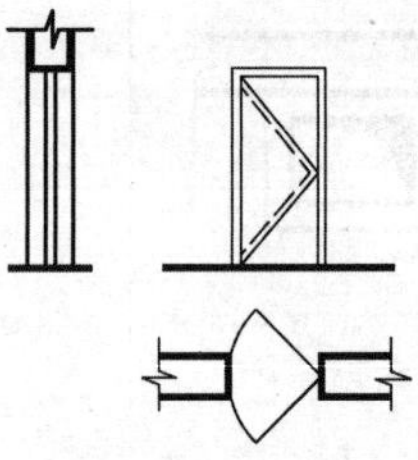

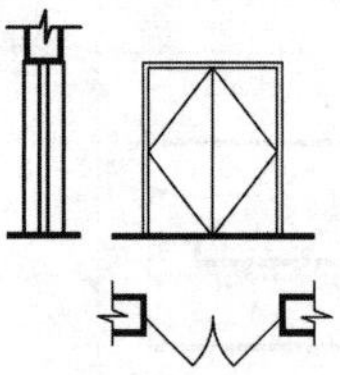

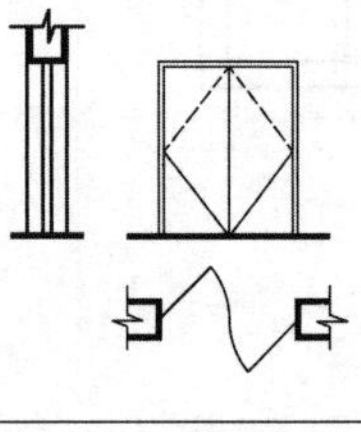

续表

序号	名 称	图 例	说 明
23	折叠门	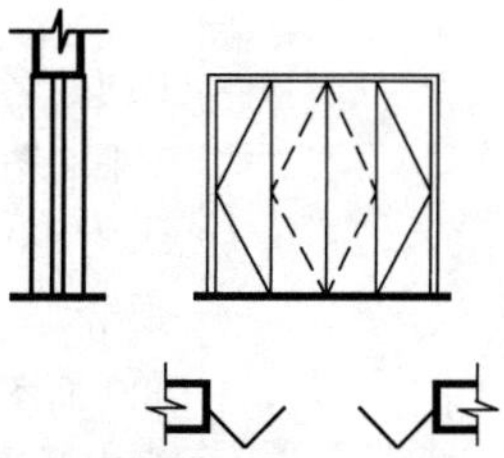	1.门的名称代号用M表示。 2.平面图中,下为外、上为内。 3.立面图中,开启线实线为外开,虚线为内开。开启线交角的一侧为安装合页一侧。 4.剖面图中,左为外、右为内。 5.立面形式应按实际情况绘制。
24	墙洞外单扇推拉门	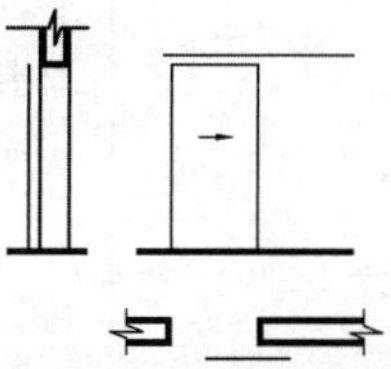	1.门的名称代号用M表示。 2.平面图呈,下为外、上为内。 3.剖面图中,左为外、右为内。 4.立面形式应按实际情况绘制。
25	墙洞外双扇推拉门	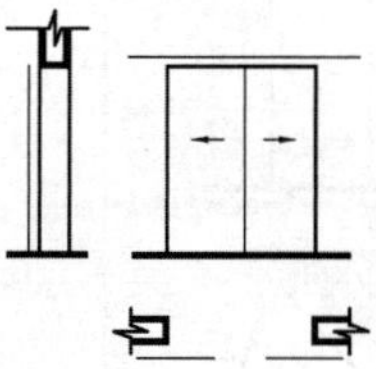	
26	墙中单扇推拉门	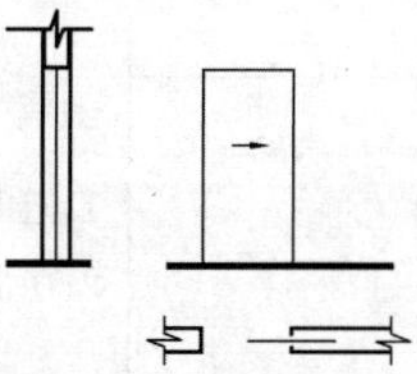	1.门的名称代号用M表示。 2.立面形式应按实际情况绘制。
27	墙中双扇推拉门	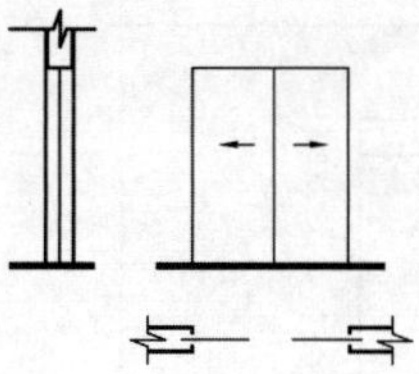	

续表

序号	名　称	图　例	说　明
28	推杠门	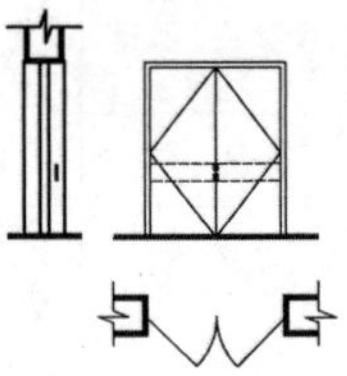	1.门的名称代号用 M 表示。 2.平面图中,下为外、上为内。门开启线为 90°、60° 或 45°,开启弧线宜画出。 3.立面图中,开启线实线为外开,虚线为内开。开启线交角的一侧为安装合页一侧。开启线在建筑立面图中可以不表示,在立面大样图中可根据需要画出。 4.剖面图中,左为外、右为内。 5.立面形式应按实际情况绘制。
29	门连窗	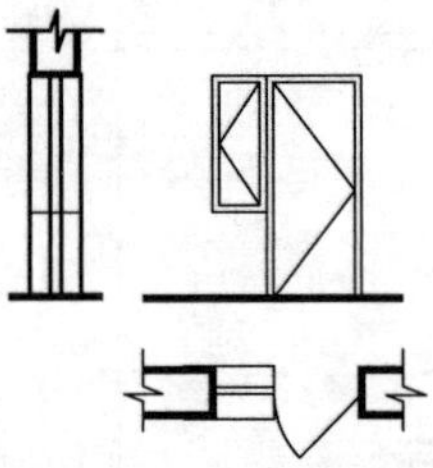	
30	自动门	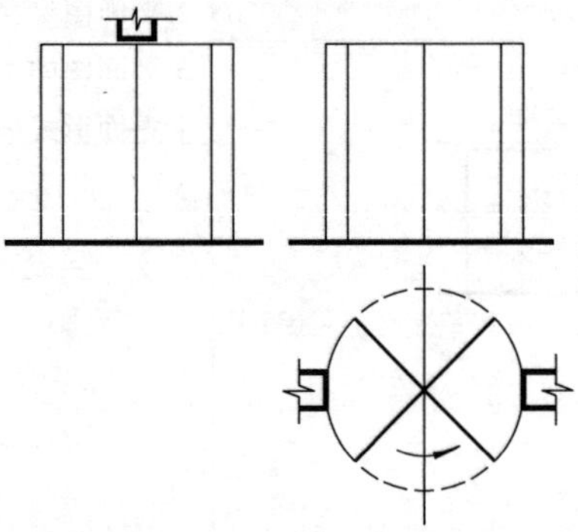	1.门的名称代号用 M 表示。 2.立面形式应按实际情况绘制。
31	竖向卷帘门	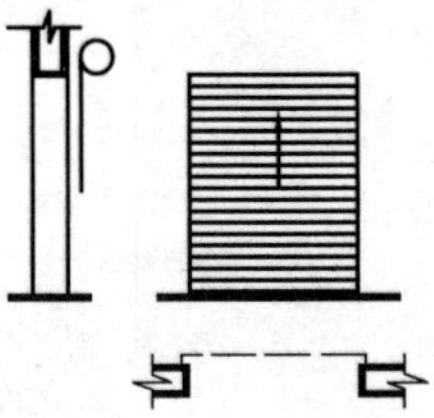	
32	自动门	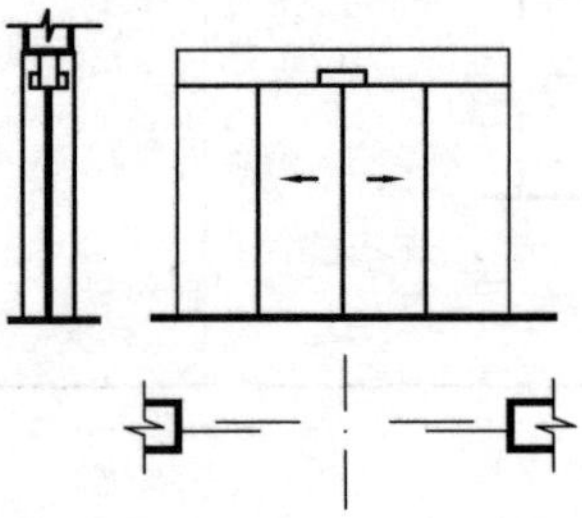	

续表

序号	名　称	图　例	说　明
33	固定窗	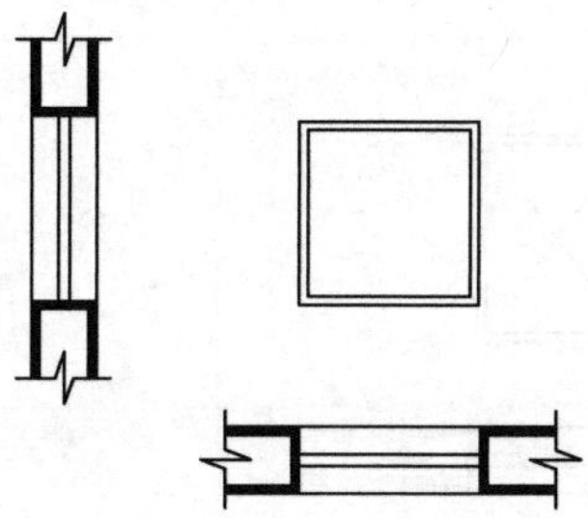	1.窗的名称代号用C表示。 2.平面图中,下为外、上为内。 3.立面图中,开启线实线为外开,虚线为内开。开启线交角的一侧为安装合叶一侧。开启线在建筑立面图中可不表示,在门窗立面大样图中需画出。 4.剖面图中,左为外、右为内。虚线仅表示开启方向,项目设计不表示。 5.附加纱窗应以文字说明,在平、立、剖面图中均不表示。 6.立面形式应按实际情况绘制。
34	上悬窗	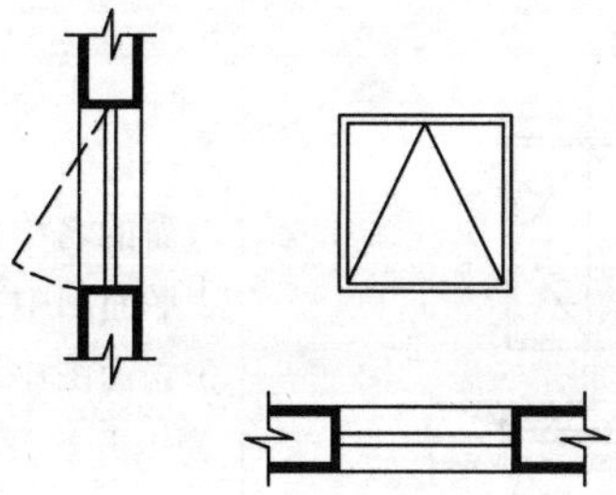	
35	中悬窗	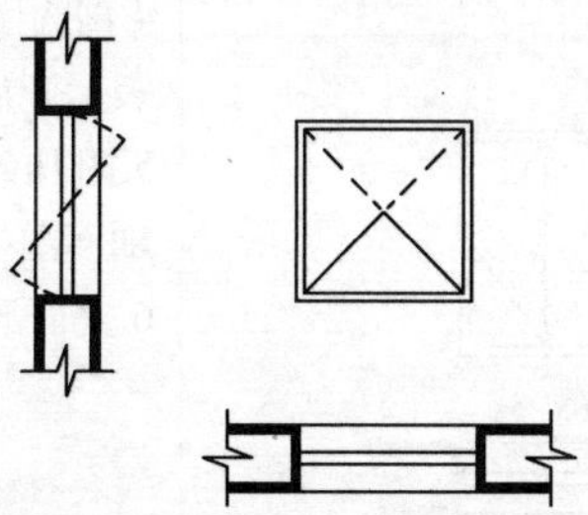	
36	下悬窗	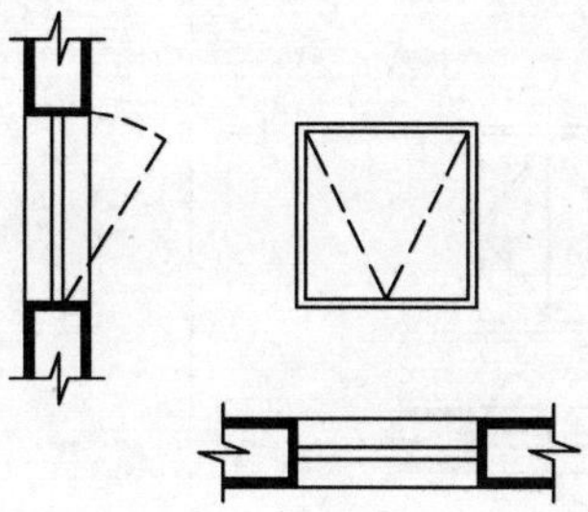	

续表

<table>
<tr><th>序号</th><th>名 称</th><th>图 例</th><th>说 明</th></tr>
<tr><td>37</td><td>立转窗</td><td> 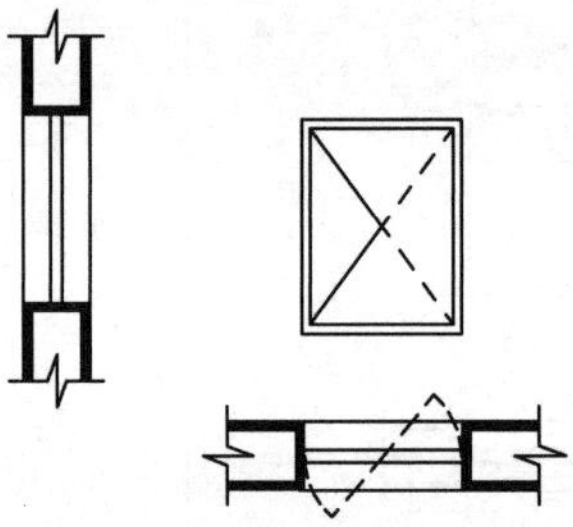</td><td rowspan="4">1.窗的名称代号用C表示。
2平面图中,下为外、上为内。
3.立面图中,开启线实线为外开,虚线为内开。开启线交角的一侧为安装合叶一侧。开启线在建筑立面图中可不表示,在门窗立面大样图中需画出。
4.剖面图中,左为外、右为内。虚线仅表示开启方向,项目设计不表示。
5.附加纱窗应以文字说明,在平、立、剖面图中均不表示。
6.立面形式应按实际情况绘制。</td></tr>
<tr><td>38</td><td>单层外开
平开窗</td><td> 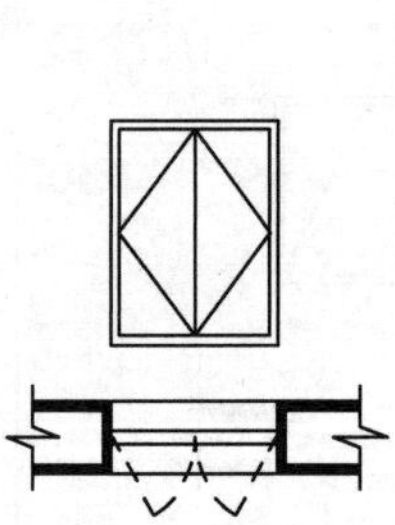</td></tr>
<tr><td>39</td><td>单层内开
平开窗</td><td> 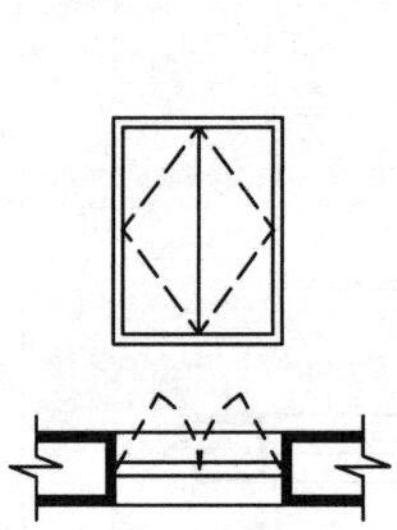</td></tr>
<tr><td>40</td><td>双层内外开
平开窗</td><td> 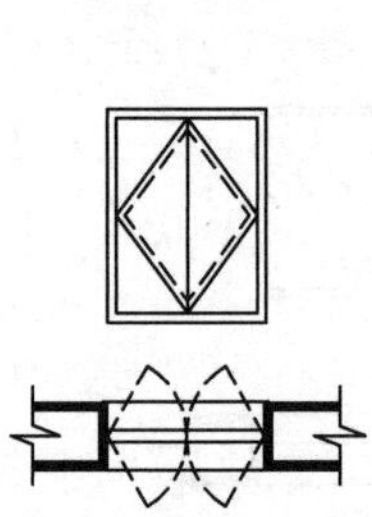</td></tr>
</table>

续表

序号	名　称	图　例	说　明
41	单层推拉窗		1.窗的名称代号用C表示。 2.立面形式应按实际情况绘制。
42	双层推拉窗		
43	百叶窗		1.窗的名称代号用C表示。 2.立面形式应按实际情况绘制。
44	高窗	$h=$	1.窗的名称代号用C表示。 2.立面图中,开启线实线为外开,虚线为内开。开启线交角的一侧为安装合叶一侧。开启线在建筑立面图中可不表示,在门窗立面大样图中需画出。 3.剖面图中,左为外、右为内。 4.立面形式应按实际情况绘制。 5.h 表示高窗底距本层地面高度。 6.高窗开启方式参考其他窗型。

▶3.1.5　平面图的线型

建筑平面图的线型,按《建筑制图标准》规定,凡是剖到的墙、柱的断面轮廓线,宜用粗实线,门扇的开启示意线用中粗实线表示,其余可见投影线则用细实线表示(图3.2)。

▶3.1.6　建筑平面图的轴线编号

在建筑平面图中,采用轴线网格划分平面,使房屋的平面布置以及构件和配件趋于统一,这些轴线称为定位轴线,它是确定房屋主要承重构件(墙、柱、梁)位置及标注尺寸的基线。中华人民共和国国家标准《房屋建筑制图统一标准》规定:水平方向的轴线自左至右用阿拉伯数字依次连续编为①、②、③…;竖直方向自下而上用大写英文字母连续编写Ⓐ、Ⓑ、Ⓒ… ,并除去I、O、Z三个字母,以免与阿拉伯数字中1、0、2三个数字混淆。如建筑平面形状较特殊,也可以采用分区编号的形式来编注轴线,其方式为“分区号—该区轴线号”(图3.3)。

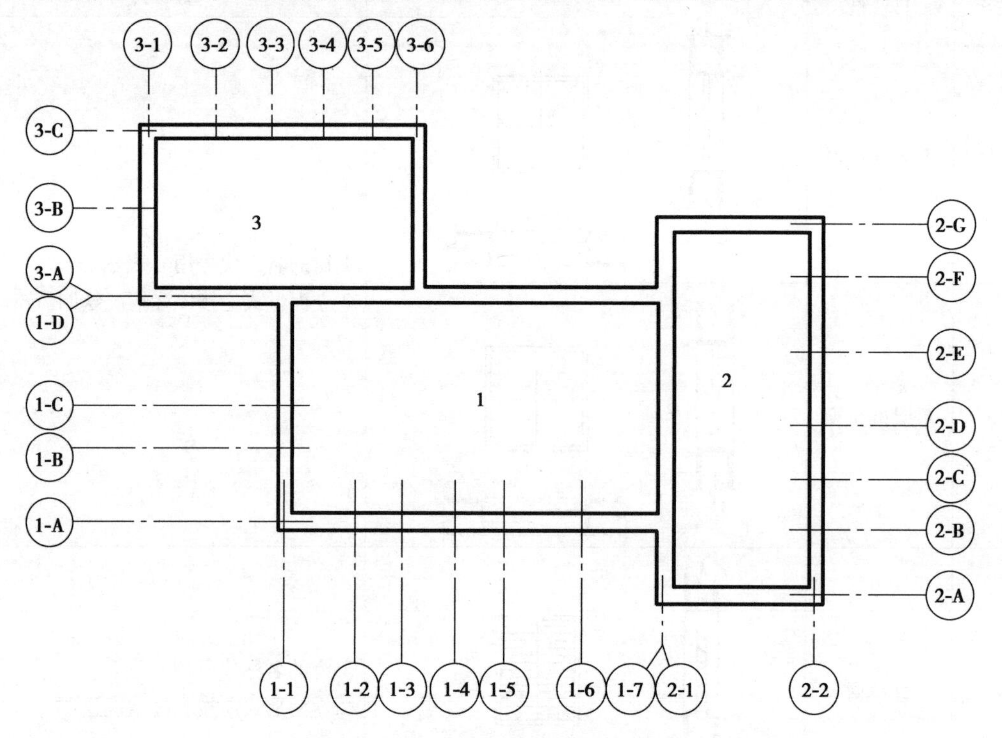

图3.3 定位轴线分区编号标注方法

如果平面为折线形,定位轴线的编号也可用分区,亦可以自左至右依次编注(图3.4)。

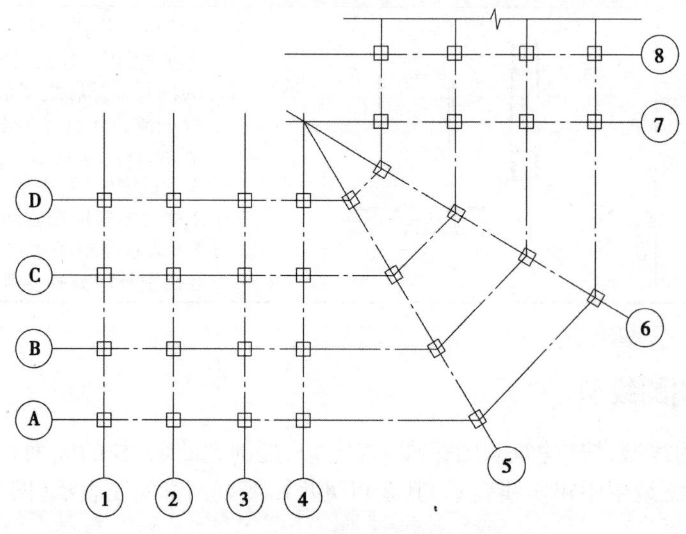

图3.4 折线形平面定位轴线标注方法

如为圆形平面,定位轴线则应以圆心为准成放射状依次标注,并以距圆心距离决定其另一方向轴线位置及编号(图3.5)。

一般承重墙柱及外墙编为主轴线,非承重墙、隔墙等编为附加轴线(又称分轴线)。第一号主轴线①或Ⓐ前的附加轴线编号为(1/01)或(3/0A)(图3.6)。轴线线圈用细实线画出,直径为8~10 mm。

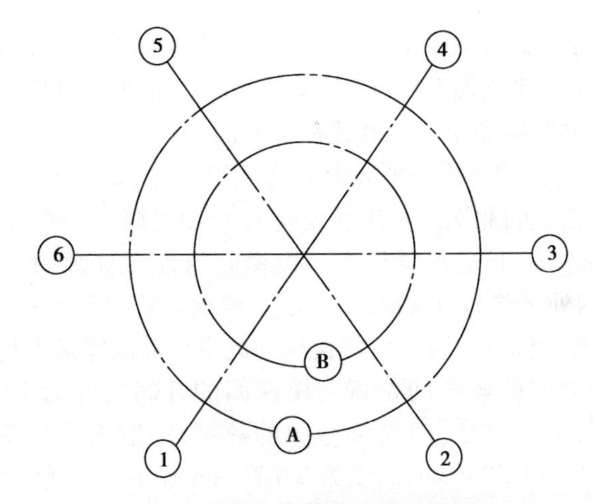

图 3.5　圆形平面定位轴线标注方法

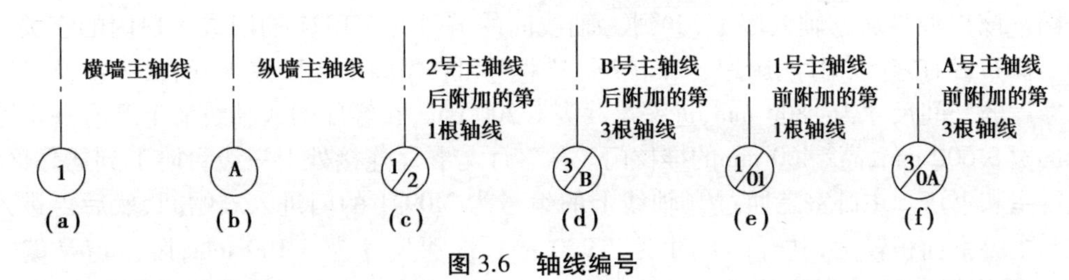

图 3.6　轴线编号

►3.1.7　建筑平面图的尺寸标注

建筑平面图标注的尺寸有外部尺寸和内部尺寸。

①外部尺寸:在水平方向和竖直方向各标注 3 道。最外一道尺寸标注房屋水平方向的总长、总宽,称为总尺寸;中间一道尺寸标注房屋的开间、进深,称为轴线尺寸(注:一般情况下两横墙之间的距离称为“开间”;两纵墙之间的距离称为“进深”);最里边一道尺寸标注房屋外墙的墙段及门窗洞口尺寸,称为细部尺寸。

如果建筑平面图图形对称,宜在图形的左边、下边标注尺寸,如果图形不对称,则需在图形的各个方向标注尺寸,或在局部不对称的部分标注尺寸。

②内部尺寸:应标注各房间长、宽方向的净空尺寸,墙厚及轴线的关系、柱子截面、房屋内部门窗洞口、门垛等细部尺寸。

③标高、门窗编号:平面图中应标注不同楼地面高度房间及室外地坪等标高。为编制概预算的统计及施工备料,平面图上所有的门窗都应进行编号。门常用“M_1”“M_2”或“M-1”“M-2”等表示,窗常用“C_1”“C_2”或“C-1”“C-2”表示,也可用标准图集上的门窗代号来标注门窗,如“X-0924”“B.1515”或“M1027”“C1518”等。

④剖切位置及详图索引:为了表示房屋竖向的内部情况,需要绘制建筑剖面图,其剖切位置应在底层平面图中标出,其符号为“└1　1┘”。其中,表示剖切位置的“剖切位置线”长度为 6~10 mm;剖视方向线应垂直于剖切位置线,长度应短于剖切位置线,宜为 4~6 mm。如剖面图与被剖切图样不在同一张图纸内,可在剖切位置线的另一侧注明其所在图纸号。如图中某个部位需要画出详图,则在该部位要标出详图索引标志,表示另有详图。平面图中各房间的用途,宜用文字标出,如“卧室”“客厅”“厨房”等。

图 3.7 为某县技术质量监督局职工住宅的一层平面图；图 3.8 为其标准层(2~5 层)平面图；图 3.9、图 3.10 为其 6 层平面图及 6+1 层平面图；图 3.11 为其屋顶平面图。这些图在正式的施工图中都是按国家制图标准用 1∶100 比例绘制的。

从图 3.7 中可以看出，该职工住宅平面形状为矩形，总长 25 740 mm，总宽为 16 440 mm。住宅单元的出入口设在建筑的北端⑨~⑪轴线间的(1/C)轴线墙上。通过出入口处门斗下的平台进入楼梯间内再由楼梯间上至各层住户。楼梯间内地坪标高为-0.900，室外地坪标高为-1.000，故楼梯间室内外高差为 100 mm。一层室内地坪标高设为±0.000，与室外地坪的高差为 1 000 mm，是通过楼梯间内 6 级台阶和楼梯间的室内外高差来消化此高差的。剖面图的剖切位置在⑨~⑪轴线之间的楼梯间位置。楼梯间的开间尺寸为 2 700 mm，进深尺寸为 5 700 mm，楼梯间门编号为 M1521(门窗编号中的数字，一般表示门窗洞口的宽度和高度，"M1521"表示门洞口宽度为1 500 mm，高度为 2 100 mm)。由于该单元是一梯两户的平面布置，两户的户型完全一致。因此，我们只要看懂了一户的平面布置即可。下面以左边一户为例读图。该户型是从⑨轴线墙上，Ⓑ到(1/B)轴线间的编号为 M1021 的门进入户内的玄关。该层的平面布置有客厅、餐厅、厨房、一间带有卫生间和衣帽间的主卧室、一间次卧室及一间书房。客厅的开间尺寸为4 800 mm，进深尺寸为 6 300 mm；在客厅的Ⓐ轴线墙上开有一个通向阳台的宽 3 600 mm、高2 400 mm的推拉门。从客厅与餐厅连接处上三级台阶上到居住区，这里有卧室和书房。主卧室是通过(1/B)轴线上的编号为 M0921 的门进入衣帽间，然后再进入主卧室。主卧室面积较大，其开间尺寸为 3 900 mm，进深尺寸为 5 100 mm；卧室窗是编号为"TC2119"的阳光窗；窗的旁边是室外空调机的安放位置；主卧室内的卫生间称为主卫，该主卫的开间、进深尺寸为2 100 mm×2 700 mm，并开有一个编号为 C0915 的窗；主卧室衣帽间的开间、进深尺寸为1 800 mm×3 600 mm。次卧室的门开在Ⓑ轴线墙上，编号为 M0921，其开间尺寸为 3 300 mm，进深尺寸为 4 200 mm，其窗是编号为"TC1519"的阳光窗，窗的旁边也有室外空调机的安放位置。还有一个次卧室紧挨着入口，平面布置与另一次卧室对称。进入餐厅和厨房的门都是推拉门，从餐厅到生活阳台的门编号为 M0821；餐厅的开间尺寸为 3 200 mm，进深尺寸为3 600 mm；厨房的开间、进深尺寸为 2 400 mm×3 600 mm(尺寸可从右边户型中读到)。餐厅连着的公共卫生间，其开间、进深尺寸为 1 800 mm×2 700 mm，公共卫生间的门和窗是连在一起的，称为门连窗，门洞口的尺寸为 1 300 mm×2 400 mm。从图 3.7 一层平面图中还可以看出沿该建筑的外墙都设有宽度为 1 000 mm 的散水。

在图 3.8 标准层(2~5 层)平面图中看到的内容除标高及楼梯间表现形式与一层平面图不同外，其余平面布置完全一致，不再赘述，但在楼梯间外由于只有二层有雨篷，故在此部位有一引出线说明："仅二层有"，以区别除此部位外的其他部位在 3~5 层都相同。由于该图是同时表示 2~5 层的平面布置，故在右边户型的客厅、主卧室中由下向上分别标注了 2~5 层该处的标高，同时在楼梯间的中间平台处也由下向上分别标注了 2~5 层楼梯间的中间平台处的标高。

图 3.9、图 3.10 是六层平面图及六加一层平面图，即该户型为跃层式户型。从图 3.9 中可以看到六层是该跃层式户型的下层平面图，是将原 1~5 层的平面图中的靠主卧室的次卧室一分为二，前半部分作楼梯间，后半部分作室外屋顶花园。而靠近入口的次卧室却全改为了室外屋顶花园。图 3.10 是该跃层式户型的上层平面图。从图中可以看到：从该跃层式户型的下层楼梯间上到本层后，右边保留了书房，后边保留了主卧室。原餐厅位置改为休闲厅，原客厅位置和服务阳台以及公卫位置都改为了室外屋顶花园。另外，原公共楼梯间位置及靠近入口的次卧室位置就架空了。

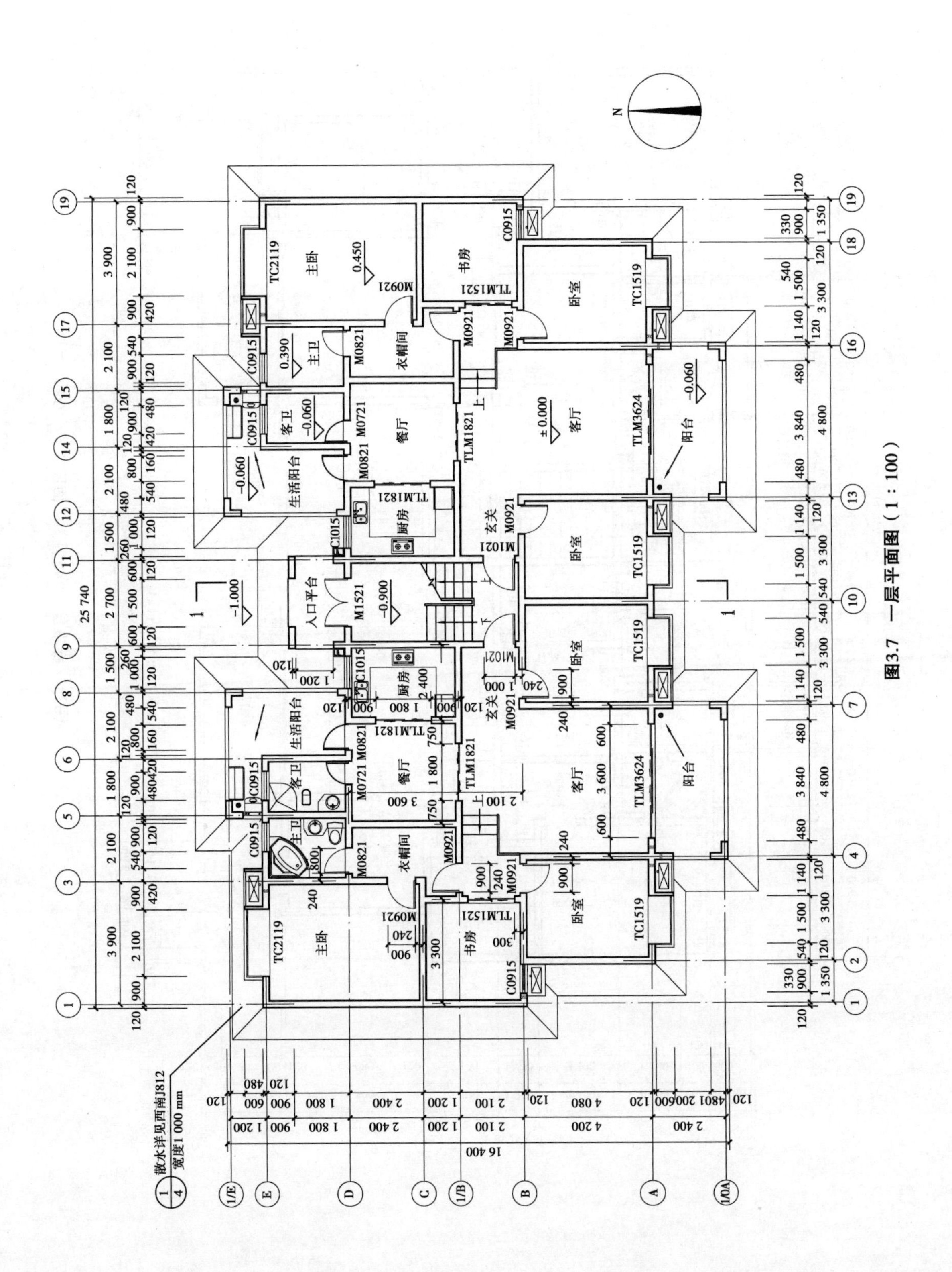

图3.7 一层平面图（1∶100）

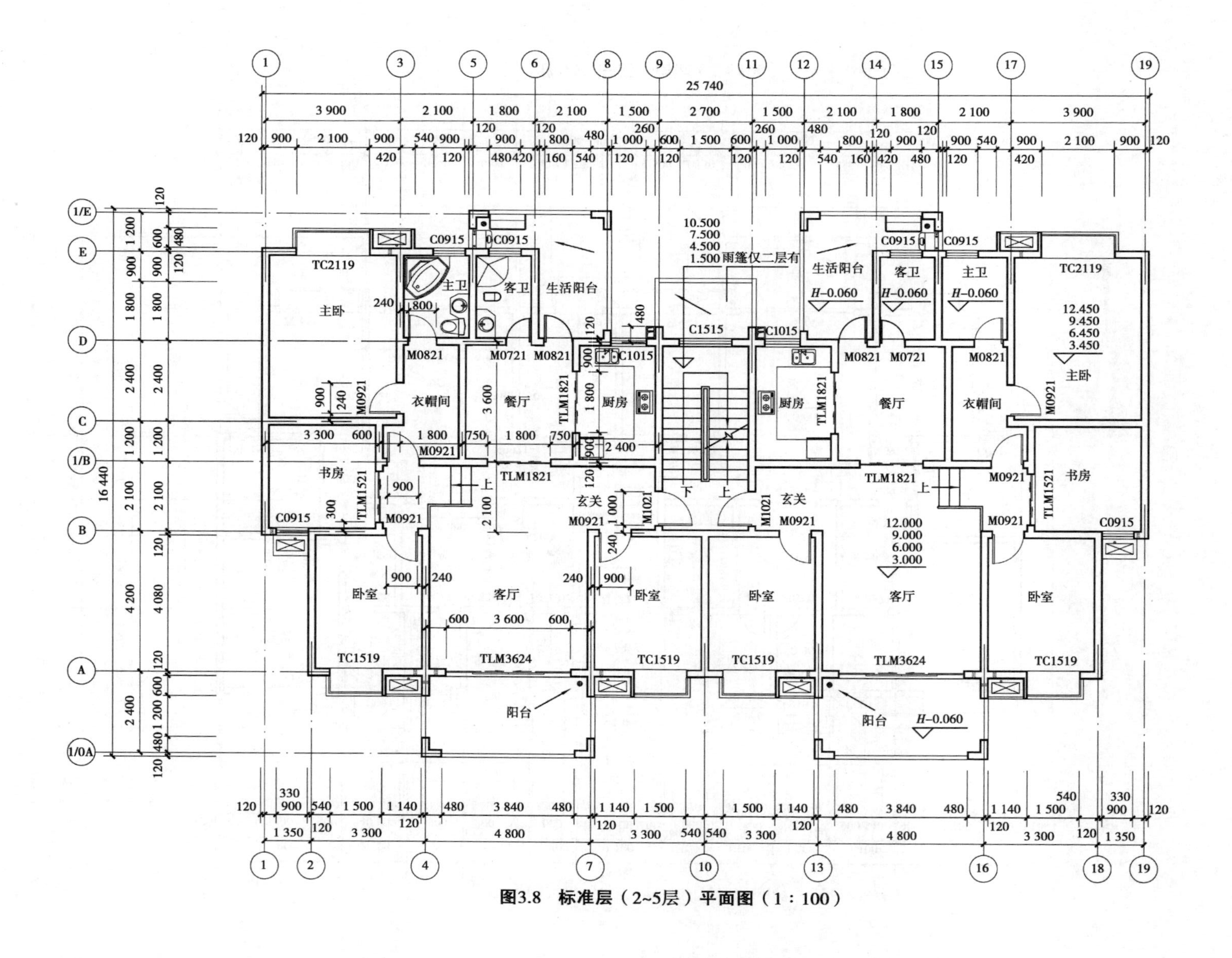

图3.8 标准层（2~5层）平面图（1：100）

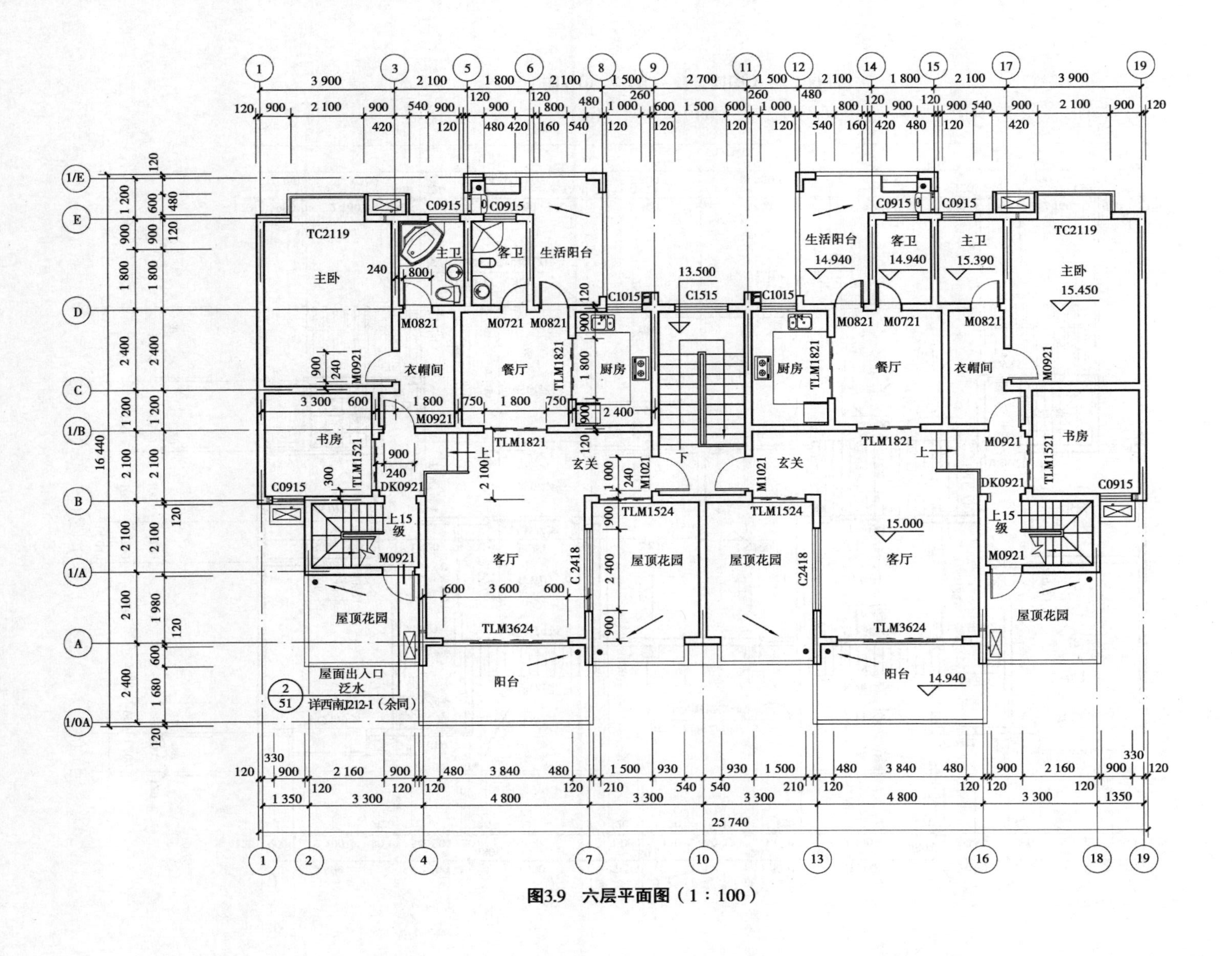

图3.9　六层平面图（1：100）

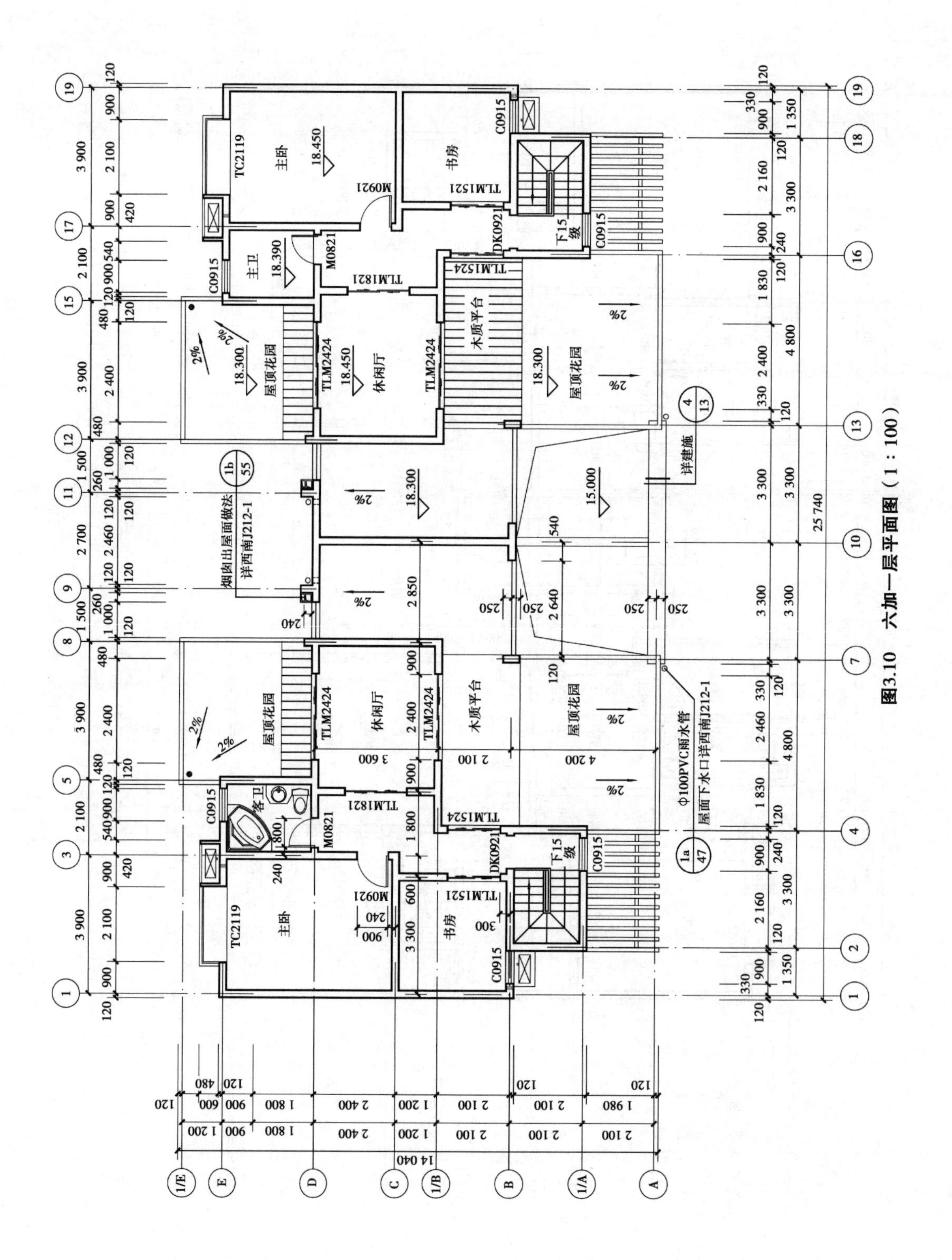

图3.10 六加一层平面图（1：100）

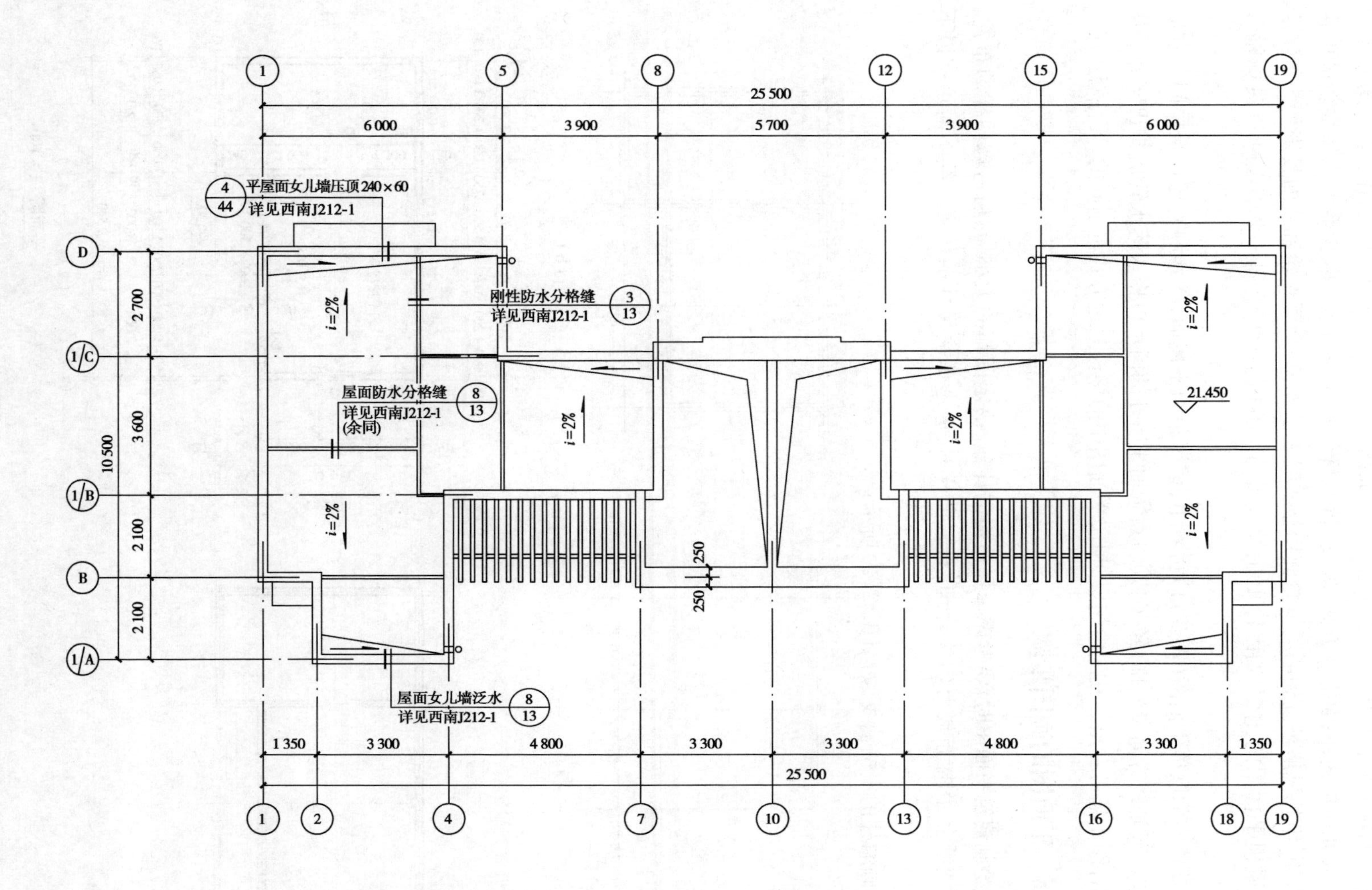

图3.11　屋顶平面图（1∶100）

图 3.11 为该住宅的屋顶平面图。屋顶平面图是屋顶的 H 面投影，是用来表达房屋屋顶的形状、女儿墙位置、屋面排水方式、坡度、落水管位置等的图形。除少数伸出屋面较高的楼梯间、水箱、电梯机房被剖到的墙体轮廓用粗实线表示外，其余可见轮廓线的投影均为细实线表示。屋顶平面图的比例常用 1∶100，也可用 1∶200 的比例绘制。平面尺寸可只标轴线尺寸。

从该住宅的屋顶平面图（图 3.11）可看出，该屋顶为平屋面，雨水顺着屋面从中间分别向前后的Ⓓ、(1/C)轴线方向墙处排，经④、⑤、⑮、⑯轴线墙外的雨水口排入落水管后排出室外。从以上的各图中还可看出，一层、中间层、顶层平面图中的楼梯表达方式是不同的，要注意区分。

▶3.1.8 平面图的画图步骤

在绘制建筑平面图时，要考虑选择适当的比例，决定图幅的大小，然后考虑图样的布置。在一张图纸上，图样布局要匀称合理，布置图样时，应考虑注尺寸的位置。绘图时可按以下步骤：

①画墙柱的定位轴线，如图 3.12(a)所示；

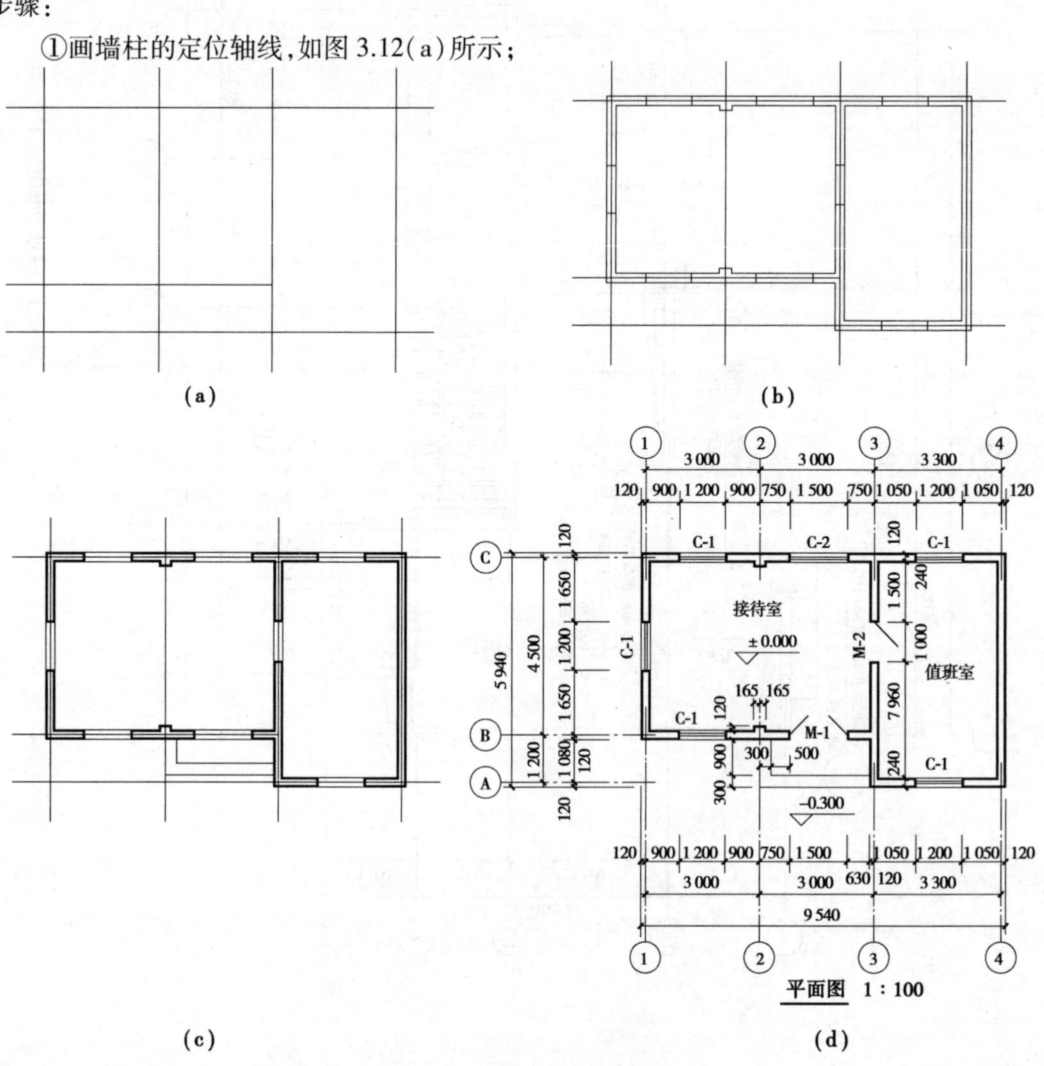

图 3.12 平面图的画图步骤

②画墙厚、柱子截面,定门窗位置,如图 3.12(b)所示;

③画台阶、窗台、楼梯(本图无楼梯)等细部位置,如图 3.12(c)所示;

④画尺寸线、标高符号,如图 3.12(d)所示;

⑤检查无误后,按要求加深各种曲线并标注尺寸数字、书写文字说明 ,如图 3.12(d)所示。

3.2 建筑平面设计

建筑平面主要表示建筑物在水平方向房屋各部分之间的组合关系。尽管建筑平面能较为集中地反映建筑功能的主要问题,但是在平面设计中,始终需要从建筑整体空间组合的效果来考虑。因此,我们应从平面分析入手,紧密联系建筑剖面和立面,分析剖面、立面的可能性和合理性,不断调整修改平面,反复深入。也就是说,虽然我们从平面设计入手,但是也应着眼于建筑空间的组合。

各种类型的民用建筑,从组成平面各部分面积的使用性质来分析,主要可以归纳为使用部分和交通联系部分两类:

使用部分是指主要使用活动和辅助使用活动的面积,即各类建筑物中的使用房间和辅助房间。

使用房间(又称主要房间):例如住宅中的起居室、卧室,学校中的教室、实验室,商店中的营业厅,剧院中的观众厅等。

辅助房间(又称次要房间):例如住宅中的厨房、浴室、厕所,一些建筑物中的储藏室、厕所以及各种电气、水暖等设备用房。

交通联系部分是建筑物中各个房间之间、楼层之间和房间内外之间联系通行的面积,即各类建筑物中的走廊、门厅、过厅、楼梯、坡道,以及电梯和自动楼梯等所占的面积。

建筑物的平面面积,除了以上两部分外,还有房屋构件所占的面积,即构成房屋承重系统、分隔平面各组成部分的墙、柱、墙墩以及隔断等构件所占的面积。图 3.13 是住宅单元平面面积各组成部分的示意。

▶3.2.1 使用部分的平面设计

建筑平面中,各个使用房间和辅助房间是建筑平面组合的基本单元。

本节简要叙述使用房间的分类和设计要求,然后着重从房间本身的使用要求出发,分析房间面积大小、形状尺寸、门窗在房间平面的位置等,考虑单个房间平面布置的几种可能性,作为下一步综合分析多种因素、进行建筑平面和空间组合的基本依据之一。

1)使用房间的分类和设计要求

从使用房间的功能要求来分类,主要有:

①生活用房间:住宅的起居室、卧室、宿舍和招待所的卧室等;

②工作、学习用的房间:各类建筑中的办公室、值班室,学校的教室、实验室等;

③公共活动房间:商场的营业厅,剧院、电影院的观众厅、休息厅等。

一般说来,生活、工作和学习用的房间要求安静,少干扰。由于人们在其中停留的时间相

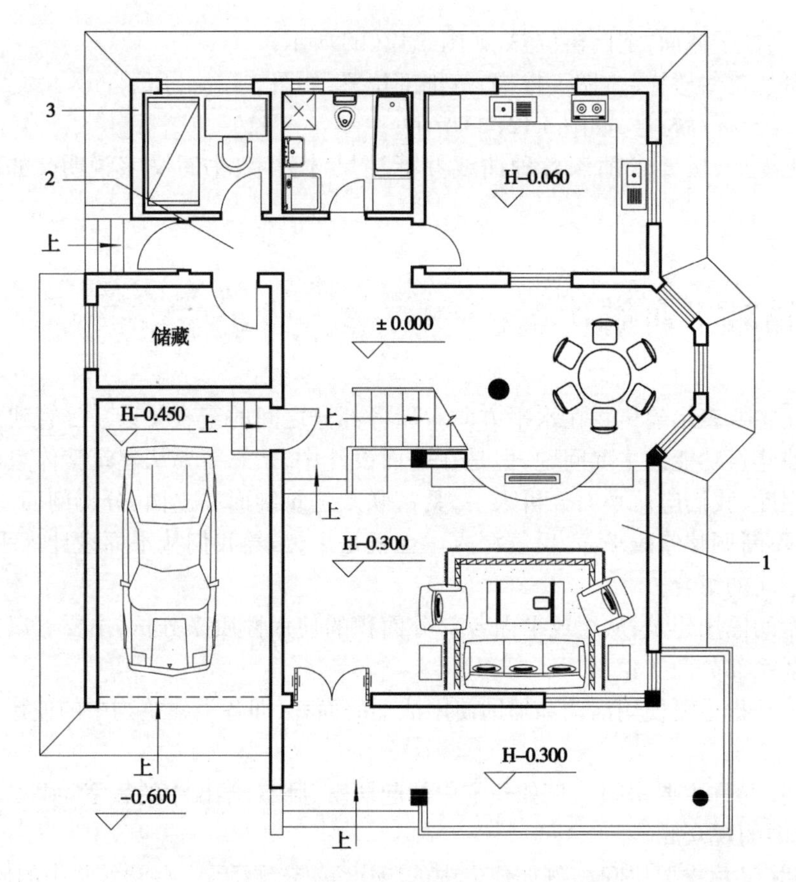

图 3.13　住宅单元平面面积的各组成部分

1—使用部分面积;2—交通联系部分所占面积;3—房屋构件所占面积

对较长,因此希望能有较好的朝向;公共活动房间的主要特点是人流比较集中,进出频繁,因此室内人们活动和通行面积的组织比较重要,特别是人流的疏散问题较为突出。使用房间的分类,有助于平面组合中对不同房间进行分组和功能分区。

对使用房间平面设计的要求主要有:

①房间的面积、形状和尺寸要满足室内使用活动和家具、设备合理布置的要求;

②门窗的大小和位置,应考虑房间的出入方便,疏散安全,采光通风良好;

③房间的构成应使结构布置合理,施工方便,也要有利于房间之间的组合,所用材料要符合相应的建筑标准;

④室内空间以及顶棚、地面、各个墙面和构件细部,要考虑人们的使用和审美要求。

2)使用房间的面积、形状和尺寸

(1)使用房间的面积

使用房间面积的大小,主要是由房间内部活动特点、使用人数的多少、家具设备的多少等因素决定的,例如住宅的起居室、卧室面积相对较小;剧院、电影院的观众厅,除了人多、座椅多外,还要考虑人流迅速疏散的要求,所需的面积就大;又如室内游泳池和健身房,由于使用活动的特点,要求有较大的面积。

为了深入分析房间内部的使用要求,可把一个房间内部的面积,根据它们的使用特点分为以下几个部分：

①家具或设备所占面积；

②人们在室内的使用活动面积(包括使用家具及设备时，近旁所需的面积)；

③房间内部的交通面积。

图 3.14(a)、(b)分别是学校中一个教室和住宅中一间卧室和室内使用面积分析示意。实际情况下，室内使用面积和室内交通面积也可能有重合或互换，但是这并不影响对使用房间面积的基本确定。

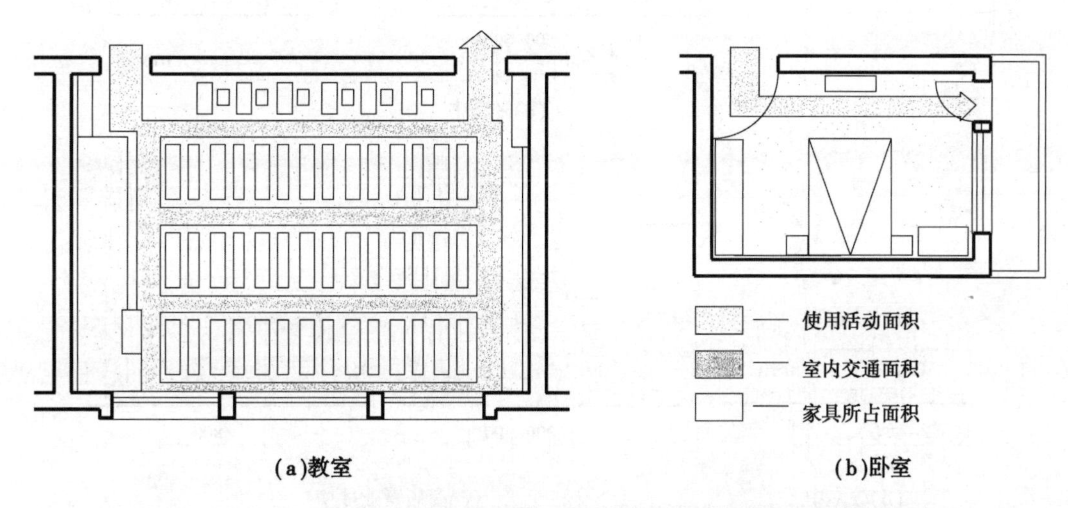

图 3.14 教室及卧室中室内使用面积分析示意

从图例中可以看到，为了确定房间使用面积的大小，除了需要掌握室内家具、设备的数量和尺寸外，还需要了解室内活动和交通面积的大小，这些面积的确定又都和人体活动的基本尺度有关。例如教室中学生就座、起立时桌椅近旁必要的使用活动面积，入座、离座时通行的最小宽度，以及教师讲课时黑板前的活动面积等。图 3.15 为教室、卧室以及商店营业厅中，人们使用各种家具时，家具近旁必要的尺寸举例。

在一些建筑物中，房间使用面积大小的确定，并不像上例中教室平面的面积分配那样明显，例如商店营业厅中柜台外顾客的活动面积，剧院、电影院休息厅中观众活动的面积等，由于这些房间中使用活动的人数并不固定，也不能直接从房间内家具的数量来确定使用面积的大小，通常需要通过对已建的同类型房间进行调查，掌握人们实际使用活动的一些规律，然后根据调查所得的数据资料，结合设计房间的使用要求和相应的经济条件，来确定比较合理的室内使用面积。一般把调查所得数据折算成与使用房间的规模有关的面积数据，例如商店营业厅中每个营业员可设多少营业面积，剧院休息厅以观众厅中每个座位需要多少休息面积等。

在实际设计工作中，国家或所在地区设计的主管部门，对住宅、学校、商店、医院、剧院等各种类型的建筑物，通过大量调查研究和设计资料的积累，结合我国经济条件和各地具体情况，编制出一系列面积定额指标，用以控制各类建筑中使用面积的限额，并作为确定房间使用面积的依据。表 3.2 是部分民用建筑房间面积定额的参考指标。

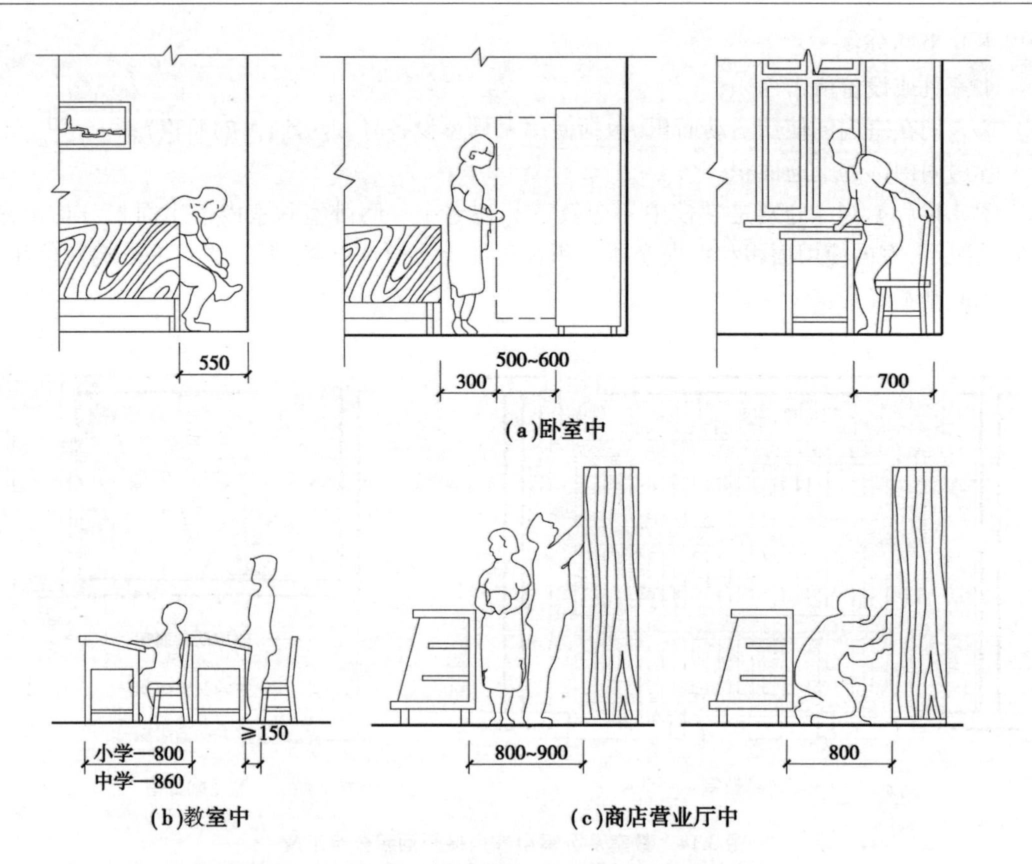

图 3.15　教室、卧室、商店营业厅中,家具近旁的必要尺寸

表 3.2　部分民用建筑房间面积定额参考指标

<table>
<tr><th rowspan="2">建筑类型</th><th colspan="3">项　目</th></tr>
<tr><th>房间名称</th><th>面积定额/(m²·人)</th><th>备　注</th></tr>
<tr><td>中小学</td><td>普通教室</td><td>1.36~1.39</td><td>小学取上限</td></tr>
<tr><td rowspan="3">办公楼</td><td>一般办公室</td><td>≥6</td><td>不包括走道</td></tr>
<tr><td rowspan="2">会议室</td><td>1.0</td><td>无会议桌</td></tr>
<tr><td>2.1</td><td>有会议桌</td></tr>
<tr><td>铁路旅客站</td><td>普通候车室</td><td>≥1.1</td><td>小型站的综合候车室的使用面积宜增加 15%</td></tr>
<tr><td>图书馆</td><td>普通阅览室</td><td>1.8~2.3</td><td>双面阅览桌</td></tr>
</table>

具体进行设计时,在已有面积定额的基础上,仍然需要分析各类房间中家具布置、人们的活动和通行情况,深入分析房间内部的使用要求,方能确定各类房间合理的平面形状和尺寸,或对同类使用性质的房间进行合理分间。

(2)房间平面形状和尺寸

初步确定了使用房间面积的大小以后,还需要进一步确定房间平面的形状和具体尺寸。

房间平面的形状和尺寸,主要是由室内使用活动的特点、家具布置方式,以及采光、通风、音响等要求所决定的。在满足使用要求的同时,构成房间的技术经济条件,以及人们对室内空间的观感,也是确定房间平面形状和尺寸的重要因素。

仍以中小学普通教室为例,面积相同的教室,可能有很多种平面形状和尺寸,仅以50座矩形平面的教室为例,就有多种可能的尺寸组合(图3.16)。根据普通教室以听课为主的使用特点来分析,首先要保证学生上课时视、听方面的质量,即座位的排列不能太远太偏,教师讲课时黑板前要有必要的活动余地等。通过具体调查实测,或借鉴已有的设计数据资料,相应地确定了允许排列的离黑板最远座位不大于8.5 m,边座和黑板面远端夹角控制在不小于30°,以及第一排座位离黑板的最小距离为2 m左右。在上述范围内,结合桌椅的尺寸和排列方式,根据人体活动尺度,确定排距和桌子间通道的宽度,基本上可以满足普通教室中视、听活动和通行等方面的要求。图3.17是仅从视、听要求考虑,教室平面形状的几种可能性。

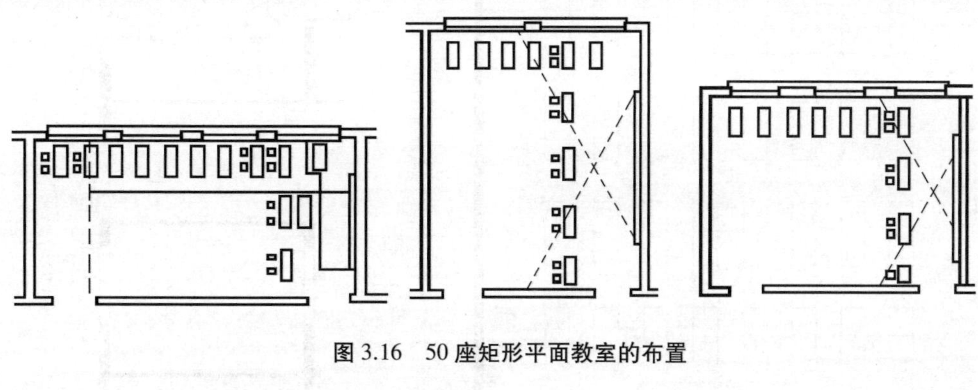

图3.16 50座矩形平面教室的布置

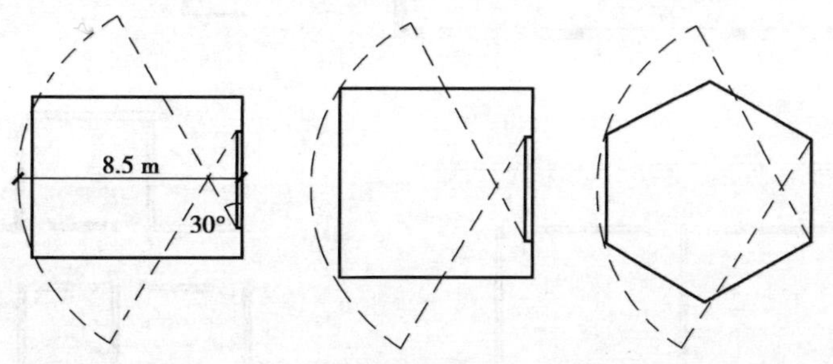

图3.17 教室中满足视听要求的平面范围和形状的几种可能性

确定教室平面形状和尺寸,除了要满足视、听要求外,还需要综合考虑其他方面的要求,从教室内需要有足够和均匀的天然采光来分析,进深较大的方形、六角形平面,希望房间两侧都能开窗采光,或采用侧光和顶光相结合;当平面组合中房间只能一侧开窗采光时,沿外墙长向的矩形平面,能够较好地满足采光均匀的要求。

再从构成房间的结构布置来考虑,一般中小型民用建筑,常采用墙体承重的梁板构件布置,如果教室中采用非预应力的钢筋混凝土梁,通常以6~7 m的跨度比较经济合理。综合上述几方面的因素,又考虑到房间之间平面组合的方便,因此普通教室的平面形状,通常以采用沿外墙长向布置的矩形平面较多(图3.18)。

矩形平面长、宽的具体尺寸,可由家具尺寸、活动和通行宽度以及符合模数制的构件规格来确定。当平面组合中允许双侧采光或顶部采光时,或教室的主要使用要求和结构布置方式

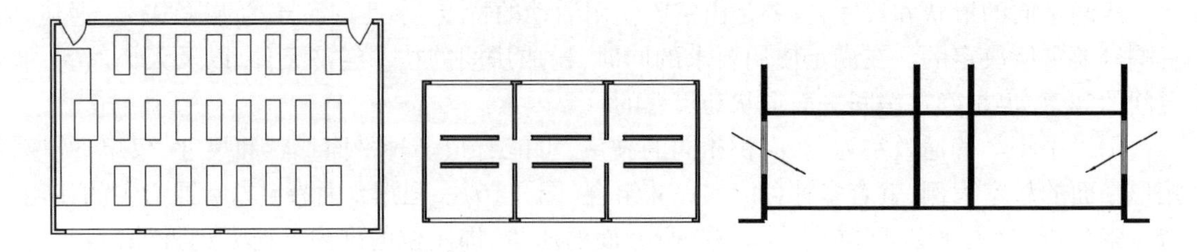

图 3.18 沿外墙长向布置矩形平面的平面组合

有所改变,教室平面的形状也可能相应地改变。图 3.19 是一双侧采光方形教室的平面组合;图 3.20 是一专用学校六角形教室的平面组合;图 3.21 是各种不同形状的音乐教室实例。

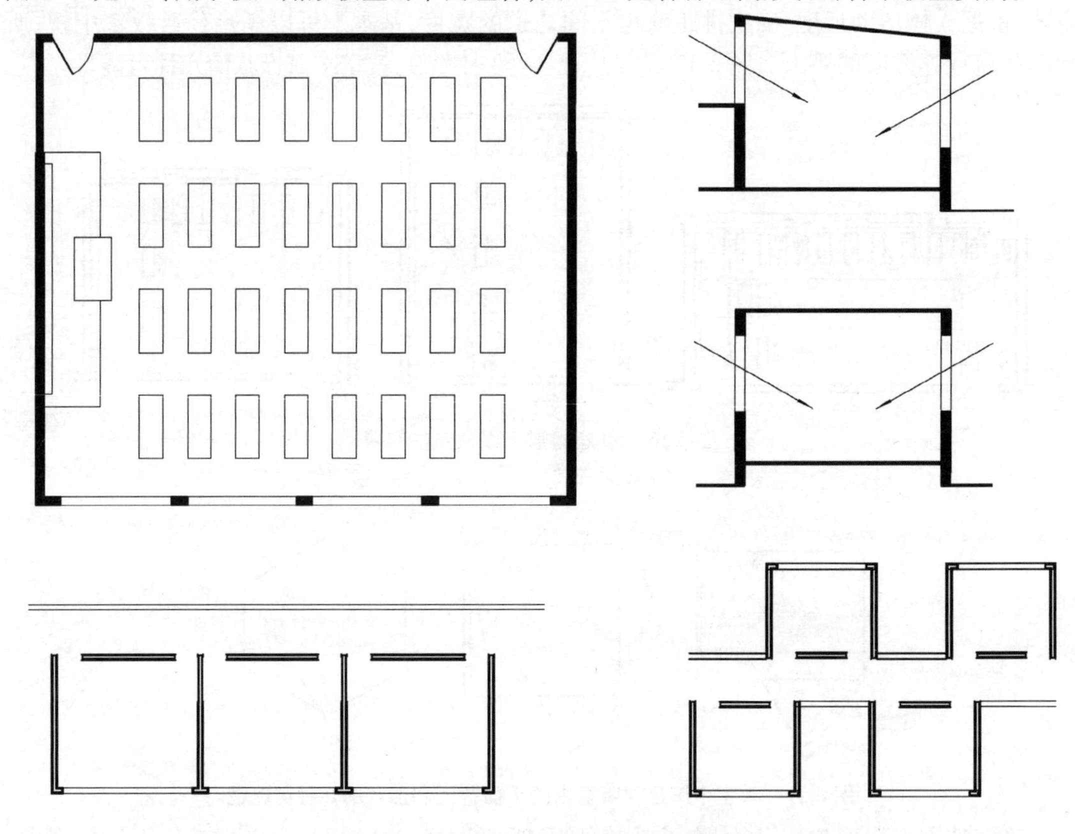

图 3.19 双侧采光方形教室的平面组合

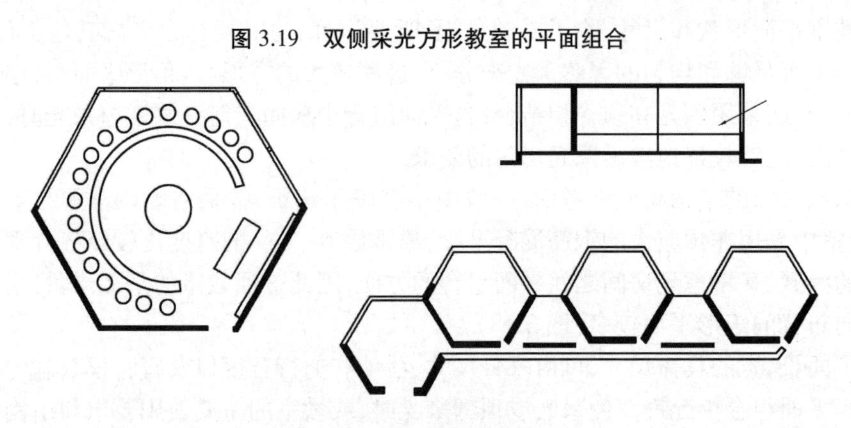

图 3.20 六角形教室的平面组合

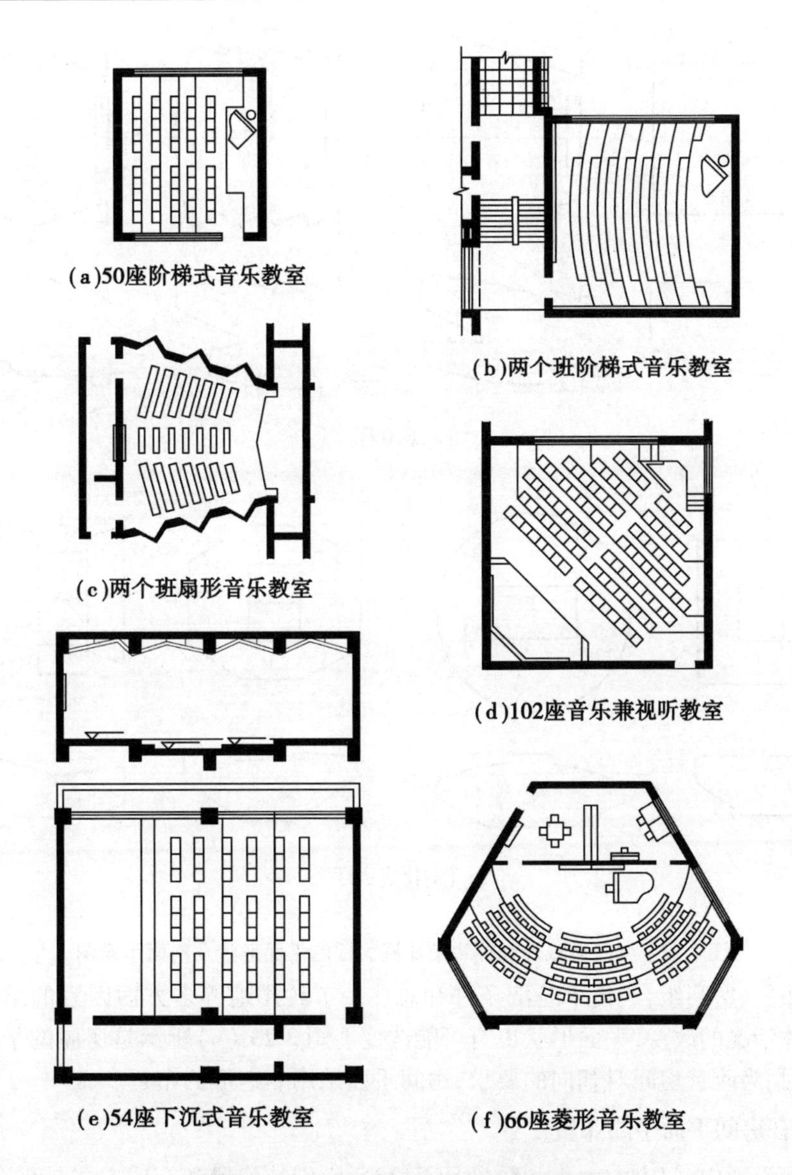

(a)50座阶梯式音乐教室

(b)两个班阶梯式音乐教室

(c)两个班扇形音乐教室

(d)102座音乐兼视听教室

(e)54座下沉式音乐教室

(f)66座菱形音乐教室

图 3.21　各种平面形状不同的音乐教室

在大量的民用建筑中,如果使用房间的面积不大,又需要多个房间上下、左右相互组合,常见的以矩形的房间平面较多,这是由于矩形平面通常便于家具和设备的安排,房间的开间或进深易于调整统一,结构布置和预制构件的选用较易解决。例如住宅、宿舍、学校、办公楼等建筑类型,大多采用矩形平面的房间。

如果建筑物中单个使用房间的面积很大,使用要求的特点比较明显,覆盖和围护房间的技术要求也较复杂,又不需要同类的多个房间进行组合,这时房间(也指大厅)平面以至整个体型就有可能采用多种形状。例如室内人数多、有视听和疏散要求的剧院观众厅、体育馆比赛大厅等(图 3.22)。

房间平面形状和尺寸的确定,主要是从房间内部的使用要求和技术经济条件来考虑的。同时,室内空间处理等美观要求,建筑物周围环境和基地大小等总体要求,也是影响房间平面形状的重要因素。如图 3.23(a)所示,住宅卧室大多采用沿外墙短向布置的矩形平面,它是综

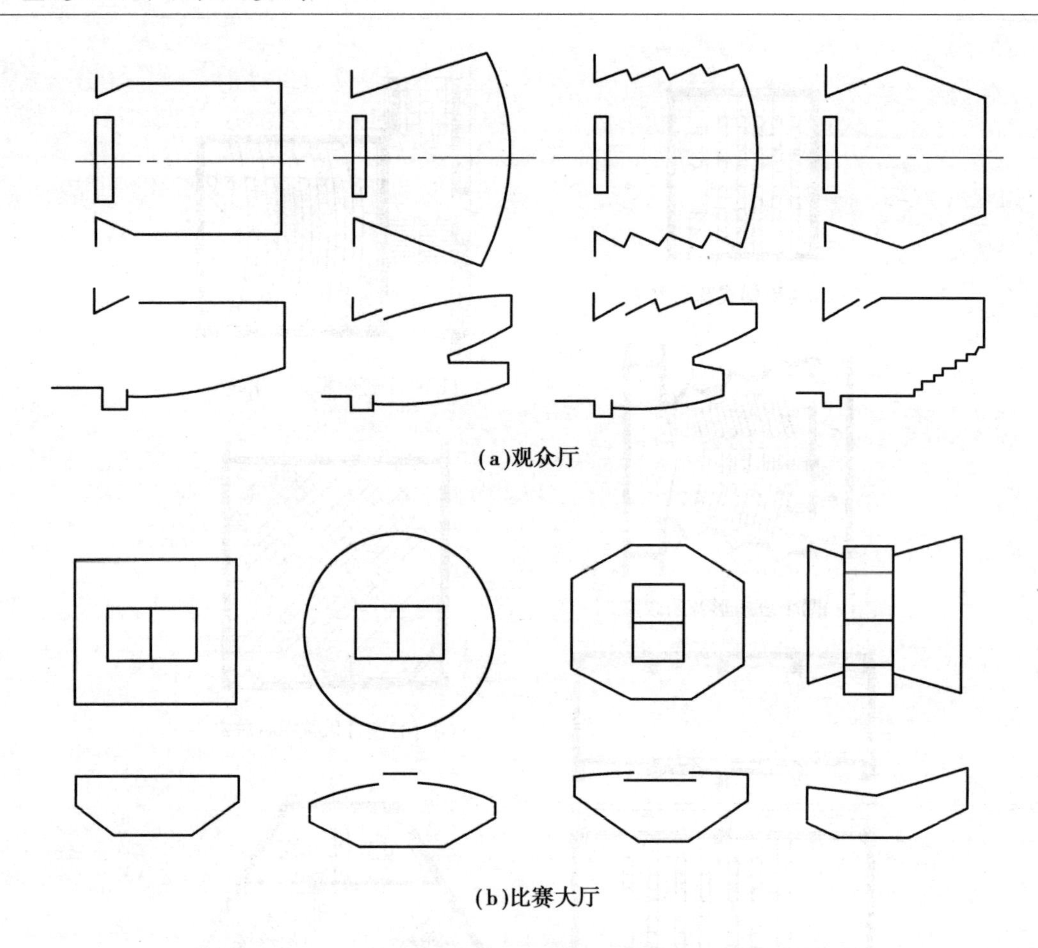

图 3.22 剧院观众厅和体育馆比赛大厅的平面形状及剖面示意图

合考虑家具布置、房间组合、技术经济条件和总体上节约用地等多方面因素的结果。随着上述因素中具体情况的改变,平面形状也有可能改变。图 3.23 (b)所示是房屋的平面布置受基地条件限制时,为改善房间对朝向的要求,房间平面采用非矩形的布置。

3) 门窗在房间平面中的布置

房间平面设计中,门窗的大小和数量是否恰当,它们的位置和开启方式是否合适,对房间的平面使用效果也有很大影响。同时,窗的形式和组合方式与建筑立面设计的关系极为密切,门窗的宽度在平面中表示,它们的高度在剖面中确定,而窗和外门的组合形式又只能在立面中看到全貌。因此在平、立、剖面的设计过程中,门窗的布置需要从多方面综合考虑,反复推敲。下面先从门窗的布置和单个房间平面设计的关系进行分析。

(1)门的宽度、数量和开启方式

房间平面中门的最小宽度,是由通过人流和搬进房间家具、设备的大小决定的。例如住宅中卧室、起居室等生活用房间,门的宽度常用 900 mm 左右,这样的宽度可使一个携带东西的人方便地通过,也能搬进床、柜等尺寸较大的家具(图 3.24)。住宅中厕所、浴室的门,宽度只需 700 mm,阳台的门 800 mm 即可,即稍大于一个通过宽度,这些较小的门扇,开启时可以少占室内的使用面积,这对平面紧凑的住宅建筑尤其重要。

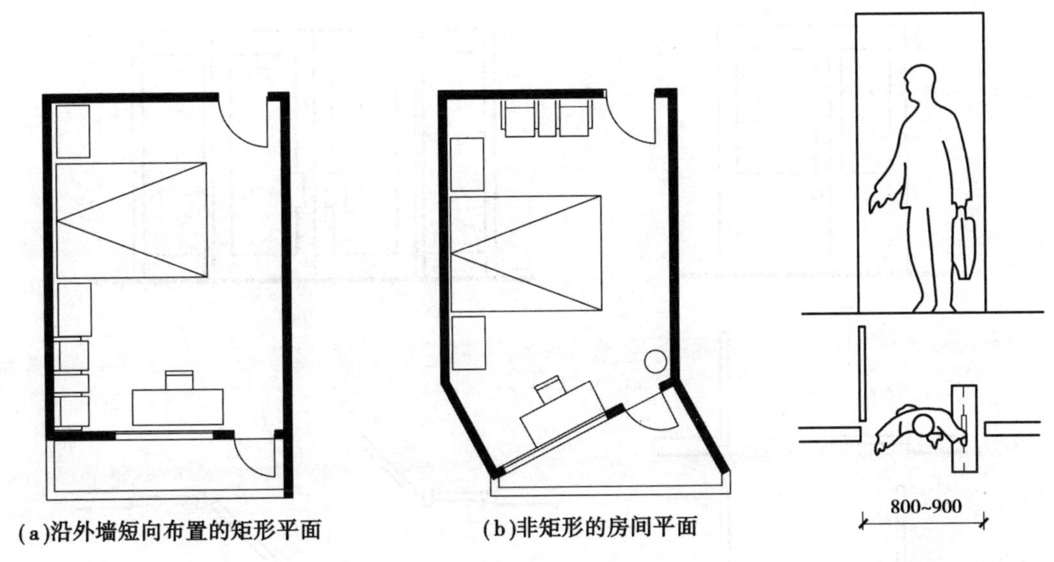

(a)沿外墙短向布置的矩形平面　　(b)非矩形的房间平面

图 3.23　住宅卧室的平面形状图

图 3.24　住宅中卧室起居室门的宽度

室内面积较大、活动人数较多的房间，应该相应增加门的宽度或门的数量。当门宽大于1 000 mm时，为了开启方便和少占使用面积，通常采用双扇门，双扇门宽可为1 200~1 800 mm左右；如果室内人数多于 50 人，或房间面积大于 60 m^2 时，按照防火要求至少需要两个门，分设在房间两端，以保证安全疏散。图 3.25 是小学自然教室和中学阶梯教室门的位置和开启方式。

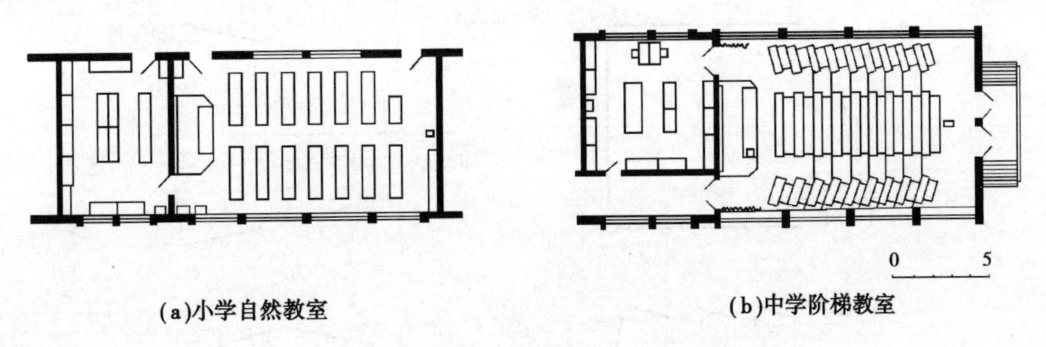

(a)小学自然教室　　(b)中学阶梯教室

图 3.25　中小学教室门的位置和开启方式

一些人流大量集中的公共活动房间，如会场、观众厅等，考虑疏散要求，门的总宽度按每 100 人 600 mm 宽计算，并应设置双扇的外开门。

房间平面中门的开启方式，主要根据房间内部的使用特点来考虑，例如现代住宅和医院病房的入户门，常采用 1 200 mm 的不等宽双扇门（又称子母门，见图 3.26(a)）。平时出入可只开较宽的单扇门，当搬运家具或病房有病人的手推车通过或担架出入时，可以两扇门同时开启。又如商店的营业厅，进出人流连续频繁，有些地区门扇常采用双扇弹簧门，使用比较方便（图 3.26(b)）。

(2) 房间平面中门的位置

房间平面中门的位置应考虑室内交通路线简捷和安全疏散的要求。门的位置还对室内

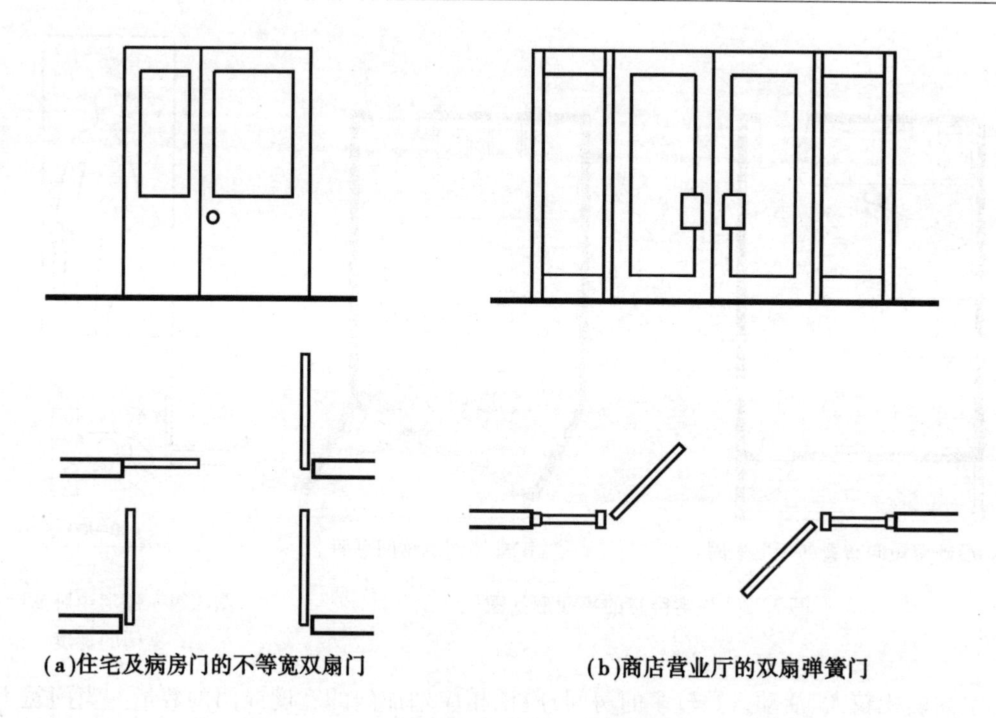

(a)住宅及病房门的不等宽双扇门　　(b)商店营业厅的双扇弹簧门

图 3.26　门的使用特点和开启方式

使用面积能否充分利用、家具布置是否方便,以及组织室内穿堂风等影响很大。

对于面积大、人流活动多的房间,门的位置主要考虑通行便捷和疏散安全。例如剧院观众厅中一些门的位置,通常较均匀地分设,使观众能尽快到达室外(图 3.27)。

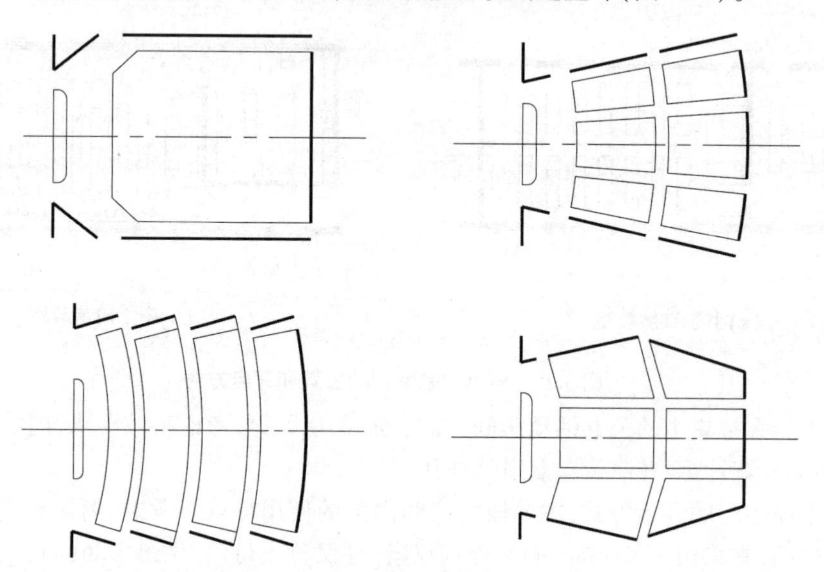

图 3.27　剧院观众厅中门的位置

对于面积小、人数少、只需设一个门的房间,门的位置首先需要考虑家具的合理布置,图 3.28是集体宿舍中床铺安排和门的位置关系。

当小房间中门的数量不止一个时,门的位置应考虑缩短室内交通路线,保留较为完整的活动面积,并尽可能留有便于靠墙布置家具的墙面。图 3.29 中的例子,是表示住宅卧室由于

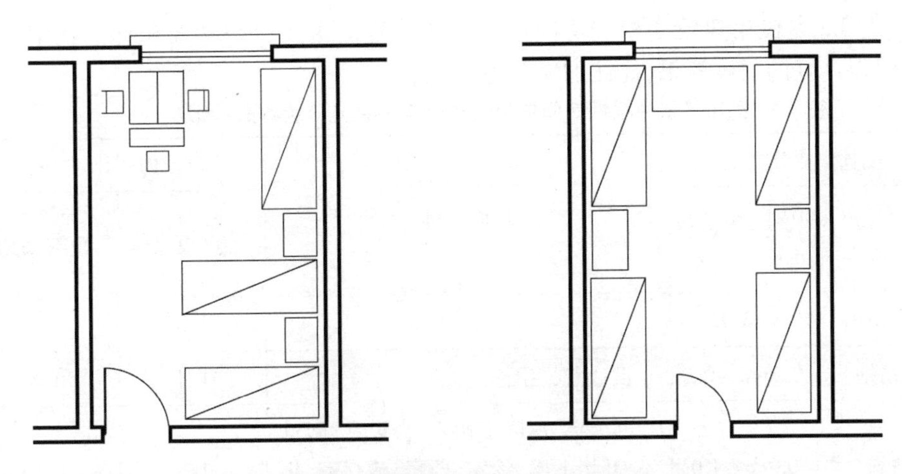

图 3.28 集体宿舍中床铺安排和门的位置关系

门的位置不同,给室内活动面积和家具布置带来的影响。

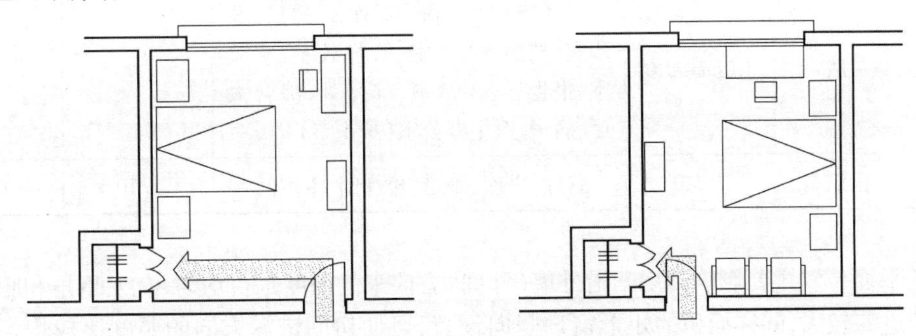

图 3.29 设有衣帽间卧室门的布置

有的房间由于平面组合的需要,几个门的位置比较集中,并且经常需要同时开启,这时要注意协调几个门的开启方向,防止门扇相互碰撞和妨碍人们通行(图 3.30)。

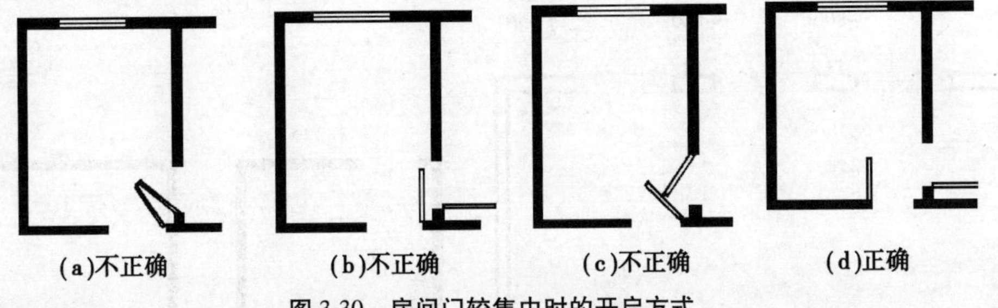

图 3.30 房间门较集中时的开启方式

房间平面中门的位置,在平面组合时,从整幢房屋的使用要求考虑也可能需要改变。例如有的房间需要尽可能缩短通往房屋出入口或楼梯口的距离,有些房间之间联系或分隔的要求比较严密,都可能重新调整房间门的位置。

(3)窗的大小和位置

房间中窗的大小和位置,主要根据室内采光、通风要求来考虑。采光方面,窗的大小直接影响到室内照度是否足够,窗的位置关系到室内照度是否均匀。各类房间照度要求,是由室内使用上精确细密的程度来确定的。由于影响室内照度强弱的因素主要是窗户面积的大小,因此通常以窗口透光部分的面积和房间地面面积的比(即采光面积比)来初步确定或校验窗面积的大小。表3.3是民用建筑中根据房间使用性质确定的采光分级和面积比。在南方地区,有时为了取得良好的通风效果,往往加大开窗面积。

表3.3　民用建筑中根据房间使用性质确定的采光分级和面积比

采光等级	视觉作业分类		房间名称	窗地面积比 A_c/A_d	
	作业精确度	识别对象的最小尺寸 d/mm		侧面采光	顶部采光
Ⅰ	特别精细	$d \leqslant 0.15$		1/3	1/6
Ⅱ	很精细	$0.15<d \leqslant 0.3$	设计室、绘图室	1/4	1/8
Ⅲ	精细	$0.3<d \leqslant 1.0$	办公室、视屏工作室、会议室、阅览室、开架书库、诊室、药房、治疗室、化验室	1/5	1/10
Ⅳ	一般	$1.0<d \leqslant 5.0$	起居室(厅)、卧室、书房、厨房、复印室、档案室、教室、阶梯教室、实验室、报告厅、候诊室、挂号处、综合大厅、病房、医生办公室(护士室)	1/6	1/13
Ⅴ	粗糙	$d>5.0$	餐厅、书库、走道、楼梯间、卫生间	1/10	1/23

窗的平面位置主要影响到房间沿外墙(开间)方向来的照度是否均匀、有无暗角和眩光。如果房间的进深较大,同样面积的矩形窗户竖向设置,可使房间进深方向的照度比较均匀。中小学教室在一侧采光的条件下,窗户应位于学生左侧;窗间墙的宽度从照度均匀考虑,一般不宜过大(具体窗间墙尺寸的确定需要综合考虑房屋结构或抗震要求等因素);同时,窗户和挂黑板墙面之间的距离要适当,这段距离太小会使黑板上产生眩光,距离太大又会形成暗角(图3.31)。

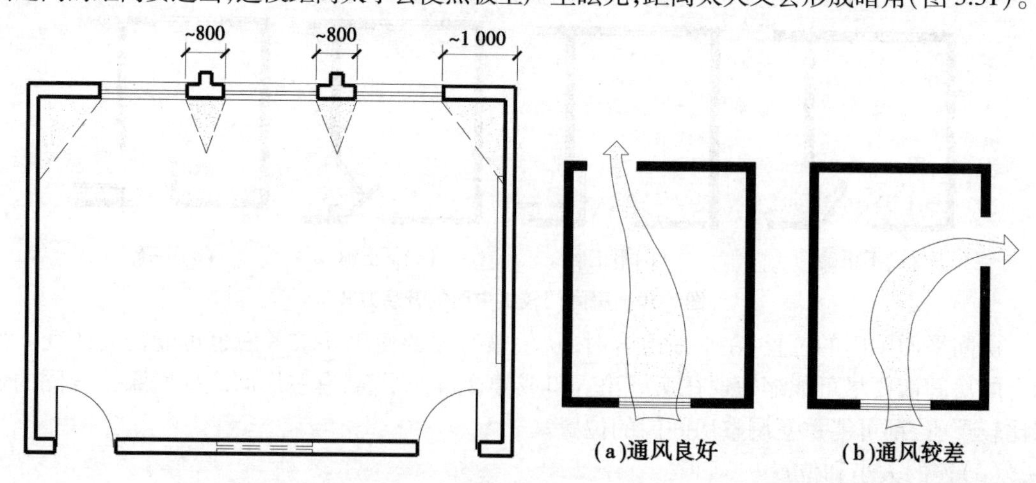

图3.31　一侧采光的教室中窗的平面位置图　　图3.32　门窗的相对位置对室内气流影响示意图

建筑物室内的自然通风,除了和建筑朝向、间距、平面布局等因素有关外,房间中窗的位置对室内通风效果的影响也很关键。通常利用房间两侧相对应的窗户或门窗之间组织穿堂风,门窗的相对位置采用对面通直布置时,室内气流通畅(图3.32),同时也要尽可能使穿堂风通过室内使用活动部分的空间。图3.33(a)所示教室平面中,常在靠走廊一侧开设高窗,以改善教室内通风条件。图3.33(b)为一有天井的住宅卧室,夏季利用储藏室的门,调节出风通路,改善通风。

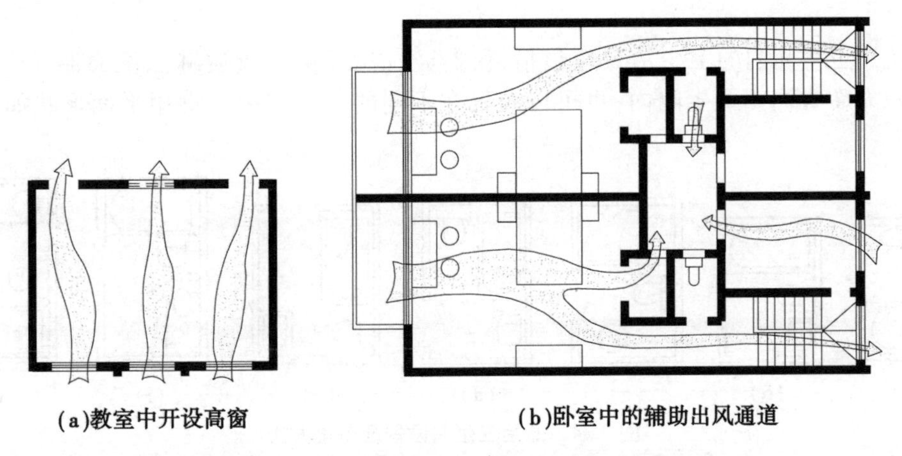

(a)教室中开设高窗　　(b)卧室中的辅助出风通道

图3.33　平面中门窗开设位置对通风条件的影响

▶3.2.2　辅助房间的平面设计

辅助房间是指为使用房间提供服务的房间,如厕所、盥洗室、浴室、厨房、通风机房、水泵房、配电房等。这些房间在整个建筑平面中虽然属于次要地位,但却是不可缺少的部分,直接关系到人们使用的方便与否。各类民用建筑中辅助房间的平面设计,和使用房间的设计分析方法基本相同。卫生间、盥洗室等辅助房间通常根据各种建筑物的使用特点和使用人数的多少,先确定所需设备的数目(见表3.4)。根据计算所得的设备数量,考虑在整幢建筑物中卫生间、盥洗室的分间情况,最后在建筑平面组合中根据整幢房屋的使用要求,适当调整并确定这些辅助房间的面积、平面形式和尺寸。

表3.4　部分民用建筑公共厕所设备个数参考指标

建筑类型	男小便器/(人·个$^{-1}$)	男大便器/(人·个$^{-1}$)	女大便器/(人·个$^{-1}$)	洗手盆或龙头/(人·个$^{-1}$)	男女比例	备　注
旅馆	20	20	12	—	—	男女比例按设计要求
宿舍	20	20	15	15	—	男女比例按实际使用要求
中小学	40	40	25	100	1:1	小学数量应稍多
火车站	80	80	50	150	2:1	—
办公楼	50	50	30	50~80	3:1~5:1	—
影剧院	35	75	50	140	2:1~3:1	—
门诊部	50	100	50	150	1:1	总人数按全日门诊人次计算
幼托	—	5~10	2~5	—	1:1	—

注:一个小便器折合0.6 m长小便槽。

(1)厕所(卫生间)的布置

厕所(卫生间)是建筑中最常见的辅助房间。厕所(卫生间)主要分为住宅用卫生间和公共建筑内卫生间两大类。前者是服务于家庭的,后者是服务于公共场所的,因此其设计也略有不同。

住宅用卫生间内的卫生洁具应包括:便器、洗浴器(浴缸或喷淋)、洗面器。三件卫生洁具可以布置在同一卫生间内,也可以布置在不同的卫生间内。常用平面形状如图3.34所示。

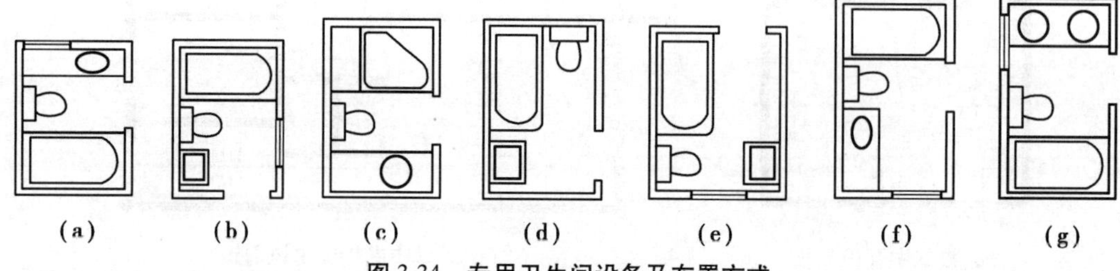

图3.34 专用卫生间设备及布置方式

公共建筑厕所卫生设备有大便器、小便器、洗手盆、污水池等,常用尺寸及布置方案如图3.35所示。公共厕所卫生设备的数量通常根据各种建筑物的使用特点和使用人数多少确定,根据计算所得的设备数量,综合考虑各种设备及人体活动所需要的基本尺寸,确定房间的基本尺寸和布置形式。厕所和浴室隔间的平面尺寸见表3.5。

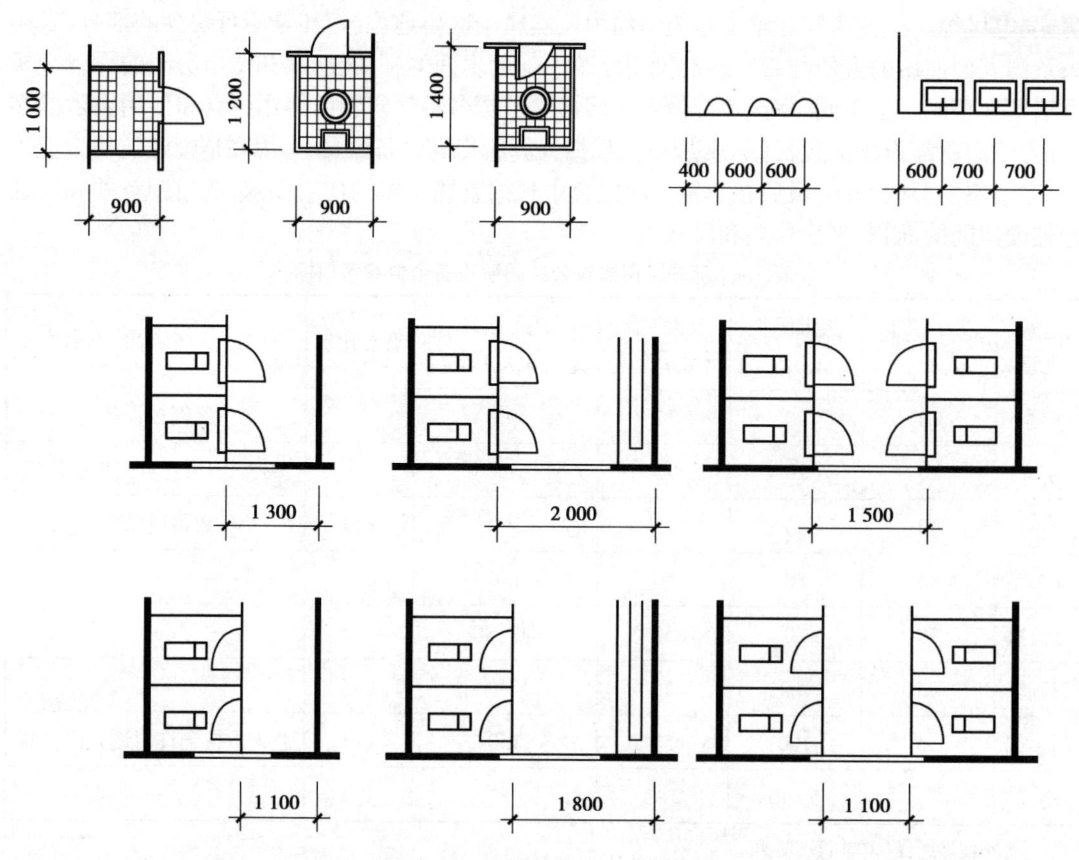

图3.35 厕所卫生设备尺寸和布置方案

表 3.5 厕所和浴室隔间平面尺寸

类 别	平面尺寸(宽度 m × 深度 m)
外开门的厕所隔间	0.9 × 1.2(蹲便器) 0.9 × 1.3(坐便器)
内开门的厕所隔间	0.9 × 1.4(蹲便器) 0.9 × 1.5(坐便器)
医院患者专用厕所隔间(外开门)	1.1 × 1.5(门闩应能里外开启)
无障碍厕所隔间(外开门)	1.5 × 2.0(不应小于 1.0×1.8)
外开门淋浴隔间	1.0 × 1.2(或 1.1 × 1.1)
内设更衣凳的淋浴隔间	1.0 × (1.0 + 0.6)

公共建筑厕所在建筑物中应处于"既隐蔽又方便"的位置,应与走道、大厅等交通部分相联系,由于使用上和卫生上的要求,一般应设置前室(图 3.36),前室的深度应不小于 1.5~2.0 m。门的位置和开启方向要既能遮挡视线,又不至于过于曲折,以免进出不便,造成拥挤。洗手盆和污水池通常在前室布置。厕所面积过小时,也可不作前室,但要处理好门的开启方向,解决好视线遮挡问题。

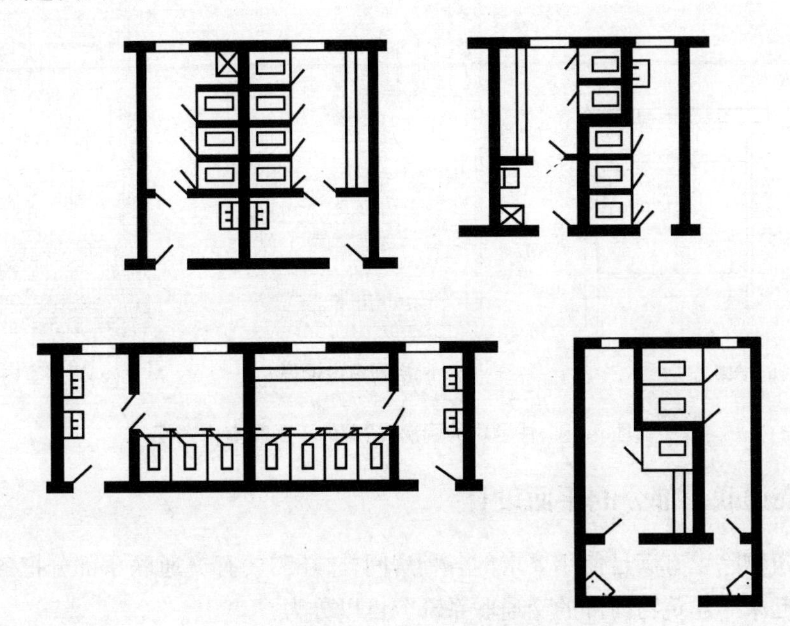

图 3.36 公共建筑厕所平面布置形式

(2)厨房

厨房炊事操作行为有其内在规律,从食品的购入、择菜、清洗、配餐、烹调、备餐、进餐、清洗到储藏,为一次食事行为周期,应按此规律布置厨房。

厨房的设计要求如下:

①有适当的面积,以满足设备和操作活动的要求。其空间尺寸要便于合理布置家具设备和方便操作,并能充分利用空间,解决好储藏问题。

②家具设备的布置及尺度要符合人体工程学的要求,适宜于操作,有利于减少体力消耗。

③有良好的室内环境,有利于排出有害气体及保持清洁卫生。

④有利于设备管线的合理布置。

厨房的布置有单排、双排、L 形、U 形等形式,如图 3.37 所示。其中,L 形与 U 形[图 3.37(b)、(d)]更为符合厨房的操作流程,可提供连续案台空间,较为理想。与双排布置相比,避免了操作过程中频繁转身的缺点。

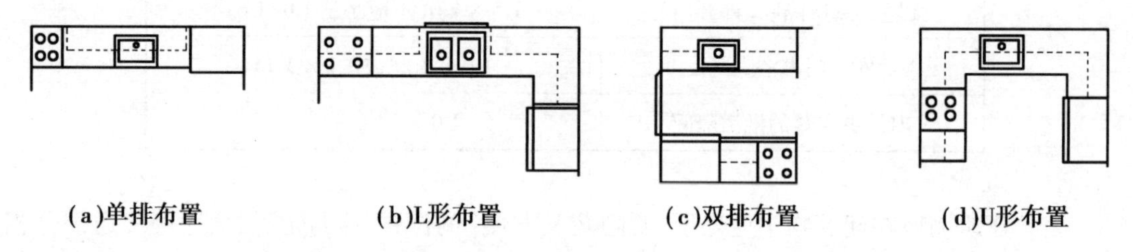

(a)单排布置　(b)L形布置　(c)双排布置　(d)U形布置

图 3.37　厨房布置形式

图 3.38 是住宅中的厨房、浴厕等辅助用房的平面和室内透视图。

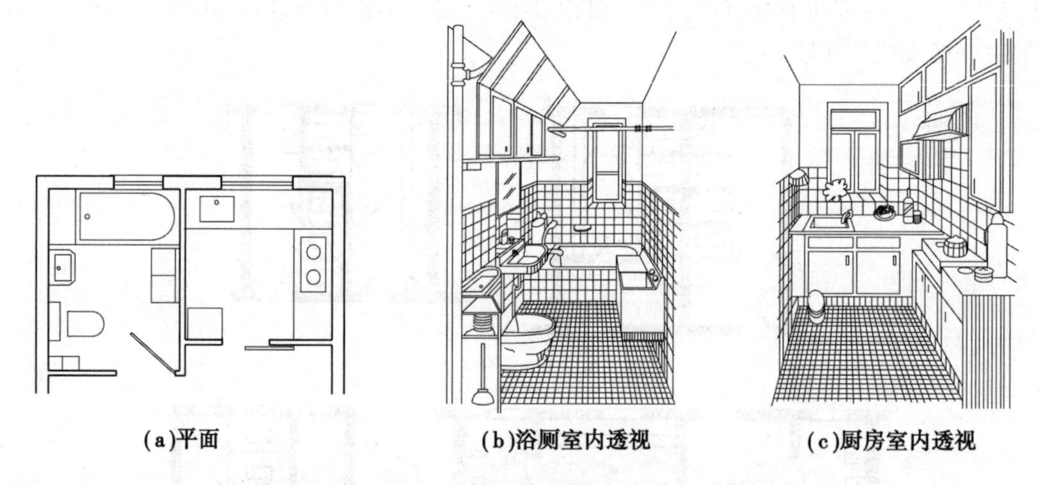

(a)平面　(b)浴厕室内透视　(c)厨房室内透视

图 3.38　住宅中的厨房、浴厕的平面和室内透视

▶3.2.3　交通联系部分的平面设计

一幢建筑物除了有满足使用要求的各种房间外,还需要有交通联系部分把各个房间以及室内外联系起来。建筑物内部的交通联系部分可以分为:

①水平交通联系的走廊、过道等;

②垂直交通联系的楼梯、坡道、电梯、自动扶梯等;

③交通联系枢纽的门厅、过厅等。

交通联系部分的面积,在一些常见的建筑类型(如宿舍、教学楼、医院或办公楼)中,约占建筑面积的 1/4。这部分面积设计得是否合理,除了直接关系到建筑物中各部分的联系通行

是否方便外,也对房屋造价、建筑用地、平面组合方式等许多方面有很大影响。

交通联系部分设计的主要要求有:

①交通路线简捷明确,联系通行方便:

②人流通畅,紧急疏散时迅速安全;

③满足一定的采光通风要求;

④力求节省交通面积,同时考虑空间处理等造型问题。

进行交通联系部分的平面设计,首先需要具体确定走廊、楼梯等通行疏散要求的宽度,具体确定门厅、过厅等人们停留和通行所必需的面积,然后结合平面布局考虑交通联系部分在建筑平面中的位置以及空间组合等设计问题。

以下分述各种交通联系部分的平面设计:

(1) 过道(走廊)

过道(走廊)的作用是连接各个房间、楼梯和门厅等各部分,以解决房屋中水平联系和疏散问题。

过道的宽度应符合人流通畅和建筑防火要求,通常单股人流的通行宽度为550~600 mm。在通行人数少的住宅过道中,考虑两人相对通过和搬运家具的需要,过道的最小宽度也不宜小于1 100 mm[图3.39(a)]。在通行人数较多的公共建筑中,按各类建筑的使用特点、建筑平面组合要求、通过人流的多少及根据调查分析或参考设计资料确定过道宽度。公共建筑门扇开向过道时,过道宽度通常不小于1 500 mm[图3.39(b)、(c)]。例如中小学教学楼中过道宽度,根据过道连接教室的多少,常采用1 800 mm(过道一侧设教室)、2 400 mm(过道两侧设教室)左右。设计过道的宽度,应根据建筑物的耐火等级、层数和过道中通行人数的多少进行防火要求最小宽度的校核,见表3.6。

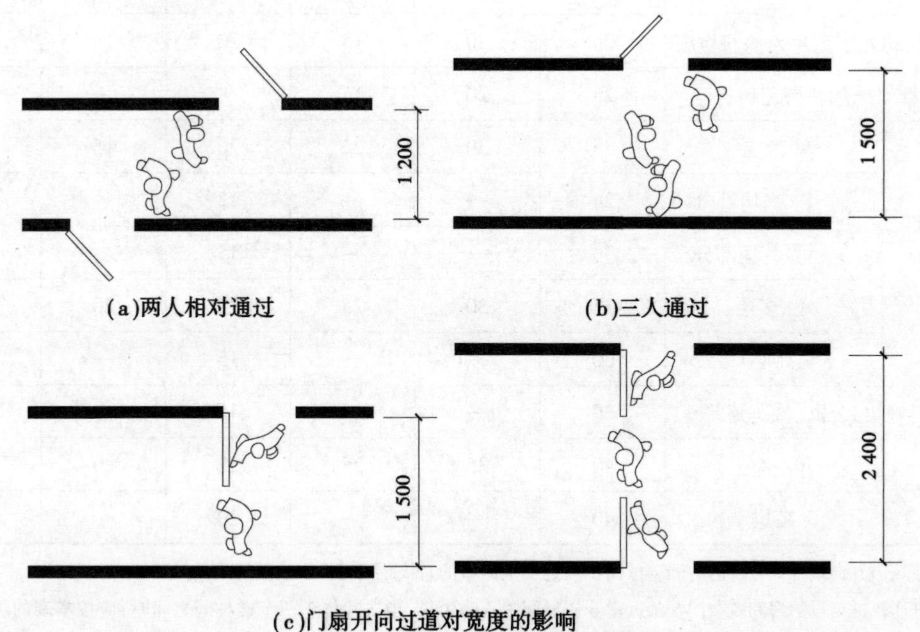

(a)两人相对通过

(b)三人通过

(c)门扇开向过道对宽度的影响

图3.39　人流通行和过道的宽度

表 3.6　每层的房间疏散门、安全出口、疏散走道和疏散楼梯的每 100 人最小疏散净宽度(m/百人)

建筑层数		耐火等级		
		一、二级	三级	四级
地上建筑	1~2 层	0.65	0.75	1.00
	3 层	0.75	1.00	—
	≥4 层	1.00	1.25	—
地下建筑	与地面出入口地面的高差 $\Delta H \leqslant 10$ m	0.75	—	—
	与地面出入口地面的高差 $\Delta H > 10$ m	1.00	—	—

注:疏散走道和楼梯的最小宽度不应小于 1.2 m。

过道从房间门到楼梯间或外门的最大距离,以及袋形过道的长度,从安全疏散考虑也有一定的限制,见表 3.7。医院门诊部分的过道,兼有病人候诊的功能等(图 3.40),这时过道的宽度和面积相应增加。可以在过道边上的墙上开设高窗或设置玻璃隔断以改善过道的采光通风条件(图 3.41)。为了遮挡视线,隔断可采用磨砂玻璃。图 3.42 所示是住宅建筑中厨房与餐室既可分隔又可兼用的布置,也是在交通面积中结合会客、进餐等使用功能,以提高建筑面积的利用率。

表 3.7　直通疏散走道的房间疏散门至最近安全出口的直线距离　　单位:m

建筑类型			位于两个安全出口之间的疏散门			位于袋形走道两侧或尽端的疏散门		
			一、二级	三级	四级	一、二级	三级	四级
托儿所、幼儿园老年人照料设施			25	20	15	20	15	10
歌舞娱乐放映游艺场所			25	20	15	9	—	—
医疗建筑	单、多层		35	30	25	20	15	10
	高层	病房部分	24	—	—	12	—	—
		其他部分	30	—	—	15	—	—
教学建筑	单、多层		35	30	25	22	20	10
	高层		30	—	—	15	—	—
高层旅馆、公寓、展览建筑			30	—	—	15	—	—
其他建筑	单、多层		40	35	25	22	20	15
	高层		40	—	—	20	—	—

注:①建筑内开向敞开式外廊的房间疏散门至最近安全出口的直线距离可按本表的规定增加 5 m。

②直通疏散走道的房间疏散门至最近敞开楼梯间的直线距离,当房间位于两个楼梯间之间时,应按本表的规定减少 5 m;当房间位于袋形走道两侧或尽端时,应按本表的规定减少 2 m。

③建筑物内全部设置自动喷水灭火系统时,其安全疏散距离可按本表的规定增加 25%。

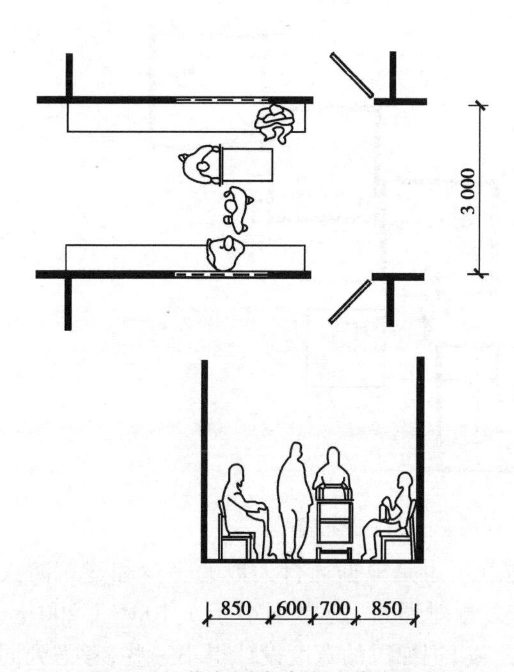

图 3.40 兼有候诊功能过道的宽度

图 3.41 设置玻璃隔断的候诊过道

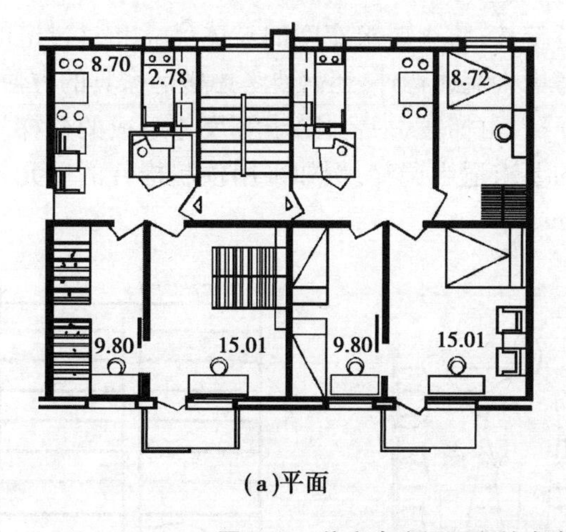

(a)平面

(b)厅和厨房透视

图 3.42 住宅中交通面积结合会客、进餐等使用功能的布置

有的建筑类型如展览馆、画廊、浴室等,由于房屋中人流活动和使用的特点,也可以把过道等水平交通联系面积和房间的使用面积完全结合起来,组成套间式的平面布置(图 3.43)。

以上例子说明,建筑平面中各部分面积使用性质的分类,也不是绝对的,根据建筑物具体的功能特点,使用部分和交通联系部分的面积,也有可能相互结合综合使用。

(2)楼梯和坡道

楼梯是房屋各层间的垂直交通联系部分,是楼层人流疏散必经的通路。设计楼梯时,主要根据使用要求和人流通行情况确定梯段和休息平台的宽度;选择适当的楼梯形式;考虑整幢建筑的楼梯数量,以及楼梯间的平面位置和空间组合。有关楼梯的各个组成部分和构造要求,将在本书第 6 章中叙述。

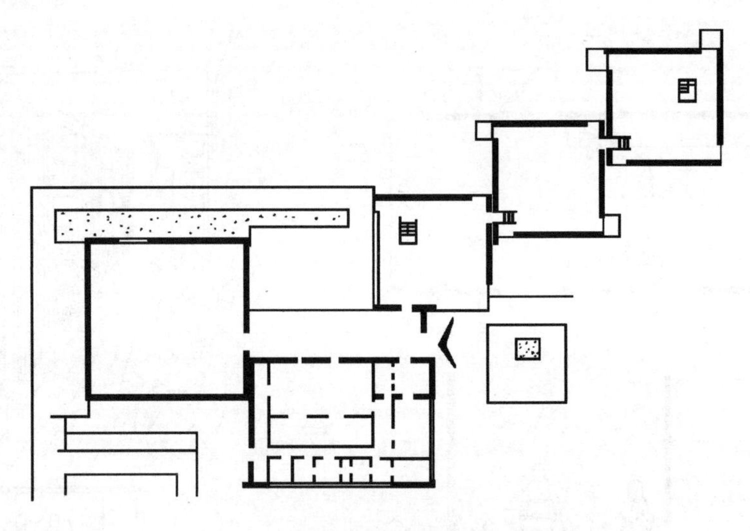

图 3.43　展览馆中的套间式平面布置

①确定梯段、休息平台的宽度。楼梯的宽度,也是根据通行人数的多少和建筑防火要求确定的。梯段的宽度,和过道一样,考虑两人相对通过,通常不小于 1 100～1 200 mm[图 3.44(b)]。一些辅助楼梯,从节省建筑面积出发,把梯段的宽度设计得小一些,考虑到同时有人上下时能有侧身避让的余地,梯段的宽度也不应小于 900 mm[图 3.44(a)]。所有梯段宽度的尺寸,也都需要以防火要求的最小宽度进行校核,防火要求宽度的具体尺寸和对过道的要求相同(见表 3.12)。楼梯平台的宽度,除了考虑人流通行外,还需要考虑搬运家具的方便性,平台的宽度不应小于梯段的宽度[图 3.44(d)]。由梯段、平台、踏步等尺寸组成的楼梯间的尺寸,在装配式建筑中还须结合建筑模数制的要求适当调整,例如采用预制构件的单元式住宅,楼梯间的开间常采用 2 600 mm 或 2 700 mm。

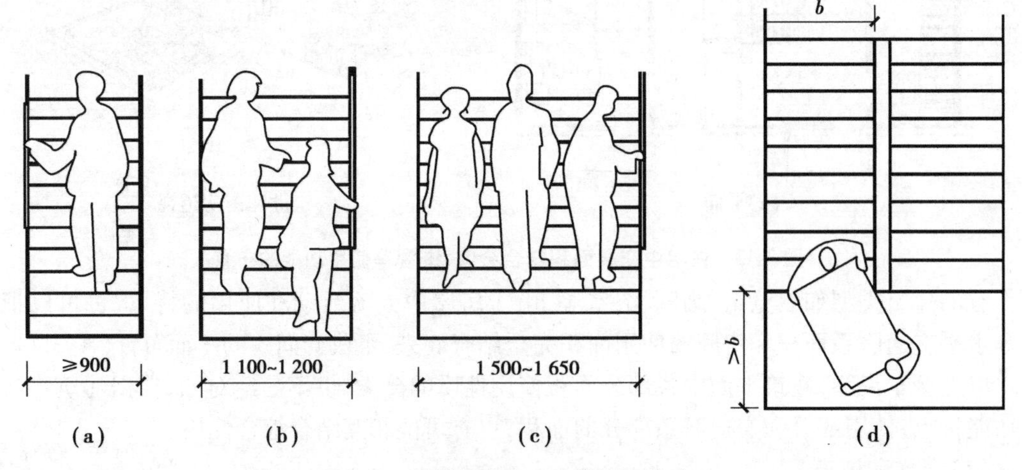

图 3.44　楼梯梯段和平台的通行宽度

②选择楼梯形式。楼梯形式的选择,主要以房屋的使用要求为依据。两跑楼梯由于面积紧凑、使用方便,是一般民用建筑中最常采用的形式。当建筑物的层高较高或利用楼梯间顶部天窗采光时,常采用三跑楼梯。一些旅馆、会场、剧院等公共建筑,经常把楼梯的设置和门厅、休息厅等结合起来。这时,楼梯可以根据室内空间组合的要求,采用比较多样的形式,如

会场门厅中显得庄重的直跑大平台楼梯，剧院门厅中开敞的不对称楼梯，以及旅馆门厅中比较轻快的圆弧形楼梯等（图3.45）。

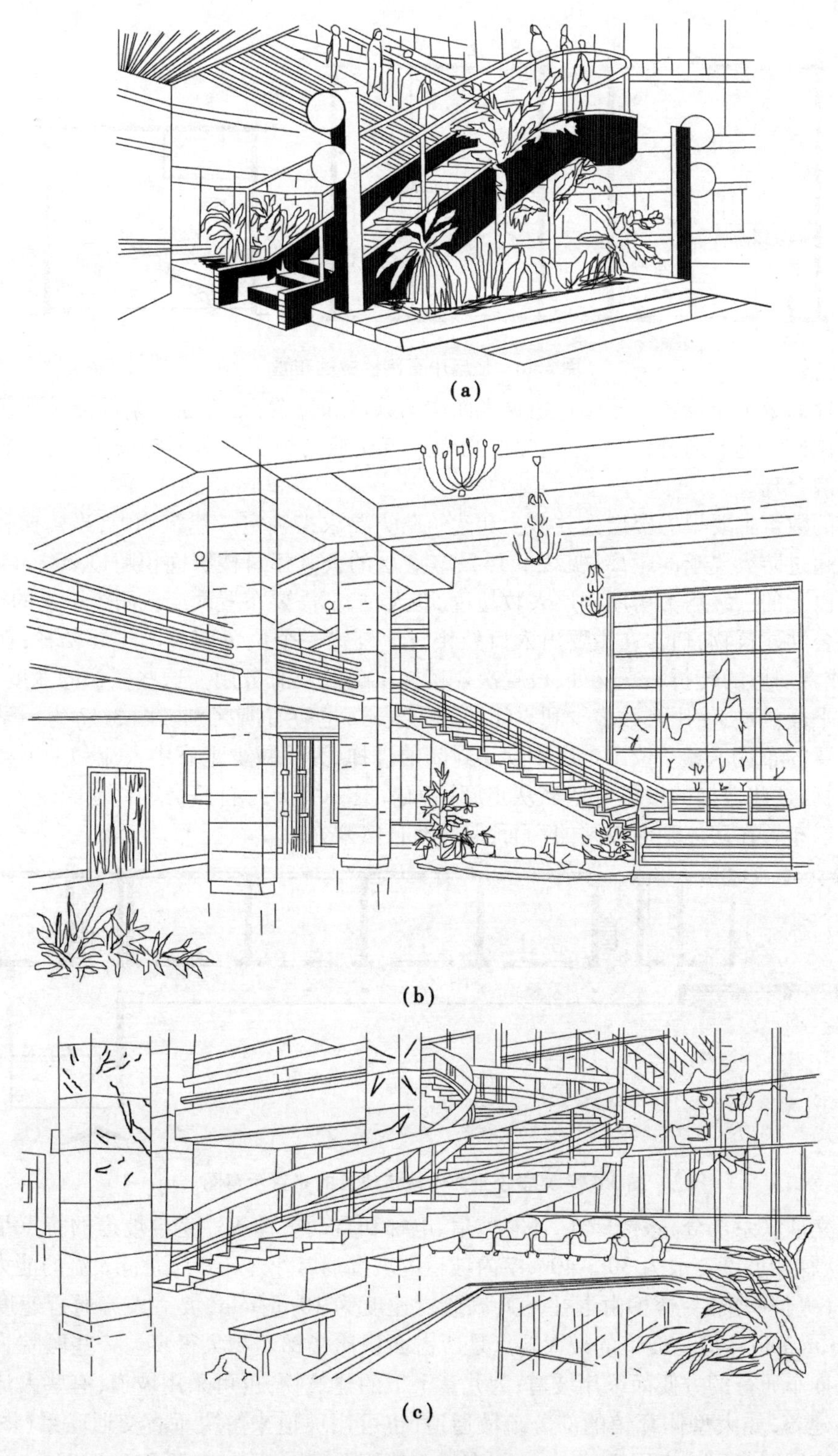

图3.45　不同的楼梯形式

对层高较低、采用室内楼梯的二层小住宅，结合建筑平面组合，把楼梯平台和室内过道面积结合起来，采用直跑楼梯也有可能得到比较紧凑的平面(图3.46)。

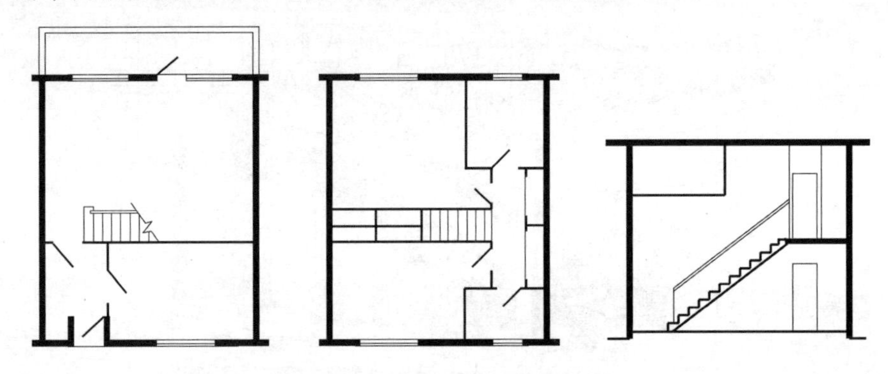

图3.46 住宅中直跑楼梯的布置

③楼梯的数量及位置。楼梯在建筑平面中的数量和位置，是交通联系部分及建筑平面组合设计中比较关键的部分，它关系到建筑物中人流交通的组织是否通畅安全，建筑面积的利用是否经济合理。

楼梯的数量主要根据楼层人数多少和建筑防火要求来确定。建筑物中，当楼梯和远端房间的距离超过防火要求的距离(见表3.13)；2~3层的公共建筑楼层面积超过200 m^2，或者二层及二层以上的三级耐火房屋楼层人数超过50人时，都需要布置两个或两个以上的楼梯。

一些公共建筑物，通常在主要出入口处相应地设置一个位置明显的主要楼梯；在次要出入口处，或者房屋的转折和交接处，设置次要楼梯供疏散及服务用。这些楼梯的宽度和形式，根据所在平面位置、使用人数多少和空间处理的要求，也应有所区别。图3.47为一学校平面中楼梯位置的布置示意。位于走廊中部不封闭的楼梯，为了减少走廊中人流和上下楼梯人流的相互干扰，这些楼梯的楼段应适当从走廊墙面后退。由于人们只是短暂地经过楼梯，因此楼梯间可以布置在房屋朝向较差的一面，但应有自然采光。

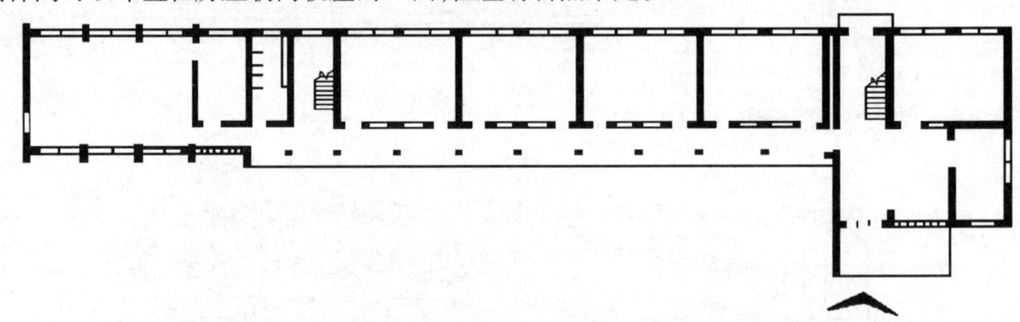

图3.47 某学校平面中楼梯位置的布置示意图

垂直交通联系部分，除楼梯外，还有坡道、电梯和自动扶梯等。室内坡道的特点是上下比较省力(楼梯的坡度一般为30°~40°，室内坡道的坡度通常小于10°)，通行人流的能力几乎和平地相当(人群密集时，楼梯由上往下人流通行速度为10 m/min，坡道人流通行速度接近于平地的16 m/min)，但是坡道的最大缺点是所占面积比楼梯面积大得多。一些医院为了病人上下和手推车通行的方便而采用坡道；为儿童上下的建筑物，也可采用坡道；有些人流大量集中的公共建筑，如大型体育馆的部分疏散通道，也可用坡道来解决垂直交通联系(图3.48)。电梯通常使用在多层或高层建筑中，一些有特殊使用要求的建筑，如医院病房部分也常采用。

自动扶梯适用于具有频繁而连续人流的大型公共建筑中,如百货大楼、展览馆、游乐场、火车站、地铁站、航空港等建筑物中(图 3.49)。

图 3.48　某学校附属幼儿园的坡道

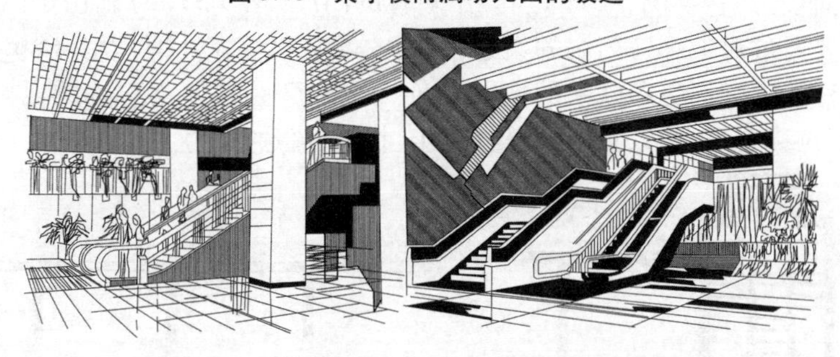

图 3.49　一些公共建筑中设置的自动扶梯

(3)门厅、过厅和出入口

门厅是建筑物主要出入口处的内外过渡、人流集散的交通枢纽。在一些公共建筑中,门厅除了交通联系外,还兼有适应建筑类型特点的其他功能要求,例如旅馆门厅中的服务台、问询处或小卖部,门诊厅中的挂号、取药、收费等部分。有的门厅还兼有展览、陈列等使用要求,图 3.50 为兼有会客、休息功能的某旅馆门厅。和所有交通联系部分的设计一样,疏散出入安全也是门厅设计的一个重要内容。门厅对外出入口的总宽度,应不小于通向该门厅的过道、楼梯宽度的总和。人流比较集中的公共建筑物,门厅对外出入口的宽度一般按每 100 人 0.6 m计算。外门应向外开启或采用弹簧门扇。

图 3.50　兼有会客、休息功能的某旅馆门厅

门厅的面积大小,主要根据建筑物的使用性质和规模确定。在调查研究、积累设计经验的基础上,根据相应的建筑标准,一般按建筑物总建筑面积的1/100~1/50考虑,一般取下限。不同的建筑类型都有一些面积定额可以参考,例如中小学的门厅面积为每人0.06~0.08 m^2,电影院的门厅面积,按每位观众不小于0.13 m^2 计算。一些兼有其他功能的门厅面积,还应根据实际使用要求相应地增加。

导向性明确,避免交通路线过多的交叉和干扰,是门厅设计中的重要问题。门厅导向明确,即要求人们进入门厅后,能够比较容易地找到各过道口和楼梯口,并易于辨别这些过道或楼梯的主次,以及它们通向房屋各部分使用性质上的区别。根据不同建筑类型平面组合的特点,以及房屋建造所在基地形状、道路走向对建筑中门厅设置的要求,门厅的布局通常有对称和不对称的两种。对称的门厅有明显的轴线,如起主要交通联系作用的过道或主要楼梯沿轴线布置,主导方向较为明确[图3.51(a)]。不对称的门厅[图3.51(b)],由于门厅中没有明显的轴线,往往需要通过对走廊口门洞的大小,墙面的透空和装饰处理,以及楼梯踏步的引导等设计手法,使人们易于辨别交通联系的主导方向。图3.52是在基本对称的电影院门厅中,楼梯设在一侧作不对称布置,并以宽阔的楼梯踏步引导人流通往楼座。

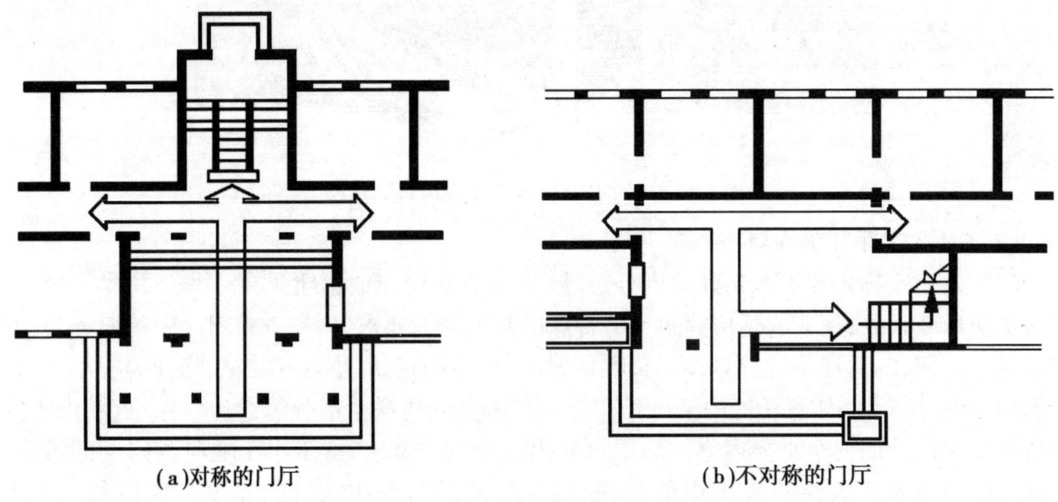

(a)对称的门厅　　(b)不对称的门厅

图3.51　门厅的平面布置与交通关系

图3.52　门厅中楼梯踏步引导人流

门厅中还应组织好各个方向的交通路线,尽可能减少来往人流的交叉和干扰。对一些兼有其他使用要求的门厅,更需要分析门厅中人们的活动特点,在各使用部分留有尽量减少穿越的必要活动面积。图 3.53 所示的门诊所和旅馆的门厅中,分别在挂号、药房和接待、小卖部处留有必要的活动余地,使这些活动部分和厅内的交通路线尽量少受干扰。

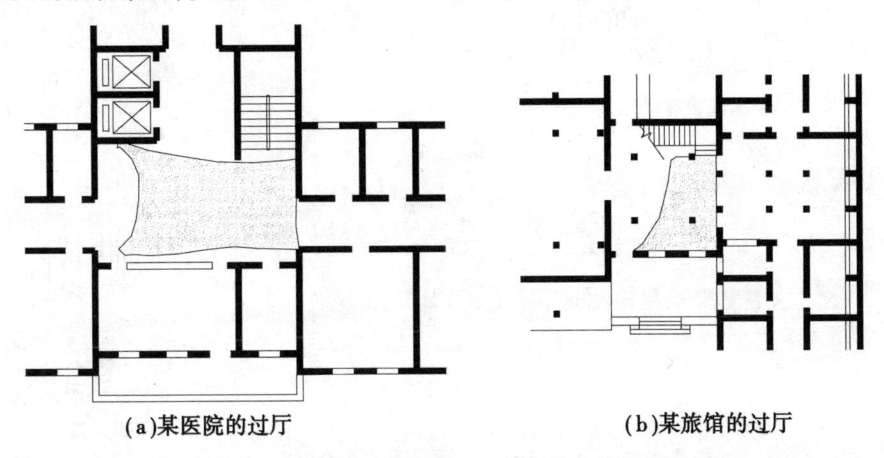

(a)某医院的过厅　　(b)某旅馆的过厅

图 3.53　兼有其他使用功能要求的门厅平面布置

由于门厅是人们进入建筑物首先到达、经常经过或停留的地方,因此门厅的设计,除了要合理地解决好交通枢纽等功能要求外,门厅内的空间组合和建筑造型要求,也是一些公共建筑中重要的设计内容之一。

过厅通常设置在过道和过道之间,或过道和楼梯的连接处,起到交通路线的转折和过渡的作用。有时为了改善过道的采光、通风条件,也可以在过道的中部设置过厅(图 3.54)。

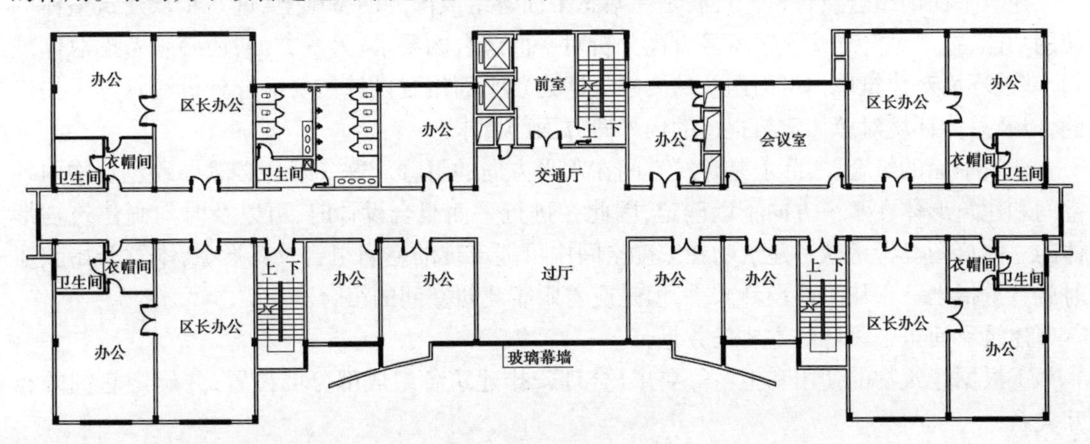

图 3.54　不同使用功能要求的门厅及过厅的平面布置

建筑物的出入口处,为了给人们进出室内外时有一个过渡的地方,通常在出入口前设置雨篷、门廊或门斗等,以防止风雨或寒气的侵袭。雨篷、门廊、门斗的设置,也是突出建筑物的出入口,进行建筑重点装饰和细部处理的设计内容。图 3.55(a)、(b)、(c)是一医院入口处设有停车的门廊、一车站入口处和一影剧院入口处的通长雨篷示意。

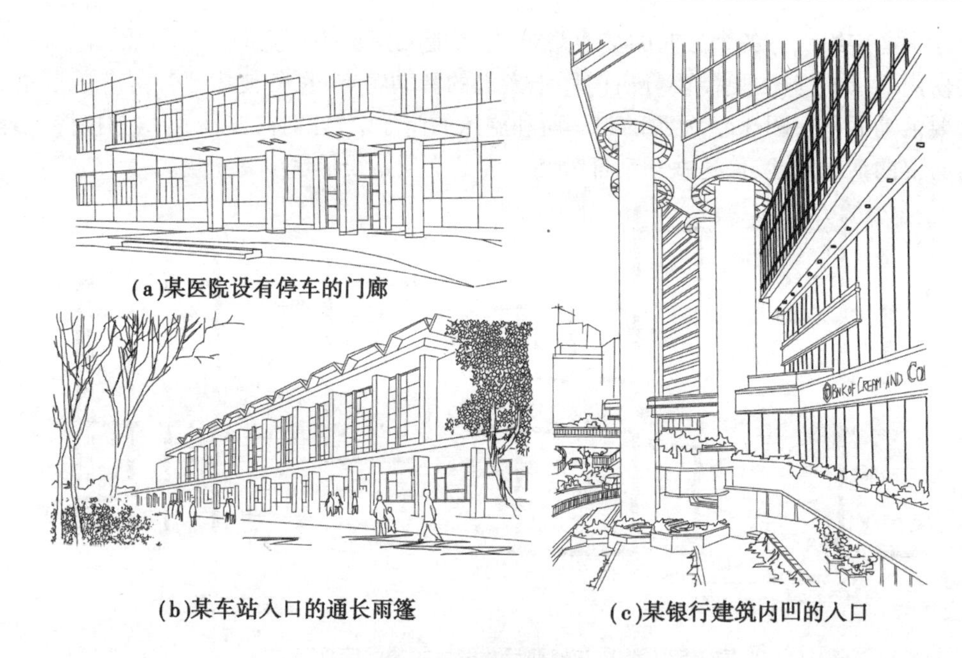

(a)某医院设有停车的门廊

(b)某车站入口的通长雨篷

(c)某银行建筑内凹的入口

图 3.55 建筑物的入口

3.3 建筑平面的组合设计

建筑平面的组合设计,一方面,是在熟悉平面各组成部分的基础上,进一步从建筑整体的使用功能、技术经济和建筑艺术等方面分析对平面组合的要求;另一方面,还必须考虑总体规划、基地环境对建筑单体平面组合的要求。即建筑平面组合设计需要综合分析建筑本身提出的,以及总体环境对单体建筑提出的内外两方面的要求。

建筑平面的组合,实际上是建筑空间在水平方向的组合。这一组合必然导致建筑物内外空间和建筑形体在水平方向予以确定,因此在进行平面组合设计时,可以及时勾画建筑物形体的立体草图。考虑这一建筑物在三度空间中可能出现的空间组合及其形象,本章开始叙述时就着重指出——从平面设计入手,但是应着眼于建筑空间的组合。

建筑平面组合设计的主要任务是:

①根据建筑物的使用和卫生等要求,合理安排建筑各组成部分的位置,并确定它们的相互关系;

②组织好建筑物内部以及内外之间方便和安全的交通联系;

③考虑结构布置、施工方法和所用材料的合理性,掌握建筑标准,注意美观要求;

④符合总体规划的要求,密切结合基地环境等平面组合的外在条件,注意节约用地和环境保护等问题。

本节将着重叙述建筑平面组合的功能分析,平面组合和基地环境对平面组合的影响等内容,有关平面组合中要考虑的建筑艺术问题,将结合在建筑体型和立面设计一章中叙述。

▶3.3.1 建筑平面的功能分析和组合方式

建筑平面的功能分析和组合方式的内容主要有以下几个方面：

(1)各类房间的主次、内外关系

一幢建筑物，根据它的功能特点，平面中各个房间相对说来总是有主有次的。例如学校教学楼中，满足教学的教室、实验室等，应是主要的使用房间，其余的办公室、储藏室、厕所等，属次要房间；住宅建筑中，生活用的起居室、卧室是主要的房间，厨房、浴厕、储藏室等属次要房间。同样，商店中的营业厅、体育馆中的比赛大厅，也属于主要房间。平面组合时，要根据各个房间使用要求的主次关系，合理安排它们在平面中的位置，上述教学、生活用的主要房间，应考虑设置在朝向好、比较安静的位置，以取得较好的日照、采光、通风条件；公共活动的主要房间，它们的位置应在出入疏散方便、人流导向比较明确的部位，如某歌剧院中的观众厅(图3.56)。

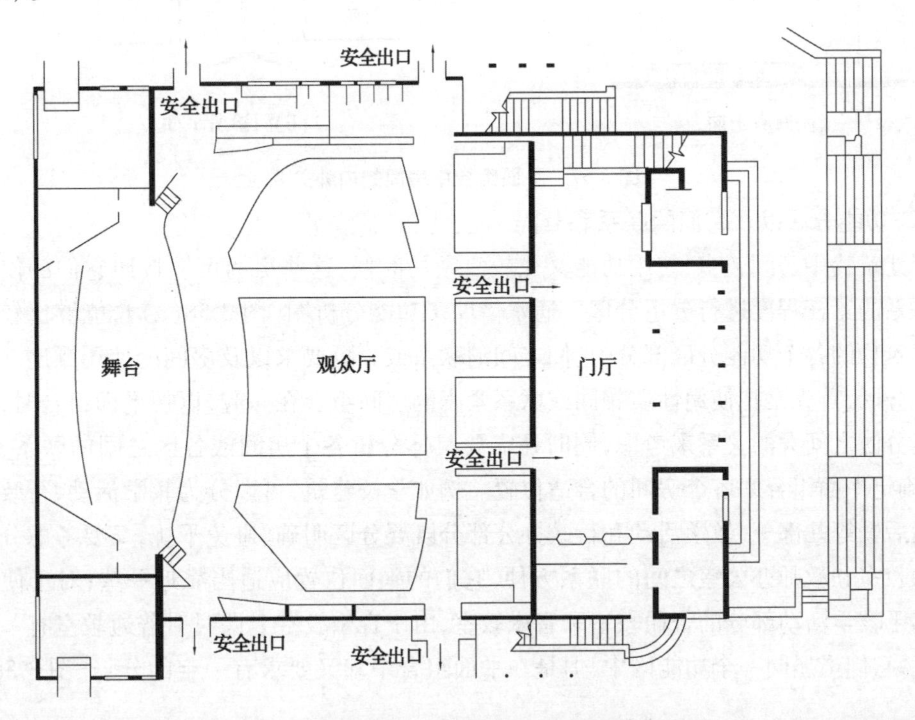

图3.56 主要房间位于导向明确、疏散方便的部位

建筑物中各类房间或各个使用部分，有的与外来人流联系比较密切、频繁，例如商店的营业厅，门诊所的挂号、问询等房间，它们的位置需要布置在靠近人流来往的地方或出入口处；有的主要进行内部活动或内部工作之间的联系，例如商店的行政办公、生活用房、门诊所的药库、化验室等，这些房间主要考虑内部使用时和有关房间的联系(图3.57)。

在建筑平面组合中，分清各个房间使用上的主次、内外关系，有利于确定各个房间在平面中的具体位置。

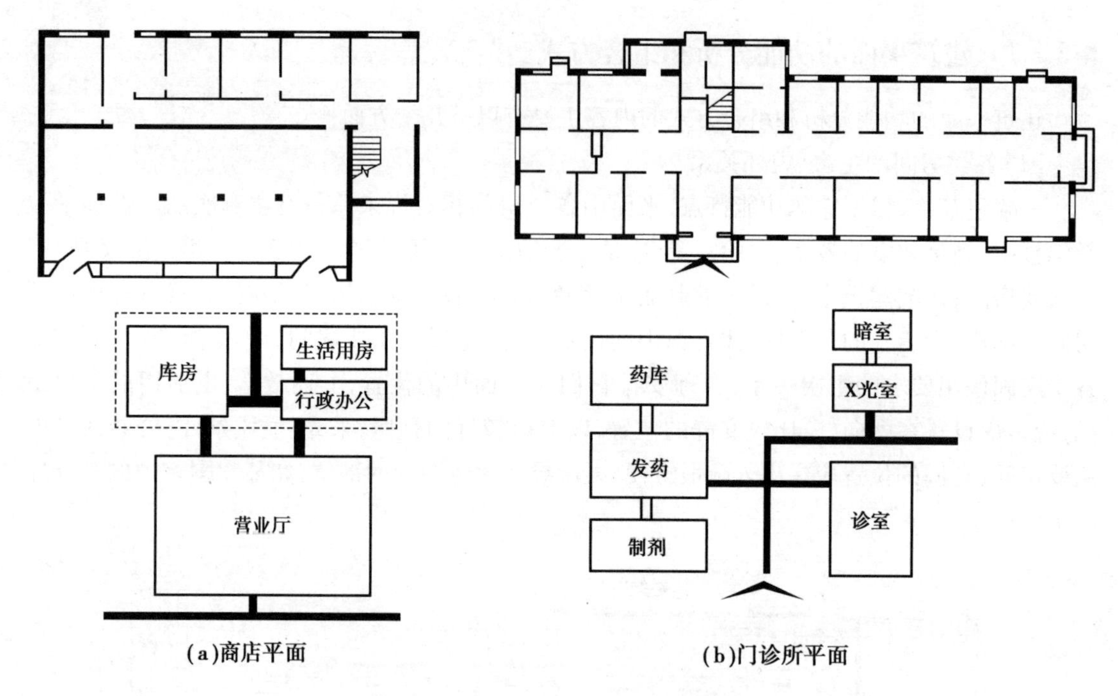

(a)商店平面　　(b)门诊所平面

图 3.57　平面组合中房间的内外关系

(2)功能分区以及它们的联系和分隔

当建筑物中房间较多、使用功能又比较复杂的时候,这些房间可以按照它们的使用性质以及联系的紧密程度进行分组分区。通常借助于功能分析图[图 3.58(a)],能够比较形象地表示建筑物的各个功能分区部分,它们之间的联系或分隔要求以及房间的使用顺序。建筑物的功能分区,首先是把使用性质相同或联系紧密的房间组合在一起,以便平面组合时,能从几个功能分区之间大的关系来考虑,同时还需要具体分析各个房间或各区之间的联系、分隔要求,以确定平面组合中各个房间的合适位置。例如学校建筑,可以分为教学活动、行政办公以及生活后勤等几部分,教学活动和行政办公部分既要分区明确、避免干扰,又要考虑分属两个部分的教室和教师办公室之间的联系方便,它们的平面位置应适当靠近一些;对于使用性质同样属于教学活动部分的普通教室和音乐教室,由于音乐教室上课时对普通教室有一定的声响干扰,它们虽属同一个功能区中,但是在平面组合中却又要求有一定的分隔[图 3.58(b)—(d)]。

又如医院建筑中,通常可以分为门诊、住院、辅助医疗和生活服务用房等几部分,如图 3.59(a),其中的门诊和住院两个部分,都和包括化验、理疗、放射、药房等房间的辅助医疗部分关系密切,需要联系方便;但是门诊部分比较嘈杂,住院部分需要安静,它们之间又需要有较好的分隔。图 3.59(b)所示是考虑了功能分区和联系、分隔要求的某医院平面,图 3.59(c)为该医院所在基地中的位置示意图。

以上例子说明,建筑平面组合需要在功能分区基础上,深入分析各个房间或各个部分之间的联系、分隔要求,使平面组合更趋合理。

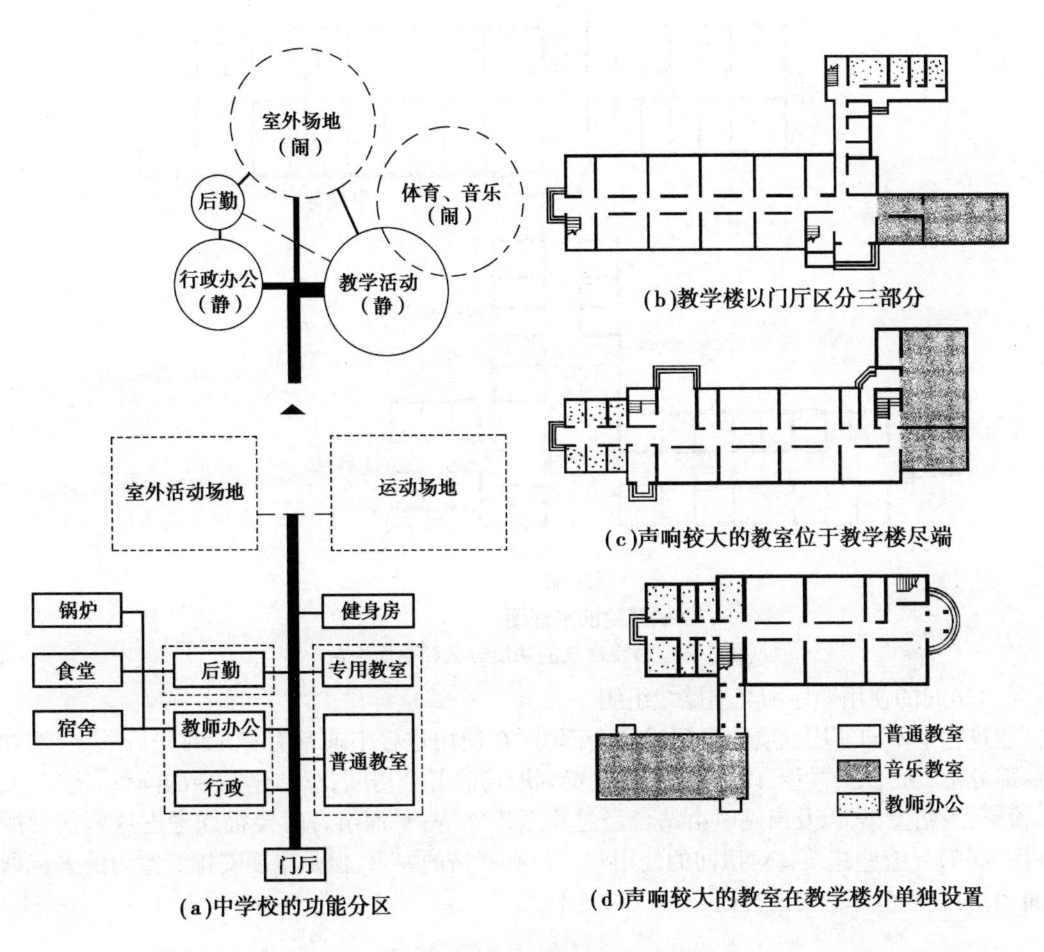

(a)中学校的功能分区

(b)教学楼以门厅区分三部分

(c)声响较大的教室位于教学楼尽端

(d)声响较大的教室在教学楼外单独设置

图 3.58 学校建筑的功能分区和平面组合

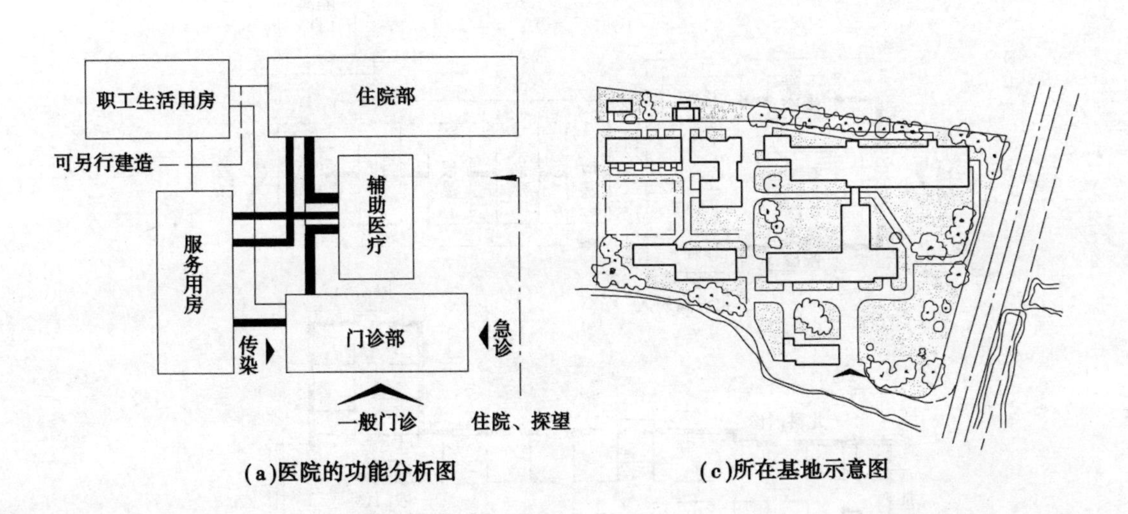

(a)医院的功能分析图

(c)所在基地示意图

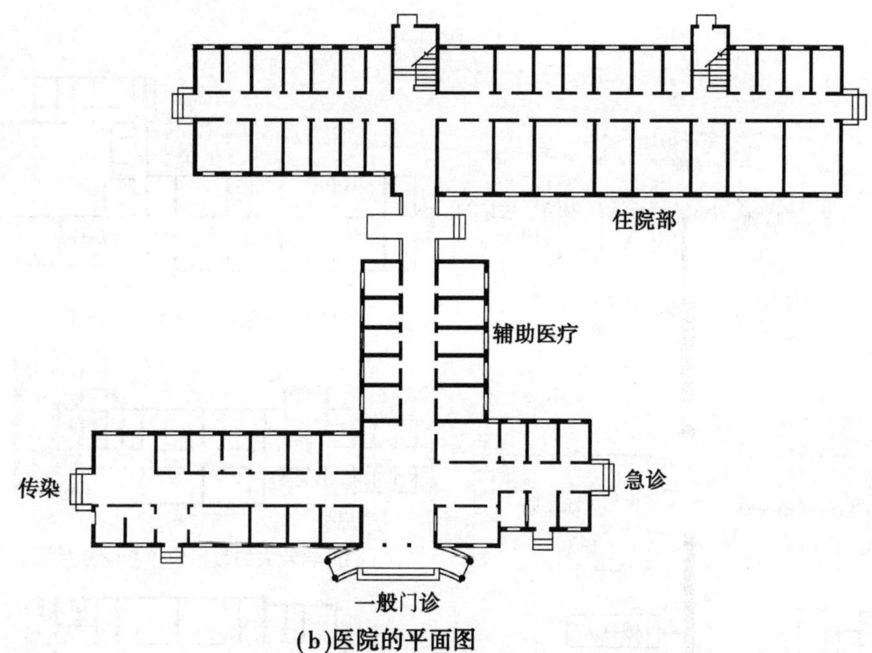

(b)医院的平面图

图 3.59　医院建筑的功能分区和平面组合

(3)房间的使用顺序和交通路线组织

建筑物中不同使用性质的房间或各个部分,在使用过程中通常有一定的先后顺序,例如门诊部分中,从挂号、候诊、诊疗、记账或收费到取药的各个房间;车站建筑中的问询、售票、候车、检票、入站上车,以及出站时由站台经过检票出站等;平面组合时要很好考虑这些前后顺序(图 3.60)。有些建筑物对房间的使用顺序没有严格的要求,但是也要安排好室内的人流通行面积,尽量避免不必要的往返交叉或相互干扰。

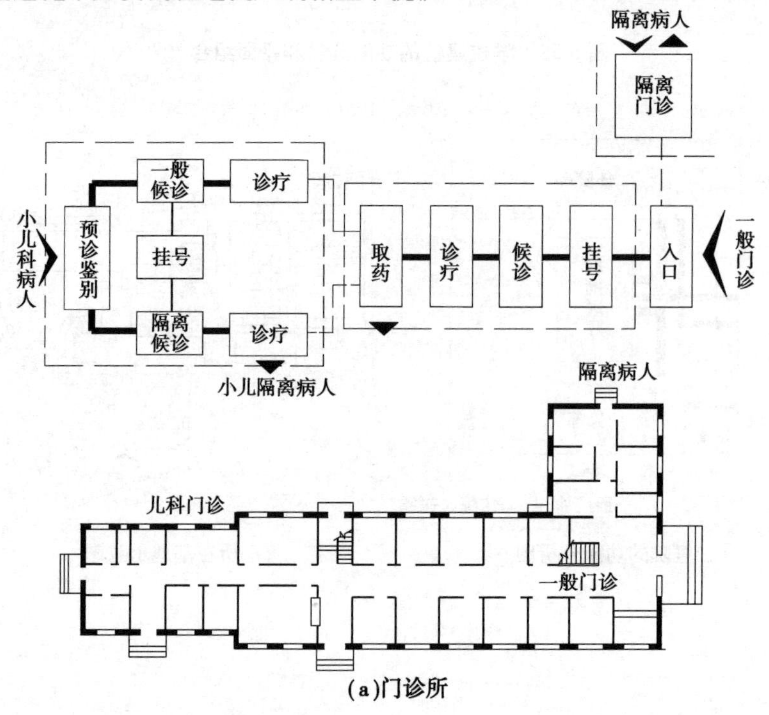

(a)门诊所

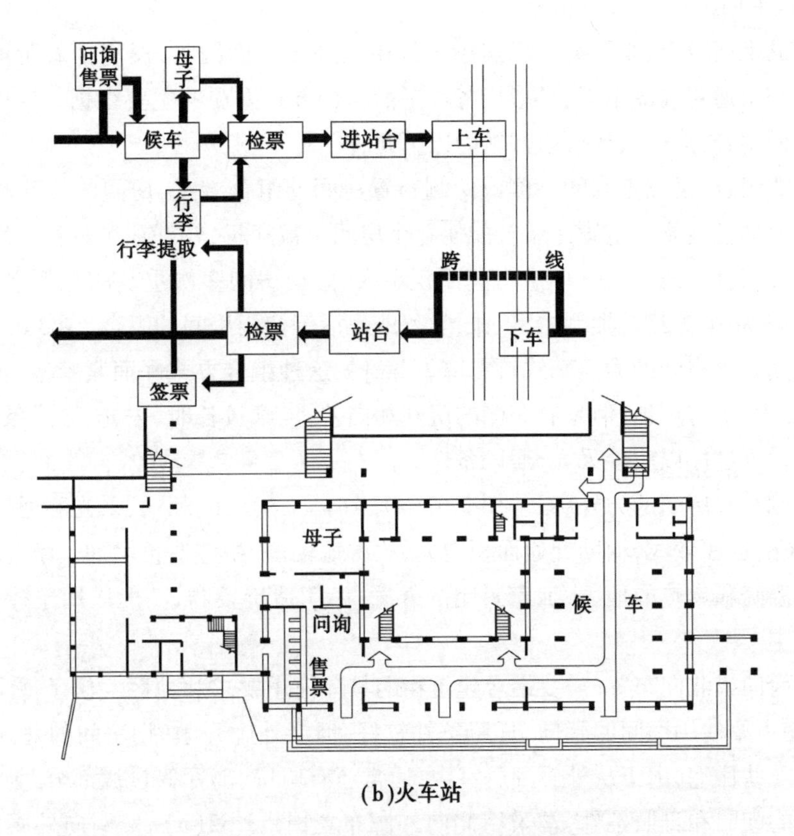

(b)火车站

图 3.60 平面组合中房间的使用顺序

房间的使用顺序、相互间联系和分隔要求,主要通过房间位置的安排以及组织一定方式的交通路线来实现。平面组合中要考虑交通路线的分工、连接或隔离。通常,联系主要出入口和主要房间的路线是主要交通路线,人流较少的部分(如工作人员内部使用、辅助供应等)可用次要交通联系,门厅或过厅作为交通路线连接的枢纽。图 3.61 为教学楼平面中,交通路线的主次分工和连接方式的分析示意图。

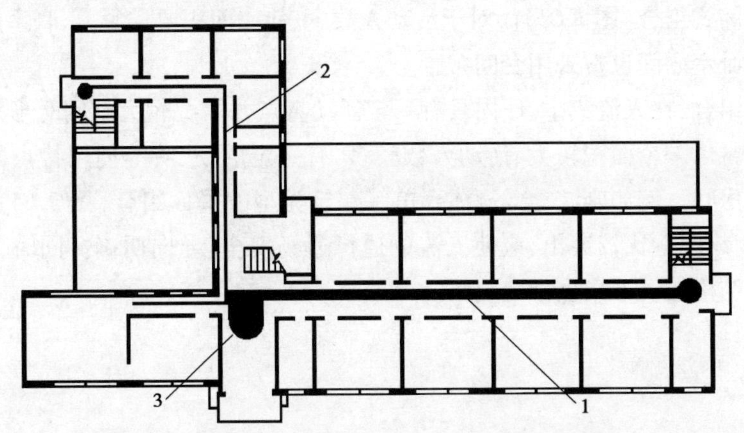

图 3.61 某中学教学楼平面中交通路线分析示意图

1—主要交通路线;2—次要交通路线;3—起连接作用的门厅、过厅

(4)建筑平面组合的几种方式

建筑物的平面组合,是综合考虑房屋设计中内外多方面因素,反复推敲所得的结果。建筑功能分析和交通路线的组织,是形成各种平面组合方式内在的主要根据。通过功能分析初步形成的平面组合方式,大致可以归纳为以下几种:

①走廊式组合:是以走廊的一侧或两侧布置房间的组合方式,房间的相互联系和房屋的内外联系主要通过走廊。走廊式组合能使各个房间不被穿越,较好地满足各个房间单独使用的要求。这种组合方式常见于单个房间面积不大、同类房间多次重复的平面组合,例如办公楼、学校、旅馆、宿舍等建筑类型中,工作、学习或生活等使用房间的组合(图 3.62)。

走廊两侧布置房间的为内廊式[图 3.62(b)]。这种组合方式平面紧凑,走廊所占面积较小,房屋进深大,节省用地,但是有一侧的房间朝向差,走廊较长时,采光、通风条件较差,需要开设高窗或设置过厅以改善采光、通风条件。

走廊一侧布置房间的为外廊式[图 3.62(a)、(c)]。房间的朝向、采光和通风都较内廊式好,但是房屋的进深较浅,辅助交通面积增大,故占地较多,相应造价增加。敞开设置的外廊,融合于气候温暖和炎热的地区,加窗封闭的外廊,由于造价较高,一般以用于疗养院、医院等医疗建筑为主。

外廊的南向或北向布置,需要结合建筑物的具体使用要求和地区气候条件来考虑。北向外廊,可以使主要使用房间的朝向、日照条件较好,但当外廊开敞时,房间的北入口冬季常受寒风侵袭。一些住宅,由于从外廊到居室内,通常还有厨房、前厅等过渡部分,为保证起居室、卧室有较好的朝向和日照条件,常采用北向外廊布置[图 3.62(a)]。南向外廊的房屋,外廊和房间出入口处的使用条件较好,但室内的日照条件稍差。南方地区的某些建筑,如学校、宿舍等,也有不少采用南向外廊的组合,这时外廊兼起遮阳的作用[图 3.62(c)]。

②套间式组合:房间之间直接穿通的组合方式。套间式的特点是房间之间的联系最为简捷,把房屋的交通联系面积和房间的使用面积结合起来,通常是在房间的使用顺序和连续性较强,使用房间不需要单独分隔的情况下形成的组合方式,如展览馆、车站、浴室等建筑类型中主要采用套间式组合(图 3.63)。对于活动人数少、使用面积要求紧凑、联系简捷的住宅,在厨房、起居室、卧室之间也常采用套间布置。

③大厅式组合:在人流集中、厅内具有一定活动特点并需要较大空间时形成的组合方式。这种组合方式常以一个面积较大、活动人数较多,有一定的视、听等使用特点的大厅为主,辅以其他的辅助房间。例如剧院、会场、体育馆等建筑类型的平面组合(图 3.64)。大厅式组合中,交通路线组织问题比较突出,应使人流的通行通畅安全、导向明确。同时,合理选择覆盖和围护大厅的结构布置方式也极为重要。

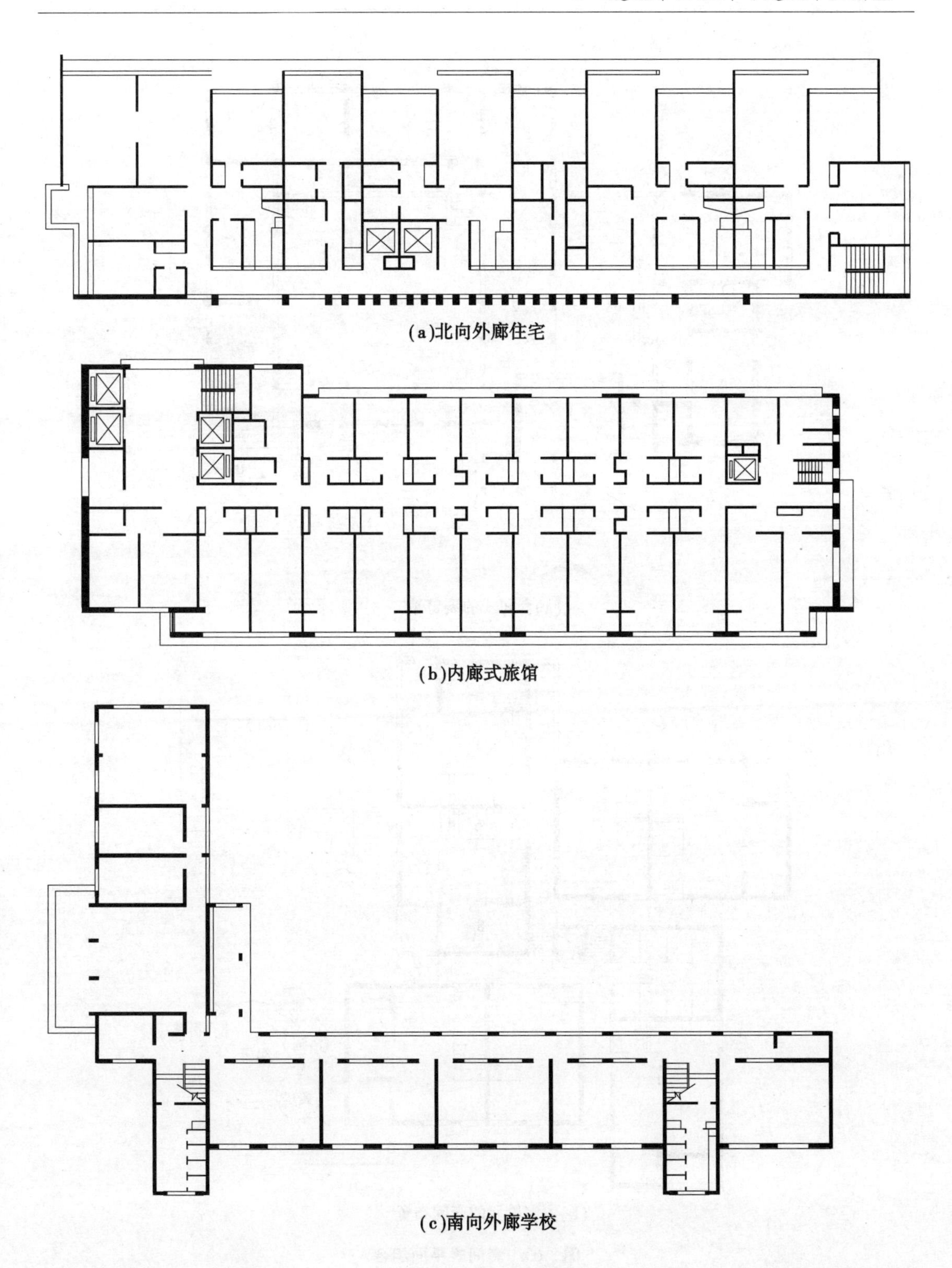

(a)北向外廊住宅

(b)内廊式旅馆

(c)南向外廊学校

图 3.62　走廊式平面组合

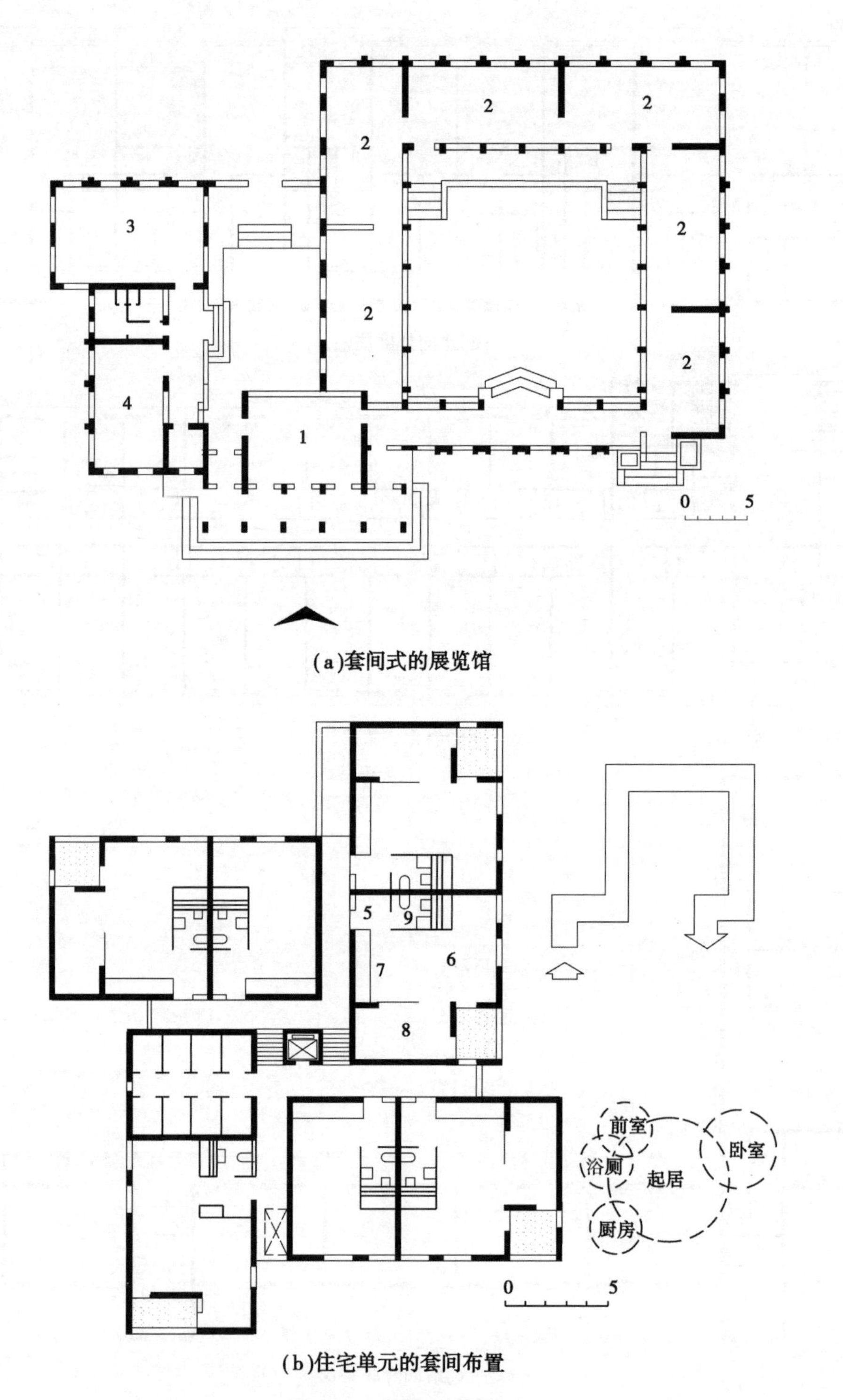

(a)套间式的展览馆

(b)住宅单元的套间布置

图 3.63　套间式平面组合

1—门厅;2—展览室;3—大接待室;4—小接待室;5—前室;6—起居室;7—厨房;8—卧室;9—浴厕

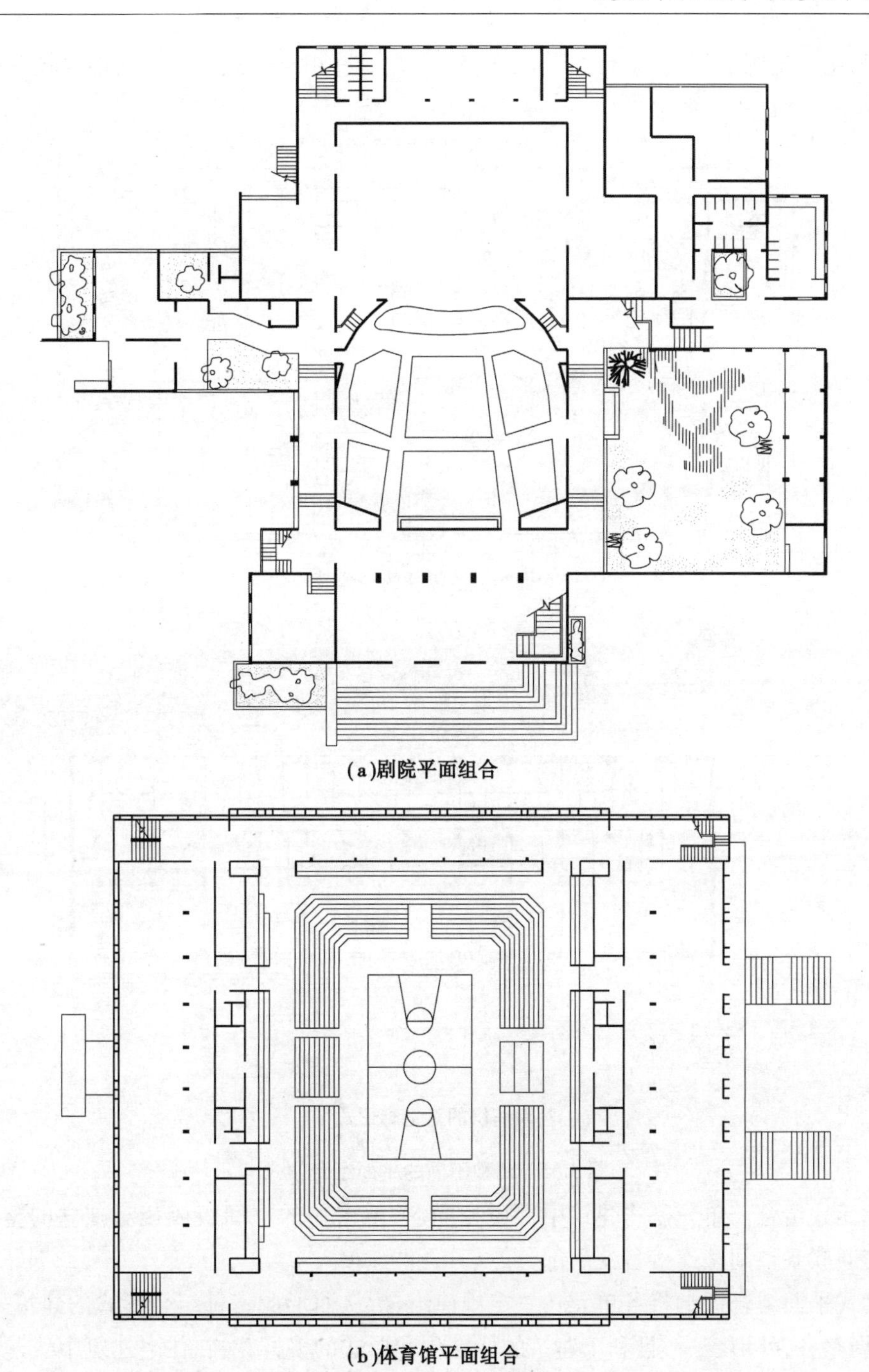

(a)剧院平面组合

(b)体育馆平面组合

图 3.64 大厅式平面组合

以上三种建筑平面的组合方式,在各类建筑物中,结合房屋各部分功能分区的特点,也经常形成以一种结合方式为主、局部结合其他组合方式的布置,即综合式的组合布局。随着房屋使用功能的发展和变化,平面组合的方式也会有一定的变化。例如有的办公楼建筑,为了适应房间面积大小和联系、分隔要求不断变化的需要,形成了大面积灵活隔断的统间式平面布局[图 3.65(a)];一些医院的病房部分,由于医疗设备的发展和适应室内空调布置等的需要,也会采用双走廊的平面组合方式[图 3.65(b)],这些组合方式对节约用地也较有利。

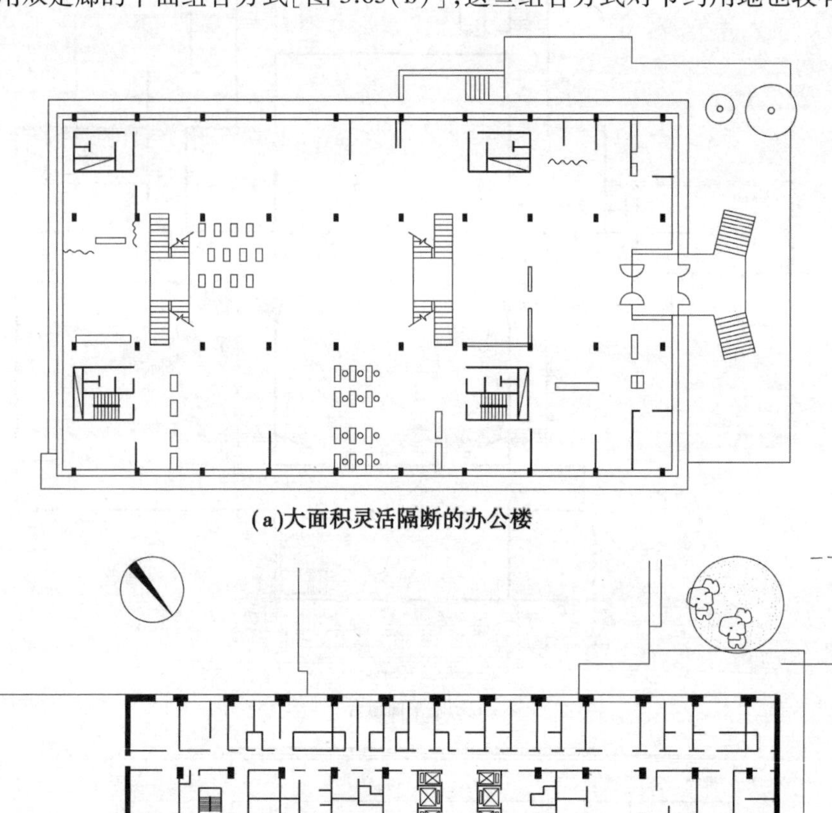

(a)大面积灵活隔断的办公楼

(b)医院病房的双走廊形式

图 3.65　几种不同的平面组合方式

④单元式组合。单元是将建筑中性质相同、关系密切的空间组成相对独立的整体,它通过垂直交通联系空间来连接各使用部分。

单元式平面组合即是将各单元按一定规律组合,从而形成一种组合形式的建筑。它功能分明,布局整齐,外形统一,且利于建筑的标准化和形式的多样化,在住宅建筑中普遍采用(图 3.66、图 3.67),在学生宿舍、托幼建筑等设计中也经常采用。

随着时代的发展,新的组合形式将会层出不穷,在一幢建筑中有时可能同时出现几种组合方式,应根据平面设计的需要灵活选择,创造出既满足使用功能,又符合经济美观要求的建筑来。

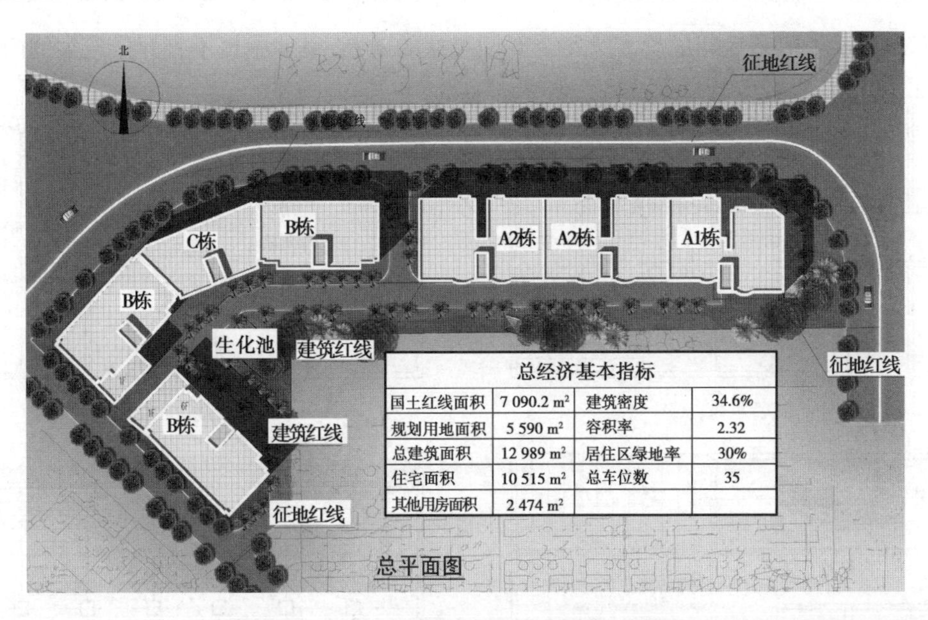

总经济基本指标			
国土红线面积	7 090.2 m²	建筑密度	34.6%
规划用地面积	5 590 m²	容积率	2.32
总建筑面积	12 989 m²	居住区绿地率	30%
住宅面积	10 515 m²	总车位数	35
其他用房面积	2 474 m²		

图 3.66　某小区单元式住宅平面组合示意

图 3.67　某小区单元式住宅效果图

▶3.3.2　建筑平面组合和结构布置的关系

根据建筑功能分析初步考虑的几种平面组合方式,由于房间面积大小、开间进深以及组合方式的不同,相应采用的结构布置方式也不尽相同。

1)混合结构

走廊式和套间式的平面组合,当房间面积较小、建筑物为多层(6 层以下)或低层时,通常采用石、砖等墙体承重、钢筋混凝土梁板等水平构件构成的混合结构系统,过去在非地震区(地震区不宜采用)主要有以下三种布置方式:

①房间的开间大部分相同,开间的尺寸符合钢筋混凝土板经济跨度时,常采用横墙承重的结构布置[图 3.68(a)]。这种布置方式在一些房间面积较小的宿舍、门诊所和住宅建筑中采用得较多(图 3.69),其特点是:横墙承重的结构布置,房屋的横向刚度好,各开间之间房屋

的隔声效果也好，但是房间的面积大小受开间尺寸的限制，横墙中也不宜开设较大的门洞。

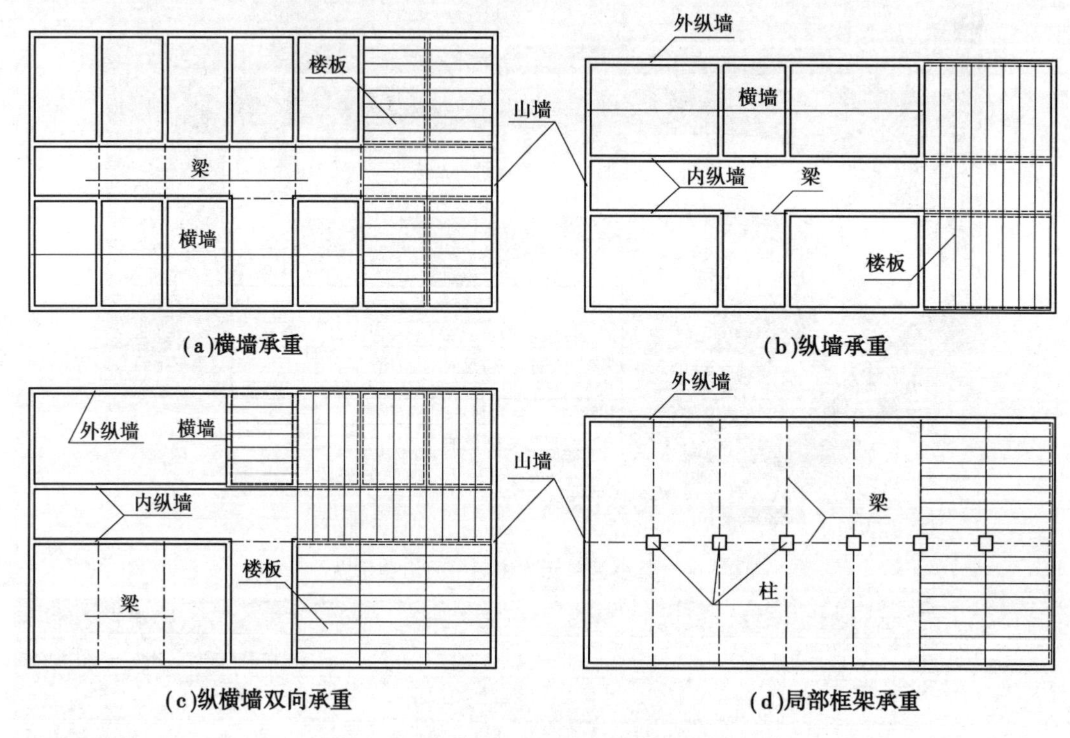

图 3.68　墙体承重的结构布置

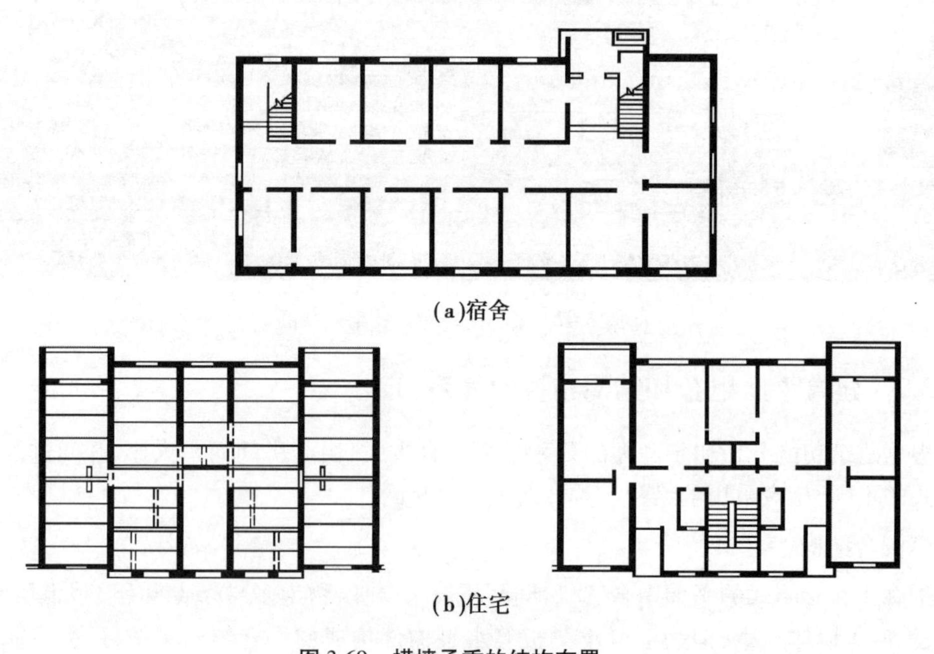

图 3.69　横墙承重的结构布置

②房间的进深基本相同，进深的尺寸符合钢筋混凝土板的经济跨度时，常采用纵向承重的结构布置[图 3.68(b)]。这种布置方式常在一些开间尺寸比较多样的办公楼，以及房间布置比较灵活的住宅建筑中采用(图 3.70)。纵墙承重的主要特点是：平面布置时房间大小比较

灵活;房屋在使用过程中,可以根据需要改变横向隔断的位置,以调整使用房间面积的大小;由于纵墙承重,房屋的横向刚度较差。因此平面布置时,应在一定的间隔距离设置保证房屋横向刚度的刚性隔墙。

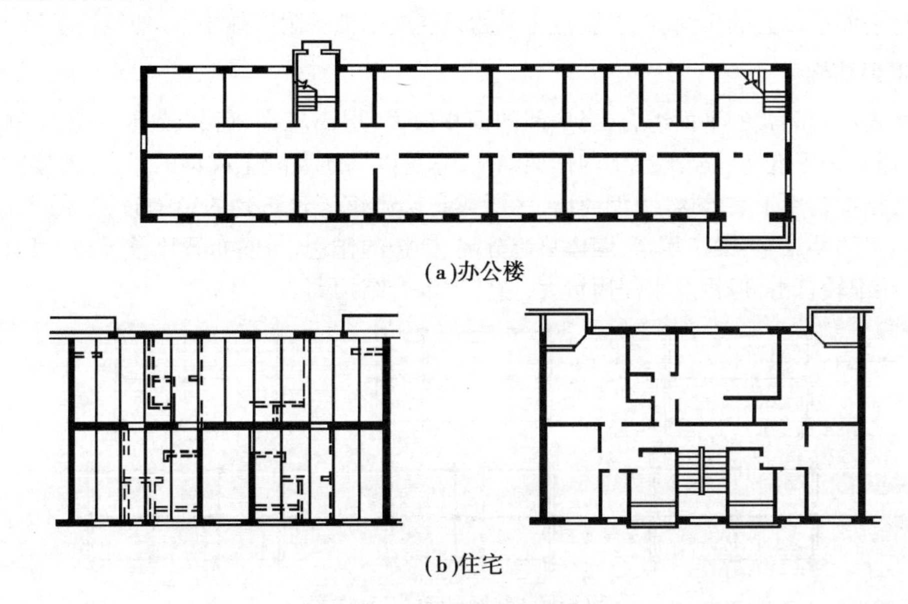

(a)办公楼

(b)住宅

图 3.70 纵墙承重的结构布置

③当房屋的平面组合中,一部分房间的开间尺寸和另一部分房间门的进深尺寸符合钢筋混凝土板的经济跨度时,房屋平面可以采用纵横墙承重的结构布置[图 3.68(c)]。这种布置方式的特点是:平面中房间安排比较灵活,房屋刚度相对也较好,但是由于楼板铺设的方向不同,平面形状较复杂,因此施工时比上述两种布置方式麻烦。一些开间、进深都较大的教学楼的教室部分,也采用有梁板等水平构件的纵横墙承重的结构布置[图 3.68(d)、图 3.71]。

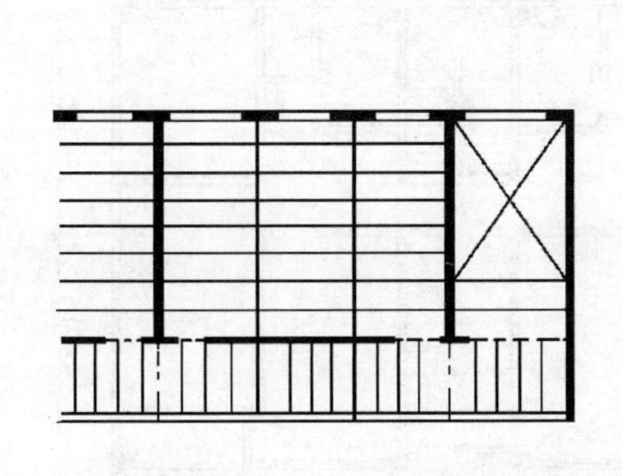

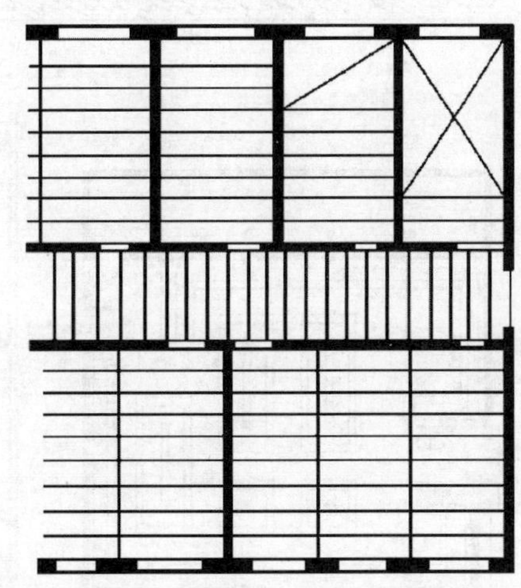

图 3.71 学校教学楼有梁、板的纵横墙承重结构布置

墙体承重的混合结构系统,对建筑平面的要求主要有:

①房间的开间或进深基本统一,并符合钢筋混凝土板的经济跨度(非预应力板,通常为 4 m左右),上、下层承重墙的墙体对齐重合;

②承重墙的布置要均匀、闭合,以保证结构布置的刚性要求,较长的独立墙体应设置墙墩以加强稳定性;

③承重墙上门窗洞口的开启应符合墙体承重的受力要求(地震区还应符合抗震要求);

④个别面积较大的房间,应设置在房屋的顶层或单独的附属体中,以便结构上另行处理。

2)框架结构

走廊式和套间式的平面组合,当房间的面积较大、层高较高、荷载较重,或建筑物的层数较多时,通常采用钢筋混凝土或钢的框架结构,它是以钢筋混凝土或钢的梁、柱连接的结构布置。框架结构常用于实验楼、大型商店、多层或高层旅馆等建筑物的结构布置(图3.72)。框架结构布置的特点是:梁柱承重,墙体只起分隔、围护的作用,房间布置比较灵活,门窗开口的大小、形状都较自由,但钢及水泥用量大,造价比混合结构高。

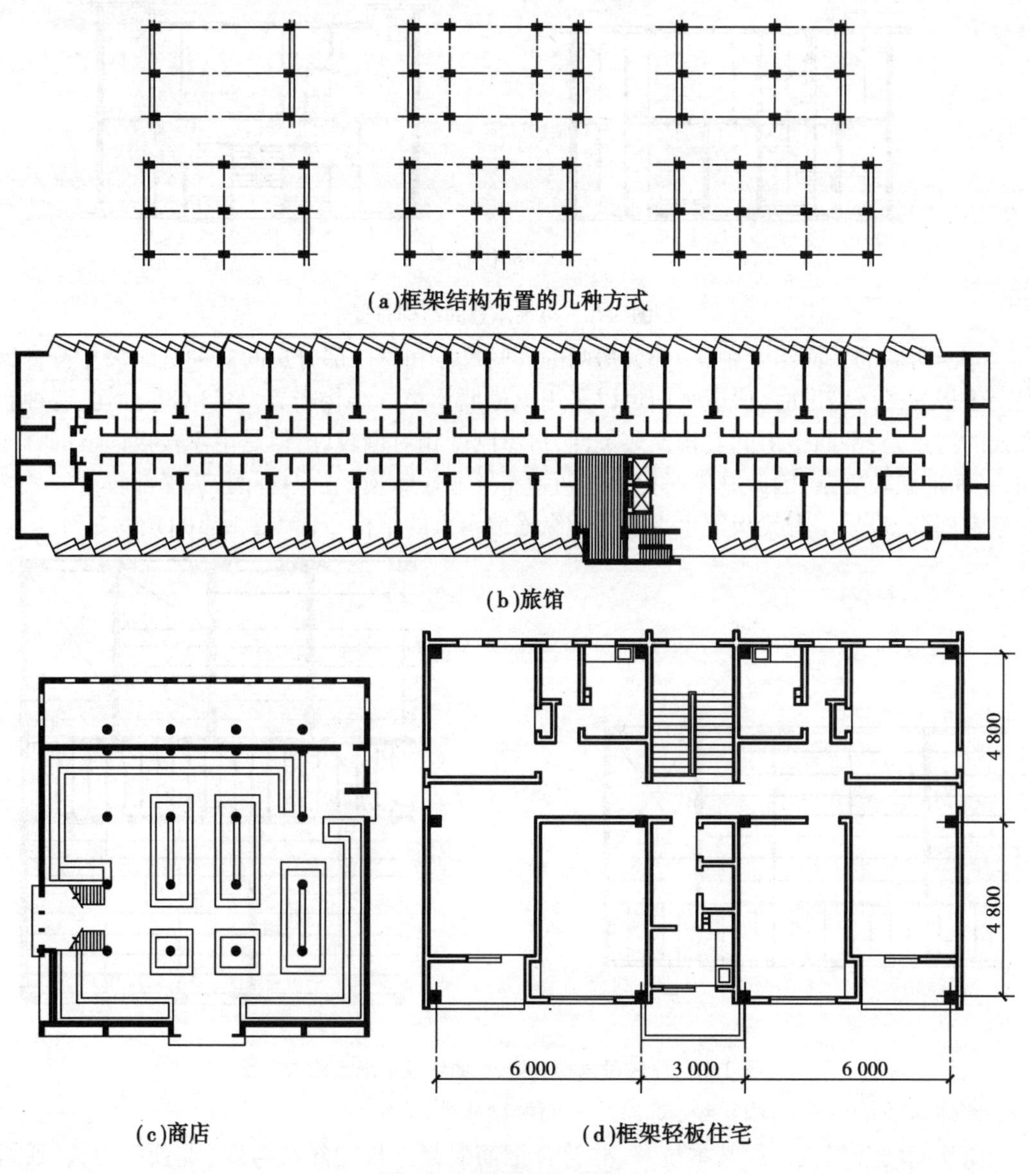

(a)框架结构布置的几种方式

(b)旅馆

(c)商店

(d)框架轻板住宅

图3.72 框架结构布置

框架结构系统对建筑平面组合的要求主要有：

①建筑体型齐整、平面组合应尽量符合柱网尺寸的规格、模数以及梁的经济跨度的要求（当以钢筋混凝土梁板布置时，通常柱网的经济尺寸为(6~8)m×(4~6)m）；

②为保证框架结构的刚性要求，在房屋的端墙和一定的间隔距离内应设置必要的刚性墙或梁、柱的连接，并采用刚性节点处理；

③楼梯间和电梯间在平面的地位应均匀布置，选择有利于加强框架结构整体刚度的位置。

3）空间结构

大厅式平面组合中，对面积和体量都很大的厅室，它的覆盖和围护问题是大厅式平面组合结构布置的关键，例如剧院的观众厅、体育馆的比赛大厅等。

当大厅的跨度较小、平面为矩形时，可以采用柱（或墙墩）和屋架组成的排架结构系统（常用钢木屋架的跨度为12~18 m，非预应力或预应力的钢筋混凝土屋架可为12~36 m）。

当大厅的跨度较大、平面形状为矩形或其他形状时，可采用各种形式的空间结构，由于空间结构更好地发挥了材料的力学性能，因此常能取得较好的经济效果，并使建筑物的形象具有一定的表现力。空间结构系统有各种形状的折板结构、壳体结构、网架壳体结构以及悬索结构等（图3.73）。

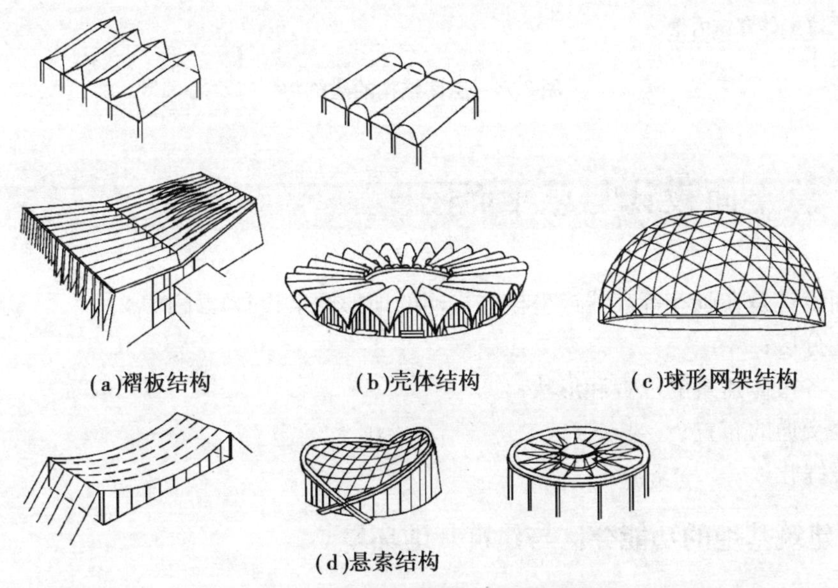

(a)褶板结构　(b)壳体结构　(c)球形网架结构

(d)悬索结构

图3.73　各种空间结构系统示意图

图3.74(a)、(b)、(c)分别为一网架结构的体育馆、壳体结构的展览馆示意图。

上述各种结构布置方式的选用，都需要考虑到结构构件对建筑物使用上和造型上的空间效果，如梁板的高度、厚度和排列方式，空间结构所占体积和形象对房间或整幢房屋在使用和造型方面的影响，以及当地的施工技术条件等。

由于建筑物的功能要求、技术经济条件和美观要求，既有主次，又辩证统一，因此房屋的平面组合虽然主要根据功能要求来考虑，但房屋结构选型的合理性、经济性也是影响平面组合的重要因素。房屋平面中房间的开间、进深和组合关系，也都需要根据结构布置的要求进行必要的调整和修改，才能创造出良好的建筑形象。

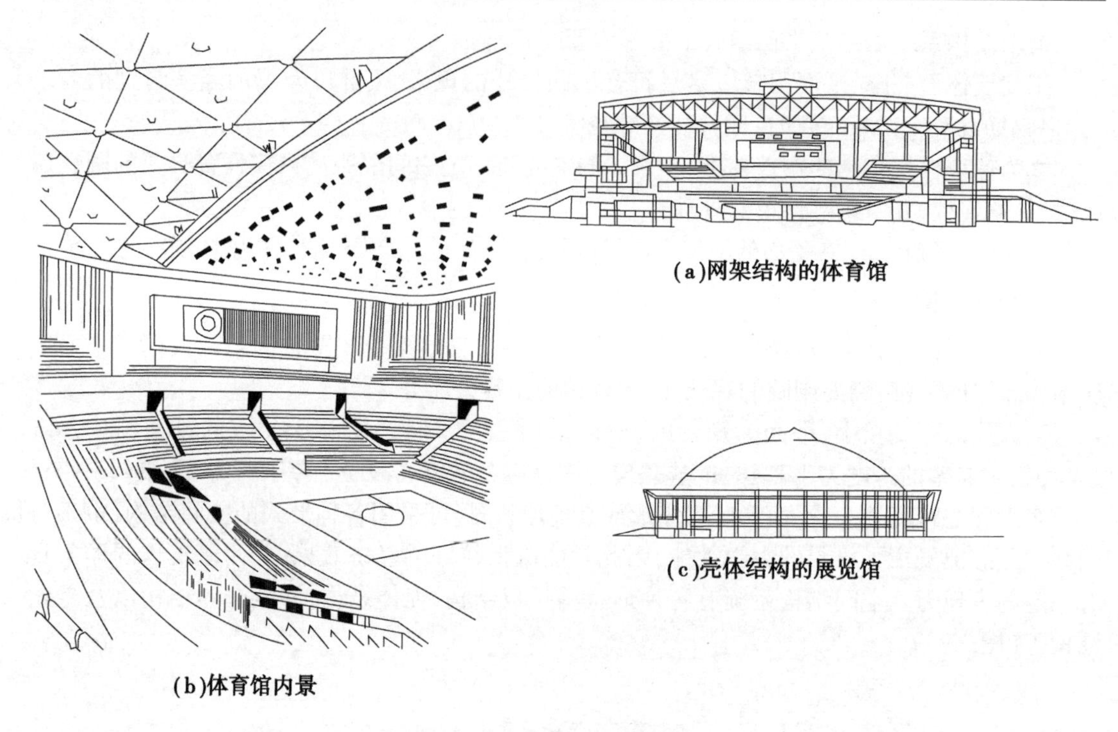

(a)网架结构的体育馆

(b)体育馆内景

(c)壳体结构的展览馆

图 3.74　空间结构的建筑物

3.4　总平面设计与总平面图

总平面设计是在画有等高线或坐标方格网的地形图上设计以下内容：

①功能分区；

②确定各单体建筑的位置和形状；

③道路交通的布置；

④环境绿化。

▶3.4.1　建筑基地的功能分区与建筑基地环境

总平面设计，首先是进行功能分区，在分析功能关系问题时，应当分析哪些部分需要紧密联系，哪些部分需要适当隔离，而哪些部分既要联系又要有一定的隔离，室内用房与室外场地的关系等。在深入分析的基础上，使功能分区得到合理的安排。

如幼儿园建筑中的卧室，应布置在比较安静、隐蔽的部位，相反，对于那些进行文体活动的音体室、活动室，则应安排在阳光充足、明显易找且与室外活动场所联系密切的部位，在布局特点上往往要求开敞通透些，反映了幼儿园建筑功能要求的特点。

又如学校建筑，普通教室是主要房间，与实验室、办公室有一定的联系，而与运动场所则要隔离(图 3.75)。

按功能分区进行总平面设计，必须与基地环境实际条件相结合，只有这样才能得到既符合使用要求的单体建筑设计，又使基地总平面布置得经济合理。

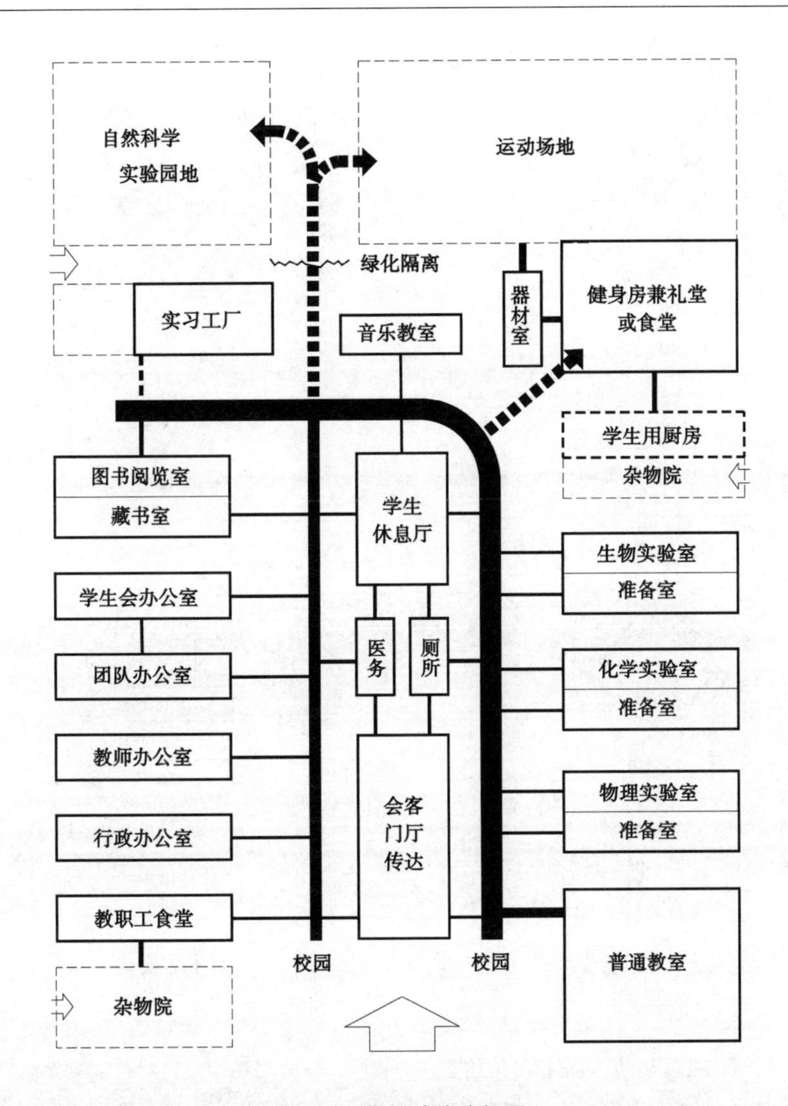

图 3.75　学校功能分析图

如某基地建设一所 18 个班的小学校,要求在基地总平面中布置教学楼,其中,包括教室、办公室和多功能活动室(音乐教室兼会议厅)、运动场、传达室、室外厕所、自然科学试验用地等。基地形状不规则,地势北高南低,一侧临城市道路,为人流来往的主要方向。结合具体的基地环境条件,分析基地大小、形状、人流交通关系,确定平面位置和形状大小,初步拟定 4 个设计方案,如图 3.76 所示。

方案一:将教室和办公室同跨布置,而活动室布置在一端。此方案简单,施工方便,建筑面向城市道路,人流往来直接方便,教室与活动室互不干扰,但教学楼朝向欠佳,占地较长,土方量大。

方案二:在方案一的基础上,将活动室垂直布置,虽然缩短了建筑物占地长度,但建筑物的朝向及土方量大的问题仍未得到解决。

方案三:为了解决建筑物朝向问题和减少土方量,对教学楼空间组合进行调整,产生了"口"字形方案,使主要教学用房能获得较好的朝向,占地较少,使大部分建筑与等高线基本平行,减少土方量。但新的矛盾又产生了,建筑距道路较近,校门口较局促,没有缓冲余地,并且

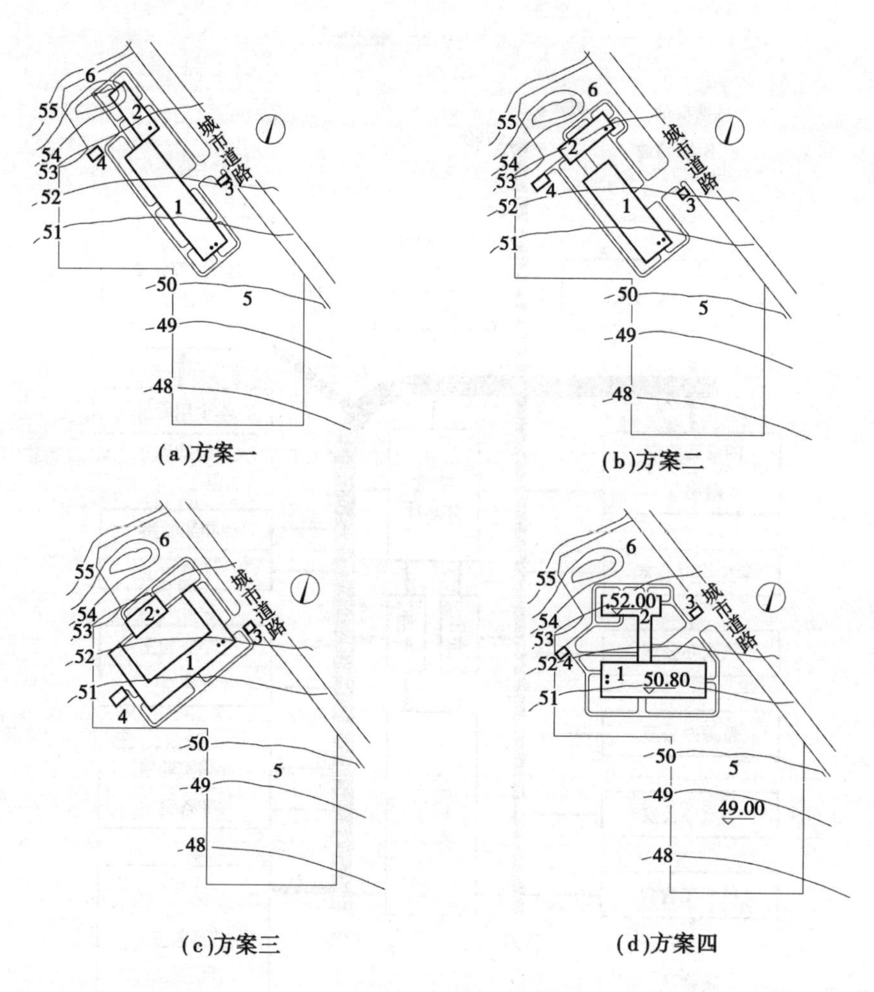

图 3.76

1—教学楼;2—活动室;3—传达室;4—厕所;5—运动场;6—自然科学实验地

厨房进货出渣也不方便。综合以上方案优缺点,再进一步调整为方案四。

方案四:采用工字形方案,比上述几个方案都更合理。其优点是教室及活动室均为南北向,朝向好,采光好,通风好,虽然办公用房朝向差,但采用单面走道,基本上可以满足使用要求,并且减少了活动室对教室的干扰;结构简单,施工方便;学校出入口处宽敞,利于人流分配,安全疏散;建筑物平行于等高线布置,减少了土方工程量;教学楼与运动场联系比较方便。总结以上几个方案,方案四为最佳方案。

从上述方案分析中可以看出:结合基地环境进行单体建筑空间组合设计,是必不可少的过程。在设计中必然存在不少矛盾,应该在使用功能合理的基础上,紧紧抓住基地大小、形状、道路关系、朝向、地形条件,相邻建筑群体及城镇总体规划等几个关键性的问题,进行分析比较,尽量化不利为有利,变不合理为合理,取得满意的总平面布置和个体建筑空间的组合设计。

▶3.4.2 确定各单体建筑的位置和形状

各单体建筑的形状是根据建筑的使用性质和功能来确定的。各建筑的位置既要根据功能分区,还要考虑其间距和朝向。

1)间距

总平面设计时,房屋之间距离的确定,主要应考虑以下因素:

①房屋的室外使用要求:房屋周围人行或车辆通行必要的道路面积,房屋之间对声响、视线干扰必要的间隔距离等。

②日照、通风等卫生要求:主要考虑成排房屋前后的阳光遮挡情况及通风条件。

③防火安全要求:考虑火警时保证邻近房屋安全的间隔距离,以及消防车辆的必要通行宽度,如两幢一级耐火等级建筑物之间的防火间距不应小于6 m。

④房屋的使用性质和规模:对拟建房屋的观瞻、室外空间的要求,以及房屋周围环境绿化等所需的面积。

⑤拟建房屋施工条件的要求:房屋建造时可能要用的施工起重设备,外脚手架的位置以及新旧房屋基础之间必要的间距等。

对于走廊式或套间或长向布置的房屋,如住宅、宿舍、学校、办公楼等,成排房屋前后的日照间距通常是确定房屋间距的主要因素,因为这些房屋前后之间的日照间距,通常大于它们在室外使用、防火或其他方面要求的间距,居住小区建筑物的用地指标主要也和日照间距有关。

(1)日照间距

日照间距是为了保证房屋内有一定的日照时间,以满足人们的卫生要求。日照间距的计算,一般以冬至正午12时,正南向房屋底层房间的窗台能被太阳照到的高度为依据(图3.77)。

日照间距计算式为:

$$L = \frac{H}{\tan \alpha}$$

式中　L——房屋间距;

H——前排房屋檐口和后排房屋底层窗台的高差;

α——冬至日正午的太阳高度角。

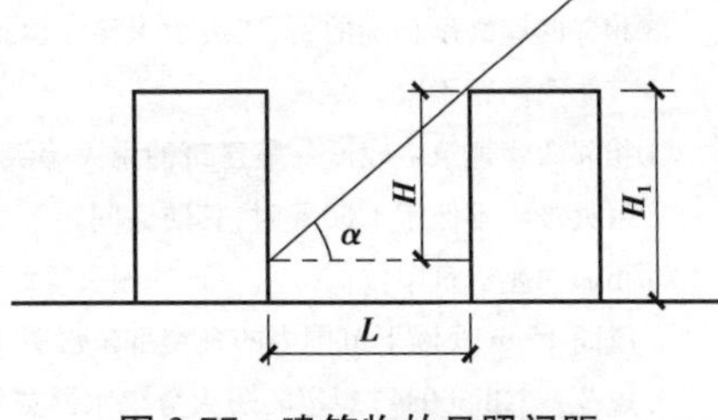

图3.77　建筑物的日照间距

在实际设计工作中,一般房屋间距通常是用房屋间距 L 和前排房屋高度 H_1 的比值来控制。如:$\frac{L}{H_1}=0.8,1.2,1.5,1.7$ 等。我国大部分城市日照距为 $1H\sim1.7H$,越偏南,日照间距值越小;越偏北,日照间距值越大。

(2)通风间距

为了使建筑物获得良好的自然通风,周围建筑物,尤其是前幢建筑物的阻挡和风吹的方向有密切的关系。当前幢建筑物正面迎风,如在后幢建筑迎风面窗口进风,建筑物的间距一般要求在 $4\sim5H$ 以上,从用地的经济性来讲,不可能选择这样的标准作为建筑物的通风间距,因为这样大的建筑间距使建筑群非常松散,既增加道路及管线长度,也浪费了土地面积。因此,为使建筑物有合理的通风间距,使建筑物又能获得较好的自然通风,通常采取夏季主导风向同建筑物成一个角度的布局形式。通过实验证明:当风向入射角在30°~60°时,各排建筑迎风面窗口的通风效果比其他角度或角度为零时都显得优越。当风向入射角为30°~60°时,选取建筑间距为 $1:1H$,$1:1.3H$,$1:1.5H$,$1:2H$ 分别进行测试,得知 $1:1.3H\sim1:1.5H$ 间距的通风效果理想。$1:1H$ 间距,中间各排建筑的通风效果较差,但 $1:2H$ 间距,中间各排建筑的通风效果提高甚微。为了节约用地又能获得较为理想的自然通风效果，建议呈并列布置的建筑群，其迎风面最好同夏季主导风向成60°~30°的角度，这时建筑的通风间距取1∶1.3H~1∶1.5H为宜。

(3)防火间距

确定建筑间距时，除了应满足日照、通风要求外，也必须满足防火要求。防火间距根据我国自2015年5月1日起施行的《建筑设计防火规范(2018版)》(GB 50016—2014)要求选定，详见表3.8。

表3.8 民用建筑之间的防火间距 单位：m

建筑类别		高层民用建筑	裙房及其他民用建筑		
		一、二级	一、二级	三级	四级
高层民用建筑	一、二级	13	9	11	14
裙房及其他民用建筑	一、二级	9	6	7	9
	三级	11	7	8	10
	四级	14	9	10	12

注：①相邻两座单、多层建筑，当相邻外墙为不燃性墙体且无外露的可燃性屋檐，每面外墙上无防火保护的门、窗、洞口不正对开设且该门、窗、洞口的面积之和不大于外墙面积的5%时，其防火间距可按本表的规定减少25%。

②两座建筑相邻较高一面外墙为防火墙，或高出相邻较低一座一、二级耐火等级建筑的屋面15 m及以下范围内的外墙为防火墙时，其防火间距不限。

③相邻两座高度相同的一、二级耐火等级建筑中相邻任一侧外墙为防火墙，屋面板的耐火极限不低于1.00 h时，其防火间距不限。

④相邻两座建筑中较低一座建筑的耐火等级不低于二级，相邻较低一面外墙为防火墙且屋顶无天窗，屋面板的耐火极限不低于1.00 h时，其防火间距不应小于3.5 m；对于高层建筑，不应小于4 m。

⑤相邻两座建筑中较低一座建筑的耐火等级不低于二级且屋顶无天窗，相邻较高一面外墙高出较低一座建筑的屋面15 m及以下范围内的开口部位设置甲级防火门、窗，或设置符合现行国家标准《自动喷水灭火系统设计规范》(GB 50084)规定的防火分隔水幕或本规范第6.5.3条规定的防火卷帘时，其防火间距不应小于3.5 m；对于高层建筑，不应小于4 m。

⑥相邻建筑通过连廊、天桥或底部的建筑物等连接时，其间距不应小于本表的规定。

⑦耐火等级低于四级的既有建筑，其耐火等级可按四级确定。

根据上述日照、通风、防火等综合的要求，建筑物间距一般为1∶1.5H。但由于各类建筑所处的周围环境不同，各类建筑布置形式及要求的不同，建筑间距略有不同。如中小学校由于教学特点，教学用房的主要采光面距离相邻房屋的间距最少不小于相邻房屋高度的2.5倍，但也不应小于12 m。Ⅲ及Π形式的房屋两侧翼间距不小于挡光面房屋高度的2倍，也不应小于12 m。又如医院建筑由于医疗的特殊要求，在总平面布局中，在阳光射入方向如有建筑物时，其距离应为该建筑物高度的2倍以上。1~2层的病房建筑，每两栋间距为25 m左右，3~4层的病房建筑，每两栋间距为30 m左右，传染病房的建筑间距为40 m左右。因此在总平面设计时，要合理地选择建筑间距，既满足建筑的功能要求又要考虑节约用地、减少工程费用。

2)朝向

建筑物主要出入口所在墙面所面对的方向为建筑物的朝向；对一个房间而言，房间主要开窗面所对的方向为房间的朝向。

建筑物朝向的具体参数是建筑物主要立面所在面垂直方向与指北针的夹角。建筑物朝向主要由日辐射强度、当地主导风向、建筑物内部主要房间的使用要求和周围道路环境等因素来确定。

人们总希望建筑物能达到冬暖夏凉的要求。在我国，南向或南向稍带偏角，最受人们欢迎。根据太阳在一年中的运行规律，夏季太阳的高度角大，冬季较小。南向的房屋因夏季太阳的高度角大，从南向窗户照射到室内的阳光较少，反之，冬季南向射进的阳光较多，易做到冬暖夏凉(图 3.78)。

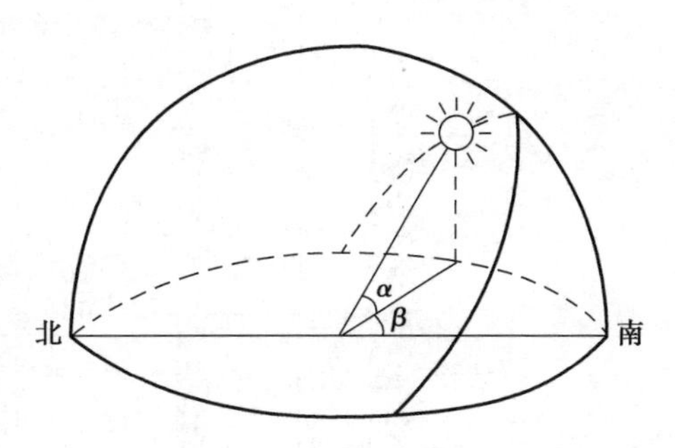

图 3.78　某地冬至太阳运行轨迹

α—太阳高度角；β—太阳方位角

设计时不可能把房屋都安排在南向，当建筑的主要房间布置在一侧时，我国南方地区，适宜的朝向范围为南偏西 15°到南偏东 30°的范围。当建筑物两侧都布置主要房间时，应综合考虑建筑物日照状况，选用最佳朝向可以减小北向房间强烈的西晒。

在确定朝向时，当地夏季或冬季的主导风向也不容忽视；对人流集中的公共建筑，房屋朝向，主要应考虑人流走向，道路位置和邻近建筑的关系；对于风景区建筑，则应以创造优美的景观作为考虑朝向的主要因素。所以合理的建筑朝向，还应考虑建筑物的性质、基地环境等因素。

▶3.4.3　道路交通的布置

整个建筑基地的道路交通布置，要满足人、车的通行宽度要求和安全要求：

①通行宽度要求：小区内干道应设为 8 m 宽双车道，支道应设为单车道 4 m 宽。

②安全要求：道路最小转弯半径要满足消防车能够通过，道路边沿距建筑最小不能小于 2 m等。详细资料可从建筑设计资料集及相应设计规范中查到。

▶3.4.4　环境绿化

绿化可以改善环境气候和环境质量，因此在群体组合中应根据建筑群的性质和要求进行绿化设计，选择合理的树种、树形，恰当地配置季节花卉和草坪。绿化设计的重要指标是绿化率，它是绿化面积与建筑基地的总面积的比率，新区规划的绿地率要求要达到35%以上。

美化环境是有意识地利用建筑小品，如亭、廊、花窗景门、坐凳、庭园灯、小桥流水、喷泉、雕塑等来装饰建筑空间。这些是群体外部空间设计不可缺少的艺术加工的部分。

▶3.4.5　总平面图

(1) 总平面图的用途

总平面图是用来表示整个建筑基地的总体布局，包括新建房屋的位置、朝向以及周围环境(如原有建筑物、交通道路、绿化、地形、风向等)的情况。总平面图是新建房屋定位、放线以及布置施工现场的依据(图 3.79)。

(2)总平面图的比例

由于总平面图包括地区较大，中华人民共和国国家标准《总图制图标准》(GB/T 50103—2010，以下简称《总图制图标准》)规定：总平面图的比例应用 1∶500，1∶1 000，1∶2 000 来绘

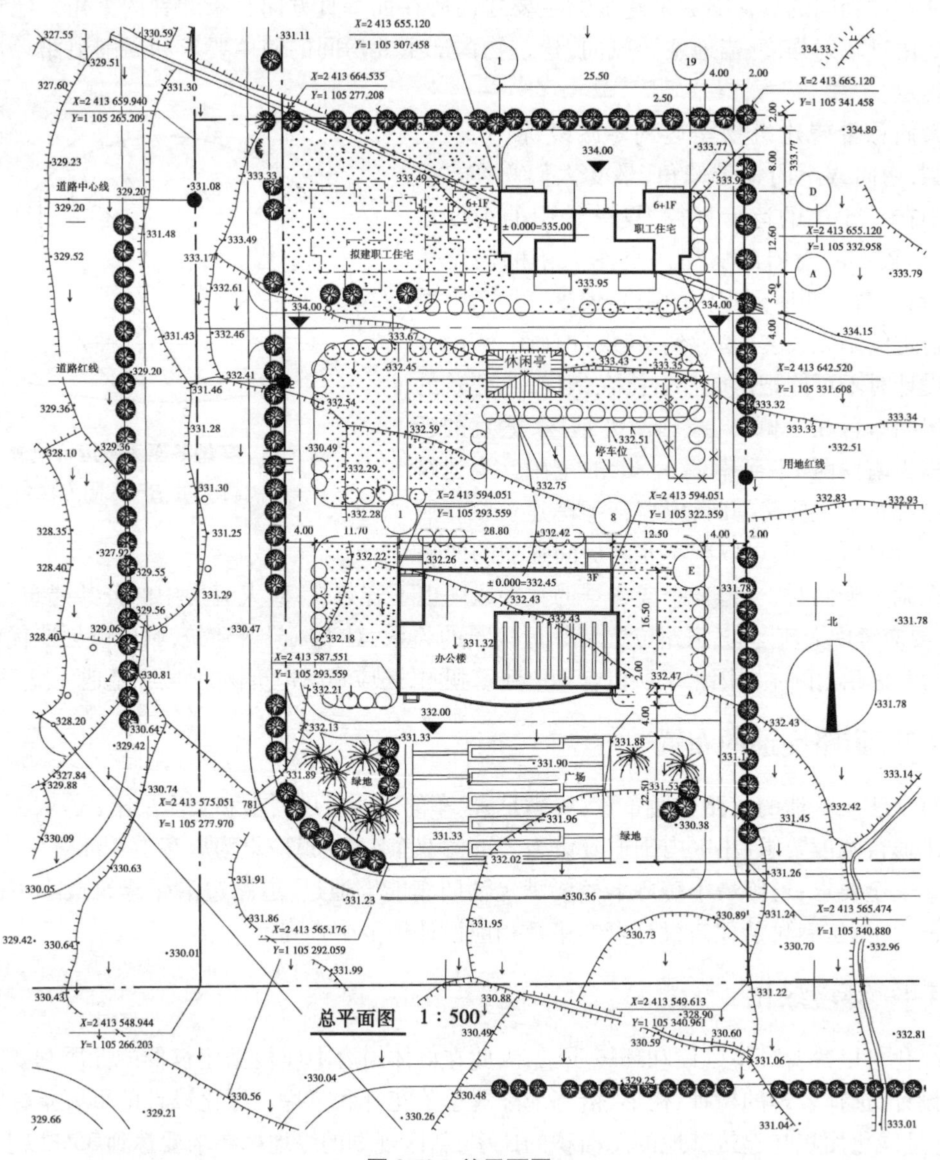

图 3.79 总平面图

制。实际工程中，由于国土局以及有关单位提供的地形图常为 1∶500 的比例，故总平面图常用 1∶500 的比例绘制(图 3.79)。

(3)总平面图的图例

由于总平面图的比例较小，故总平面图上的房屋、道路、桥梁、绿化等都用图例表示。表 3.9列出的为《总图制图标准》规定的总图图例(图例：以图形规定的画法称为图例)。在较复杂的总平面图中，如用了一些《总图制图标准》上没有的图例，应在图纸的适当位置加以说明。总平面图常画在有等高线和坐标网格的地形图上，地形图上的坐标称为测量坐标，是用与地形图相同比例画出的 50 m × 50 m 或 100 m × 100 m 的方格网，此方格网的竖轴用 x，横轴用 y 表示。一般房屋的定位应注其三个角的坐标，如建筑物、构筑物的外墙与坐标轴线平行，可标注其对角坐标。

表 3.9 总平面图图例(摘自 GB/T 50103—2010)

序号	名 称	图 例	说 明
1	新建的建筑物	x= y= ① 12F/2D H=59.00 m	新建建筑物以粗实线表示与室外地坪相接处±0.00 外墙定位轮廓线。 建筑物一般以±0.00 高度处的外墙定位轴线交叉坐标点定位,轴线用细实线表示,并标明轴线编号。 根据不同设计阶段标注建筑编号,地上、地下层数,建筑高度,建筑出入口位置(两种表示方法均可,但同一图纸采用一种表示方法)。 地下建筑物以粗虚线表示其轮廓。 建筑上部(±0.00 以上)外挑建筑以细实线表示。 建筑物上部连廊用细虚线表示并标注位置。
2	原有的建筑物		用细实线表示。
3	计划扩建的预留地或建筑物(拟建的建筑物)		用中粗虚线表示。
4	拆除的建筑物		用细实线表示。
5	建筑物下面的通道		—
6	散状材料露天堆场		需要时可注明材料名称。
7	其他材料露天堆场或露天作业场		需要时可注明材料名称。
8	铺砌场地		—

续表

序号	名　称	图　例	说　明
9	烟囱	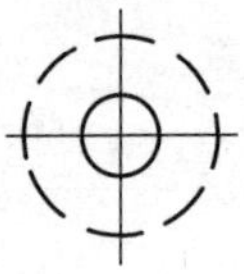	实线为烟囱下部直径，虚线为基础，必要时可注写烟囱高度和上、下口直径。
10	台阶及无障碍坡道	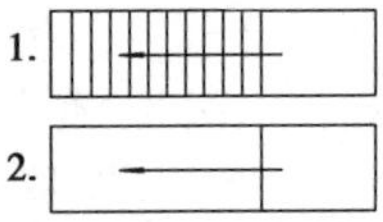 1. 2.	1.表示台阶（级数仅为示意）； 2.表示无障碍坡道。
11	围墙及大门	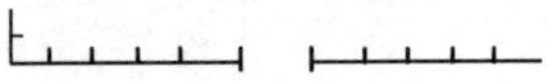	—
12	挡土墙	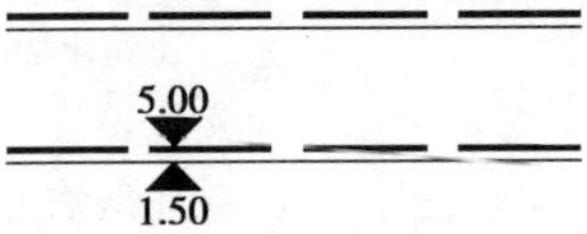 5.00 1.50	挡土墙根据不同设计阶段的需要标注 墙顶标高 墙底标高
13	挡土墙上设围墙		—
14	坐标	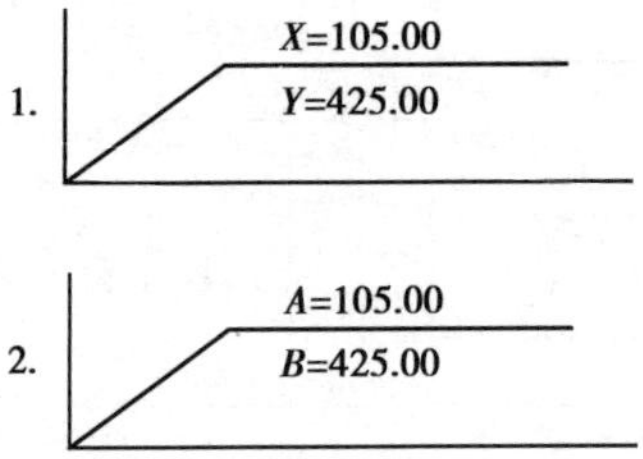 1. X=105.00 Y=425.00 2. A=105.00 B=425.00	1.表示地形测量坐标系； 2.表示自设坐标系； 坐标数字平行于建筑标注。
15	填挖边坡	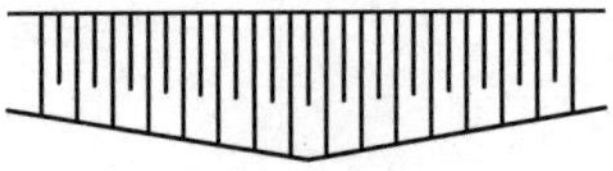	—
16	雨水口	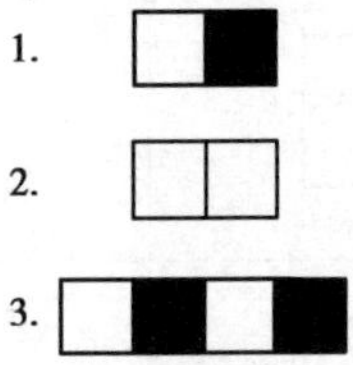 1. 2. 3.	1.雨水口； 2.原有雨水口； 3.双落式雨水口。
17	消火栓井		—
18	室内标高	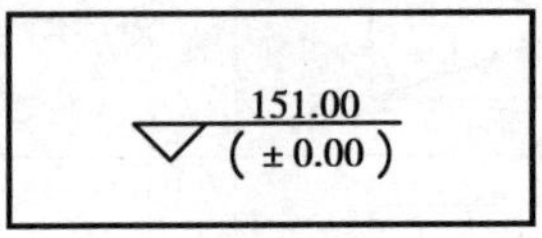 151.00 (±0.00)	数字平行于建筑物书写。
19	室外标高	 143.00	室外标高也可采用等高线表示。

续表

序号	名 称	图 例	说 明
20	地下车库入口		机动车停车场。

新建房屋的朝向(对整个房屋而言,主要出入口所在墙面所面对的方向;对一般房间而言,则指主要开窗面所面对的方向称为朝向)与风向,可在图纸的适当位置绘制指北针或风向频率玫瑰图(简称"风玫瑰")来表示。指北针应按中华人民共和国国家标准《房屋建筑制图统一标准》(GB/T 50001—2010)规定绘制(图 3.80),指针方向为北向,圆用细实线,直径为 24 mm,指针尾部宽度为 3 mm,指针针尖处应注写"北"或"N"字。如需用较大直径绘制指北针时,指针尾部宽度宜为直径的 1/8。

风向频率玫瑰图在 8 个或 16 个方位线上用端点与中心的距离代表当地这一风向在一年中发生频率,粗实线表示全年风向,细虚线范围表示夏季风向。风向由各方位吹向中心,风向线最长者为主导风向(图 3.81)。

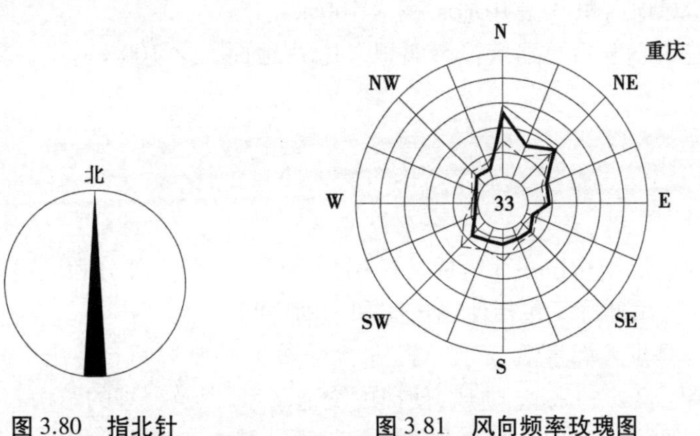

图 3.80 指北针　　图 3.81 风向频率玫瑰图

(4)总平面图的尺寸标注

总平面图上的尺寸应标注新建房屋的总长、总宽以及与周围房屋或道路的间距,尺寸以米为单位,标注到小数点后两位。新建房屋的层数在房屋图形右上角上用点数或数字表示。一般低层、多层用点数表示层数,高层用数字表示,如果为群体建筑,也可统一用点数或数字表示。

新建房屋的室内地坪标高为绝对标高。标高符号的规格及画法如图 2.29 所示。室外整平标高采用全部涂黑的等腰三角形"▼"表示,大小形状同标高符号。总平面图上标高单位为"m",标到小数点后两位。

图 3.79 为某县技术质量监督局办公楼及职工住宅所建地的总平面图。从图中可以看出整个基地平面很规则,南边是规划的城市主干道,西边是规划的城市次干道,东边和北边是其他单位建筑用地。新建办公楼位于整个基地的中部,其建筑的定位已用测量坐标标出了 3 个角点的坐标,其朝向可根据指北针判断为坐北朝南。新建办公楼的南边是入口广场,北边是停车场及学员宿舍,东边和西边都布置有较好的绿地,使整个环境开敞、通透,形成较好的绿

化景观。用粗实线画出的新建办公楼共 3 层,总长 28.80 m,总宽 16.50 m,距东边环形通道 12.50 m,距南边环形通道 2.00 m。新建办公楼的室内整平标高为 332.45 m,室外整平标高为 332.00 m。从图中还可以看到紧靠新建办公楼的北偏东方向停车场边有一栋需拆除的建筑。基地北边用粗实线画出的是即将新建的职工住宅,该住宅共 6+1 层(顶上两层为跃层),总长 25.50 m,总宽 12.60 m,距北边建筑红线 10.00 m, 距东边建筑红线 8.50 m,距南边小区道路 5.50 m。新建职工住宅的室内整平标高为 335.00 m,室外整平标高为 334.00 m。而在即将新建的职工住宅的西边准备再拼建一个单元的职工住宅,故在此用虚线来表示的(拟建建筑)。

在实际施工图上,往往会在图纸的一角用表格的方式来说明整个建筑基地的经济技术指标。主要的经济技术指标如下:

①总用地面积;

②总建筑面积(可分别包含地上建筑面积、地下建筑面积,或分为居住建筑面积、公共建筑面积);

③总户数;

④总停车位;

⑤容积率:总建筑面积 ÷ 总用地面积。

⑥绿地率:总绿地面积 ÷ 总用地面积 × 100%。

⑦覆盖率(建筑密度):总建筑投影面积 ÷ 总用地面积 × 100%。

本章小结

(1)各种类型的民用建筑平面组成按使用性质可分为使用部分和交通联系部分两个基本组成部分。其中,使用部分又包括使用房间和辅助房间。

(2)使用房间是供人们生活、工作、学习、娱乐等的必要房间。使用房间必须有适合的房间面积、尺寸、形状,良好的采光、通风,便捷的交通联系,以及合理的结构布置。

(3)辅助房间的设计原理和方法与使用房间设计基本上相同。辅助房间设计直接关系到人们使用、维修管理的方便性。

(4)交通联系部分是各房间之间的纽带,因此,交通联系部分应具有适宜的高度、宽度和形状。流线简捷明晰,有足够的采光通风,保证防火安全等。

(5)平面组合设计的原则是:分区合理,流线明确,使用方便,结构合理,体型简洁,造价经济。

(6)民用建筑平面组合的方式有:走道式、套间式、大厅式及单元式等。

(7)民用建筑常用的结构布置方式有:混合结构、框架结构、空间结构等。

(8)任何建筑都不是孤立地存在的,都要受到基地大小、形状、道路布置、地形地势、朝向、间距等的制约。因此,建筑组合设计必须密切结合环境,做到因地制宜。

(9)根据剖切平面位置的不同,建筑平面图可分为底层平面图、标准层平面图、顶层平面图、屋顶平面图。各层平面图的图示内容应规范,便于识读。

复习思考题

3.1　民用建筑平面由哪几部分组成?
3.2　辅助房间包括哪些?
3.3　交通联系部分包括哪些内容?
3.4　如何确定楼梯的数量、宽度和形式?
3.5　建筑平面的组合主要从哪几方面考虑?如何运用功能分析法进行平面组合设计?
3.6　大量性民用建筑常用的结构类型有哪些?
3.7　什么是日照间距?
3.8　主要房间设计:设计学生所在学校的学生寝室或学生家庭的主卧室。
3.9　辅助房间设计:设计学生所在学校的教学楼卫生间或学生家庭的卫生间。

建筑剖面设计与建筑剖面图

[本章要点]

建筑剖面图主要用来表达:房屋内部垂直方向的结构形式,沿高度方向分层情况,各层构造作法,门窗洞口高、层高及建筑总高等。建筑剖面设计的内容主要包括建筑物各部分房间的高度、建筑层数、建筑空间的组合和利用、建筑的结构和构造关系等。进行剖面设计时,需要联系建筑平面和立面进行全盘考虑,不断调整、修改,经过反复深入的推敲,使设计更合理。

4.1 建筑物各部分高度的确定

▶4.1.1 房间的高度和剖面形状的确定

房间剖面的设计,首先要确定室内的净高。

净高是指房间内楼地面到该房间顶棚或其他构件底面的高度。房间高度恰当与否将直接影响房间的使用和空间效果。由于房间使用要求各不相同,面积大小各异,因而对高度的要求也不一样。室内净高和房间剖面形状的确定,主要应考虑以下几个方面的要求:

(1)房间的使用活动性质及家具设备的要求

房间的高度必须要满足其使用活动性质,同时满足摆放家具设备的要求。

房间高度与人体的高度存在很多关系。最小高度应该满足人进入室内不致触到顶棚,因此房间的净高不宜低于2.2 m[图4.2(a)]。同时根据房间内人的使用活动特征,对于房间的净高要求也有变化。对于面积不大又无特殊使用要求的生活用房间,如住宅的客厅、卧室等,由于室内人数少、房间面积小,从人体活动的尺度和家具布置等方面考虑,其室内净高可以低一些,一般为2.4~2.9 m[图4.2(b)];宿舍的寝室使用人数比住宅的卧室稍多,同时有可能设置双层床,因此其净高应比住宅的卧室稍高,一般为3.0~3.3 m[图4.2(c)]。学校的教室等学习用房,由于室内人数较多,房间面积更大,根据房间的使用性质和卫生要求,其房间的净高也应更高一些[图4.2(d)]。《住宅设计规范》(GB 50096—2011)明确规定住宅层高控制在2.8 m以下,并应保证各房间室内净高,其中:卧室、起居室的室内净高不低于2.4 m,其室内梁底或吊柜底局部净高不低于2.1 m,但面积不得超过该房间室内空间的1/3,利用坡屋顶内空间作卧室或起居室时,其1/2面积的室内净高不应低于2.1 m;厨房、卫生间的室内净高则不应低于2.2 m。

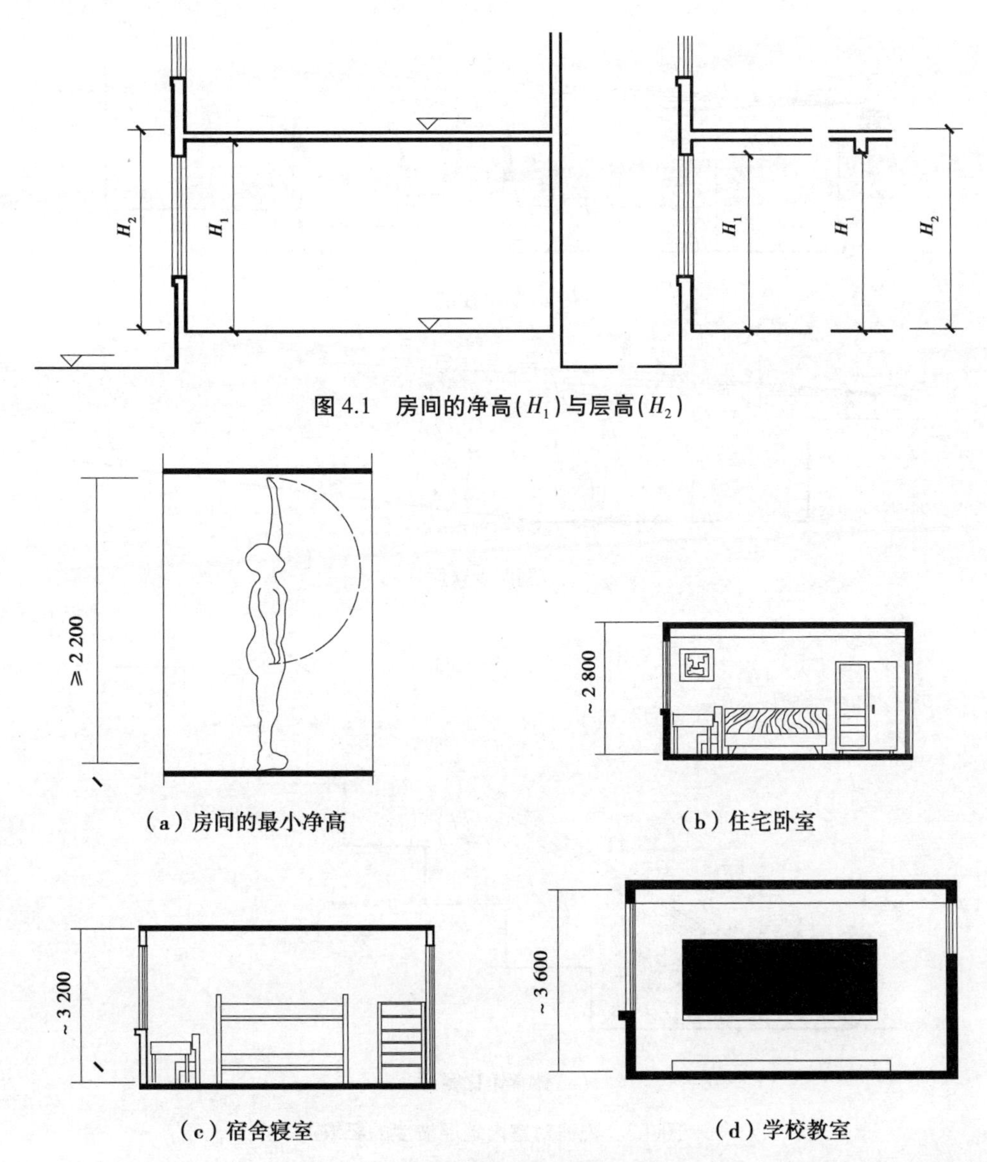

图4.1 房间的净高(H_1)与层高(H_2)

(a)房间的最小净高

(b)住宅卧室

(c)宿舍寝室

(d)学校教室

图4.2 房间的使用要求和其净高的关系

剖面形状的确定,也应基于房间的使用要求,同时充分考虑家具设备的布置。矩形剖面简单、规整,便于竖向空间的组合,容易获得简洁而完整的体型,同时结构简单、施工简便,故而为大多数房间所采用。但对一些室内人数较多、面积较大且具有视听等使用活动特点的房间的高度和剖面形状，则需要综合许多方面的因素才能确定。

阶梯教室、剧院观众厅、体育场馆比赛大厅等房间，对视线有要求，因此对室内地坪的剖面形状就有一定的要求。为了保证有良好的视线质量，即从人们的眼睛到观看对象之间没有遮挡，就需要进行视线设计，使室内地坪按一定的坡度变化升起（图4.3）。地面的升起坡度主要与设计视点的位置及视线升高值有关，同时第一排座位的位置、排距等对地面的升起坡度也有影响。地面升起形状的变化，反过来也会对剖面室内的净高也产生对应的影响。

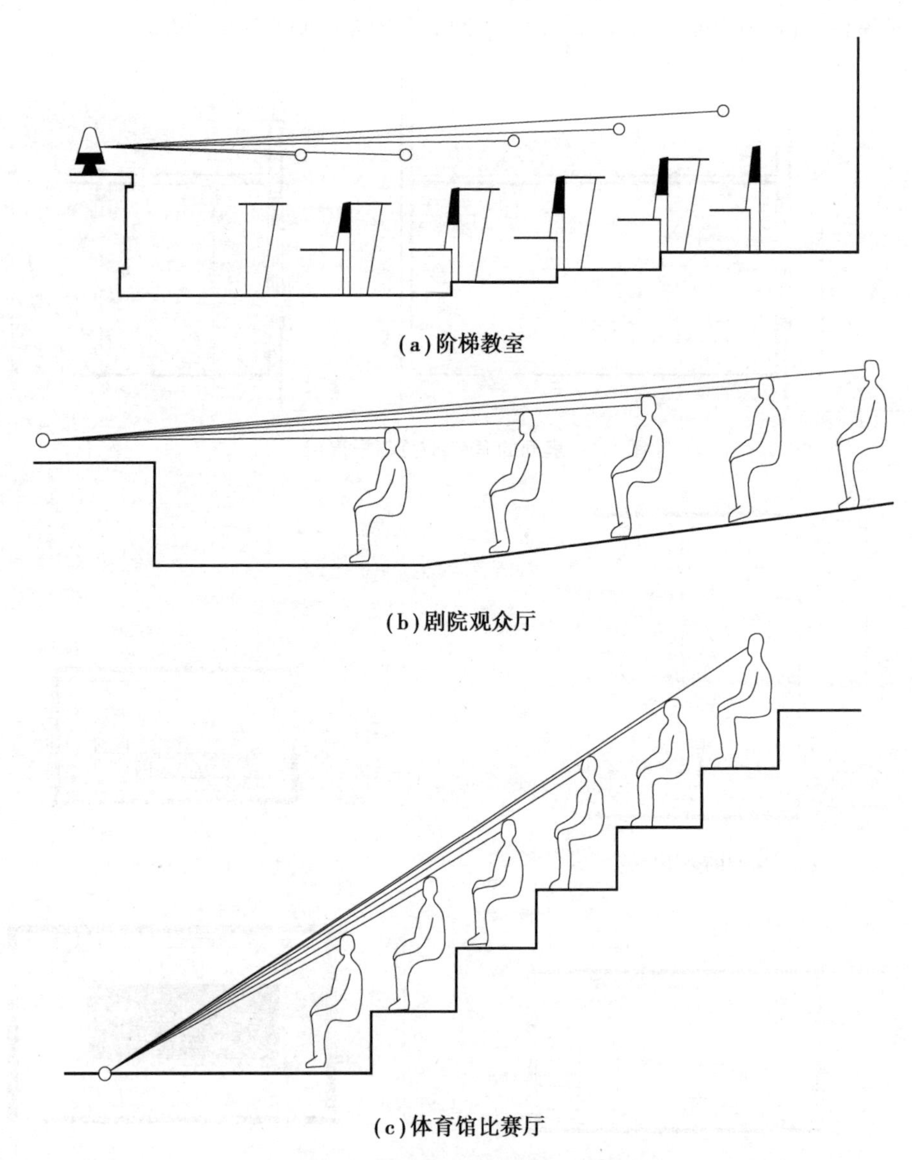

(a)阶梯教室

(b)剧院观众厅

(c)体育馆比赛厅

图4.3　视线对室内地坪坡度的要求

影剧院大厅等房间对有音质要求，因此对天棚的剖面形状有一定要求，尽量避免采用凹曲面和拱顶，使声音能均匀反射，从而获得较好的音质效果（图4.4）。

除了上述视线和音质方面的要求对房间剖面设计产生影响外，另外如体育活动、电影放映等其他使用特点都会对房间的高度、体积和剖面形状有一定影响。图4.5(a)所示为游泳跳

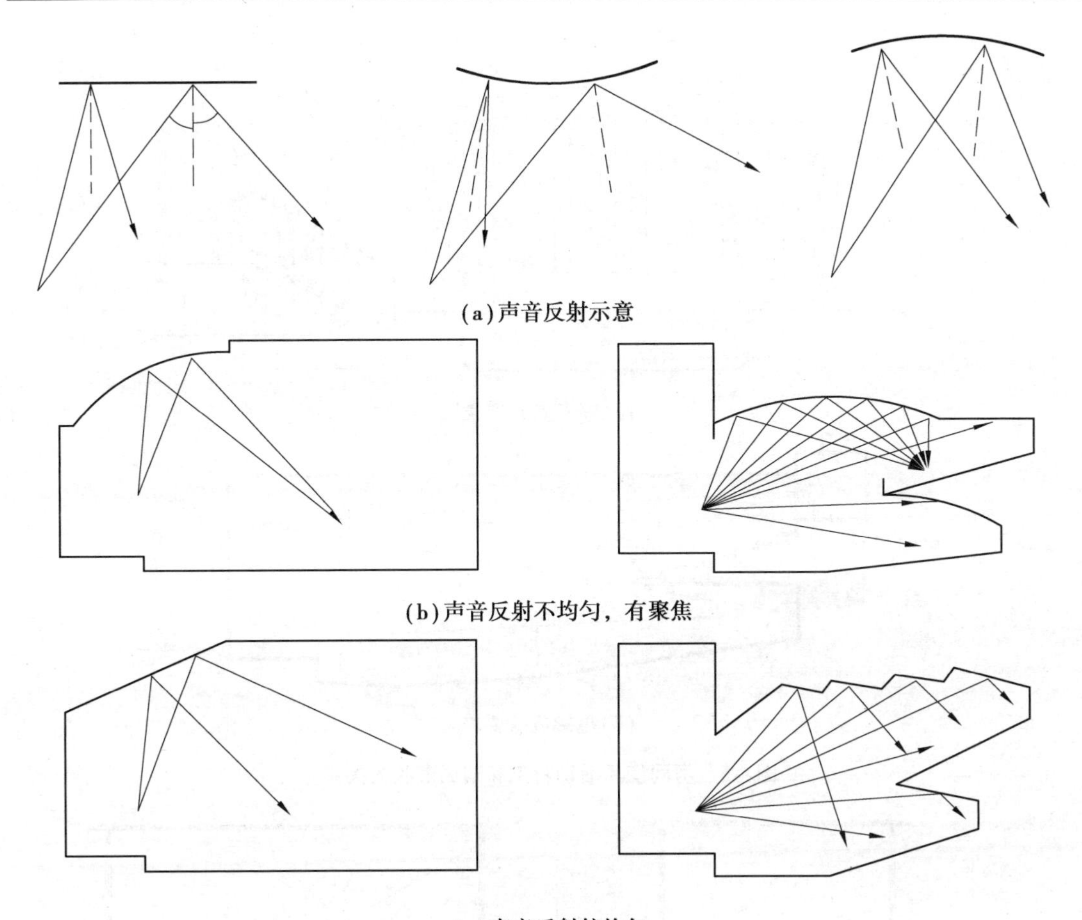

(a)声音反射示意

(b)声音反射不均匀，有聚焦

(c)声音反射较均匀

图 4.4　音质要求和剖面形状的关系

水厅的剖面情况,图中把跳水台上空局部提高以满足跳水比赛要求。图 4.6(b)所示为电影院观众厅的剖面情况,提高放映室,以满足放映要求。

(2)采光、通风的要求

房间的采光和通风情况,直接影响到房间使用舒适度,对剖面的形状设计也有一定的要求。

采光的主要参数为照度,指单位面积上所接受可见光的光通量,即物体被照亮的程度。室内天然光线的强弱和照度是否均匀,除与平面图中位置及宽度有关外,还与窗的高低有关。窗上口的高度与房间的进深大小关系很大,进深越大,窗上口距楼地面的距离就越高,从而房间的净高也应高一些,这样才能保证室内远离窗的地方有充足的光线。当房间采用单面采光时,窗上口距地面的高度通常应大于房间进深长度的 1/2[图 4.6(a)];当房间进深大于8 m时,如有可能,最好采用双面采光。当房间为双面采光时,则窗上口距楼地面的高度应大于房间进深长度的 1/4[图 4.6(b)]。采用双面采光,一方面高度仅为进深的 1/4;另一方面,双面采光照度[图 4.6(d)]比单面采光照度[图 4.6(c)]更均匀。

窗户位置对于采光和通风也有很大影响。为了避免在房间顶部出现暗角,窗上沿距房间顶棚的距离应尽可能留得小一些,但应考虑房屋的结构和构造要求,即满足窗过梁或圈梁的必要尺寸。

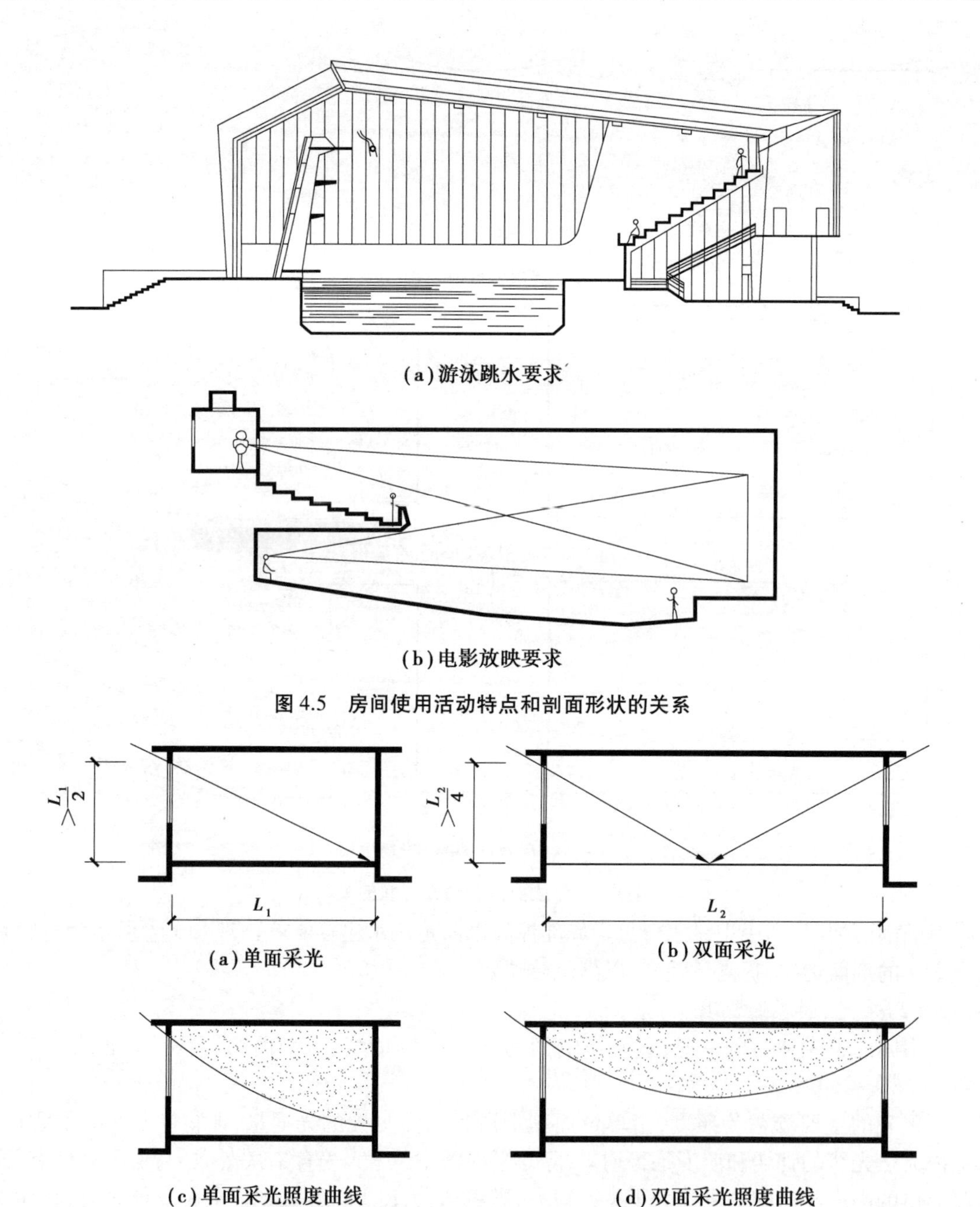

(a)游泳跳水要求

(b)电影放映要求

图 4.5　房间使用活动特点和剖面形状的关系

(a)单面采光

(b)双面采光

(c)单面采光照度曲线

(d)双面采光照度曲线

图 4.6　采光要求的房间高度与进深的关系

窗台的高度则主要根据室内空间的使用性质、人体尺度、家具和设备等因素来确定。一般民用建筑中的生活和学习用房,窗台宜高出桌面100~150 mm(图 4.7),故窗台的高度常采用 900~1 000 mm。幼儿园建筑应结合儿童尺度,其窗台高度常采用600~700 mm。而一些疗养和风景区建筑,为便于观赏室外景色,常降低窗台高度或做成落地窗。凡窗台低于900 mm 高的情况,为安全起见必须设置有效的防护措施。

对单层房屋中进深较大的房间,为改善室内采光条件,常在屋顶设置各种形式的天窗,使房间的剖面形状具有明显的特点。如大型展览厅、室内游泳池等建筑物，都常以天窗的顶光，或顶光和侧光相结合的布置方式以提高室内采光质量(图 4.8、图 4.9)。图 4.9 为不同天窗的剖面形状。

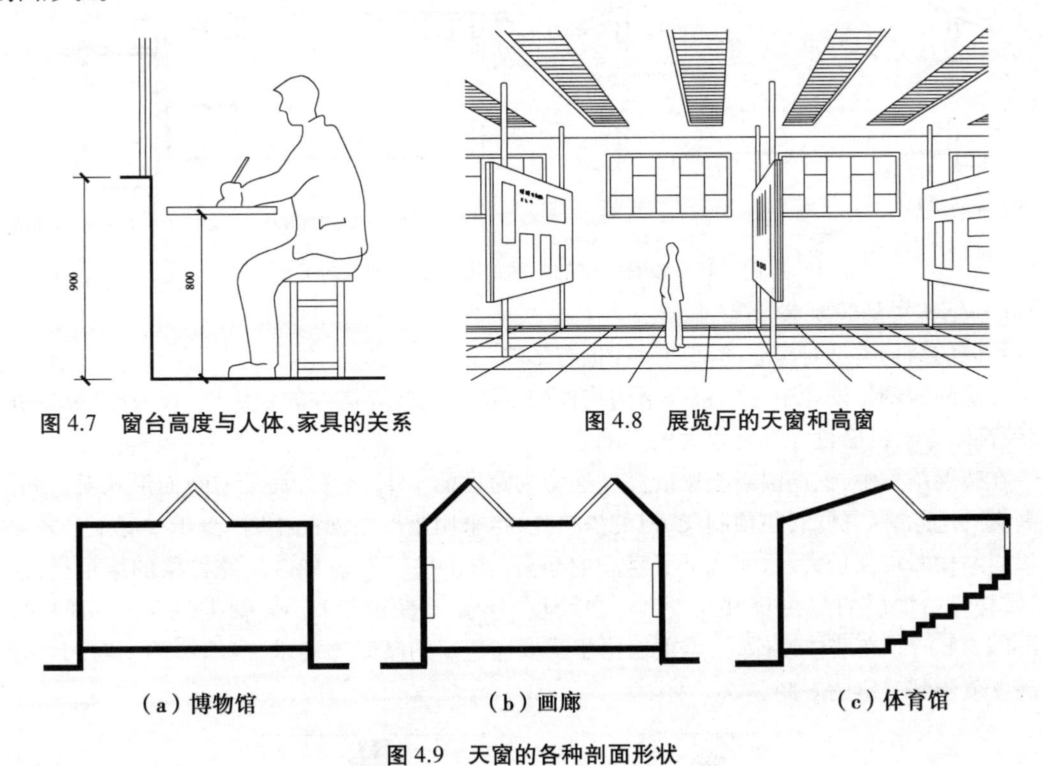

图 4.7　窗台高度与人体、家具的关系

图 4.8　展览厅的天窗和高窗

(a)博物馆　(b)画廊　(c)体育馆

图 4.9　天窗的各种剖面形状

房间的通风要求、室内进出风口在剖面上的高低位置，也对房间的净高有一定的影响。温湿和炎热地区的民用房屋，利用空气的气压差对室内组织穿堂风，如在室内墙上开设高窗，或在门上设置亮子，使气流通过内外墙的窗户组织室内通风[图 4.10(a)]。南方地区的一些商店，也常在营业厅外墙橱窗上下的墙面部分加设通风铁栅和玻璃百叶的进出风口以组织室内通风，从而改善营业厅的通风和采光条件[图 4.10(b)]。

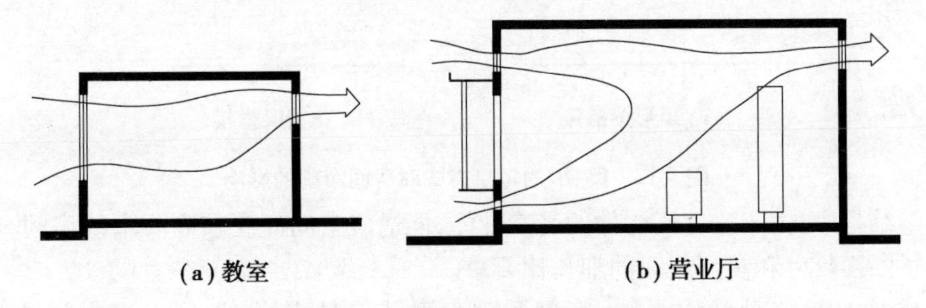

(a)教室　(b)营业厅

图 4.10　房屋剖面中的通风情况

一些房间，如食堂的厨房，其室内高度应考虑到操作时，能尽快地散发大量蒸汽和热量至室外，故这些房间的顶部常采用设置气楼的方式来解决通风问题。图 4.11 是设有气楼的厨房剖面形状和通风排气情况。

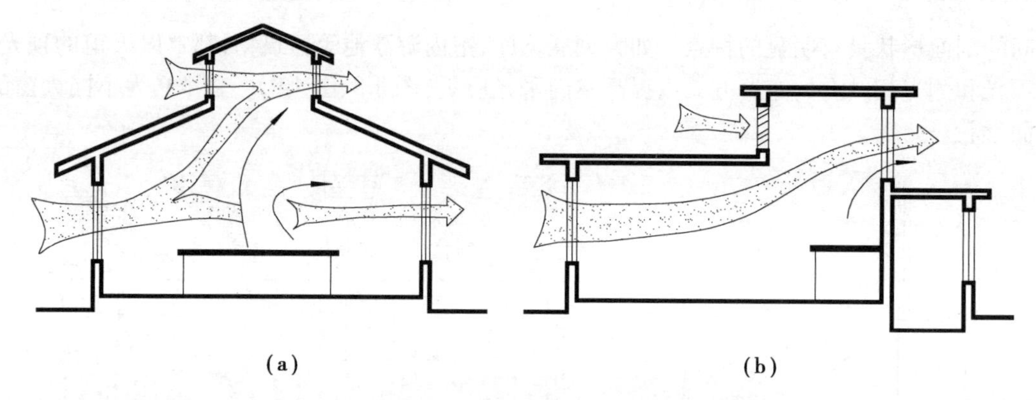

图4.11 设有气楼的厨房剖面及通风排气情况

(3)结构类型的要求

不同的结构类型对房间的剖面设计也有影响。

在房间的剖面设计中,梁、板等结构构件的厚度,墙、柱等构件的稳定性,以及空间结构的形状、高度等对剖面设计都有很大的影响。

在砖混结构中,钢筋混凝土梁的高度通常为跨度的1/12左右,其梁的断面形状对房间的净高有一定影响。例如,在预制梁、板的搭接处,当采用矩形断面的梁时,由于梁底下凸较多,楼板层结构厚度就较大,这就降低了房间的净高[图4.12(a)]。如改用花篮梁的梁板搭接方式,其楼板结构层的厚度就相应减小,在跨度、层高不变的情况下,就提高了房间的净高[图4.12(b)]。在墙体设计时,承重墙由于受墙体稳定的高厚比要求,当墙厚不变时,其房间的高度就受到一定的限制。

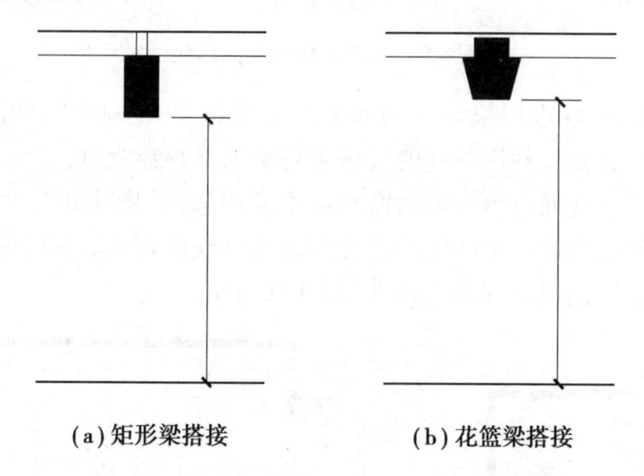

图4.12 梁、板的搭接方式对房间净高的影响

在框架结构中,由于改善了构件的受力性能,能适应空间高度较高要求的房间,但此时也要考虑柱子断面尺寸和高度之间的细长比要求。

空间结构是另一种结构系统,高度和剖面形状多种多样,常用于当房间的跨度很大(>35 m)时。如大型体育馆的比赛大厅,其跨度可达100 m以上,要覆盖这样大的空间,如果仍采用桁梁,其结构相当复杂,材料用量很大,且外形很不美观,因而宜选用空间结构体系,如壳体、悬索、网架等结构形式。选用空间结构时,应尽可能和室内使用活动特点所要求的剖面形状结合起来。图4.13(a)为薄壳结构的体育馆比赛大厅,设计时考虑了球类活动和观众看台所需的不同高度；图 4.13(b) 为悬索结构的电影院观众厅，将电影放映、银幕、楼座部分的不同高度要求和悬索结构形成的剖面形状结合起来。

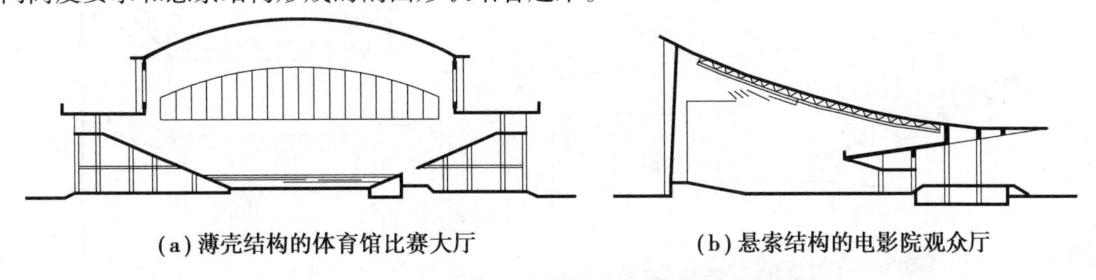

(a) 薄壳结构的体育馆比赛大厅　　(b) 悬索结构的电影院观众厅

图 4.13　剖面中结构选型和使用活动特点的结合

(4) 设备设置的要求

建筑中对房间高度有一定影响的设备布置主要有顶棚部分的嵌入或悬吊的灯具、顶棚内外的一些空调管道以及其他设备所占有的空间位置。图 4.14 为具有下悬式无影灯时，医院手术室内必要的净高；图 4.15(a) 为电视演播室顶棚部分的送风、回风管道以及天桥等设备所占有的空间位置示意；图 4.15(b) 为剧院观众厅中的灯光要求和舞台吊景设备等所需要的观众厅、舞台箱的高度以及它们的剖面形状。

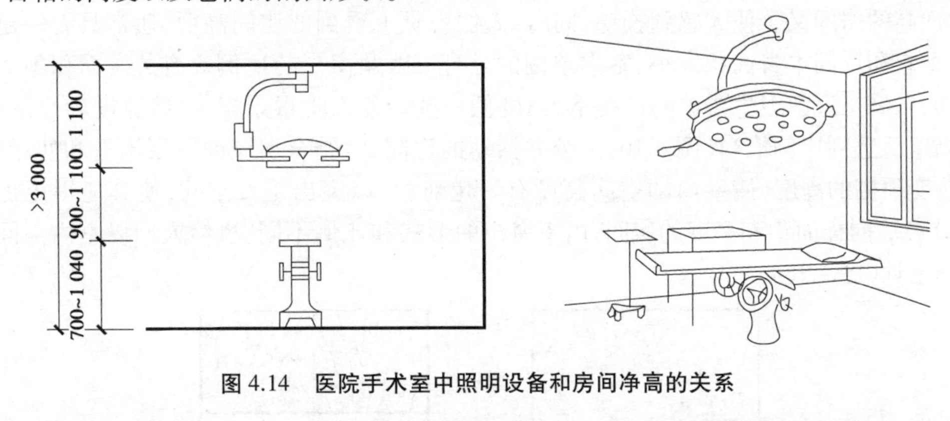

图 4.14　医院手术室中照明设备和房间净高的关系

(a) 电视演播室

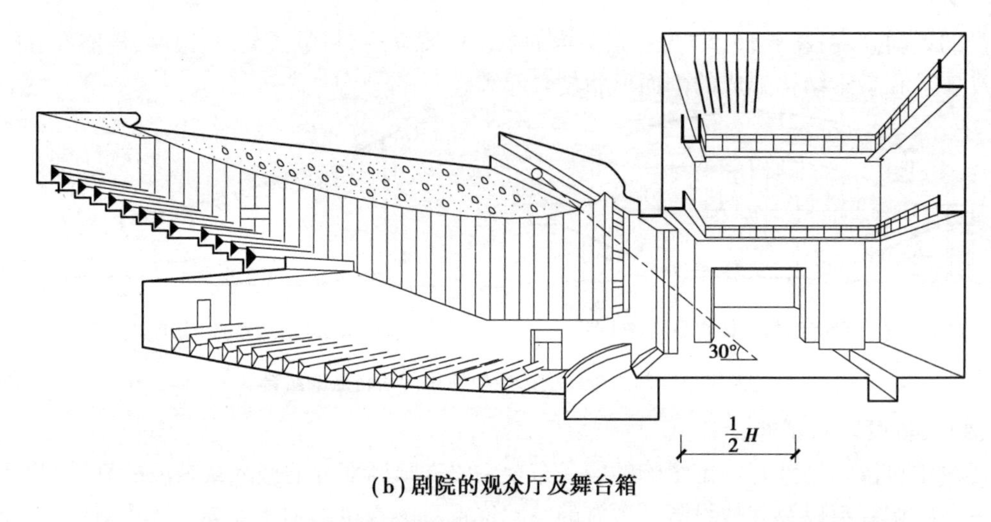

(b)剧院的观众厅及舞台箱

图 4.15　照明、空调等设备布置对房间高度和剖面形状的影响

(5)室内空间比例要求

室内空间长、宽、高的比例,常给人以不同的精神感受。宽而低的房间通常给人压抑的感觉,狭而高的房间又会使人感到拘谨,同时,人们视觉上看到的房间高低,通常具有一定的相对性,即它和房间本身面积大小、室内顶棚的处理 ,以及窗户的比例等有关。面积不大的生活空间,在满足室内卫生要求的前提下,高度低一些会使人觉得亲切,一些宽度较小的过道,降低高度后感到比例恰当(图 4.16)。公共活动的房间,常结合房屋的屋顶构造和使用要求,局部改变顶棚的高度,使室内的空间高度有一定对比,以突出主要空间,使其显得更加高些(图 4.17)。同样面积和高度的房间,由于窗户的形式和比例不同,也给人们以室内空间高度不同的感觉(图 4.18)。

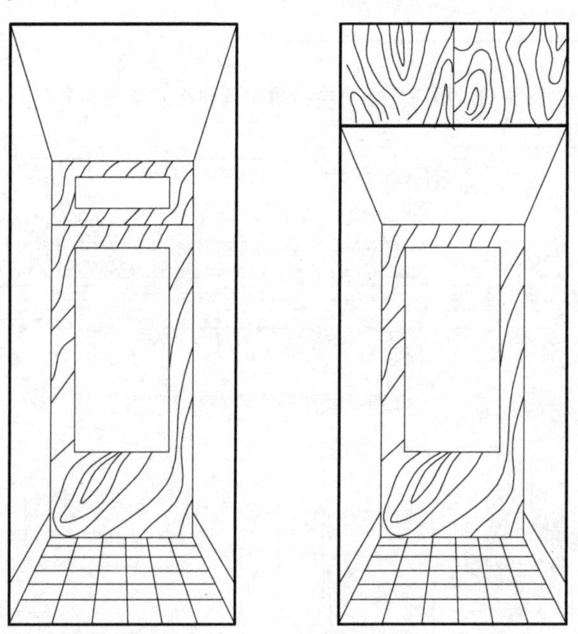

图 4.16　宽度较小的过道降低高度感到比例恰当

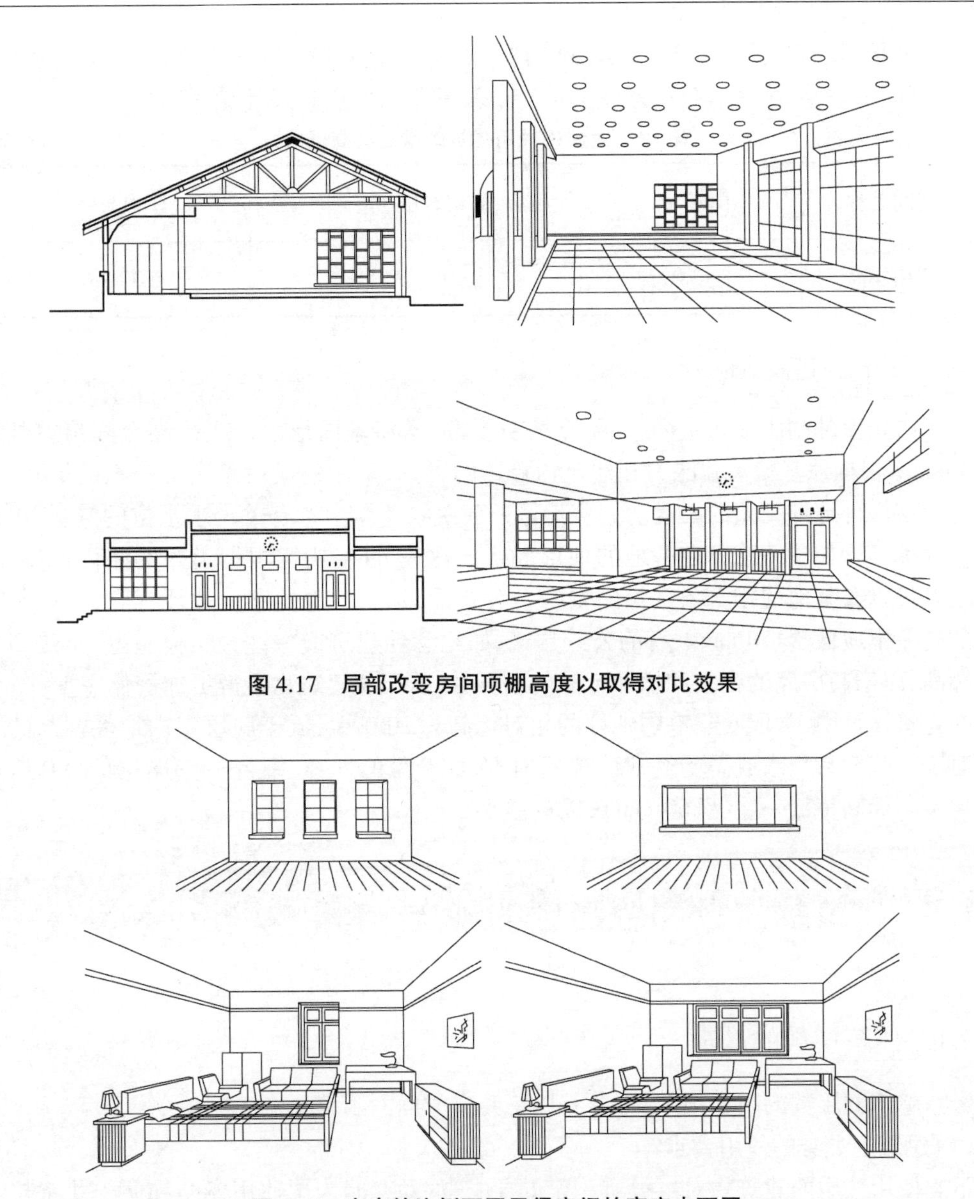

图 4.17　局部改变房间顶棚高度以取得对比效果

图 4.18　窗户的比例不同显得房间的高度也不同

▶4.1.2　房屋各部分高度的确定

建筑剖面中,除了房间的室内净高和剖面形状需要确定外,还需要分别确定房屋的层高,以及室内地坪、楼梯平台和房屋檐口等处的标高。

(1)层高的确定

层高是指本层楼地面至上一层楼地面的垂直距离。房间的净高加上楼板层的结构厚度即为相应的该层层高,但剖面设计中,层高的确定还受到很多因素的影响。

在满足卫生和使用要求的前提下,适当降低房间的层高,可降低整幢房屋的高度。这对于减轻建筑物的自重,改善结构受力情况节约投资和用地都有很大意义。以大量建造的住宅建筑为例,层高每降低100 mm,即可节约投资 1%;而减少间距又可节约居住区用地 2%左右。

房屋层高的最后确定,需综合考虑其功能、技术经济和建筑艺术等多方面的要求。对于一些大量性房间,如住宅、宿舍、客房、教室、办公室等,其常用的层高尺寸见表4.1。

表4.1 大量性民用建筑的常用层高尺寸 单位:m

房间名称	住宅	宿舍、旅馆客房、办公室	学校教室
常用层高	2.8~3.0	3.0~3.3	3.3~3.6

(2)底层地坪的标高

为了防止室外雨水流入室内,并防止墙身受潮,常将室内地坪适当提高至高出室外地坪约450 mm。根据地基的承载能力和建筑物自重的影响,房屋建成后总会有一定的沉降量,这也是考虑室内外地坪高差的因素。一些地区的建筑物还需参考有关洪水水位的资料,以确定室内地坪标高。如建筑物所在基地的地形起伏变化较大时,则需根据道路的路面标高、施工时的土方量以及基地的排水条件等因素综合分析后,选定合理的室内地坪标高,一般与室外地面的高差不应低于150 mm。有的公共建筑,如纪念性建筑或一些大型会堂等,常提高底层地坪标高,以增高房屋的台基和增加室外的踏步数,从而使建筑物显得更加宏伟庄重。

在建筑设计中,常取底层室内地坪的相对标高为±0.000 ,低于底层室内地坪标高的为负值。对于一些容易积水或需要经常冲洗的地方,如开敞的外廊、阳台、厨房浴厕等,其地坪标高应比室内标高稍低一些(约60 mm),以免溢水。

4.2 建筑物层数和总高度的确定

▶4.2.1 建筑层数的确定

影响建筑物层数的因素很多,主要有以下几个方面的因素:

(1)建筑物本身的使用要求

不同使用性质的建筑物对层数有一定的要求,如幼儿园为了使用安全和便于儿童与室外活动场地的联系,宜建低层。又如影剧院、体育馆、车站等公共建筑,由于人流大量集中,为便于人流的疏散和安全,也宜建低层。

(2)城市规划的要求以及基地环境的限制

城市规划从城市景观、基地环境及相邻建筑群的有机统一、房屋朝向及间距、城市用地及安全等方面的考虑,都对建筑物的高度和层数有明确规定。城市航空港附近的一定地区,从飞行安全考虑也对新建房屋的层数和总高有一定限制。

(3)建筑的防火要求

建筑物的耐火等级不同,使用性质及使用对象不同,对建筑物的层数都有一定的限制。

(4)建筑材料、结构形式、施工方法及房屋造价等方面的影响

譬如,一般砖混结构房屋建造5~6层就比较经济合理。如果选用框架结构,层数就可以多些。

▶4.2.2 建筑物总高度的确定

建筑物的总高度主要由层数和层高共同决定。

剖面设计通常首先确定房间所需要的净高，再根据结构所需的高度，结合立面造型需要，确定各层的层高。根据层数和层高，可以获得建筑物总高度的基本数据，同时也应该确保总高度符合城市规划和环境限制。

4.3 建筑剖面的组合方式

建筑剖面的组合方式，主要是由建筑物中各类房间的高度和剖面形状、房屋的使用要求和结构布置特点等因素决定的。剖面的组合方式大体上可以归纳为以下几种。

▶4.3.1 单层剖面

单层剖面便于房屋中各部分人流或物品和室外直接联系，适应于覆盖面及跨度较大的结构布置。一些顶部要求自然采光和通风的房屋，也通常采用单层的剖面组合方式，如食堂、会场、车站、展览大厅等建筑类型都有单层剖面的例子(图 4.19)。单层房屋的主要缺点是用地很不经济。例如把一幢 5 层住宅和 5 幢单层的平房相比，在日照间距相同的条件下，用地面积要增加 2 倍左右(图 4.20)，且道路和室外管线设施也都相应增加。

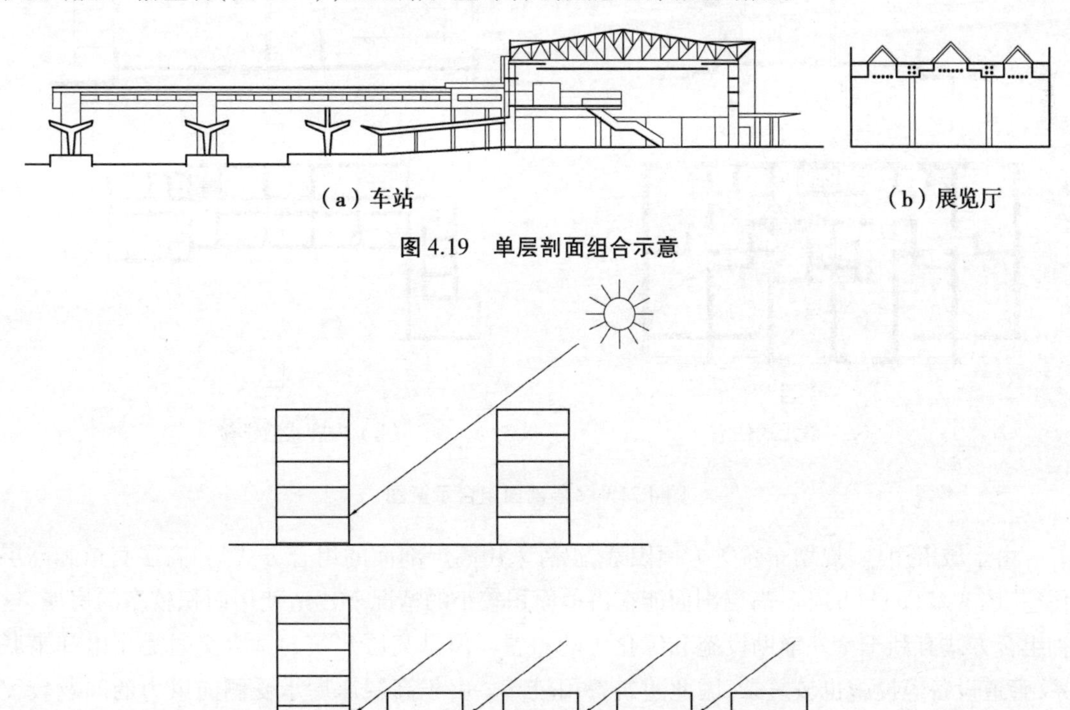

(a) 车站　　(b) 展览厅

图 4.19 单层剖面组合示意

图 4.20 单层和多层房屋的用地比较

▶4.3.2 多层剖面和高层剖面

多层剖面的室内交通联系比较紧凑,适用于有较多相同高度房间的组合,垂直交通用楼梯联系。多层剖面的组合应注意上下层墙、柱等承重构件的对应关系,以及各层之间相应的面积分配。很多单元式平面的住宅和走廊式平面的学校、宿舍、办公楼、医院等房屋的剖面,常采用多层的组合方式。图4.21(a)、(b)分别为单元式住宅和内廊式教学楼的剖面组合示意图。

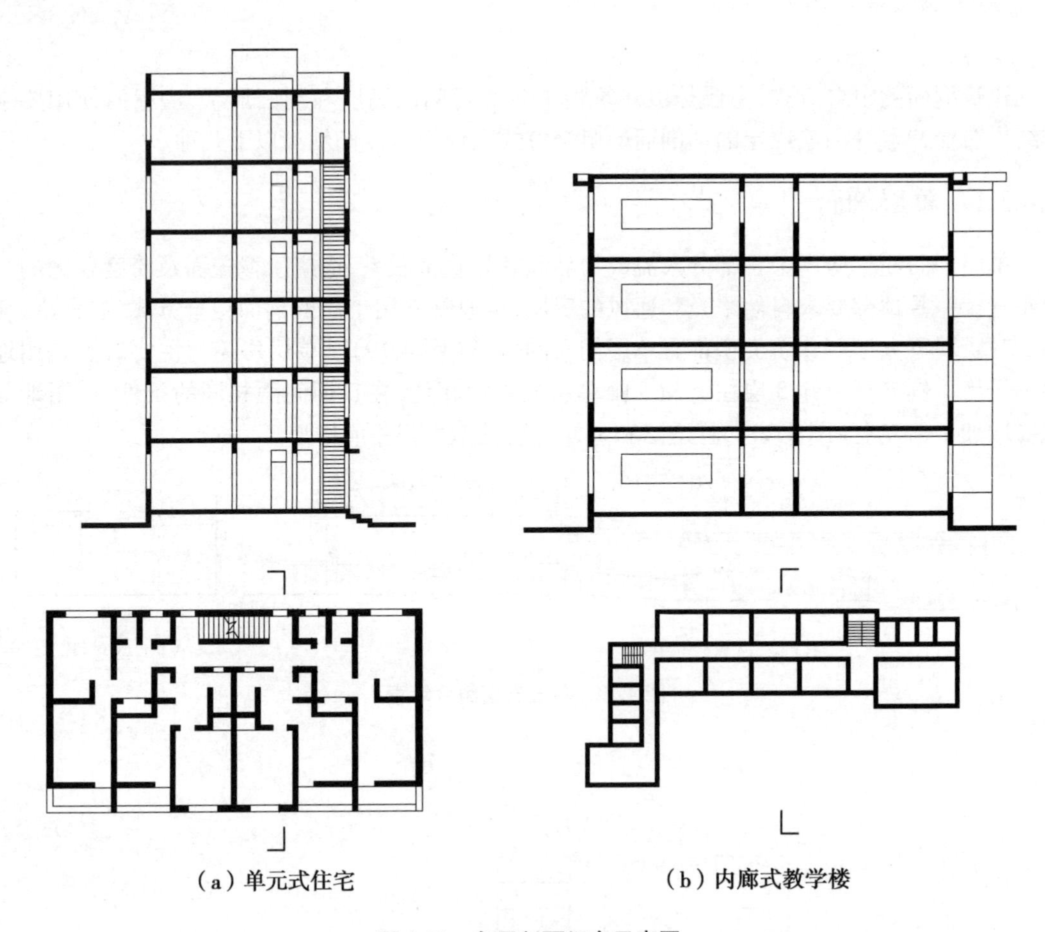

(a)单元式住宅　　(b)内廊式教学楼

图4.21　多层剖面组合示意图

由于城市用地、规划布置等方面因素,也有采用高层剖面的组合方式,如高层宾馆和高层住宅[图4.22(a)、(b)]。高层剖面能在占地面积较小的情况下建造使用面积较多的房屋,这种组合方式有利于室外辅助设施和绿化等的布置。但是高层建筑的垂直交通需用电梯来联系,管道设备等设施也较复杂,因此建筑费用较高。由于高层房屋承受侧向风力的问题较突出,故常以框架结合剪力墙或把电梯间、楼梯间和设备管线设备组织在竖向筒体中,以加强房屋的刚度[图4.23(a)、(b)、(c)]。

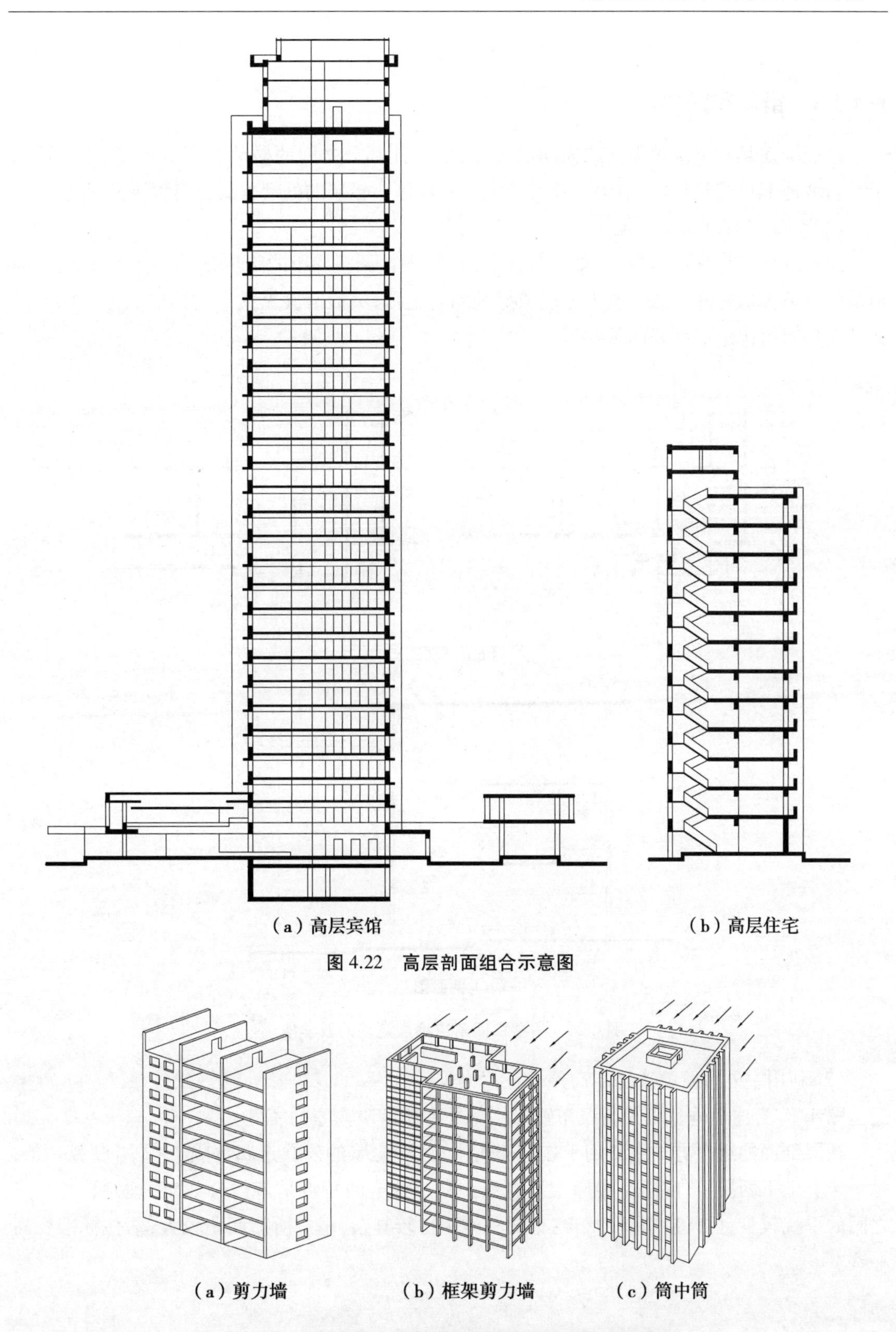

(a) 高层宾馆　(b) 高层住宅

图 4.22　高层剖面组合示意图

(a) 剪力墙　(b) 框架剪力墙　(c) 筒中筒

图 4.23　高层建筑中加强房屋刚度的墙体和筒体示意图

▶4.3.3 错层和跃层

错层剖面是在建筑物纵向或横向剖面中,房屋几部分之间的楼地面高低错开,主要适用于结合坡地地形建筑住宅、宿舍以及其他类型的房屋。错层的处理方式常有以下几种方法:

(1)利用楼梯间解决错层高差

通过选用楼梯梯段的数量(如二梯段、三梯段等),调整梯段的踏步数,使楼梯平台的标高与错层楼地面的标高一致。该方法能较好地结合地形,灵活解决纵横向的错层高差。图4.24就是楼梯间解决错层高差的教学楼。

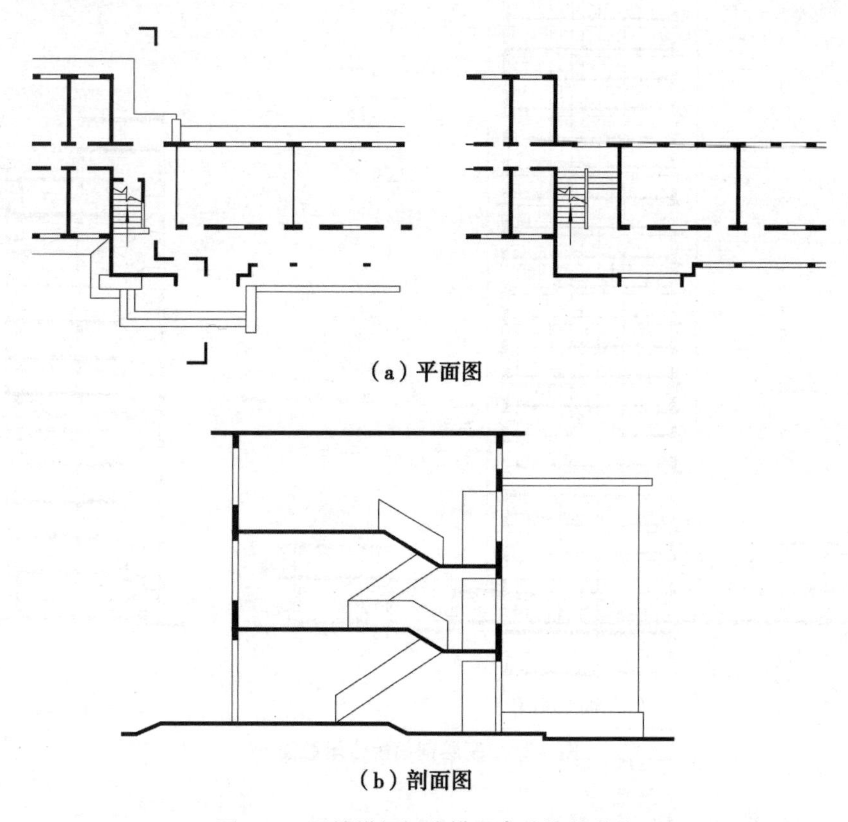

(a)平面图

(b)剖面图

图4.24 用楼梯间解决错层高差的教学楼

(2)利用室外台阶解决错层高差

图4.25为住宅垂直于等高线布置时用室外台阶解决高差的实例。

跃层剖面的组合方式主要用于住宅建筑中,这些房屋的公共走廊每隔1~2层设置一条,每一户有上下两层,户内用小楼梯上下联系。跃层住宅的特点是节约公共交通面积,各住户之间的干扰较少,但跃层房屋的结构布置和施工比较复杂,每户所需面积较大,居住标准要高一些。

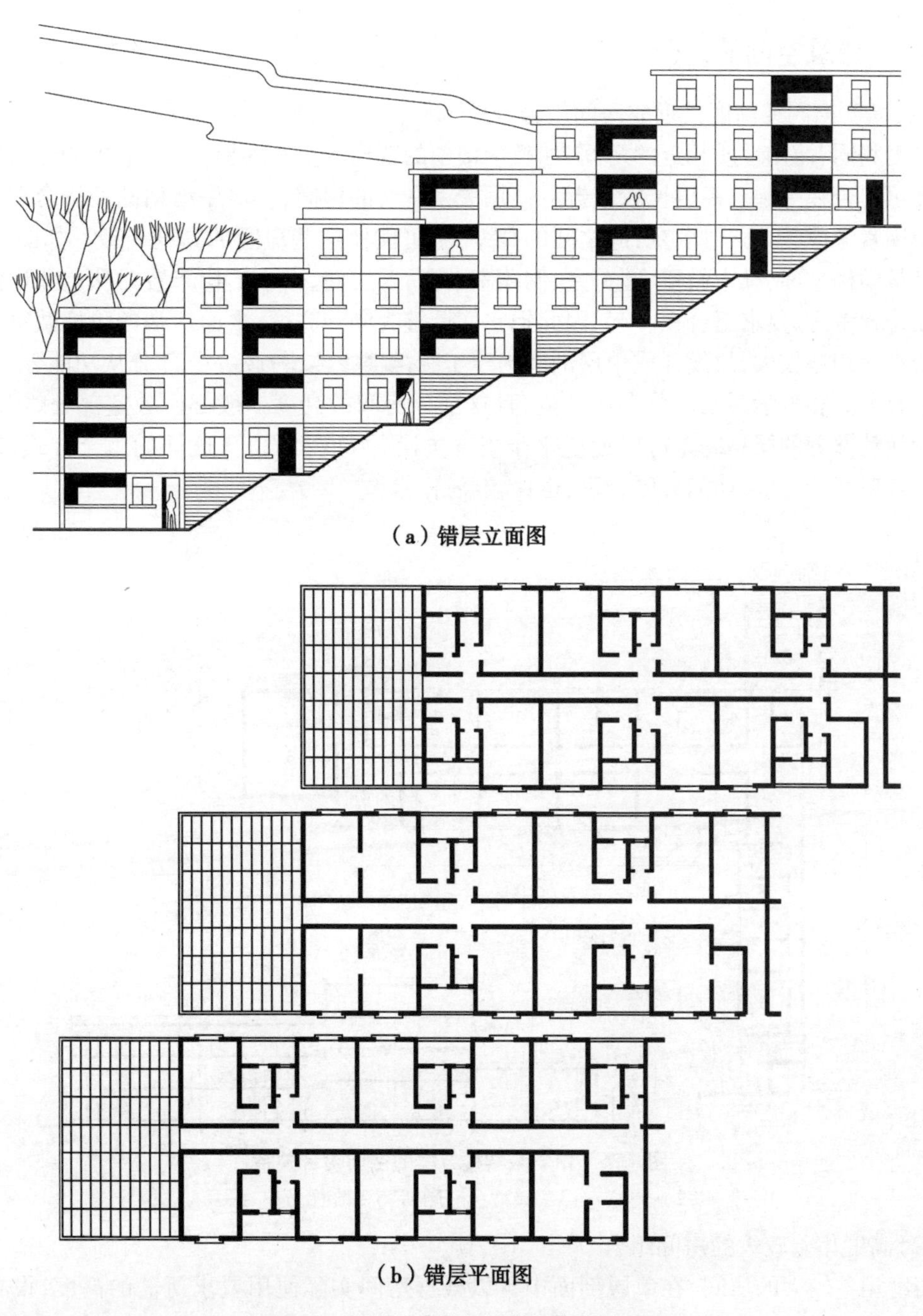

（a）错层立面图

（b）错层平面图

图 4.25　用室外台阶解决错层高差的住宅

4.4　建筑空间组成和利用

建筑空间的组合关系以及结构布置对建筑整体的影响是多元化的。剖面设计着重从垂直方向考虑各种高度房间的空间组合、楼梯在剖面中的位置，以及建筑空间的利用问题。

▶4.4.1 建筑空间的组合

(1)高度相同或高度接近的房间组合

高度相同、使用性质相近的房间,如教学楼中的普通教室和实验室,住宅中的起居室和卧室等便可组合在一起。高度比较接近且使用关系密切的房间,从房屋结构的经济合理和施工方面等因素考虑,可适当调整房间之间的高差,尽可能使这些房间的高度一致。如图4.26所示的某教学楼平面,其中教室、阅览室、储藏室、厕所等房间,由于结构布置时从这些房间所在的平面位置考虑,要求组合在一起,因此把它们调整为同一高度,平面一端的阶梯教室和普通教室的高度相差较大,故设计成单层剖面附建于教学楼主体;行政办公部分从功能分区考虑,平面组合上应和教学活动部分有所分隔,且这部分房间的高度一般都比教室部分略低,它们和教学活动部分的层高高差可以通过踏步来解决(图4.26剖面)。这样的组合方式,使用上能满足各房间的要求,功能分区合理,也比较经济。

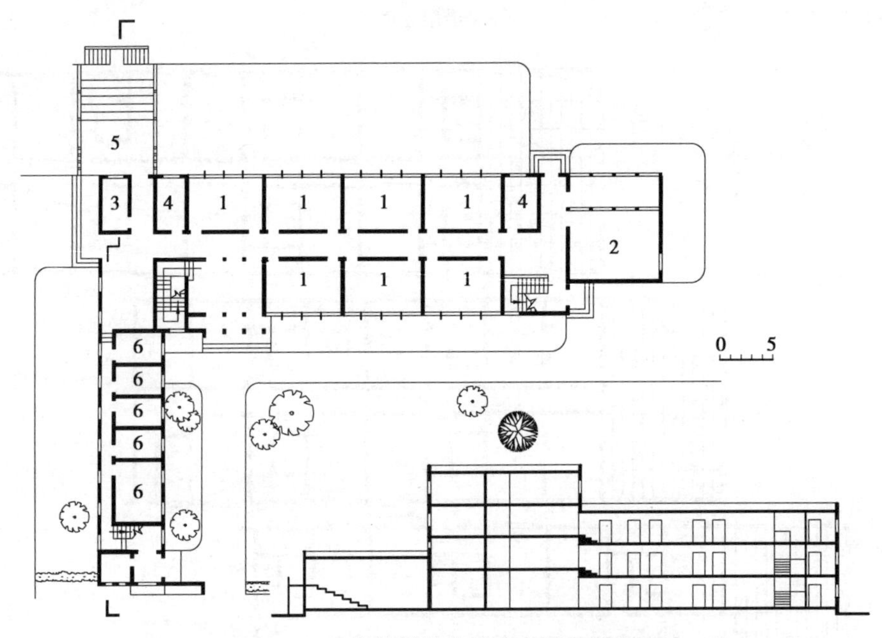

图4.26 中学教学楼方案的空间组合关系

1—教室;2—阅览室;3—储藏;4—厕所;5—阶梯教室;6—办公室

(2)高度相差较大的房间组合

高度相差较大的房间,在单层剖面中可以根据房间实际使用要求所需的高度,设置不同高度的层面。如图4.27所示为某单层食堂不同高度房间的组合示意图,餐厅部分由于人多面积大,相应的房间的高度较高,故单独设置屋顶;厨房、库房以及管理用房,因各房间的高度有可能调整在一个屋顶下,且厨房的通风要求较高,故在厨房的上部加设气楼;备餐部分人少、面积小,房间高度可以低一些,从使用功能和剖面中屋顶搭接的要求考虑,把这部分设计成餐厅和厨房间的一个连接体,房间的高度也可以低一些。

图4.28所示的某体育馆剖面中,因比赛大厅在高度和体量方面与休息、办公以及其他各种辅助用房相比差别极大,故结合大厅看台升起的剖面特点,在看台下面和大厅四周布置各种不同高度的房间。

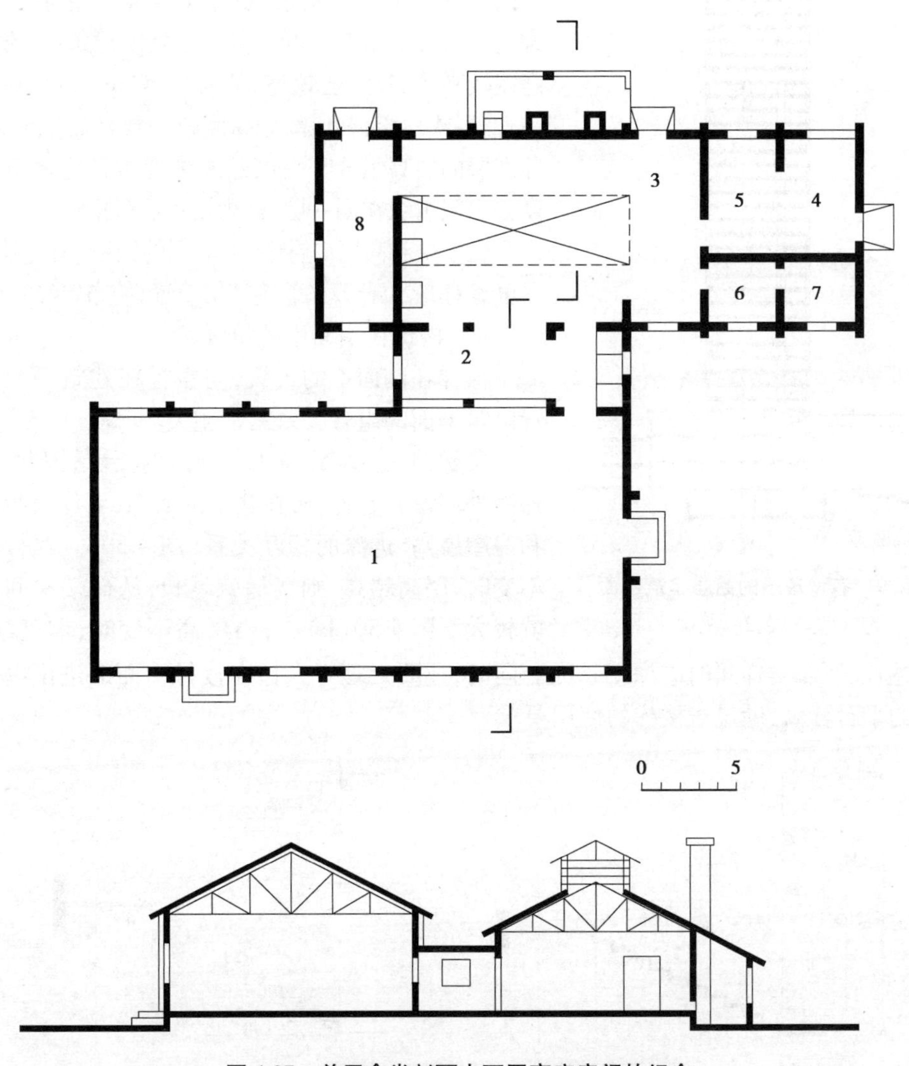

图 4.27　单层食堂剖面中不同高度房间的组合

1—餐厅;2—备餐;3—厨房;4—主食库;5—主调味库;6—管理;7—办公;8—烧火间

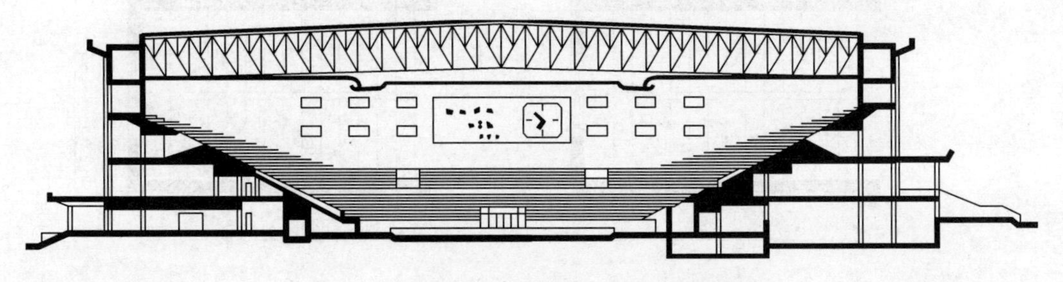

图 4.28　某体育馆剖面中不同高度房间的组合

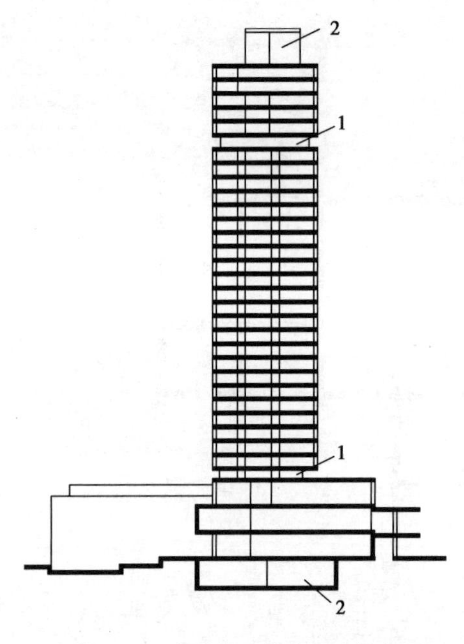

图 4.29　有设备层的高层建筑剖面
1—设备层;2—机房

在多层和高层房屋的剖面中,高度相差较大的房间可以根据不同高度房间的数量多少和使用性质,在高度方向进行分层组合。例如在高层旅馆建筑中,常把房间高度较高的餐厅、会议室、健身房等部分组织在楼下的一、二层或顶层,客房部分高度较一致且数量最多,可按标准层的层高组合。高层建筑中通常还把高度较低的设备房间组织在同一层,称为设备层(图 4.29)。

在多层和高层房屋中,上下层的厕所、浴室等房间应尽可能对齐,以便设备管道能够直通,使布置经济合理。

(3)楼梯在剖面中的位置

楼梯在剖面中的位置,与楼梯在建筑平面中的位置以筑平面的组合关系紧密相关。

楼梯的位置应注意采光通风的要求,因此,常将电梯沿外墙设置。另外,在建筑剖面中,要注意梯段坡度和房屋层高、进深的相互关系(图 4.30)。当楼梯坡度不变时,层高越高,则楼梯就越长,从而楼梯间的进深就较大。图 4.30(b)中,当层高不变时,坡度越小,则梯段就越长,所需楼梯间的进深就越大。同时,还要处理好人们在楼梯下面的进出以及错层搭接时的平台标高,满足对楼梯的使用要求。

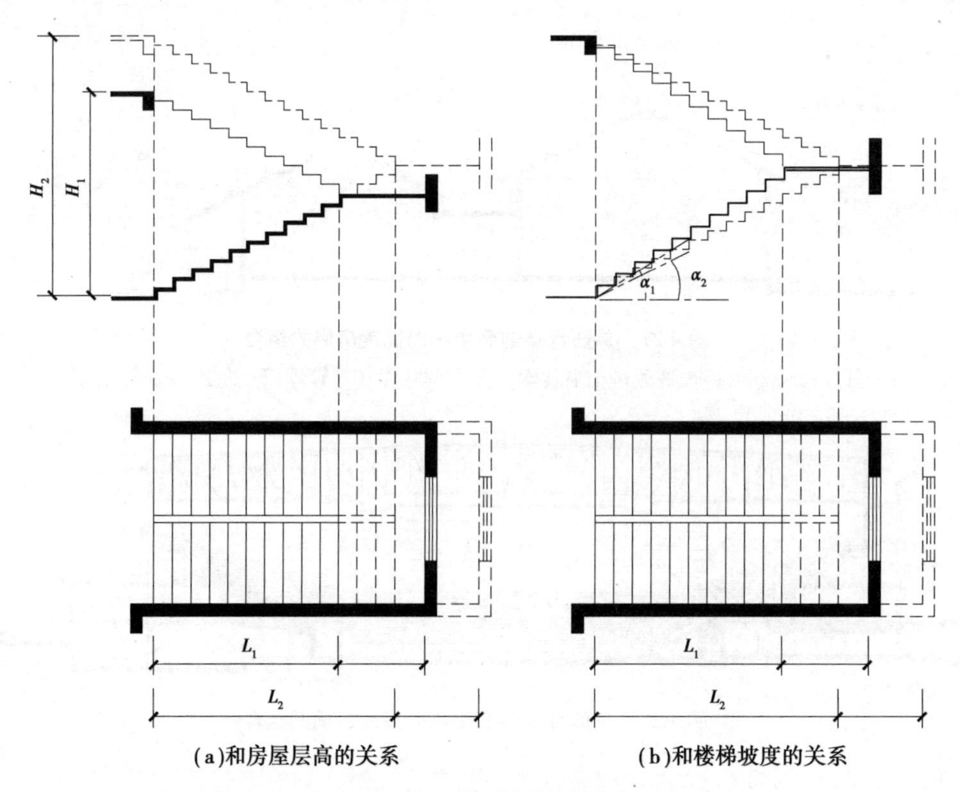

图 4.30　楼梯间的梯段长度与层高、梯段坡度的关系

▶4.4.2 建筑空间的利用

充分利用建筑空间，既增加了使用空间，又节省了投资，同时也改善了内部空间的艺术效果，这是被人们经常运用的空间处理手法。根据不同情况，一般有以下几种处理方法：

(1)房间内的空间利用

房间内除了人们活动和家具设备布置等必需的空间外，还可充分利用房间内其余部分的空间。图 4.31 就是住宅卧室中利用床铺上部的空间设置吊柜；图 4.32 是在厨房中设置隔板、壁龛和储物柜。

图 4.33 是在居室的门后利用结构空间设壁龛，给住户储藏物品带来方便。

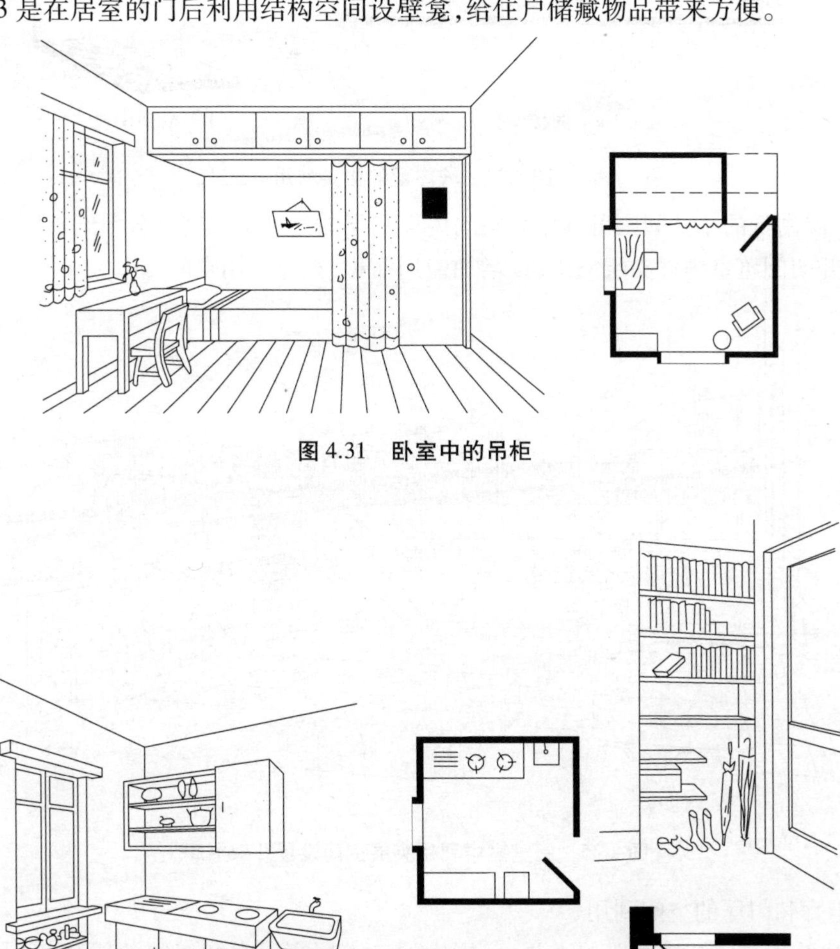

图 4.31　卧室中的吊柜

图 4.32　厨房中的搁板和储物柜

图 4.33　门后设壁龛

坡屋顶的民用建筑，为了充分利用山尖部分的空间，许多地方的居民常在山尖部分设置隔板、阁楼，或者使用延长屋面、局部挑出等手法，充分利用空间，争取更多的使用面积(图 4.34)。这些优秀的传统设计手法，有许多值得借鉴的地方。

当空间较大时，由于功能要求的不同，有些房间的层高要求高些，而有些房间的层高又要

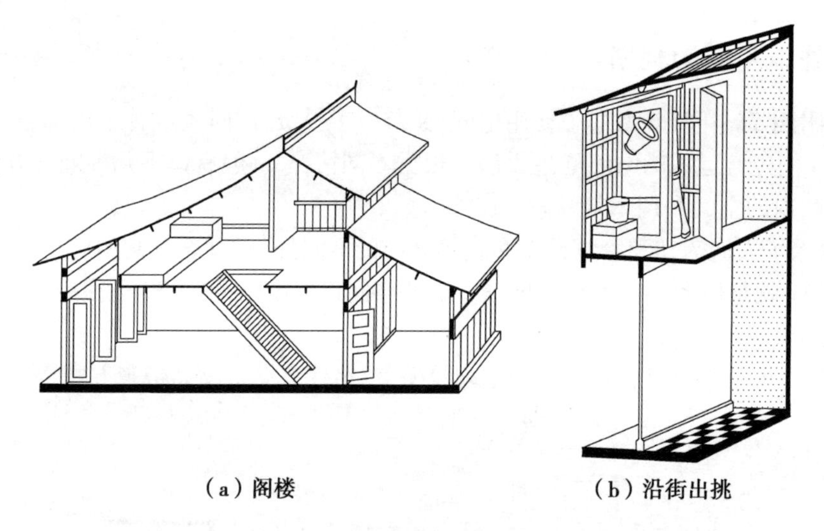

（a）阁楼　　（b）沿街出挑

图4.34　坡屋顶的山尖利用

求低一些，层高低的小空间则可利用大空间内设夹层的处理手法来划分空间。图4.35就是在图书馆中开架阅览室内设夹层书库，以增加使用面积，充分利用空间。

图4.35　阅览室中利用夹层空间设置开架书库

（2）走廊和门厅的空间利用

由于建筑物整体结构布置的需要，房屋中的走道层高通常和房间的层高相同，房间由于使用需要其层高要求较高，而狭长的走道却不需要与房间一样的层高，因此走道上部空间就可以充分利用。图4.36（a）所示为旅馆走道上空设置技术管道层作为设置通风、照明设备和铺设管道的空间；图4.36（b）所示为利用住宅入口处的走道上空设置吊柜，不仅增加了住户的储藏空间，而且入户口低矮的空间与居室形成对比，更加衬托出居室宽敞明亮的空间效果。

一些公共建筑的门厅或大厅由于人流集散和空间处理等要求，常在厅内的部分设夹层或走马廊，既增加了使用面积，又丰富了内部空间，以低矮的夹层空间衬托出中央大厅的高大（图4.37）。

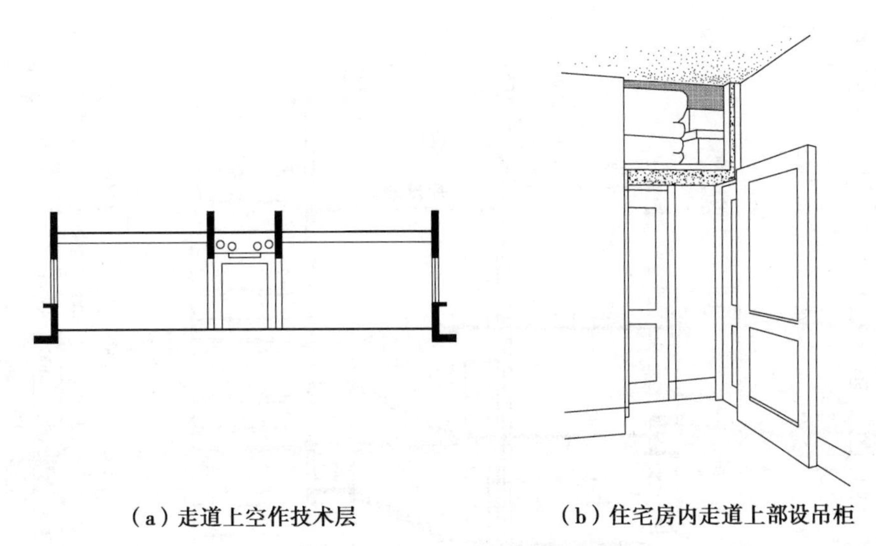

（a）走道上空作技术层　　　（b）住宅房内走道上部设吊柜

图 4.36　走道上部空间的利用

图 4.37　公共建筑的门厅内设夹层走马廊

4.5　建筑剖面图

▶4.5.1　建筑剖面图的用途

建筑剖面图主要用来表达房屋内部垂直方向的结构形式、沿高度方向分层情况、各层构造做法、门窗洞口高、层高及建筑总高等（图 4.38）。

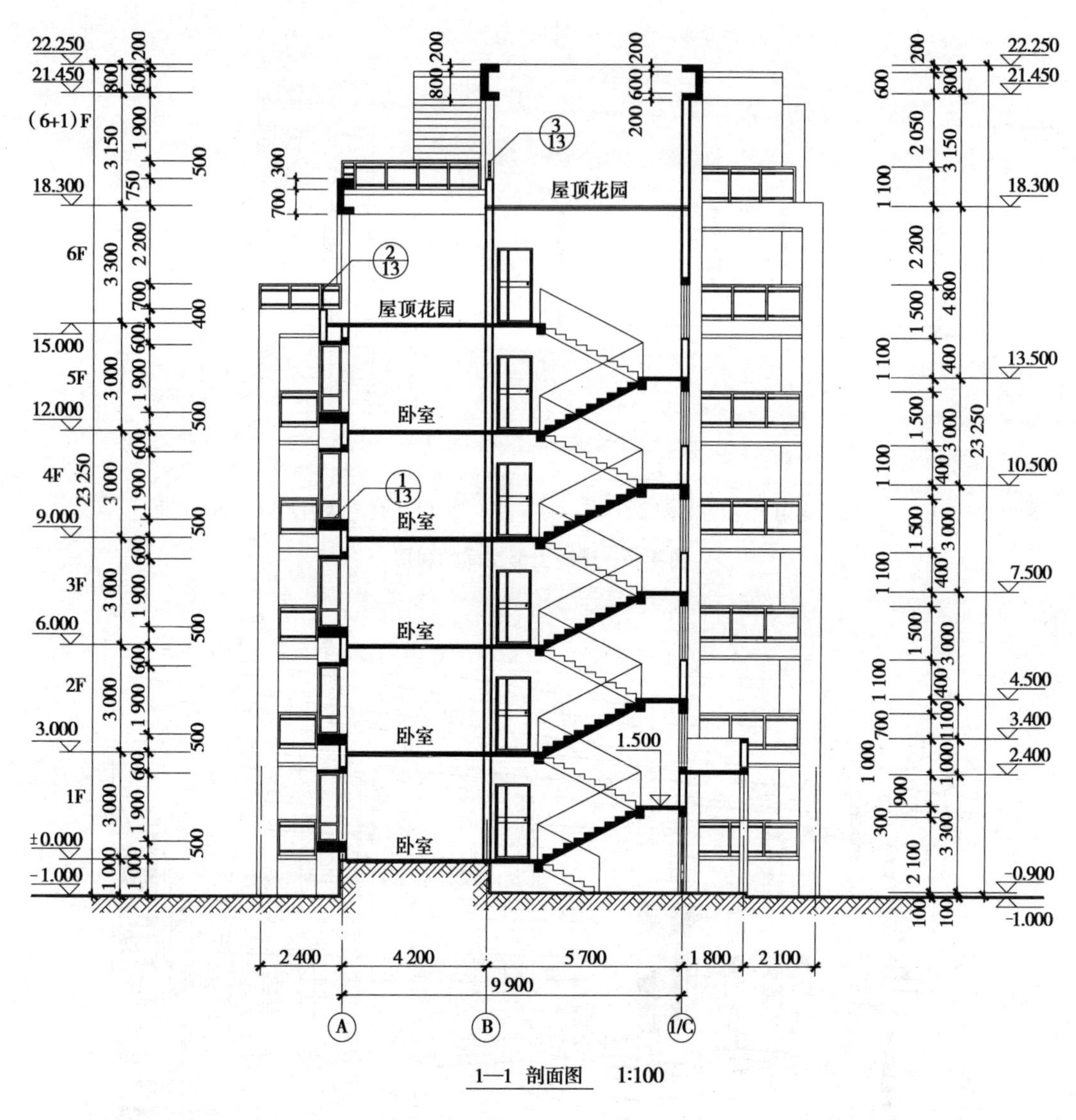

图 4.38 1—1 剖面图

▶4.5.2 建筑剖面图的形成

建筑剖面图(后简称剖面图)是一个假想剖切平面,平行于房屋的某一墙面,将整个房屋从屋顶到基础全部剖切开,把剖切面和剖切面与观察人之间的部分移开,将剩下部分按垂直于剖切平面的方向投影而画成的图样(图 4.39)。建筑剖面图就是一个垂直的剖视图。

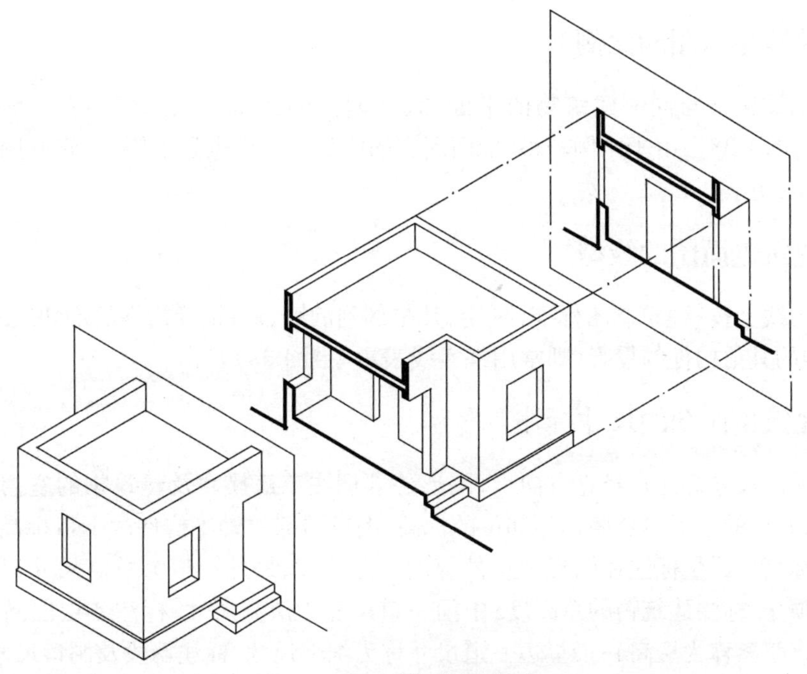

（a）剖面图的形成

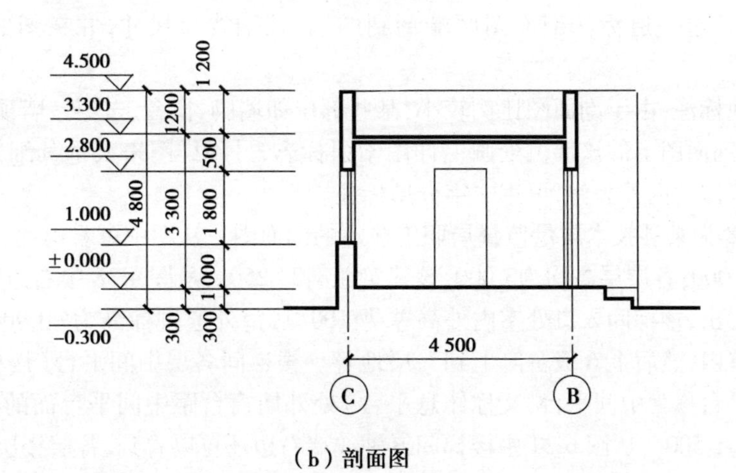

（b）剖面图

图 4.39　建筑剖面图的形成

▶4.5.3　建筑剖面图的剖切位置及剖视方向

（1）剖切位置

剖面图的剖切位置是标注在同一建筑物的底层平面图上。剖面图的剖切位置应根据图纸的用途或设计深度，在平面图上选择能反映建筑物全貌、构造特征以及有代表性的部位剖切。实际工程中，剖切位置常选择在楼梯间并通过需要剖切的门、窗洞口位置。

（2）剖面图的剖视方向

平面图上剖切符号的剖视方向宜向后、向右（与人们习惯的 V，W 投影方向一致），看剖面图应与平面图相结合并对照立面图一起看。

▶4.5.4 建筑剖面图的比例

剖面图的比例常与同一建筑物的平面图、立面图的比例一致，即采用1：50、1：100和1：200绘制（图4.38），由于比例较小，剖面图中的门窗等构件也是采用《建筑制图标准》规定的图例来表示，见表3.1。

▶4.5.5 建筑剖面图的线型

剖面图的线型按《建筑制图标准》规定，凡是剖到的墙、板、梁等构件的剖切线用粗实线表示；而没剖到的其他构件的投影，则常用细实线表示（图4.38）。

▶4.5.6 建筑剖面图的尺寸标注

①剖面图的尺寸标注在竖直方向上，图形外部标注三道尺寸及建筑物的室内外地坪、各层楼面、门窗洞口的上下口及墙顶等部位的标高，图形内部的梁等构件的下口标高也应标注，且楼地面的标高应尽量标注在图形内。外部的三道尺寸，最外一道为总高尺寸，从室外地平面起标到墙顶止，标注建筑物的总高度；中间一道尺寸为层高尺寸，标注各层层高（两层之间楼地面的垂直距离称为层高）；最里边一道尺寸称为细部尺寸，标注墙段及洞口尺寸。

②水平方向：常标注两道尺寸。里边一道标注剖到的墙、柱及剖面图两端的轴线编号及轴线间距；外边一道标注剖面图两端剖到的墙、柱轴线总尺寸，并在图的下方注写图名和比例。

③其他标注：由于剖面图比例较小，某些部位如墙脚、窗台、过梁 、墙顶等节点，不能详细表达，可在剖面图上的该部位处画上详图索引标志，另用详图来表示其细部构造尺寸。此外楼地面及墙体的内外装修，可用文字分层标注。

图4.38为某县技术质量监督局职工住宅的剖面图。从图中可看出此建筑物共7层，室内外高差为1 000，各层层高均为3 000，该建筑总高23 250。从图4.38中右边竖直方向的外部尺寸还可以看出，楼梯间入口处室内外高差为100，从室外通过标高为-0.900的门斗平台再进入楼梯间室内，然后上6级台阶上到一层地坪。楼梯间各层中间平台（楼梯间中标高位于楼层之间的平台称为中间平台，又称休息平台）处外墙窗台距中间平台面的高度均为1 100，窗洞口高均为1 500。从图6.24中楼梯间Ⓑ轴线墙右边还可以看到，各层楼层平台（楼梯间中标高与楼层一致的平台称为楼层平台）处是住户的入户门。Ⓐ轴线墙上的窗为各层平面图上入户后次卧室中对应的Ⓐ轴线墙上的阳光窗，窗台距楼面的高度为500，窗洞口高为1 900。图4.38中还表达了楼梯间六层Ⓑ轴线墙外为六层住户的屋顶花园露台；楼梯间屋顶也为七层（六加一层）住户的屋顶花园露台。另外，凸窗、阳台栏板、女儿墙的详细做法，另有①、②、③号详图详细表达。由于本剖面图比例为1：100，故构件断面除钢筋混凝土梁、板涂黑表示外，墙及其他构件不再加画材料图例。

▶4.5.7 剖面图的作图步骤

①画室内外地平线、最外墙（柱）身的轴线和各部高度[图4.40（a）]。

②画墙厚、门窗洞口及可见的主要轮廓线[图4.40（b）]。

③画屋面及踢脚板等细部号[图4.40（c）]。

④加深图线,并标注尺寸数字、书写文字说明[图 4.40(c)]。

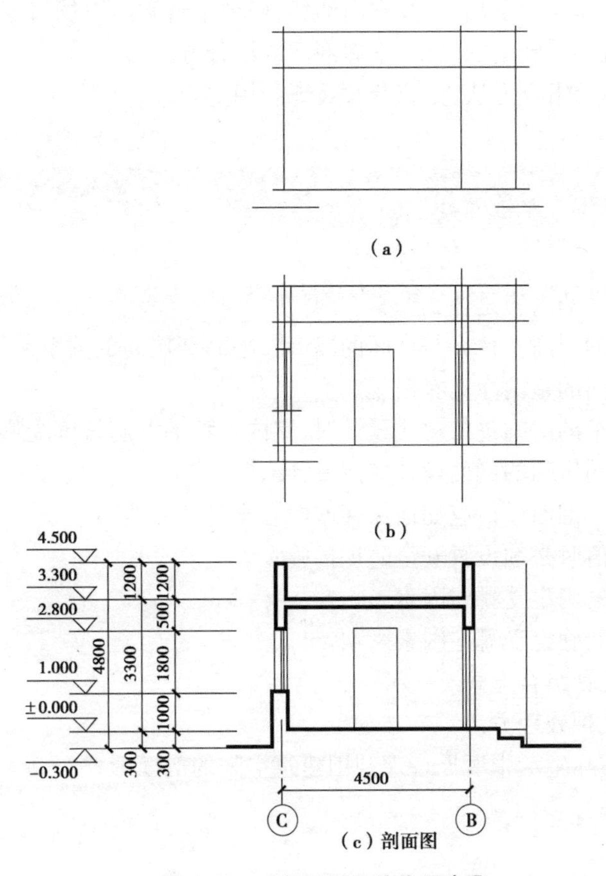

(c)剖面图

图 4.40　建筑剖面图的作图步骤

本章小结

(1)建筑剖面设计的主要目的是根据建筑功能要求、规模大小以及环境条件等因素确定建筑各组成部分在垂直方向上的布置,其内容主要包括建筑物各部分房间的高度、建筑层数、建筑空间的组合和利用、建筑的结构和构造关系等。

(2)净高是指房间内楼地面到该房间顶棚或其他构件底面的高度,层高则是指本层楼地面至上层楼面的垂直距离,即该层房间的净高加上楼板层的结构厚度。

(3)房间的高度与人体的高度有很多关系,房间设计的最小高度可根据人进室内不致触到顶棚为宜,故房间的净高不宜低于2.2 m。

(4)《住宅设计规范》(GB 50096—2011)明确规定,住宅层高宜在 2.8 m,并应保证各房间室内净高,其中卧室、起居室的室内净高不低于 2.4 m,其室内梁底或吊柜底局部净高不低于 2.1 m,但面积不得超过该房间室内空间的 1/3,利用坡屋顶内室空间作卧室或起居室时,其 1/2 面积的室内净高不应低于 2.1 m,厨房、卫生间的室内净高则不应低于 2.2 m。

(5)房间的特殊使用要求会对房间剖面设计形状产生影响。

(6)剖面设计还应考虑到采光通风、结构类型、设备设置以及室内空间比例的要求。
(7)了解如何确定房屋的层高,以及室内地坪、楼梯平台和房屋檐口等处的标高。
(8)理解影响建筑层数确定的因素,掌握剖面的组合方式。
(9)掌握建筑空间的组合方法,更充分有效地利用空间。

复习思考题

4.1 建筑剖面设计的内容是什么?
4.2 什么是房屋的层高?什么是房间的净高?净高和层高的关系是什么?
4.3 住宅中各房间的室内净高有何规定?
4.4 对有视线要求的房间进行视线设计时,室内地坪的升起坡度受哪些因素影响?
4.5 有音质要求的房间的剖面设计应注意什么?
4.6 什么是照度?剖面设计应如何保证室内有充足的光线?
4.7 窗台低于何值时必须设置安全防护措施?
4.8 建筑物层高的确定受哪些因素影响?
4.9 建筑物层数的确定受哪些因素影响?
4.10 剖面有哪几种组合方式?
4.11 错层有哪几种处理方法?
4.12 绘图举例实际生活中所见合理利用建筑空间的剖面形式。

5

建筑体型组合及立面设计

[本章要点]

本章主要介绍建筑体型及立面设计的原理和方法,通过大量建筑实例剖析影响设计的因素,设计和造型的要求,以及如何运用构图法则与施工技术满足和实现这些要求。重点应掌握有关建筑造型与立面构图的视觉感受和设计要点。

建筑物在满足使用要求的同时,它的体型、立面以及内外空间的组合等,还应满足人们对建筑物的审美要求,这就是建筑物的美观问题。建筑物的体型和立面,即房屋的外部形象,是建筑设计的重要组成部分。立面设计和建筑体型组合是在满足房屋使用要求和技术经济条件的前提下,运用建筑造型和立面构图的一些规律,紧密结合平面、剖面的内部空间组合下进行的。建筑的外部形象既不是内部空间被动的直接反映,也不是简单地在形式上进行表面加工,更不是建筑设计完成后的外形处理。建筑体型及立面设计,是在内部空间及功能合理的基础上,在技术经济条件的制约下并考虑到其所处地理环境以及规划等方面的因素,对外部形象从总的体型到各个立面及细部,按照一定的美学规律,如均衡、韵律、对比、统一、比例等进行推敲以求得完美的建筑形象,这就是建筑体型及立面设计的任务。

和其他造型艺术一样,建筑的美观问题涉及文化传统、民族风格、社会思想意识等多方面因素的影响。这种美感是人们对诸如建筑物的形状、宽度、深度、色彩、材料质感以及它们之间的相互关系等所产生的特殊形象效果的感受。它是融合、渗透、统一于使用功能及物质技术之中的,这是建筑美与其他艺术美的一个重要区别。

需要指出,在建筑的使用功能、技术经济和建筑形象三者中,使用功能要求是建筑的主要目的,材料结构等物质技术条件是达到目的的手段,而建筑形象则是建筑功能、技术和艺术的综合表现。也就是说,三者的关系是目的、手段和表现形式的关系。其中,功能居于主导地位,它对建筑的结构和形象起着决定性的作用。

5.1 建筑体型组合及立面设计的要求

对于建筑体型及立面设计的要求,主要有以下几个方面:

▶5.1.1 反映建筑功能要求和建筑类型的特征

不同功能要求的建筑类型,具有不同的内部空间组合特点,房屋的外部形象也相应地表现出这些建筑类型的特征。

例如剧院建筑,通过巨大的观众厅和高耸的舞台台箱与宽敞的门厅、休息厅形成强烈的虚实对比来表现剧院建筑的性格特征[图 5.1(a)];医院建筑通过入口上部的红"+"符号作为象征,以加强医疗建筑的特征[图 5.1(b)];而住宅建筑则以简单的体型、小巧的尺度感、单元的组合以及整齐排列的门窗和阳台等,反映居住建筑的生活气息及性格特征[图 5.1(c)、(d)、(e)]。

(a) 上海大剧院

(b) 濮阳清丰新兴医院

(c) 多层住宅

(d) 别墅

(e) 高层住宅

图 5.1　不同建筑类型的外部特征

▶5.1.2　结合材料、结构和施工技术的特点

建筑物的体型和立面,与所用材料、结构体系以及施工技术等密切相关。比如在墙体承重的混合结构中,由于墙体为承重构件,其窗间墙必须留有一定的宽度,故窗户不能开得过大[图 5.2(a)]。而在框架结构体系中,由于墙体只起围护作用,立面开窗就非常灵活,其整个柱间均可开设横向窗户[图 5.2(b)]。

(a) 砖混结构的某学校教学楼

（b）框架结构的某中学教学楼

图 5.2　不同结构形式对立面的影响

空间结构体系不仅为室内各种大型活动提供了理想的使用空间，而且极大地丰富了建筑的外部形象，使建筑物的体型和立面能够结合材料的力学性能和机构特点得到很好的表现。图 5.3 所示为各种空间结构对建筑物外形的影响。

（a）悬索结构的华盛顿杜勒斯机场候机厅

（b）网架结构的中国国家体育场（鸟巢）

（c）膜结构的上海体育场

（d）网壳结构的重庆奥体中心

图 5.3　空间结构形式对建筑外形的影响

施工技术同样也对建筑体型和立面有一定影响，例如滑模施工时，由于模板的垂直滑动，房屋的体型和立面采用筒体或竖向线条为主比较合理；而升板施工时，由于楼板提升时适当出挑对板的受力有利，所以建筑的外形处理以层层出挑横向线条为主的体型比较合理(图5.4)。

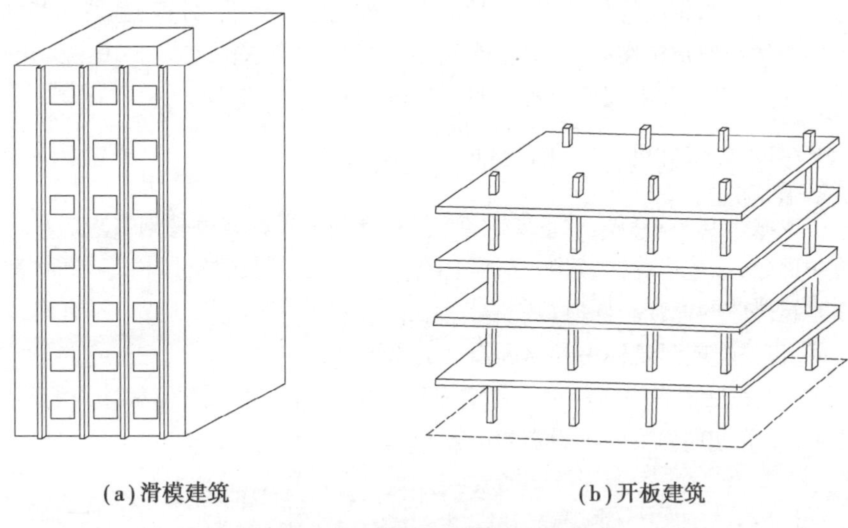

(a)滑模建筑　　(b)开板建筑

图5.4　施工技术对建筑外形的影响

“2008年竣工的最佳高层建筑”——环球金融中心，就是运用整体提升钢平台模板体系和液压自动爬模体系成功创造出塔楼核心筒和巨型柱的先进施工技术，从而获得独特的高度优势和建筑形象(图5.5)，同时大楼还利用风阻尼装置，即使遭遇强台风也不会引起摇晃，成为目前国内先进施工技术的代表之作。

图5.5　上海环球金融中心

▶5.1.3 贯彻建筑标准和相应的经济指标

作为社会物质产品,建筑体型和立面设计必然受到社会经济条件的制约。设计时,按照国家规定的建筑标准和相应的经济指标,对各级建筑在建筑标准、材料、造型和装饰等方面应有所区别。一个优秀的建筑作品,应该是在满足合理使用要求的前提下,用较少的投资建造起简洁、明朗、朴素、大方和周围环境相协调的建筑物来。

▶5.1.4 符合城市规划要求并与基地环境相结合

建筑是构成城市空间和环境的重要因素,它的建设应满足城市规划要求。单体建筑是规划群体中的一部分,拟建房屋的体型、立面、内外空间组合以及建筑风格等方面,都要仔细考虑和规划中建筑群体的配合。同时,建筑物所在地区的气候、地形、道路、原有建筑物以及绿化等基地环境,也是影响建筑体型和立面设计的重要因素。

图 5.6 所示为底层设有商店的沿街住宅建筑。由于基地和道路相对方向的不同,根据住宅的朝向要求(南北朝向)而采用不同的组合体型。

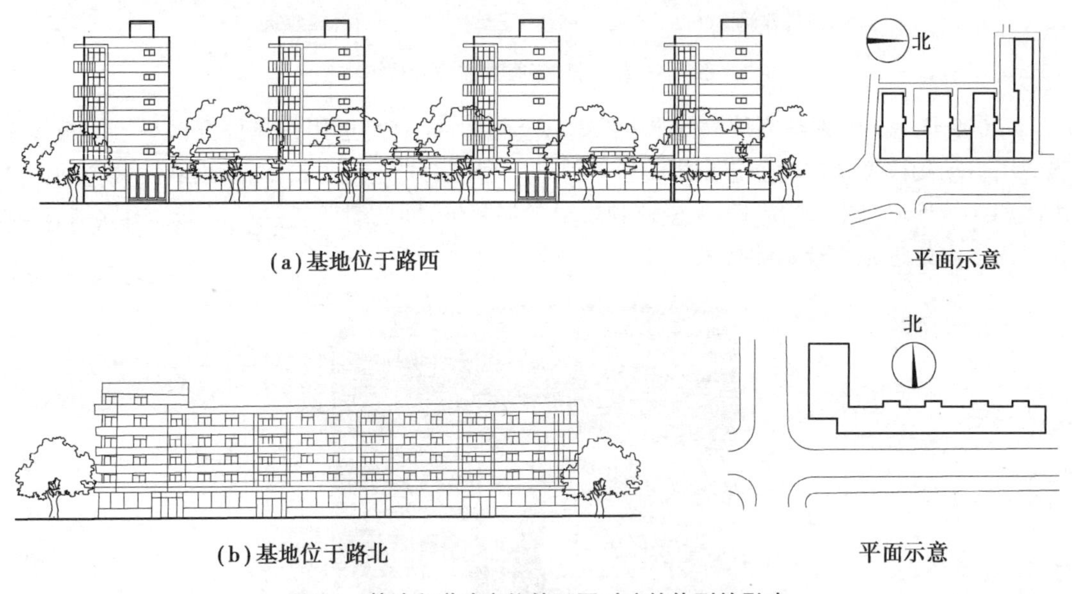

(a)基地位于路西　　平面示意

(b)基地位于路北　　平面示意

图 5.6　基地和道路方位的不同对建筑体型的影响

▶5.1.5 建筑造型和立面构图的一些规律

绘画通过颜色和线条来表现形象,音乐通过音阶和旋律表现形象,而建筑则是通过建筑空间和实体形状、大小的不同变化,线条和形体的不同组合,各种材料的不同色泽和质感以及建筑空间实体起伏凹凸形成的光影、明暗虚实等综合形成其艺术感染力。要巧妙地运用这些构成建筑形象的基本要素来创造完美的建筑形象,就必须遵循建筑的一些构图规律,即统一、均衡、稳定、对比韵律、比例、尺度等。创造性地运用这些构图规律,是建筑体型和立面设计的重要内容。这些有关造型和构图的基本规律,同样也适用于建筑群体布局和室内外的空间处理。由于建筑艺术是和功能要求、材料以及结构技术的发展紧密地结合在一起的,因此这些规律也会随着社会政治文化和经济文化的发展而发展。

建筑作为社会物质文化的组成部分,其外部形象的创作设计,也应本着“古为今用”“洋为中用”“推陈出新”的精神,有批评、有分析地吸取古代和外国优秀的设计手法和创作经验,创造出人们喜闻乐见,具有民族风格的新建筑。

5.2 建筑体型的组合

建筑体型内部空间的组合方式,是确定外部体型的主要依据。走廊式组合的大型医院,通常具有一个多组组合、比较复杂的外部体型[图5.7(a)];套间式组合的展览馆,由于内部空间不同的串套方式,外部体型也反映出它的组合特点;大厅式组合的体育馆,有一个突出的、体量较大的外部体型[图5.7(b)]。因此,在平、剖面的设计过程中,即房屋内部空间的组合中,就需要综合考虑包括美观在内的多方面因素使房屋的体型,在满足使用要求的同时,尽可能完成、均衡。

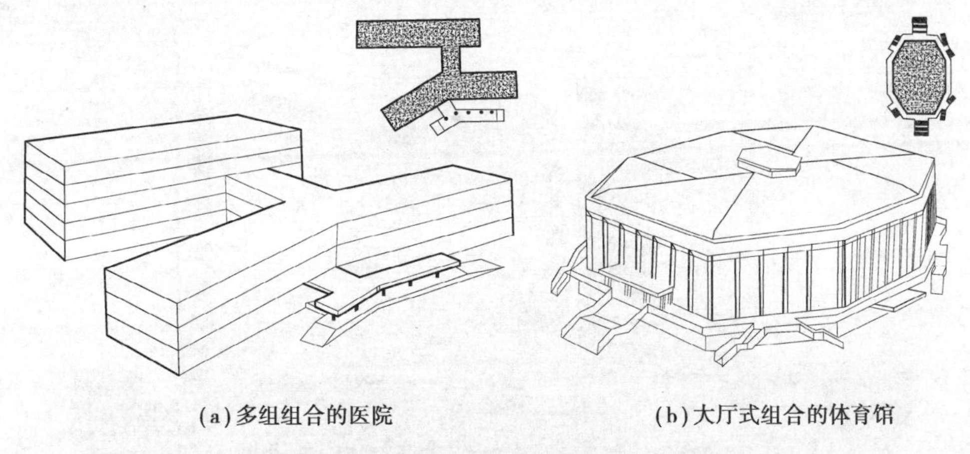

(a)多组组合的医院　　(b)大厅式组合的体育馆

图5.7　建筑物内部空间组合在体型上的反映

建筑体型反映建筑物总的体量大小、组合方式和比例尺度等,它对房屋外形的总体效果具有重要影响。根据建筑物规模大小、功能要求特点以及基地条件的不同,建筑物的体型有的比较简单,有的比较复杂,这些体型从组合方式来区分,大体上可以归纳为对称和不对称两类。

对称的体型有明确的中轴线,建筑物各部分组合体的主从关系分明,形体比较完整,容易取得端正、庄严的感觉。我国古典建筑较多地采用对称的体型。现代一些纪念性建筑和大型会堂等,为了使建筑显得庄严、完整,也常采用对称的体型,如重庆大礼堂[图5.8(a)]。

不对称的体型,它的特点是布局比较灵活自由,对复杂的功能关系或不规则的基地形状较能适应。此类体型容易使建筑物取得舒展、活泼甚至新奇的造型效果[图5.8(b)]。

(a)重庆人民大礼堂对称的体型

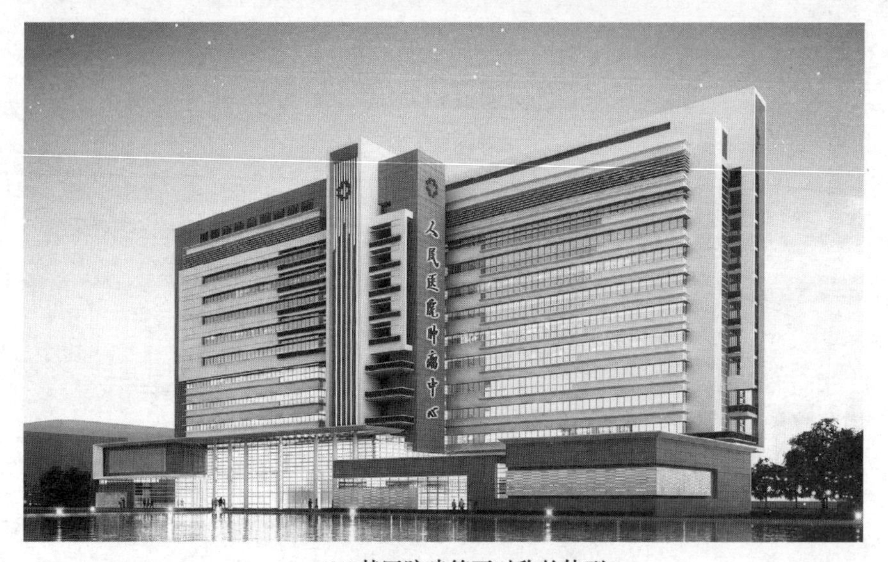

(b)某医院建筑不对称的体型

图 5.8　对称和不对称的建筑体型

建筑体型组合的造型要求，主要有以下几点：

►5.2.1　完整均衡、比例适当

建筑体型的组合，首先要求完整均衡，这对较为简单的几何形体和对称的体型，通常比较容易达到。对于较为复杂的、不对称的体型，为了达到完整均衡的要求，需要注意各组成部分体量的大小比例关系，使各部分组合协调一致、有机联系，在不对称中取得均衡。

图 5.9 是不对称体型的教学楼示意图，由普通教室、楼梯间和音乐教室等几部分组合而成。其中，图 5.9(a)所示各组成部分的体量大小比例较恰当；图 5.9(b)、(c)中，楼梯间部分

的体量在组合中就有过大、过小、比例不当的感觉。当然,这些考虑都需要和内部功能要求取得一致。不对称体型组合的典范是巴西议会大厦(图 5.10),整栋大厦充分展示了水平与垂直体量间的强烈对比,构图新颖醒目,极具视觉冲击感,同时用一仰一俯两个半球体进行调和,使建筑的体型和立面取得协调和均衡。

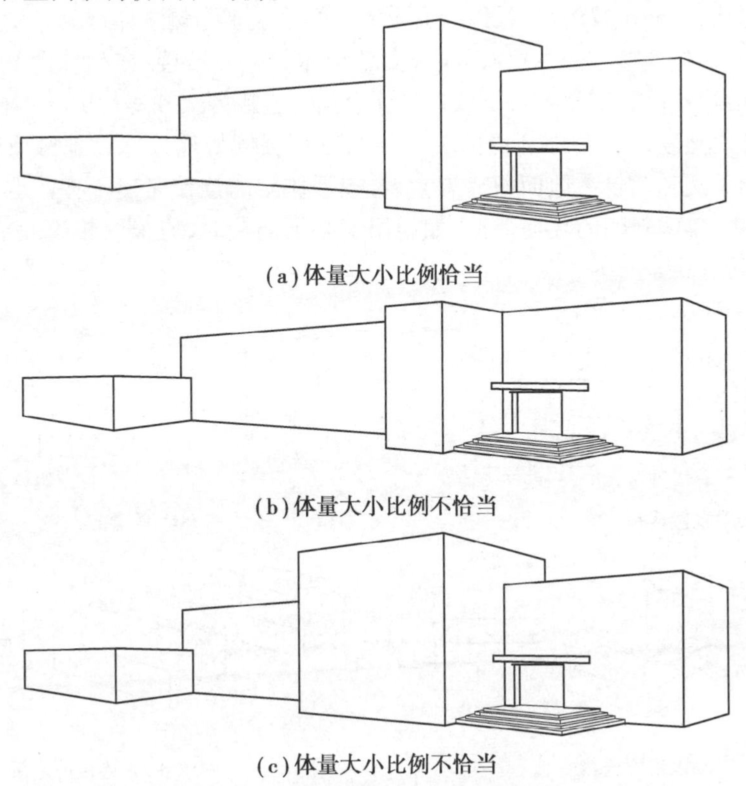

(a)体量大小比例恰当

(b)体量大小比例不恰当

(c)体量大小比例不恰当

图 5.9　教学楼的不对称体型组合

图 5.10　巴西议会大厦

▶5.2.2　主次分明、交接明确

建筑体型的组合，还需要处理好各组成部分的连接关系，尽可能做到主次分明、交接明确。建筑物有几个形体组合时，应突出主要形体，通常可以由各部分体量之间的大小、高低、宽窄，形状的对比，平面位置的前后，以及突出入口等手法来强调主体部分。

各组合体直接的连接方式主要有：几个简单形体的直接连接或咬接［图 5.11(a)、(b)］，以廊或连接体的连接［图 5.11(c)、(d)］。形体之间的连接方式和房屋的结构构造布置、地区的气候条件、地震烈度以及基地环境的关系相当密切。例如地处寒冷地区或受基地面积限制，考虑到室内采暖和建筑占地面积等因素，希望形体间的连接紧凑一些。地震区要求房屋尽可能采用简单、整体封闭的几何形体，如使用上必须连接时，应采取相应的抗震措施，避免采取咬接等连接方式。

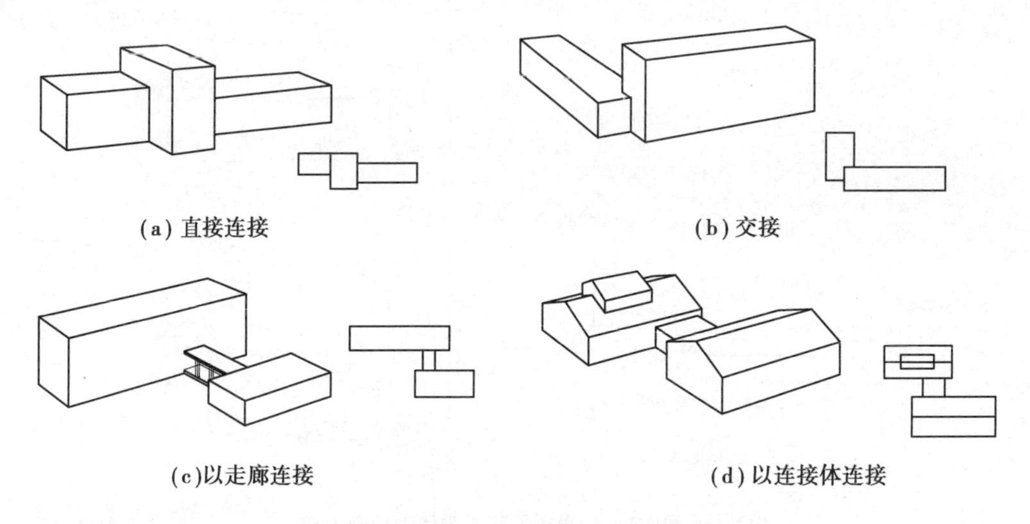

图 5.11　房屋各组合体之间的连接方式

交接明确不仅是建筑造型的要求，同样也是房屋结构构造上的要求。

图 5.12 是某办公建筑几个部分咬接组合的体型，既考虑了房屋朝向和内部的功能要求，又丰富了建筑形象。图 5.13 所示山西朔州新闻大楼，裙房与主楼的主次及体量对比明确，建筑物整体的造型既简洁又活泼，给人们以明快的感觉。

图 5.12　附设商店沿街住宅咬接组合的体型

图5.13 山西朔州新闻大楼

►5.2.3 体型简洁、环境协调

简洁的建筑体型易于取得完整统一的造型效果,同时在结构布置和构造施工方面也比较经济合理。随着工业化构件生产和施工的日益发展,建筑体型也趋向于采用完整简洁的几何形体,或由这些形体的单元组合而成,使建筑物的造型简洁而富有表现力(图5.14)。

(a)中国国家游泳中心(水立方)

(b)巴黎卢浮宫玻璃金字塔

(c)中国中央电视台大楼

图 5.14 简洁而富有表现力的建筑体型实例

建筑物的体型还需要注意与周围建筑、道路相呼应配合，考虑和地形、绿化等基地环境的协调一致，使建筑物在基地环境中显得完整统一、配置得当(图 5.15)。

气候作为自然环境因素，同样对建筑造型存在影响。图 5.16 为德克萨斯州达拉斯市政行政中心大楼，这座像倒转金字塔的建筑物的倾斜面有 34°，其略微夸张的造型设计充分考虑了与当地气候环境的协调关系，可以遮挡风雨以及德克萨斯州酷热的阳光。

(a)悉尼歌剧院

(b)土家吊脚楼

图 5.15　建筑体型与环境协调的实例

图 5.16　德克萨斯州达拉斯市政行政中心

5.3　建筑立面设计

建筑立面是表示房屋四周的外部形象。前面介绍的体型设计主要是反映建筑外形总的体量、形状、组合、尺度等大效果，是建筑形象的基础。但只有体型美还不够，还必须在立面设计中进一步刻画和完善才能获得完美的建筑形象。

建筑立面设计和建筑体型组合一样，也是在满足房屋使用要求和技术经济条件的前提下，运用建筑造型和立面构图的一些规律，紧密结合建筑平面、剖面的内部空间组合，对建筑体型作进一步的处理。

建筑立面可以看成由许多构部件（如门窗、阳台、墙、柱、雨篷、屋顶、台基、勒脚、檐口、花饰、外廊等）组成，恰当地确定这些组成部分和构部件的比例、尺度、材料质感和色彩等，运用建筑构图要点，设计出体型完整、形式与内容统一的建筑立面，是建筑立面设计的主要任务。

▶5.3.1　立面的比例尺度

正确的尺度和协调的比例，是使立面达到完整、统一的重要内容。从建筑整体的比例到立面各部分之间的比例，从墙面划分到每一个细部的比例都要仔细推敲，才能使建筑形象具有统一和谐的效果。比例是指长、宽、高三个方向之间的大小关系。无论是整体或局部，以及整体与局部之间、局部与局部之间都存在着比例关系。良好的比例能给人以和谐、完美的感受，反之，比例失调就无法使人产生美感。图 5.17 是办公建筑的比例关系，图中建筑开间相同，窗面积相同，采用不同处理手法可取得不同的比例效果。

图 5.18(a)所示房屋立面各组成部分和门窗等比例不当，图 5.18(b)是经过修改和调整后，各部分的尺寸大小的相互比例关系较为协调。

尺度所研究的是建筑物整体与局部构件给人感觉上的大小与其真实大小之间的关系。

在建筑设计中，常以人或与人体活动有关的一些不变因素（如门、台阶、栏杆等）作为比较标准，通过与它们的对比而获得一定的尺度感。

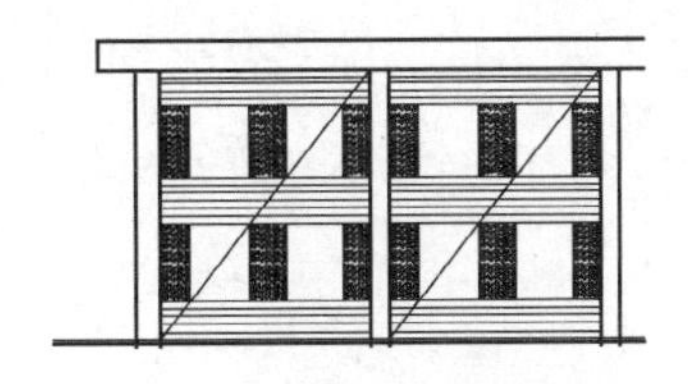
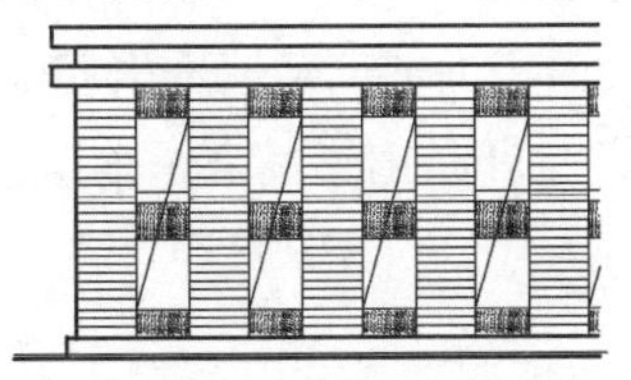
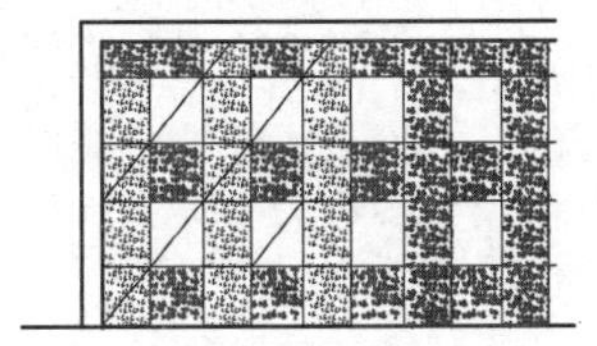

图 5.17　住宅建筑的比例关系处理

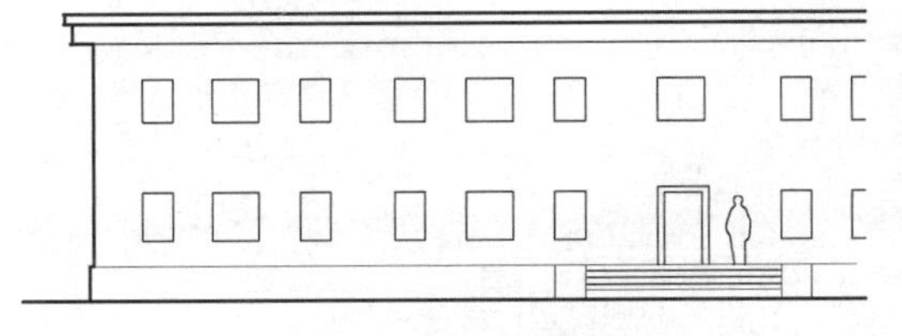

(a) 各部分比例关系不当

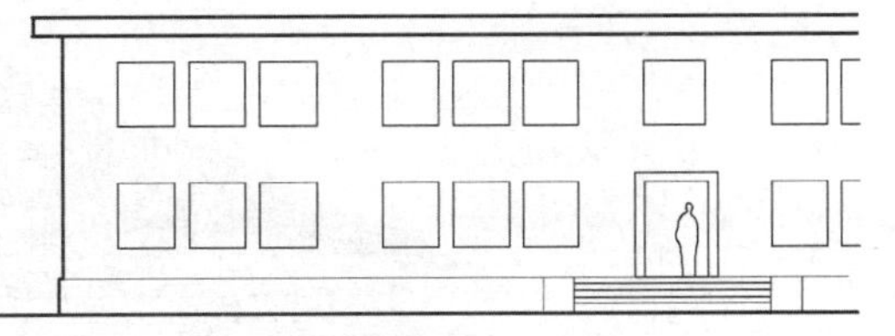

(b) 调整后比例较协调

图 5.18　建筑立面中各部分的比例关系

尺度的处理通常有 3 种方法：

①自然的尺度常用于住宅、办公楼、学校等建筑。这种尺度以人体大小来度量建筑物的实际大小，从而给人以真实的感觉。

②以较小的尺度获得小于真实的感觉，从而给人以亲切宜人的尺度感，常用来创造小巧、亲切、舒适的气氛，如庭院建筑。

③夸张的尺度处理手法，使人感到雄伟、肃穆和庄重，如上海世博会中国馆（图 5.19）。

图 5.19　上海世博会中国馆

▶5.3.2　立面的虚实、凹凸对比

“虚”是指立面上的空虚部分，如玻璃、门窗洞口、门廊、空廊、凹廊等，常给人以不同程度的空透、开敞、轻巧的感觉；“实”是指立面上的实体部分，如墙面、柱面、屋面、栏板等，常给人

以不同程度的封闭、厚重、坚实的感觉。立面设计时，应根据建筑自身功能、结构特点安排好虚实、凹凸的关系。一般虚多实少、以虚为主的手法多用于造型要求轻快、开朗的建筑。上海世博中心(图 5.20)，以虚为主，大面积的玻璃幕墙透出局部实墙面所造成的虚实变化，增加了建筑的感染力。而像天安门城楼、华盛顿国家美术馆东馆(图 5.21)等建筑，实多虚少、以实为主，则使人感到厚重、坚实、雄伟、壮观。

图 5.20　上海世博中心

图 5.21　华盛顿国家美术馆东馆

图 5.22 所示的商业建筑，则是虚实均匀布置，这也是一种常用的手段。

立面凹凸关系的处理，可以丰富立面效果，加强光影变化，组织韵律，突出重点。图 5.23 所示的某别墅，由于将实体部分相互穿插，并巧妙地把窗户嵌入适当的部位，不仅使虚实二者有良好的组合关系，而且凹凸变化也十分显著，使建筑物有强烈的体积感。

图 5.22　虚实均匀布置的建筑

图 5.23　立面凹凸的光影效果

图 5.24　重庆中国三峡博物馆

重庆中国三峡博物馆(图 5.24)以大面积的蓝色玻璃与古朴的砂岩实墙在视觉上形成强烈的对比,弧形的外墙与所在的广场具有向心力的呼应和整体吻合感。该建筑设计上的巧妙组织,带给参观者的印象是既富有历史厚重感又具有强烈现代气息,体现了鲜明的雕塑性。

▶5.3.3 立面线条处理

墙面中构件的横向或竖向划分,对表现建筑立面的节奏感和方向感非常重要。对于建筑物而言,所谓线条,一般泛指某些实体,如柱、窗台、雨篷、檐口、通常的栏板、遮阳等。这些线条的粗细、长短、横竖、曲直、凹凸、疏密等,对建筑性格的表达、韵律的组织、比例尺度的权衡都具有格外重要的意义。

一般来说,横向划分的立面常给人以轻快、舒展、亲切、开朗的感觉,如图 5.25 所示的北京朝阳门 SOHO 三期,就是采用水平方向的带形窗形成的横向划分,形成了流动轻灵的建筑形象。而竖向划分往往给人以庄重、挺拔、坚毅的感觉,如图 5.26 所示。

图 5.25 北京朝阳门 SOHO 三期

图 5.26 竖向划分的建筑实例

此外,墙面线条的粗细处理对建筑性格的影响也很重要。粗犷宽厚、刚直有力的线条,常使建筑显得庄重,如张家界博物馆(图5.27);而纤细的线条则使建筑显得轻巧秀丽,如我国江南园林建筑;利用粗细结合手法,会使建筑立面富有变化,生动活泼,如南京图书馆(图5.28)。

图5.27　张家界博物馆

图5.28　南京图书馆

▶5.3.4　立面色彩、质感处理

一幢建筑物的体型和立面,最终是以它们的形状、材料和色彩等多方面因素的综合,给人们留下一个完整深刻的外观形象。在立面轮廓的比例关系、门窗排列、构件组合以及墙面划分的基础上,材料质感和色彩的选择、配置,是使建筑立面进一步取得丰富和生动效果的又一重要方面。

建筑立面色彩的处理主要包括两个方面的问题,一是基本色调的选择,二是建筑色彩的配置。以白色或浅色为主的基本色调,常使人感到明快、素雅、清新;以深色为主的基本色调,则显得端庄、稳重;红、褐等暖色趋于热烈;蓝、绿等冷色则感到宁静。基本色调的选择,应根据以下几个方面来考虑:

(1)色彩要适应气候条件

寒冷地区多用暖色,而炎热地区多用冷色。这符合人们对色彩的心理作用,“暖”色使人感到温暖,“冷”色使人感到凉爽。

(2)色彩应与四周环境相协调

比如海边建筑常采用白色等浅色、明亮的色调,在蓝天和大海的衬托下,显得更加晶莹清澈。

(3)色彩要与建筑的性质相适应

例如行政办公建筑和纪念性建筑要求庄严肃穆的气氛,其所用色彩就和要求刺激、繁华的娱乐场所、商业建筑大不相同。

(4)色彩处理应充分考虑民族文化传统和地方特色

如我国的宫殿、寺庙建筑色彩浓艳而富丽堂皇,而园林、住宅建筑色彩则较朴素,淡雅。

当建筑的基本色调确定以后,色彩的配置就显得十分重要了。色彩的配置应有利于协调总的基调和气氛。不同的组合和配置,会产生多种不同的效果。色彩的配置主要是强调对比和调和。对比可使人感到兴奋,过分强调对比又会使人感到刺激;调和则使人感到淡雅,但过于淡雅又使人感到单调乏味。

建筑立面设计中,材料的运用、质感的处理也很重要。粗糙的砖、毛石和混凝土表面显得厚重坚实,平整而光滑的面砖、金属和玻璃表面则令人有轻巧细腻之感。设计时应充分利用材料的质感属性,巧妙处理,有机组合,以加强和丰富建筑的艺术感染力。近代建筑巨匠、美国著名建筑师赖特(Frank Lloyd Wright)1936年为富豪考夫曼设计的考夫曼别墅(又称流水别墅,图5.29),利用天然石料所具有的粗糙质感与光滑的玻璃窗和细腻的抹灰表面形成对比,从而丰富了建筑感染力,并以穿插错落的体型组合以及与自然环境的有机结合而著称。

图5.29　流水别墅

▶5.3.5 立面的重点与细部处理

突出建筑物立面中的重点,既是建筑造型的设计方法,也是建筑使用功能的需要。建筑物的主要出入口楼梯间等部分,是建筑的主要通道,在使用上需要重点处理,以引人注目。重点的处理一般是通过对比手法取得,比如对出入口的处理,可用雨篷、门廊的凹凸以加强对比、增加光影和明暗变化,起到突出醒目的作用,如图 5.30 所示的三亚金棕榈度假酒店入口。另外,入口上部窗户等构件的组织和变化,或采用加大尺寸、改变形状、重点装饰等,都可以起到突出重点的作用。

图 5.30 三亚金棕榈度假酒店入口

建筑立面上一些构件的构造搭接,以及勒脚、窗台、阳台、雨篷、台阶、花池、檐口和花饰等细部,是建筑整体中不可分割的部分,在造型上应仔细推敲、精心设计,最终使建筑的整体和局部达到完整统一的效果。图 5.31 所示为建筑立面细部处理的实例,利用阳台栏杆的虚实对比以及室外空调机位置百叶格栅的错位变化,获得了丰富的立面表现效果。

获得斯特灵大奖的伦敦瑞士再保险公司总部大楼(图 5.32),为了减少大楼周边气流而设计为独特的雪糕筒状外形,简洁的造型依靠其细节的处理显得并不单调,令人留下深刻的印象。

建筑体型和立面设计,绝不是建筑设计完成后进行的最后加工,它应贯穿于整个建筑设计的始终。体型、立面、空间组织和群体规划以及环境绿化等方面应该是有机联系的整体,需要综合考虑和精心设计。在进行方案构思时,就应在功能要求的基础上,在物质技术条件的约束下,按照建筑构图的美观要求,考虑体型和立面的粗略块体组合方案。在此基础上做初步的平面、剖面草图以及基本体型和立面轮廓,并推敲其整体比例关系,确定体型和立面。若和平面、剖面有矛盾,应随时加以调整。而后考虑各立面的墙面划分和门窗排列,并协调使用功能与外部造型之间的关系,初步确定各立面。然后,协调各立面与相邻立面的关系,处理好立面的虚实、凹凸、明暗、线条、色彩、质感以及比例尺度等关系,最后对出入口、门廊、雨篷、檐口、楼梯间等部位作重点处理。只有按以上步骤,反复深入,不断修改,做出多个方案进行分析比较,才能创造出完美的建筑形象。

图 5.31　建筑立面的细部处理

图 5.32　伦敦瑞士再保险公司总部大楼("小黄瓜")

5.4　建筑立面图

▶5.4.1　建筑立面图的用途

建筑立面图主要用来表达房屋的外部造型、门窗位置及形式,墙面装修、阳台、雨篷等部分的材料和做法。

▶5.4.2　建筑立面图的形成

立面图是用直接正投影法将建筑各个墙面进行投影所得到的正投影图(图 5.33)。某些平面形状曲折的建筑物,可绘制展开立面图;圆形或多边形平面的建筑物,可分段展开绘制立面图,但均应在图名后加注“展开”二字。

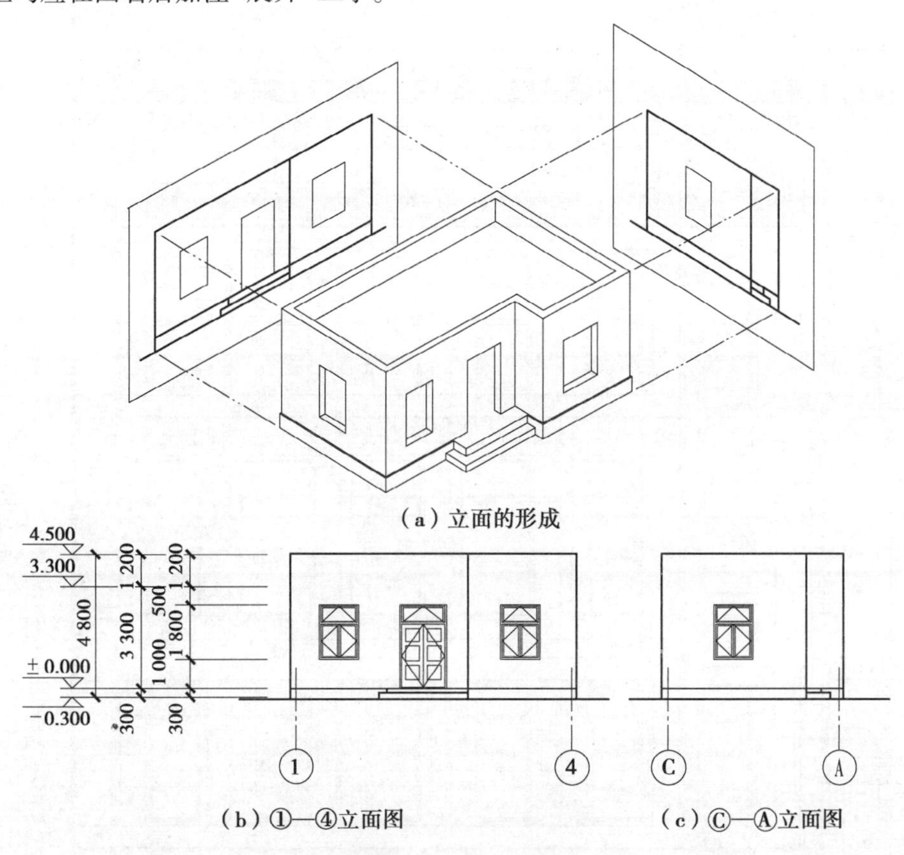

(a)立面的形成

(b)①—④立面图　　(c)Ⓒ—Ⓐ立面图

图 5.33　立面图的形成

▶5.4.3　建筑立面图的比例及图名

建筑立面图的比例与平面图一致,常用 1∶50,1∶100,1∶200 的比例绘制。

建筑立面图的图名,常用以下三种方式命名:

①以建筑墙面的特征命名,常把建筑主要出入口所在墙面的立面图称为正立面图,其余几个立面相应的称为背立面图、侧立面图。

②以建筑各墙面的朝向来命名,如东立面图、西立面图、南立面图、北立面图。

③以建筑两端定位轴线编号命名,如①—⑲立面图,Ⓓ—Ⓐ立面图等。《建筑制图标准》规定:有定位轴线的建筑物,宜根据两端轴线号编注立面图的名称(图 5.34、图 5.35)。

浅黄色乳胶漆
白色乳胶漆
褐色防腐木贴面
深灰色乳胶漆
浅黄色乳胶漆
褐色防腐木贴面
白色乳胶漆
褐色防腐木贴面
暖灰色石材
白色乳胶漆
咖啡色乳胶漆
深灰色百叶
①—⑲立面图
1:100
22.250
21.450
6+1 F
18.450
6 F
15.450
5 F
12.450
4 F
9.450
3 F
6.450
2 F
3.450
1 F
0.450
±0.050
-1.000
23 250

图 5.34 ①—⑲立面图

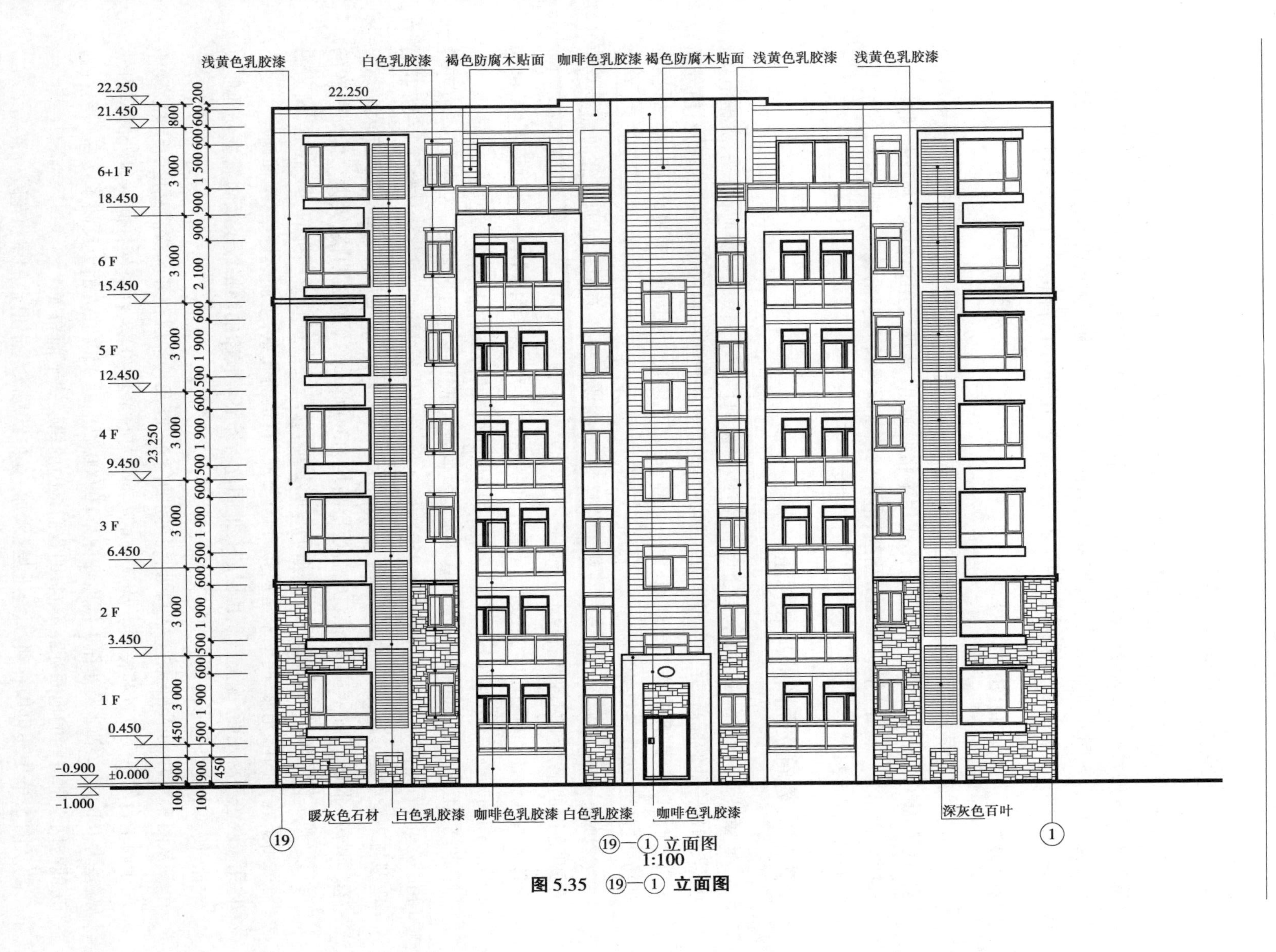

浅黄色乳胶漆
白色乳胶漆
褐色防腐木贴面
咖啡色乳胶漆
褐色防腐木贴面
浅黄色乳胶漆
浅黄色乳胶漆
22.250
21.450
6+1 F
18.450
6 F
15.450
5 F
12.450
4 F
9.450
3 F
6.450
2 F
3.450
1 F
0.450
-0.900
±0.000
-1.000
23 250
暖灰色石材
白色乳胶漆
咖啡色乳胶漆
白色乳胶漆
咖啡色乳胶漆
深灰色百叶
19
1
19—1 立面图
1:100

图 5.35　19—1 立面图

▶5.4.4 建筑立面图的图示内容

立面图应根据正投影原理绘出建筑物外墙面上所有门窗、雨篷、檐口、壁柱、窗台、窗楣及底层入口处的台阶、花池等的投影。由于比例较小,立面图上的门、窗等构件也用图例表示(见表 3.1)。相同的门窗、阳台、外檐装修、构造作法等可在局部重点表示,绘出其完整图形,其余部分可只画轮廓线。如立面图中不能表达清楚,则可另用详图表达(图 5.34)。

▶5.4.5 建筑立面图的线型

为使立面图外形更清晰,通常用粗实线表示立面图的最外轮廓线,而凸出墙面的雨篷、阳台、柱子、窗台、窗楣、台阶、花池等投影线用中粗线画出,地坪线用加粗线(粗于标准粗度的 1.4 倍)画出,其余如门、窗及墙面分格线、落水管以及材料符号引出线、说明引出线等用细实线画出(图 5.34)。

▶5.4.6 建筑立面图的尺寸标注

①竖直方向:应标注建筑物的室内外地坪、门窗洞口上下口、台阶顶面、雨篷、房檐下口,屋面、墙顶等处的标高,并应在竖直方向标注三道尺寸。里边一道尺寸标注房屋的室内外高差、门窗洞口高度、垂直方向窗间墙、窗下墙高、檐口高度尺寸;中间一道尺寸标注层高尺寸;外边一道尺寸为总高尺寸。

②水平方向:立面图水平方向一般不注尺寸,但需要标出立面图最外两端墙的轴线及编号,并在图的下方注写图名、比例。

③其他标注:立面图上可在适当位置用文字标出其装修,也可以不注写在立面图中,以保证立面图的完整美观,而在建筑设计总说明中列出外墙面的装修。

图 5.34、图 5.35 和图 5.36 为某县技术质量监督局职工住宅的立面图。从图 5.34 中可看出,该建筑为纯住宅,共 7 层,总高23 250。其中,一至四层立面造型及装修材料都一致;五层造型与一至四层一致,但装修材料及色彩不同于一至二层;六至七层(六加一层)为跃层式住宅,即每户都拥有两层空间。该住宅各层层高均为3 000。整个立面明快、大方。排列整齐的窗户反映了住宅建筑的主题;上下贯通的百叶装饰,既是各户室外空调机的统一位置,又明快地突出了墙面的阳光窗,使整个建筑立面充满现代建筑的气息;立面装修中,下面两层主要墙体用暖灰色石材贴面,配上三至顶层的其他颜色与外墙乳胶漆的网格线条及防腐木处理形成对比,使整个建筑色彩协调、明快、更加生动。

从图 5.35 中可看出,住宅入口处楼梯间的门斗,以及与各层错开的窗洞高度,反映了楼梯间中间平台的高度位置和特征。从该图左边的尺寸标注中可以看到,楼梯间入口处的室内外高差为 100,左边细部尺寸在 1 楼地坪标高±0.000 以上的 450,在立面上反映了楼梯间左右的房间与两端部房间的地面标高不同,即我们常说的错层式平面布置。

从图 5.36 中还可以看到:六至七层(六加一层)跃层式住宅退台的屋顶花园位置。

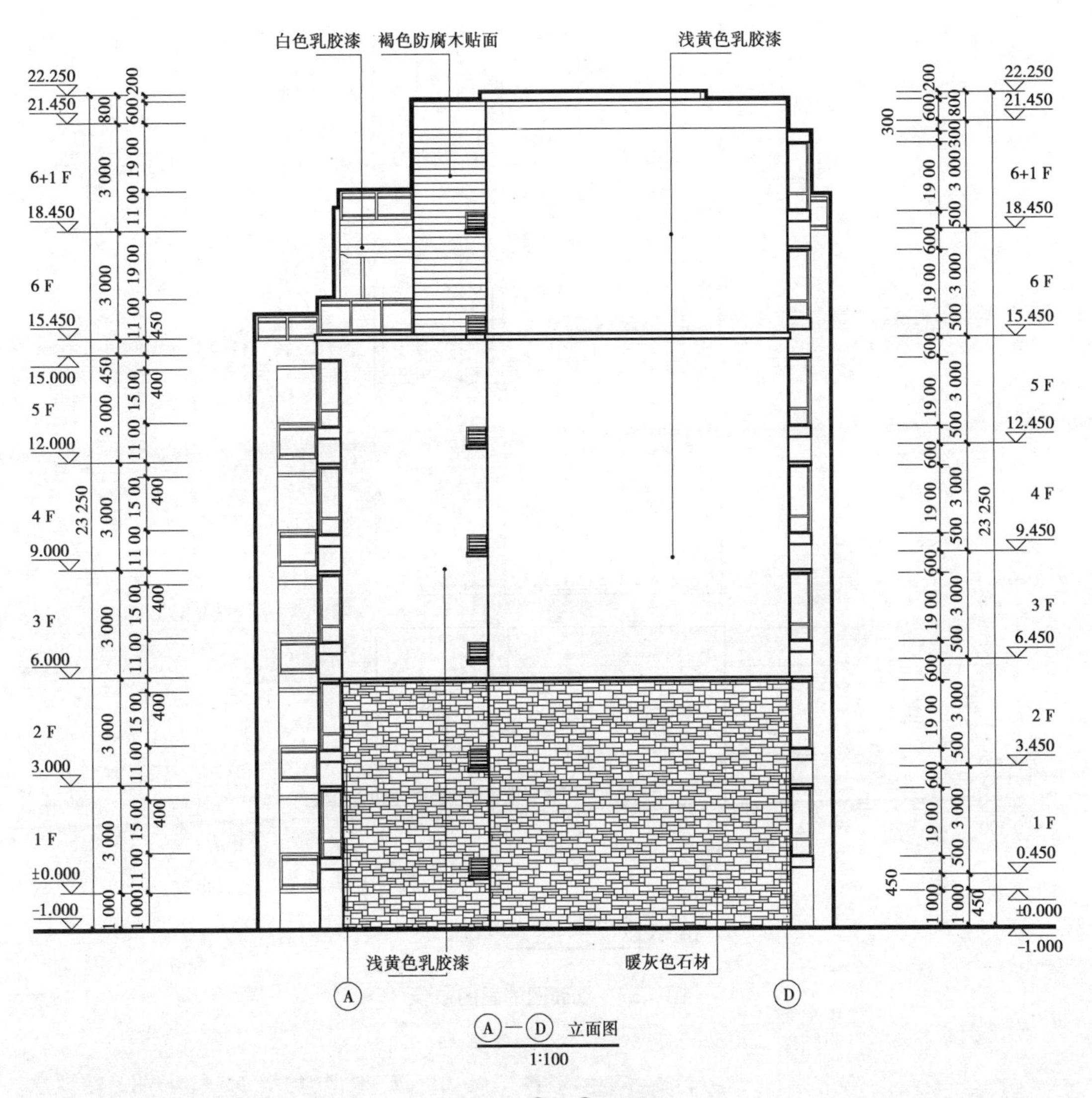

图 5.36 Ⓐ—Ⓓ立面图

▶5.4.7 立面图的画图步骤(图 5.37)

①画室外地平线、门窗洞口、檐口、屋脊等高度线，并由平面图定出门窗洞口的位置，画墙(柱)身的轮廓线，如图 5.37(a)所示。

②画勒脚线、台阶、窗台、屋面等各细部，如图 5.37(b)所示。

③画门窗分隔、材料符号，并标注尺寸和轴线编号，如图 5.37(c)所示。

④加深图线，并标注尺寸数字、书写文字说明，如图 5.37(c)所示。

注:侧立面图的画图步骤同正立面图，画图时可同时进行，图 5.37 的侧立面图只画了第一步。

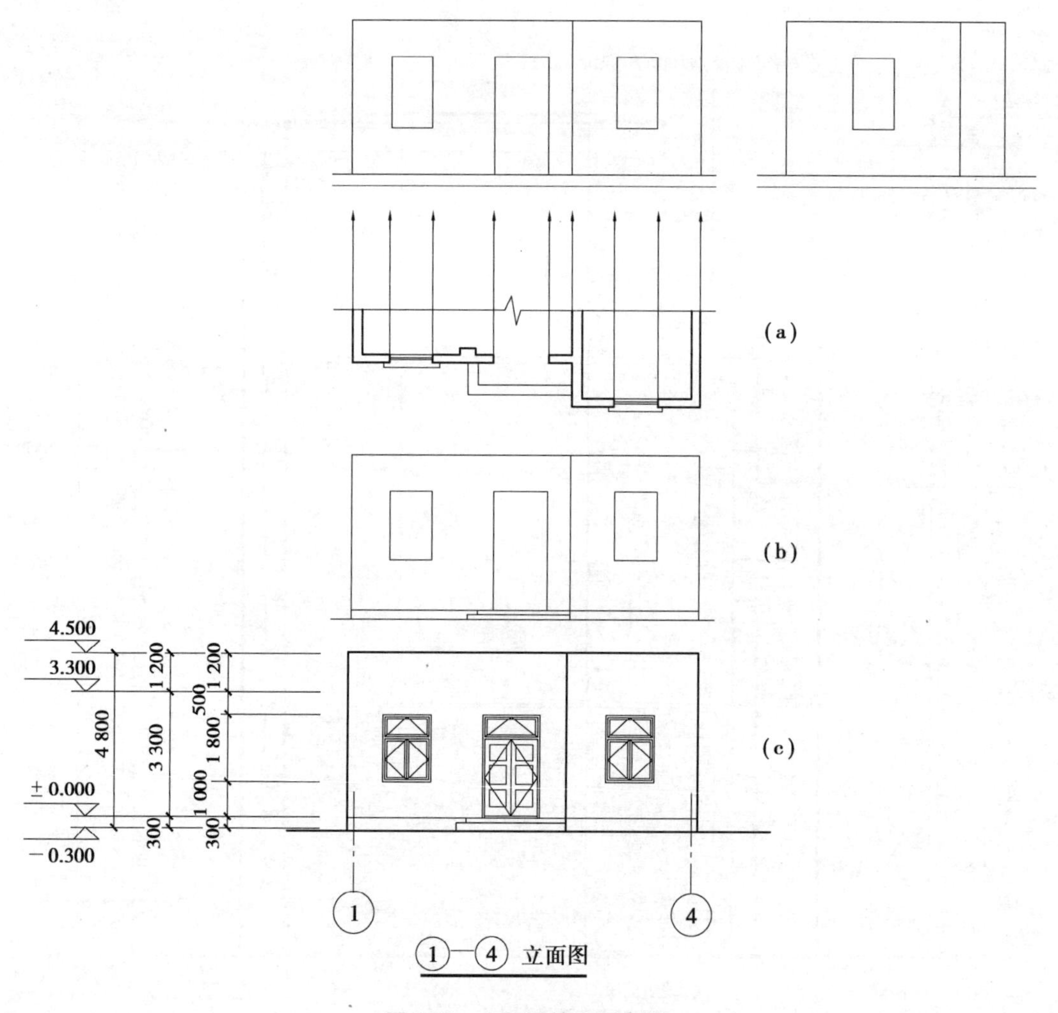

图 5.37　立面图的画图步骤

本章小结

(1)建筑物的体型和立面,即房屋的外部形象,是建筑设计的重要组成部分。立面设计和建筑体型组合是在满足房屋使用要求和技术经济条件的前提下,运用建筑造型和立面构图的一些规律,紧密结合平面、剖面的内部空间组合下进行的。

(2)建筑体型及立面设计应反映建筑功能要求和建筑类型的特征,结合材料、结构和施工技术的特点,同时贯彻建筑标准和相应的经济指标,符合城市规划要求并与基地环境相结合,运用符号建筑造型和立面构图的一些规律,创造出人们喜闻乐见的新建筑。

(3)建筑体型内部空间的组合方式,是确定外部体型的主要依据。理解对称组合和不对称组合的特点。

(4)建筑体型组合的造型要求,主要有以下几点:完整均衡、比例适当,主次分明、交接明确,体型简洁、环境协调。

(5)正确的尺度和协调的比例,是使立面达到完整、统一的重要内容。掌握尺度处理的三种方法。

(6)立面虚实与凹凸关系的处理,可以丰富立面效果,加强光影变化,突出重点。

(7)墙面中构件的横向或竖向划分,对表现建筑立面的节奏感和方向感非常重要。墙面线条的粗细处理也影响建筑性格的表现。

(8)建筑立面色彩的处理主要包括两个方面的问题,一是基本色调的选择,二是建筑色彩的配置。基本色调的选择应根据以下几个方面来考虑:适应气候条件、与四周环境相协调、与建筑的性质相适应、充分考虑民族文化传统和地方特色。

(9)通过对比手法突出建筑物立面中的重点,既是建筑造型的设计方法,也是建筑使用功能的需要。

(10)解决好立面大关系的前提下,细节的处理同样重要。

复习思考题

5.1 建筑体型及立面设计有哪几个方面的要求?

5.2 常用的建筑构图规律有哪些?

5.3 建筑体型的对称组合和不对称组合分别有什么特点?

5.4 建筑体型组合主要有哪些造型要求?

5.5 尺度处理有哪三种方法?分别适用于哪些建筑?举例说明。

5.6 举例说明建筑立面的虚实关系为建筑带来的不同个性。

5.7 举例说明不同的立面线条处理带来的感染力区别。

5.8 建筑的色彩和质感处理应注意些什么?

5.9 绘制教学楼立面的重点及细部处理,并加以文字分析。

民用建筑构造综述

[本章要点]

本章主要介绍建筑构造的研究对象,建筑物的基本组成构件及其作用,建筑物的结构类型,影响建筑构造的主要因素,建筑构造设计的方法和原则,以及建筑构造详图的表达方法等要点。

通过建筑构造研究,对建筑各部分的具体做法作出详细设计,能够最大限度地保证建筑使用的舒适度和合理性,构造设计的成功与否直接决定了建筑物使用的质量。在追求更合理舒适的建筑内部环境的今天,构造设计的重要性日益得到重视,对建筑的整体设计创意起着具体表现和制约的作用,成为建筑设计不可分割的重要环节。

6.1 建筑构造学的研究对象与方法

▶6.1.1 建筑构造学研究的对象

(1)建筑构造学研究的对象及其任务

建筑构造学是研究建筑物各组成部分的构造原理和构造方法的学科,是建筑设计不可分割的一部分。其研究目的是根据建筑物的功能、技术、经济、造型等要求,提出适用、经济、安全、美观的构造方案,作为解决建筑设计中各种技术问题及进行施工图设计、绘制大样图等的依据。

建筑构造具有实践性和综合性强的特点,在内容上是对实践经验的高度概括,需要综合运用建筑材料、建筑物理、建筑力学、建筑结构、建筑施工、建筑经济及建筑艺术等多方面知识,考虑影响建筑构造的各种客观因素,分析各种构配件及其细部构造的合理性,才有可能提出合理的构造方案和措施。

建筑物中承重的部件称为构件,建筑物中非承重的部件称为配件。

建筑构造原理就是综合多方面的技术知识,根据多种客观因素,以选材、选型、工艺、安装为依据,研究各种构、配件及其细部构造的合理性(包括适用、安全、经济、美观)以及能更有效地满足建筑使用功能的实践应用。合理的构造方案和构造措施能有效地提高建筑物抵御自然界各种不利影响,延长建筑物的使用年限。

(2)建筑物的组成及各组成部分的作用

一幢民用建筑,一般是由基础、墙和柱、楼板层、地坪、楼梯、屋顶和门窗等几大部分构成的,如图6.1所示。它们在不同的部位发挥着各自的作用。

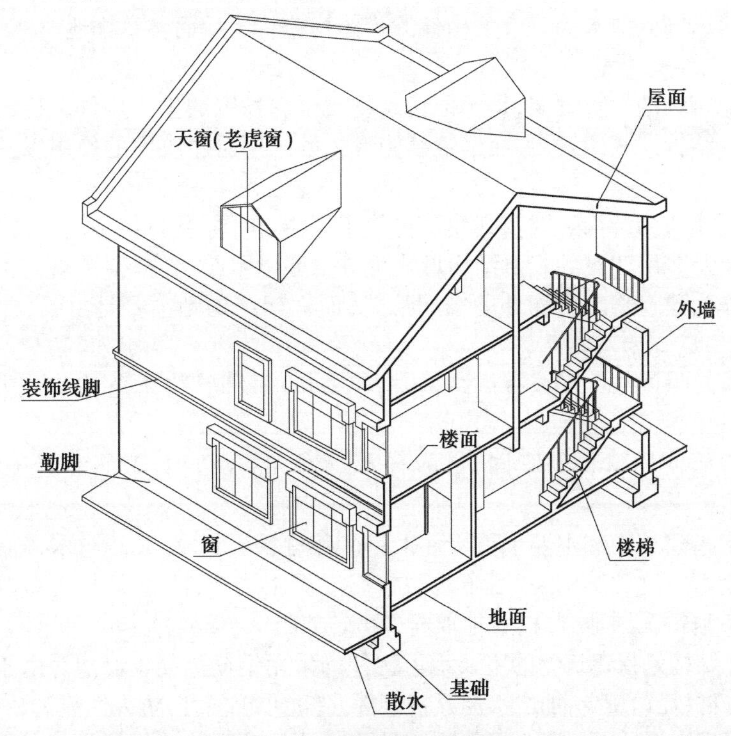

图6.1　建筑物的基本组成

①基础。基础是位于建筑物最下部的承重构件,承受着建筑物的全部荷载,并将这些荷载传给地基。因此,作为基础,必须具有足够的强度,并能抵御地下各种因素的侵蚀。

②墙。墙是建筑物的承重构件和围护构件。墙作为承重构件,墙承受着建筑物由屋顶或楼板层传来的荷载,并将这些荷载再传给基础。作为围护构件,外墙起着抵御自然界各种因素对室内的侵袭;内墙起着分隔房间、创造室内舒适环境的作用。为此,要求墙体根据功能的不同分别具有足够的强度、稳定性、保温、隔热、隔声、防水、防火等功能以及具有一定的经济性和耐久性。

③楼板层。楼板层是楼房建筑中水平方向的承重构件,按房间层高将整幢建筑物沿水平方向分为若干部分。楼板层承受着家具、设备和人体的荷载以及本身自重,并将这些荷载传播给墙。同时,还对墙身起着水平支撑的作用。作为楼板层,要求具有足够的抗弯强度、刚度和隔声能力。同时,对有水侵蚀的房间,则要求楼板层具有防潮、防水的能力。

④地坪。地坪是底层房间与土层相接触的部分,承受底层房间内的荷载。不同地坪,要求具有耐磨、防潮、防水和保温等不同的性能。

⑤楼梯。楼梯是楼房建筑的垂直交通设施,供人们上下楼层和紧急疏散之用。故要求楼

梯具有足够的通行能力以及防水、防滑的功能。

⑥屋顶。屋顶是建筑物顶部的围护构件和承重构件,抵御着自然界雨、雪及太阳热辐射等对顶层房间的影响;承受着建筑物顶部荷载,并将这些荷载传给垂直方向的承重构件。作为屋顶,必须具有足够的强度、刚度以及防水、保温、隔热等的功能。

⑦门窗。门主要供人们内外交通和隔离房间之用;窗则主要是采光和通风,同时也起分隔和围护作用。门和窗均属非承重构件。对某些有特殊要求的房间,则要求门窗具有保温、隔热、隔声的功能。

一座建筑物除上述基本组成构件外,对不同使用功能的建筑,还有各种不同的构件和配件,如阳台、雨篷、烟囱、散水等。有关构件的具体构造将于后面各章详述。

(3)建筑物的结构类型

结构是指建筑物的承重骨架,是保证建筑物安全和稳定的主要构件。建筑材料和建筑技术的发展决定着结构形式的发展,而建筑结构形式的选用对建筑物的使用以及建筑形式又有着极大的影响。

大量性民用建筑的结构形式依其建筑物使用规模、构件所用材料及受力情况的不同而有各种类型。单层及多层建筑的主要结构形式可分为墙承重结构、框架承重结构。墙承重结构是指由墙体来作为建筑物承重构件的结构形式,而框架结构则主要是由梁、柱作为承重构件的结构形式。

大跨度建筑常见的结构形式有拱结构、桁架结构以及网架、薄壳、折板、悬索等空间结构形式。

依结构构件所使用材料的不同,目前有木结构、混合结构、钢筋混凝土结构和钢结构之分。

混合结构是指建筑物的主要承重构件采用多种材料所制成,如砖与木,砖与钢筋混凝土,钢筋混凝土与钢等。这类结构中,由于砖与钢筋混凝土居多,故习惯上又称为砖混结构。其特点是可根据各地情况因地制宜,就地取材,降低造价。

钢筋混凝土结构是指建筑物的主要承重构件均采用钢筋混凝土制成。由于钢筋混凝土的骨料也可就地取材,耗钢量少,加之水泥原料丰富,造价亦较便宜,防火性能和耐久性能好,而且混凝土构件既可现浇,又可预制,为构件生产的集成化和装配式建筑提供了条件。故钢筋混凝土结构是运用较广的一种结构形式,也是我国目前多、高层建筑所采用的主要结构形式。

钢结构则是指建筑物的主要承重构件用钢材制作的结构。它具有强度高、构件质量轻、平面布局灵活、抗震性能好、施工速度快等特点。此外,目前由于轻型冷轧薄壁型材及压型钢板的发展,也使得轻钢结构在低层以及多、高层建筑的围护结构中得以广泛应用。钢结构更加适应装配式建筑的发展。

▶6.1.2 影响建筑构造的因素

一座建筑物建成并投入使用后,要经受自然界各种因素的检验。为了提高建筑物对外界各种影响的抵御能力,延长建筑物的使用寿命,以便更好地满足使用功能的要求,在进行建筑构造设计时,必须充分考虑各种因素对它的影响,以便根据影响程度来提供合理的构造方案。影响的因素很多,归纳起来大致可分为以下几方面,如图 6.2 所示。

(1)外力作用的影响

作用到建筑物上的外力称为荷载。荷载有静荷载(如建筑物的自重)和动荷载之分。动荷载又称活荷载,如人流、家具、设备、风、雪以及地震荷载等。荷载的大小是结构设计的主要

图 6.2 影响建筑构造的因素示意

依据,也是结构选型的重要基础。它决定着构件的尺度和用料。而构件的选材、尺寸、形状等又与构造密切相关。所以在确定建筑构造方案时,必须考虑外力的影响。

在外荷载中,风力的影响不可忽视。风力往往是高层建筑水平荷载的主要因素,特别是沿海地区,影响更大。此外,地震力是目前自然界中对建筑物影响最大也最严重的一种因素。我国是多地震国家之一,地震分布也相当广,因此必须引起重视。在构造设计中,应该根据各地区的实际情况,予以设防。

(2)自然气候的影响

我国幅员辽阔,各地区地理环境不同,自然条件也多有差异。由于南北纬度相差较大,从炎热的南方到寒冷的北方,气候差别悬殊。因此,气温变化,太阳的热辐射,自然界的风、霜、雨、雪等均构成了影响建筑物使用功能和建筑构件使用质量的因素。有的因材料热胀冷缩而开裂,严重的遭到破坏;有的出现渗、漏水现象;还有的因室内过冷或过热而影响工作等,总之均影响到建筑物的正常使用。为防止由于大自然条件的变化而造成建筑物构件的破坏和保证建筑物的正常使用,往往在建筑构造设计时,针对所受影响的性质与程度,对各有关部位采取必要的防范措施,如防潮、防水、保温、隔热、设变形缝、设隔蒸汽层等,以防患于未然。

(3)人为因素和其他因素的影响

人们所从事的生产和生活的活动往往会造成对建筑物的影响,如机械振动、化学腐蚀、战争、爆炸、火灾、噪声等,都属于人为因素的影响。因此,在进行建筑构造设计时,必须针对各种可能的因素,从构造上采取隔振、防腐、防爆、防火、隔声等相应的措施,以避免建筑物和使用功能遭受不应有的损失和影响。

另外,鼠、虫等也能对建筑物的某些构、配件造成危害(如白蚁等对木结构的影响等),因此,也必须引起重视。

(4)物质技术及经济条件的影响

建筑材料、建筑结构、建筑设备及施工技术是建筑的物质技术条件。

任何一栋建筑物,都不可能脱离当时的技术条件而独立臆造。任何一种新的构造形式,都必须依托新的材料、结构、设备及施工方面的变革才能够得以创造。文艺复兴时期大教堂的穹顶、现代的悉尼歌剧院,都是在施工技术上作出了重大革新之后才得以修建。

同时,根据经济条件进行建筑构造设计是建筑设计的基本原则,应该综合地、全面地考虑经济问题,在确保功能和质量的前提下降低建筑造价,这对建筑的构造设计也产生了一定的现实约束。

▶6.1.3　建筑构造研究的方法

建筑构造研究的方法是深入研究如何运用各种材料,有机地组合各种构、配件,并提出解决各构、配件之间相互连接的方法和这些构、配件在使用过程中的各种防范措施。

综合考虑建筑各部分构配件在建筑物中的作用,可以将其主要功能分为承重和围护两大类型,同时还根据与不同接触对象的关系而有一些特殊的构造要求。构造设计时候针对该部分对应的主要功能进行考虑,结合所处的位置考虑接触对象,就可以正确地对其提出构造设计要求的关键点,从而解决相应的功能需求,进行合理的设计。

(1)承重要求

作用在建筑物上的各种荷载,必须通过结构构件的传递,最终传给地基,由地基扩散给地壳,通过这种方式来进行承载。构造设计时首先判断建筑荷载的传递方式,所有与荷载传递有关的构件都需要考虑承重的要求,具备足够的刚度、强度和稳定性。

(2)围护要求

《建筑工程建筑面积计算规范》(GB/T 50353—2013)中规定:围护结构(envelop enclosure)是指围合建筑空间四周的墙体、门、窗等,构成建筑空间、抵御环境不利影响的构件,也包括某些配件。根据在建筑物中的位置,围护结构分为外围护结构和内围护结构。外围护结构包括外墙、屋顶、侧窗、外门等,用以抵御风雨、温度变化、太阳辐射等,应具有保温、隔热、隔声、防水、防潮、耐火、耐久等性能。内围护结构如隔墙、楼板和内门窗等,起分隔室内空间作用,应具有隔声、隔视线以及某些特殊要求的性能。

(3)接触要求

构造设计还需要特别注意特殊部位的接触对象,根据接触对象的特征,对建筑构配件的构造设计也有一些特殊的要求。例如:与泥土接触的部分,应该考虑土壤中可能存在腐蚀性物质,需要作防腐处理;人需要长期踩踏的构件,应该设置具有防滑耐磨的面层;与水长期接触的构配件,则需要作防水处理等。

6.2　建筑构造设计的基本原则

(1)必须满足建筑使用功能要求

由于建筑物使用性质和所处条件、环境的不同,则对建筑构造设计有不同的要求。如北方地区要求建筑在冬季能保温;南方地区则要求建筑能通风、隔热;对要求有良好声环境的建筑物则要考虑吸声、隔声等要求。总之,为了满足使用功能需要,在构造设计时,必须综合有关技术知识进行合理的设计,以便选择、确定最经济合理的构造方案。

(2)必须有利于结构安全

建筑物除根据荷载大小、结构的要求确定构件的必要尺度外,对一些零、部件的设计,如阳台、楼梯的栏杆,顶棚、墙面、地面的装修,门、窗与墙体的结合以及抗震加固等,都必须在构造上采取必要的措施,以确保建筑物在使用时的安全。

(3)必须适应建筑工业化的需要

为发展新型建造方式,应大力推广装配式建筑,减少建筑垃圾和扬尘污染,缩短建造工期,提升工程质量。在构造设计时,应根据制订的装配式建筑设计、施工和验收规范,采用标准设计和定型构件,实现建筑部品部件工厂化生产。

(4)必须讲求建筑经济的综合效益

在构造设计中,应该注意整体建筑物的经济效益问题,既要注意降低建筑造价,减少材料的能源消耗;又要有利于降低经常运行、维修和管理的费用,考虑其综合的经济效益。另外,在提倡节约、降低造价的同时,还必须保证工程质量,绝不可为了追求效益而偷工减料,粗制滥造。

(5)必须注意美观

构造方案的处理还要考虑其造型、尺度、质感、色彩等艺术和美观问题,如有不当,往往会影响建筑物的整体设计的效果。因此,亦需事先周密考虑。

总之,在构造设计中,全面考虑坚固适用、技术先进、经济合理、美观大方,是最基本的原则。

6.3 建筑构造详图的基本要求

▶6.3.1 建筑详图的用途

房屋建筑平、立、剖面图都是用较小的比例绘制的,主要表达建筑全局性的内容,但对于房屋细部或构、配件的形状、构造关系等无法表达清楚。因此,在实际工作中,为详细表达建筑节点及建筑构、配件的形状、材料、尺寸及作法而用较大的比例画出的图形,称为建筑详图或大样图。

▶6.3.2 建筑详图的比例

中华人民共和国国家标准《建筑制图标准》(GB/T 50104—2010)规定:详图的比例宜用1∶1,1∶2,1∶5,1∶10,1∶15,1∶20,1∶25,1∶30,1∶50 绘制。

▶6.3.3 建筑详图标志及详图索引标志

为了便于看图,常采用详图标志和详图索引标志。详图标志(又称详图符号)画在详图的下方,相当于详图的图名;详图索引标志(又称索引符号)则表示建筑平、立、剖面图中某个部位需另画详图表示,故详图索引标志是标注在需要画出详图的位置附近,并用引出线引出。

图 6.3 为详图索引标志,其水平直径线及符号圆圈均以细实线绘制,圆的直径为 8 ~ 10 mm,水平直径线将圆分为上下两半[图 6.3(a)],上方注写详图编号,下方注写详图所在图纸编号[图 6.3(c)]。如详图绘在本张图纸上,则仅用细实线在索引标志的下半圆内画一段水平细实线即可[图 6.3(b)],如索引的详图采用标准图,应在索引标志的水平直径的延长线上加注标准图集的编号[图 6.3(d)]。索引标志的引出线宜采用水平方向的直线或与水平方向成 30°、45°、60°、90°的直线,以及经上述角度再折为水平方向的折线。文字说明宜注写在引出线横线的上方,引出线应对准索引符号的圆心。

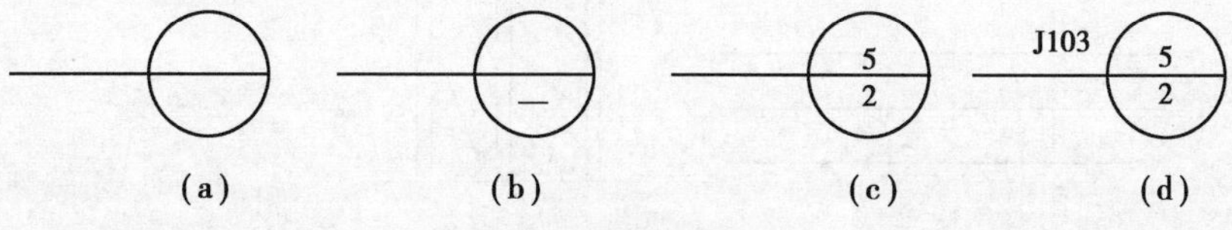

图 6.3 详图索引标志

为用于索引剖面详图的索引标志,应在被剖切的部位绘制剖切位置线,并以引出线引出索引标志,引出线所在的一侧应视为剖视方向(图6.4)。图中的粗实线为剖切位置线,表示该图为剖面图。

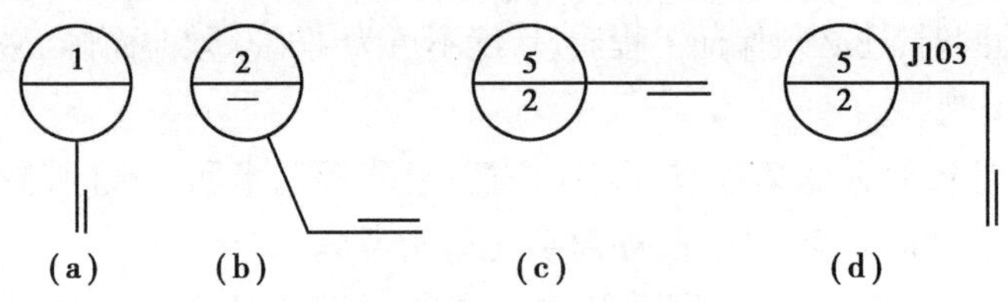

图6.4 用于索引剖面详图的索引标志

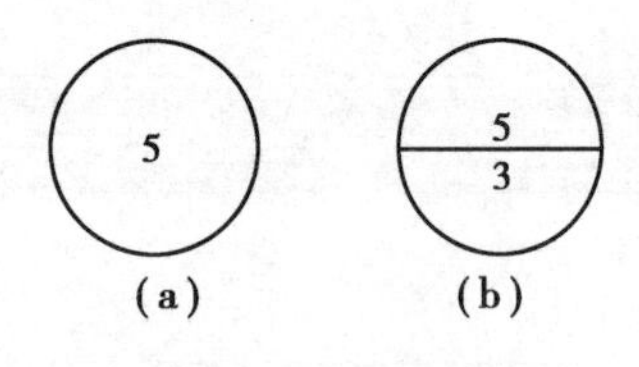

图6.5 详图标志

详图的位置和编号,应以详图符号(详图标志)表示。详图标志应以粗实线绘制,直径为14 mm。详图与被索引的图样同在一张图纸内时,应在详图标志内用阿拉伯数字注明详图的编号[图6.5(a)]。如不在同一张图纸内时,也可以用细实线在详图标志内画一水平直径,上半圆中注明详图编号,下半圆内注明被索引图纸的图纸编号[图6.5(b)]。

屋面、楼面、地面为多层次构造。多层次构造用分层说明的方法标注其构造作法。多层次构造的引出线,应通过图中被引出的各个构造层次。文字说明宜用5号或7号字注写在横线的上方或横线的端部,说明的顺序由上至下,并应与被说明的层次相互一致。如层次为横向排列,则由上至下的说明顺序应与由左至右的层次相互一致(图6.6)。

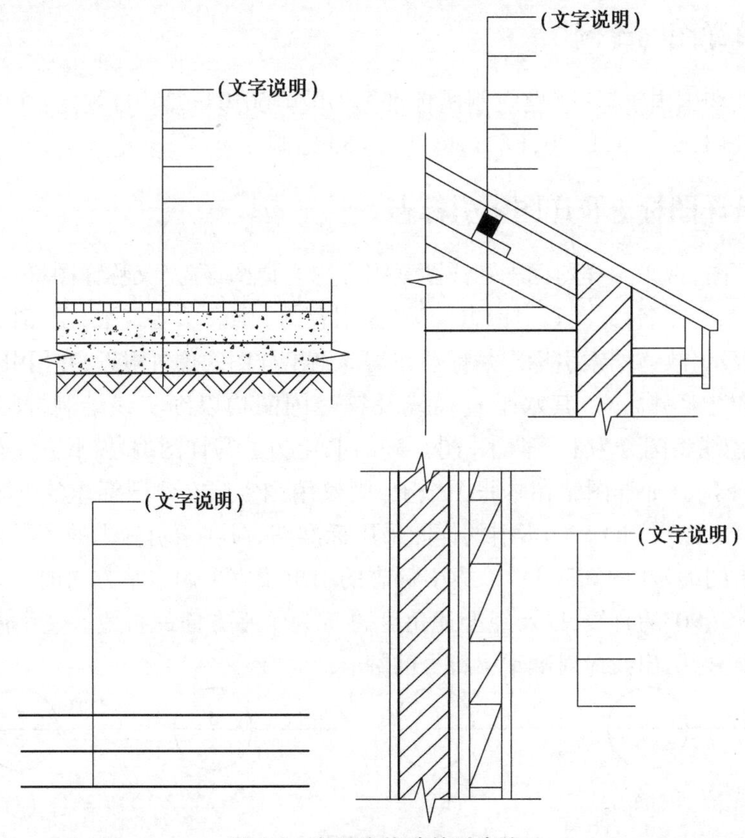

图6.6 多层次构造的引出线

一套施工图中,建筑详图的数量视建筑工程的体量大小及难易程度来决定。常用的详图有:外墙身详图,楼梯间详图,卫生间,厨房详图,门窗详图,阳台,雨篷等详图。由于各地区都编有标准图集,故在实际工程中,有的详图可直接查阅标准图集。

本章小结

(1)学习建筑物构造的目的在于:根据建筑物的功能、技术、经济、造型等要求,提供适用、经济、安全、美观的构造方案,作为解决建筑设计中各种技术问题及进行施工图设计的依据。

(2)建筑物一般是由基础、墙或柱、楼板层及地坪、楼梯、屋顶及门窗等六部分组成的。它们各处在不同的部位,发挥着各自的作用。影响建筑构造的因素包括:自然气候条件、结构上的作用、各种人为因素、物质技术条件和经济条件。

(3)建筑物的构配件设计需要特别考虑功能需求,包括承重、围护以及接触对象的要求。

(4)为设计出适用、经济、安全、美观的构造方案,进行建筑构造设计时,必须遵循满足建筑功能要求,确保结构坚固、安全,适应建筑工业化需要,讲求建筑的综合经济效益,注意美观,贯彻建筑方针及执行技术政策的设计原则。

复习思考题

6.1 学习建筑构造的目的是什么?

6.2 建筑物的基本组成及其主要作用是什么?

6.3 影响建筑构造的主要因素是什么?

6.4 建筑构造设计应考虑哪些方面的要求?

6.5 建筑构造设计应遵循的原则有哪些?

基础和地下室构造

[本章要点]

本章主要学习基础和地基的概念及分类构造、基础埋深的要求、地下室的防潮和防水构造。重点应掌握有关基础的基本知识及地下室防水设计要点。

在建筑工程中,位于建筑物最下端、埋入地下并直接作用在土层上的承重构件称为基础。基础是建筑物地面以下的承重构件,承受建筑物上部结构传下来的全部荷载,并把这些荷载连同本身受到的重力一起传到地基上(图7.1)。

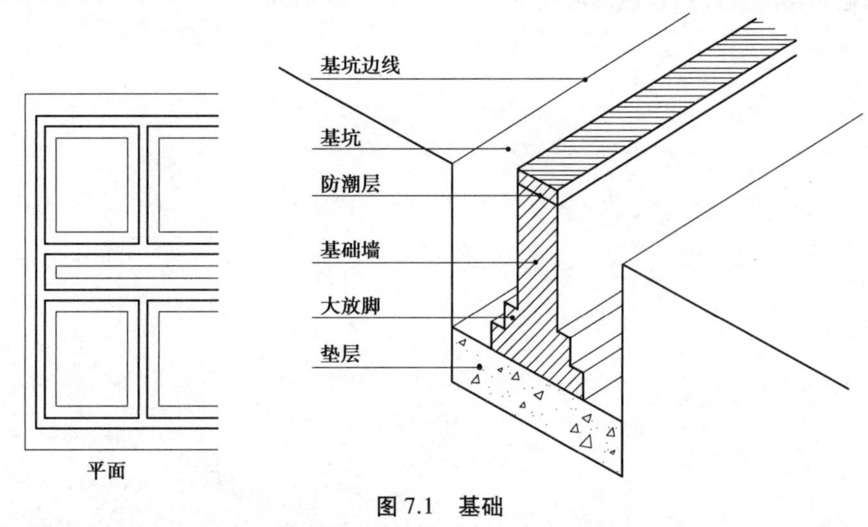

图7.1　基础

地基是承受基础所传下荷载的土层。地基承受建筑物荷载而产生的应力和应变随着土层深度的增加而减小,在达到一定深度后就可忽略不计。直接承受建筑物荷载的土层称为持力层。持力层以下的土层称为下卧层。

基础是房屋的重要组成部分,而地基与基础密切相关,倘若地基与基础出现问题,对房屋的安全有着难以弥补的影响。地基承受荷载的能力是有一定限度的。地基每平方米所能承受的最大压力称为地基容许承载力,又称地耐力。

当基础对地基的压力超过地基容许承载力时,基础将出现较大的沉降变形甚至地基土层会滑动挤出而被破坏。为了保证建筑物安全稳定,就要根据基底压应力不超过地基容许承载力的原则,适当加大基础底面积。

地基可分为天然地基和人工地基两大类。

(1)天然地基

天然地基是指天然土层具有足够的承载力,不需要人工改善或加固便可直接承受建筑物荷载的地基。

天然地基是岩石风化破碎成松散颗粒的土层或是呈连续整体状的岩层。按地基基础设计规范,地基土分为岩石、碎石土、砂土、黏性土、人工填土五类。

(2)人工地基

人工地基在天然土层承载力差和建筑总荷载大的情况下采用。为使地基具有足够承载能力而对土层进行人工加固,处理方法分为压实法、换土法和打桩法三大类。

人工地基常用的加固方法有:

①压实法:用重锤或压路机将较软弱的土层夯实或压实,挤出土层颗粒间的空气,提高土的密实度,从而增强地基承载力。该做法不在地基中添加材料,比较经济,适用于地基承载力与设计要求相差不大的情况。

②换土法:当地基土的局部或全部为软弱土,不宜用压实法加固时(如淤泥质土、杂填土等),可将局部或全部软弱土清除,换成好土(如粗砂、中砂、砂石料、灰土等)。换土回填时应采用机械逐层压实。更换的好土应尽量就地取材。局部换土的选土应与周围土质接近,防止换土部位过硬或过软造成基础不均匀沉降。换土法的造价比压实法高。

③打桩法:当建筑物荷载很大,地基土层很弱,地基承载力不能满足要求时,建筑物可采用桩基础,在软弱土层中置入桩身,将地基土挤压密实,由桩和桩间土一起组成复合地基,提高土层承载力;或将桩穿过软弱土层,打入地下坚固的土层中。

7.1　基础的分类及构造

基础类型有很多,按构造方式可分为独立基础、条形基础、阀片基础、箱形基础、桩基础;按材料和受力特点分为刚性基础、柔性基础;按基础的埋置深度分为浅基础、深基础。基础的形式主要根据基础上部结构类型、建筑高度、荷载大小、地质水文和地方材料等诸多因素而定。

▶7.1.1　按构造方式分类

(1)独立基础

框架和排架或其他类似结构,柱下基础常用独立基础,常见断面形式有阶梯形、锥形等,可节约基础材料,减少土方工程量,但基础彼此之间无构件连接,整体刚度较差。

采用预制柱时,基础为杯口形,柱子嵌固在杯口内,称为杯形基础[图 7.2(b)]。为适应局部工程条件变化,可将个别杯基础底面降低,形成高低杯基础,又称为长颈基础。

墙下独立基础是指墙下设基础梁,以承托墙身,基础梁支承在独立基础上,用于以墙作为承重结构而地基上层为软土、基础要求埋深较大的情况。

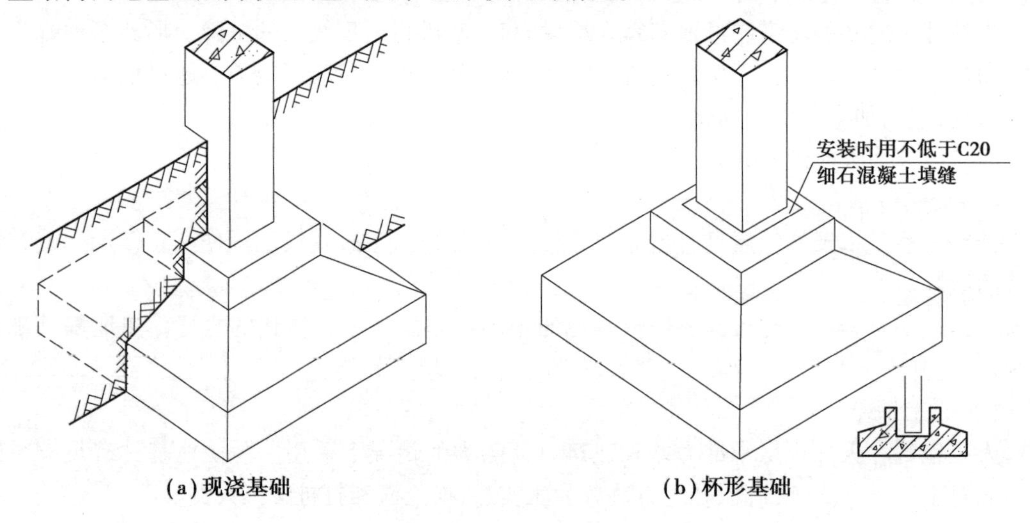

图 7.2　独立柱式基础

(2)条形基础

条形基础呈连续的带状,也称带形基础(图 7.1)。

承重墙下一般采用通长的刚性材料条形基础。

承重构件为柱、荷载大且地基软时,常用钢筋混凝土条形基础将柱下的基础连接起来形成柱下条形基础,可有效防止不均匀沉降,使建筑物的基础具有良好的整体性。

(3)井格基础

地基条件较差或上部荷载不均匀时,采用十字交叉的井格式基础(图 7.3)可以提高建筑物的整体性,防止柱间不均匀沉降。

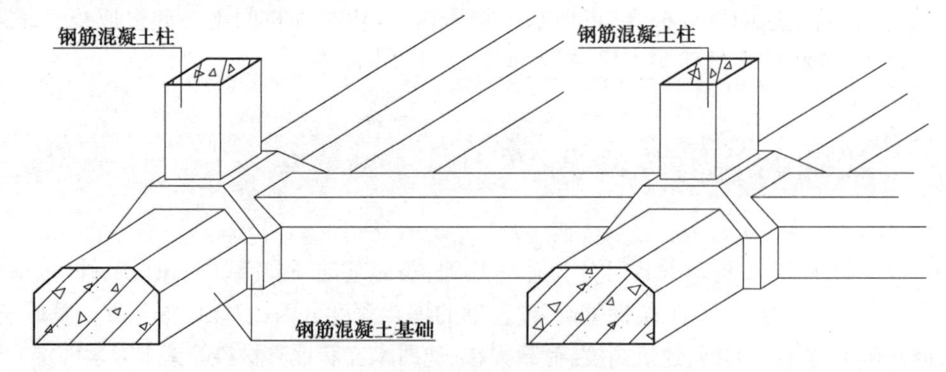

图 7.3　井格式基础

(4)阀片基础

当上部结构荷载较大而地基承载力又特别低以及柱下条形基础或井格基础已不能满足基础底面积要求时,常将墙或柱下基础连成一钢筋混凝土板,形成阀片基础。阀片基础有板式和梁板式(图 7.4)。

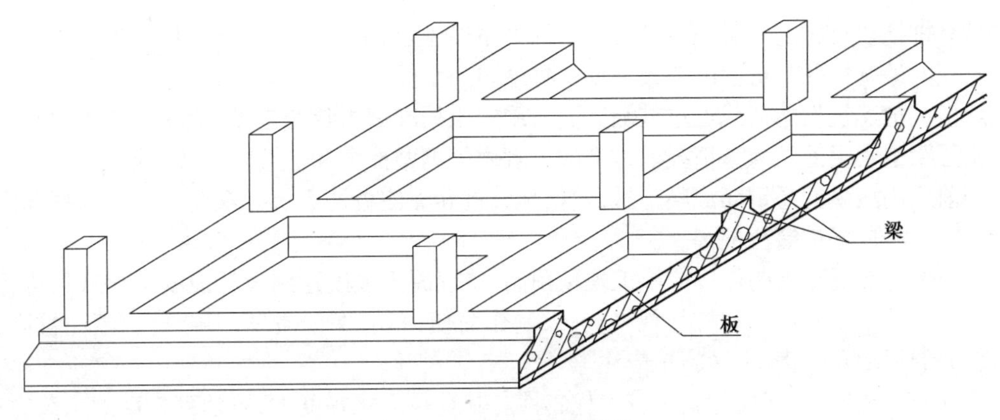

图 7.4 梁板式筏形基础

(5)箱形基础

建筑物荷载很大或浅层地质情况较差以及基础需要埋深很大时,为了增加建筑物的整体刚度,有效抵抗地基的不均匀沉降,常采用由钢筋混凝土底板、顶板和若干纵横墙组成的空心箱体基础,即箱形基础(图 7.5)。

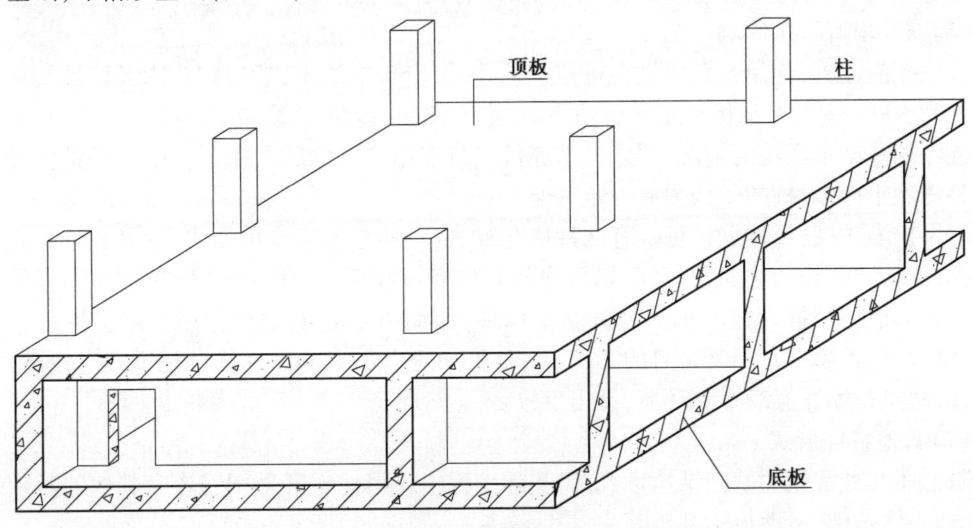

图 7.5 箱形基础

箱形基础具有刚度大、整体性好,且内部空间可用作地下室的特点,适用于高层建筑或在软弱地基上建造的重型建筑物。

(6)桩基础

建筑物荷载较大,地基软弱土层厚度在 5 m 以上,对软弱土层进行人工处理困难和不经济时,可采用桩基础。

桩基础由桩身和承台梁(或板)组成,其优点是能够节省基础材料,减少挖填土方工程量,改善劳动条件,缩短工期。在季节性冰冻地区,承台梁下应铺设 100~200 mm 厚的粗砂或焦砟,以防止承台下的土壤受冻膨胀,引起承台梁的反拱破坏。

桩基础的种类很多,按材料可分为钢筋混凝土桩(预制桩、灌注桩)、钢桩、木桩;按断面形式分为圆形、方形、环形、六角形、工字形等;按入土方法可以分为打入桩、振入桩、压入桩、灌入桩;按桩的受力性能又可分为端承桩和摩擦桩。

端承桩把建筑物的荷载通过柱端传给深处坚硬土层,适用于表层软土层不太厚而下部为坚硬土层的地基情况。桩上的荷载主要由桩端阻力承受。

摩擦桩把建筑物的荷载通过桩侧表面与周围土的摩擦力传给地基,适用于软土层较厚而坚硬土层距土表很深的地基情况。桩上的荷载由桩侧摩擦力和桩端阻力共同承受。

当前采用最多的是钢筋混凝土桩,包括预制桩和灌注桩两大类。灌注桩又分为振动灌注桩、钻孔灌注桩、爆扩灌注桩等。

预制桩是在混凝土构件厂或施工现场预制,待混凝土强度达到设计强度100%时,进行运输打桩。这种桩截面尺寸和桩长规格较多,制作简便,容易保证质量,但造价较灌注桩高,施工有较大的振动和噪声,市区施工应注意。

与预制桩相比较,灌注桩具有较大优越性。其直径变化幅度大,可达到较高的承载力;桩身长度、深度可达到几十米;施工工艺简单,节约钢材,造价低。但在施工时要进行泥浆处理,程序麻烦。

①振动灌注桩:将端部带有分离式桩尖的钢管用振动法沉入土中,在钢管中灌注混凝土至设计标高后徐徐拔出,混凝土在孔中硬化形成桩。灌注桩直径一般为300~400 mm,桩长一般不超过12 m。其优点是造价较低,桩长、桩顶标高均可控制。缺点是施工时会产生振动噪声,对周围环境有一定影响。

②钻孔灌注桩:使用钻孔机械在桩位上钻孔,排出孔中的土,然后在孔内灌注混凝土。桩直径常为400 mm左右。优点是无振动噪声,施工方便,造价较低,特别适用于周围有较近的房屋或深挖基础不经济的情况;严寒冬季亦可安装能钻冻土的钻头施工。缺点是桩尖处的虚土不易清除干净,对桩的承载力有一定影响。

③爆扩灌注桩:简称爆扩桩。有两种成孔方法:一种是人工或机钻成孔;另一种是先钻一个细孔,放入装有炸药的药条,经引爆后成孔。桩身成孔后,再用炸药爆炸扩大孔底,然后灌注混凝土形成爆扩桩。桩端扩大部分略呈球体,因而有一定的端承作用。爆扩桩的直径为300~500 mm,桩尖端直径为桩身的2~3倍,桩长一般为3~7 m。其优点是承载力较高,施工不复杂;缺点是爆炸振动影响环境,易出事故。

(7)其他特殊形式

除上述几种常见的基础结构形式外,实际工程中还因地制宜采用着许多其他的基础结构形式,如壳体基础、不埋板式基础等。

▶7.1.2 按所用材料及受力特点分类

(1)刚性基础

用砖、石、混凝土等刚性材料制作的基础称刚性基础,多用于地基承载力高、建造低层和多层房屋的基础。

刚性基础中,墙或柱传来的压力是沿一定角度分布的。在压力分布角度内,基础底面受压而不受拉,这个角度称为刚性角。刚性基础底面宽度不可超出刚性角控制范围。

①砖基础:用黏土砖砌筑的基础。台阶式逐级放大形成大放脚。

为满足基础刚性角的限制,台阶的宽高比应不大于1∶1.5。每2匹砖挑出1/4砖,或2匹挑与1匹挑相间。砌筑前基槽底面要铺50 mm厚砂垫层。

砖基础取材容易、价格低、施工简单,但由于砖的强度、耐久性、抗冻性和整体性均较差,只适合于地基土好、地下水位较低、五层以下的砖木结构或砖混结构。

②混凝土基础:也称素混凝土基础,坚固、耐久、抗水、抗冻,可用于有地下水和冰冻作用的基础。断面形式有阶梯形、梯形等。梯形截面的独立基础称为锥形基础。梯形或锥形基础的断面,应保证两侧有不小于 200 mm 的垂直面,使混凝土基础的刚性角为 45°。同时为防止因石子堵塞影响浇注密实性,减少基础底面的有效面积,施工中不宜出现锐角。

(2)柔性基础

在混凝土基础的底部配以钢筋,利用钢筋来抵抗拉应力,可使基础底部能够承受较大弯矩,基础的宽度就可以不受刚性角的限制,称为柔性基础。

柔性基础可以做得很宽,也可以尽量浅埋,用于建筑物荷载较大和地基承载力较小的情况。其下需要设置保护层以保护基础钢筋不受锈蚀。

7.2　基础的埋置深度

从室外设计地面到基础底面的垂直距离称为基础的埋置深度,简称基础埋深(图 7.6)。埋深不小于 5 m 的基础称为深基础;埋深为 0.5~5 m 的基础称为浅基础。从施工和造价方面考虑,优先考虑浅基础,但埋深最少不能小于 500 mm。

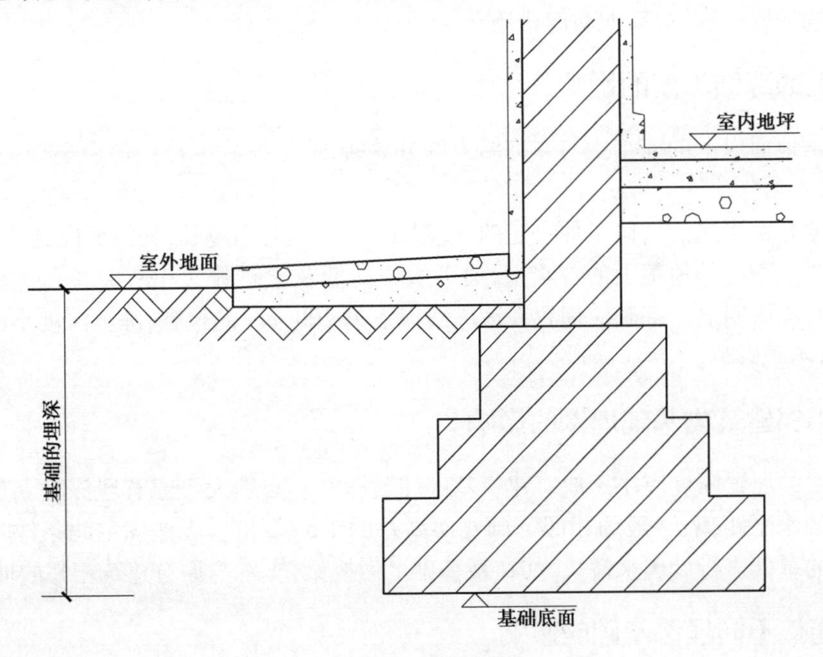

图 7.6　基础的埋深

基础埋深主要取决于地基土层的构造、地下水位深度、土的冻结深度和相邻建筑物的基础埋深等。

▶7.2.1　地基土层构造对基础埋深的影响

地基土层为均匀好土时,基础尽量浅埋,但不得浅于 500 mm。

地基土层上层为软土且厚度在 2 m 以内,下层为好土,基础应埋在好土上,经济又可靠。

地基土层上层为软土且厚度为2~5 m时，低层荷载小的轻型建筑在加强上部结构的整体性和加宽基础底面积后仍可埋在软土层内，高层荷载大的重型建筑应将基础埋在好土上，以保证安全。

地基土层的上层软弱土厚度大于5 m时，可作地基加固处理，或将基础埋在好土上，作技术经济比较后确定。

地基土层的上层为好土且下层为软土时，应力争将基础埋在好土内，同时应当提高基础底面积，验算下卧层的应力和应变。

地基土层由好土和软土交替构成时，总荷载小的低层轻型建筑尽可能将基础埋在好土内，总荷载大的建筑可采用人工地基，或将基础埋在下层好土上，两方案经技术比较后确定。

▶7.2.2　地下水位的影响

黏性土遇水后颗粒间的孔隙水含量增加，土的承载力会下降。地下水的侵蚀性物质对基础会产生腐蚀作用。

建筑物应尽量埋在地下水位以上，若必须在地下水位以下时，应将基础底面埋置在最低地下水位200 mm以下，以免水位变化时水浮力影响基础。

埋在地下水位以下的基础，应选择具有良好耐水性的材料，如石材、混凝土等。地下水中含有腐蚀性物质时，基础应采取防腐措施。

▶7.2.3　土的冻结深度的影响

冰冻线是地面以下的冻结土与非冻结土的分界线，从地面到冰冻线的距离即为土的冻结深度。

冻结深度是由当地的气候条件决定的，气温越低，持续时间越长，冻结深度越大。

冻胀的严重程度与地基土的含水量、地下水位高低及土颗粒大小有关。含水率大、水位高、颗粒细的，冻胀明显。基础应埋置在冰冻线以下约200 mm的位置，冻土深度小于500 mm时，基础埋深不受影响。

▶7.2.4　相邻建筑物基础埋深的影响

新建房屋的埋置深度应小于原有建筑基础埋置深度。必须大于原有埋深时，应使两基础间留出一定的水平距离，一般为相邻基础底面高差的1.5~2倍。无法满足此条件时，可通过对新建房屋的基础进行处理来解决，如在新基础上做挑梁，支承与原有建筑相邻的墙体。

▶7.2.5　连接不同埋深基础的影响

建筑物设计上要求基础的局部必须埋深时，深、浅基础的相交处应采用台阶式逐渐落深。为使基础开挖时不致松动台阶土，台阶的踢面高度应不大于500 mm，踏步宽度不应小于2倍踢面高度。

▶7.2.6　其他因素对基础埋深的影响

建筑物是否有地下室、设备基础、地下管沟等因素，也会影响基础的埋深。地面上有较多的腐蚀液体作用时，基础埋置深度不宜小于1.5 m，必要时应对基础作防护处理。

7.3 地下室的防潮及防水构造

地下室是建筑物设在首层以下的房间。

具有很深基础的建筑(如高层建筑),常常利用箱形基础的空间作为设备、储藏、车库、商场、餐厅或防空来使用,在无须增加大量投资的情况下争取到更多的使用空间。

▶7.3.1 地下室的类型

地下室可以根据不同条件予以分类。按功能分,有普通地下室和人防地下室;按结构材料分,有砖墙地下室和混凝土墙地下室;按顶板标高与室外地面的位置又可分为半地下室和全地下室。

(1)按功能分类

①普通地下室。普通地下室是建筑空间向地下的延伸。地下室需要克服采光通风不利与容易受潮的问题。地下室相对受外界气候影响较小,根据其特点,常在建筑中有不同的使用功能,高标准建筑的地下室常采用机械通风、人工照明和各种防潮防水措施,以满足其使用需要。

②人防地下室。由于地下室有厚土覆盖,受外界噪声、振动、辐射等影响较小,因此可按照国家对人防地下室的建设规定和设计规范建造人防地下室,作为备战之用。人防地下室应按照防空管理部门的要求,在平面布局、结构、构造、建筑设备等方面采取特殊构造方案,同时还应考虑和平时期对地下室的利用,尽量使其做到"平战结合"。

(2)按地下室顶板标高分类

半地下室指房间地面低于室外设计地面的平均高度大于该房间平均净高 1/3 ,且小于等于 1/2 者。

全地下室指房间地面低于室外设计地面的平均高度大于该房间平均净高 1/2 者(引自《建筑设计防火规范》(GB 50016—2013))。全地下室由于埋入地下较深,通风采光较困难,多用作储藏仓库、设备间等建筑辅助用房,并可利用其墙体有厚土覆盖、受水平冲击和辐射作用小的特点用作人防地下室。

▶7.3.2 地下室的防潮与防水构造

地下室由于长期受地下水的影响,若没有可靠的防潮与防水措施,将会受到严重影响。保证地下室在使用时不受潮、不渗漏,是地下室构造设计的主要任务。

地下水是对地面以下各种水的统称,其主要来源是雨雪等降水和其他地面渗入土壤中的水。地下水对土壤的渗透作用一般用渗透系数来表示,即每昼夜水渗透的速度。渗透系数小、水渗透较慢的土层称为隔水层。地表下第一个隔水层以上的含水层中的水称为潜水。处在地表下、上下两个隔水层之间的地下水称为层间水。

(1)地下室的防潮

地下水的常年设计水位和最高地下水位均低于地下室地坪标高,且地基及回填土范围内无上层滞水时,只需做防潮处理(图 7.7)。

上层滞水是指由于在潜水面以上有局部隔水层或由于局部的下层土壤透水性不如其上层土壤,而在一定时间内能拦阻水流向下渗透所形成的地下水区。

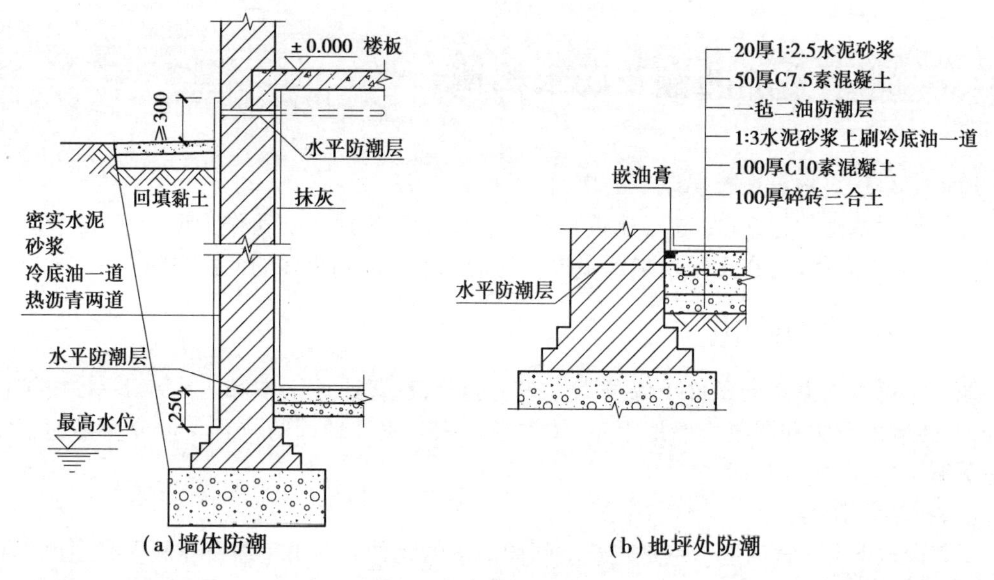

图 7.7 地下室的防潮处理

(2)地下室防水

当设计最高地下水位高于地下室地坪标高时,地下室外墙受到地下水侧压力的作用,地坪受地下水浮力影响,必须考虑对地下室外墙及地坪做防水处理。

防水原理有:隔水法(堵)、降排水法(导)、综合防水法(堵导结合)。

①降排水法:用人工降低地下水位或排出地下水,直接消除地下水作用的防水方法,分为外排法和内排法。这种方法施工简单,投资较少,效果良好,但需要设置排水和抽水设备,经常检修维护,一般很少采用,只适用于雨季丰水期地下水位高出地下室地坪的高度小于500 mm时,或作为综合方案的后备措施,以及旧防水渗漏又无法用其他方法补救时。

a.外排法。外排法是在建筑物四周地下设置永久性降排水设施,以降低地下水位。如盲沟排水,将带孔洞的陶管水平埋设在建筑四周地下室地坪标高以下,用以截流地下水。地下水渗入地下陶管内后,再排至城市排水总管,从而使建筑物局部地区地下水位降低。

b.内排水法。内排水法是在地下室底板上设排水间层,使外部地下水通过地下室外壁上的预埋管,流入室内排水间层,再排至集水沟内,然后用水泵将水排出。

②隔水法:利用各种材料的不透水性来隔绝外围水及毛细管水的渗透,分为材料防水和构件自防水两种。

a.材料防水法。材料防水法是在地下室外墙与底板表面敷设防水材料,阻止水的渗入。常用的材料有卷材、涂料和防水砂浆等。能够适应结构的微量变形和抵抗地下水中侵蚀性介质,是比较可靠的传统防水做法(图 7.8)。

常用的卷材有沥青卷材和高分子卷材。按防水卷材铺贴位置的不同分为外包法和内包法。

涂料防水则是指在施工现场将无定型液态冷涂料在常温下敷设于地下室结构表面的一种防水做法,其防水质量和耐老化性能均比油毡防水层好。常用的涂料包括有机防水涂料(迎水面)和无机防水涂料(背水面),敷设方法有刷涂、刮涂、滚涂等。

水泥砂浆防水可用于结构主体的迎水面和背水面。施工简便、经济,便于检修。其抗渗性能较小,但对结构变形敏感度大,一般与其他防水层配合使用。

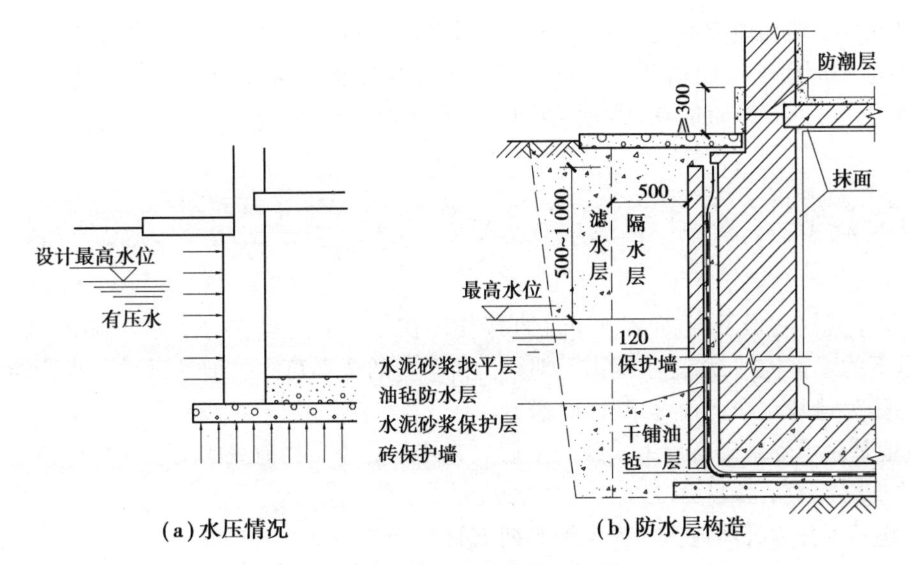

图 7.8 地下室的柔性防水构造

水泥砂浆防水层的材料有普通水泥砂浆、聚合物水泥防水砂浆、掺外加剂或掺和料防水砂浆等;施工方法有多层涂抹或喷射等。

b.构件自防水。构件自防水是用防水混凝土作为地下室外墙和底板,通过采用调整混凝土的配合比或在混凝土中加入一定量的外加剂,改善混凝土自身的密实性,从而达到防水的目的。掺外加剂是在混凝土中掺入加气剂或密实剂,以提高抗渗性能(图 7.9)。

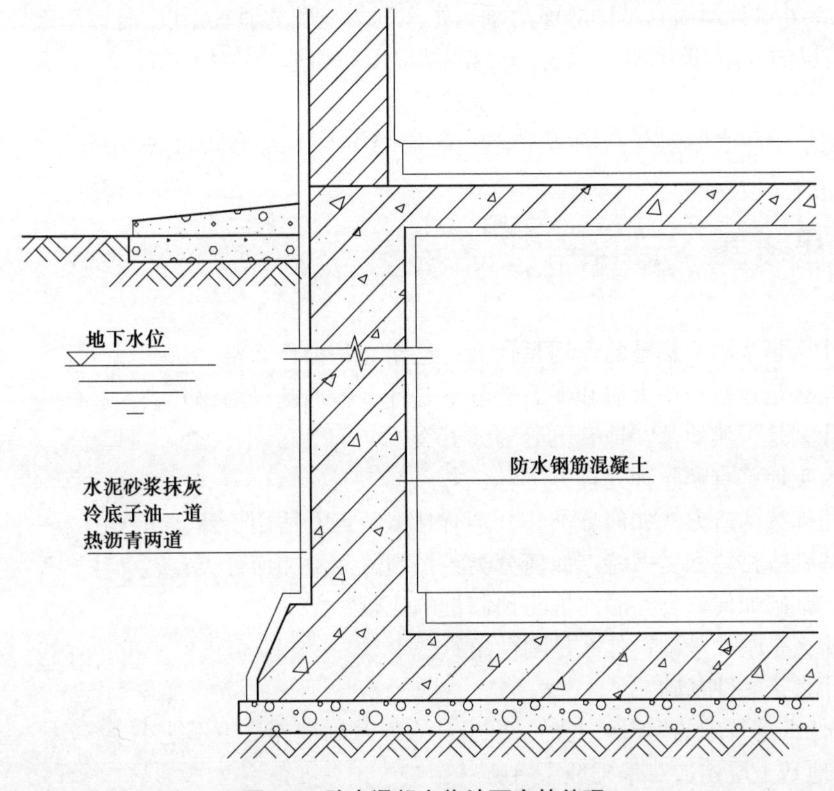

图 7.9 防水混凝土作地下室的处理

防水混凝土墙和地板不能过薄,一般应不小于 250 mm,迎水面钢筋保护层厚度不应小于 50 mm,并涂刷冷底子油和热沥青。防水混凝土结构底板的混凝土垫层强度等级不应小于 C10,厚度不应小于 100 mm,在软弱土中则不应小于 150 mm。

本章小结

(1)位于建筑物最下端,埋入地下并直接作用在土层上的承重构件称为基础。它是建筑物地面以下的承重构件,承受建筑物上部结构传下来的全部荷载。地基每平方米所能承受的最大压力称为地基允许承载力,又称地耐力。

(2)地基是承受基础所传下荷载的土层。直接承受建筑物荷载的土层称为持力层。持力层以下的土层称为下卧层。

(3)地基可分为天然地基和人工地基两大类。

(4)地基土分为岩石、碎石土、砂土、黏性土、人工填土五类。

(5)人工地基处理方法有压实法、换土法和打桩法。

(6)基础类型按构造方式可分为条形基础、独立基础、阀片基础、箱形基础、桩基础。掌握每一类别的特点。

(7)刚性材料制作的基础称刚性基础,掌握刚性材料和刚性角的概念。

(8)柔性基础的特点是不受刚性角影响,可以受拉并且可以浅埋。

(9)从室外设计地面到基础底面的垂直距离称为基础的埋置深度,简称基础埋深,主要取决于地基土层的构造、地下水位深度、土的冻结深度和相邻建筑物的基础埋深等。

(10)掌握地下室的分类方式和地下水的概念。

(11)地下室防水原理有:隔水法(堵)、降排水法(导)、综合防水法(堵导结合)。

复习思考题

7.1 什么是基础?基础的作用是什么?地耐力是指什么?

7.2 什么是地基?持力层和下卧层分别是什么?地基分为哪几类?

7.3 什么是天然地基?地基土分为哪五类?

7.4 人工地基有哪几种处理方法?

7.5 基础按构造方式如何分类?分别有什么特点?适用于什么情况?

7.6 基础按材料和受力特点如何分类?按埋置深度如何分类?

7.7 桩基础如何分类?灌注桩与预制桩的比较?

7.8 什么是刚性基础?什么是刚性角?

7.9 什么是柔性基础?

7.10 什么是基础的埋深?主要取决于什么?基础埋深最少不能小于多少?

7.11 地基土层构造对基础埋深有哪些影响?

7.12 地下水位对基础埋深有哪些影响?

7.13　什么是冰冻线？土的冻结深度对基础埋深有哪些影响？

7.14　相邻建筑物的基础埋深有何要求？

7.15　局部埋深的基础在深浅相交部位应如何处理？

7.16　什么是地下室？如何分类？

7.17　什么是上层滞水？什么是隔水层？什么是潜水和层间水？

7.18　什么情况下地下室只需做防潮处理？

7.19　地下室防水有哪些处理方法？

墙体构造

[本章要点]

掌握墙体分类的不同方式,熟悉块材墙的基本构造,并了解隔墙、幕墙及墙面装修中的基本概念。

8.1 墙体类型及设计要求

▶8.1.1 墙体的作用

墙体是建筑物的重要组成部分,具有承重、围护及分隔空间的作用。

①承重作用:承受建筑物自重、使用人员和设备荷载、风荷载及地震力的作用。

②围护作用:起到保温、隔热、隔音、防潮的作用。

③分隔作用:将建筑物分隔为室内若干个空间并和室外空间分隔。

▶8.1.2 墙体的类型

(1)按墙体所处位置及方向分类

墙体按所处位置可以分为外墙和内墙。外墙位于建筑物的四周,故又称为外围护墙。内墙位于建筑物内部,主要起分隔内部空间的作用。

墙体按布置方向又可以分为纵墙和横墙。沿建筑物长轴方向布置的墙称为纵墙,沿建筑物短轴方向布置的墙称为横墙,外横墙也称为山墙。

根据墙体与门窗的位置关系,水平方向上窗洞口之间的墙体称为窗间墙,竖直方向上下窗洞口之间的墙体称为窗下墙(图 8.1)。

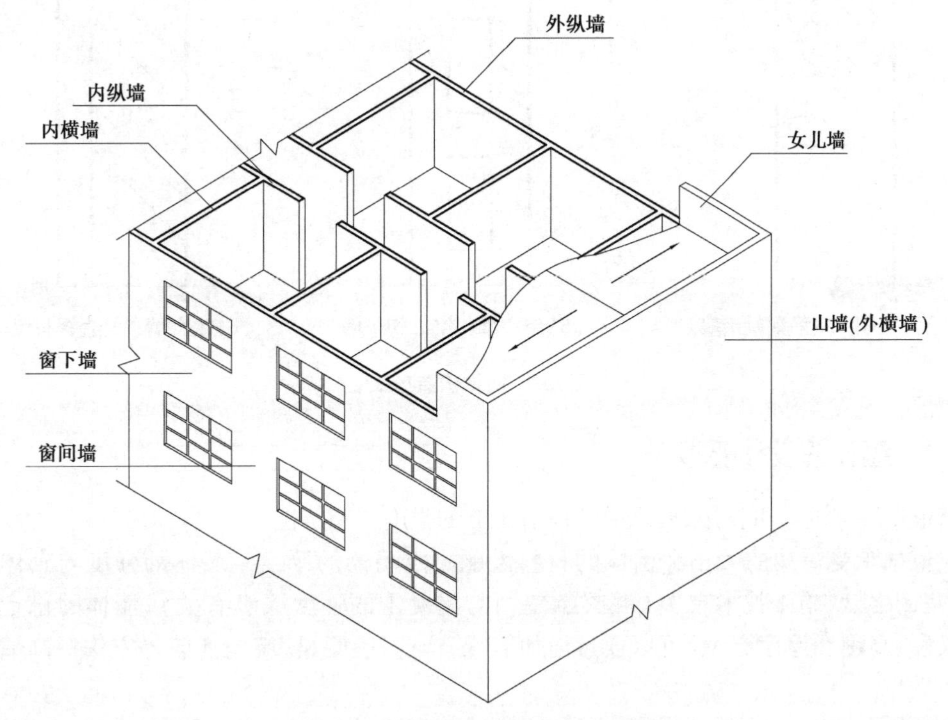

图 8.1 墙体按所处位置及方向分类

(2)按受力情况分类

墙体按结构竖向的受力情况分为承重墙和非承重墙两种。在砖混结构中,承重墙直接承受楼板及屋顶传递下来的荷载。非承重墙分为自承重墙和隔墙。自承重墙仅承受自重,并把自重传递给基础;隔墙则把自重传递给楼板或梁。在框架结构中,非承重墙可分为填充墙和幕墙。填充墙是用轻质块材(空心砖、加气混凝土砌块)砌筑在结构框架梁柱之间的墙体,既可用于外墙,也可用于内墙,目前应用十分广泛;幕墙是悬挂于框架梁柱外侧的围护墙,它的自重由其连接固定部位的梁柱承担。安装在高层建筑外围的幕墙,还会受到高空气流影响,需承受以风力为主的水平荷载,并通过与梁柱的连接传递给框架系统。

(3)按材料及构造方式分类

墙体按所用材料不同可分为砖墙、砌块墙、石材墙、土坯墙、钢筋混凝土墙和大型板材墙等;而按构造方式又可分为实体墙、空体墙和组合墙三种,如图 8.2 所示。实体墙由单一材料组成,如普通砖墙、实心砌块墙、混凝土墙、钢筋凝土墙等。空体墙也是由单一材料组成,既可以由单一材料砌成内部空腔,例如空斗砖墙;也可以用具有孔洞的材料砌筑,如空心砌块墙、空心板材墙等。组合墙由两种以上材料组合而成,例如钢筋混凝土和加气混凝土构成复合板材墙,其中钢筋混凝土起承重作用,加气混凝土起隔热保温作用。

(4)按施工方法分类

墙体按施工方法可分为块材墙、板筑墙及板材墙三种。块材墙是用砂浆等胶凝材料将砖石等块材组砌而成,例如砖墙、石墙及各种砌块墙等。板筑墙是在现场立模板,现浇而成的墙体,例如现浇混凝土墙等。板材墙是预先制成墙板,施工时安装而成的墙,例如预制混凝土大板墙、各种轻质条板内隔墙等。

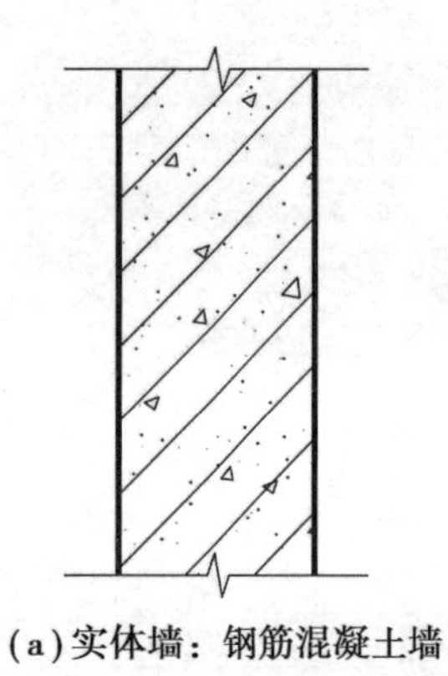

(a)实体墙：钢筋混凝土墙

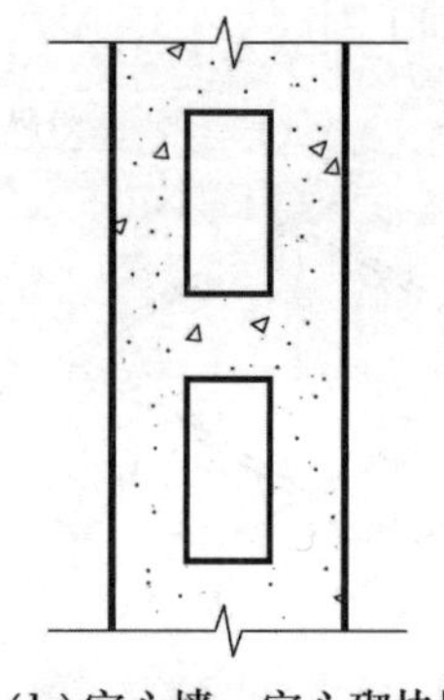

(b)空心墙：空心砌块墙

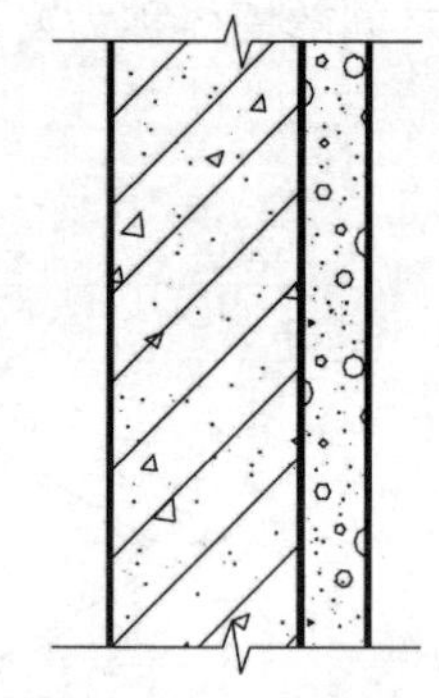

(c)组合墙：复合板材墙

图 8.2　墙体构造形式

▶8.1.3　墙体的设计要求

①根据墙体的承重作用,要求墙体应有足够的强度和稳定性。

应根据承受荷载的大小和墙体的材料性能决定墙体的厚度。墙体的强度与砌体的强度、砂浆的强度、施工技术有关(混凝土墙则与混凝土的强度等级有关);墙体的稳定性与墙的长度、高度和厚度有关,可以通过增加墙垛,构造柱、圈梁,墙内加筋等方法提高墙体稳定性。

砖墙是脆性材料,变形能力小,如果建筑层数过多,砖墙可能被挤压破碎甚至压垮。特别是地震区,建筑破坏的程度随层数增多而加重,因此须对建筑的层数和高度加以限制,见表 8.1。

表 8.1　多层普通砖房屋高度和层数限值(摘自《建筑抗震设计规范》GB 50011—2010)

房屋类别		最小抗震墙厚度/mm	烈度和设计基本地震加速度											
			6		7				8				9	
			0.05g		0.10g		0.15g		0.20g		0.30g		0.40g	
			高度	层数	高度	层数	高度	层数	高度	层数	高度	层数	高度	层数
多层砌体房屋	普通砖	240	21	7	21	7	21	7	18	6	15	5	12	4
	多孔砖	240	21	7	21	7	18	6	18	6	15	5	9	3
	多孔砖	190	21	7	18	6	15	5	15	5	12	4	—	—
	小砌块	190	21	7	21	7	18	6	18	6	15	5	9	3
底部框架、抗震墙砌体房屋	普通砖	240	22	7	22	7	19	6	16	5	—	—	—	—
	多孔砖													
	多孔砖	190	22	7	19	6	16	5	13	4	—	—	—	—
	小砌块	190	22	7	22	7	19	6	16	5	—	—	—	—

注:①房屋的总高度指室外地面到主要屋面板板顶或檐口的高度,半地下室从地下室室内地面算起,全地下室和嵌固条件好的半地下室应允许从室外地面算起;对带阁楼的坡屋面应算到山尖墙的1/2高度处;

②室内外高度差大于0.6 m时,房屋总高度应允许比表中的数据适当增加,但增加量应少于1.0 m;

③乙类的多层砌体房屋仍按本地区设防烈度查表,其层数应减少一层且总高度应降低3 m;不应采用底部框架-抗震墙砌体房屋;

④本表小砌块砌体房屋不包括配筋混凝土小型空心砌块砌体房屋。

②根据墙体的维护和分隔作用,要求墙体应具有保温、隔热、隔音、防火、防潮的能力。

8.2 块材墙构造

块材墙是用砂浆等胶凝材料将砖石块材组砌而成的,也可以称为砌体,如砖墙、石墙及各种砌块墙等。一般情况下,块材墙具有一定的保温、隔热、隔声性能和承载能力,生产制造及施工操作简单,不需要大型的施工设备,但是现场湿作业较多,施工速度慢,劳动强度较大。

▶8.2.1 墙体材料

1)常用块材

块材墙中常用的块材有各种砖和砌块(图8.3)。

(a)烧结普通砖

(b)烧结多孔砖

(c)烧结空心砖

(d)混凝土空心砌块

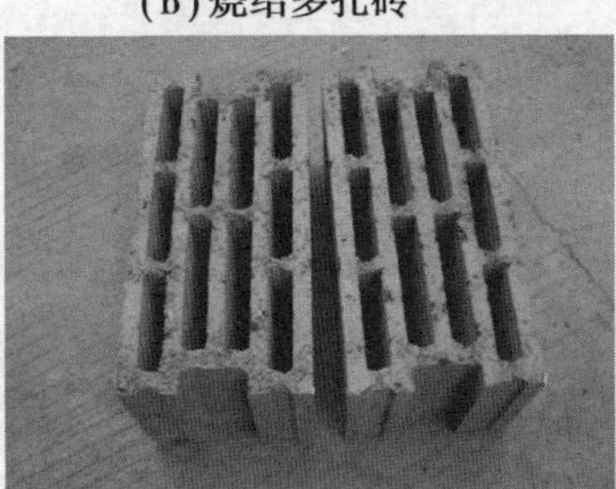

(e)混凝土空心砌块

(f)蒸压加气混凝土砌块

图8.3 块材墙的常用材料

(1)砖

砖的种类很多,从材料上划分,有黏土砖、灰砂砖、页岩砖、煤矸石砖、水泥砖以及各种工业废料砖,如炉渣砖等。从外观上划分,有实心砖、空心砖和多孔砖。砖的制作工艺有烧结和蒸压养护等成型方式。目前常用的砖材有烧结普通砖、蒸压粉煤灰砖、蒸压灰砂砖、烧结空心砖和烧结多孔砖等。

砖的强度等级是根据10块砖抗压强度平均值和标准值划分的,共有五个级别,即MU30、MU25、MU20、MU15和MU10,单位为N/mm^2。强度等级越高的砖,抗压强度越好。

烧结普通砖是指采用黏土、粉煤灰、煤矸石和页岩等材料烧结的实心砖。目前常采用页岩砖。实心黏土砖具有较高的强度和良好的热工、防火、抗冻性能,但黏土取材会消耗大量农田土地,自2000年6月1日起,国家开始在住宅建设中限制使用实心黏土砖。

蒸压粉煤灰砖是以粉煤灰、石灰、石膏和细集料为原料,压制成型后经高压蒸汽养护制成的实心砖,其强度高,性能稳定。蒸压灰砂砖是以石灰和砂子为主要原料,成型后经蒸压养护而成,主要用作承重砖,隔声和蓄热性能较好,有实心砖也有空心砖。

烧结空心砖和烧结多孔砖都是以黏土、页岩、煤矸石等为主要原材料经焙烧而成的,主要适用于非承重墙体。其中,烧结页岩空心砖是目前广泛应用的一种砖材,具有强度高、质量轻、抗裂性强、墙面不易开裂及脱落等优点,主要用于砌筑钢筋混凝土框架结构和剪力墙结构中的填充墙。

(2)砌块

砌块是利用混凝土、工业废料(炉渣、矿渣等)和地方材料制造的块材。砌块具有生产投资少、工艺简单、节能环保,施工速度快,不需要大型的起重运输设备等优点。砌块墙是目前我国大力发展和推广墙体材料。6层以下的住宅、学校办公楼以及单层厂房均可使用。

砌块按尺寸和质量的大小不同分为小型砌块、中型砌块和大型砌块。高度在115~380 mm的称作小型砌块,高度在380~980 mm的称作中型砌块,高度在980 mm以上的称作大型砌块。小型砌块的质量轻、型号多,使用较灵活,适应面广,但小型砌块墙多为手工砌筑,施工劳动量较大。中型和大型砌块的尺寸、质量均较大,适于机械起吊和安装,可提高劳动生产率,但型号不多,不如小型砌块灵活。

砌块按外观形状可分为实心砌块和空心砌块。空心砌块有单排方孔、单排圆孔和多排扁孔三种形式(图8.4)。其中,多排扁孔对保温较有利。按砌块在组砌中的位置与作用,可分为主砌块和辅助砌块两类。

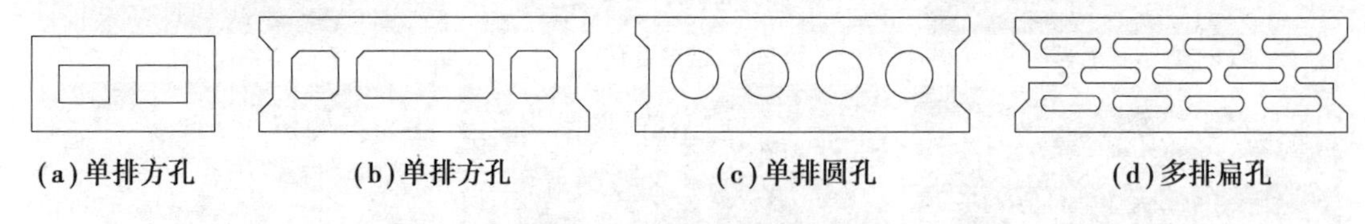

(a)单排方孔　(b)单排方孔　(c)单排圆孔　(d)多排扁孔

图8.4　空心砌块的常见形式

根据材料的不同,常用的砌块有普通混凝土小型空心砌块、轻集料混凝土小型空心砌块、粉煤灰小型空心砌块和蒸压加气混凝土砌块等。其中,蒸压加气混凝土砌块是目前广泛应用的建筑填充墙材料,它的质量轻、强度高,具有良好的保温、隔热、隔声以及抗渗性能,而且耐火性能是钢筋混凝土的6~8倍。蒸压加气混凝土砌块的施工特性也非常优良,它不仅可以在工厂内生产出各种规格,还可以像木材一样进行锯、刨、钻、钉,又由于它的体积比较大,因此施工速度也非常快。

2)胶凝材料

块材需经胶凝材料砌筑成墙体,使它传力均匀。同时胶凝材料还可起嵌缝作用,能提高墙体的保温、隔热和隔声性能。块材墙的胶凝材料主要是砂浆。

砌筑砂浆通常使用水泥砂浆、石灰砂浆和混合砂浆三种。水泥砂浆的强度高，防潮性能好，主要用于受力和防潮要求高的墙体中；石灰砂浆的强度和防潮性都较差，但和易性好，主要用于砌筑强度要求低、处于干燥环境的墙体。混合砂浆由水泥、石灰、砂经水拌和而成，既具有一定的强度，也具有良好的和易性，在民用建筑地上部分的墙体中被广泛采用。

对于一些表面较光滑的块材，如蒸压粉煤灰砖、蒸压灰砂砖、蒸压加气混凝土砌块等，砌筑时需要加强与砂浆的黏结力，要求采用经过配方处理的专用砌筑砂浆，或采取提高块材和砂浆间黏结力的相应措施。

2011 年 8 月 1 日起正式实施的《JGJT 98—2010 砌筑砂浆配合比设计规程》规定，水泥砂浆及预拌砌筑砂浆的强度等级可分为 M5、M7.5、M10、M15、M20、M25、M30；水泥混合砂浆的强度等级可分为 M5、M7.5、M10、M15。在同一段墙体中，砂浆和块材的强度等级要满足一定的对应关系，以保证墙体的整体强度不受影响。

▶8.2.2 组砌方式

组砌是指块材在砌体中的排列方式。组砌时应错缝搭接，使上下层块材的垂直缝交错，保证墙体的整体性。如果墙体表面或内部的垂直缝处于一条线上，就会形成通缝（图 8.5）。在荷载作用下，通缝易使墙体开裂，降低其承载力和稳定性。

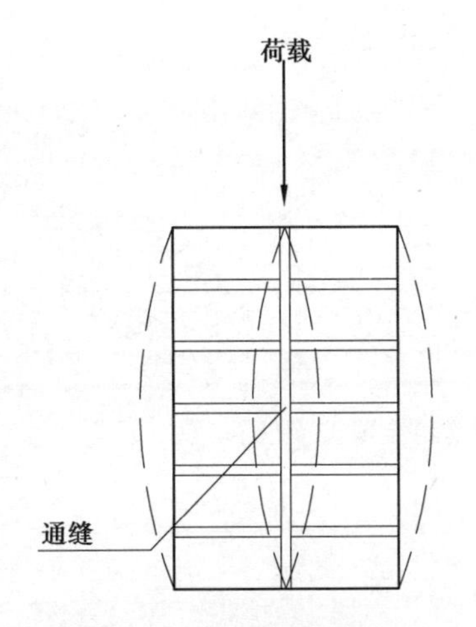

图 8.5 块材墙通缝示意

1）砖墙的组砌

（1）砖墙的组砌原则

在砖墙的组砌中，把长边平行于墙面砌筑的砖称为顺砖，而把长边垂直于墙面砌筑的砖称为丁砖，排列的每一层砖称为一皮砖（图 8.6）。上下两皮砖之间的水平缝称为横缝，左右两块砖之间的垂直缝称为竖缝，标准缝宽为 10 mm，可在 8~12 mm 范围内调整。

为保证墙体的强度及保温、隔热、隔声等性能，要求顺砖和丁砖交替砌筑，砖块的排列应遵循砂浆饱满、横平竖直、内外搭接、上下错缝的原则。当外墙做清水墙面时，组砌还应考虑块材排列方式不同带来的墙面图案效果。

（2）砖墙的组砌方式

实体砖墙常用的组砌方式有全顺式、一顺一丁式、三顺一丁式、两平一侧式、十字式（也称梅花丁式）等，如图 8.7 所示。

空体砖墙的组砌有三种情况：多孔砖墙、空心砖墙和空斗砖墙。多孔砖墙主要采用全顺式、一顺一丁式、十字式等组砌方式。空心砖墙一般采用全顺式侧砌。空斗墙是用烧结普通砖砌筑的空心墙体，其组砌方式有无眠空斗式、一眠一斗式、一眠二斗式、一眠三斗等（图 8.8）。空斗砖墙是我国的一种传统墙体，自明代起大量用来建造民居和寺庙等，在长江流域和西南地区应用较广，而随着我国建筑工业化的不断推进，目前的建筑工程中已很少采用空斗砖墙。

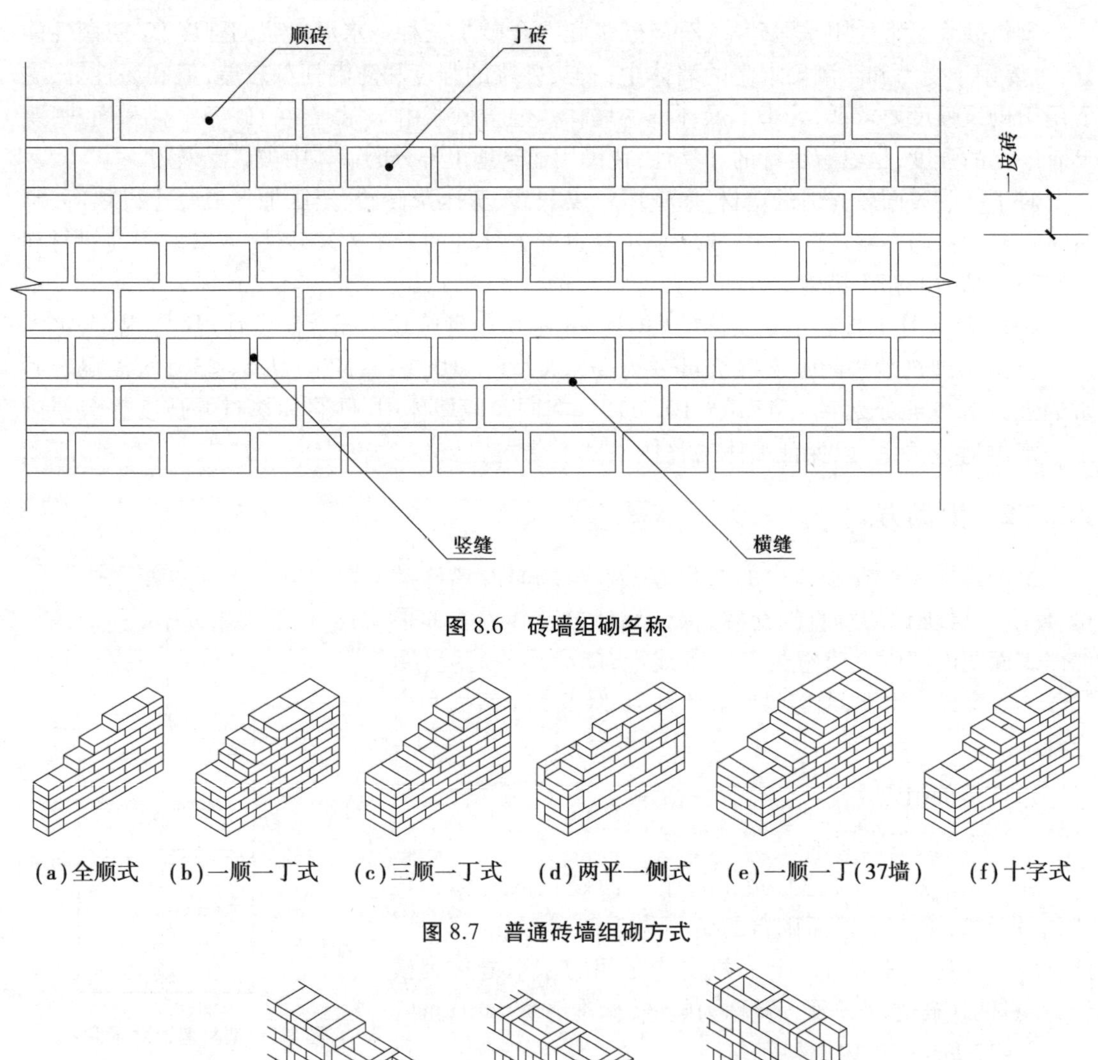

图 8.6　砖墙组砌名称

(a)全顺式　(b)一顺一丁式　(c)三顺一丁式　(d)两平一侧式　(e)一顺一丁(37墙)　(f)十字式

图 8.7　普通砖墙组砌方式

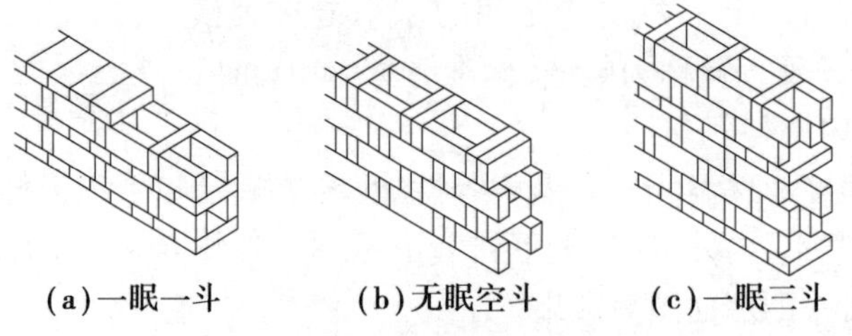

(a)一眠一斗　(b)无眠空斗　(c)一眠三斗

图 8.8　空斗墙砌筑方法

2)砌块墙的组砌

由于砌块的规格较多、尺寸较大,为保证错缝以及砌体的整体性,应事先做排列设计,并在砌筑过程中采取加固措施。排列设计就是把不同规格的砌块在墙体中的安放位置用平面图和立面图加以表示。砌块排列设计应满足:上下皮错缝搭接,墙体交接处和转角处应砌块彼此搭接,优先采用大规格砌块并使主砌块的总数量在 70%以上。为减少砌块规格,允许使用极少量的砖来镶砌填缝,采用混凝土空心砌块时,上下皮砌块应孔对孔、肋对肋,以保证有足够的接触面。砌块的排列组合如图 8.9 所示。

当砌块墙组砌出现通缝或错缝距离不足 150 mm 时,应在通缝处加钢筋网片,使之拉结成整体,如图 8.10 所示。

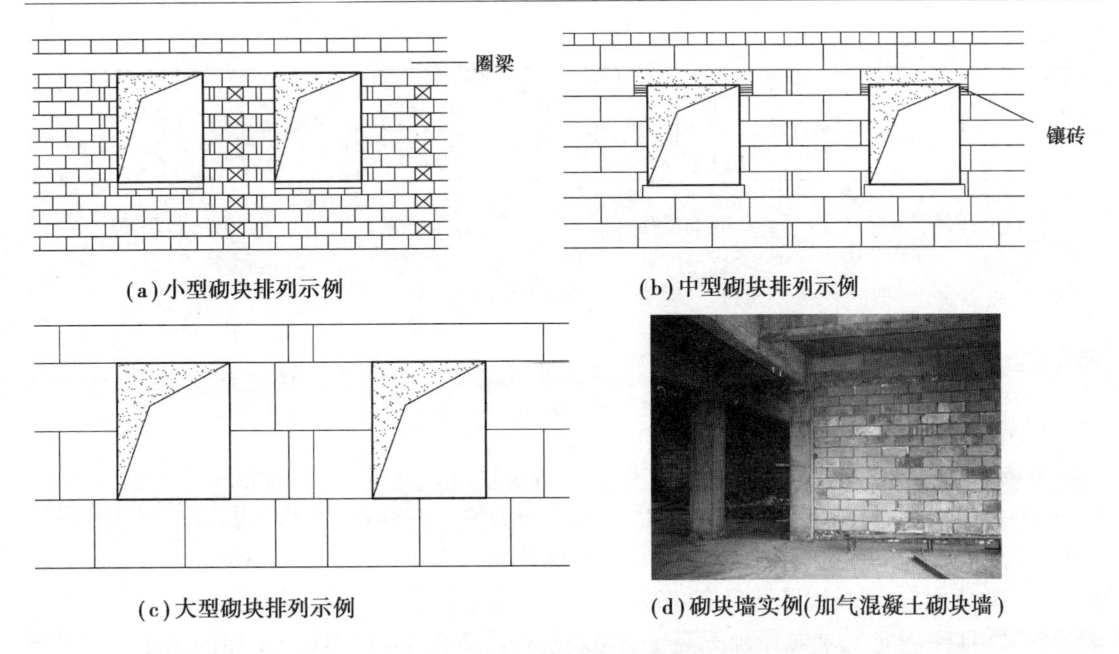

(a)小型砌块排列示例 (b)中型砌块排列示例

(c)大型砌块排列示例 (d)砌块墙实例(加气混凝土砌块墙)

图 8.9 砌块排列示意图

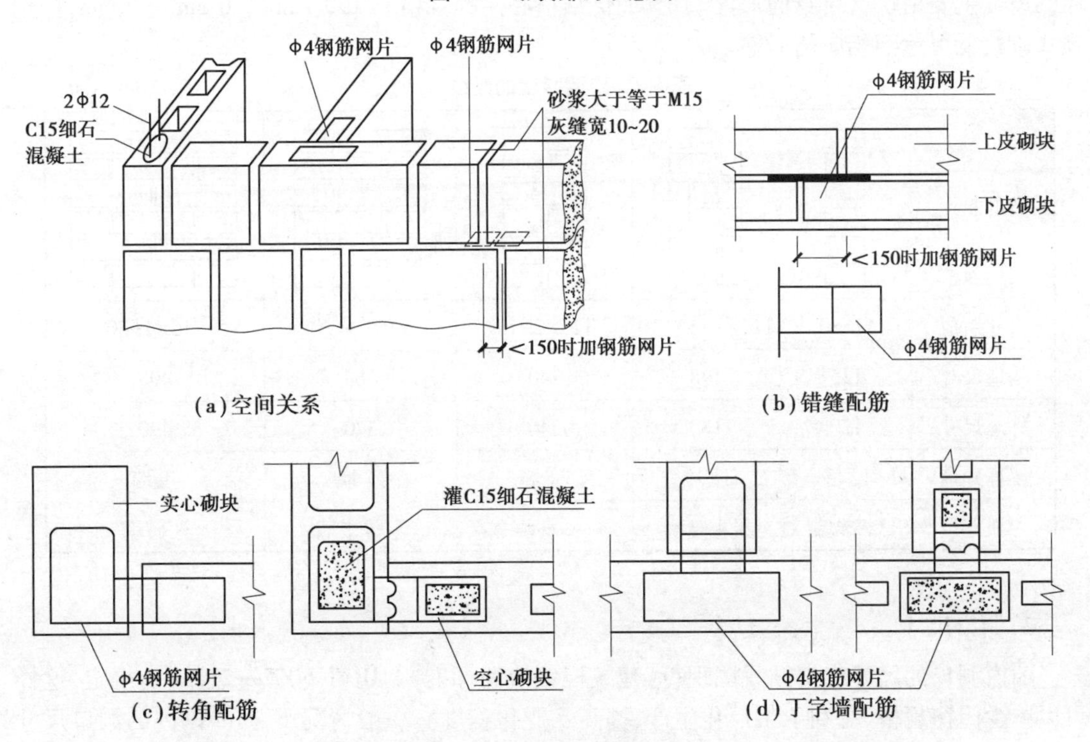

(a)空间关系 (b)错缝配筋

(c)转角配筋 (d)丁字墙配筋

图 8.10 砌缝的构造处理

由于砌块规格很多,外形尺寸往往不像砖那样规整,因此砌块组砌时,缝型比较多,有平缝、凹槽缝和高低缝,如图 8.11 所示。平缝制作简单,多用于水平缝。凹槽缝灌浆方便,多用于垂直缝。缝宽视砌块尺寸而定,小型砌块为 10~15 mm,中型砌块为 15~20 mm。砌筑砂浆强度等级不低于 M5。

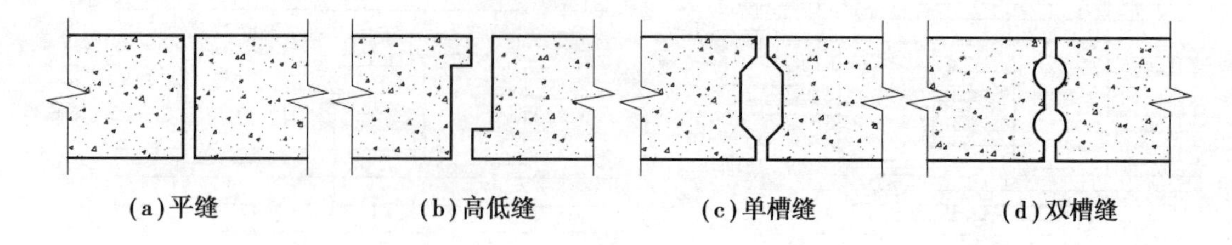

图 8.11　砌块缝型示例

▶8.2.3　墙体尺度

1)墙厚

墙的厚度主要由块材和灰缝的尺寸组合而成。以常用的实心砖规格 240 mm×115 mm×53 mm(长×宽×厚)为例,用砖的三个方向的尺寸作为墙厚的基数,当错缝或墙厚超过砖块尺寸时,均按灰缝 10 mm 进行砌筑。从尺寸上不难看出,砖厚加灰缝、砖宽加灰缝后与砖长形成 1∶2∶4 的比例,普通砖墙厚度见表 8.2。目前的建筑工程普遍应用钢筋混凝土结构,其填充墙通常采用烧结空心砖或蒸压加气混凝土砌块砌筑为 200 mm 或 100 mm 厚的墙体。这类墙体的厚度主要由块材自身的尺寸确定,如烧结空心砖的规格有 190 mm×190 mm×90 mm,按全顺式砌筑就可达到相应的墙厚。

表 8.2　砖墙厚度的组成　　单位:mm

砖的断面					
尺寸组成	115×1	115×1+53+10	115×2+10	115×3+20	115×4+30
构造尺寸	115	178	240	365	490
标志尺寸	120	180	240	370	490
工程称谓	12 墙	18 墙	24 墙	37 墙	49 墙
习惯称谓	半砖墙	3/4 砖墙	一砖墙	一砖半墙	两砖墙

2)洞口尺寸

门窗洞口的尺寸应遵循我国现行《建筑模数协调标准》(GB/T 5002—2013)的规定,这样可以减少门窗规格,有利于工厂化生产,提高工业化程度。一般情况下,1 m 以内的洞口尺寸采用基本模数(100 mm)的倍数,如 600、700、800、900、1 000 mm,大于 1 m 的洞口尺寸采用扩大模数(300 mm)的倍数,如 1 200、1 500、1 800 mm 等。

▶8.2.4　墙身的细部构造

为保证墙体的耐久性以及墙体与其他构件的连接,应在相应位置进行构造处理。墙身的细部构造包括墙脚、门窗洞口、墙身加固措施等。

1)墙脚构造

墙脚是指室内地面以下、基础以上的这段墙体,如图 8.12 所示。墙脚所处的位置常受到雨水、地表水和土壤中水分的侵蚀,致使墙身受潮,饰面层发霉脱落,影响建筑外观和室内环境卫生。因此,在构造上应采取必要的防潮措施,增强墙脚的耐久性;且不能使用吸水率较大、对干湿交替作用敏感的块材砌筑墙脚,如加气混凝土砌块等。

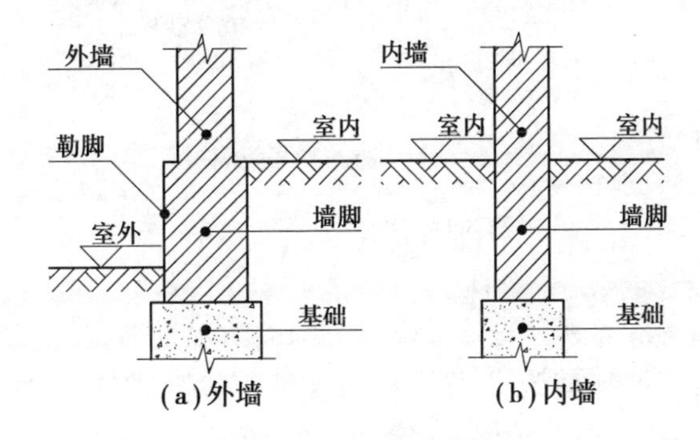

图 8.12 墙脚位置

(1)墙身防潮

墙身防潮的方法是在墙脚铺设防潮层,防止土壤和地面水渗入墙体。防潮层在构造形式上分为水平防潮层和垂直防潮层两种。

①防潮层位置。当室内地面垫层为混凝土等密实材料时,水平防潮层应设在垫层范围内低于室内地坪 60 mm 处,以隔绝地潮对墙身的影响,且还应至少高于室外地面 150 mm,以防止雨水溅湿墙面。当室内地面垫层为透水材料(如碎石、炉渣等)时,水平防潮层设在平齐或高于室内地坪 60 mm 处。若相邻两房间的室内地面存在高差,应在墙身内设置高低两道水平防潮层,并在靠土壤一层设置垂直防潮层。如采用混凝土或石砌勒脚,则可以不设水平防潮层。此外,还可将地圈梁提高至室内地坪以下来代替水平防潮层。墙身防潮层的位置如图 8.13所示。

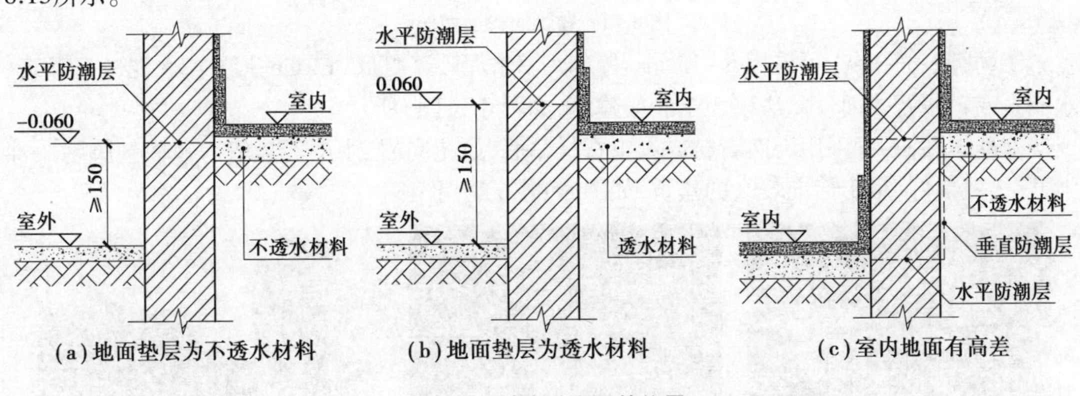

图 8.13 墙身防潮层的位置

②防潮层的做法。水平防潮层通常有三种构造做法,即油毡防潮层(现已少用)、防水砂浆防潮层和细石混凝土防潮层,如图 8.14 所示。垂直防潮层的做法通常是在回填土前(靠填土一侧),先用 1∶2的水泥砂浆抹面 15~20 mm,再刷冷底子油一道,刷热沥青两道;也可直接采用掺有 3%~5%防水剂的砂浆抹面 15~20 mm 的做法。

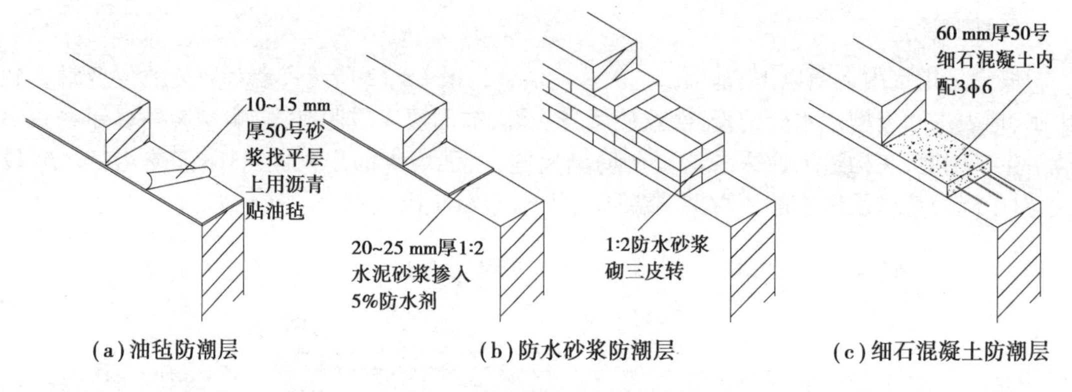

(a)油毡防潮层　　(b)防水砂浆防潮层　　(c)细石混凝土防潮层

图 8.14　墙身水平防潮层

(2)勒脚构造

勒脚是外墙身下部与室外地坪交接处竖直方向的防水构造,其高度一般是室内地坪与室外地面之间的高差。为了保持建筑立面的装饰效果,有时也将底层窗台以下的部分作为勒脚。勒脚不仅受到水的侵蚀,还受到外界机械力的影响,所以要求勒脚更加防潮与坚固耐久。通常采用的构造做法如图 8.15 所示。

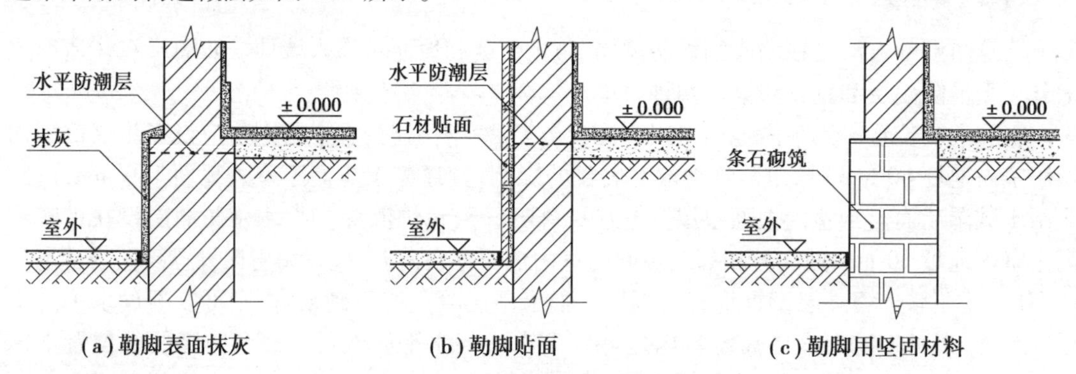

(a)勒脚表面抹灰　　(b)勒脚贴面　　(c)勒脚用坚固材料

图 8.15　勒脚的构造做法

①勒脚表面抹灰:可采用 8~15 mm 厚的 1∶3水泥砂浆打底,12 mm 厚 1∶2水泥白石子浆、水刷石或斩假石抹面。此法多用于一般建筑,如图 8.16(a)所示。

②勒脚贴面:可采用天然石材或人工石材贴面,如花岗岩、水磨石板等。贴面勒脚耐久性强,装饰效果好,用于标准较高的建筑,如图 8.16(b)所示。

(a)抹灰勒脚

(b)石材贴面勒脚

(c)条石勒脚

图 8.16　勒脚构造实例

③勒脚用坚固材料:采用条石、混凝土等坚固耐久的材料来做勒脚,如图 8.16(c)所示。

(3)踢脚构造

踢脚是外墙内侧和内墙两侧与室内地坪交接处的构造,也成为踢脚线或踢脚板,如图 8.17所示。踢脚的主要作用是加固并保护内墙脚,遮盖墙面与楼地面的接缝,防止此处渗漏水、掉灰以及扫地时污染墙面。踢脚的高度一般为 100~150 mm,有时为了装饰墙面或防潮,也将其延伸至 900~1 800 mm,称为墙裙。踢脚材料常采用木材、瓷砖、缸砖等,一般与地面材料保持一致。

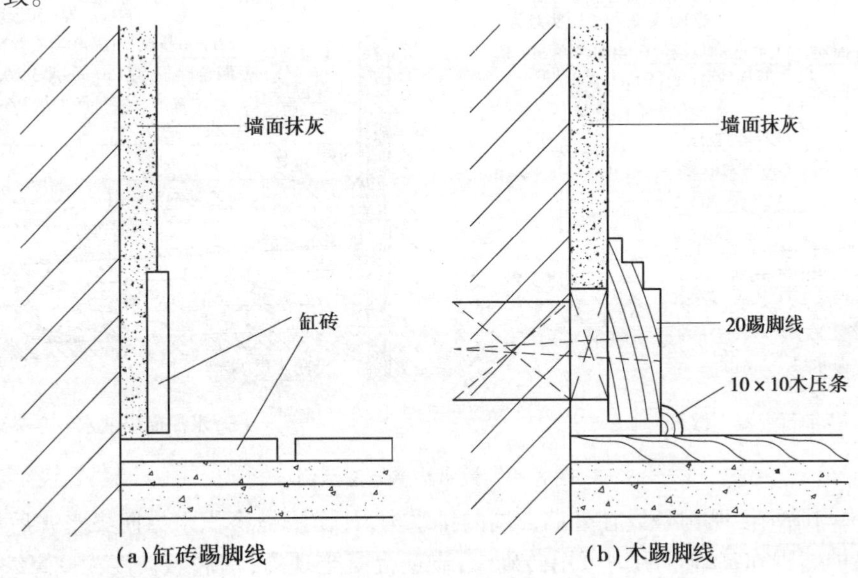

(a)缸砖踢脚线　　(b)木踢脚线

图 8.17　踢脚线

(4)外墙周围的排水处理

为了防止屋顶落水或地表水侵入勒脚而危害基础,必须沿建筑物外墙四周设置散水、明沟或暗沟等(图 8.18),以将勒脚附近的积水及时排开。当屋面采用有组织排水时,一般设散水和暗沟;而当屋面采用无组织排水时,则设散水和明沟。此外,对于降雨量较小的北方地区,建筑外墙周围一般单做散水;而对于降雨量较大的南方地区,通常将散水与明沟或暗沟结合,也可单做明沟。

(a)散水　　(b)明沟　　(c)暗沟

图 8.18　外墙周围的排水处理

①散水。铺设在建筑外墙四周用以防止雨水渗入的保护层称为散水,其做法通常是在夯实素土上铺三合土、混凝土等材料,厚度为 60~70 mm,如图 8.19 所示。散水宽度一般为600~

1 000 mm,当屋面采用无组织排水时,其宽度应大于屋檐出挑长度 200~300 mm。为保证排水顺畅,散水的排水坡度通常为 3%~5%。为防止外墙沉降时将散水拉裂,应在散水与外墙交接处设置变形缝,并采用弹性材料嵌缝。同时,沿散水纵向应间隔 6 000~12 000 mm 设置一道伸缩缝,并进行嵌缝处理。对于存在季节性冰冻的地区,散水底部还需用砂石、炉渣、石灰土等非冻胀材料铺设 300 mm 厚的防冻胀层。

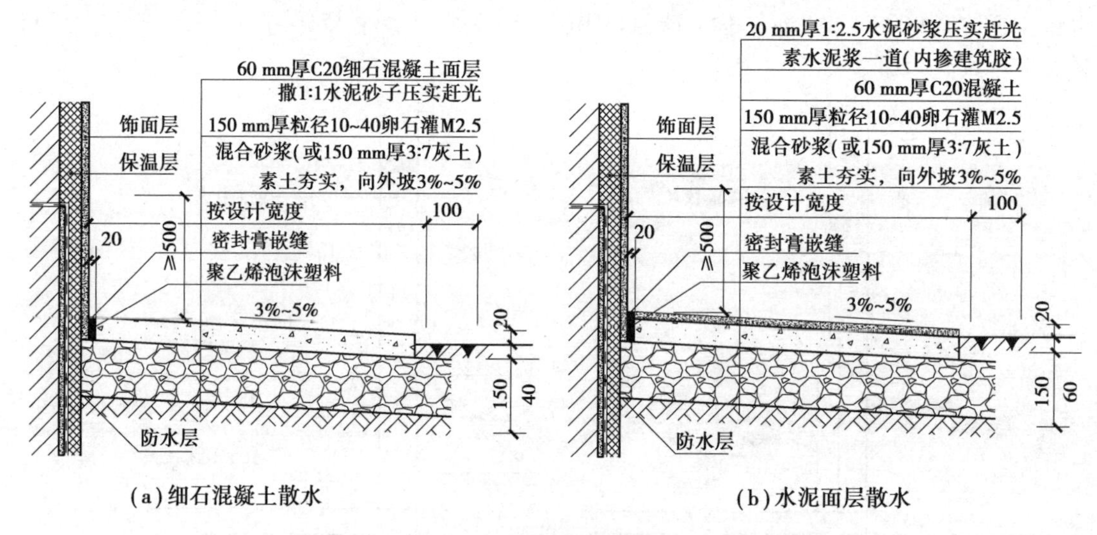

图 8.19　散水构造做法示例

②明沟与暗沟。明沟是设在外墙四周的排水沟,其作用是将积水导向集水井后汇入排水系统,以保护墙脚和基础。明沟可用砖砌、石砌或混凝土现浇,沟底做坡度为 0.5%~1%的排水纵坡。明沟中心应正对屋檐滴水位置,外墙与明沟之间应做散水,如图 8.20(a)所示。暗沟是设有盖沟板的排水沟,其作用与明沟相同,如图 8.20(b)所示。

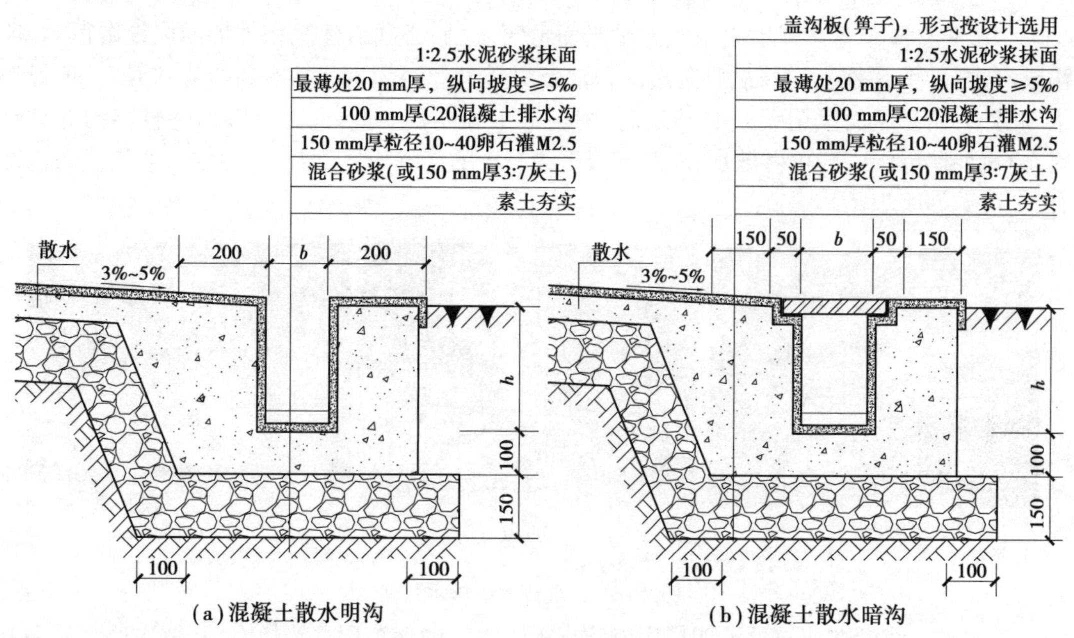

图 8.20　明沟与暗沟构造示例(图中 b 和 h 按设计确定,且不大于 400 mm)

2)门窗洞口构造

(1)门窗过梁构造

过梁是用来支撑门窗洞口上部墙体的承重构件,它将所受荷载传递给洞口两侧的墙体,承重墙上的过梁,还要承受楼板的荷载。

常用的钢筋混凝土过梁,承载能力较强,可用于较宽的门窗洞口,对建筑的不均匀沉降或振动有一定的适应性。过梁的宽度一般与墙厚相同,高度按结构计算确定,但应配合墙体块材的规格,过梁两端伸入墙内的支承长度不应小于 240 mm。外墙的门窗过梁还应在底部抹灰时做好滴水处理,以防止飘落到墙面的雨水沿过梁向外墙内侧流淌。

图 8.21 为钢筋混凝土过梁的几种断面形式,其中矩形断面过梁施工方便,是最常采用的断面形式。同时过梁的形式还应配合建筑的立面装饰,例如带有窗套或窗楣的窗,过梁断面就可做成"L"形出挑,如图 8.21(b)、(c)所示。此外,在寒冷地区,也常采用"L"形断面的过梁,以减小其外露部分的面积,或将其全部包起来,防止在过梁内表面产生凝结水,如图8.21(d)所示。

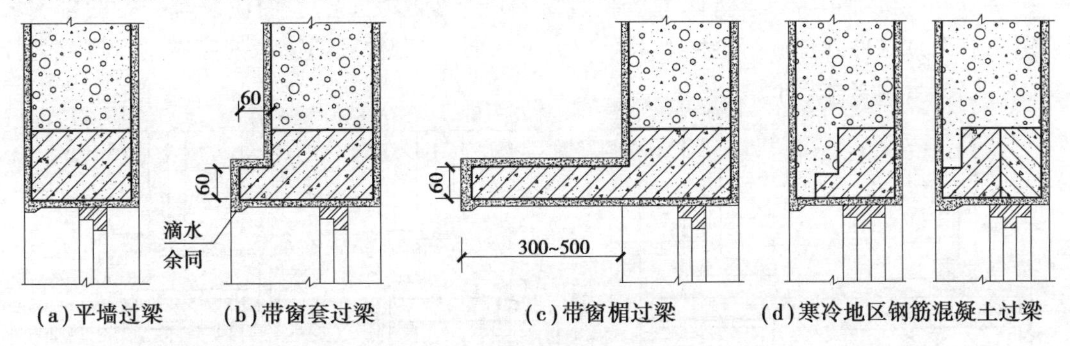

(a)平墙过梁　(b)带窗套过梁　(c)带窗楣过梁　(d)寒冷地区钢筋混凝土过梁

图 8.21　钢筋混凝土过梁

有时,过梁会根据建筑风格和装饰需要采用其他形式,如传统的砖拱和石拱过梁,或结合细部设计而制作的各种钢筋混凝土过梁的变化形式,如图 8.22 所示。其中,砖拱和石拱过梁对门窗洞口的跨度有一定限制,并且对基础不均匀沉降的适应性较差,目前只应用于一些复古风格建筑的非承重装饰墙体中。

(2)窗台

窗台是窗洞口下部设置的排水构造,其作用是排除沿窗面流下的雨水,防止其渗入墙身或沿窗缝渗入室内。窗台的形式分为挑窗台和不悬挑窗台两种,如图 8.23 所示,为便于排水,一般设置为挑窗台。位于内墙或阳台等处的窗不受雨水冲刷,可不必设挑窗台。当外墙面材料为面砖时,墙面易被雨水冲洗干净,也可不设挑窗台。

(a)砖拱过梁(圆拱)

(b)砖拱过梁(平拱)

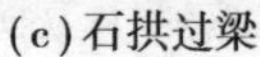

(c)石拱过梁

(d)钢筋混凝土拱形过梁

图 8.22　其他形式的过梁

挑窗台可用砖砌,也可用混凝土窗台构件。砖砌挑窗台根据设计要求可分为平砖挑出1/4砖和立砖挑出 1/4 砖。窗台两端应超过窗洞口至少 120 mm,表面应设有一定的排水坡度,并做抹灰或贴面处理。为避免雨水影响窗下墙面,挑窗台底部边缘处应做滴水槽或斜抹水泥砂浆,引导雨水垂直下落。

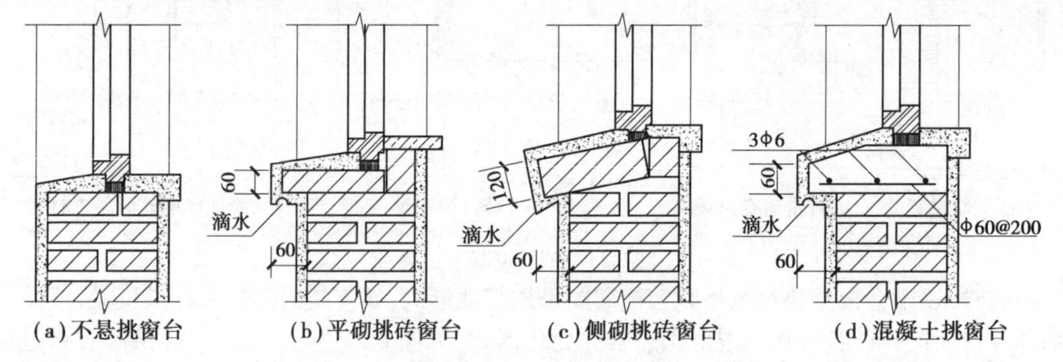

(a)不悬挑窗台　(b)平砌挑砖窗台　(c)侧砌挑砖窗台　(d)混凝土挑窗台

图 8.23　窗台构造

为突出建筑立面的装饰效果,可在窗洞口四周由过梁、窗台和窗边挑出的立砖形成窗套;也可将几个窗台连做或将所有的窗台连通形成水平线条(即腰线),如图 8.24 所示。

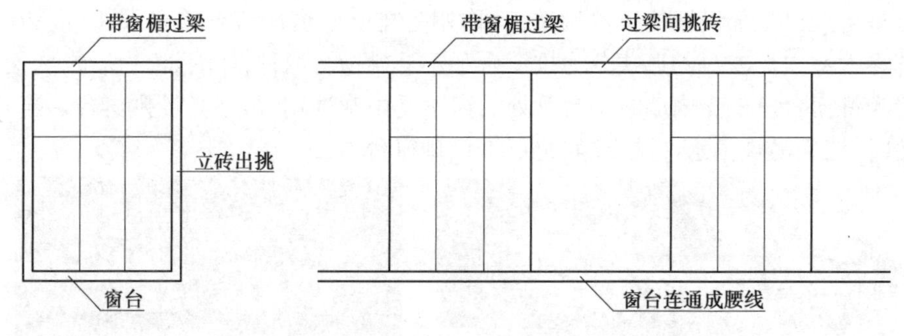

图 8.24　窗套与腰线

3)墙身加固措施

(1)门垛和壁柱

在墙体上开设门洞时一般应设门垛,特别是在墙体转折处或丁字墙处,用以保证墙身稳定和门框安装,如图 8.25 所示。门垛宽度与墙厚相同,长度与块材的尺寸、规格相对应,且不宜过长,以免影响房间使用。普通砖墙的门垛长度一般为 120 mm 或 240 mm,空心砖墙或加气混凝土砌块墙的门垛宽度一般为 100 mm 或 200 mm。

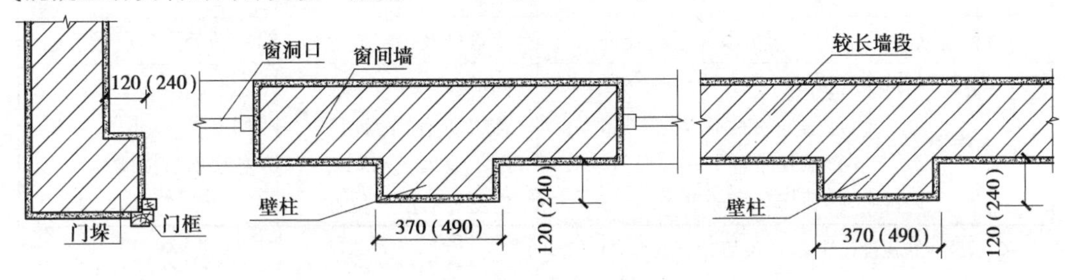

图 8.25　门垛与壁柱

当墙体受集中荷载作用或因墙体过长导致稳定性不足时(如 240 mm 厚、长度超过 6 m),应在墙身局部适当位置增设壁柱(又称扶壁柱),使其与墙体共同承担荷载并稳定墙身,如图 8.25 所示。壁柱尺寸应根据结构计算确定并符合块材规格,如砖墙壁柱常凸出墙面 120 mm 或 240 mm,宽度为 370 mm 或 490 mm。壁柱一般用于砌体结构。

(2)圈梁

圈梁是沿建筑外墙、内纵墙和主要横墙在同一水平面设置的连续封闭的梁,如图 8.26(a)所示。圈梁的作用是增强建筑的整体刚度及墙身稳定性,减少因基础不均匀沉降或承受较大振动荷载所引起的墙身开裂。

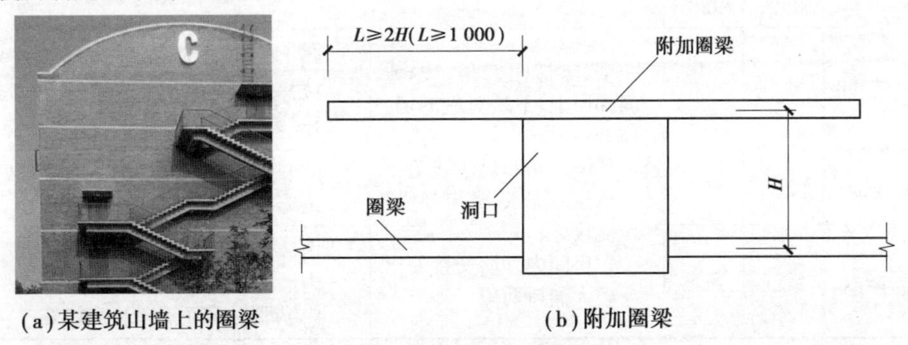

(a)某建筑山墙上的圈梁　　(b)附加圈梁

图 8.26　圈梁与附加圈梁

圈梁与门窗过梁宜尽量统一考虑,可用圈梁代替门窗过梁。圈梁应闭合,若遇到截断圈梁的门窗洞口,则应在洞口上部附加圈梁,进行上下搭接,如图 8.26(b)所示。但对于有抗震要求的建筑,圈梁不宜被洞口截断。

钢筋混凝土圈梁整体刚度好,应用广泛,目前常采用现浇整体式施工,其宽度与墙厚相同,高度不应小于 120 mm 并且与块材尺寸相对应,如砖墙中一般为 180 mm、240 mm 等。

钢筋混凝土圈梁的设置位置与数量应根据建筑的墙厚、层高、层数、地基条件、抗震设防烈度等因素综合考虑。如《砌体结构设计规范》(GB 50003—2011)中规定:对于单层砖砌体结构建筑,当檐口标高为 5~8 m 时,应在檐口标高处设置一道圈梁;当檐口标高大于 8 m 时应增设一道圈梁。对于多层砌体结构民用建筑,当层数为 3~4 层时,应在底层和檐口标高处各设置一道圈梁;当层数超过 4 层时,还应在所用纵横墙上隔层设置。此外,在抗震设防区,圈梁还应按抗震设防烈度设置,见表 8.3。

表 8.3　现浇钢筋混凝土圈梁设置要求

<table>
<tr><th rowspan="2">墙　类</th><th colspan="3">烈　度</th></tr>
<tr><th>6、7</th><th>8</th><th>9</th></tr>
<tr><td>外墙和内纵墙</td><td>屋盖处及每层楼盖处</td><td>屋盖处及每层楼盖处</td><td>屋盖处及每层楼盖处</td></tr>
<tr><td>内横墙</td><td>同上；
屋盖处间距不应大于 4.5 m；
楼盖处间距不应大于 7.2 m；
构造柱对应部位</td><td>同上；
各层所有横墙，且间距不应大于 4.5 m；
构造柱对应部位</td><td>同上；
各层所有横墙</td></tr>
</table>

注：摘自《建筑抗震设计规范（2016 版）》（GB 50011—2010）。

（3）构造柱

为防止建筑在地震中倒塌，应在砌体结构建筑的墙体中设置现浇钢筋混凝土构造柱，使之与各层圈梁连接，形成空间骨架，提高建筑的整体刚度和稳定性。多层砌体结构建筑应在外墙四角和对应转角、错层部位横墙与外纵墙交接处、较大洞口两侧、大房间内外墙交接处以及楼梯、电梯四角等部位设置构造柱。此外，构造柱还应根据抗震设防烈度的不同来区别设置，见表 8.4。

表 8.4　砖墙构造柱的设置要求

<table>
<tr><th colspan="4">房屋层数</th><th colspan="2" rowspan="2">设置部位</th></tr>
<tr><th>6 度</th><th>7 度</th><th>8 度</th><th>9 度</th></tr>
<tr><td>四、五</td><td>三、四</td><td>二、三</td><td></td><td rowspan="3">楼、电梯间四角，楼梯斜梯段上、下端对应的墙体处；
外墙四角和对应转角；
错层部位横墙与外纵墙交接处；
大房间内外墙交接处；
较大洞口两侧</td><td>隔 12 m 或单元横墙与外纵墙交接处；
楼梯间对应的另一侧内横墙与外纵墙交接处</td></tr>
<tr><td>六</td><td>五</td><td>四</td><td>二</td><td>隔开间横墙（轴线）与外墙交接处；
山墙与内纵墙交接处</td></tr>
<tr><td>七</td><td>≥六</td><td>≥五</td><td>≥三</td><td>内墙（轴线）与外墙交接处；
内墙的局部较小墙垛处；
内纵墙与横墙（轴线）交接处</td></tr>
</table>

注：摘自《建筑抗震设计规范（2016 版）》（GB 50011—2010）。

构造柱的截面尺寸应与墙体厚度一致。砖墙构造柱的最小截面尺寸应为 240 mm×180 mm，竖向钢筋多采用 4Φ12，箍筋多采用Φ6@200~250，且在柱上下端适当加密。随着抗震设防烈度和建筑层数的增加，外墙四角的构造柱可适当加大截面和配筋。构造柱施工时应先绑扎钢筋，再砌墙，最后浇筑混凝土。构造柱与墙连接处应砌成马牙槎，并沿墙高每隔 500 mm设 2Φ6 的拉结钢筋，每边伸入墙内不宜小于 1 000 mm，如图 8.27 所示。构造柱下端应锚固在钢筋混凝土基础或基础梁内，无基础梁时应伸入室外地面下 500 mm，上端应锚固在顶层圈梁或女儿墙压顶内，以增强其稳定性。

（4）空心砌块墙芯柱

当墙体采用空心砌块砌筑时，应在建筑外墙四角和对应转角、内外墙交接处、楼梯间及电梯间四角等部位设置芯柱，其作用类似于钢筋混凝土构造柱。芯柱的做法是将砌块孔中插入通常钢筋，再用不低于 C20 的细石混凝土灌孔浇筑，如图 8.28 所示。

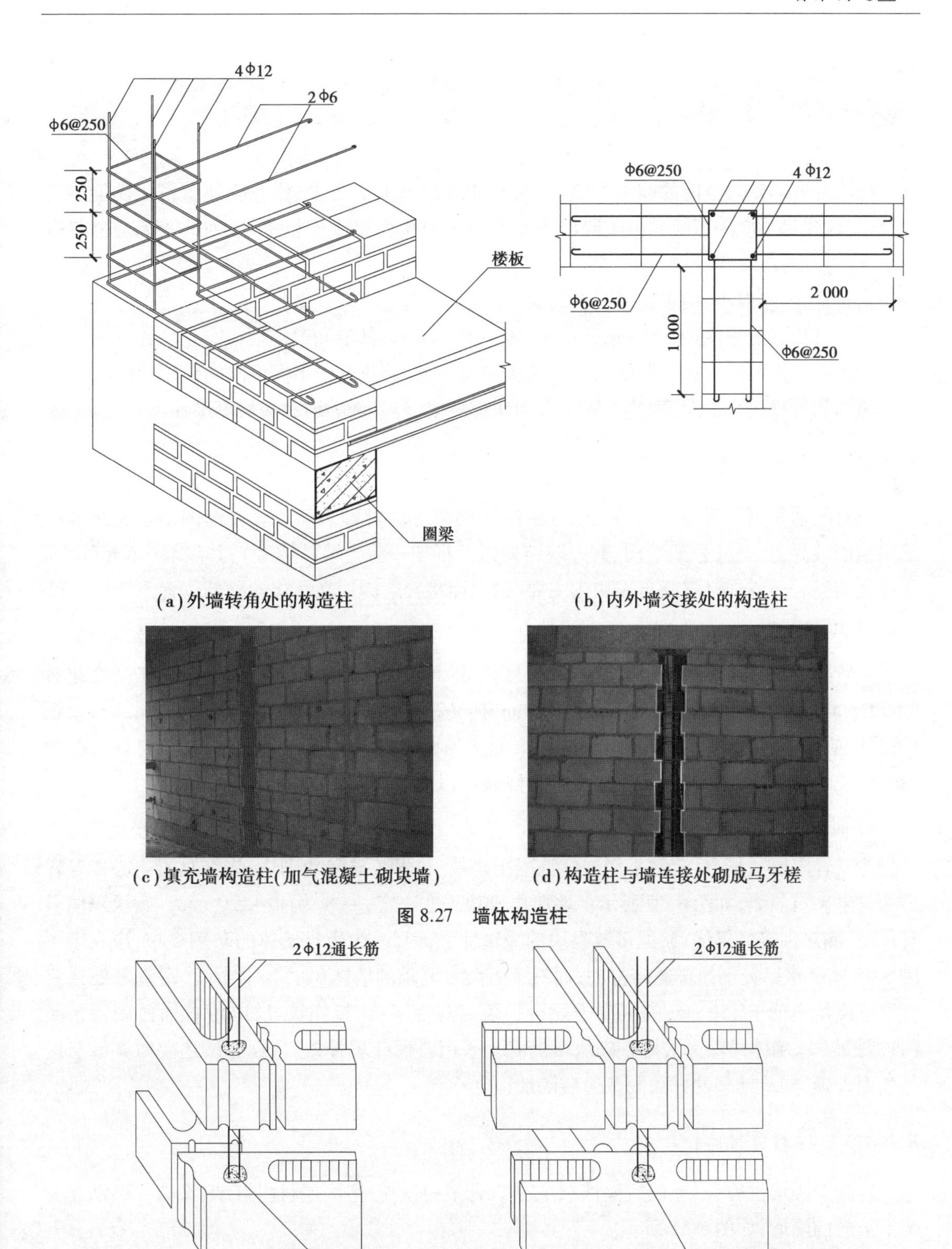

(a) 外墙转角处的构造柱　　(b) 内外墙交接处的构造柱

(c) 填充墙构造柱(加气混凝土砌块墙)　　(d) 构造柱与墙连接处砌成马牙槎

图 8.27　墙体构造柱

(a) 外墙转角处　　(b) 内外墙交接处

图 8.28　空心砌块墙芯柱构造

8.3 隔墙构造

隔墙是分隔室内空间的非承重墙,它可在建筑内部灵活布置,能适应建筑使用功能的变化,在现代建筑中应用广泛。由于隔墙不承重且其自重由梁或楼板承受,因此隔墙应满足以下要求:

①自重轻,厚度小,便于安装和拆卸;

②具有良好的稳定性,并与承重构件(承重墙、梁、板、柱等)稳固连接;

③具有一定的隔声、防潮、防水以及防火能力,以满足建筑中不同房间的使用功能。

隔墙的类型很多,按其构造方式可分为块材隔墙、轻骨架隔墙和板材隔墙三类。

▶8.3.1 块材隔墙

块材隔墙采用普通砖、空心砖、加气混凝土砌块等块材砌筑而成。目前的新建建筑普遍采用钢筋混凝土结构(框架结构、剪力墙结构以及框架—剪力墙结构等),其隔墙(填充墙)通常以烧结空心砖或加气混凝土砌块为主要材料,而将普通砖用在墙体的局部位置。

1)半砖隔墙

半砖隔墙用普通砖顺砌,砌筑砂浆宜大于 M2.5,构造如图 8.29 所示。当墙体高度超过 5 000 mm时应加固,一般沿墙高每隔 500 mm 砌入 2 Φ6 的通长钢筋,同时在隔墙顶部与楼板相接处,应用立砖斜砌一皮(俗称"滚砖"),填塞隔墙与楼板间的空隙。隔墙上有门时,要预埋铁件或将带有木楔的混凝土预制块砌入隔墙中以固定门框。

2)砌块隔墙

为减轻隔墙质量,目前常采用加气混凝土砌块、粉煤灰硅酸盐砌块、烧结页岩空心砖等轻质块材来砌筑隔墙,如图 8.30 所示。墙厚由砌块尺寸决定,一般为 90~120 mm。砌块隔墙具有质轻、隔热性能好等优点,但多数砌块的吸水性强,因此,为满足墙体的防潮要求,应在墙下砌 3~5 皮吸水率较小的普通砖打底;而对于有防水要求的墙体(厨房、卫生间、浴室等处),宜在墙下浇筑不低于 150 mm 的混凝土坎台。隔墙与上层梁、板相接处,应用普通砖斜砌挤紧(即"滚砖"),墙体局部无法用整砌块填满时也采用普通砖填补缺口。此外,还要对其墙身进行加固处理,构造处理的方法同普通砖隔墙。

▶8.3.2 轻骨架隔墙

轻骨架隔墙也称为"立筋式隔墙",它是以骨架为依托,把面层材料钉结、涂抹或粘贴在骨架上形成的隔墙,如图 8.31 所示。

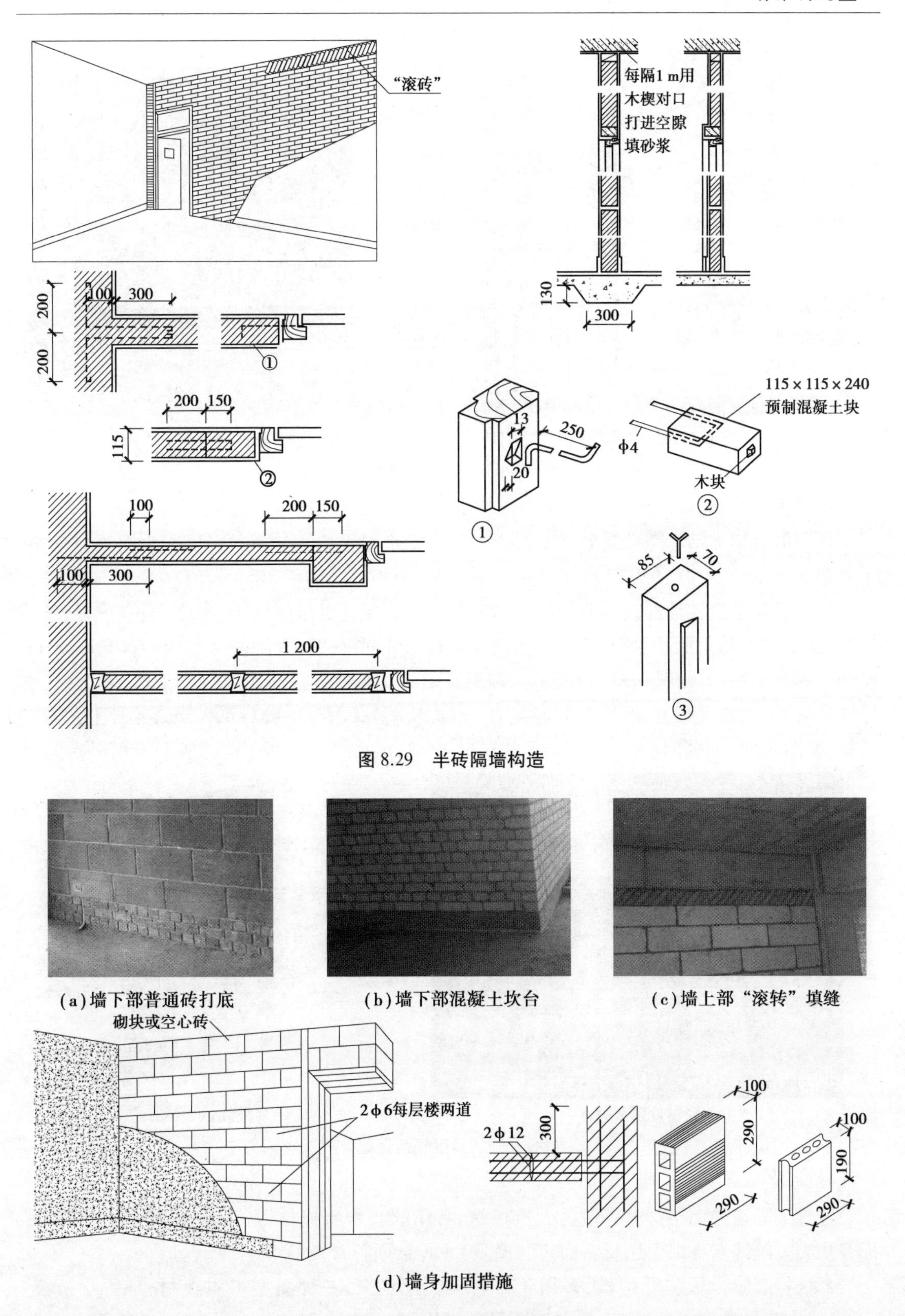

图 8.29　半砖隔墙构造

(a)墙下部普通砖打底　(b)墙下部混凝土坎台　(c)墙上部“滚转”填缝

(d)墙身加固措施

图 8.30　砌块隔墙构造

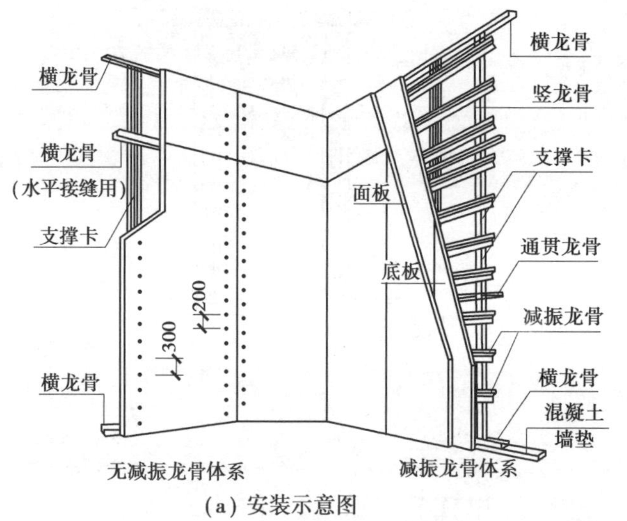

(a) 安装示意图

(b) 实例(无减振龙骨体系)

图 8.31　轻骨架隔墙

1)骨架

常用的骨架类型有轻钢骨架、铝合金骨架、石棉水泥骨架、浇筑石膏骨架、水泥刨花骨架、木骨架等。

轻钢骨架是由各种形式的薄壁型钢制成的。其主要优点是强度高、刚度大、自重轻、整体性好、易于加工和大批量生产,还可根据需要进行组装和拆卸。常用的薄壁型钢有 0.8~1 mm 厚的槽钢和工字钢,如图 8.32(a)所示。轻钢骨架的安装过程是先用螺钉将上槛、下槛(也称导向骨架)固定在楼板上,然后安装轻龙骨(也称墙筋),间距为 400~600 mm,龙骨上留有走线孔,如图 8.32(b)所示。

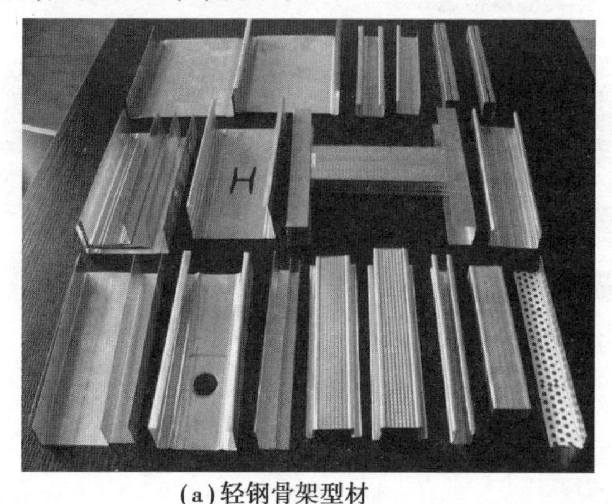

(a)轻钢骨架型材

贴缝纸
走线孔
竖龙骨
踢脚线
导向龙骨
石膏板

(b)构造示意图

图 8.32　薄壁轻钢骨架

2)面层

轻骨架隔墙的面层材料一般为人造板材,常用的有木质板材、石膏板、硅酸钙板、水泥平板等几类。隔墙名称以面层材料而定,如轻钢龙骨纸面石膏板隔墙。

木板材有胶合板和纤维板,多用于木骨架。近年来,一种新型木质板材——“欧松板”(学名为定向结构刨花板)在工程中逐渐得到应用,它具有良好的保温、隔声、防潮、防火等性能,绿色环保,能够在建筑中替代多类人造板材,同时强度高,可作为结构材料使用,是未来人造板材发展和应用的新方向。

石膏板有纸面石膏板和纤维石膏板。纸面石膏板是以建筑石膏为主要原料,掺入适量添加剂与纤维做板芯,以特制的板纸为护面,经加工制成的板材。纸面石膏板具有质量轻、隔声、隔热、加工性能强、施工方法简便的特点,是目前应用较多的隔墙面层和建筑装饰材料。纤维石膏板是一种以建筑石膏粉为主要原料,以各种纤维为增强材料的一种新型建筑板材。它是继纸面石膏板取得广泛应用后,又一次成功开发的新产品,具备防火、防潮、抗冲击等优点,比其他石膏板材具有更大的潜力。

人造板材在骨架上的固定方式有钉、粘、卡三种。根据不同面板和骨架材料可分别采用钉子、自攻螺钉、膨胀铆钉或金属夹子等,将面板固定在骨架上。如采用轻钢骨架时,往往用骨架上的舌片或特制的夹具将面板卡到轻钢骨架上,这种做法简便、迅速,有利于隔墙的组装和拆卸。图 8.33 为轻钢龙骨石膏板隔墙的构造示例。

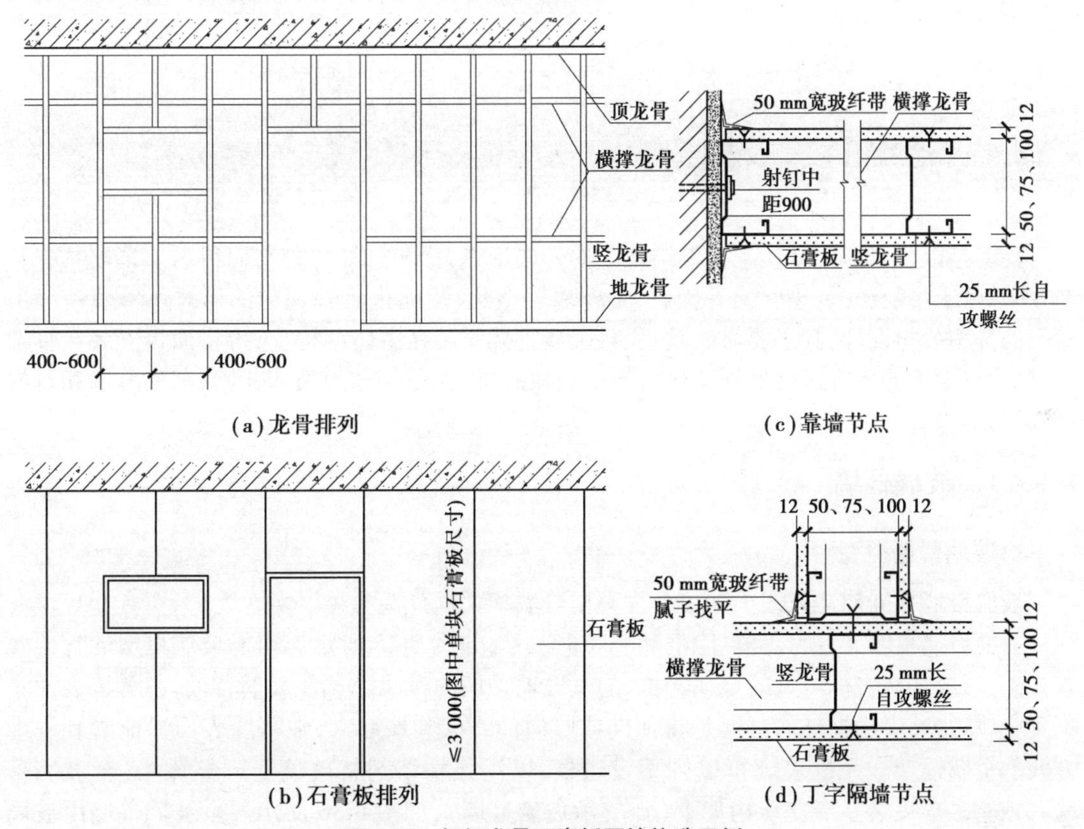

图 8.33 轻钢龙骨石膏板隔墙构造示例

▶8.3.3 板材隔墙

板材隔墙是指单板高度相当于房间净高的隔墙。板材隔墙采用轻质大型板材在施工中直接拼装而成,不需安装墙体骨架,具有自重轻、安装方便、施工速度快、工业化程度高等特点。目前多采用加气混凝土条板、石膏条板、炭化石灰板、石膏珍珠岩板以及各种复合板(如泰柏板)等,如图 8.34 所示。

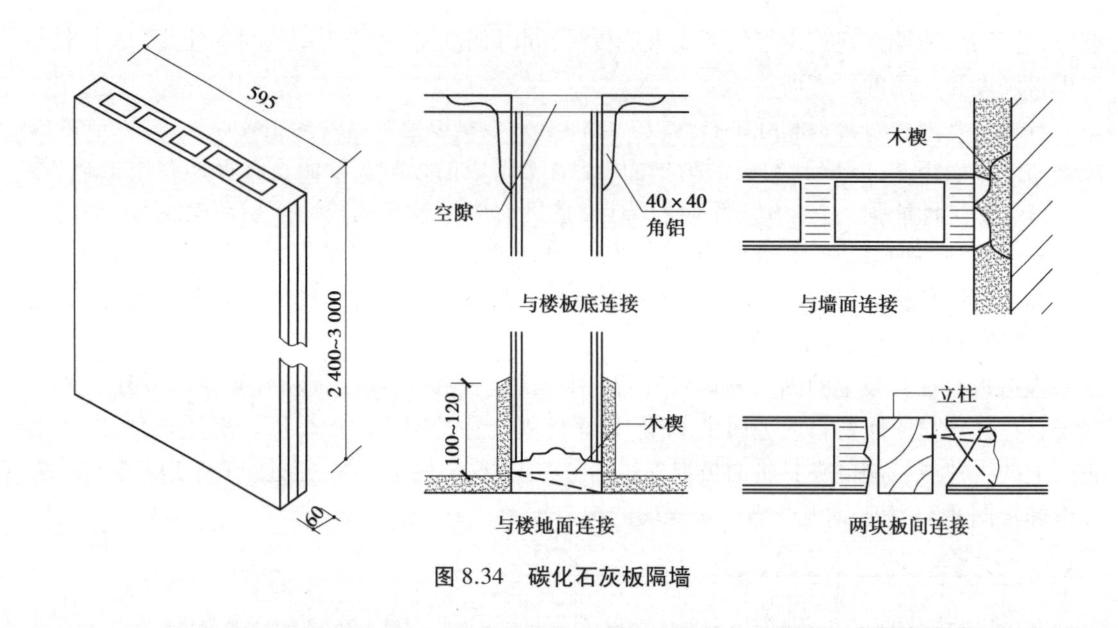

图 8.34　碳化石灰板隔墙

8.4　幕墙的基本构造

幕墙是以板材形式悬挂于主体结构上的外墙形式，犹如悬挂的幕布而得名。幕墙具有装饰效果好、质量轻、安装速度快等优点，是外墙轻型化、装配化比较理想的形式。幕墙一般由专门的幕墙公司设计，其主要做法是：先将金属骨架安装在主体结构上，再将面板安装在骨架上，最后对面板的接缝进行处理。幕墙根据面板的材料不同，分为玻璃幕墙、金属幕墙和石材幕墙等。

▶8.4.1　玻璃幕墙

1）玻璃幕墙类型

玻璃幕墙根据构造方式不同可分为有框幕墙和无框幕墙两类。

有框玻璃幕墙又分为明框、隐框和半隐框三种，如图 8.35 所示。明框玻璃幕墙的骨架暴露在外，形成幕墙表面可见的金属边框；隐框玻璃幕墙的骨架隐藏在玻璃背面，在幕墙表面看不到金属边框；半隐框玻璃幕墙是将横向或竖向的骨架隐藏起来，在幕墙表面只能看到一个方向的金属框架。无框玻璃幕墙则不设边框，以高强粘结剂将玻璃连成整片墙（全玻璃幕墙），或将玻璃安装在点支承构架上（点支承玻璃幕墙），如图 8.36 所示。全玻璃幕墙由玻璃板和玻璃肋制作而成，其支承方式有吊挂式、坐地式和混合式三种。其中，吊挂式只能用于玻璃厚度大于 6 mm 的情况。点支承式玻璃幕墙则采用金属骨架或玻璃肋形成支撑系统，并在其上安装连接板或驳接爪，然后将开有圆孔的玻璃用螺栓和扣件与连接板或驳接爪相连。

玻璃幕墙按施工方法可分为构件式玻璃幕墙和单元式玻璃幕墙。构件式幕墙在施工现场依次安装骨架立柱、横梁和玻璃面板，而单元式幕墙先将玻璃面板和金属框架在工厂组装成幕墙单元，然后在现场完成安装，如图 8.37 所示。

(a)明框玻璃幕墙

(b)全隐框玻璃幕墙

(c)隐横框玻璃幕墙

(d)隐竖框玻璃幕墙

图 8.35 有框玻璃幕墙

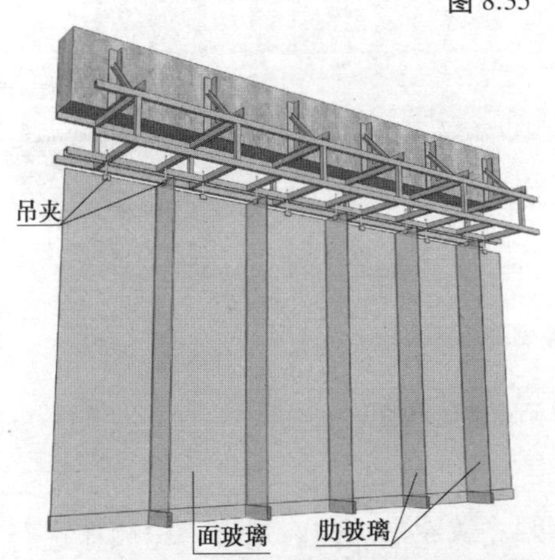

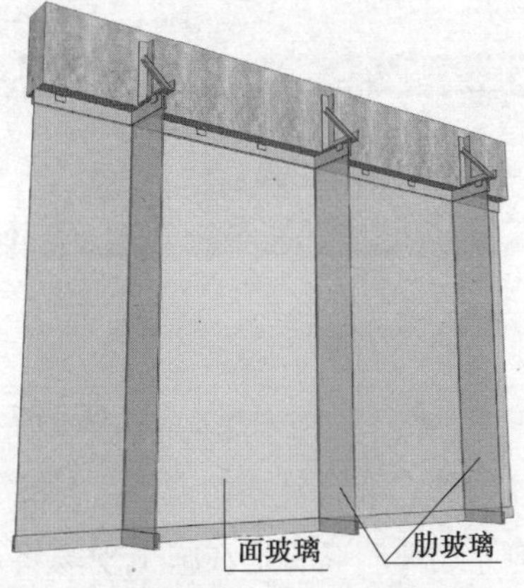

(a)全玻璃幕墙构造示意图(左图为吊挂式，右图为坐地式)

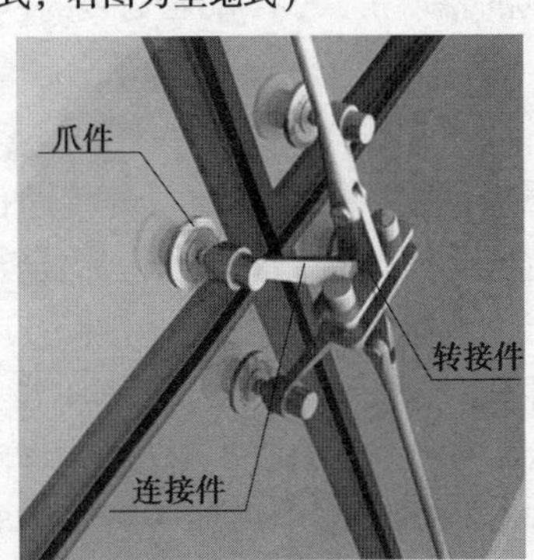

(b)点支承式玻璃幕墙示意图

图 8.36 无框玻璃幕墙

(a) 构件式玻璃幕墙实例与解析

(b) 单元式玻璃幕墙

图 8.37　构件式与单元式玻璃幕墙

2)构件式玻璃幕墙构造

构件式玻璃幕墙是在施工现场将金属边框、玻璃、填充层和内衬墙以一定顺序进行安装组合而成的幕墙形式,其施工安装的速度较慢,但对安装精度的要求不是很高,目前在国内应用广泛。构件式幕墙的组成如下:

(1)金属边框

金属边框是支撑玻璃面板并传递荷载的构件,横框称为横档,竖框称为竖梃,可采用铝合金、铜合金、不锈钢等型材制作。铝合金型材易加工、质轻、耐久且外观效果好,是制作玻璃幕墙很理想的边框材料,目前应用最为广泛。

构件式玻璃幕墙常通过竖梃将自重和风荷载传递到主体结构上,竖梃通过连接件(一般安装在楼板上表面)固定在结构梁、柱上,横档与竖梃通过角形铝铸件或专用铝型材连接。由于竖梃的高度通常等于层高,因此,相邻的竖梃通过套筒进行连接,如图 8.38 所示。

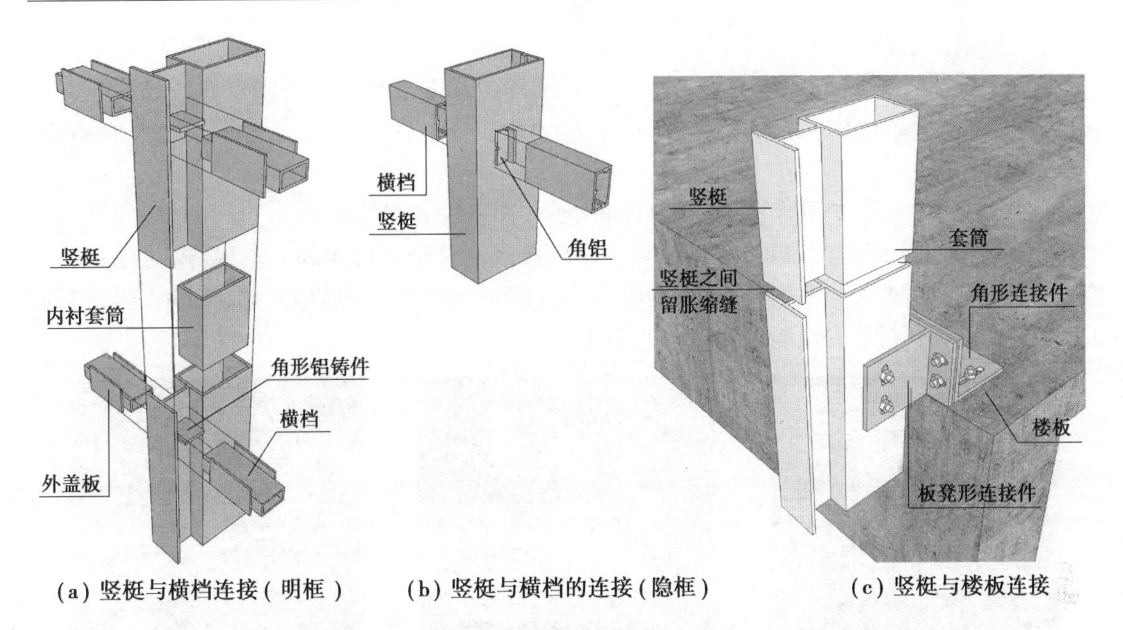

(a) 竖梃与横档连接(明框)　(b) 竖梃与横档的连接(隐框)　(c) 竖梃与楼板连接

图 8.38　幕墙边框构件连接

(2)玻璃

选择幕墙玻璃时,应主要考虑玻璃的安全性能和热工性能。

根据热工性能要求,常采用吸热玻璃、反射玻璃、中空玻璃等作为幕墙及门窗材料。

反射玻璃是在玻璃一侧镀上反射膜,通过反射太阳光的热辐射达到隔热的目的。高反射玻璃能够映照附近景物,增强建筑的立面效果,但会造成光污染,所以目前应用较多的是低反射玻璃,如 Low-E 玻璃等。中空玻璃是将两片(或三片)玻璃与边框焊接、胶接或熔接密封而成的。两片玻璃间隔 6~12 mm,形成干燥空气间层(也可抽成真空或充入惰性气体),使中空玻璃具有良好隔声与保温隔热性能,如图 8.39 所示。目前很多建筑采用 Low-E 中空玻璃幕墙,以改善外墙的热工性能,提高建筑能效。

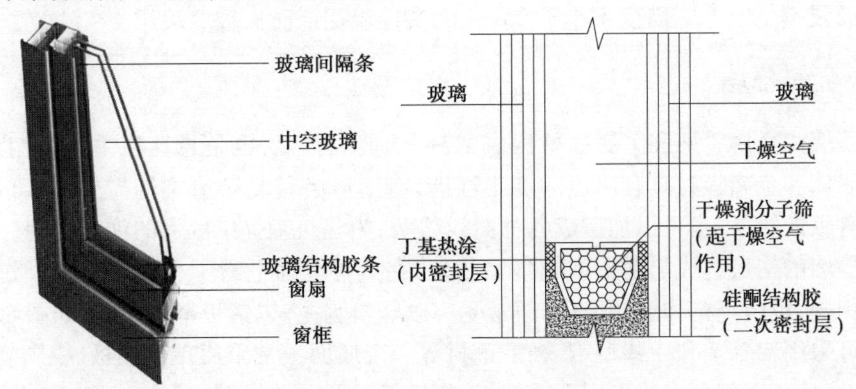

图 8.39　中空玻璃构造示意图

从安全性能来考虑,可选择钢化玻璃、夹层玻璃、夹丝玻璃等,其中钢化玻璃和夹层玻璃的应用最为广泛。钢化玻璃的强度是普通玻璃的 1.53~3 倍,当被打破时,它会变成许多细小、无锐角的碎片,从而避免伤人。夹层玻璃是由两片或多片玻璃用透明胶片(PVB)粘结而成,当夹层玻璃受到冲击而破碎时,碎片会粘在中间的胶片膜上,以免伤人。

(3)连接固定件

连接固定件在幕墙与主体结构之间及幕墙元件与元件之间起连接固定作用,有预埋件、转接件、连接件、支承用材等,如图 8.38(b)、(c)所示。

(4)装修件

装修件起装修、防护等作用,包括内衬墙(板)、扣盖件等构件。

由于建筑外观或造型需要,玻璃幕墙往往会覆盖建筑全部或大部分表面,这对建筑的保温、隔热、隔声、防火等均不利。因此,在玻璃幕墙背面一般要设一道内衬墙,以改善建筑外墙的热工性能和隔声、防火性能,如图 8.40 所示。

图 8.40　幕墙内衬墙

(5)密封材料

密封材料起密闭、防水、保温、隔热等作用,包括密封膏、密封带、压缩密封件、排除凝结水和变形缝等专用件。

此外,玻璃幕墙还应满足相应的防火要求,玻璃幕墙与各层楼板和隔墙间的缝隙必须采用耐火极限不低于 1 h 的防火材料填堵密实。当幕墙背面不设内衬墙时,可在每层楼板外沿设置耐火极限不小于 1 h、高度不小于 0.8 m 的实体墙裙或防火玻璃墙裙。

▶8.4.2　金属幕墙

金属幕墙由金属骨架和金属板材构成,类似于玻璃幕墙,也是悬挂在主体结构外侧的非承重围护墙体。金属板材具有出色的加工性能,能适应各种复杂造型的需要,既可以制作出各种凸凹有致的线条,也可以加工成各种曲线线条,为建筑师提供巨大的创作空间。

金属幕墙的构造组成与隐框玻璃幕墙相似,在其外立面上看不见金属框架,骨架体系与玻璃幕墙相同,也由竖梃和横档组成,通常受力以竖梃为主,以铝板幕墙为例,如图 8.41 所示。骨架材料可采用铝合金和一些型钢、轻型钢材等。金属面板常采用单层铝板、铝塑复合板、蜂窝铝板等,另外还有部分建筑采用不锈钢板、彩钢板、铜板、锌板、钛板等。图 8.42 为铝合金骨架体系铝板幕墙的节点构造示例。

▶8.4.3　石材幕墙

当建筑的外墙或内墙表面需大面积使用石材装饰时,通常采用石材“干挂法”,也称为石材幕墙。石材幕墙利用各种金属干挂件将石材固定在金属骨架(龙骨)上,金属骨架则连接在

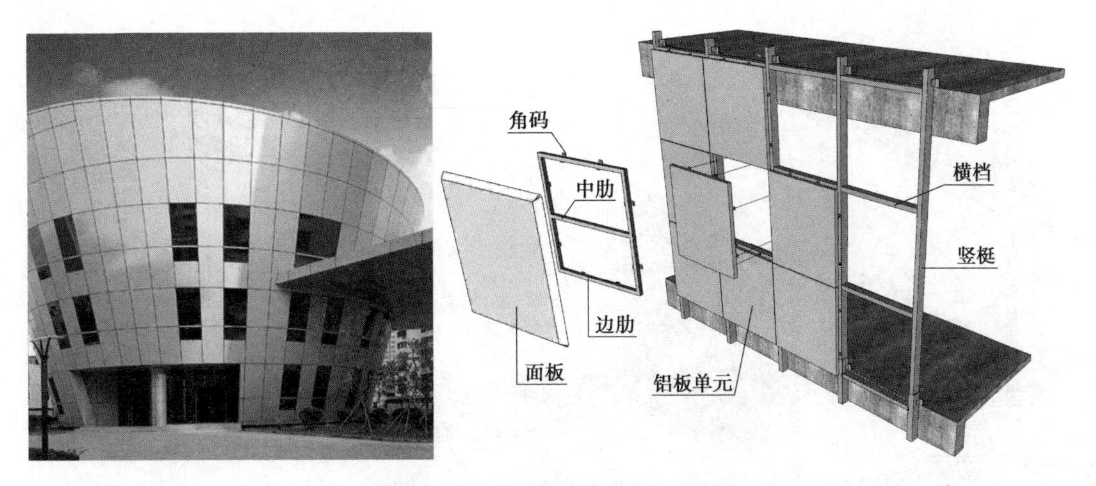

图 8.41　铝板幕墙实例与解析图

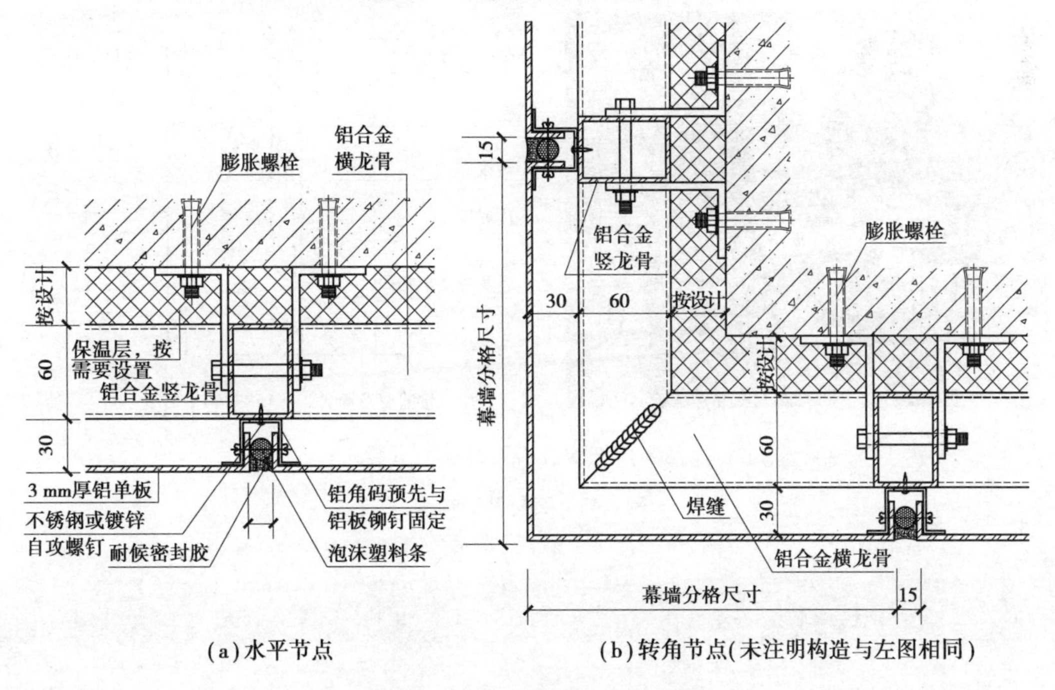

(a) 水平节点　　　　(b) 转角节点(未注明构造与左图相同)

图 8.42　铝板幕墙节点构造示例

建筑的主体结构上，如图 8.43 所示。石材幕墙的优点在于外观质感天然质朴、坚固典雅，石质板材的抗冻性能良好，强度较高；而缺点在于石材质量大，对连接件的质量要求较高，且石材幕墙的防火性能较差，室内大火会使幕墙的金属骨架软化，失去承载能力，造成石板从高空落下伤人。因此，必须加强石材幕墙的防火构造。

石材幕墙常采用花岗岩、大理石(常用于室内)、板岩、砂岩、凝灰岩板等。石板厚度不应小于 25 mm，一般为 25~30 mm，单块面积不宜大于 1.5 m^2。由于石质板材(通常为花岗岩)较重，金属骨架的竖梃常采用镀锌方钢、槽钢或角钢，横档常用角钢。

按照石材板块的连接方式，石材幕墙通常可分为背栓式干挂石材幕墙、托板式(元件式)干挂石材幕墙和通长槽式干挂石材幕墙等(图 8.43)；按照石材板块间的胶缝处理，石材幕墙可分为封闭式干挂石材幕墙和开缝式干挂石材幕墙。

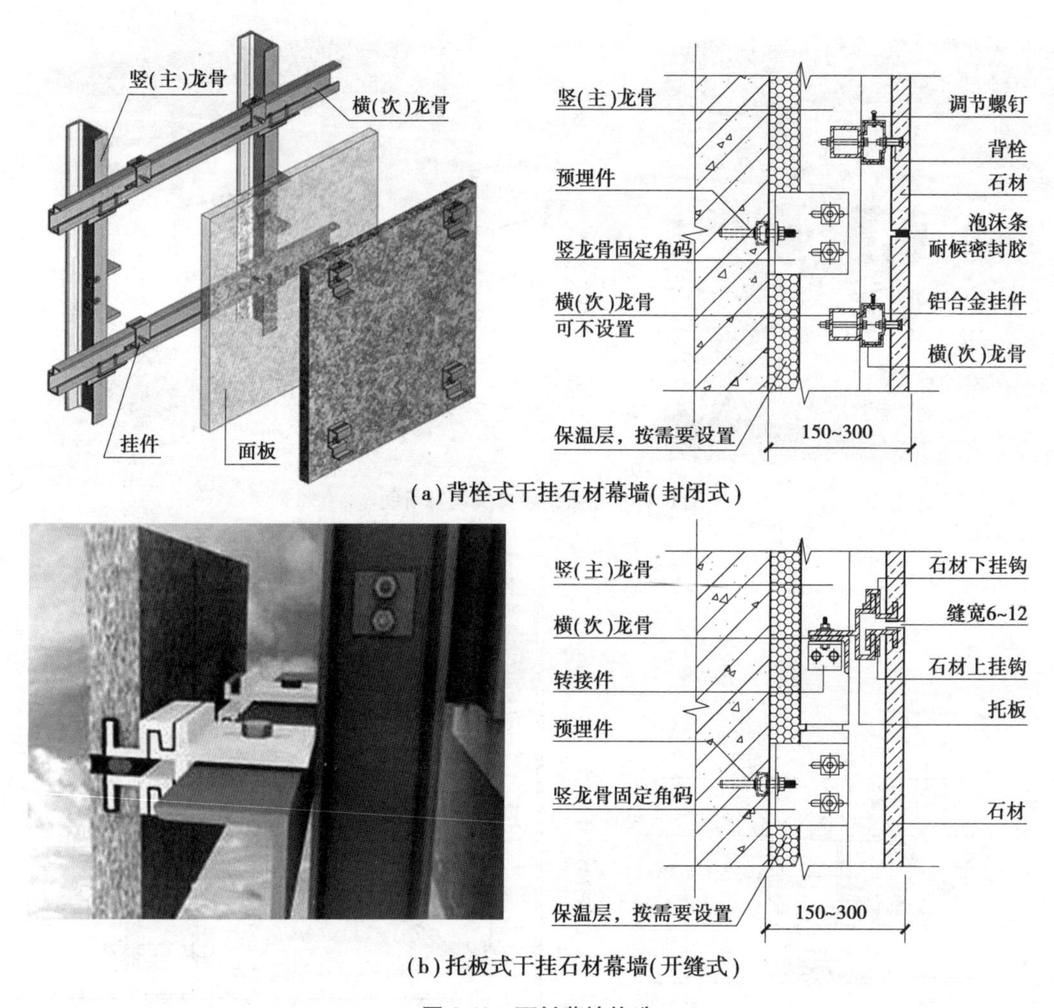

(a)背栓式干挂石材幕墙(封闭式)

(b)托板式干挂石材幕墙(开缝式)

图 8.43　石材幕墙构造

8.5　墙面装修

▶8.5.1　墙面装修的作用及分类

墙面装修是建筑装饰的重要内容之一,它可以增强建筑的艺术效果,保护墙体,改善墙体的热工性能、光环境和卫生条件。墙面装修按其所处位置不同,可分为外墙面装修和内墙面装修两类,按装饰材料及施工方式不同可分为五大类:抹灰类、贴面类、涂料类、裱糊类和铺钉类。

▶8.5.2　墙面装修构造

1)抹灰类

抹灰又称粉刷,是我国传统的饰面作法,其材料来源广泛,施工简便,造价低廉,并通过工艺的改变可以获得多种装饰效果,因此在墙面装饰中应用广泛。

抹灰分为一般抹灰和装饰抹灰两类。一般抹灰是指采用砂浆对建筑墙面进行罩面处理,可采用石灰砂浆、混合砂浆和水泥砂浆等;装饰抹灰更注重抹灰的装饰性,常用做法有水刷石、干粘石、斩假石、弹涂饰面等,如图8.44所示。由于装饰抹灰的施工较为烦琐,目前已较少采用。

(a)水刷石饰面　(b)斧剁石饰面

(c)干粘石饰面　(d)弹涂饰面

图8.44　常见装饰抹灰饰面做法

2)贴面类

贴面类装修是指将各种天然石材或人造板、块,通过绑、挂或直接粘贴于基层表面的装修作法,如图8.45所示。它具有耐久性好、装饰性强、容易清洗等优点。常用的贴面材料有花岗岩板、大理石板、水磨石板、水刷石板、面砖、瓷砖、锦砖和玻璃制品等。

(1)石板材墙面装修

石板材包括天然石材和人造石材。天然石板强度高、结构密实、不易污染、装修效果好,但加工复杂、价格昂贵,多用于高级墙面装修中。人造石板一般由白水泥、彩色石子、颜料等配合而成,具有天然石材的花纹和质感、自重轻、表面光洁、色彩多样、造价较低等优点。

石板安装可采用干挂法和拴挂法。干挂法即前述石材幕墙,拴挂法采用先绑扎后灌浆的固定方式,板材与墙面结合紧密,适合室内墙面装修,但其缺点是灌浆易污染板面,且使用时板面易泛碱,影响装饰效果,目前已较少采用。拴挂法一般先在墙身或柱内预埋Φ6铁箍,在铁箍内立Φ8~Φ10竖筋和横筋,形成钢筋网,再用双股铜线或镀锌铅丝穿过事先在石板上钻

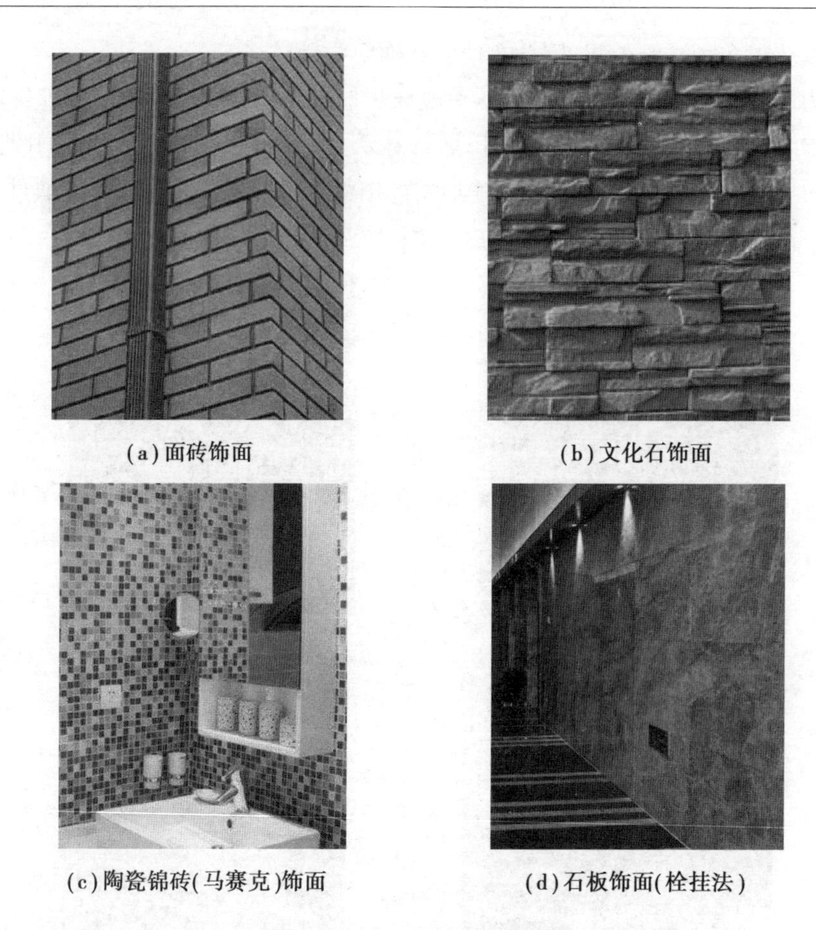

(a)面砖饰面

(b)文化石饰面

(c)陶瓷锦砖(马赛克)饰面

(d)石板饰面(栓挂法)

图 8.45　常见贴面类饰面做法

好的孔眼,将石板绑扎在钢筋网上,上下两块石板用不锈钢卡销固定。石板与墙之间一般留 30 mm 缝隙,上部用定位活动木楔临时固定,校正无误后,在板与墙之间分层浇筑 1∶2.5 水泥砂浆,每次灌入高度不应超过 200 mm。待砂浆初凝后,取掉定位活动木楔,继续上层石板的安装,如图 8.46 所示。

(2)陶瓷砖墙面装修

面砖多数是以陶土和瓷土为原料,压制成型后煅烧而成的饰面块。由于面砖既可用于墙面又可用于地面,所以也被称为墙地砖。面砖分挂釉和不挂釉,平滑和有一定纹理质感等不同类型。无釉面砖主要用于高级建筑外墙面装修,釉面砖主要用于高级建筑内外墙面及厨房、卫生间的墙裙贴面。面砖质地坚固、防冻、耐蚀、色彩多样。陶土面砖常用的规格(mm×mm)有 113×77×17、145×113×17、233×113×17 和 265×113×17 等;瓷土面砖常用的规格(mm×mm)有 108×108×5、152×152×5、100×200×7、200×200×7 等。

陶瓷锦砖又名马赛克,是以优质陶土烧制而成的小块瓷砖,有挂釉和不挂釉之分。常用规格(mm×mm)有 18.5×18.5×5、39×39×5、39×18.5×5 等,有方形、长方形和其他不规则形。锦砖一般用于内墙面,也可用于外墙面装修。锦砖与面砖相比,造价较低。与陶瓷锦砖相似的玻璃锦砖是透明的玻璃质饰面材料,它质地坚硬、色泽柔和典雅,具有耐热、耐蚀、不龟裂、不褪色、雨后自洁、自重轻、造价低的特点。

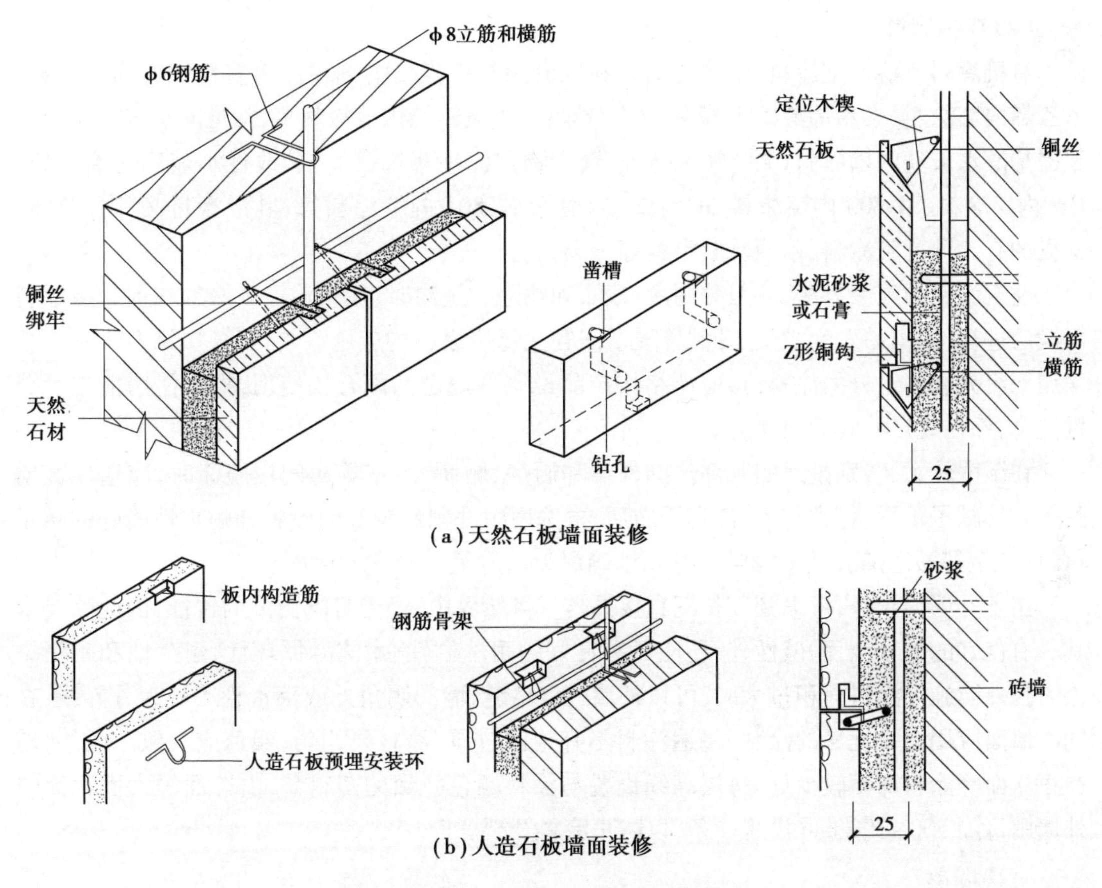

(a)天然石板墙面装修

(b)人造石板墙面装修

图 8.46 拴挂法石板墙面装修

面砖的铺贴方法是将墙(地)面清洗干净后,先抹 15 mm 厚 1∶3水泥砂浆打底找平,再抹 5 mm 厚 1∶1水泥细砂砂浆粘贴面砖。镶贴面砖须留出缝隙,面砖的排列方式和接缝大小对立面效果有一定影响,通常有横铺、竖铺、错开排列等几种方式。锦砖一般按设计图纸要求,在工厂反贴在标准尺寸为 325 mm×325 mm 的牛皮纸上,施工时将纸面朝外整块粘贴在 1∶1水泥细砂砂浆上,用木板压平。待砂浆硬结后,洗去牛皮纸即可。

3)涂料类

涂料类饰面是在木基层表面或抹灰饰面上喷、刷涂料涂层的饰面装修。建筑涂料可以在墙体表面形成完整牢固的薄膜层,从而起到保护和装饰墙面的作用。涂料类饰面具有造价低、装饰性好、工期短、工效高、自重轻,以及操作简单、维修方便、更新快等特点。涂料类饰面按涂料成膜物质不同可分为无机涂料和有机涂料两大类。

(1)无机涂料

无机涂料有普通无机涂料和无机高分子涂料之分。普通无机涂料,如石灰浆、大白浆、可赛银浆等,多用于一般标准的室内装修。无机高分子涂料有 JH80-1 型、JH80-2 型、JHN84-1 型、F832 型、LH-82 型、HT-1 型等,多用于外墙面装修和有耐擦洗要求的内墙面装修。

(2)有机涂料

有机涂料有溶剂型涂料、水溶性涂料和乳液涂料三类。溶剂型涂料有传统的油漆涂料、苯乙烯内墙涂料、聚乙烯醇缩丁醛内(外)墙涂料、过氯乙烯内墙涂料等;常见的水溶性涂料有聚乙烯醇水玻璃内墙涂料(即 106 涂料)、聚合物水泥砂浆饰面涂层、改性水玻璃内墙涂料、108 内墙涂料、ST-803 内墙涂料、JGY-821 内墙涂料、801 内墙涂料等;乳液涂料又称乳胶漆,常见的有乙丙乳胶涂料、苯丙乳胶涂料等。

建筑涂料的施涂方法,一般分刷涂、滚涂和喷涂。施涂时,后一遍涂料必须在前一遍涂料干燥后进行,否则易发生皱皮、开裂等质量问题。每遍涂料均应施涂均匀,各层结合牢固。当采用双组分和多组分的涂料时,应严格按产品说明书规定的配合比使用,根据使用情况可分批混合,并在规定的时间内用完。

在湿度较大,特别是遇明水部位的外墙和厨房、厕所、浴室等房间内施涂时,应选用优质腻子。待腻子干燥、打磨整光、清理干净后,再选用耐洗刷性较好的涂料和耐水性能好的腻子材料(如聚醋酸乙烯乳液水泥腻子等),以确保涂层质量。

用于外墙的涂料,考虑到其长期直接暴露于自然界中,经受日晒雨淋的侵蚀,因此除要求其具有良好的耐水性、耐碱性外,还应具有良好的耐洗刷性、耐冻融循环性、耐久性和耐污染性。当外墙施涂涂料面积过大时,可以外墙的分格缝、墙的阴角处或落水管等处为分界线,在同一墙面应用同一批号的涂料,每遍涂料不宜施涂过厚,涂料要均匀,颜色应一致。此外,应在正立面等涂料饰面较少处,每层高线设置与涂料颜色一致的塑料条,山墙面等大面积涂料外墙则每隔 500~700 mm 设置一条,以防止涂料开裂。

4)裱糊类

裱糊类墙面装修是将各种装饰性的墙纸、墙布、织锦等卷材类的装饰材料粘贴在墙面上的一种装修作法,广泛应用于内墙面装修。常用的装饰材料有 PVC 塑料壁纸、复合壁纸、玻璃纤维墙布等。裱糊类墙体饰面装饰性强、施工方法简捷高效、材料更换方便,并且在曲面和墙面转折处粘贴,可以顺应基层,获得连续的饰面效果,但造价较涂料类饰面偏高。

5)铺钉类

铺钉类墙面装修是将各种天然或人造薄板镶钉在墙面上的装修作法,其构造与骨架隔墙相似,由骨架和面板两部分组成。施工时先在墙面上立骨架(墙筋),然后在骨架上铺钉装饰面板。

骨架分木骨架和金属骨架两种。采用木骨架时,为考虑防火安全,应在木骨架表面涂刷防火涂料。骨架间及横档的距离一般根据面板的尺度而定。为防止因墙面受潮而损坏骨架和面板,常在立筋前先于墙面抹一层 10 mm 厚的混合砂浆,并涂刷热沥青两道,或粘贴油毡一层。面板材料一般采用硬木条板、胶合板、纤维板、石膏板及各种吸声板等。硬木条板装修是将各种截面形式的条板密排竖直镶钉在横撑上,其构造如图 8.47 所示。

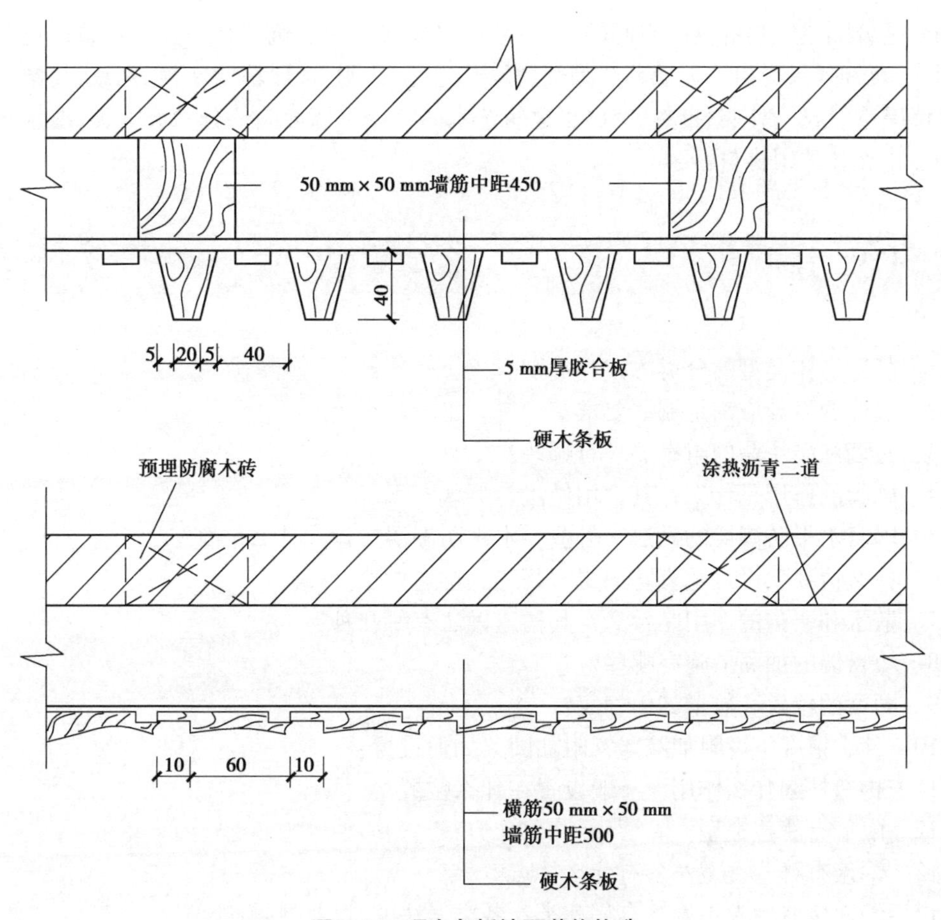

图 8.47　硬木条板墙面装修构造

本章小结

墙体是建筑物的重要组成部分，不仅起围护、分隔空间的作用，在某些建筑结构（如砖混结构、剪力墙结构等）中还起承重的作用。通过对本章的学习，要求掌握以下要点：

(1)墙体的作用、类型及设计要求，选择正确的构造方法，以达到既适用、安全，又美观、经济的最佳效果。

(2)墙体的热工性能和隔声性能是考虑墙体构造的重要因素。

(3)块材墙的材料组成及细部构造：如勒脚、散水、明沟、墙身防潮层、窗台、门窗过梁、墙垛、壁柱、圈梁、构造柱等，要求掌握各种构造措施的特点。其中，勒脚和踢脚是保护墙体并起到美观作用；防潮层、散水和明沟属于外墙的防潮、排水构造；过梁承担洞口上部的荷载并将其传给洞口两侧的墙体；墙垛和壁柱是为增加墙体的刚度和稳定性，防止墙体变形而设置的；圈梁和构造柱可以形成骨架、拉结墙体，以提高建筑的整体刚度和抗震性能；另外，防火墙一般设在防火性能要求比较高的建筑中，比如一些重要的建筑或人流比较密集的场所中。

(4)隔墙、幕墙和墙面装修：要求掌握隔墙、幕墙及墙面装修的类型、构造方式及施工要点。隔墙是分隔建筑物的室内空间的墙体;幕墙是现代民用建筑尤其是公共建筑广泛采用的外墙形式,装饰效果突出。玻璃幕墙晶莹、轻巧、光亮、透明;金属幕墙新颖、别致、简洁、明快;石材幕墙厚重、粗犷、朴实、自然,突出了建筑艺术的特点。墙面装修分为五大类,要求掌握每一类构造特点和常用材料。

复习思考题

8.1 简述墙体类型的分类方式和类别。
8.2 墙体的设计应满足哪些要求?
8.3 砖墙和砌块墙的组砌要求有哪些?
8.4 勒脚的作用是什么?其常用做法有哪些?
8.5 墙身水平防潮层的做法有哪些?水平防潮层应设在什么位置?
8.6 什么情况下设置垂直防潮层?简述其构造做法。
8.7 散水和明沟的作用是什么?其构造做法有哪几种?
8.8 块材墙的加固措施有哪些?
8.9 圈梁的位置和数量如何确定?
8.10 什么情况下设附加圈梁?附加圈梁如何设置?
8.11 构造柱起什么作用?一般设置在什么位置?
8.12 隔墙有哪些类型?
8.13 幕墙有哪些类型?各有什么特点?
8.14 墙面装修的常用做法有哪几类?各类做法的常用材料有哪些?
8.15 绘制勒脚与散水的节点图。
8.16 绘制附加圈梁与原圈梁的构造关系。
8.17 绘制窗洞口上部和下部节点图。
8.18 图示墙身水平防潮层的构造做法。

9

楼地层及阳台、雨篷的构造

[本章要点]

本章主要学习楼地层的类型及设计要求,掌握钢筋混凝土楼板的构造处理、地面的装饰做法以及阳台和雨棚等的构造处理形式。

9.1　楼地层的类型及设计要求

楼板层和地层都是分隔建筑空间的水平构件:楼板层是分隔楼层空间的水平承重构件;地层是指底层房间与土壤相交接处的水平构件。

▶9.1.1　楼地层的类型及组成

1)楼板层的类型、组成

(1)楼板层的类型

楼板按所用材料不同可分为木楼板、砖拱楼板(已不使用)、钢筋混凝土楼板、压型钢板组合楼板等几种类型,如图 9.1 所示。

木楼板是我国传统做法,具有构造简单、表面温暖、施工方便、自重轻等优点,但隔声性、防火性及耐久性差。

钢筋混凝土楼板具有强度高,刚度好,耐火性、耐久性、可塑性好的特点,便于工业化生产和机械化施工,是目前房屋建造中广泛运用的一种楼板形式。

压型钢板组合楼板强度高,整体刚度好,施工速度快,是目前大力推广应用的一种新型楼板。

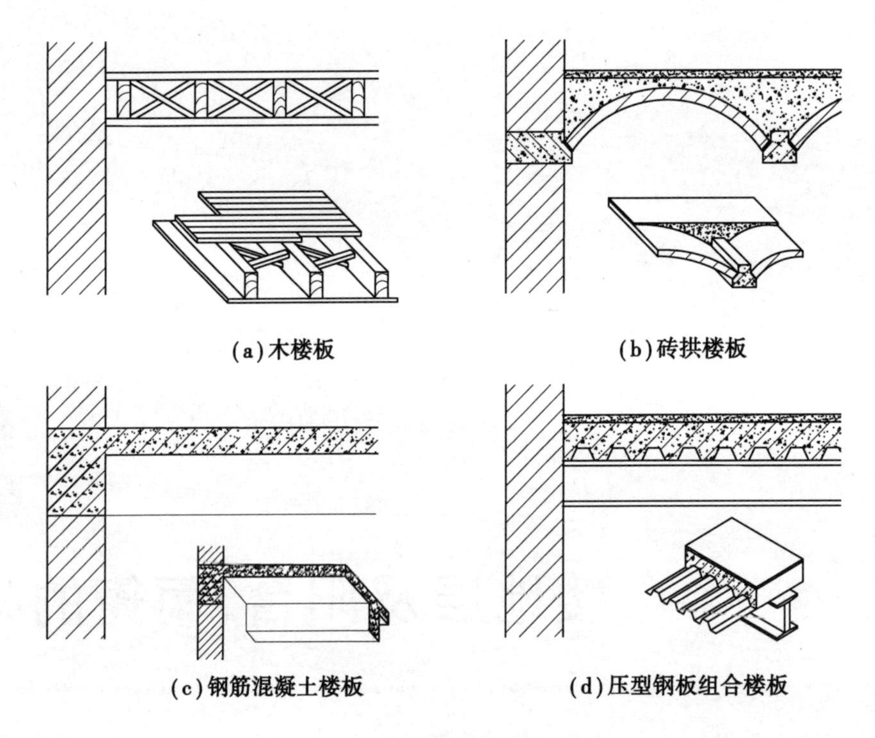

(a)木楼板　(b)砖拱楼板

(c)钢筋混凝土楼板　(d)压型钢板组合楼板

图 9.1　楼板的类型

(2)楼板层的组成

楼板层的基本构造层有面层、结构层和顶棚层。当楼板层的基本构造层不能满足使用或构造要求时,可增设结合层、隔离层、填充层、找平层等其他构造层,如图 9.2 所示。

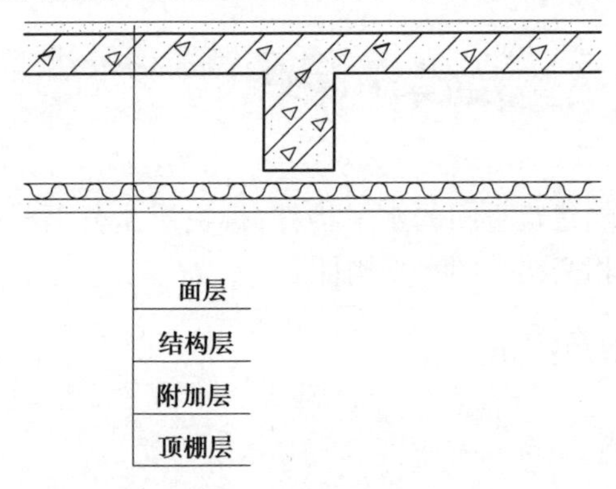

图 9.2　现浇钢筋混凝土楼板层的基本组成

楼板层的面层是楼板层的上表面部分,起着保护楼板、承受并传递荷载的作用,同时对室内装饰和清洁起着重要作用。

结构层是楼板层的承重部分,包括板和梁,它承受楼层上的全部荷载及自重并将其传递给墙或柱,同时对墙身起水平支撑作用,以加强建筑物的整体刚度。

顶棚层是楼层的装饰层,起保护楼板、方便管线敷设、改善室内光照条件和装饰美化室内环境的作用。

附加层是为满足隔声、防水、隔热、保温等使用功能要求而设置的功能层。

按《建筑地面设计规范》(GB 50037—2013)规定,选择地面类型时,所需要的面层、结合层、填充层、找平层的厚度和隔离层的层数可按表 9.1 至表 9.5 中不同材料及其特性采用。

表 9.1 面层材料强度等级及厚度

<table>
<tr><th colspan="2">面层名称</th><th>材料强度等级</th><th>厚度/mm</th></tr>
<tr><td colspan="2">混凝土(垫层兼面层)</td><td>≥C20</td><td>按垫层确定</td></tr>
<tr><td colspan="2">细石混凝土</td><td>≥C20</td><td>40~60</td></tr>
<tr><td colspan="2">陶瓷锦砖(马赛克)</td><td>—</td><td>5~8</td></tr>
<tr><td colspan="2">陶瓷地砖(防滑地砖、釉面地砖)</td><td>—</td><td>8~14</td></tr>
<tr><td colspan="2">花岗岩条、块石</td><td>≥MU60</td><td>80~120</td></tr>
<tr><td colspan="2">大理石、花岗石板</td><td>—</td><td>20~40</td></tr>
<tr><td colspan="2">块石</td><td>≥MU30</td><td>100~150</td></tr>
<tr><td colspan="2">铸铁板</td><td>—</td><td>7~10</td></tr>
<tr><td rowspan="2">木板、竹板</td><td>单层</td><td>—</td><td>18~22</td></tr>
<tr><td>双层</td><td></td><td>12~20</td></tr>
<tr><td colspan="2">薄型木板(席纹拼花)</td><td>—</td><td>8~12</td></tr>
<tr><td colspan="2">通风活动地板</td><td>—</td><td>高 300~400</td></tr>
<tr><td colspan="2">防静电塑料板</td><td>—</td><td>2~3</td></tr>
<tr><td colspan="2">聚氨酯自流平涂料</td><td>—</td><td>2~4</td></tr>
<tr><td colspan="2">氨酯砂浆</td><td>—</td><td>4~7</td></tr>
<tr><td rowspan="2">地毯</td><td>单层</td><td rowspan="2">—</td><td>5~8</td></tr>
<tr><td>双层</td><td>8~10</td></tr>
</table>

注:①双层木地板、竹板面层厚度不包括毛地板厚,其面层用硬木制作时,板的净厚度宜为 12~18 mm。

②铸铁板厚度指面层厚度。

表 9.2 结合层材料及厚度

<table>
<tr><th>面层名称</th><th>结合层材料</th><th>厚度/mm</th></tr>
<tr><td>大理石、花岗石板</td><td>1∶2水泥砂浆
或 1∶3干硬性水泥砂浆</td><td>20~30</td></tr>
<tr><td>水泥花砖</td><td>1∶2水泥砂浆
或 1∶3干硬性水泥砂浆</td><td>20~30</td></tr>
<tr><td>陶瓷锦砖(马赛克)</td><td>1∶1水泥砂浆</td><td>5</td></tr>
<tr><td>陶瓷地砖(防滑地砖、釉面地砖)</td><td>1∶2水泥砂浆
或 1∶3干硬性水泥砂浆</td><td>10~30</td></tr>
<tr><td>块石</td><td>砂、炉渣</td><td>60</td></tr>
<tr><td rowspan="2">花岗岩条(块)石</td><td>1∶2水泥砂浆</td><td>15~20</td></tr>
<tr><td>或砂</td><td>60</td></tr>
<tr><td rowspan="2">铸铁板、网纹钢板</td><td>1∶2水泥砂浆</td><td>45</td></tr>
<tr><td>或砂、炉渣</td><td>60</td></tr>
<tr><td rowspan="4">耐酸瓷板(砖)</td><td>树脂胶泥</td><td>3~5</td></tr>
<tr><td>或水玻璃砂浆</td><td>15~20</td></tr>
<tr><td>或聚酯砂浆</td><td>10~20</td></tr>
<tr><td>或聚合物水泥砂浆</td><td>10~20</td></tr>
</table>

续表

面层名称	结合层材料	厚度/mm
耐酸花岗岩	沥青砂浆	20
	或树脂砂浆	10~20
	或聚合物水泥砂浆	10~20
木地板(实贴)	粘结剂、木板小钉	
强化复合木地板	泡沫塑料垫层	3~5
	毛板、细木工板、中密度板	15~18
防静电塑料板、防静电橡胶板	专用胶粘剂粘贴	

表9.3　填充层强度等级或配合比及厚度

填充层材料	强度等级或配合比	厚度/mm
水泥炉渣	1:6	30~80
水泥石灰炉渣	1:1:8	30~80
陶粒混凝土	C10	30~80
轻骨料混凝土	C10	30~80
加气混凝土块	M5.0	≥50
水泥膨胀珍珠岩块	1:6	≥50

表9.4　找平层材料强度等级或配合比及其厚度

找平层材料	强度等级或配合比	厚度/mm
水泥砂浆	1:3	≥15
细石混凝土	C15~C20	≥30

表9.5　隔离层的层数

隔离层材料	层数(或道数)
石油沥青油毡	一或二层
防水卷材	一层
有机防水涂料	一布三胶
防水涂膜(聚氨酯类涂料)	二道或三道
防油渗胶泥玻璃纤维布	一布二胶

注:①石油沥青油毡不应低于350 g。

②防水涂膜总厚度一般为1.5~2 mm。

③防水薄膜(农用薄膜)作隔离层时,其厚度为0.4~0.6 mm。

④用于防油渗隔离层,可采用具有防油渗性能的防水涂膜材料。

2)地坪层的类型、组成

(1)地坪层的类型

地坪层按面层所用材料和施工方式的不同,可分为以下几类地面:

①整体地面,如水泥砂浆地面、细石混凝土地面、沥青砂浆地面等。

②块材地面,如砖铺地面、墙地砖地面、石板地面、木地面等。

③卷材地面,如塑料地板、橡胶地毯、化纤地毯、手工编织地毯等。

④涂料地面,如多种水溶性、水乳性、溶剂性涂布地面等。

(2)地坪的组成

地坪的基本组成部分有面层、垫层、基层等三部分,对有特殊要求的地坪,可在面层和垫层之间按需增设附加层,如图 9.3 所示。

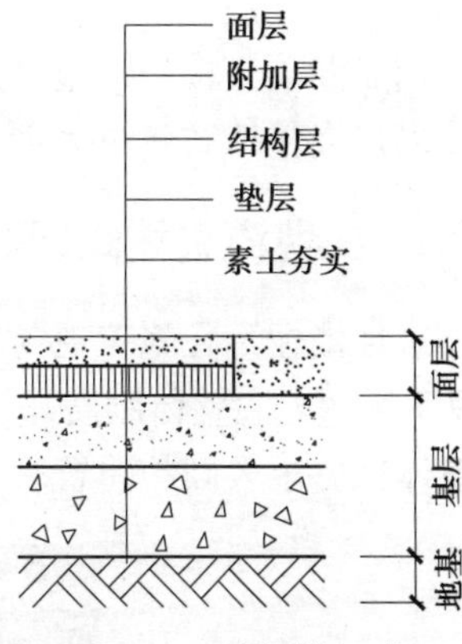

图 9.3 地坪的组成

基层为地坪层的承重层,也叫地基。当其土质较好、上部荷载不大时,一般采用原土夯实或填土分层夯实,否则应对其进行换土或夯入碎砖、砾石等处理。

垫层是地坪中起承重和传递荷载作用的主要构造层次,按其所处位置及功能要求的不同,通常有素混凝土、毛石混凝土等几种做法。

▶9.1.2 楼地层设计要求

①具有足够的强度和刚度。强度要求楼地层应保证在自重和荷载作用下平整光洁、安全可靠,不发生破坏;刚度要求楼地层应在一定荷载作用下不发生过大的变形和耐磨,做到不起尘、易清洁,以保证正常使用和美观。

②具有一定的隔声能力,以保证上下楼层使用时相互影响较小。通常,提高隔声能力的措施有:采用空心楼板、板面铺设柔性地毡、做弹性垫层和在板底做吊顶棚等,如图 9.4 所示。

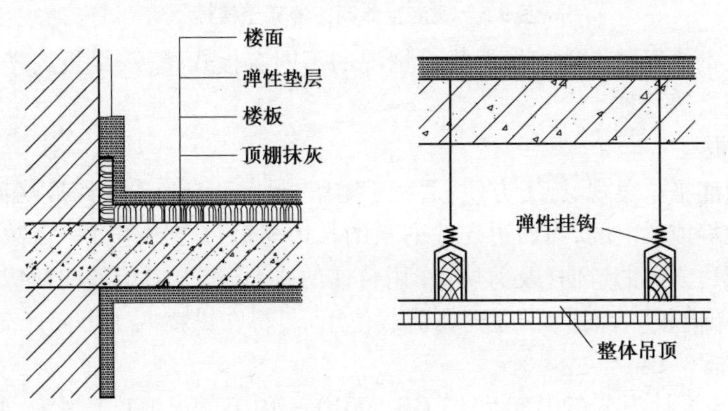

图 9.4 隔声措施

③具有一定的热工及防火能力。楼地层一般应有一定的蓄热性,以保证人们使用时的舒适感,同时还应有一定的防火能力,以保证火灾时人们逃生的需要。

④具有一定的防潮、防水能力。对于卫生间、厨房和化学实验室等地面潮湿、易积水的房间应做好防潮、防水、防渗漏和耐腐蚀处理。

⑤满足各种管线的敷设要求，以保证室内平面布置更加灵活，空间使用更加完整。

⑥满足经济要求，适应建筑工业化。在结构选型、结构布置和构造方案确定时，应按建筑质量标准和使用要求，尽量减少材料消耗、降低成本，满足建筑工业化的需要。

9.2 钢筋混凝土楼板构造

钢筋混凝土楼板按施工方法的不同可分为现浇整体式、预制装配式和装配整体式三种。目前以现浇整体式建筑为主。

▶9.2.1 现浇整体式钢筋混凝土楼板

这种楼板是在施工现场经支模板、绑扎钢筋、浇灌混凝土、养护等施工程序而成型的，如图9.5所示。它整体刚度好，但模板消耗大、工序繁多、湿作业量大、工期长，适合于抗震设防及整体性要求较高的建筑。

图9.5 现浇整体钢筋混凝土楼板

现浇整体式钢筋混凝土楼板根据受力情况的不同有板式楼板、梁板式楼板、无梁楼板和压型钢板组合楼板等几种。

(1)板式楼板

这种楼板板底平整美观、施工方便，适宜于厕所、厨房和走道等小跨度房间。由于这种楼板是直接搁置在墙或梁上的，当四边支撑的板的长边与短边之比超过一定数值时，荷载主要是通过沿板的短边方向的弯曲(及剪切)作用传递的，沿长边方向传递的荷载可以忽略不计，这时可称其为“单向板”。而“双向板”在荷载作用下，将在纵横两个方向产生弯矩，如图9.6所示。

《混凝土结构设计规范(2015版)》(GB 50010—2010)第9.1.1条规定，混凝土板应按下列原则进行计算：

①两对边支撑的板应按单向板计算；

②四边支撑的板应按下列规定计算：

a.当长边与短边长度之比小于或等于2.0时，应按双向板计算。

b.当长边与短边长度之比大于2.0但小于3.0时，宜按双向板设计。

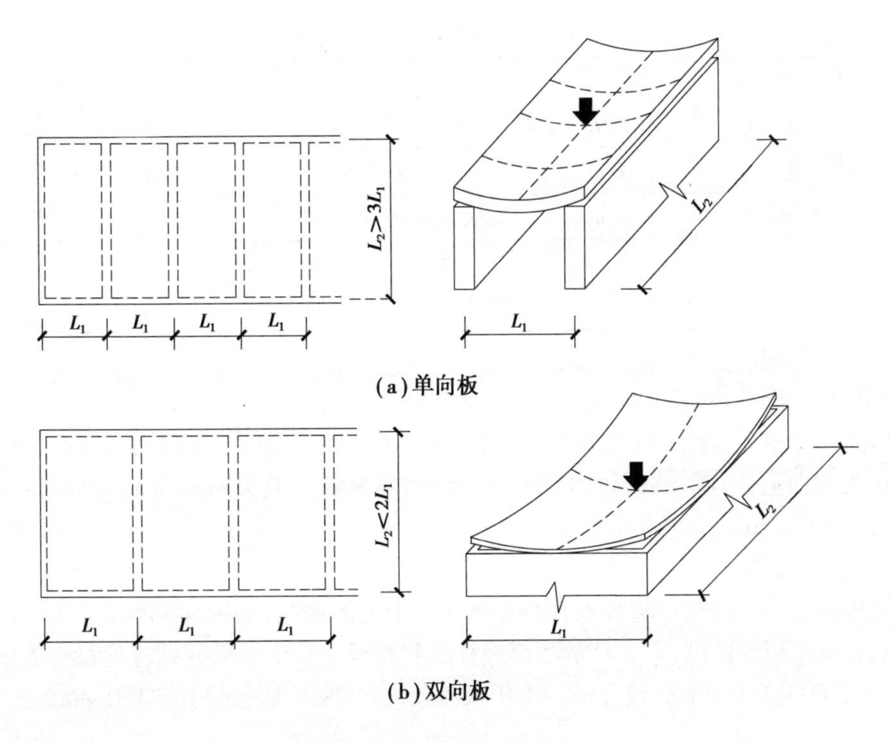

图 9.6 楼板的受力、传力方式

c.当长边与短边长度之比大于或等于 3.0 时,可按沿短边方向受力的单向板计算,并应沿长边方向布置构造钢筋。

(2)梁板式楼板

当房间的跨度较大时,为使楼板结构的受力与传力更加合理,常在楼板下设梁,以减小板的跨度,使楼板上的荷载先由板传给梁,然后由梁再传给墙或柱。这种楼板结构称为梁板式楼板。其梁有主梁与次梁之分,如图 9.7 所示。

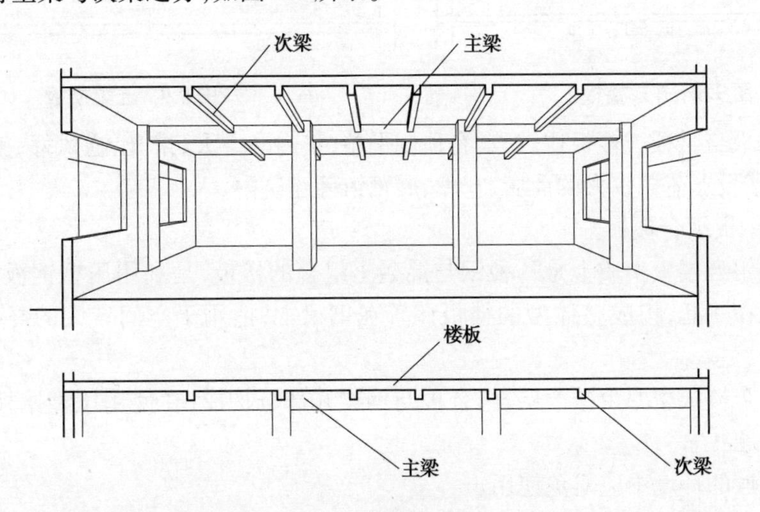

图 9.7 梁板式楼板

梁板式楼板常用的经济尺寸见表 9.6。

表 9.6　梁板式楼板的经济跨

构　件	经济尺寸		
名　称	跨度 L	梁高、板厚 h	梁宽 b
主　梁	5~8 m	$(1/14\sim1/8)L$	$(1/3\sim1/2)h$
次　梁	4~6 m	$(1/18\sim1/12)2)L$	$(1/3\sim1/2)h$
板	1.5~3 m	简支板$(1/35)L$ 连续板$(1/40)L$(60~80 mm)	

(3)井式楼板

当房间尺寸较大且接近正方形时,常沿两个方向布置等距离、等截面高度的梁(不分主、次梁),板为双向板,形成井格形的梁板结构称为井式楼板。其梁跨常为 10 000~24 000 mm,板跨一般为 3 000 mm,如图 9.8 所示。

(4)无梁楼板

无梁楼板是框架结构中将楼板直接支承在柱子上的楼板,如图 9.9 所示。为了增大柱的支承面积和减小板的跨度,需在柱的顶部设柱帽和托板。无梁楼板的柱应尽量按方形网格布置,间距为 7 000~9 000 mm 较经济。由于板跨较大,一般板厚应不小于 150 mm。

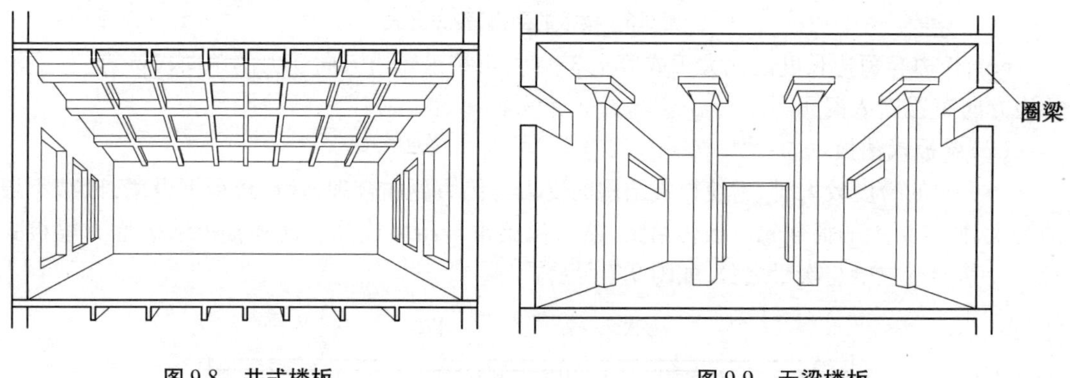

图 9.8　井式楼板　　　　图 9.9　无梁楼板

无梁式楼板与梁板式楼板比较,具有顶棚平整,室内净空大,采光、通风好,施工较简单等优点,多用于楼板上荷载较大的商店、仓库、展览馆等建筑中。

(5)压型钢板组合楼板

压型钢板组合楼板实质上是一种钢与混凝土组合的楼板,是利用压型钢板作衬板,与现浇混凝土浇筑在一起,构成整体型的楼板搁置在钢梁上,适用于空间较大的高、多层民用建筑中。

钢衬板组合楼板主要由楼面层、组合板与钢梁几部分构成,在使用压型钢板组合楼板时应注意几个问题:

①在腐蚀性的环境中应避免使用。

②应避免压型钢板长期暴露,以防钢板梁生锈,破坏结构的连接性能。

③在动荷载的作用下,应仔细考虑其细部设计,并注意共振问题和保持结构组合作用的完整性。

▶9.2.2　预制装配式钢筋混凝土楼板

这种楼板是指在构件预制厂或施工现场预先制作,然后运到工地进行安装的楼板,简称预制板。预制板的机械化施工速度快,缩短了工期,促进了建筑工业化,在 2007 年之前应用较为广泛。但由于其整体性较差,抗震性能很差,故在 2008 年“5.12 大地震”后只在非地震区有很少使用(本书不再介绍)。

▶9.2.3　装配整体式钢筋混凝土楼板

这是一种预制装配和现浇相结合的楼板,包括叠合楼板、密肋空心砖楼板和预制小梁现浇板等,如图 9.10 所示。其特点是整体性强、节省模板,但施工工序太多。

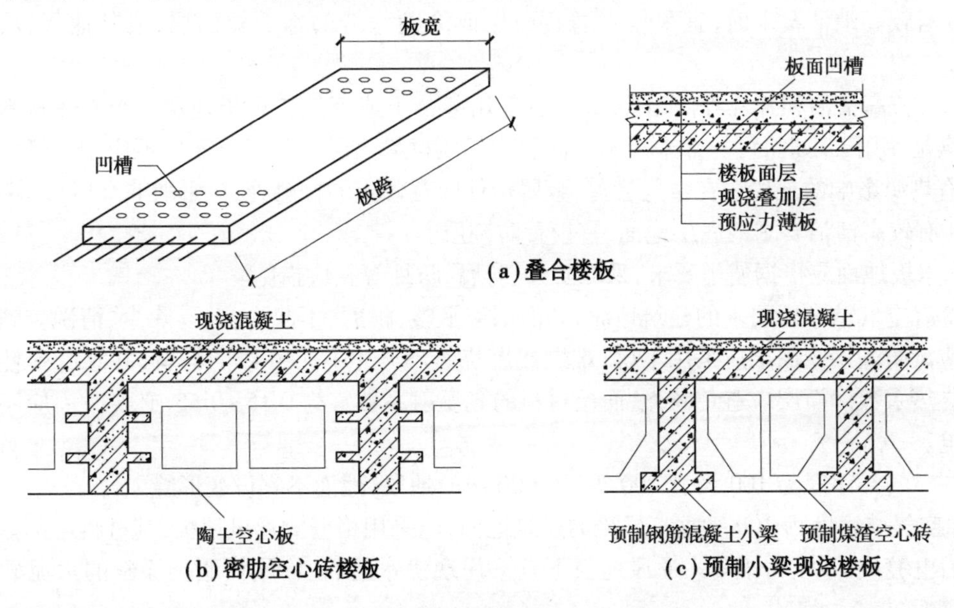

图 9.10　装配整体式钢筋混凝土楼板

9.3　地坪层与地面构造

▶9.3.1　楼地面的构造要求

地面一般是指建筑底层的室内地坪,但通常也用地面来指楼板层和地坪的面层。它们的类型、构造要求和做法基本相同。地面类型的选择,应根据生产特征、建筑功能、使用要求和技术经济条件等综合比较确定。地面构造的要求如下:

①具有足够的坚固性。要求地面构造在各种外力作用下不易被磨损、破坏,且要求表面平整、光洁、易清洁和不起灰。

②保温性能好。作为人们经常接触的地面,应给人们以温暖舒适的感觉,保证寒冷季节脚部舒适。

③具有一定的弹性。当人们行走时不致有过硬的感觉,同时有弹性的地面对减弱撞击声有利。

④满足隔声要求。隔声要求主要在楼地面,可通过选择楼地面垫层的厚度与材料类型来达到。

⑤其他要求。对有水作用的房间,地面应防潮防水;对有火灾隐患的房间,应防火耐燃烧;对有酸碱作用的房间,则要求具有耐腐蚀的能力等。

▶9.3.2 地面类型的选择

①有清洁和弹性要求的地段,地面类型的选择应符合下列要求:

a.有一般清洁要求时,可采用水泥石屑面层、石屑混凝土面层。

b.有较高清洁要求时,宜采用水磨石面层或涂刷涂料的水泥类面层,或其他板、块材面层等。

c.有较高清洁和弹性等使用要求时,宜采用菱苦土或聚氯乙烯板面层。当上述材料不能完全满足使用要求时,可局部采用木板面层或其他材料面层。菱苦土面层不应用于经常受潮湿或有热源影响的地段。在金属管道、金属构件同菱苦土的接触处,应采取非金属材料隔离。

d.有较高清洁要求的底层地面,宜设置防潮层。

e.木板地面应根据使用要求,采取防火、防腐、防蛀等相应措施。

②有空气洁净度要求的建筑地面,其面层应平整、耐磨、不起尘,并易除尘、清洗。其底层地面应设防潮层。面层应采用不燃、难燃或燃烧时不产生有毒气体的材料,并宜有弹性与较低的导热系数。面层应避免眩光,面层材料的光反射系数宜为0.15~0.35,必要时尚应不易积聚静电。

③空气洁净度为100级、1 000级、10 000级的地段,地面不宜设变形缝。

a.空气洁净度为100级垂直层流的建筑地面,应采用格栅式通风地板,其材料可选择钢板焊接后电镀或涂塑、铸铝等。通风地板下宜采用现浇水磨石、涂刷树脂类涂料的水泥砂浆或瓷砖等面层。

b.空气洁净度为100级水平层流、1 000级和10 000级的地段宜采用导静电塑料贴面面层、聚氨酯等自流平面层。导静电塑料贴面面层宜用成卷或较大块材铺贴,并应用配套的导静电胶粘合。

c.空气洁净度为10 000级和100 000级的地段,可采用现浇水磨石面层,亦可在水泥类面层上涂刷聚氨酯涂料、环氧涂料等树脂类涂料。

④现浇水磨石面层宜用铜条或铝合金条分格,当金属嵌条对某些生产工艺有害时,可采用玻璃条分格。

⑤生产或使用过程中有防静电要求的地段,应采用导静电面层材料,其表面电阻率、体积电阻率等主要技术指标应满足生产和使用要求,并应设置静电接地。

⑥有水或非腐蚀性液体经常浸湿的地段,宜采用现浇水泥类面层。底层地面和现浇钢筋混凝土楼板,宜设置隔离层;装配式钢筋混凝土楼板,应设置隔离层。

经常有水流淌的地段,应采用不吸水、易冲洗、防滑的面层材料,并应设置隔离层。

湿热地区非空调建筑的底层地面,可采用微孔吸湿、表面粗糙的面层。

采暖房间的地面,可不采取保温措施。

架空或悬挑部分直接对室外的采暖房间的楼层地面或对非采暖房间的楼层地面,应采取局部保温措施。

9.4 楼地面装修构造

▶9.4.1 水泥砂浆地面

水泥砂浆地面简称水泥地面,它坚固耐磨、防潮防水、构造简单、施工方便、造价低廉、吸湿能力差、容易返潮、易起灰、不易清洁,是目前清水房使用最普遍的一种低档地面,如图 9.11 所示。

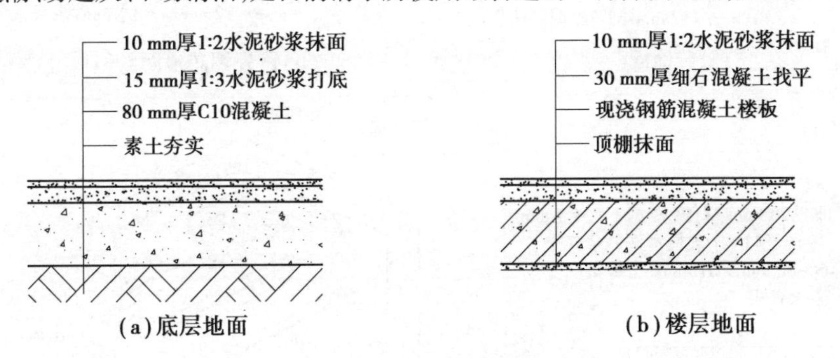

图 9.11 水泥砂浆地面

▶9.4.2 块材地面

凡利用各种人造或天然的预制块材、板材镶铺在基层上的地面,称块材地面。包括普通黏土砖、大阶砖、水泥花砖、缸砖、陶瓷地砖、陶瓷锦砖、人造石板、天然石板以及木地面等。它们籍胶结料铺砌或粘贴在结构层或垫层上。胶结料既起粘结作用,又起找平作用。

地砖按材料可分为木板地砖、塑料地砖、还有瓷砖、陶砖地砖半瓷半陶,品种分为通体砖、釉面砖、通体抛光砖、玻化砖、渗花砖、渗花抛光砖等。

用于室内地板砖有玻化砖、抛光砖、亚光砖、釉面砖、印花砖、防滑砖、特种防酸地砖(用于化验室等腐蚀较大的地面);用于室外的地板砖分为广场砖和草坪砖。

地砖都有质地坚实、耐热、耐磨、耐酸碱、不渗水、易清洗、吸水率小、色彩图案多、装饰效果好的共同特点,其中,釉面印花砖具有花色种类色彩繁多、硬度等物理性能好等特点。

釉面砖表面的釉层结合得非常紧密,釉面水是渗透不到砖体中的,防污性能强,是它最突出的优点。玻化砖是指烧透了的瓷砖,具有硬度高、密度大、抗折强度高的特点。全瓷仿古砖兼具玻化砖的硬度大和釉面砖的防污性强的优点,是厨房地砖的最佳选择。

地板砖有两种铺法,一种是干铺,一种是湿铺。

①干铺是按铺大理石的方法,用 1∶3的水泥砂浆,手捏成团,落地开花。干铺的空鼓可能性比较低,也比较节约,节省工期,但干铺的砂浆厚度比较大(3~4 cm)。客厅里如用的是大规格砖,可采用干铺。

②湿铺是将水泥抹在砖后面,直接铺在墙上或地面。小块砖和地面平整度较好地面多用湿铺,可节约地面厚度。

地面砖常用的胶结材料有水泥砂浆、沥青胶以及各种聚合物改性粘结剂等,如图 9.12 所示。

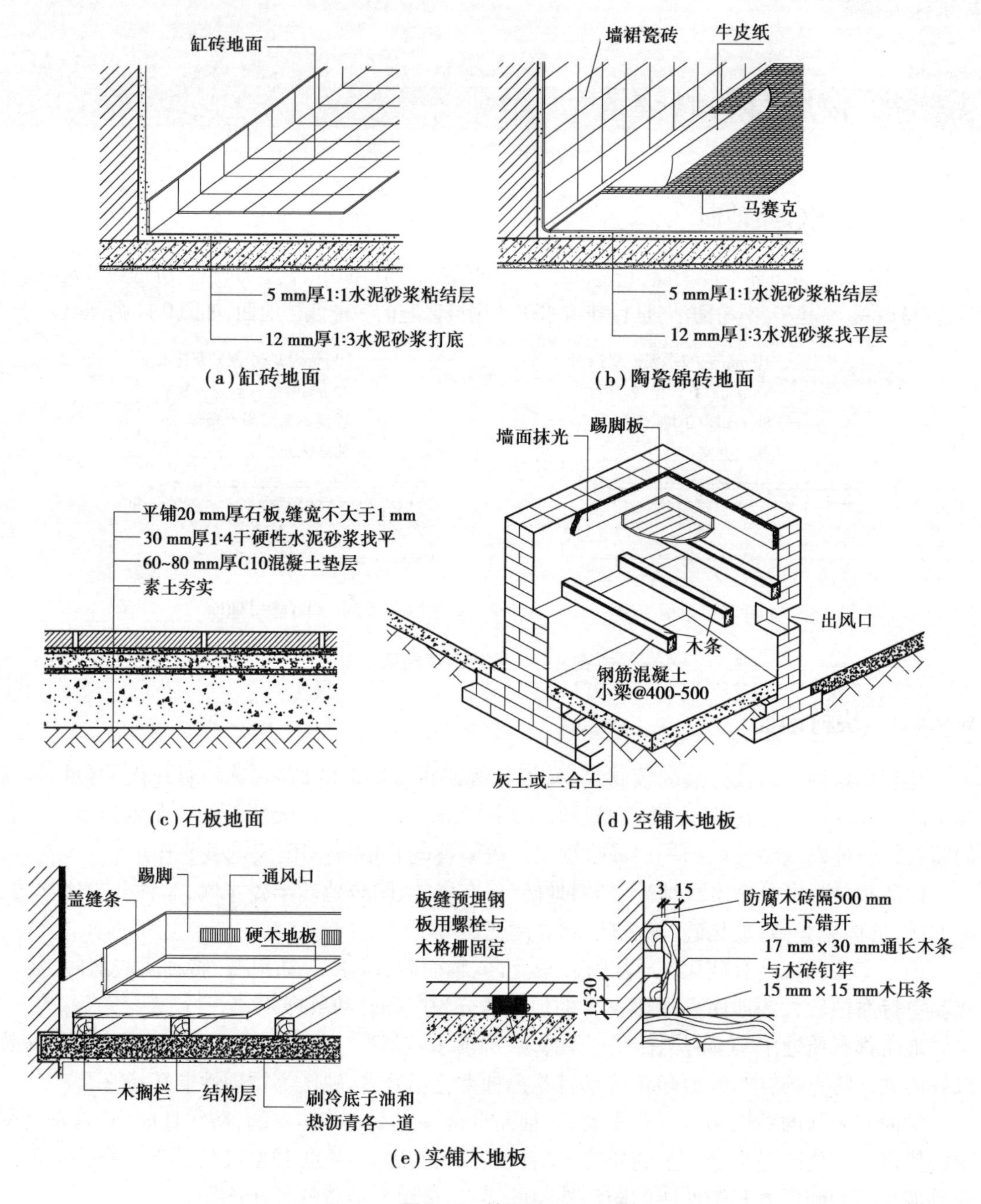

图 9.12　块材地面

由于地面砖的含水率较高,贴砖前基层应充分浇水湿润,瓷砖也应在水中浸泡至少 20 分钟后充分阴干方可使用。否则,砂浆中的水分被干燥的基层和瓷砖迅速吸收而快速凝结,会影响其粘结牢度,地面砖也会从水泥里吸收水分,使水泥无法起到粘贴剂的作用,造成水泥砂浆脱水,影响其凝结硬化,发生空鼓、起壳等问题。等瓷砖干透,用橡皮锤随机敲击砖面,各个地方都敲敲,听声音就很容易听出有没有空鼓现象。

▶9.4.3　卷材地面

卷材地面主要是用各种卷材、半硬质块材粘贴的地面，常见的有塑料地面、橡胶毡地面以及无纺织地毯地面等。

▶9.4.4　涂料地面

常见的涂料包括水乳型、水溶型和溶剂型涂料。涂料地面要求基层坚实平整，涂料与基层粘结牢固，不允许有掉粉、脱皮及开裂等现象。同时，涂层色彩要均匀，表面要光滑、清洁，给人以舒适、明净、美观的感觉。

9.5　顶棚装修构造

顶棚层又称平顶或天花。顶棚层要求表面光洁、美观，并能起到反射光照的作用，以改善室内的照度。对有特殊要求的房间，还要求顶棚具有隔声、保温、隔热等方面的功能。

顶棚的形式根据房间用途的不同有弧形、凹凸形、高低形以及折线形等，依其构造方式的不同有直接式和悬吊式顶棚两种，如图9.13所示。

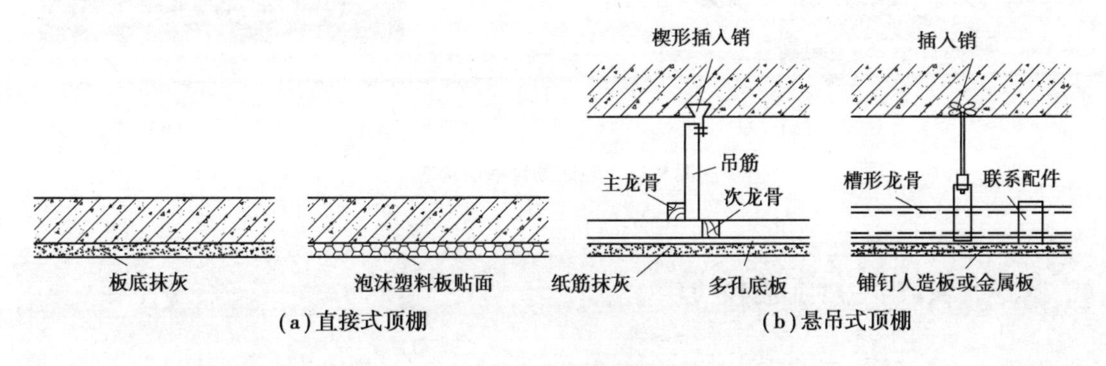

图9.13　顶棚构造

▶9.5.1　直接式顶棚

直接式顶棚是指直接在楼板下抹灰或喷、刷、粘贴装修材料的一种构造方式，多用于居住建筑、工厂、仓库以及一些临时性建筑中。直接式顶棚装修常见的有以下几种处理：

①当楼板底面平整时，可直接在楼板底面喷刷白色涂料。

②当楼板底部不够平整或室内装修要求较高时，可先将板底打毛，然后抹10~15 mm厚1∶2水泥砂浆，一次成活，再喷(或刷)涂料，如图9.13(a)所示。

③对一些装修要求较高或有保温、隔热、吸声要求的建筑物，如商店营业厅、公共建筑大厅等，可在顶棚上直接粘贴装饰墙纸、装饰吸声板以及着色泡沫塑胶板等材料，如图9.13(b)所示。

▶9.5.2 悬吊式顶棚

悬吊式顶棚简称吊顶,由吊筋,龙骨和板材三部分构成。常见龙骨形式有木龙骨、轻钢龙骨、铝合金龙骨等;板材常用的有各种人造木板、石膏板、吸声板、矿棉板、铝板、彩色涂层薄钢板、不锈钢板等。

轻钢龙骨吊顶,是用轻钢龙骨做框架,然后覆上石膏板做成的。轻钢龙骨吊顶按承重分为上人轻钢龙骨吊顶和不上人轻钢龙骨吊顶。轻钢龙骨按截面可分为U形龙骨和C形龙骨;按规格可分为D60系列、D50系列、D38系列、D25系列。轻钢龙骨吊顶工艺流程是:顶棚标高弹水平线→划龙骨分档线→吊杆安装→主龙骨安装→次龙骨安装→面板安装,如图9.14(a)所示。

为提高建筑物的使用功能和观感,往往需借助于吊顶来解决建筑中的照明、给排水管道、空调管、火灾报警、自动喷淋、烟感器、广播设备等管线的敷设问题,如图9.14 (b)所示。

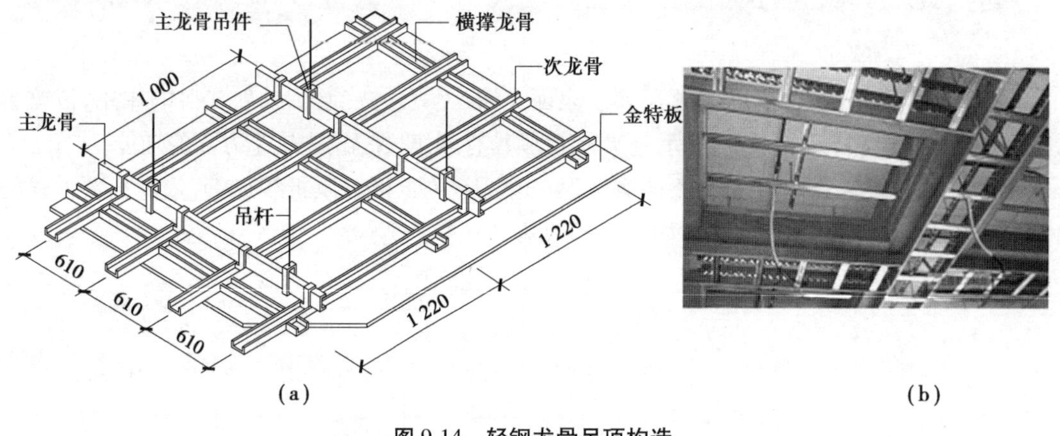

(a) (b)

图9.14 轻钢龙骨吊顶构造

9.6 阳台与雨篷构造

▶9.6.1 阳台

阳台是建筑中房间与室外接触的平台,其功能是晾晒衣物、方便休息、眺望等。

1)阳台的类型

阳台按与外墙所处位置的不同,可分为挑阳台、凹阳台、半挑半凹阳台以及转角阳台等几种形式,如图9.15所示。

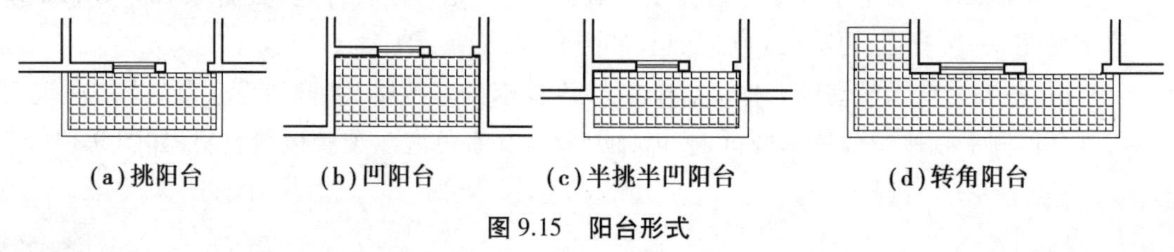

(a)挑阳台 (b)凹阳台 (c)半挑半凹阳台 (d)转角阳台

图9.15 阳台形式

按结构布置形式的不同,阳台可分为挑板式、压梁式和挑梁式三种,如图 9.16 所示。

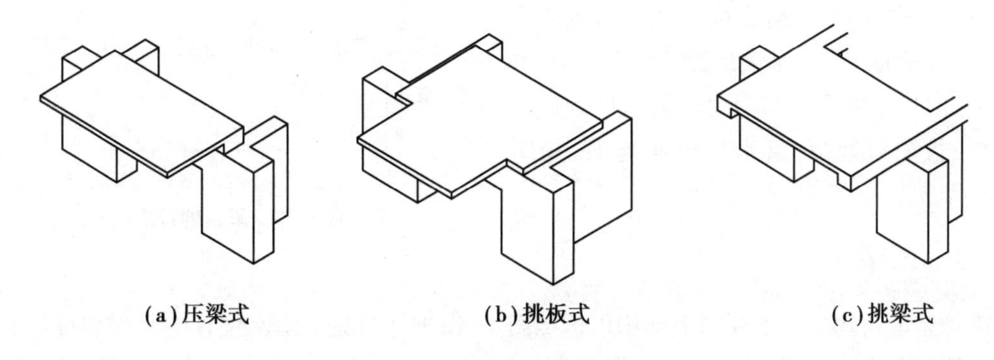

(a)压梁式　(b)挑板式　(c)挑梁式

图 9.16　阳台的结构布置形式

2)阳台的细部构造

(1)栏杆的形式

阳台栏杆是在阳台周边设置的垂直构件,其作用是承担人们倚扶的侧向推力;二是对整个建筑物起一定装饰作用。因此,作为栏杆,既要考虑坚固,又要考虑美观。栏杆竖向净高一般不小于 1 050 mm,高层建筑不小于 1 100 mm,但不宜超过 1 200 mm,栏离地面 100 mm 高度内不应留空。外形上,栏杆有实体与空花之分,实体栏杆又称板。材料上,栏杆有砖砌、钢筋混凝土和金属栏杆之分,如图 9.17 所示。

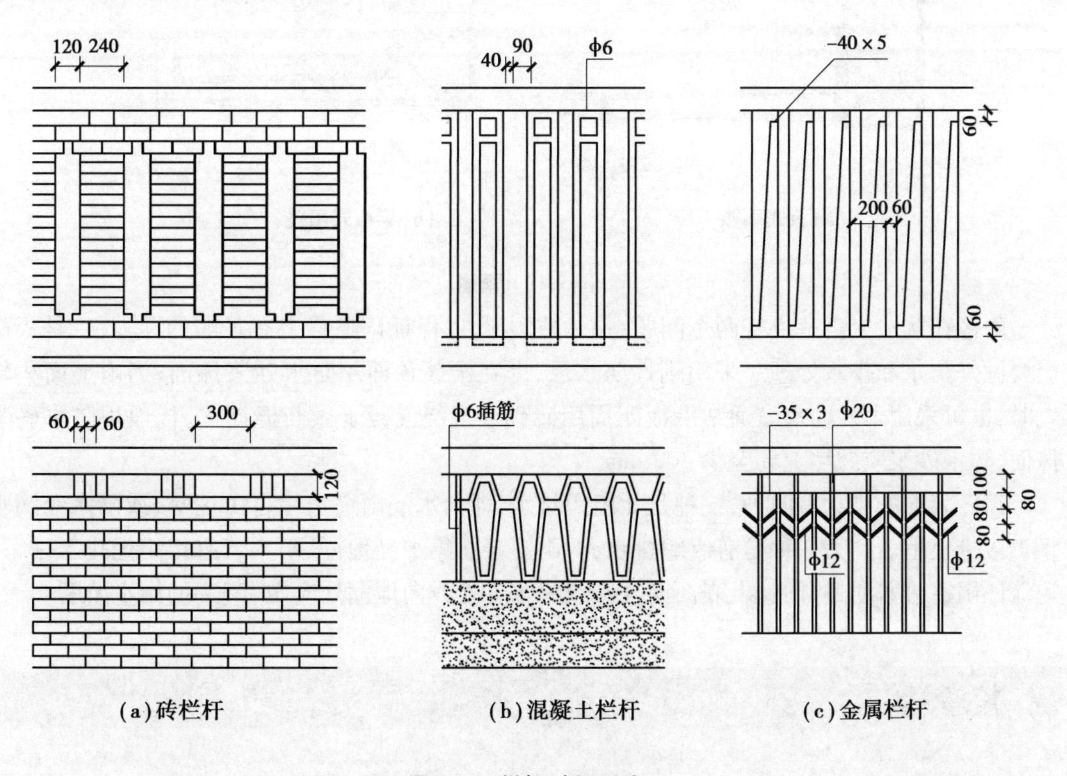

(a)砖栏杆　(b)混凝土栏杆　(c)金属栏杆

图 9.17　栏杆(板)形式

(2)阳台排水

由于阳台外露,为防止雨水从阳台流入室内,阳台面标高应低于室内地面20~30 mm,并设置1%的排水坡度排向阳台一侧靠墙处设置的地漏,再通过地漏、落水管排向地面,如图9.18所示。

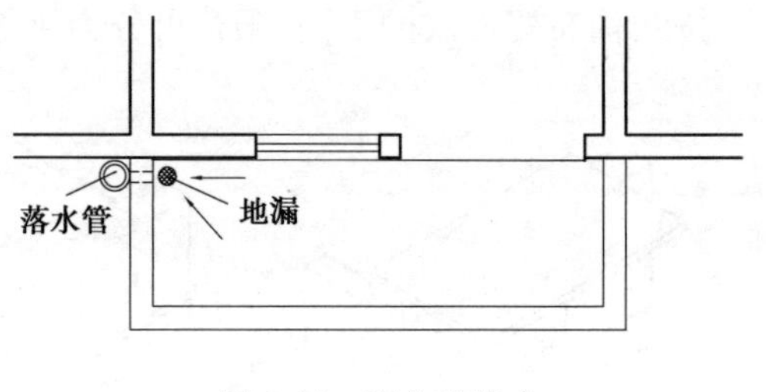

图9.18 阳台的排水

▶9.6.2 雨篷

雨篷是建筑物入口处外门上部用以遮挡雨水、保护外门免受雨水侵害的水平构件。其多采用钢筋混凝土悬臂板,其悬挑长度一般为1 000~1 500 mm。雨篷有板式和梁板式两种,如图9.19所示。板式雨篷多做成变截面形式,一般板根部厚度不小于70 mm,板端部厚度不小于50 mm。梁板式雨篷为使其底面平整,常采用翻梁形式。当雨篷外伸尺寸较大时,其支承方式可采用立柱式,即在入口两侧设柱支承雨篷,形成门廊。立柱式雨篷的结构形式多为梁板式。

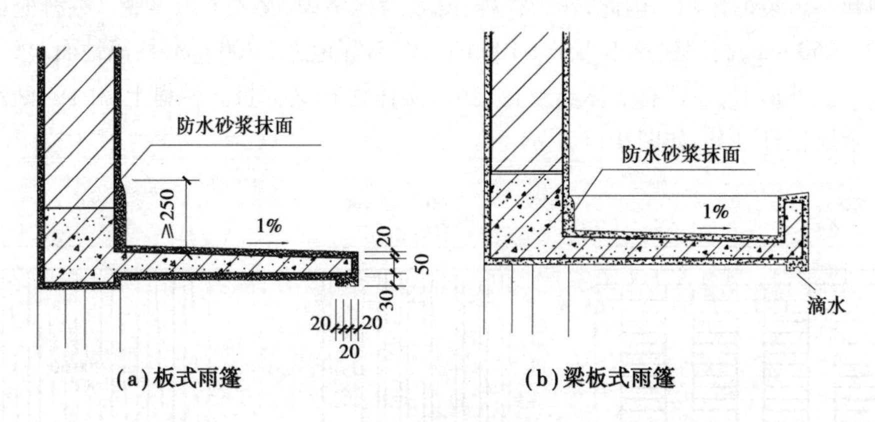

图9.19 雨篷

雨篷在构造上需解决好两个问题:一是防倾覆,以保证雨篷梁上有足够的压力;二是板面上要做好防水和排水处理。采用刚性防水层,即在雨篷顶面用防水砂浆抹面;当雨篷面积较大时,也可采用柔性防水。通常沿板四周用砖砌或现浇混凝土做凸檐挡水,板面用防水砂浆抹面,防水砂浆应顺墙上卷至少300 mm。

雨篷表面的排水有两种,一种是无组织排水,即雨水经雨篷边缘自由泻落,或雨水经滴水管直接排至地表。另一种是有组织排水,即雨篷表面集水经地漏、雨水管有组织地排至地下。为保证雨篷排水通畅,雨篷上表面向外侧或滴水管处或向地漏处应做有1%的排水坡度。

本章小结

楼地层是建筑物的重要组成部分,是建筑物的水平承重构件,同时也是墙或柱在水平方向的支撑。本章主要从以下方面介绍:

(1)楼地层的设计要求及构造组成。楼地面是直接与人、家具、设备等接触的部位,必须坚固耐久。

(2)楼地层不仅承受着上部荷载,而且在水平方向对墙体、柱起着连接作用。在楼板的构造连接时,必须根据当地的抗震设防要求,用钢筋将楼板、墙、梁等拉接在一起,以增强建筑物的整体刚度。

(3)在用水房间,必须对楼地层做防水、防潮处理,以避免渗漏和墙体受潮。

(4)对隔声要求比较高的房间,楼层应做隔声构造,以避免撞击传声。

(5)阳台和雨篷是建筑立面的重要组成部分。在阳台和雨篷设计中,不仅要重视阳台和雨篷在结构与构造连接上保证安全,防止倾覆,而且还要注意其造型的美观性。

(6)阳台栏杆和扶手,栏杆和阳台板,以及栏杆扶手与墙体之间要有可靠的连接和锚固措施。

复习思考题

9.1 楼板层的设计要求是什么?

9.2 现浇钢筋混凝土楼板的特点和适用范围是什么?

9.3 装配整体式楼板有什么特点?

9.4 压型钢板组合楼板由哪些部分组成?各起什么作用?

9.5 楼板层和地坪层各由哪些部分组成?各起什么作用?

9.6 简述用水房间地面的防水构造。

9.7 楼板层如何隔绝撞击声?

9.8 阳台分类有哪些?

9.9 雨篷的作用是什么?

9.10 作图表示楼层和地层的构造组成。

9.11 作图表示阳台的结构布置。

10

楼梯及其他垂直交通设施构造

[本章要点]

认识楼梯的类型及设计要求,钢筋混凝土楼梯构造,台阶与坡道构造,有高差无障碍设计的构造,电梯与自动扶梯简介;掌握有关现浇钢筋混凝土楼梯的类型、设计要求、构造及细部构造知识。

10.1 楼梯的类型及设计要求

▶10.1.1 楼梯的类型

楼梯可按以下原则进行分类:

①按材料分类,有钢筋混凝土楼梯、金属楼梯、木楼梯及组合材料楼梯。

②按楼梯的位置分类,有室内楼梯和室外楼梯。

③按楼梯的使用性质分类,有主要楼梯、辅助楼梯、疏散楼梯及消防楼梯,其平面形式如图 10.1 所示。

楼梯平面形式的选择取决于所处位置、楼梯间的平面形状与大小、楼层高低与层数、人流的多少与缓急等因素,设计时需综合考虑。

(1)直行单跑楼梯

直行单跑楼梯如图 10.2(a)所示,两层之间只有一个梯段,无中间平台。由于单跑梯段踏步数一般不超过 18 级,故仅用于层高较低的建筑。

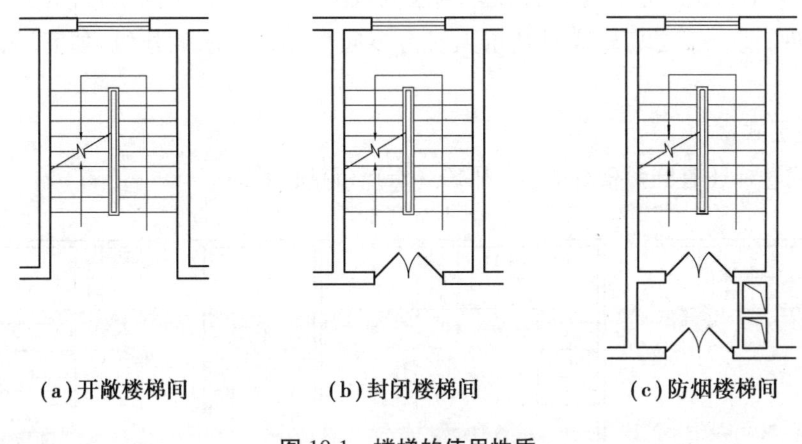

图 10.1　楼梯的使用性质

(2)直角转折双跑楼梯

直角转折双跑楼梯如图 10.2(b)所示,两层之间有两个梯段和一个中间平台,并在中间平台处直角转向上第二跑。

(3)平行双跑楼梯

平行双跑楼梯如图 10.2(c)所示,两层中间有平行的两个梯段和一个中间平台。由于上完一层楼刚好回到原起步方向,与楼梯上升的空间回转往复性吻合,比直跑楼梯节约面积并缩短人流行走距离,是较常用的楼梯形式之一。

(4)平行双分楼梯

图 10.2(d)所示的双分式楼梯,是在平行双跑楼梯基础上演变而来。其梯段平行、行走方向相反,且第一跑在中部上行,然后在中间平台处往两边以第一跑的 1/2 梯段宽各上一跑到楼层面。通常在人流多、梯段宽度较大时采用。

(5)平行双合楼梯

图 10.2(e)所示的双合式楼梯,其梯段平行、行走方向相反,第一跑分在两边上行,然后在中间平台处转向合为一跑较宽梯段上到楼层面。

(6)三跑楼梯

楼梯间平面接近方形或等边三角形时,适用于三跑楼梯,如图 10.2(f)、(g)所示。当梯井较大时,还可用来布置电梯。

(7)螺旋楼梯

图 10.2(i)、(j)所示的螺旋形楼梯,通常是围绕一根单柱布置,平面呈圆形。其平台和踏步均为扇形平面,踏步内侧宽度很小,且坡度较陡,构造复杂,行走时不安全。这种楼梯不能作为主要的交通和疏散楼梯,但是由于其流线型造型美观,常作为建筑小品布置于庭院或室内。

(8)交叉跑(剪式)楼梯

图 10.2(m)、(n)所示的交叉跑(剪式)楼梯,是由两个直行单跑楼梯交叉并列布置而成。其通行的人流量较大,且为上下楼层的人流提供了两个方向,对于空间开敞、楼层人流

方向进出有利,但仅适合层高小的建筑。当层高较大时,可设置中间平台,为人流变换行走方向提供条件,适合于层高较高且楼层人流有多向性选择要求的建筑,如商场、教学楼、办公楼等。

(9)其他形式楼梯

其他形式楼梯还有圆弧楼梯等,如图 10.2(k)、(l)所示。

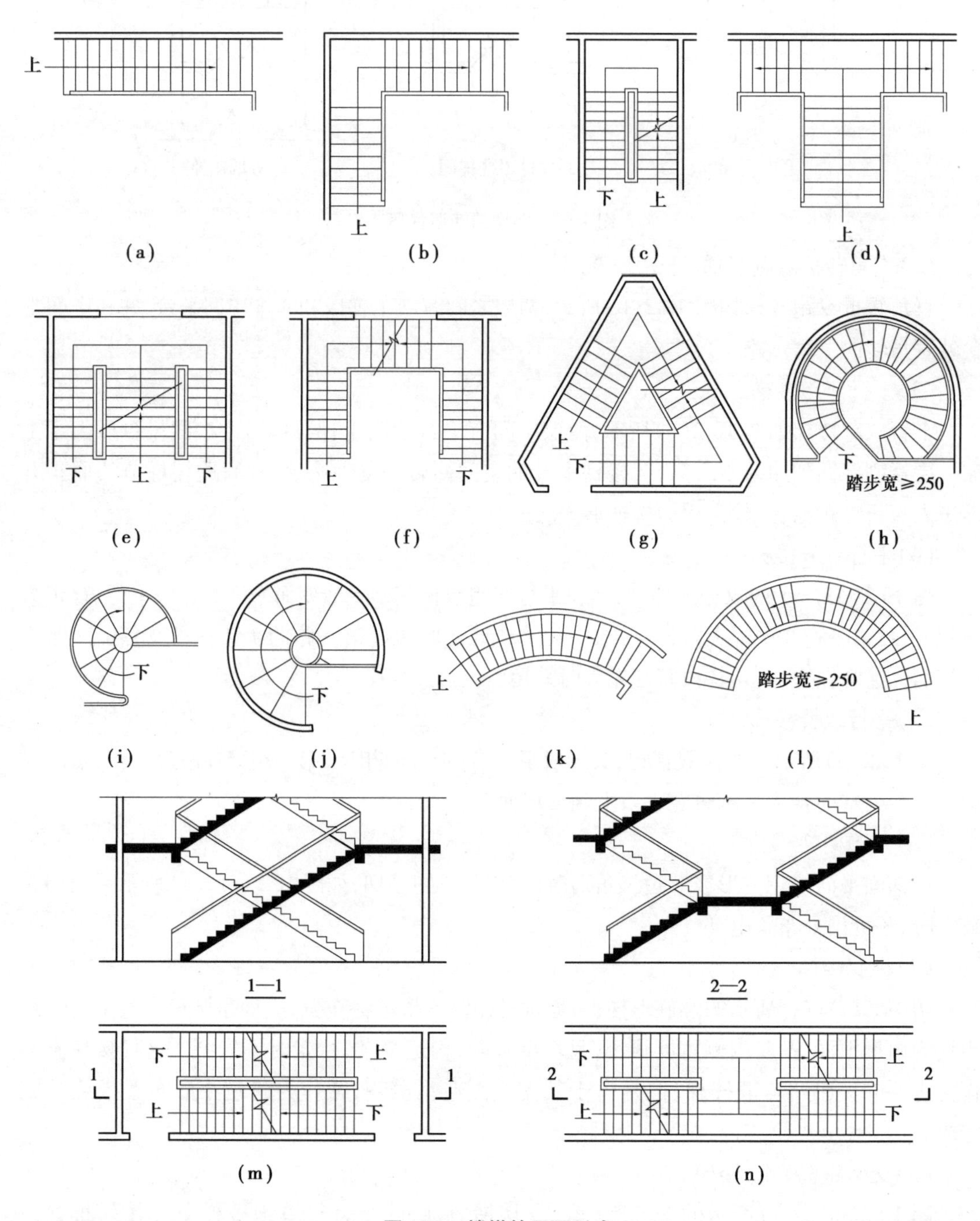

(a) (b) (c) (d) (e) (f) (g) (h) (i) (j) (k) (l) (m) (n)

图 10.2　楼梯的平面形式

▶10.1.2 楼梯的设计要求

楼梯作为建筑空间垂直交通的主要构件,其位置应该明显,以起到提示引导人流的作用,并要充分考虑其造型美观、通行顺畅、行走舒适、结构坚固、防火安全,同时还应满足施工和经济条件的要求。

①作为主要楼梯,应与主要出入口邻近,且位置明显;同时还应保证垂直交通与水平交通在交接处不拥挤、不堵塞。

②楼梯的间距、数量及宽度应经过计算确定,并应满足防火疏散要求。楼梯间内不得有影响疏散的凸出部分,以免挤伤人。楼梯间除允许直接对外开窗采光外,不得向室内任何房间开窗;楼梯间四周墙壁必须为防火墙;对防火要求高的建筑物,特别是高层建筑,应该设计成封闭式楼梯间或防烟楼梯间。

③楼梯间必须有良好的自然采光。

▶10.1.3 楼梯的组成

楼梯一般由楼梯段、楼梯平台、栏杆(或栏板)和扶手等组成,楼梯所处的空间称为楼梯间,如图10.3所示。

①楼梯段:简称梯段,又称为楼梯跑,是楼层之间的倾斜构件,同时也是楼梯的主要使用部分和承重部分。它由若干个踏步组成。

②楼梯平台:楼梯段与楼面连接的水平段或连接两个楼梯段之间的水平段,供楼梯转折或使用者略作休息之用。标高与楼层标高一致时称为楼层平台,标高介于两楼层之间时称为中间平台。

③栏杆(栏板)和扶手是楼梯段的安全设施,一般设置在楼梯段和平台的临空边缘。要求其必须坚固可靠,有足够的安全高度,并应在其上部设置供人们手扶使用的扶手。

④梯井:两梯段或三梯段之间形成的竖向空隙。

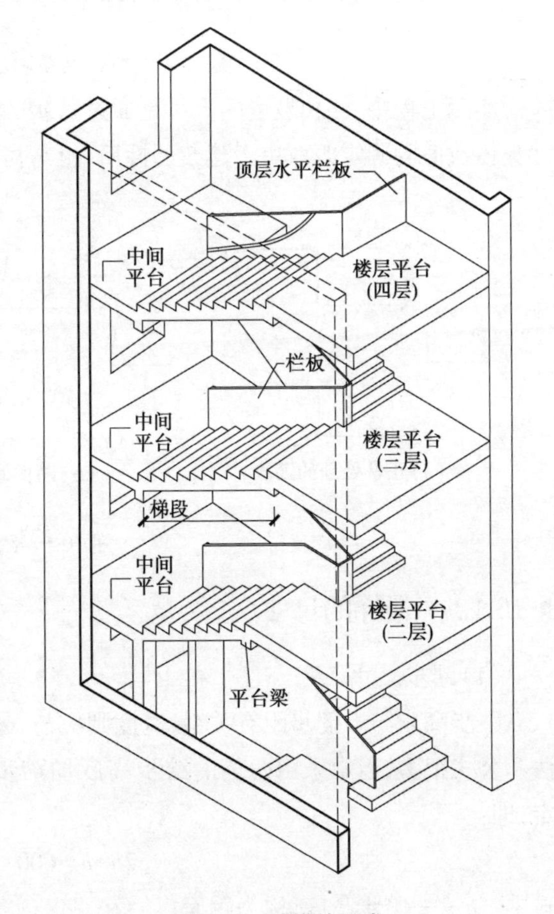

图10.3 楼梯的组成

▶10.1.4 楼梯的坡度

楼梯的坡度越小,行走越舒适。但当楼层的高度一定时,楼梯的坡度越小,所需要的楼梯间进深尺寸则越大,这从经济角度来看又不合理。图10.4表示了通过统计学和人体工程学得出的坡道、台阶、楼梯、专用楼梯以及爬梯等各自适宜的坡度范围。从图10.4中可以看出,楼梯适宜的坡度为20°~45°,其中以30°左右较为常用;45°~60°的坡度范围可用于人流小且不常用的专用楼梯,60°以上的坡度范围则用于防火或检修用的爬梯。

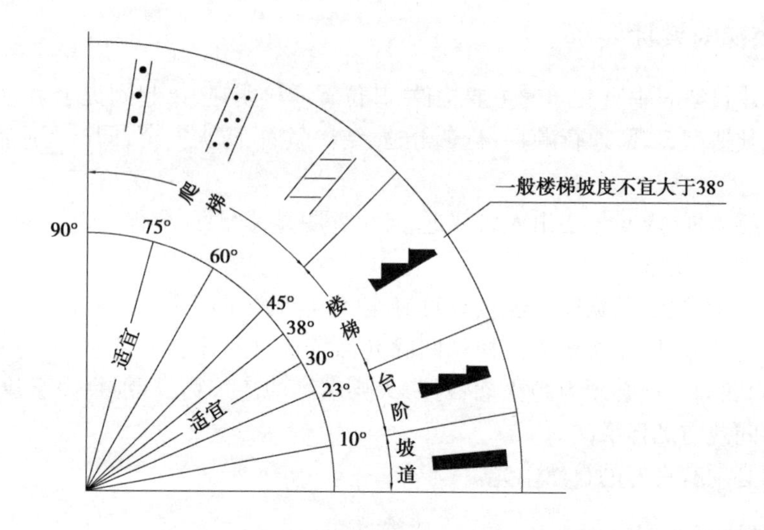

图 10.4　楼梯、台阶和坡道坡度的适用范围

实际工程中,楼梯坡度的大小是通过踏步的尺寸(即图 10.5 中的 b 与 h)来体现的。此尺寸具体数值的确定既取决于建筑的性质,也与楼梯具体的使用对象具有密切的关系。

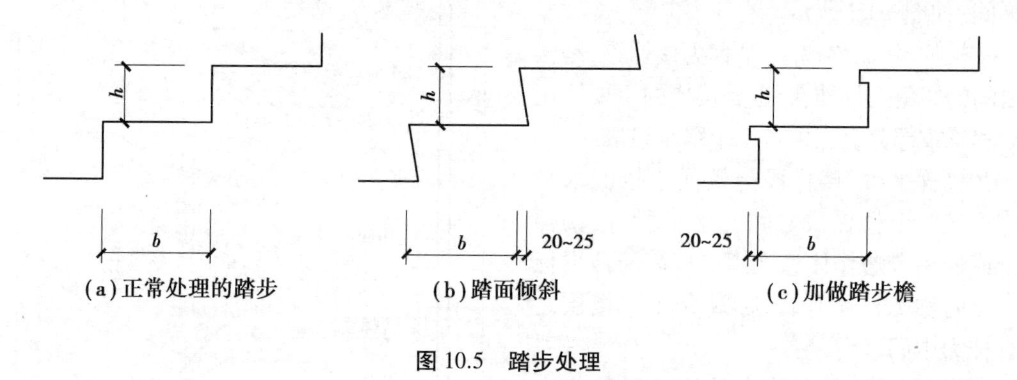

图 10.5　踏步处理

▶10.1.5　楼梯的尺寸

(1)踏步尺寸

踏步高度与人的步距有关系,宽度则应与人脚的长度相适应。确定和计算踏步尺寸的方法和公式很多,通常采用两倍的踏步高度加踏步宽度等于一般人行走的步距的经验公式确定,即:

$$2h+b=600\sim620\ \text{mm}$$

式中　h——踏步高度,称为踢面;

b——踏步宽度,称为踏面;

600~620 mm———般人行走时的平均步距。

民用建筑中,楼梯踏步的最小宽度与最大高度的限制值的规定,见表 10.1。

表 10.1　楼梯踏步最小宽度和最大宽度　　单位:m

楼梯类别		最小宽度	最大高度
住宅楼梯	住宅公用楼梯	0.260	0.175
	住宅套内楼梯	0.220	0.200
宿舍楼梯	小学宿舍楼梯	0.260	0.150
	其他宿舍楼梯	0.270	0.165
老年人建筑楼梯	住宅建筑楼梯	0.300	0.150
	公共建筑楼梯	0.320	0.130
托儿所、幼儿园楼梯		0.260	0.130
小学校楼梯		0.260	0.150
人员密集且竖向交通繁忙的建筑和大、中学校楼梯		0.280	0.165
其他建筑楼梯		0.260	0.175
超高层建筑核心筒内楼梯		0.250	0.180
检修及内部服务楼梯		0.220	0.200

注:摘自《民用建筑设计统一标准》(GB 50352—2019)。

一般取值的原则是:使用楼梯的人流量大或使用者体能较弱时,b 取值较大而 h 取值较小;反之,b 取值较小而 h 取值较大。

对成年人而言,楼梯踢面高度以150 mm 左右最为舒适,不应高于175 mm。踏面的宽度以300 mm 左右为宜,不应窄于 260 mm。当踏面宽度过大时,将导致楼梯段长度增加;而踏面宽度过窄时,行走时会产生危险。实际工程中经常采用出挑踏面的方法,使得在梯段总长度不变情况下增加踏步面宽,如图 10.5(c)所示。一般踏面的出挑长度为 20~30 mm。

(2)梯段宽度与平台宽度

楼梯设计主要是楼梯梯段和平台的设计,而梯段和平台的尺寸与楼梯间的开间、进深和层高有关,如图 10.6 所示。

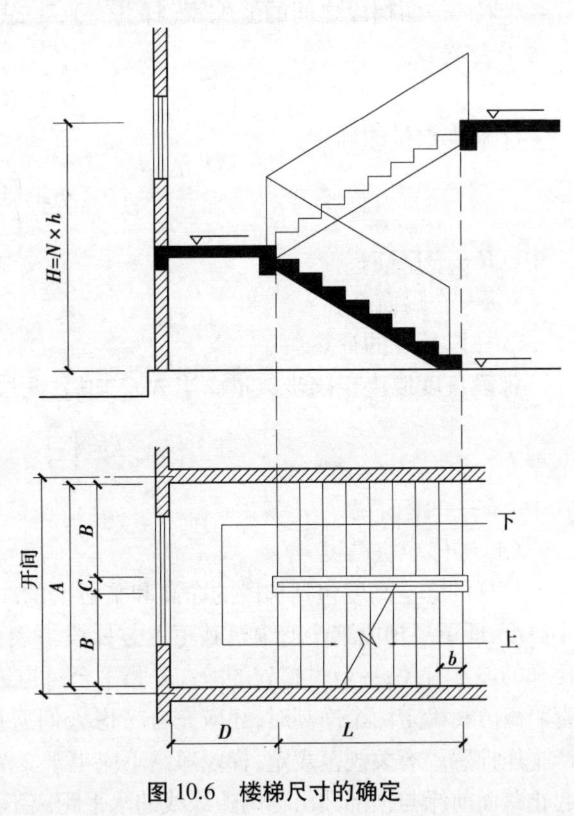

图 10.6　楼梯尺寸的确定

梯段宽度按每股人流宽按 0.55 m+(0~0.15)m 的人流股数确定,并不应少于两股人流。(0~0.15)m 为人流在行进中人体的摆幅,公共建筑人流众多的场所应取上限值。一般单股人流通行梯段宽 850 mm;双股人流通行梯段宽 1 200~1 400 mm;三股人流通行时梯段宽 1 500~2 100 mm,如图 10.7 所示。当梯段改变方向时,扶手转向端处的平台最小宽度不应小于梯段净宽,并不得小于1.2 m。如有运大型物件需要时,应适量加宽,直跑楼梯的中间平台宽度不应小于 0.9 m,以确保通过楼梯段的人流和货物也能顺利地在楼梯平台上通过。

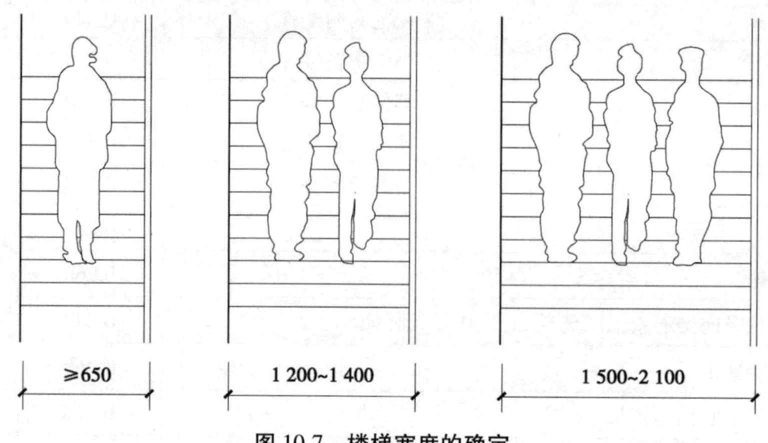

图 10.7　楼梯宽度的确定

(3) 梯段宽度与平台宽的计算

①梯段宽 B:

$$B=\frac{A-C}{2}$$

式中　A——开间净宽;

　　C——两梯段之间的缝隙宽(梯井宽),考虑消防、安全和施工的要求,$C=60\sim120$ mm。

平台宽 D:

$$D \geqslant B$$

②踏步数量的确定:

$$N=\frac{H}{h}$$

式中　H——层高;

　　h——踢面高。

③梯段长度的计算。

梯段长度取决于踏步数量。当 N 已知后,两段等跑的楼梯梯段长 L 为:

$$L=\left(\frac{N}{2}-1\right)b$$

式中　b——踏面宽。

(4)楼梯净空高度

楼梯的净空高度包括梯段的净高和平台上的净空高度。梯段间的净高是指梯段空间的最小高度,即下层梯段踏步前缘至其正上方梯段下表面的垂直距离。梯段间的净高与人体尺度、楼梯的坡度有关;平台过道处的净高是指平台过道地面至上部结构最低点(通常为平台梁)的垂直距离。在确定两个净高时,还应充分考虑人们肩扛物品对空间的实际需要,避免由于碰头而产生压抑感。有关规范规定,梯段净高不应小于 2 200 mm,平台过道处净高不应小于 2 000 mm,起止踏面前缘与顶部凸出物内边缘线的水平距离不应小于 300 mm,如图 10.8 所示。

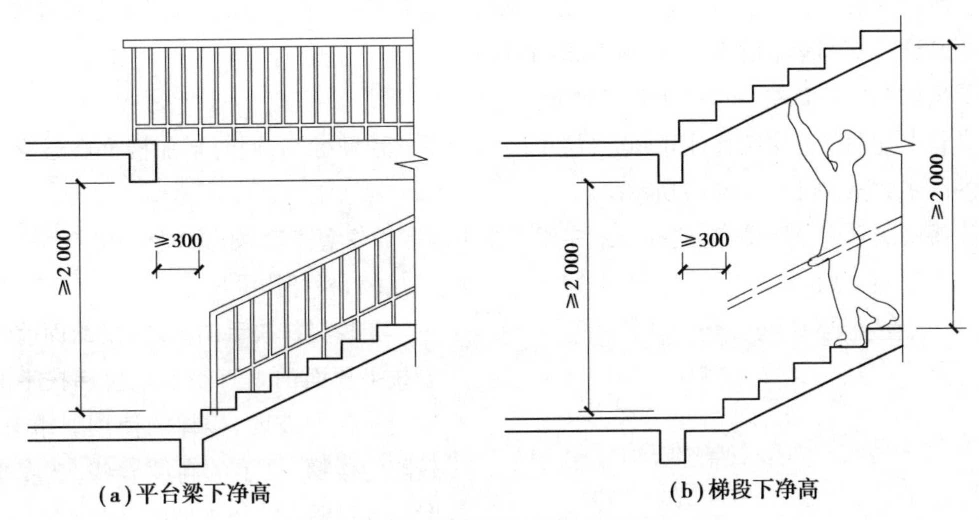

(a)平台梁下净高

(b)梯段下净高

图 10.8 梯段及平台部位净高要求

当楼梯底层中间平台下做通道时,为求得下面空间净高≥2 000 mm,常采用如图 10.9 所示的几种处理方法:

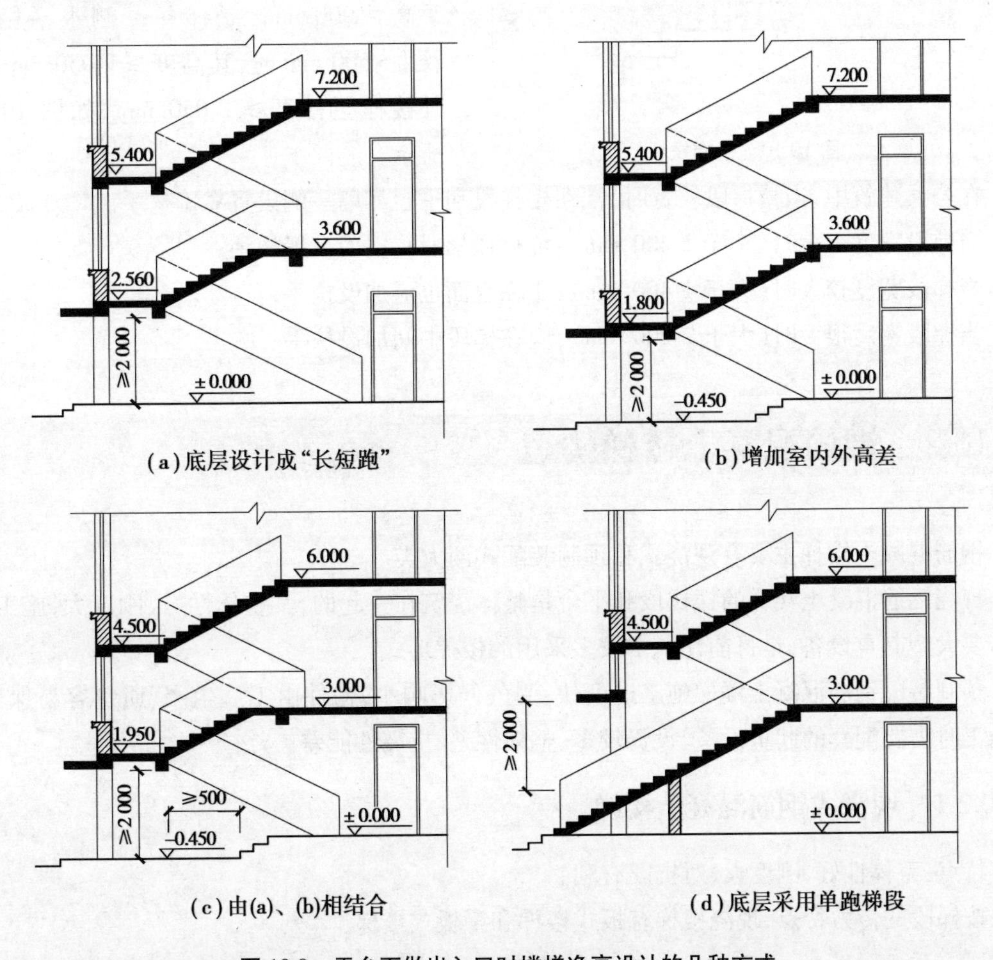

(a)底层设计成"长短跑"

(b)增加室内外高差

(c)由(a)、(b)相结合

(d)底层采用单跑梯段

图 10.9 平台下做出入口时楼梯净高设计的几种方式

①将楼梯底层设计成“长短跑”,让第一跑的踏步数多些,第二跑踏步数少些,利用踏步数的多少来调节下部净空的高度,如图 10.9(a)所示。

②增加室内外高差,如图 10.9(b)所示。

③将上述两种方法结合,即降低底层中间平台下的地面标高,同时增加楼梯底层第一个梯段的踏步数量,如图 10.9(c)所示。

④将底层采用单跑楼梯,这种方式多用于少雨地区的住宅建筑,如图 10.9(d)所示。

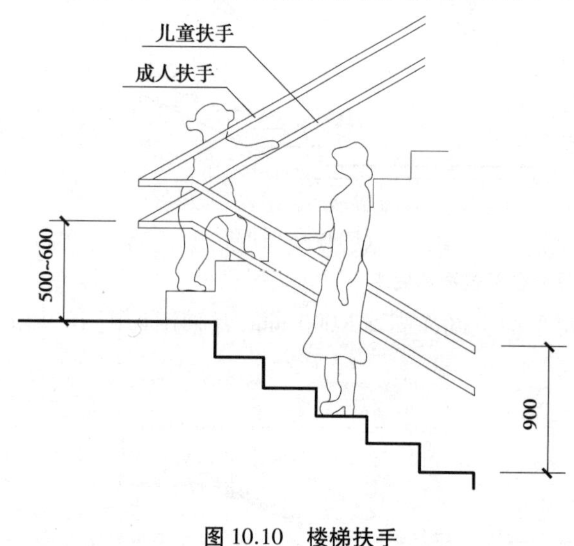

图 10.10　楼梯扶手

(5)栏杆扶手尺寸

楼梯栏杆扶手的高度,指踏面前缘线至扶手顶面的垂直距离。楼梯扶手的高度与楼梯的坡度、楼梯的使用要求有关。较陡的楼梯,扶手的高度矮些,坡度平缓时高度可稍大。楼梯坡度在 30°左右时常采用 900 mm 高的扶手;儿童使用的楼梯扶手高一般为 600 mm。一般室内楼梯扶手高≥900 mm,靠梯井一侧水平栏杆长度>500 mm 时,其高度≥1 050 mm,室外楼梯栏杆高≥1 050 mm,如图 10.10 所示。

在公共建筑中,当楼梯段较宽时,常在楼梯段和平台靠墙一侧设置靠墙扶手。

当梯段宽度不大时(小于 1 400 mm):可只在梯段临空面设置扶手;

当梯段宽度较大时(大于 1 400 mm):非临空面也应加设扶手;

当梯段宽度很大时(大于 2 200 mm):应在梯段中间加设扶手。

10.2　钢筋混凝土楼梯构造

钢筋混凝土楼梯主要有现浇式和预制装配式两大类。

现浇钢筋混凝土楼梯的楼梯段和平台是整体浇筑在一起的,其整体性好、刚度大,施工时不需要大型起重设备,是目前建筑中较多采用的楼梯形式。

预制装配钢筋混凝土楼梯施工进度快、受气候影响小,构件由工厂生产、质量容易保证,但施工时需要配套的起重设备、投资较多、整体性差、抗震性能差。

▶10.2.1　现浇式钢筋混凝土楼梯

特点:整体性好,刚度大,对抗震有利。

按梯段的传力特点,现浇楼梯有板式楼梯和梁板式楼梯。

(1)板式楼梯

结构特点:楼梯段作为一块整板,斜搁在楼梯的平台梁上。平台梁之间的距离即为梯段板的跨度,如图 10.11、图 10.12 所示。

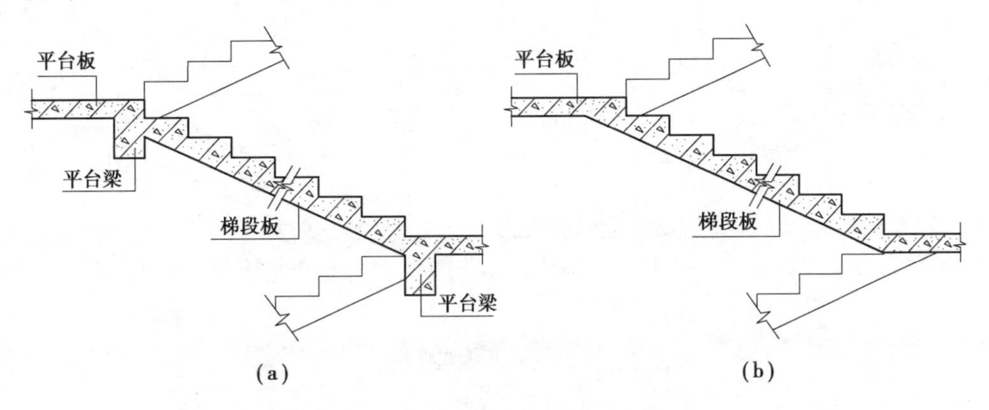

图 10.11　现浇钢筋混凝土板式楼梯

图 10.12　板式楼梯实例

(2)梁板式楼梯

当梯段较宽或楼梯负荷较大时,采用板式楼梯往往不经济,必须增加梯段斜梁(简称梯梁)以承受板的荷载,并将荷载传给平台梁,这种楼梯称为梁板式楼梯。

梁板式楼梯根据结构布置的不同,分为双梁楼梯和单梁楼梯。梯梁在板下部的称正梁式楼梯(由于上面踏步露明,称明步),将梯梁反向上面称反梁式楼梯(踏步包在梁内,称暗步),如图 10.13 所示。

在梁板式结构中,单梁式楼梯是近年来公共建筑中采用较多的一种结构形式,这种楼梯的每个梯段由一根梯梁支承踏步。梯梁有两种布置方式:一种是单梁悬臂式楼梯(图 10.14),另一种是单梁挑板式楼梯(图 10.15)。单梁楼梯受力复杂,梯梁不仅受弯而且受扭,但这种楼梯外形轻巧、美观,常为建筑空间造型所采用。

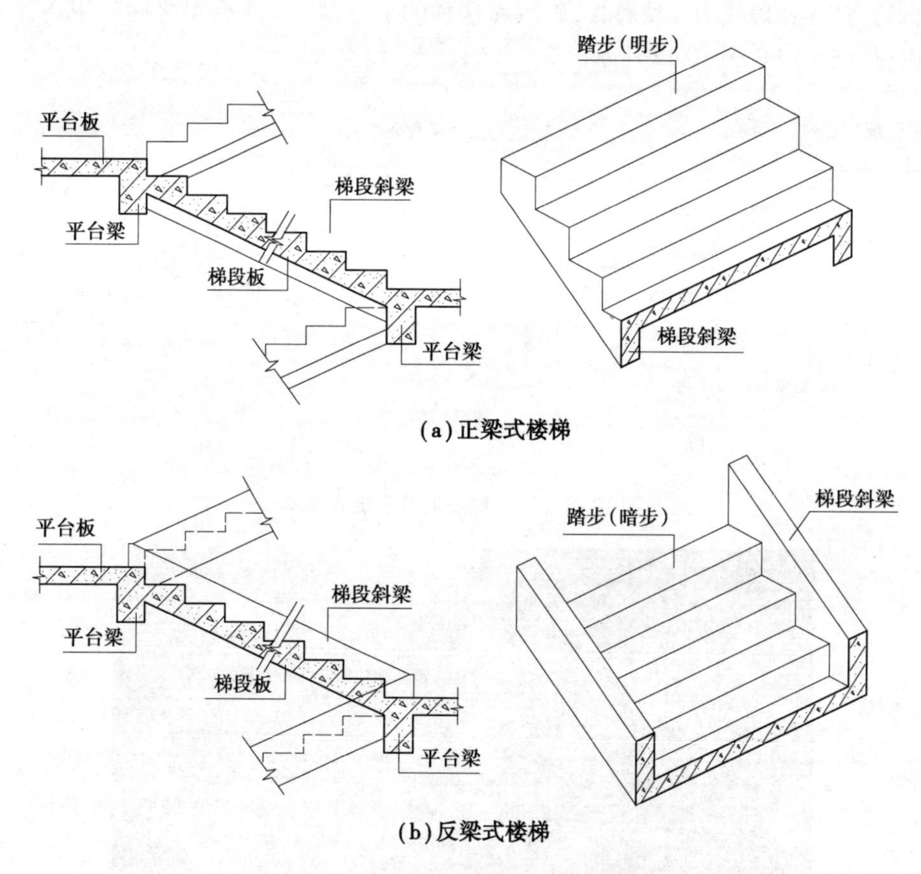

(a)正梁式楼梯

(b)反梁式楼梯

图 10.13　现浇钢筋混凝土梁板式楼梯

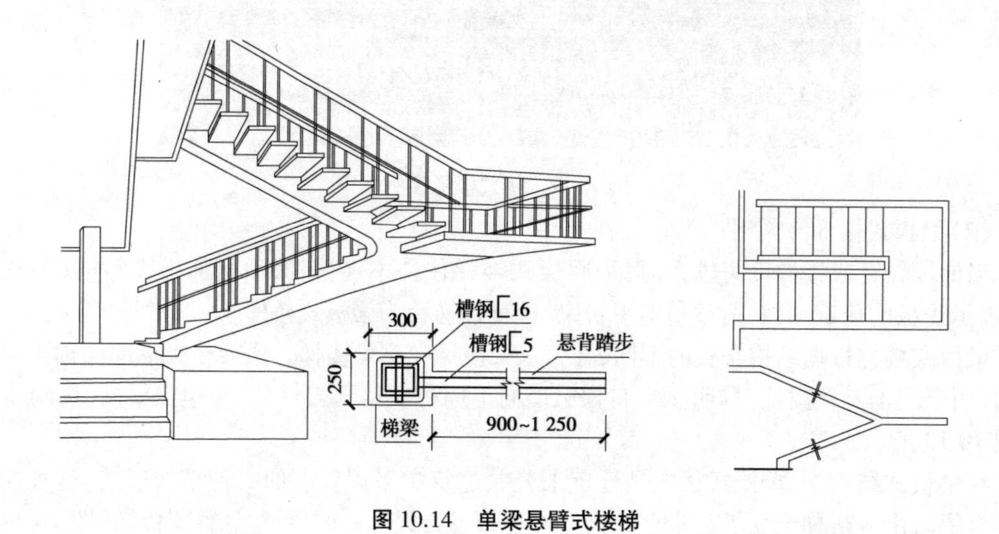

图 10.14　单梁悬臂式楼梯

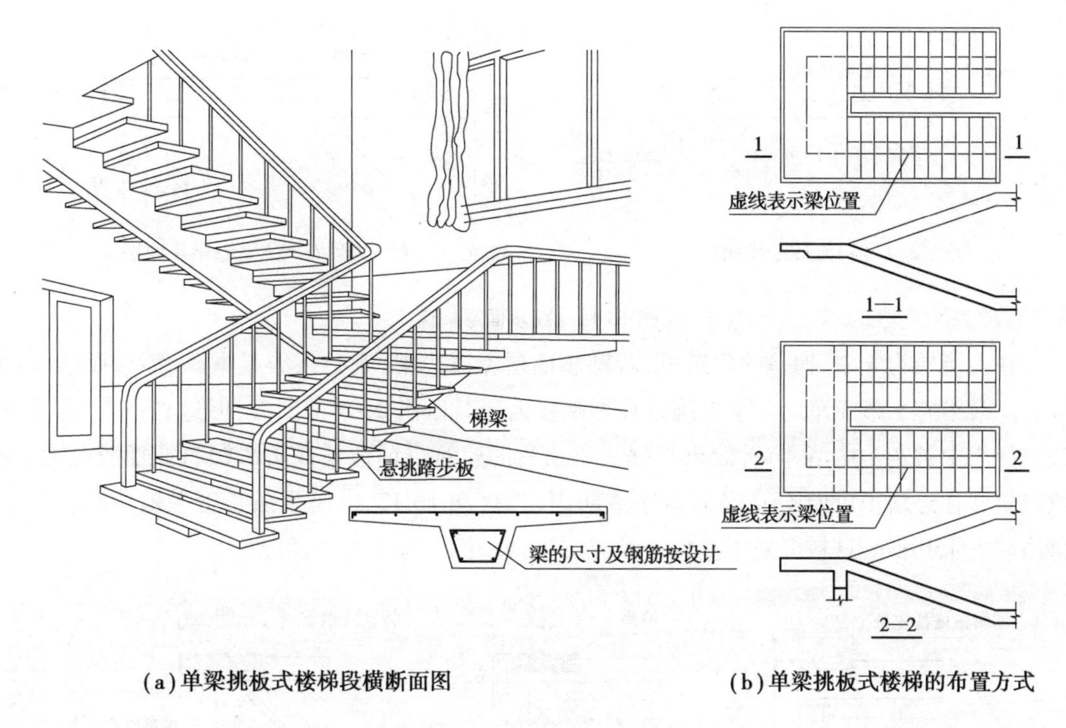

(a)单梁挑板式楼梯段横断面图　　(b)单梁挑板式楼梯的布置方式

图 10.15　单梁挑板式楼梯

▶10.2.2　装配式楼梯

装配式钢筋混凝土楼梯具有节约人工和模板、减少现场湿作业、加快施工速度、提高工程质量的优点,它的大量应用还有利于提高建筑的工业化程度。但由于装配式钢筋混凝土楼梯的整体性较差,所以在抗震等级较高地区要慎用。

装配式钢筋混凝土楼梯根据生产、运输、吊装和建筑体系的不同而有许多不同的构造形式,例如根据构件尺寸大小的不同,可分为小型构件式与中、大型构件式两种。其中,小型构件装配式楼梯的预制踏步和它们的支撑结构通常是分开的,其主要特点就是构件小且轻、易制作,但施工繁而慢,有些还要用较多的人力和湿作业,适合于施工条件较差的地区。而中、大型构件装配式楼梯可以减少预制构件的品种和数量,可以利用吊装工具进行安装,对于简化施工过程、加快施工进度、降低劳动强度等都十分有利。此外,若按梯段的构造与支承方式来分,则还有梁承式、墙承式、悬挑式、悬吊式等数种,但由于整体性差、刚性差等原因,故目前已很少使用。

▶10.2.3　踏步和栏杆扶手的构造

1)踏步面层及防滑处理

楼梯踏步面层做法一般与楼地面相同,踏步的上表面要求耐磨,便于清洁。常用的做法有人造石、缸砖贴面、大理石、花岗岩等面层(图 10.16)。

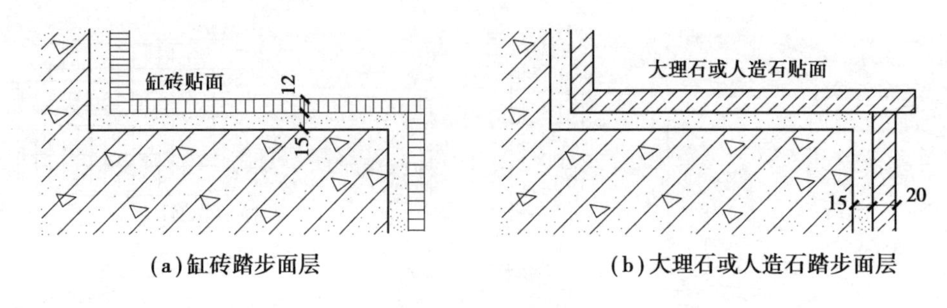

(a)缸砖踏步面层　　(b)大理石或人造石踏步面层

图 10.16　踏步面层构造

在人流较为集中、拥挤的建筑里,若踏步面层太过光滑,则行人容易滑跌,所以踏步表面应有防滑措施。最简单的防滑措施是在做踏步面层时留出 2~3 道凹槽,但这样一来,容易导致在使用中被灰尘填堵,防滑效果不好。要求高的建筑可铺地毯或防滑塑料或橡胶贴面,一般建筑常在近踏步口做 1~2 条防滑条或防滑包口(图 10.17)。防滑条长度一般按踏步长度每边减去 150 mm,材料可采用塑料条或橡皮条、金属条、马赛克、折角铁等。

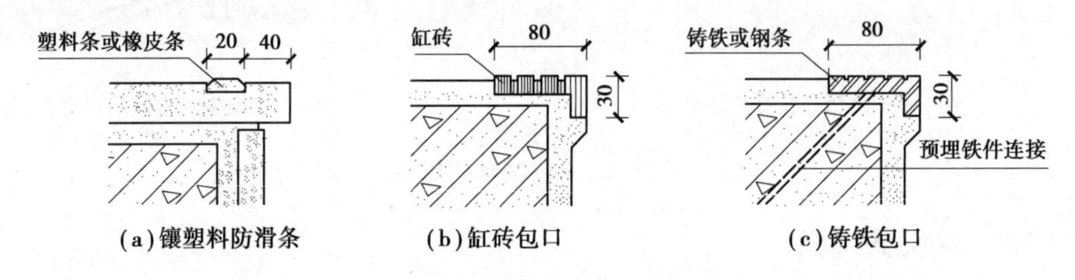

(a)镶塑料防滑条　　(b)缸砖包口　　(c)铸铁包口

图 10.17　踏步防滑条构造

2)栏杆与扶手构造

楼梯的防护构件是栏杆和扶手,通常设置于楼梯段和平台临空一侧,三股人流时两侧设扶手,四股人流时加中间扶手。

(1)透空式栏杆

透空式栏杆多采用方钢、圆钢钢管等材料并可焊接或铆接成各种图案,既有防护作用又起装饰作用,如图 10.18 所示。

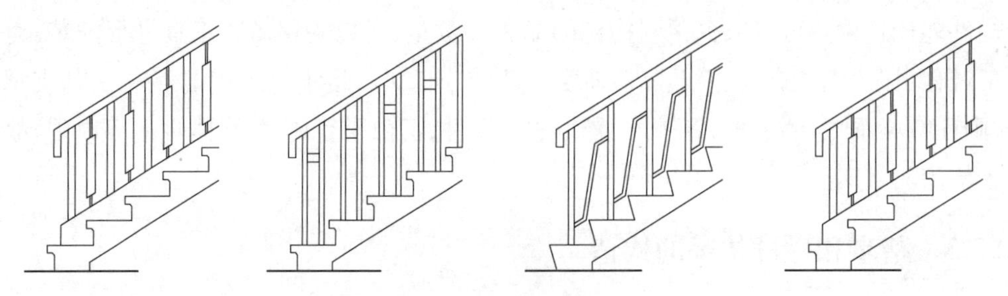

图 10.18　透空式扶手

方钢截面边长与圆钢的直径一般为 15~25 mm,栏杆钢条花格的间隙对居住建筑或儿童使用的楼梯均不宜超过 110 mm,同时为防止儿童攀爬,不应设水平横杆。

(2)栏板和组合式栏杆

栏板多采用钢筋混凝土,也可用透明钢化玻璃或有机玻璃镶嵌于栏杆立柱之间。钢筋混凝土实心栏板可以现浇,也可以预制。

将透空栏杆和栏板组合在一起可构成组合式栏杆,以栏杆作为主要的抗侧力构件,栏板作为防护和装饰构件。栏杆竖杆常采用不锈钢等材料,栏板常采用夹丝玻璃、钢化玻璃等轻质和美感的材料,夹丝玻璃抗水平冲击力较强,是比较理想的栏板材料,如图 10.19 所示。

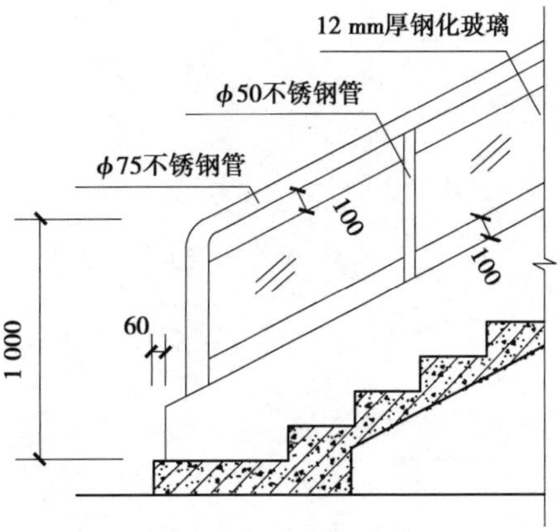

图 10.19　钢化玻璃栏杆

常用的楼梯栏杆多为钢构件,包括圆钢、钢管、方钢、扁钢等的组合。其中,立杆与钢筋混凝土梯段及平台之间的固定方式有:与预埋铁件焊接、开脚铁件预埋(或留空后装)、与预埋铁件螺栓连接、直接用膨胀螺栓固定等几种。安装位置为踏步侧面或踏步上面的边沿部分,如图 10.20 所示;横杆则多采用焊接方式与立杆连接,如图 10.21 所示。

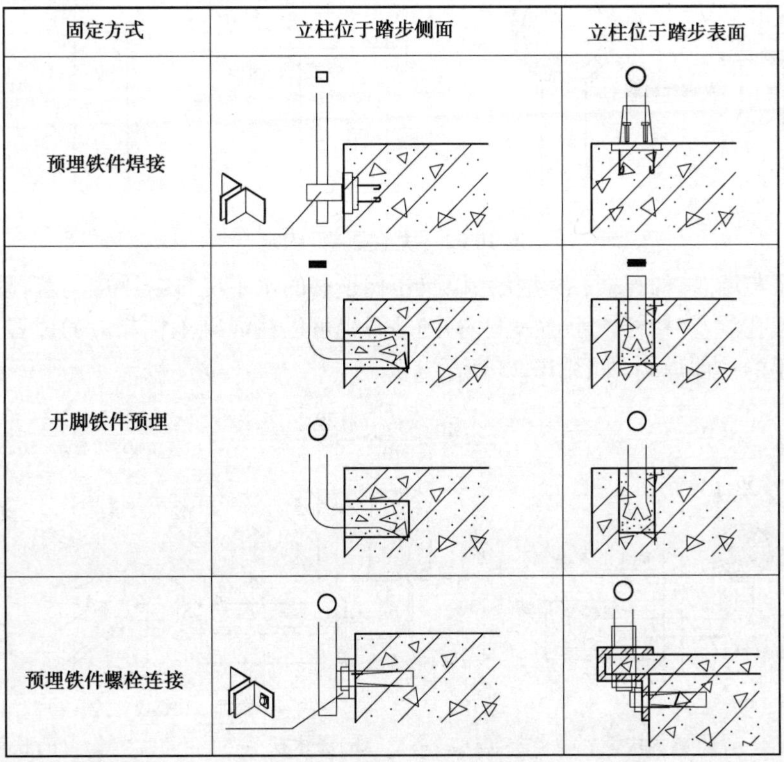

固定方式	立柱位于踏步侧面	立柱位于踏步表面
预埋铁件焊接		
开脚铁件预埋		
预埋铁件螺栓连接		

图 10.20　栏杆立柱位置

3)扶手

扶手一般多用硬木制作,也有金属扶手、塑料扶手等。

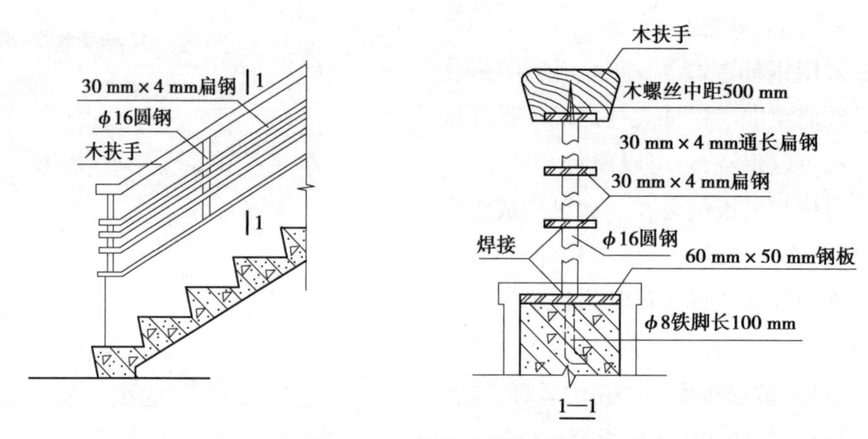

图 10.21　组合式栏杆示例

(1)栏杆与扶手的连接

木扶手靠木螺丝通过一个通长扁铁与空花栏杆连接,扁铁与栏杆顶端焊接并每隔300 mm左右开一小孔,穿过木螺丝固定;金属扶手是通过焊接的方法连接;塑料扶手是利用其弹性卡固定在扁钢带上,如图 10.22 所示。

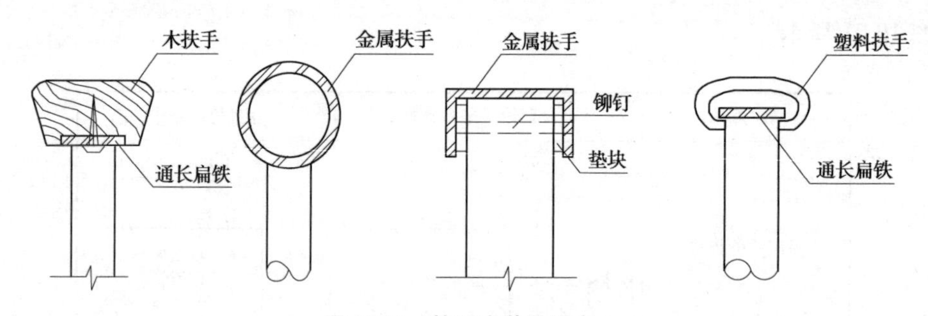

图 10.22　扶手安装及固定

栏杆扶手与墙、柱的连接:靠墙扶手以及楼梯顶层的水平栏杆扶手应与墙、柱连接。可以在砖墙上预留孔洞,将栏杆扶手插入洞内并嵌固;也可以在混凝土柱相应的位置上预埋铁件,再与栏杆扶手的铁件焊接,如图 10.23 所示。

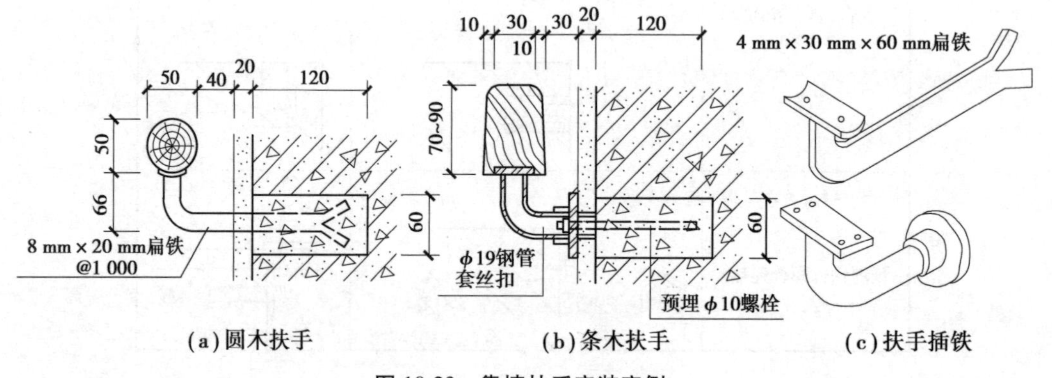

图 10.23　靠墙扶手安装实例

(2)楼梯转折处扶手的处理

楼梯转折处扶手顶部通常会存在一个高差,必须对此进行恰当处理。当上行楼梯和下行楼梯的第一个踏步口设在一条线上,如果平台处栏杆紧靠踏步口设置,侧栏杆扶手的顶部高度突然变化,扶手需做成一个较大的弯曲线,即鹤颈扶手,是上下连接,如图 10.24(a)所示。这种处理方法费工费料,使用不便,应尽量避免。通常的处理方法:

①在平台处栏杆伸出踏步回线约半步的地方,扶手连接可以较顺,但这样处理使平台在栏杆处的净宽缩小了半步宽度,可能造成搬运物件的困难,如图 10.24(b)所示。

②将上下行楼梯的踏步错开一步或数步,这样扶手的连接可以较顺,但却增加了楼梯间的长度,如图 10.24(c)所示。

③当然也可以采用图 10.24(d)所示方法处理,但外形不太美观。

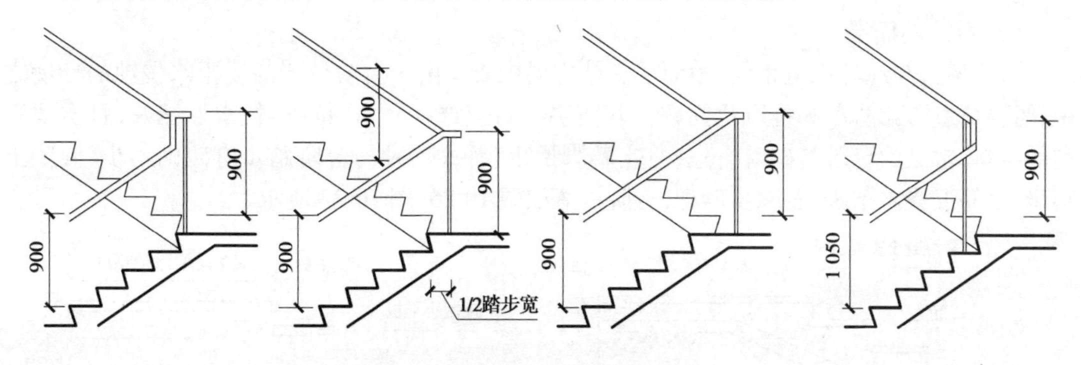

图 10.24　楼梯转折处扶手的处理

10.3　台阶与坡道构造

建筑入口处室内外高差的问题主要是通过台阶与坡道来解决的。台阶和坡道通常位于建筑的主要入口处。若为人流交通,则应设台阶和残疾人坡道;若为机动车交通,则应设机动车道或台阶和车道结合。台阶和坡道除了适用以外,还要求造型美观,如图 10.25 所示。

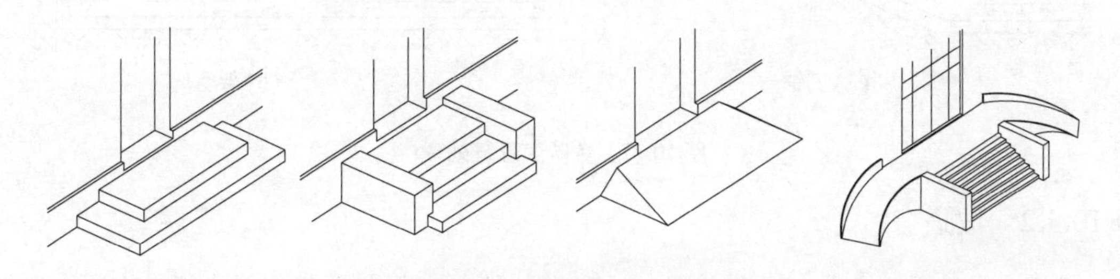

图 10.25　台阶与坡道的形式

▶10.3.1　台阶

(1)台阶尺度

台阶由踏步和平台组成,其形式有单面踏步式、三面踏步式等。台阶坡度较楼梯平缓,每级踏步高为 100~150 mm,踏面宽为 300~400 mm。当台阶高度超过 1 m 时,宜有护栏设施。平台设置在出入口和踏步之间,起缓冲之用,宽度一般不小于 1 000 mm。为防止雨水积聚并溢入室内,平台标高应比室内地面低 30~50 mm,并向外找坡 1%~2%,以便排水。

(2)台阶的垫层

步数较少的台阶,其垫层做法和地面垫层做法类似。一般采用素土夯实后按台阶形式尺寸做C10混凝土垫层或砖、石垫层,标准较高的或地基土质较差的还可在垫层下加铺一层碎砖或碎石层。

对于步数较多或地基土质太差的台阶,可根据情况架空成钢筋混凝土台阶,以避免过多填土或产生不均匀沉降。

严寒地区的台阶还需考虑地基土冻胀因素,可用含水率低的砂石垫层换土至冰冻线以下。

(3)台阶的面层

台阶构造与地坪构造相似,由面层和结构层构成。由于台阶位于易受雨水侵蚀的环境之中,需要慎重考虑防滑和抗风化问题。其面层材料应选择防滑、抗冻、抗水性能好,且质地坚实的材料,常见的台阶基础就有地砌造、勒脚挑出、桥式三种。台阶踏步有砖砌踏步、混凝土踏步、钢筋混凝土踏步、石踏步四种,台阶构造如图10.26、图10.27所示。

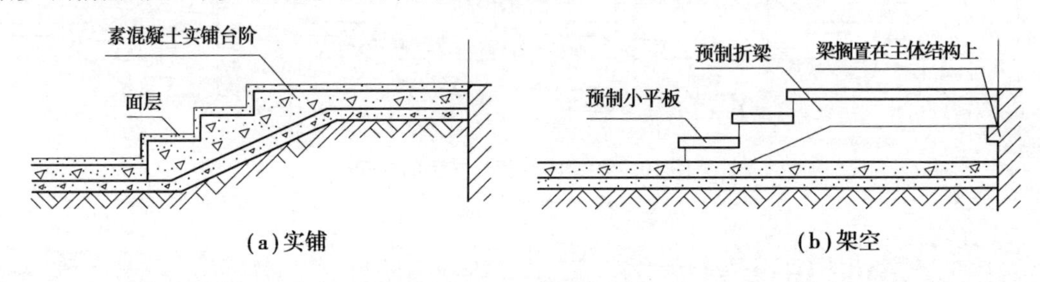

(a)实铺　　(b)架空

图10.26　台阶构造示意图

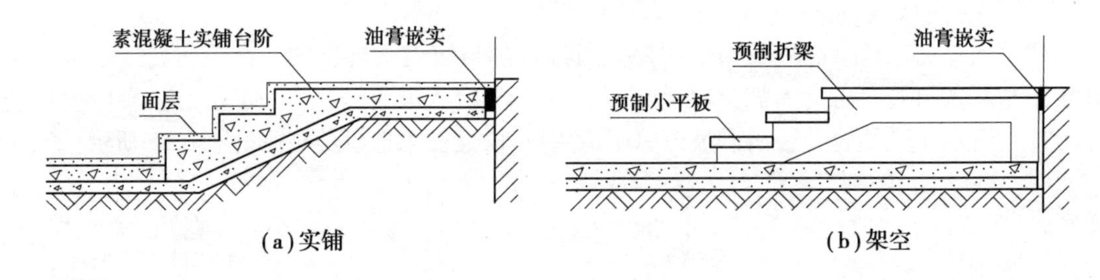

(a)实铺　　(b)架空

图10.27　台阶变形缝处理

▶10.3.2　坡道

坡道多为单面坡形式,三面坡极少。还有些大型公共建筑,为考虑汽车能在大门入口处通行,常采用台阶与坡道相结合的形式。

(1)坡道的坡度

一般为1∶6~1∶12,不宜大于1∶10,室内不宜大于1∶8,供轮椅使用坡度不应大于1∶12,1∶10较为舒适。大于1∶8者须做防滑措施,如做锯齿形或做防滑条,如图10.29所示。

(2)坡道的宽度

室内坡道水平投影长度超过15 m时宜设休息平台,以便于残疾人使用的轮椅顺利通过。室内坡道的最小宽度应不小于900 mm,室外坡道平台的最小宽度应不小于1 500 mm,图10.28展示了相关坡道平台所应具有的最小宽度。

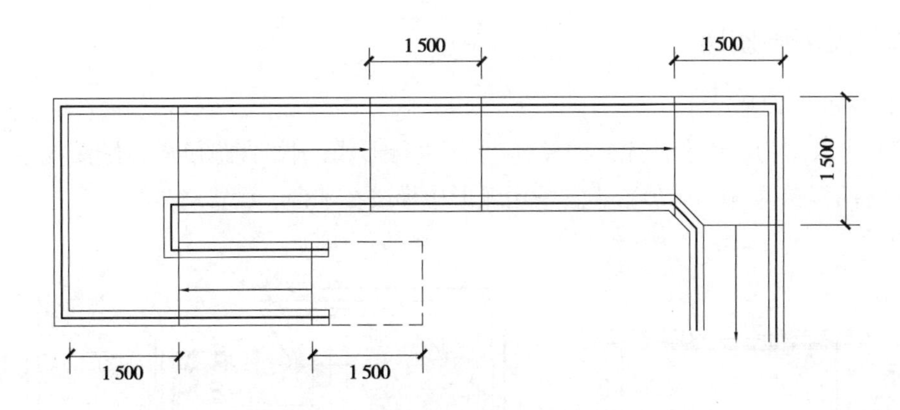

图 10.28　坡道休息平台的最小深度

供轮椅使用的坡道两侧应设高度为 650 mm 的扶手。

(3)坡道的构造

坡道材料常见的有混凝土,面层用水泥砂浆提浆抹光,当坡度较陡时,在其表面必须作防滑处理。坡道构造如图 10.29 所示。

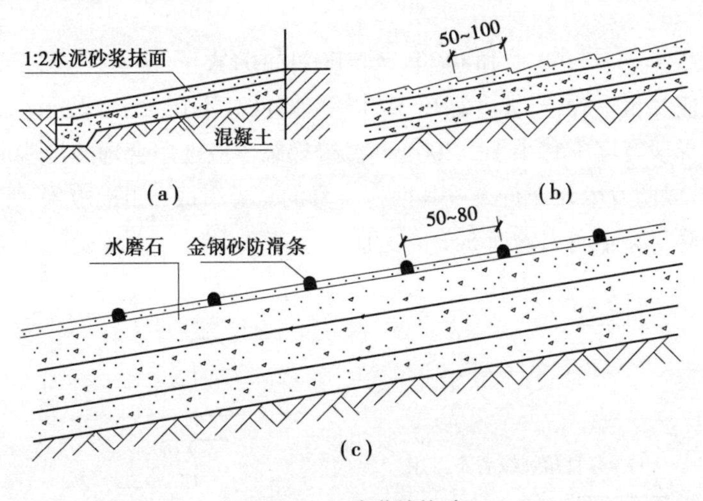

图 10.29　坡道的构造

10.4　有高差无障碍设计的构造

▶10.4.1　概念

在城市规划与建筑设计过程中,均应为行动不变的残疾人及老年人等提供正常生活和参加社会活动的便利条件,尽量消除人工环境尤其是残疾人及老年人较为集中使用的有关场所中不利于行动的各种障碍。

下肢残疾的人往往会借助拐杖和轮椅代步,而视觉残疾的人往往会借助导盲棍来帮助行走。无障碍设计中的部分内容就是指能帮助上述两类残疾人顺利通过高差的设计。

▶10.4.2　无障碍楼梯

(1)楼梯的形式及尺寸

供拄拐者及视力残疾者使用的楼梯,应采用直行形式,例如直跑楼梯、对折的双跑楼梯或成直角折行的楼梯等(图 10.30),不宜采用弧形楼梯或在平台上设置扇步。

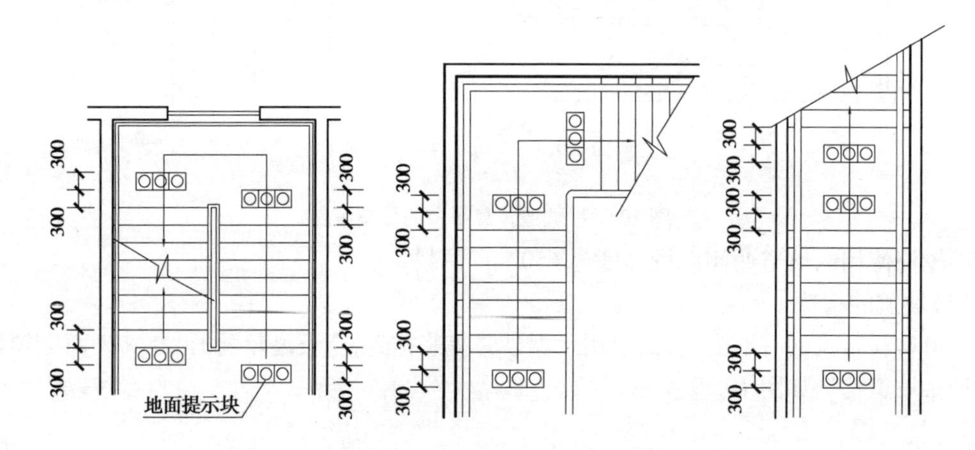

图 10.30　无障碍楼梯的形式

楼梯的坡度应尽量平缓,其坡度宜在 35°以下,踢面高不宜大于 170 mm,且每步踏步应保持等高。楼梯的梯段宽度不宜小于 1 200 mm。楼梯踏步应选用合理的构造形式及饰面材料,注意无直角突沿,以防发生勾绊行人或其助行工具的意外事故,如图 10.31 所示。还应注意表面不滑,不积水,防滑条不高出踏面 5 mm 以上。

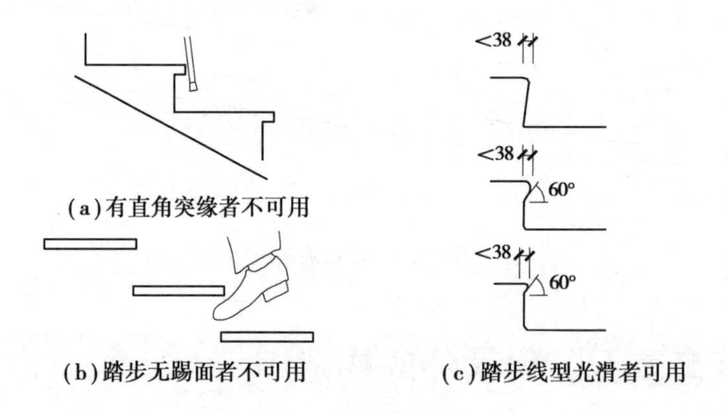

(a)有直角突缘者不可用

(b)踏步无踢面者不可用

(c)踏步线型光滑者可用

图 10.31　残障楼梯踏步形式

(2)栏杆扶手

楼梯、坡道的栏杆扶手应坚固适用,且应在梯段或坡道的两侧都设置。公共楼梯可设上下双层扶手。在楼梯的梯段(或坡道的坡段)的起始及终结处,扶手应自其前缘向前伸出 300 mm以上,两个相邻梯段的扶手应该连通;扶手末端应向下或伸向墙面,如图 10.32 所示。扶手的断面形式应便于抓握,如图 10.33 所示。

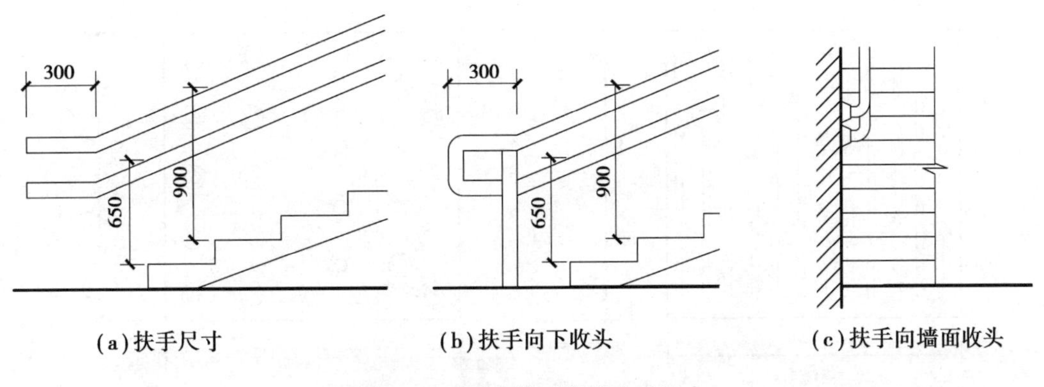

(a)扶手尺寸　(b)扶手向下收头　(c)扶手向墙面收头

图 10.32　残障梯扶手的形式及尺寸

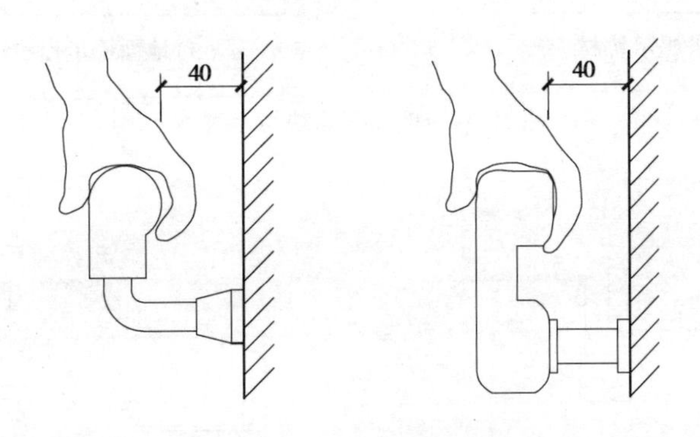

图 10.33　便于抓握的扶手

▶10.4.3　坡道

坡道最适合残疾人的轮椅通过,还适合行人拄拐杖和借助导盲棍通过。除了坡度必须较为平缓外,还必须有一定的宽度,有关规定如下:

(1)坡道的坡度

我国对坡道的坡度要求是不大于 1/12,同时还规定与之相匹配的每段坡道的最大高度为 750 mm,最大坡段水平长度为 9 000 mm。

(2)坡道的宽度及平台宽度

为便于残疾人使用的轮椅顺利通过,室内坡道的最小宽度应不小于 900 mm,室外坡道的最小宽度应不小于 1 500 mm。

▶10.4.4　导盲块的设置

导盲块又称地面提示块,一般设置在有障碍物、需要转折、存在高差等场所,利用其表面上的特殊构造形式,向视力残疾者提供触摸信息,指示该停步或需改变行进方向等。图 10.34 所示为常用导盲块的两种形式。图 10.30 中已经标明了它在楼梯中的设置位置,在坡道上也同样适用。

鉴于安全方面的考虑,凡是凌空处的构件边缘,包括楼梯梯段和坡道的凌空一侧、室内外平台(如回廊、外廊、阳台等)的凌空边缘等,都应该向上翻起。这样可以防止拐杖或导盲棍等工具向外滑出,对轮椅也是一种制约,如图 10.35 所示。

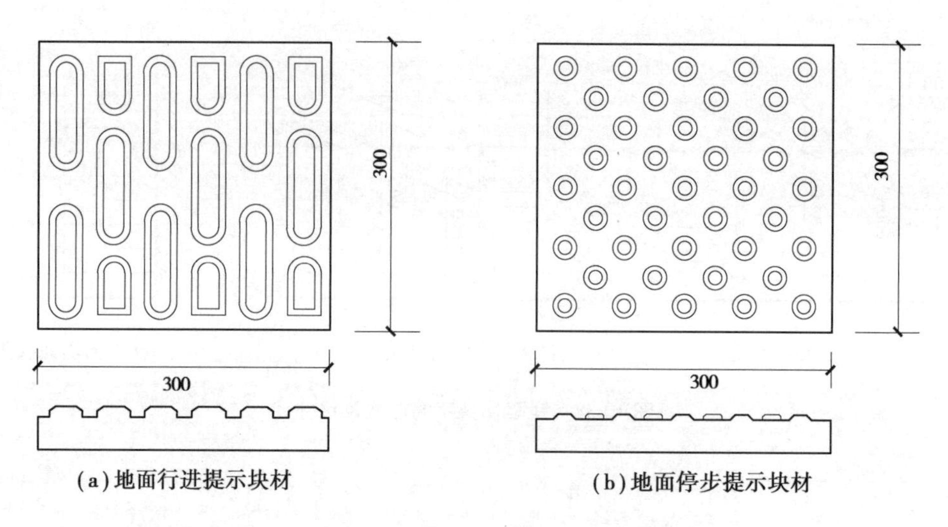

(a)地面行进提示块材

(b)地面停步提示块材

图 10.34　地面提示块材示意图

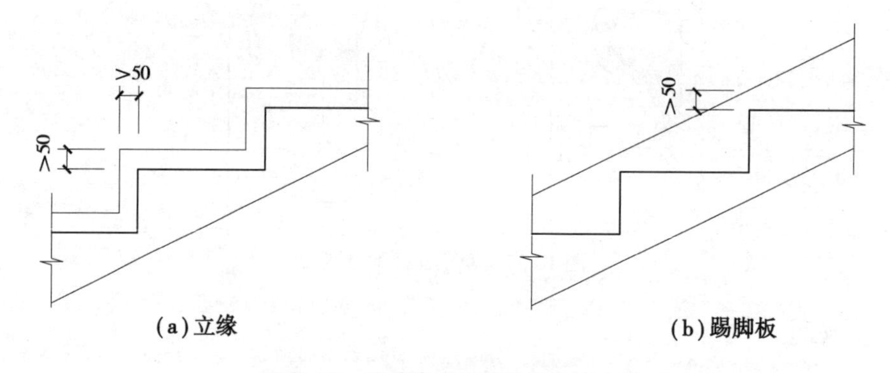

(a)立缘

(b)踢脚板

图 10.35　残障梯梯段等构件边缘上翻

10.5　电梯与自动扶梯简介

▶10.5.1　电梯

1)电梯的类型

(1)按使用性质分类

①客梯:主要用于人们在建筑物中的垂直交通。

②货梯:主要用于运送货物及设备。

③消防电梯:用于发生火灾、爆炸等紧急情况下安全疏散人员和消防人员紧急救援。

④观光电梯:将垂直交通工具和登高流动观景相结合的电梯。透明的轿厢使电梯内外景观互相沟通。

(2)按运行速度分类

①高速电梯:速度大于 2 m/s,梯速随层数增加而提高,消防电梯常用高速。

②中速电梯:速度在 2 m/s 之内,一般货梯按中速考虑。

③低速电梯:运送食物电梯常用低速,速度在 1.5 m/s 以内。

(3)其他分类

其他分类包括按单台、双台分;按交流电梯、直流电梯分;按轿厢容量分;按电梯开启方向分等。

2)电梯的组成

(1)电梯井道

电梯井道是电梯运行的通道。井道内包括出入口、电梯轿厢、导轨、导轨撑架、平衡锤及缓冲器等。不同用途的电梯,井道的平面形式不同。客梯、货梯、病床梯和小型杂物梯的井道平面形式,如图 10.36 所示。

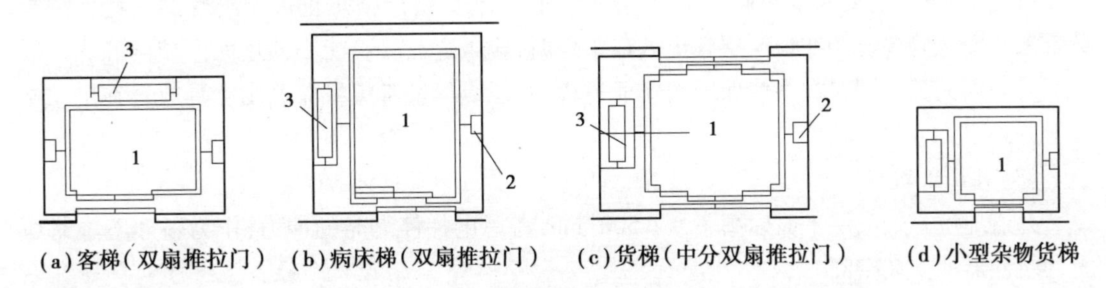

图 10.36 电梯分类及井道平面

1—电梯厢;2—导轨及撑架;3—平衡重

(2)电梯机房

有机房电梯:电梯机房一般设在井道的顶部。机房和井道的平面相对位置允许机房任意向一个或两个相邻方向伸出,并满足机房有关设备安装的要求。机房楼板应按机器设备要求的部位预留孔洞。

无机房电梯:是相对于有机房电梯而言的,即省去了机房,将原机房内的控制屏、曳引机、限速器等移往井道等处,或用其他技术取代。无机房电梯可为建筑商降低成本,一般采用变频控制技术和永磁同步电机技术,故节能、环保、不占用除井道以外的空间。

①根据主机的布置位置分类。

主机上置式:主机放在井道顶层轿厢和电梯井道壁之间的空间中,为了使控制柜和主机之间的连线足够短,一般将控制柜放在顶层的厅门旁边,这样也便于检修和维护。

主机下置式:主机放在井道的底坑部分,放在底坑轿厢和对重之间的投影空间上,控制柜一般采取壁挂形式。这种放置方式给检修和维护也提供了方便。

主机放在轿厢上:主机放在轿厢的顶部,控制柜放在轿厢侧面。这种布置方式,随行电缆的数量比较多。

主机控制柜位置:主机和控制柜放在井道侧壁的开孔空间内。这种方式对主无机房电梯机和控制柜的尺寸无特殊要求,但是要求开孔部分的建筑要有足够厚度,并要留有检修门。

②安全要求。电梯属于特种设备,对其进行维修保养是一项需要专门资质认可的特殊工种,工作前必须落实相应的安全措施,严格遵守安全操作规程,否则将存在较高的危险

隐患。

一般电梯的曳引机、控制柜、限速器等部件位于机房内，对这些设备的维修保养操作均能在机房完成，工作空间较为宽敞且安全便利，工作方式也为维修人员所熟悉。无机房电梯由于主要的机器设备全都安装在井道内，对这些设备的维修保养都需要在轿顶区域内进行，不但工作空间狭小且增加了许多危险性。因此，操作中必须按照特殊的维修保养安全步骤进行。

需要着重强调的一点是：由于没有机房，无机房电梯的维护保养工作经常需要作业人员在顶层层站出入口和井道顶部出现。通常情况下，顶层层站出入口位置会有路人经过，因此作业人员在对无机房电梯进行维护保养时一定要注意采取相应的安全隔离防护措施。保养作业过程中，不仅需要保障作业人员自身的绝对安全，更要严格防止可能出现的一些无关人员带来的安全隐患。当在顶层层站出入口工作时，应限定在尽可能小的楼面区域内和尽可能短的时间内完成。同时在维修保养的作业过程中，还应尽量避免将保养用工具放置在层站楼面上并处于无人保管状态。

(3)井道地坑

井道地坑在最底层平面标高下≥1 500 mm，考虑电梯停靠时的冲力，作为轿厢下降时所需的缓冲器的安装空间。

(4)组成电梯的有关部件

①轿厢：直接载人、运货的厢体。电梯轿厢应造型美观，经久耐用。如今轿厢采用金属框架结构，内部采用光洁有色钢板壁面或有色有孔钢板壁面，花格钢板地面，荧光灯局部照明以及不锈钢操纵板等。入口处则采用钢材或坚硬铝材制成的电梯门槛。

②井壁导轨和导轨支架：支承、固定厢上下升降的轨道。

③牵引轮及其钢支架、钢丝绳、平衡锤、轿厢开关门、检修起重吊钩等。

④有关电气部件：交流电动机、直流电动机、控制柜、继电器、选层器、动力、照明、电源开关、厅外层数指示灯和厅外上下召唤盒开关等。

3)电梯与建筑物相关部位的构造

(1)井道、机房建筑的一般要求

①通向机房的通道和楼梯宽度不小于1 200 mm，楼梯坡度不大于45°。

②机房楼板应平坦整洁，能承受6 kPa的均布荷载。

③井道壁多为钢筋混凝土井壁或框架填充墙井壁。井道壁为钢筋混凝土时，应预留150 mm见方，150 mm深孔洞、垂直中距2 000 mm，以便安装支架。

④框架(圈梁)上应预埋铁板，铁板后面的焊件与梁中钢筋焊牢。每层中间加圈梁一道，并需设置预埋铁板。

⑤电梯为两台并列时，中间可不用隔墙而按一定间隔放置钢筋混凝土梁或型钢过梁，以便安装支架。

(2)电梯导轨支架的安装

安装导轨支架分预留孔插入式和预埋铁件焊接式。电梯构造如图10.37所示。

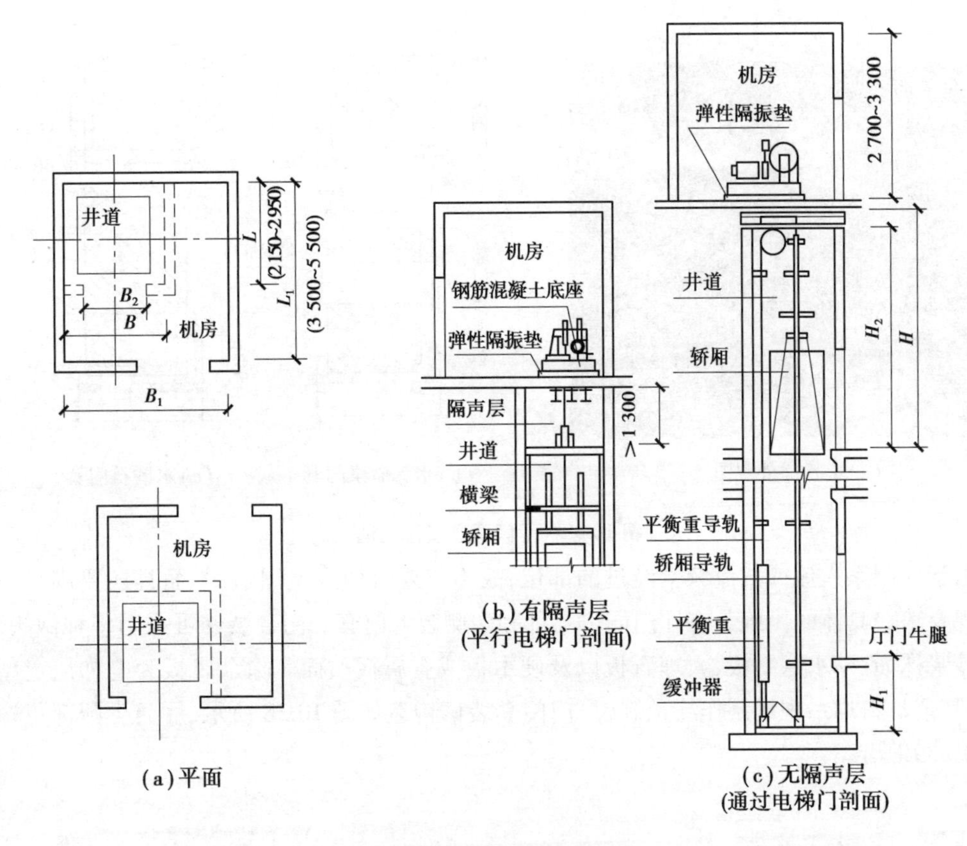

图 10.37　电梯构造示意

4)电梯井道构造

(1)电梯井道设计应满足的要求

①防火要求。井道是建筑中的垂直通道,极易引起火灾的蔓延,因此井道四周应为防火结构。井道壁一般采用现浇钢筋混凝土或框架填充墙井壁。当井道内超过两部电梯时,需用防火围护结构予以隔开。

②隔振与隔声要求。电梯运行时产生振动和噪音,一般在机房机座下设弹性垫层隔振;在机房与井道间设高 1 500 mm 左右的隔声层,如图 10.38 所示。

③通风要求。为使井道内空气流通,火警时能迅速排除烟和热气,应在井道肩部和中部适当位置(高层时)及地坑等处设置不小于 300 mm×600 mm 的通风口,上部可以和排烟口结合,排烟口面积不少于井道面积的 3.5%。通风口总面积的 1/3 应经常开启。通风管道可在井道顶板上或井道壁上直接通往室外。

④其他要求。地坑应注意防水、防潮处理,坑壁应设爬梯和检修灯槽。

(2)电梯井道细部构造

电梯井道的细部构造包括厅门的门套装修及厅门的牛腿处理,导轨撑架与井壁的固结处理等。

电梯井道可用砖砌加钢筋混凝土圈梁,但大多为钢筋混凝土结构。井道各层的出入口即为电梯间的厅门,在出入口处的地面应向井道内挑出一牛腿。

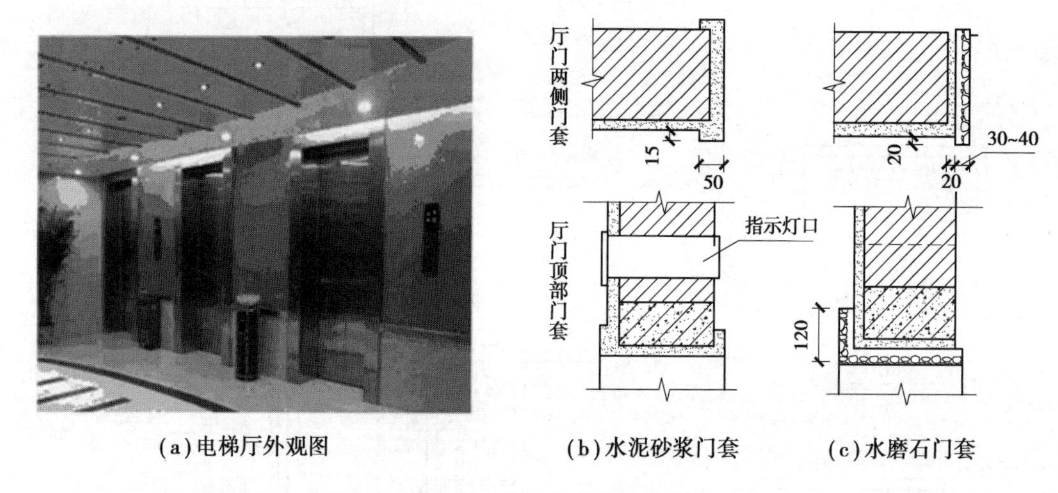

(a)电梯厅外观图　(b)水泥砂浆门套　(c)水磨石门套

图10.38　厅门门套装修构造

由于厅门系人流或货流频繁经过的部位,故不仅要求做到坚固适用,而且还要满足一定的美观要求。具体的措施是在厅门洞口上部和两侧装上门套。门套装修可采用多种做法,如水泥砂浆抹面、贴水磨石板、大理石板以及硬木板或金属板贴面。除金属板为电梯厂定型产品外,其余材料均系现场制作或预制(厅门门套装修构造如图10.38所示,厅门牛腿部位构造如图10.39所示。

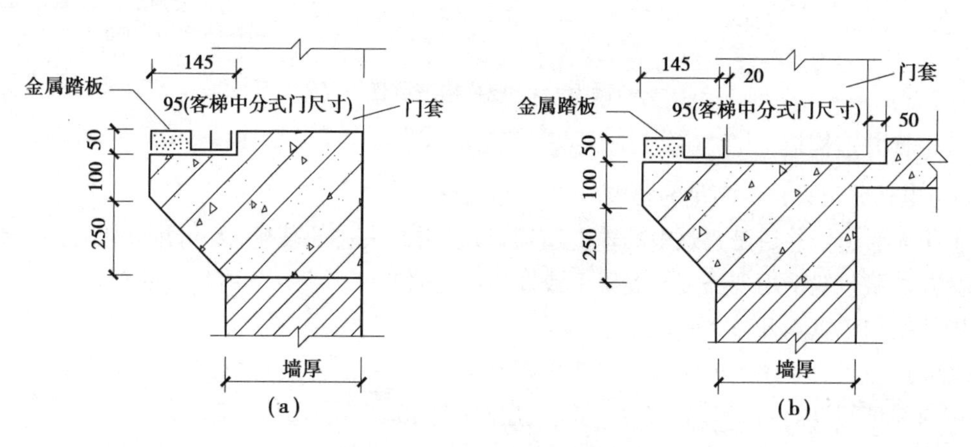

(a)　(b)

图10.39　厅门牛腿部位构造

▶10.5.2　自动扶梯

自动扶梯是建筑物层间运输效率最高的载客设备,适用于有大量人流上下的公共场所,如车站、超市、商场、地铁车站等。自动扶梯可向正、逆两个方向运行,可作提升及下降使用,机器停转时可作普通楼梯使用。

自动扶梯是电动机械牵动梯段踏步连同栏杆扶手带一起运转,机房悬挂在楼板下面。其基本尺寸如图10.40所示,安装实例如图10.41所示。

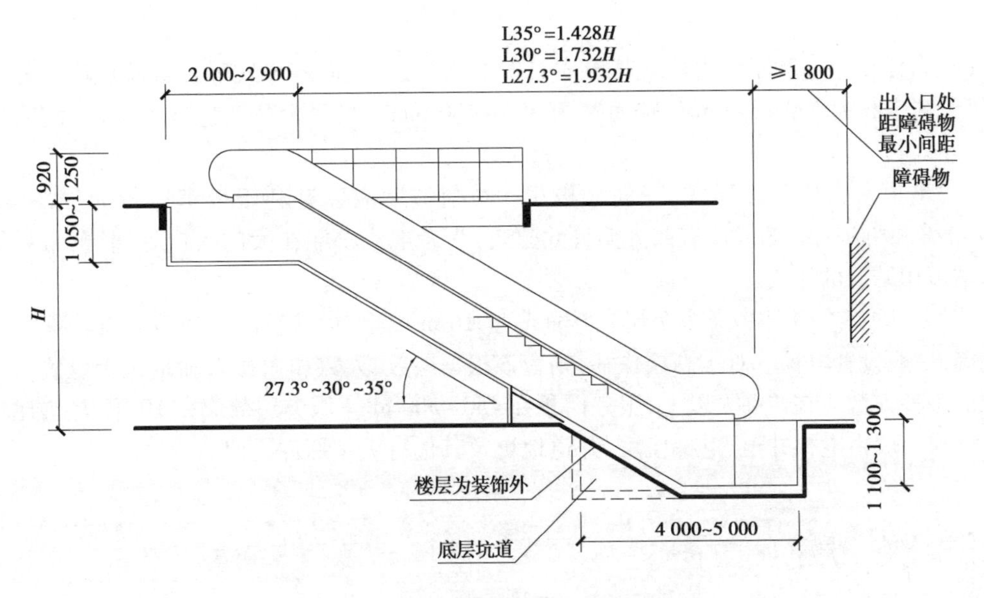

图 10.40　自动扶梯基本尺寸(单位:mm)

图 10.41　自动扶梯实例

自动扶梯的坡道比较平缓,一般采用 30°,运行速度为 0.5~0.7 m/s,宽度按输送能力有单人和双人两种。

本章小结

(1)楼梯是建筑物的垂直交通设施之一,应满足交通及疏散作用。楼梯由梯段、平台及栏杆(或栏板)三部分组成。梯段、踏步、平台、净空高度等多个尺寸均应满足相关要求。

(2)现浇钢筋混凝土楼梯根据楼梯段的传力与结构形式的不同,分成板式和梁板式楼梯两种。

(3)台阶由踏步和平台组成。其形式有单面踏步式、三面踏步式等。台阶坡度较楼梯平缓,每级踏步高为100~150 mm,踏面宽为300~400 mm。当台阶高度超过1 m时,宜有护栏设施。

(4)坡道多为单面坡形式,三面坡极少。坡道坡度应以有利于推车通行为佳,一般为1/10~1/8,也有1/30的。还有些大型公共建筑,为考虑汽车能在大门入口处通行,常采用台阶与坡道相结合的形式。

(5)对于住宅7层以上(含7层)、楼面高度16 m以上、标准较高的建筑和有特殊需要的建筑等,一般设置电梯。对于高层住宅,则应该根据层数、人数和面积来确定是否设置。一台电梯的服务人数应在400人以上,服务面积在450~500 m^2。服务层数应在10层以上,比较经济。电梯一般由电梯井道、电梯机房、井道地坑及其他有关零部件组成。

复习思考题

10.1 楼梯主要是由哪几部分组成?

10.2 楼梯的分类及其作用是什么?

10.3 楼梯和坡道的坡度范围是多少?楼梯适宜的坡度是多少?

10.4 楼梯段的最小净宽有何规定?平台宽度和梯段宽度的关系如何?

10.5 楼梯的净空高度有哪些规定?如何调整首层通行平台下的净高?

10.6 现浇钢筋混凝土楼梯有哪几种?在荷载的传递上有何不同?

10.7 简述室外台阶的构造并图示。

10.8 踏步的防滑措施有哪些?各有何特点?

10.9 画出学生所在学校教学楼的楼梯平面图与剖面图。

11

屋顶构造

［本章要点］

主要学习屋顶类型及设计要求，平屋顶构造、坡屋顶构造、屋顶保温与隔热构造。重点掌握有关平屋顶的形式、卷材防水屋面和刚性防水屋面的构造组成，屋顶的保温与隔热构造。

11.1　屋顶的类型及设计要求

▶11.1.1　屋顶的类型

根据屋顶的外形和坡度，屋顶可以分为平屋顶、坡屋顶和曲面屋顶。

1）平屋顶

平屋顶的屋面通常采用防水性能好的材料，但为了排水也要设置坡度。平屋顶的坡度应小于5%，常用的坡度范围为2%～3%，其一般构造是用现浇的钢筋混凝土屋面板做基层，上面铺设卷材防水层或其他类型防水层，如图11.1所示。

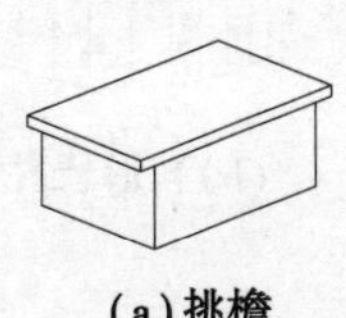

(a)挑檐

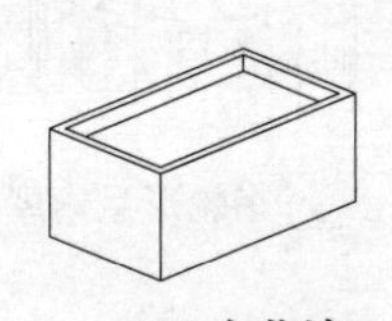

(b)女儿墙

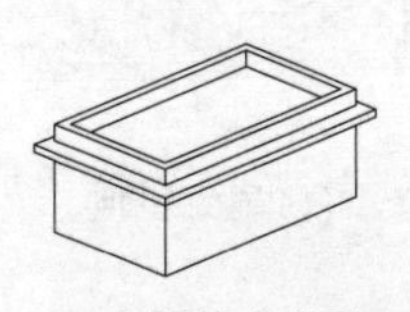

(c)挑檐女儿墙

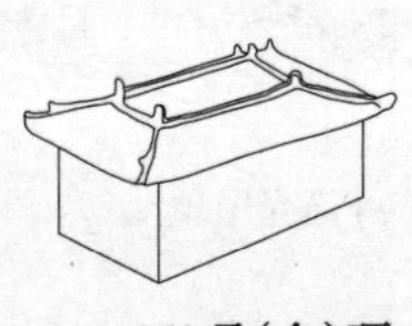

(d)盝(盒)顶

图11.1　平屋顶的形式

2)坡屋顶

坡屋顶的屋面坡度大于10%,有单坡、双坡、四坡、歇山等多种形式。单坡顶用于跨度小的房屋,双坡和四坡顶用于跨度较大的房屋。传统的坡屋顶屋面多以各种小块瓦作为防水材料,所以坡度一般较大;但用波形瓦、镀锌钢板等作为防水材料时,坡度也可以较小。坡屋顶排水快,保温、隔热性能好,但是承重结构的自重较大,施工难度也较大,如图11.2所示。现在的坡屋顶建筑多为满足建筑造型需要而设置。坡屋顶的屋面材料采用钢筋混凝土,而瓦材只起装饰作用。

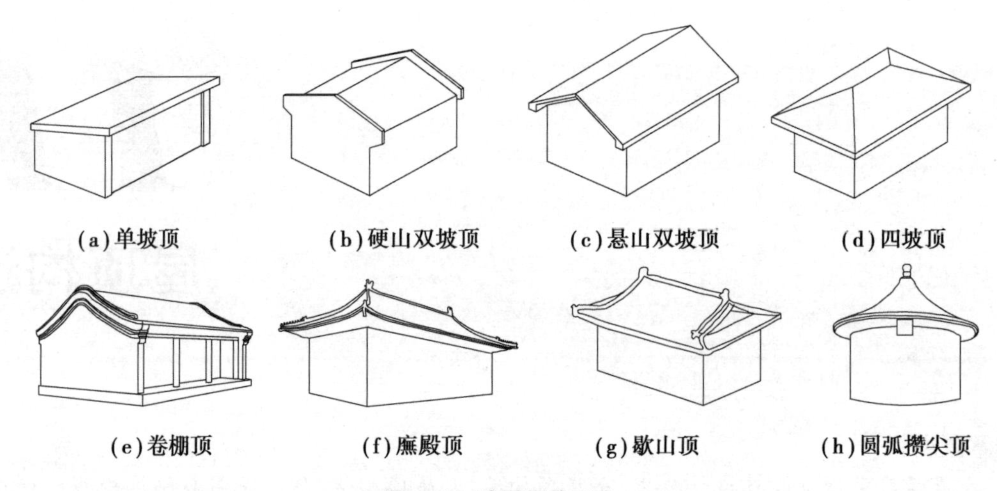

图11.2 坡屋顶的形式

3)其他形式的屋顶

随着科学技术的发展,出现了许多新型的屋顶结构形式,如拱结构、薄壳结构、悬索结构、网架结构屋顶等。这类屋顶受力合理,能充分发挥材料的力学性能,节约材料,但施工复杂,造价较高,多用于较大跨度的大型公共建筑,如图11.3所示。

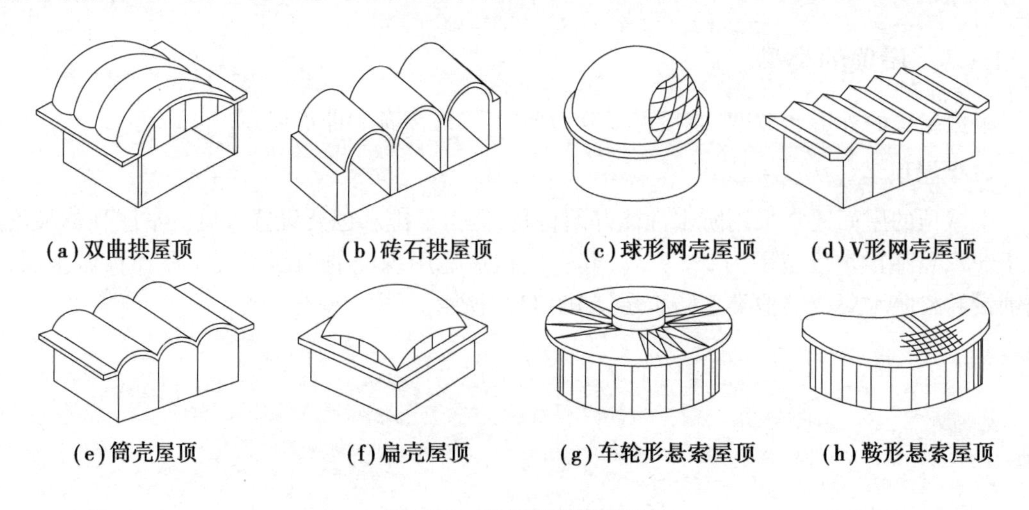

图11.3 其他形式的屋顶

▶11.1.2　屋顶的设计要求

1）功能要求

（1）防水要求

屋顶防水是屋顶构造设计最基本的功能要求，也是屋顶设计的核心。一方面，屋面应该有足够的排水坡度及相应的一套排水设施，将屋面积水顺利排除；另一方面，要采用相应的防水材料，采取妥善的构造做法，防止渗漏。

（2）保温和隔热要求

屋面为外围护结构，应具有一定的热阻能力，以防止热量从屋面过分散失。在北方寒冷地区，为保持室内正常的温度，减少能耗，屋顶应采取保温措施；南方炎热地区的夏季，为避免强烈的太阳辐射和高温对室内的影响，屋顶应采取隔热措施。

2）结构要求

要求屋顶具有足够的强度、刚度和稳定性，能承受风、雨、雪、施工、上人等荷载，地震区还应考虑地震荷载对它的影响，满足抗震的要求，并力求做到自重轻、构造层次简单；就地取材、施工方便；造价经济、便于维修。

3）建筑艺术要求

屋顶是建筑外形的重要组成部分，又称为“建筑的第五立面”，要满足人们对建筑艺术即美观方面的需求。中国古建筑的重要特征之一就是有变化多样的屋顶外形和装修精美的屋顶细部，现代建筑也应注重屋顶形式及其细部设计。

▶11.1.3　屋面防水的“导”与“堵”

屋面防水功能主要是依靠选用不同的屋面防水盖料和与之相适应的排水坡度，经过合理的构造设计的精心施工而达到的。屋面的防水盖料和排水坡度的处理方法，可以从“导”和“堵”两个方面来概括，它们之间是既相互依赖又相互补充的辩证关系。

“导”——按照屋面防水盖料的不同要求，设置合理的排水坡度，使得降到屋面的雨水因势利导地排离屋面，以达到防水的目的。

“堵”——利用屋面防水盖料在上下左右的相互搭接，形成一个封闭的防水覆盖层，以达到防水的目的。

在屋面防水的构造设计中，“导”和“堵”总是相辅相成和相互关联的，由于各种防水盖料的特点和铺设的方式不同，处理方式也随之不同。例如瓦屋面和波形瓦屋面，瓦本身的密实性和瓦的相互搭接体现了“堵”的概念，而屋面的排水坡度体现了“导”的概念。一块块面积不大的瓦，只依靠相互搭接，是不可能防水的，只有采取了合理的排水坡度，才能达到屋面防水的目的。这种以“导”为主、以“堵”为辅的处理方式，是以“导”来弥补“堵”的不足。而平金属皮屋面、卷材屋面以及刚性屋面等，是以大面积的覆盖来达到“堵”的要求，但是为了使屋面雨水迅速排除，还是需要有一定的排水坡度，也就是采取了以“堵”为主、以“导”为辅的处理方式。

▶11.1.4　屋面防水等级

根据建筑物的性质、重要程度、使用功能要求、防水层耐用年限、防水层选用材料和设防要求,将屋面防水分为两个等级,见表11.1。

表11.1　屋面防水等级和设防要求

防水等级	建筑类别	设防要求
Ⅰ级	重要建筑和高层建筑	两道防水设防
Ⅱ级	一般建筑	一道防水设防

注:摘自《屋面工程技术规范》GB 50345—2012。

11.2　平屋顶构造

▶11.2.1　平屋顶组成

平屋顶主要应解决防水、保温隔热、承重三方面的问题,由于各种材料性能上的差别,目前很难有一种材料兼备以上三种作用,因此平屋顶的构造特点为多层次,使防水、保温隔热、承重多种材料叠合在一起,各尽其能。

(1)承重层

平屋顶的承重层与钢筋混凝土楼板相同,可采用现浇钢筋混凝土板,为保证防水功能还可采用防渗混凝土现浇屋面板。现浇板整体性好、屋面刚度大、无接缝,渗漏的可能性较少。

屋面板一般直接支承于墙上,当房间较大时,可增设梁,形成梁板结构。屋面板应有足够的刚度,减少板的挠度和变形,防止因屋面板变形而导致防水层开裂。

(2)防水层

防水层是平屋顶防水构造的关键。由于平屋顶的坡度很小,屋面雨水不易排走,要求防水层本身必须是一个封闭的整体,不得有任何缝隙,否则即使所采用的防水材料本身的防水性能很好,也不能得到预期的防水效果。工程实践证明,雨水渗漏的部位大都是由于破坏了防水层封闭整体性的结果。如地基沉陷、外加荷载、地震等因素使承重基层位移变形,导致防水层开裂漏水,再如檐沟、泛水、烟囱等交接处的防水层处理不严密,出现裂缝而漏水或者受自然气候的影响而开裂漏水等。所以在设计与施工中应采取有效措施,使防水层形成封闭的整体。

(3)其他构造

保温、隔热层应根据气候特点选择材料及构造方案,其位置则视具体情况而定。一般保温层设置在承重层与防水层之间,通风隔热层可设置在防水层之上或承重层之下。

防水层应铺设在平整而具有一定强度的基层上,通常须设置找平层。有时为了使防水层粘结牢固,需设结合层;为了避免防水层受自然气候的直接影响和使用时的磨损,应在防水层上设置保护层;为了防止室内水蒸气渗入保温层,使保温材料受潮降低保温效果,故在保温层下加设隔气层等。总之,各种构造层次的设置,是根据各种构造设计方案的需要,以及所选择的材料性能而定。

▶11.2.2 平屋顶的排水

1)排水坡度

屋面排水通畅,必须选择合适的屋面排水坡度。从排水角度考虑,排水坡度越大越好;但从结构上、经济上以及上人活动等的角度考虑,又要求坡度越小越好。一般根据屋面材料的表面粗糙程度和功能需要而定。常见的不上人防水卷材屋面和混凝土屋面,多采用2%~3%的排水坡度,而上人屋面多采用1%~2%的排水坡度。

2)排水方式

屋顶排水可分为无组织排水和有组织排水两类,排水系统的组织又与檐部做法有关,要与建筑外观结合起来统一考虑。

(1)外檐自由落水

外檐自由落水又称无组织排水,即屋面伸出外墙,形成挑出的外檐,使屋面的雨水经外檐自由落下至地面。这种做法构造简单、经济,但落水时,雨水将会溅湿勒脚,有风时,雨水还可能冲刷墙面,一般适用于低层及雨水较少(年降雨量<900 mm)的地区。

(2)外檐沟排水

屋面可以根据房屋的跨度和外形需要,做成单坡、双坡或四坡排水,同时相应地在单面、双面或四面设置排水檐沟,如图11.4所示。雨水从屋面排至檐沟,沟内垫出不小于0.5%的纵向坡度,把雨水引向雨水口经水落管排泄到地面的明沟和集水井并排到地下的城市排水系统中。为了上人或造型需要也可在外檐内设置栏杆或易于泄水的女儿墙,如图11.4(d)所示。

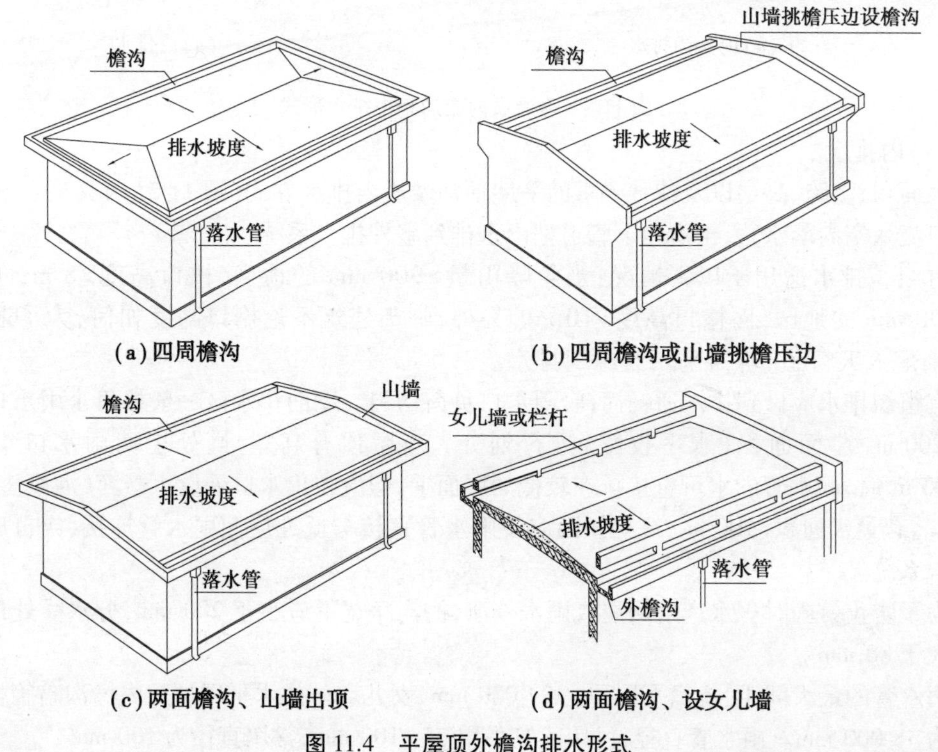

图11.4 平屋顶外檐沟排水形式

(3)女儿墙内檐排水

设有女儿墙的平屋顶,可在女儿墙里面设内檐沟[图 11.5(b)]或近外檐处垫坡排水[图 11.5(a)],雨水口可穿过女儿墙,在外墙外面设落水管,也可在外墙的里面设管道井并设落水管。

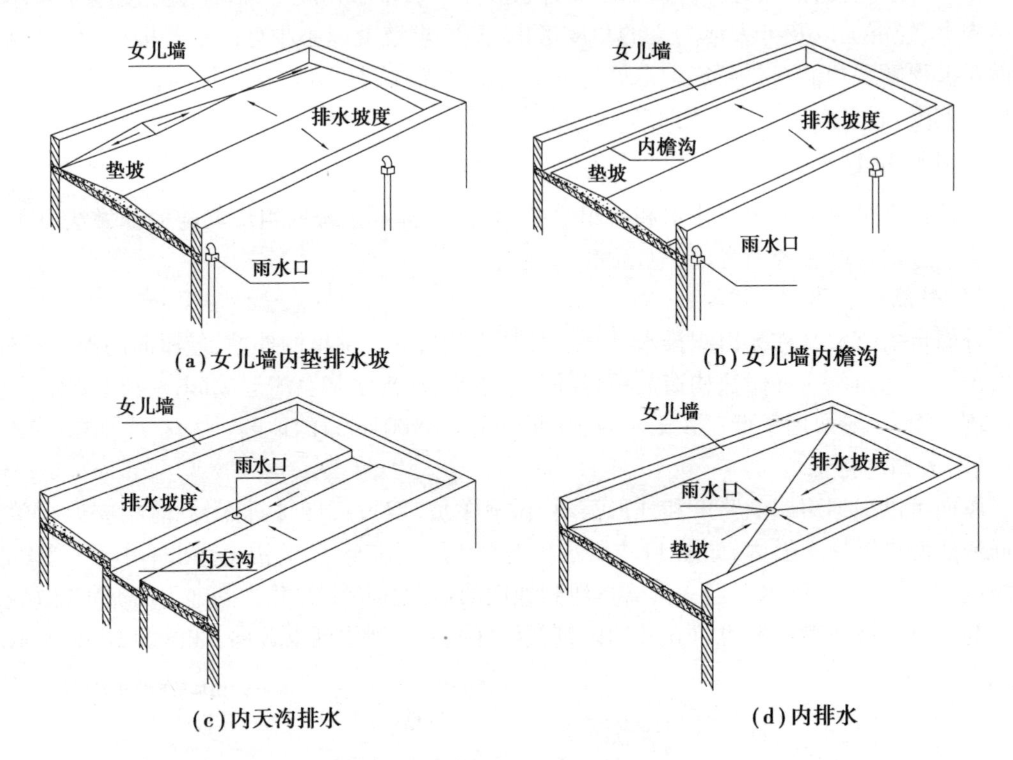

(a)女儿墙内垫排水坡

(b)女儿墙内檐沟

(c)内天沟排水

(d)内排水

图 11.5　平屋顶内檐沟和内排水形式

(4)内排水

大面积、多跨、高层以及特种要求的平屋顶常做成内排水方式(图 11.5(a)、(d)),雨水经雨水口流入室内落水管,再由地下管道把雨水排到室外排水系统。

有组织排水适用于以下情况:当年降雨量>900 mm 的地区,檐口高度>8 m;年降雨量<900 mm 的地区,而檐口高度>10 m。另外,临街建筑不论檐口高度如何,为了避免屋面雨水落入人行道,均需采用有组织排水。

有组织排水应做到排水通畅简捷,雨水口负荷均匀。屋面排水区一般按每个雨水口排除 150~200 m^2 屋面面积(水平投影)进行划分。当屋顶有高差,高处屋面雨水口集水面积<100 m^2时,雨水管的水可直接排在较低的屋面上,但应在出水口处设水簸箕(混凝土板、石板等)。若集水面积>100 m^2,高处屋面应设雨水管直接与低处屋面雨水管连接,或自成独立的排水系统。

为了防止暴雨时积水产生倒灌或雨水外泄,檐沟净宽不应小于 200 mm,分水线处最小深度应大于 80 mm。

雨水管的最大间距:挑檐平屋顶为 24 000 mm,女儿墙外排水平屋顶及内檐沟暗管排水平屋顶为 18 000 mm。雨水管直径,民用建筑采用 75~100 mm,常用直径为 100 mm。

3)排水坡度的形式

(1)搁置坡度

搁置坡度亦称撑坡或结构找坡,坡度不小于3%,屋顶的结构层根据屋面排水坡度搁置成倾斜(图11.6),再铺设防水层。这种做法不需另加找坡层,荷载轻、施工简便,造价低,但顶层房间内不另吊顶棚时,房间顶面稍有倾斜。

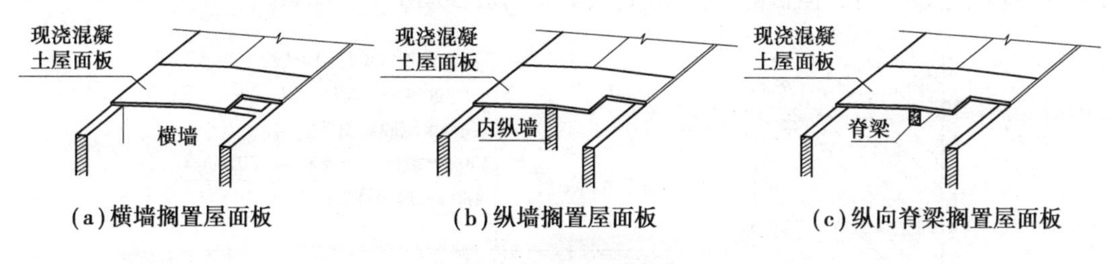

(a)横墙搁置屋面板　(b)纵墙搁置屋面板　(c)纵向脊梁搁置屋面板

图11.6　平屋顶搁置坡度

(2)垫置坡度

垫置坡度亦称填坡或材料找坡,坡度不小于2%。屋顶结构层可像楼板一样水平搁置,采用价廉、质轻的材料如炉渣加水泥或石灰等来垫置屋面排水坡度,上面再做防水层(图11.7)。垫置坡度不宜过大,避免徒增材料和荷载。须设保温层的地区,也可用保温材料来形成坡度。

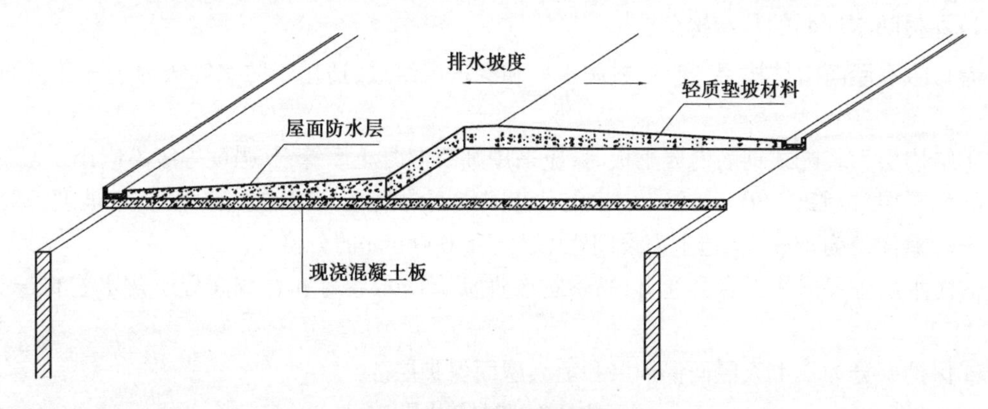

图11.7　平屋顶垫置坡度

▶11.2.3　刚性防水屋面

刚性防水屋面,是以防水砂浆抹面或密实混凝土浇捣而成的刚性材料防水层,其主要优点是施工方便、节约材料、造价经济和维修较为方便,在2012年以前使用较为普遍。由于刚性防水屋面的缺点是对温度变化和结构变形较为敏感,施工技术要求较高,较易产生裂缝而渗漏水,故在现行的国家规范《屋面工程技术规范》(GB 50345—2012)中已取消刚性防水的做法。

▶11.2.4　柔性防水屋面

柔性防水屋面系将柔性的防水卷材或片材用胶结料粘贴在屋面上,形成一个大面积的封闭防水覆盖层,是典型的以"堵"为主的防水构造。这种防水层材料有一定的延伸性,有利于适应直接暴露在大气层的屋面和结构的温度变形,故称柔性防水屋面,亦称卷材防水屋面。

我国过去一直沿用沥青油毡作为屋面的主要防水材料，这种防水屋面优点是造价经济，有一定的防水能力，缺点是：须热施工、污染环境、低温脆裂、高温流淌、7～8年即要重修。现阶段常用的有APP改性沥青卷材、三元丁橡胶防水卷材、OMP改性沥青卷材、氯丁橡胶卷材、氯化聚乙烯-橡胶共混防水卷材、水貂LYX-603防水卷材、铝箔面油毡等。这些材料的优点是冷施工、弹性好、寿命长，但目前价格较高，其节点构造如图11.8所示。

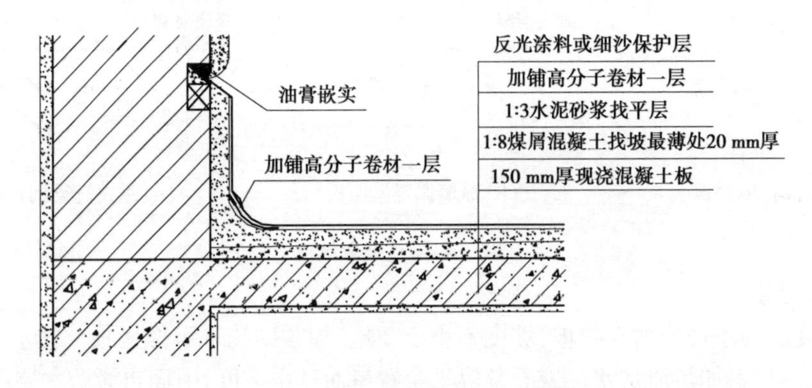

图11.8　高分子卷材防水屋面节点构造

1）卷材防水屋面的基本构造

卷材防水屋面由结构层、找平层、防水层和保护层组成，适用于防水等级为Ⅰ—Ⅱ级的屋面防水。

①结构层为装配式钢筋混凝土板时，应采用细石混凝土灌缝，其强度等级不应小于C20。

②找平层常用20～30 mm厚1∶3水泥砂浆或细石混凝土，表面压实平整，排水坡度一般为2%～3%，檐沟处为1%。构造上需设间距不大于6 000 mm的分格缝。

③防水层主要采用沥青类卷材、高聚物改性沥青防水卷材和合成高分子防水卷材三类，见表11.2。

④保护层分为不上人屋面保护层和上人屋面保护层。

表11.2　卷材防水层

卷材分类	卷材名称举例	卷材胶粘剂
合成高分子防水卷材	HDPE卷材	自粘
	PVC卷材	自粘
高聚物改性沥青防水卷材	SBS改性沥青防水卷材	热熔、自粘、粘贴均有
	APP改性沥青防水卷材	BX-12及BX-12乙组合
	三元乙丙丁基橡胶防水卷材	丁基橡胶为主体的双组A与B液1∶1

2）卷材厚度的选择

为了确保防水工程质量，使屋面在防水层合理使用年限内不发生渗漏，除卷材的材质因素外，其厚度也应考虑为最主要的因素，见表11.3。

表 11.3 卷材厚度选用

屋面防水等级	设防道数	合成高分子防水卷材	高聚物改性沥青防水卷材		
			聚酶胎、玻纤胎、聚乙烯胎	自粘聚酯胎	自粘无胎
Ⅰ级	二道设防	不应小于 1.2 mm	不应小于 3 mm	不应小于 2 mm	不应小于 1.5 mm
Ⅱ级	一道设防	不应小于 1.5 mm	不应小于 4 mm	不应小于 3 mm	不应小于 2 mm

注:(摘自《屋面工程技术规范》GB 50345—2012 第 4.5.5 条。

3)卷材防水层的铺贴方法

卷材防水层的铺贴方法包括冷粘法、自粘法、热熔法等常用铺贴方法。

①冷粘法铺贴卷材是在基层涂刷基层处理剂后,将胶黏剂涂刷在基层上,然后再把卷材铺贴上去。

②自粘法铺贴卷材是在基层涂刷基层处理剂的同时,撕去卷材的隔离纸,立即铺贴卷材,并在搭接部位用热风加热,以保证接缝部位的粘结性能。

③热熔法铺贴卷材是在卷材宽幅内用火焰加热器喷火均匀加热,直到卷材表面有光亮黑色即可粘合,并压粘牢,厚度小于 3 mm 的高聚物改性沥青卷材禁止使用。当卷材贴好后还应在接缝口处用 10 mm 宽的密封材料封严。

以上粘贴卷材的方法主要用于高聚物改性沥青防水卷材和合成高分子防水卷材防水屋面,在构造上一般是采用单层铺贴及少采用双层铺贴。

4)卷材防水屋面排水设计的主要步骤

首先将屋面划分为若干个排水区,然后通过适宜的排水坡和排水沟,分别将雨水引向各自的落水管再排至地面。屋面排水的设计原则是排水通畅、简捷,雨水口负荷均匀。具体步骤是:

①确定屋面坡度的形成方法和坡度大小。

②选择排水方式,划分排水区域。

③确定天沟的断面形式及尺寸。

④确定落水管所用材料和大小及间距。单坡排水的屋面宽度不宜超过 12 000 mm,矩形天沟净宽不宜小于 200 mm,天沟纵坡最高处离天沟上口的距离不小于 120 mm。落水管的内径不宜小于 75 mm,落水管间距一般为 18 000~24 000 mm,每根落水管可排除约 200 m^2 的屋面雨水,如图 11.9 所示。

5)卷材防水屋面的节点构造

卷材防水屋面在檐口,屋面与突出构件之间、变形缝、上人孔等处特别容易产生渗漏,所以应加强这些部位的防水处理。

(1)泛水

泛水高度不应小于 250 mm,转角处应将找平层做成半径不小于 20 mm 的圆弧或 45°斜面,使防水卷材紧贴其上。贴在墙上的卷材上口易脱离墙面或张口,导致漏水,因此上口要做收口和挡水处理,收口一般采用钉木条、压铁皮、嵌砂浆、嵌配套油膏和盖镀锌铁皮等处理方

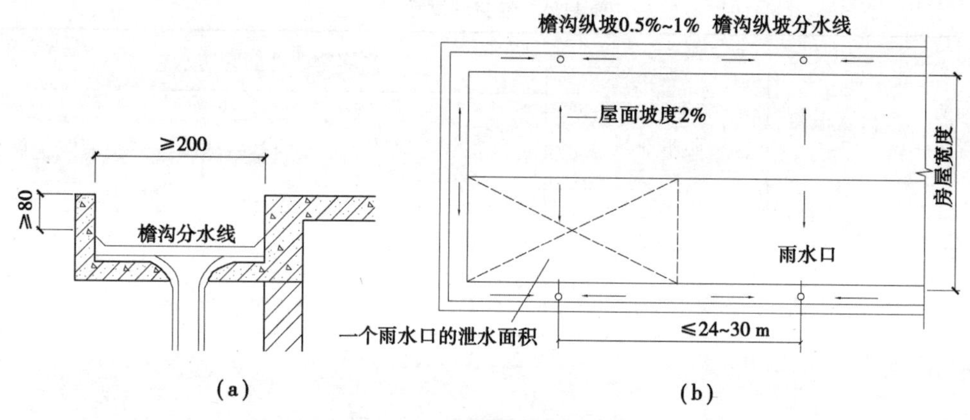

图 11.9 屋面排水组织设计

法。对砖砌女儿墙,防水卷材收头可直接铺压在女儿墙压顶下,压顶应做防水处理,也可在墙上留凹槽,卷材收头压入凹槽内固定密封,凹槽上部的墙体亦应做防水处理;对混凝土墙,防水卷材的收头可采用金属压条钉压,并用密封材料封固,如图 11.10 所示。进出屋面的门下踏步也应做泛水收头处理,一般将屋面防水层沿墙向上翻起至门槛踏步下,并覆以踏步盖板,踏步盖板伸出墙外约 60 mm。

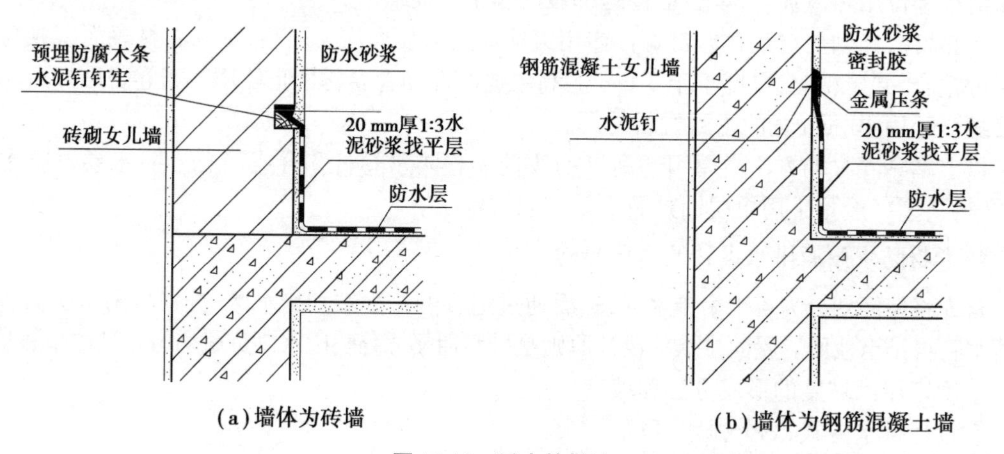

(a)墙体为砖墙

(b)墙体为钢筋混凝土墙

图 11.10 泛水的做法

(2)檐口及檐沟

檐口是屋面防水层的收头处,此外的构造处理方法与檐口的形式有关。檐口的形式由屋面的排水方式和建筑物的立面造型要求来确定,一般有无组织排水檐口、挑檐沟檐口、女儿墙檐口和斜板挑檐檐口等。

①无组织排水檐口是当檐口出挑较大时,常采用钢筋混凝土屋面板直接出挑,但出挑长度不宜过大,檐口处做滴水线。

②有组织排水檐口是将聚集在檐沟中的雨水分别由雨水口经水斗、雨水管(又称水落管)等装置疏导至室外明沟内。在有组织的排水中,通常有两种情况:檐沟排水和女儿墙排水。檐沟可采用钢筋混凝土制作,挑出墙外,挑出长度大时可用挑梁支承檐沟。檐沟内的水经雨水口流入雨水管,如图 11.11(a)所示。在女儿墙的檐口,檐沟也可设于外墙内侧,如图 11.11(b)所示。并在女儿墙上每隔一段距离设雨水口,檐沟内的水经雨水口流入雨水管中。也可

不设檐沟，雨水顺屋面坡度直通至雨水口排出女儿墙外，或借弯头直接通至雨水管中。

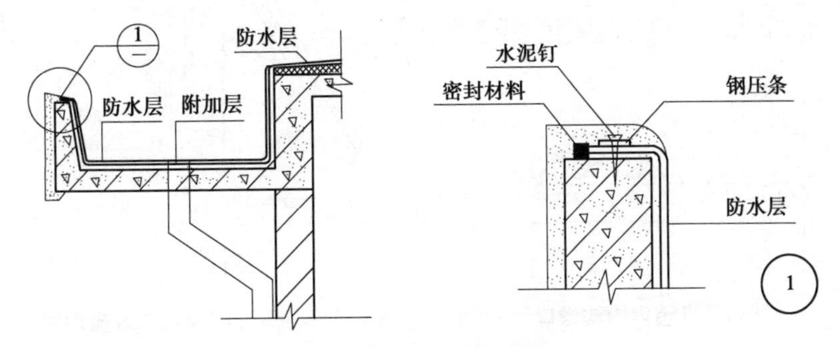

(a)女儿墙外檐沟檐口

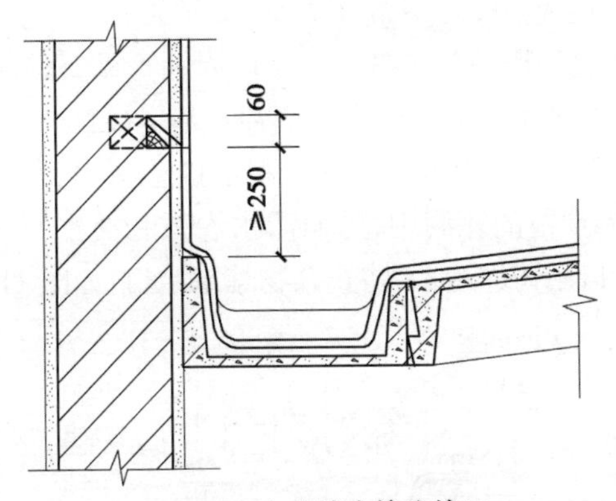

(b)女儿墙内檐沟檐口

图 11.11 檐口构造

有组织排水宜优先采用外排水，高层建筑、多跨及集水面较大的屋面应采用内排水。北方为防止排水管被冻结也常做内排水处理。外排水系根据屋面大小做成四坡、双坡或单坡排水。内排水也将屋面做成坡度，使雨水经埋置于建筑物内部的雨水管排到室外。

檐沟根据檐口构造不同可设在檐墙内侧或出挑在檐墙外。檐沟设在檐墙内侧时，檐沟与女儿墙相连处要做好泛水处理，如图 11.12(a)所示，并应具有一定纵坡，一般为 0.5%～1%。挑檐檐沟为防止暴雨时积水产生倒灌或排水外泄，沟深(减去起坡高度)不宜小于 150 mm。屋面防水层应包入沟内，以防止沟与外檐墙接缝处渗漏。沟壁外口底部要做滴水线，防止雨水顺沟底流至外墙面，如图 11.12(b)所示。

内排水屋面的落水管往往在室内，靠墙或柱子，万一损坏，不易修理。雨水管应选用能抗腐蚀及耐久性好的铸铁管和铸铁排水口，也可以采用镀锌钢管或 PVC 管。由于屋面的排水坡度在不同的坡面相交处就形成了分水线，将整个屋面明确地划分为一个个排水区。排水坡的底部应设屋面落水口。屋面落水口应布置均匀，其间距决定于排水量，有外檐天沟时不宜大于 24 m，无外檐天沟或内排水时不宜大于 15 m。

③雨水口是屋面雨水排至落水管的连接构件，通常为定型产品，多用铸铁、钢板制作。雨水口分直管式和弯管式两大类。直管式用于内排水中间天沟，外排水挑檐等，弯管式只适用女儿墙外排水天沟。

直管式雨水口是根据降雨量和汇水面积选择型号，套管呈漏斗型，安装在挑檐板上，防水卷

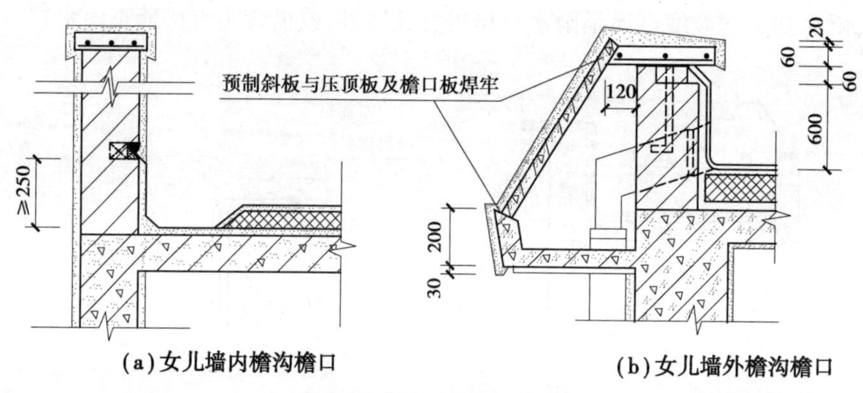

图 11.12　女儿墙檐口构造

材和附加卷材均粘在套管内壁上,再用环形筒嵌入套管内,将卷材压紧,嵌入深度不小于100 mm,环形筒与底座的接缝须用油膏嵌缝。雨水口周围直径500 mm范围内坡度不小于5%,并用密封材料涂封,其厚度不小于2 mm,雨水口套管与基层接触处应留宽20 mm、深20 mm的凹槽,并嵌填密封材料,如图11.13(a)所示。弯管式雨水口呈90°弯状,由弯曲套管和铸铁两部分组成。弯曲套管置于女儿墙预留的孔洞中,屋面防水卷材和泛水卷材应铺到套管的内壁四周,铺入深度至少50 mm,套管口用铸铁遮挡,防止杂物堵塞水口,如图11.13(b)所示。

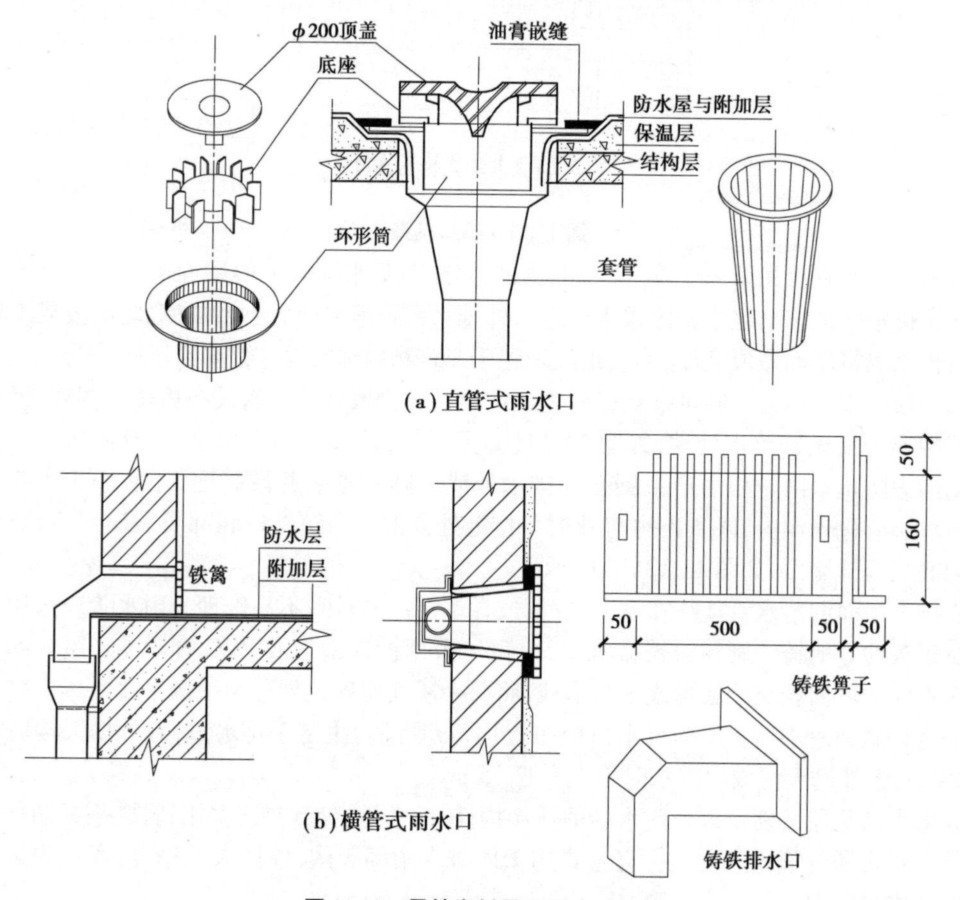

图 11.13　柔性卷材屋面雨水口构造

▶11.2.5　油料防水和粉剂防水屋面

除了刚性防水和柔性卷材防水屋面外，还有正在发展中的涂料和粉剂防水屋面。

1）涂料防水屋面

涂料防水又称涂膜防水，系可塑性和粘结力较强的高分子防水涂料，直接涂刷在屋面基层上，形成一层满铺的不透水薄膜层，以达到屋面防水的目的。一般有乳化沥青类、氯丁橡胶类、丙烯酸树脂类、聚氨酯类和酸性焦油类等，种类繁多。通常分两大类：一类是用水或溶剂溶解后在基层上涂刷，通过水或溶剂蒸发而干燥硬化；另一类是通过材料的化学反应而硬化。这些材料多数具有防水性好、粘结力强、延伸性大和耐腐蚀、耐老化、无毒、不延燃、冷作业、施工方便等优点。但涂膜防水价格较贵，且系以“堵”为主的防水方式，成膜后要加保护，以防硬杂物碰坏。

涂膜的基层为混凝土或水泥砂浆，应平整干燥，含水率在8%~9%以下方可施工。空鼓、缺陷和表面裂缝应修整后用聚合物砂浆修补。在转角、雨水口四周、贯通管道和接缝处等，易产生裂缝，修整后须用纤维性的增强材料加固。涂刷防水材料须分多次进行。乳剂型防水材料，采用网状织布层如玻璃布等可使涂膜均匀，一般手涂3遍可做成1.2 mm的厚度。溶剂型防水材料，首涂第一次可涂0.2~0.3 mm，干后重复涂4~5次，可做成1.2 mm以上的厚度。其节点构造如图11.14所示。

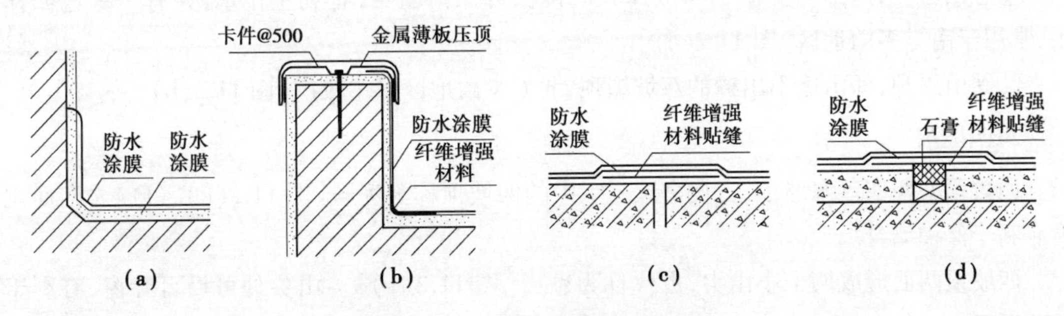

图11.14　防水涂料屋面节点构造

涂膜的表面一般须撒细砂作保护层，为防太阳辐射影响及满足色泽需要，可适量加入银粉或颜料作着色保护涂料（图11.15）。上人屋顶和楼地面，一般在防水层上涂抹一层5~10 mm厚粘接性好的聚合物水泥砂浆，干燥后再抹水泥砂浆面层。

2）粉剂防水屋面

粉剂防水又称拒水粉防水，是以硬脂酸为主要原料的憎水性粉末防水屋面。一般在平屋顶的基层结构上先抹水泥砂浆或细石混凝土找平层，铺上3~5 mm厚的建筑拒水粉，再覆盖保护层即成（图11.16）。保护层不起防水作用，为防止风雨吹散和冲刷，一般可抹20~30 mm厚的水泥砂浆或浇30~40 mm厚的细石混凝土层，也可用预制混凝土板或大阶砖铺盖。

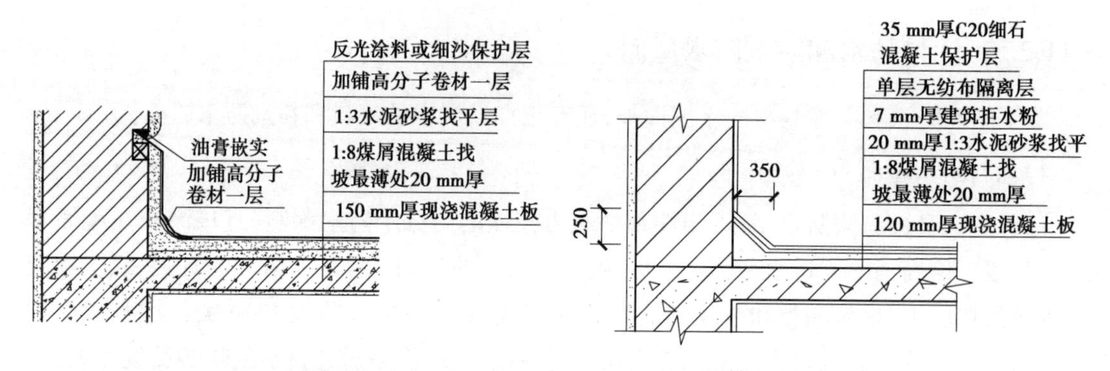

图 11.15　涂膜防水屋面节点构造

图 11.16　建筑拒水粉剂防水屋面节点构造

11.3　坡屋顶构造

坡屋顶是排水坡度较大的屋顶,由各类屋面防水材料覆盖。根据坡面组织的不同,主要有双坡顶、四坡顶及其他形式屋顶数种。

1)双坡顶

根据檐口和山墙处理的不同,双坡顶可分为:

①悬山屋顶,即山墙挑檐的双坡屋顶。挑檐可保护墙身,有利于排水,并有一定遮阳作用,常用于南方多雨地区[图 11.2(c)]。

②硬山屋顶,即山墙不出檐的双坡屋顶,北方少雨地区采用较广[图 11.2(b)]。

2)四坡顶

四坡顶亦叫四落水屋顶,古代宫殿庙宇中的四坡顶称为庑殿[图 11.2(d)、(f)]。四面挑檐有利于保护墙身。

四坡顶两面形成两个小山尖,古代称为歇山[图 11.2(g)]。山尖处可设百叶窗,有利于屋顶通风。

3)坡屋顶的坡面组织和名称

屋顶的坡面组织是由房屋平面和屋顶形式决定的,对屋顶的结构布置和排水方式均有一定的影响。在坡面组织中,由于屋顶坡面交接的不同而形成屋脊(正脊)、斜脊、斜沟、檐口、内天沟和泛水等不同部位和名称(斜面相交的阳角称脊,斜面相交的阴角称沟),如图 11.17 所示。水平的内天沟构造复杂,处理不慎将容易漏水,一般应尽量避免。

4)坡屋顶的组成

坡屋顶一般由承重结构和屋面两部分所组成,必要时还有保温层、隔热层及顶棚等(图 11.18 所示)。

①承重结构:承受屋面荷载并把它传递到墙或柱上,一般有椽子、檩条、屋架或大梁、山墙等。

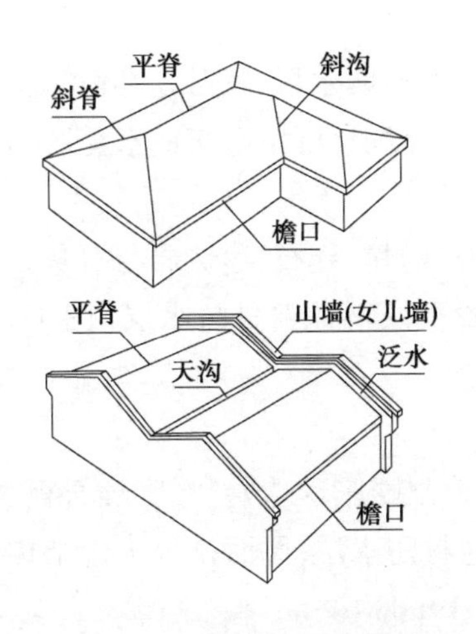

图 11.17 坡屋顶坡面组织名称

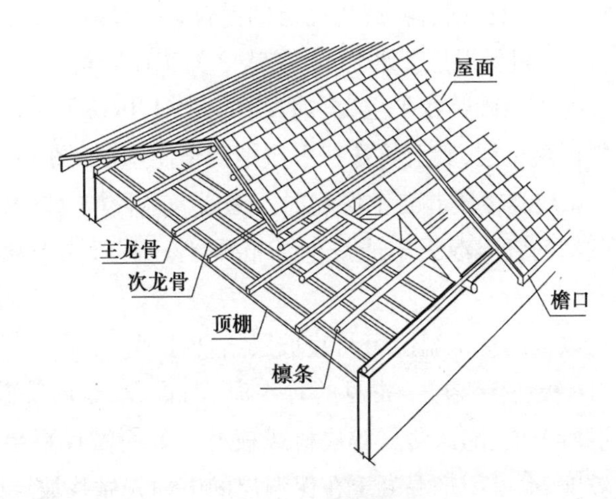

图 11.18 坡屋顶的组成

②屋面:屋顶上的覆盖层,直接承受风雨、冰冻和太阳辐射等大自然气候的作用,它包括屋面盖料和基层如挂瓦条、屋面板等。

③顶棚:屋顶下面的遮盖部分,可使室内上部平整,有一定光线反射,起保温隔热和装饰作用。

④保温或隔热层:屋顶对气温变化的围护部分,可设在屋面层或顶棚屋,视需要决定。

5) 坡屋顶的屋面盖料

坡屋顶的屋面防水盖料种类较多,我国目前采用的有弧形瓦(或称小青瓦)、平瓦、波形瓦、平板金属皮、构件自防水等。

11.4 屋顶保温与隔热构造

▶11.4.1 屋顶的保温

冬季室内采暖时,气温较室外高,热量通过围护结构向外散失。为了防止室内热量散失过多、过快,须在围护结构中设置保温层,以使室内有一个适宜于人们生活和工作的环境。保温层的材料和构造方案是根据使用要求、气候条件、屋顶结构形式、防水处理方法、材料种类、施工条件等综合考虑确定的。

1) 屋顶保温体系

按照结构层、防水层和保温层在屋顶中所处的地位不同,屋顶保温体系可归纳为三种:

①防水层直接设置在保温层上面的屋面,其从上到下的构造层次为防水层、保温层、结构层。在采暖房屋中,它直接受到室内升温的影响,因此有的国家把这种做法叫"热屋顶保温体系"。

热屋顶保温体系多数用于平屋顶的保温。保温材料必须是空隙多、密度小、导热系数小的材料,一般有散料、现场浇筑的混合料、板块料三大类。

a.散料保温层。如炉渣、矿渣之类工业废料,如果上面做卷材防水层,就必须在散状材料上先抹水泥砂浆找平层,再铺卷材[图 11.19(a)];为了有一过渡层,可用石灰或水泥胶结成轻料混凝土层,其上再抹找平层铺油毡防水层[图 11.19(b)]。

b.现浇轻质混凝土保温层。一般为轻骨料,如炉渣、矿渣、陶粒、蛭石、珍珠岩与石灰或水泥胶结的轻质混凝土或烧泡沫混凝土。上面抹水泥砂浆找平层再铺卷材防水层[图 11.19(c)]。

以上两种保温层可与找坡层结合处理。

c.板块保温层。常见的有水泥、沥青、水玻璃等胶结的预制膨胀珍珠岩、膨胀蛭石板、加气混凝土块、泡沫塑料等块材或板材。上面做找平层再铺卷材防水层,屋面排水可用结构搁置坡度,也可用轻混凝土在保温层的下面先做找坡层[图 11.19(d)]。

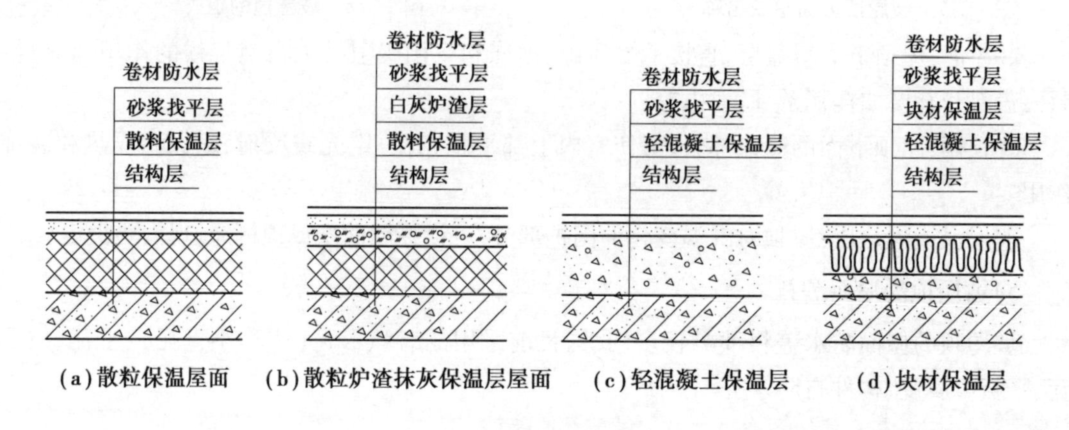

图 11.19　屋顶保温构造

刚性防水屋面的保温层构造原则同上,只需将找平层以上的卷材防水层改为刚性防水层即可。

②防水层与保温层之间设置空气间层的保温屋面,由于室内采暖的热量不能直接影响屋面防水层,故把它称为“冷屋顶保温体系”。这种体系的保温屋顶,无论平屋顶或坡屋顶均可采用。坡屋顶的保温层一般做在顶棚层上面,有些用散料,较为经济但不方便[图 11.20(d)、(f)]。近来多采用松质纤维板或纤维毯成品铺在顶棚的上面[图 11.20(e)]。为了使用上部空间,也有把保温层设置在斜屋面的底层,如果内部不通风极易产生内部凝结水[图 11.20(b)]。因此需要在屋面板和保温层之间设通风层,并在檐口及屋脊设通风口[图 11.20(c)]。

平屋顶的冷屋面保温体系常用垫块架立预制小板,再在上面做找平层和防水层(图 11.21)。

③保温层在防水层上面的保温屋面,其构造层次从上到下依次为保温屋、防水层、结构层(图 11.22)。

由于它与传统的铺设层次相反,故名“倒铺保温屋面体系”。其优点是防水层不受太阳辐射和剧烈气候变化的直接影响,全年热温差小(图 11.22),不易受外来的损伤。缺点是需选

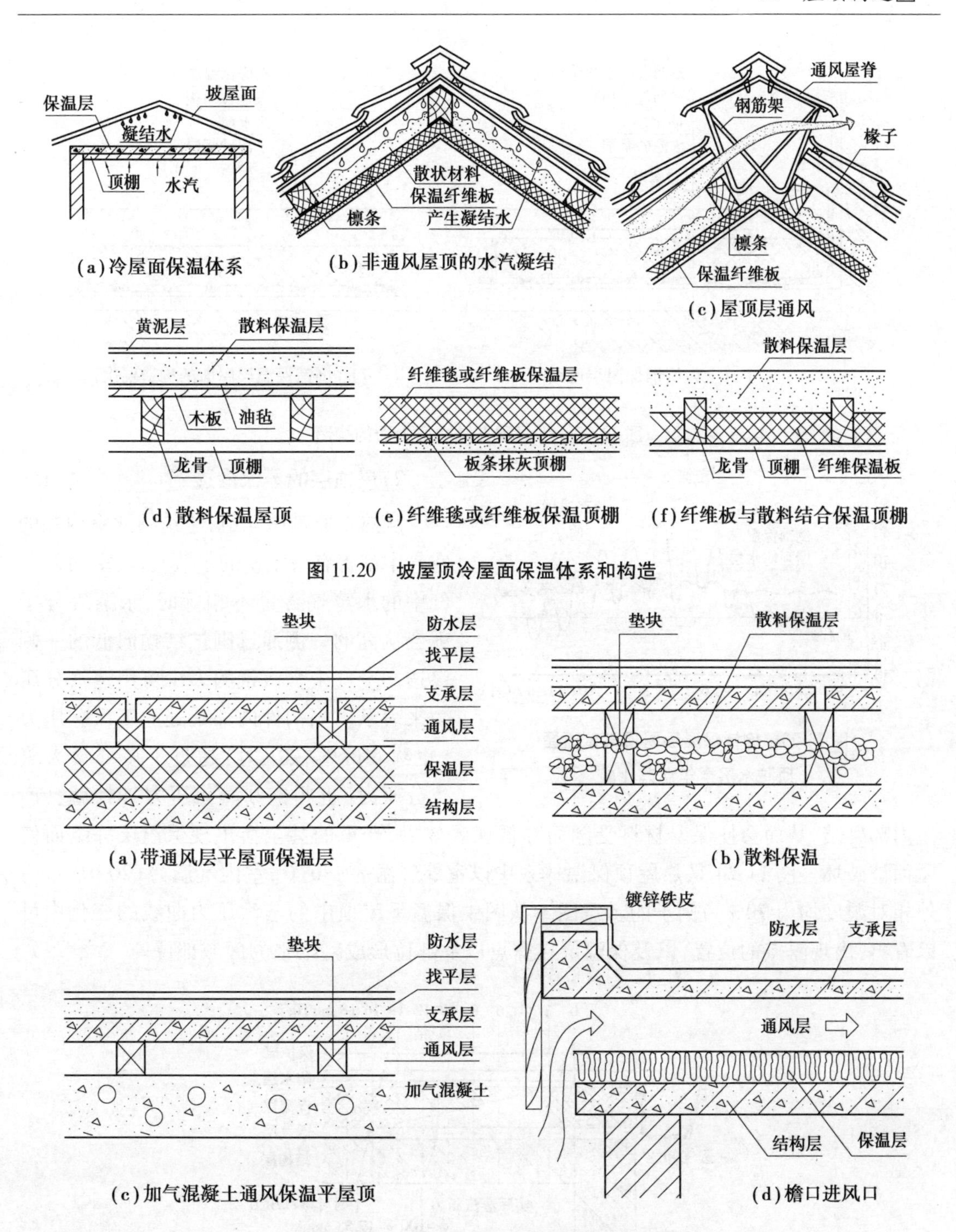

(a)冷屋面保温体系 (b)非通风屋顶的水汽凝结 (c)屋顶层通风

(d)散料保温屋顶 (e)纤维毯或纤维板保温顶棚 (f)纤维板与散料结合保温顶棚

图 11.20 坡屋顶冷屋面保温体系和构造

(a)带通风层平屋顶保温层 (b)散料保温

(c)加气混凝土通风保温平屋顶 (d)檐口进风口

图 11.21 平屋顶冷屋面保温体系构造

用吸湿性低、耐气候性强的保温材料,一般需进行耐日晒、雨雪、风力、温度变化和冻融循环的试验。经实践,聚氨酯和聚苯乙烯发泡材料可作为倒铺屋面的保温层,但需做较重和覆盖层压住(图 11.22)。图 11.23 所示为倒铺屋面与普通屋面的防水层全年温度变化的比较。

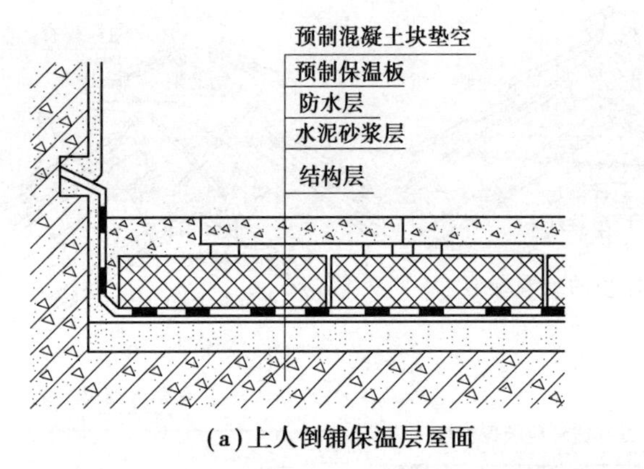

(a)上人倒铺保温层屋面

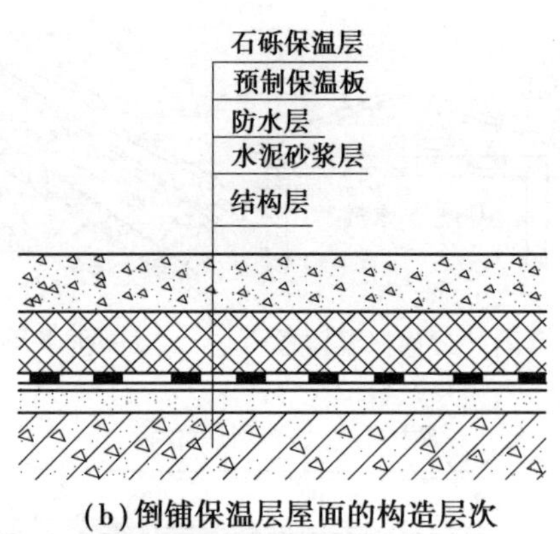

(b)倒铺保温层屋面的构造层次

图 11.22　保温层在防水层上面的构造

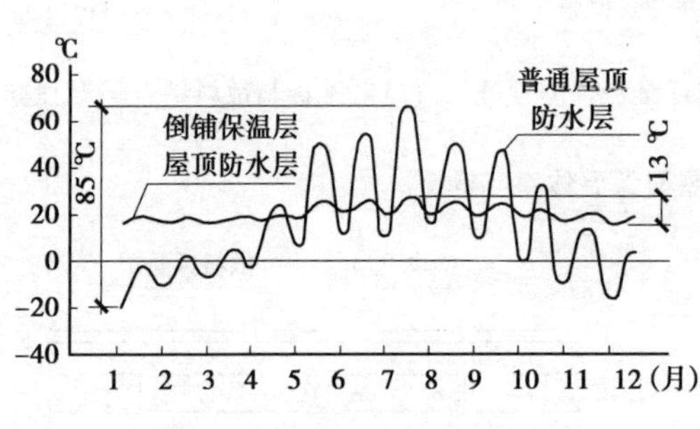

图 11.23　倒铺保温层屋顶与普通屋顶防水层全年温差比较

2)屋顶层的蒸汽渗透

从热工原理中知道,建筑物的室内外的空气中都含有一定量的水蒸气,当室内外空气中的水蒸气含量不相等时,水蒸气分子就会从高的一侧通过围护结构向低的一侧渗透。空气中含汽量的多少可用蒸汽分压力来表示。当构件内部某处的蒸汽分压力(也称实际蒸汽压力)超过了该处最大蒸汽分压力(也叫饱和蒸汽压力)时,就会产生内部凝结,从而会使保温材料受潮而降低保温效果,严重的甚至会出现保温层冻结而使屋面被破坏。图 11.24 是热屋顶保温体系中以室外气温为-20 ℃,室内气温为+20 ℃,室内外相对湿度均为 70%为例子的示意图。从图中保温平屋顶中的蒸汽压力曲线的变化中可以看出,出现露点的位置,以及保温层在露点以上部位形成凝结水的区域部位。

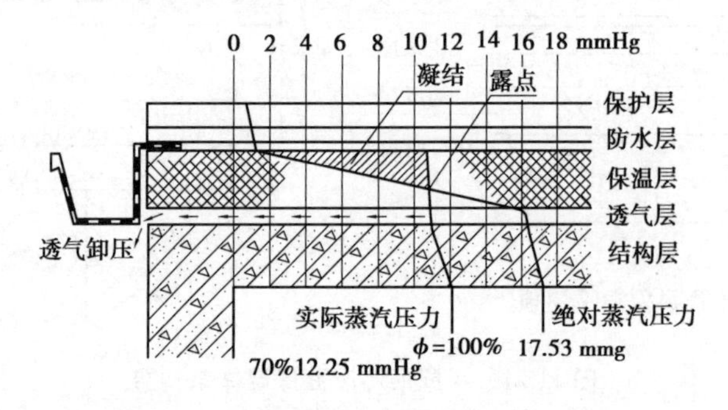

图 11.24　保温平屋顶内部蒸汽凝结示意图

为了防止室内湿气进入屋面保温层,可在保温层下结构层上做一层隔汽层。隔汽层的做法一般为在结构层上先做找平层,根据不同需要,可以只涂沥青层,也可以铺一毡二油或二毡三油。隔汽层的设置见表 11.4。

表 11.4 保温屋面隔蒸汽层的设置

冬季室外空气计算温度	室内空气水蒸气分压力/mmHg			
	<9	9~12	12~14	>14
>-20 ℃	不做隔汽层	玛蹄脂二道	一毡二油	二毡三油
-20~-30 ℃	玛蹄脂二道	一毡二油	一毡二油	二毡三油
-30~-40 ℃	一毡二油	二毡三油	二毡三油	二毡三油

注:摘自《建筑设计资料集》第三集,中国建筑工业出版社,2005.

①$c<g$ mmHg 但暖间散发大量蒸汽的建筑应做一毡二油隔汽层;

②隔汽层的油毡也可用焦油沥青油毡或以石油沥青油纸代替;

③刷玛氏脂前均应先刷冷底子油;

④$e=E$,E=饱和的水蒸气分压力;中二相对湿度。

设置隔蒸汽层的屋顶,可能出现一些不利情况:由于结构层的变形和开裂,隔蒸汽层油毡会出现移位、裂隙、老化和腐烂等现象;保温层的下面设置隔蒸汽层以后,保温层的上下两面都被绝缘层封住,内部的湿气反而排泄不出去,均将导致隔蒸汽层局部或全部失效的情况。另外一种情况是冬季采暖房屋室内湿度高,蒸汽层压力大,有了隔蒸汽层会导致室内湿气排不出去,使结构层产生凝结现象。要解决这两种情况凝结水的产生,有以下几种方法:

(1)隔蒸汽层下设透气层

此法是在结构层和隔蒸汽层之间设一透气层,使室内透过结构层的蒸汽得以流通扩散,压力得以平衡,并设有出口,把余压排泄出去。透气层的构造方法可同前面讲的油毡与层基结合构造,如花油法及带石砾油毡等,也可在找平层中做透气道,如图 11.25(a)、(b)所示。

透气层的出入口一般设在檐口或靠女儿墙根部处。房屋进深大于 10 m 者,中间也要设透气口,如图 11.25(c)所示。但是透气口不能太大,否则冷空气渗入会失去保温作用,更不允许由此把雨水引入。

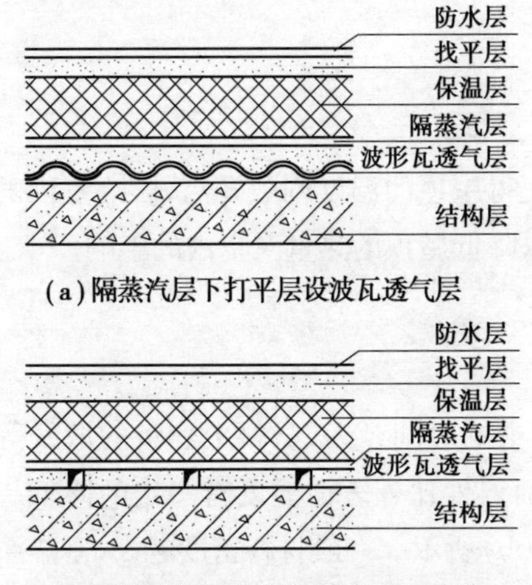

(a)隔蒸汽层下打平层设波瓦透气层

(b)隔蒸汽层下找下层设波瓦透气道

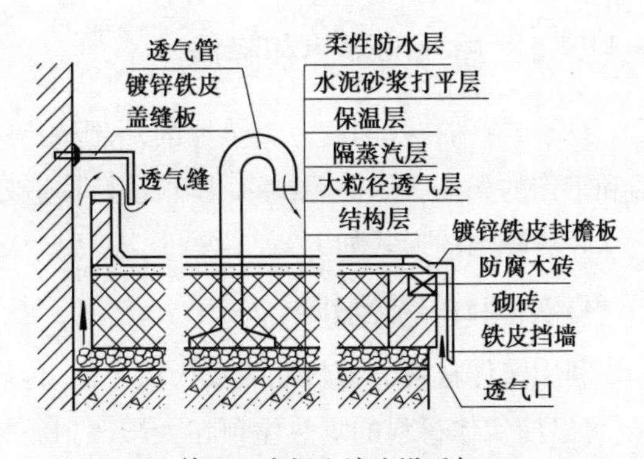

(c)檐口,中间和墙边设透气口

图 11.25 隔蒸汽层下透气层及出气口构造

(2)保温层设透气层

在保温层中设透气层是为了把保温层内湿气排泄出去。简单的处理方法,也可和以前讲过的一样把防水层的基层油毡用花油法铺贴或做带砂砾油毡基层。讲究一些,可在保温层上加一砾石或陶粒透气层,如图 11.26(d)所示。在保温层中设透气层也要做通风口,一般在檐口和屋脊需设通风口。有的隔蒸汽层下和保温层可共用通风口。

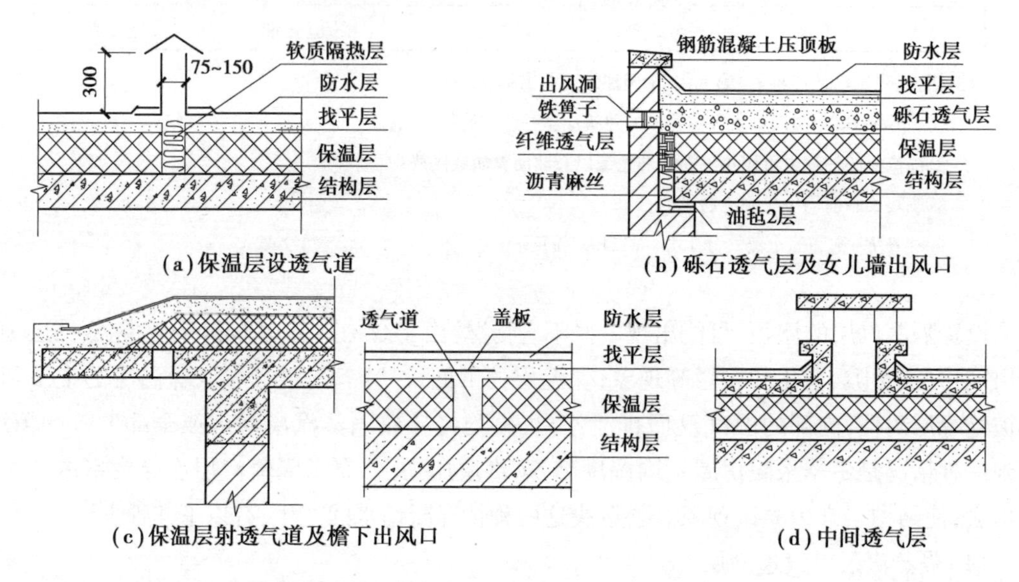

图 11.26　保温层内设透气层及通风口构造

(3)保温屋上设架空通风透气层

保温屋上设架空通风透气层即上述冷屋顶保温体系,这种体系是把设在保温层上面的透气层扩大为一个有一定空间的架空通风隔层,这样就有助于把保温层和室内透入保温层的水蒸气通过这层通风的透气层排泄出去。通风层在夏季还可以作为隔热降温层把屋面传下来的热量排走。这种体系在坡屋顶和平屋顶均可采用,在坡屋顶一般都是将保温层设置在顶棚层上面,如图 11.20(d)、(e)、(f)所示。

▶11.4.2　屋顶的隔热和降温

夏季,特别在我国南方炎热地区,太阳的辐射热使得屋顶的温度剧烈升高,影响室内的生活和工作的条件。因此,要求对屋顶进行构造处理,以降低屋顶的热量对室内的影响。

隔热降温的形式如下:

1)实体材料隔热屋面

利用实体材料的蓄热性能及热稳定性、传导过程中的时间延迟、材料中热量的散发等性能,可以使实体材料的隔热屋顶在太阳辐射下,内表面温度比外表面温度有一定的降低。内表面出现高温的时间常会延迟 3~5 h,如图 11.27(a)(b)所示。一般材料密度越大,蓄热系数越大,这类实体材料的热稳定性也较好,但自重较大。晚间室内气温降低时,屋顶内的蓄热又要向室内散发,故只能适合于夜间不使用的房间。否则,到晚间,由实体材料所蓄存的热量将向室内散发出来,使得室内温度大大超过室外已降下来的气温,反而不如没有设置隔热层的房子。因此,晚间使用的房子如住宅等,是不宜采用实体材料隔热层。

实体材料隔热屋面的做法有以下几种:

①大阶砖或混凝土板实铺屋顶,可作上人屋面,如图 11.27(c)所示;

②种植屋面,植草后散热较好,如图 11.27(d)所示;

③砾石层屋面,如图 11.27(e)所示;

④蓄水屋顶,对太阳辐射有一定反射作用,热稳定性和蒸发散热也较好,如图 11.27(f)所示。

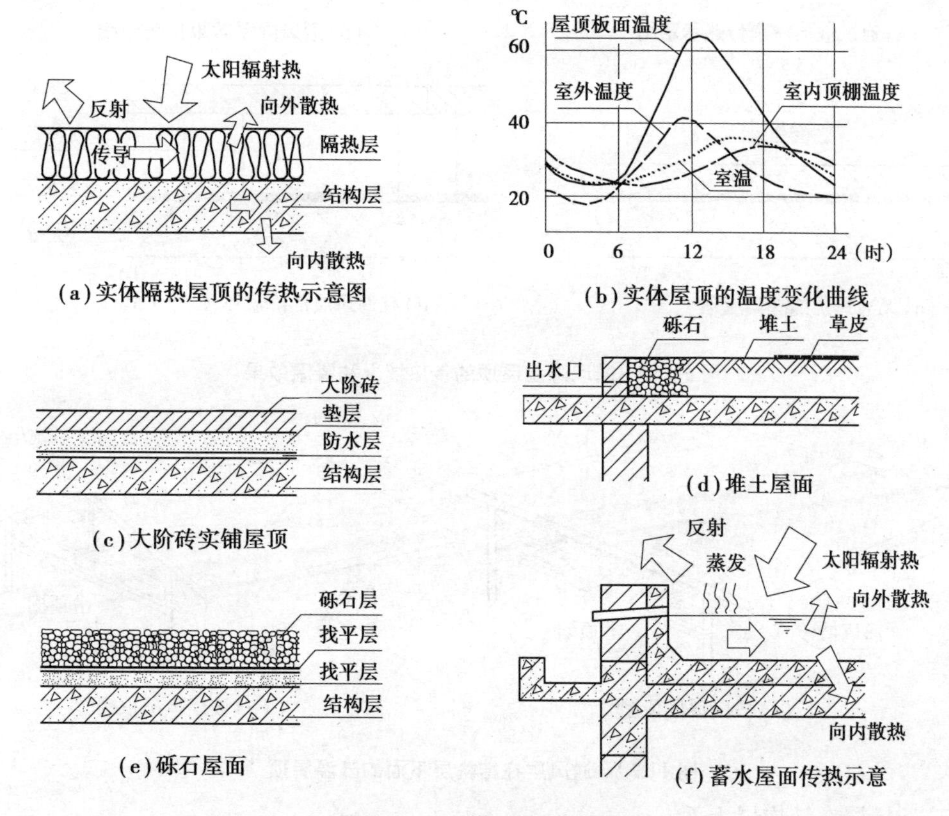

图 11.27 实体材料隔热屋顶

此外还有砾石层内灌水者。

2)通风层降温屋顶

在屋顶中设置通风的空气间层,利用间层通风,散发一部分热量,使屋顶变成两次传热,以减低传至屋面内表面的温度,如图 11.28 (a)所示。实测表明:通风屋顶比实体屋顶的降温效果有显著的提高,如图 11.28(b)所示。通风隔热屋顶根据结构层的地位不同分为两类:

(1)通风层设在结构层下面

通风层设在结构层下面即吊顶棚,檐墙需设通风口(图 11.29)。平屋顶坡屋顶均可采用。优点是防水层可直接做在结构层上面;缺点是防水层与结构层均易受气候直接影响而变形。

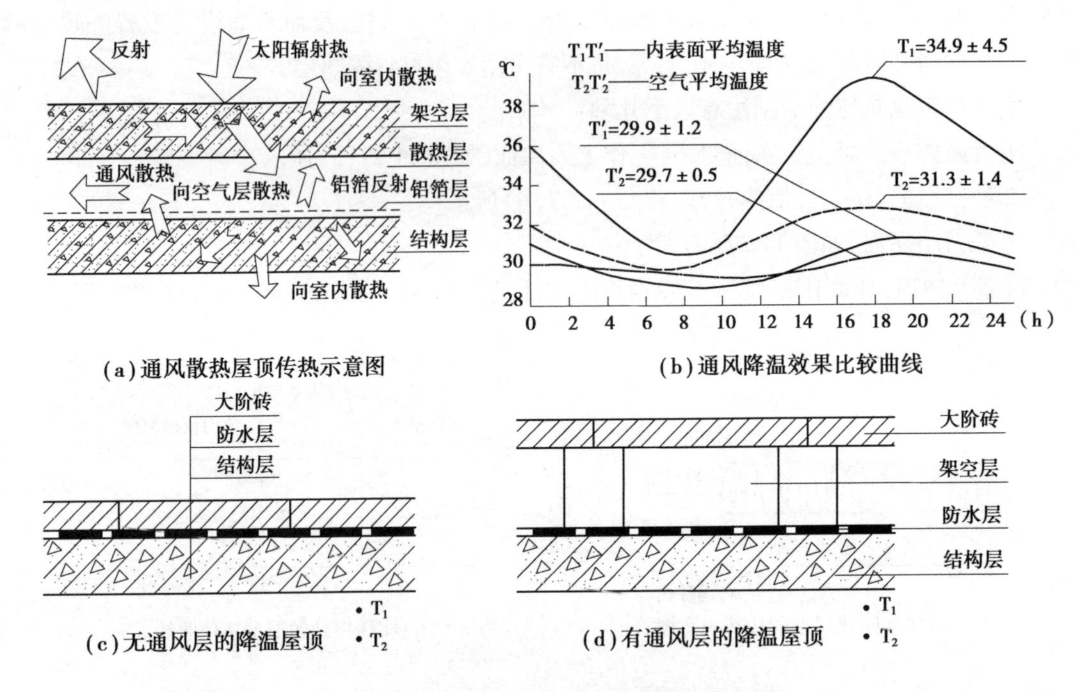

图 11.28　通风降温屋顶的传热情况和降温效果

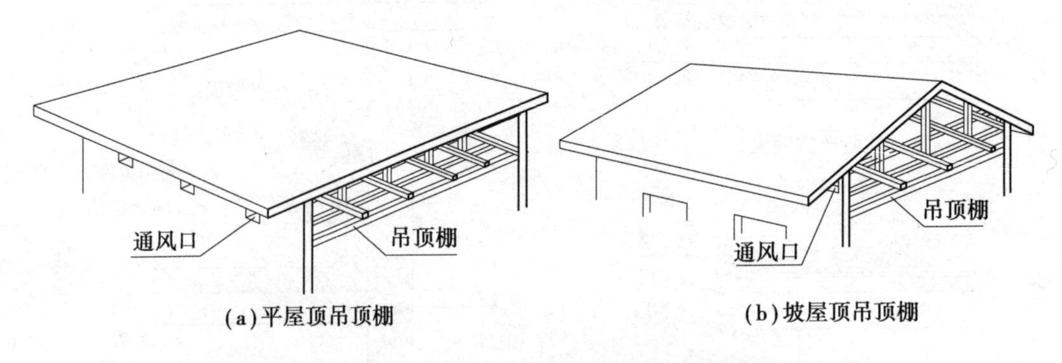

图 11.29　通风层在结构层下面的降温屋顶

(2)通风层在结构层上面

瓦屋面可做成双层,屋檐设进风口,屋脊设出风口,可以把屋面的夏季太阳辐射热从通风中带走一些,使瓦底面的温度有所降低[图 11.30(a)]。

采用槽板上设置弧形大瓦,室内可得到较平整的平面,又可利用槽板空挡通风,而且槽板还可把瓦间渗入雨水排泄出屋面[图 11.30(b)]。采用椽子或擦条下钉纤维板的隔热层顶[图 11.30(c)]。以上均须做通风屋脊方能有效。

3)反射降温屋顶

表面材料的颜色和光滑度对热辐射的反射作用,对平屋顶的隔热降温也有一定的效果(图 11.31)。例如屋面采用淡色砾石铺面或用石灰水刷白对反射降温都有一定效果。如果在通风屋顶中的基层加一层铝箔,则可利用其第二次反射作用,对屋顶的隔热效果将有进一步的改善(图 11.32)。

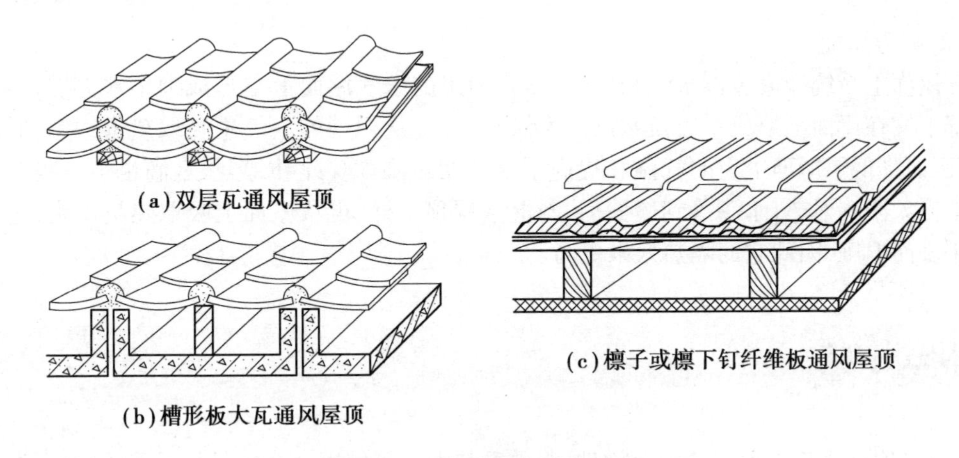

图 11.30 瓦屋顶通风隔热构造

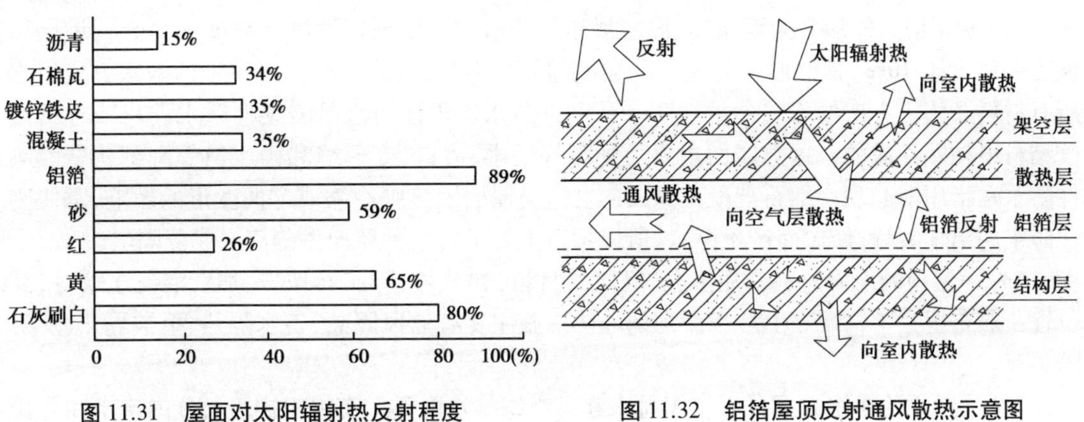

图 11.31 屋面对太阳辐射热反射程度

图 11.32 铝箔屋顶反射通风散热示意图

4)蒸发散热降温屋顶

(1)淋水屋面

屋脊处装水管在白天温度高时向屋面上浇水，形成一层流水层，利用流水层的反射吸收和蒸发以及流水的排泄可降低屋面温度(图 11.33)。

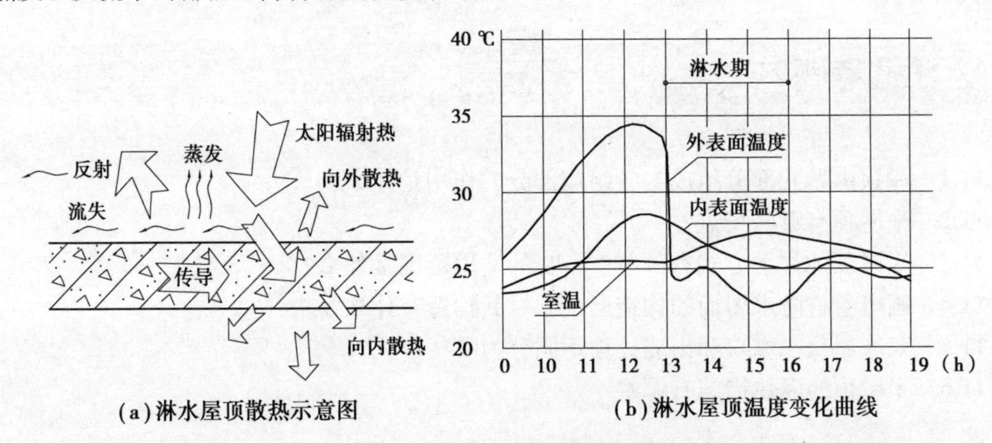

图 11.33 淋水屋顶的降温情况

(2)喷雾屋面

在屋面上系统地安装排水管和喷嘴,夏日喷出的水在屋面上空形成细小水雾层,雾结成水滴落下又在屋面上形成一层流水层。水滴落下时,从周围的空气中吸取热量,又同时进行蒸发,因而降低了屋面上空的气温和提高了它的相对湿度。此外,雾状水滴也多少吸收和反射一部分太阳辐射热;水滴落到屋面后,与淋水屋顶一样,再从屋面上吸取热量流走,进一步降低了表面温度,因此它的隔热效果更高。

本章小结

(1)屋顶是建筑物顶部的覆盖构件,起承重和围护等作用,它由屋面、承重结构、保温隔热层和顶棚等部分组成。

(2)屋顶按其外形分为平屋顶、坡屋顶和其他形式的屋顶。平屋顶坡度小于5%,坡屋顶坡度一般大于10%,其他形式的屋顶的坡度随外形变化,形式多样。平屋顶的防水方式根据所有材料及施工方法的不同分柔性防水和刚性防水。柔性防水是将柔性防水卷材或片材用胶结材料粘贴而成的。这类屋面主要要处理好泛水、檐口、变形缝和雨水口等细部构造。刚性防水是指用配筋现浇细石混凝土做成的。这类屋面因热胀冷缩或弯曲变形的影响,常使刚性防水层出现裂缝,使屋面产生漏水,所以构造上要求对这种屋面做隔离层或分隔层。

(3)平屋顶的保温材料常用多孔、轻质的材料,如苯板、膨胀珍珠岩、加气混凝土块等,其位置一般布置在结构层之上。平屋顶的隔热措施主要有通风隔热、蓄水隔热、植被隔热、反射隔热等。

(4)平屋顶的排水方式分无组织排水和有组织排水两类。有组织排水又分内排水和外排水,平屋顶的屋面坡度主要采用材料找坡。

(5)坡屋顶的屋面坡度主要采用结构找坡,它的承重结构形式有墙体承重、梁架承重,屋架承重、钢筋混凝土斜板承重等。屋面防水层常采用平瓦、琉璃瓦、波形瓦等。坡屋顶的保温材料可以铺设在屋面板与屋面面层之间,也可以铺设在吊顶棚上。它的隔热常采用通风隔热等方式。坡屋顶的檐口、山墙、烟囱等应做好细部构造处理。

复习思考题

11.1　屋顶由哪几部分组成?各组成部分的作用是什么?

11.2　平屋顶有哪些特点?

11.3　平屋顶的排水方式有哪些?各自的适用范围是什么?

11.4　画出卷材防水屋面的构造层次图?其构造有什么要求?

11.5　双坡屋顶在檐口和山墙处理不同分为哪些形式?

11.6　平屋顶的隔热措施有哪些?

12

门窗构造

[本章要点]

熟悉门窗的类型和设计要求,掌握门窗的尺寸及木门窗、金属门窗、塑钢门窗和特殊门窗的基本组成和构造要求。掌握铝合金门窗、塑钢门窗的材料及安装要求,了解特殊门窗的用途。

12.1 门窗的类型及设计要求

▶12.1.1 门窗的作用

门的主要功能是交通出入、分隔联系建筑空间,有些门也兼有通风和采光作用。

窗的主要功能是采光、通风。

有些门窗还具有保温、隔热、隔声、防水、防火及防辐射等重要功能。

门窗通常可由木材、金属及塑料等材料制作。根据设计规范和建筑的功能,建筑门窗必须满足的要求如下:

适宜的视觉效果及尺寸大小、满足密闭性能和热工性能的要求、构造坚固耐久、开关灵活紧严,便于维修和清洁。此外,门窗规格类型应尽量统一,并符合现行《建筑模数协调标准》(GB/T 50002—2013)的要求,以降低成本和适应建筑工业化生产的需要。

▶12.1.2 门的类型与尺寸

1)门的类型

(1)按开启方式分类

①平开门。平开门是水平开启的门,它的铰链装于门扇的一侧与门框相连,使门扇围绕铰链轴转动。其门扇有单扇、双扇,向内开和向外开之分。平开门构造简单,开启灵活,加工制作简便,易于维修,是建筑中最常见、使用最广泛的门[图12.1(a)]。

平开门的门扇受力状态较差,易产生下垂或扭曲变形,所以门洞尺寸一般不大于3 600 mm×3 600 mm。门扇一般由木、钢或钢木组合而成。当门的面积大于5 m^2时,宜采用角钢骨架,而且最好在洞口两侧做钢筋混凝土壁柱,或者在砌体墙中砌钢筋混凝土砌块,使之与门扇上的铰链对应安装。

②弹簧门。弹簧门的开启方式与普通平开门相同,不同之处是以弹簧铰链代替普通铰链,借助弹簧的力量使门扇能向内、向外开启并可保持关闭状态。它使用方便,美观大方,广泛用于商店、学校、医院、办公和商业大厦[图12.1(b)]。

考虑到使用安全,弹簧门的门扇或门扇上部应镶嵌玻璃,门扇两边的人可以互相观察到对方,以避免人流相撞,但幼儿园、中小学等建筑不得使用弹簧门,以保证安全。

③推拉门。推拉门开启时,门扇沿轨道向左右滑行。推拉门通常为单扇和双扇,也可做成双轨多扇或多轨多扇。开启时,门扇可隐藏于墙内或悬于墙外。根据轨道的位置,推拉门可为上挂式和下滑式。当门扇高度小于4 m时,一般作为上挂式推拉门,即在门扇的上部装置滑轮,滑轮吊在门过梁的预埋导轨上。当门扇高度大于4 m时,一般采用下滑式推拉门,即在门扇下部装滑轮,将滑轮置于预埋在地面的下导轨上。为使门保持垂直状态下稳定运行,导轨必须平直,并有一定刚度,下滑式推拉门的上部应设导向装置,较重型的上挂式推拉门则在门的下部设导向装置。

推拉门开启时不占空间,受力合理,不易变形,但在关闭不易严密,构造亦较复杂,多在工业建筑中用作仓库和车间大门。在民用建筑中,一般采用轻便推拉门分隔内部空间[图12.1(c)]。

④折叠门。折叠门可分为侧挂式折叠门和推拉式折叠门两种。它由多扇门构成,每扇门宽度为500~1 000 mm,一般以600 mm为宜,适用于宽度较大的洞口。侧挂式折叠门与普通平开门相似,只是门扇之间用铰链相连而成。当用铰链时,一般只能挂两扇门,不适用于宽大洞口。如侧挂门扇超过两扇时,则需使用特制铰链[图12.1(d)]。

折叠门开启时占空间少,但构造较复杂,一般用在公共建筑或住宅中作灵活分隔空间用。

⑤转门。转门是由两个固定的弧形门套和垂直旋转的门扇构成。门扇可分为三扇或四扇,绕竖轴旋转。转门对隔绝室外气流有一定作用,可作为寒冷地区公共建筑的外门,但不能作为疏散门。当设置在疏散口时,需在转门两旁另设疏散用门[图12.1(e)]。

⑥升降门。升降门多用于工业建筑,一般不经常开关,需要设置传动装置及导轨[图12.1(f)]。

⑦卷帘门。卷帘门多用于较大且不需要经常开关的门洞,例如商店、门市的大门及某些公共建筑中用作防火分区的设备等。卷帘门由帘板、座板、导轨、手动速放开关装置、按钮开关等部分组成,一般安装在不便采用墙分隔的部位[图12.1(g)]。

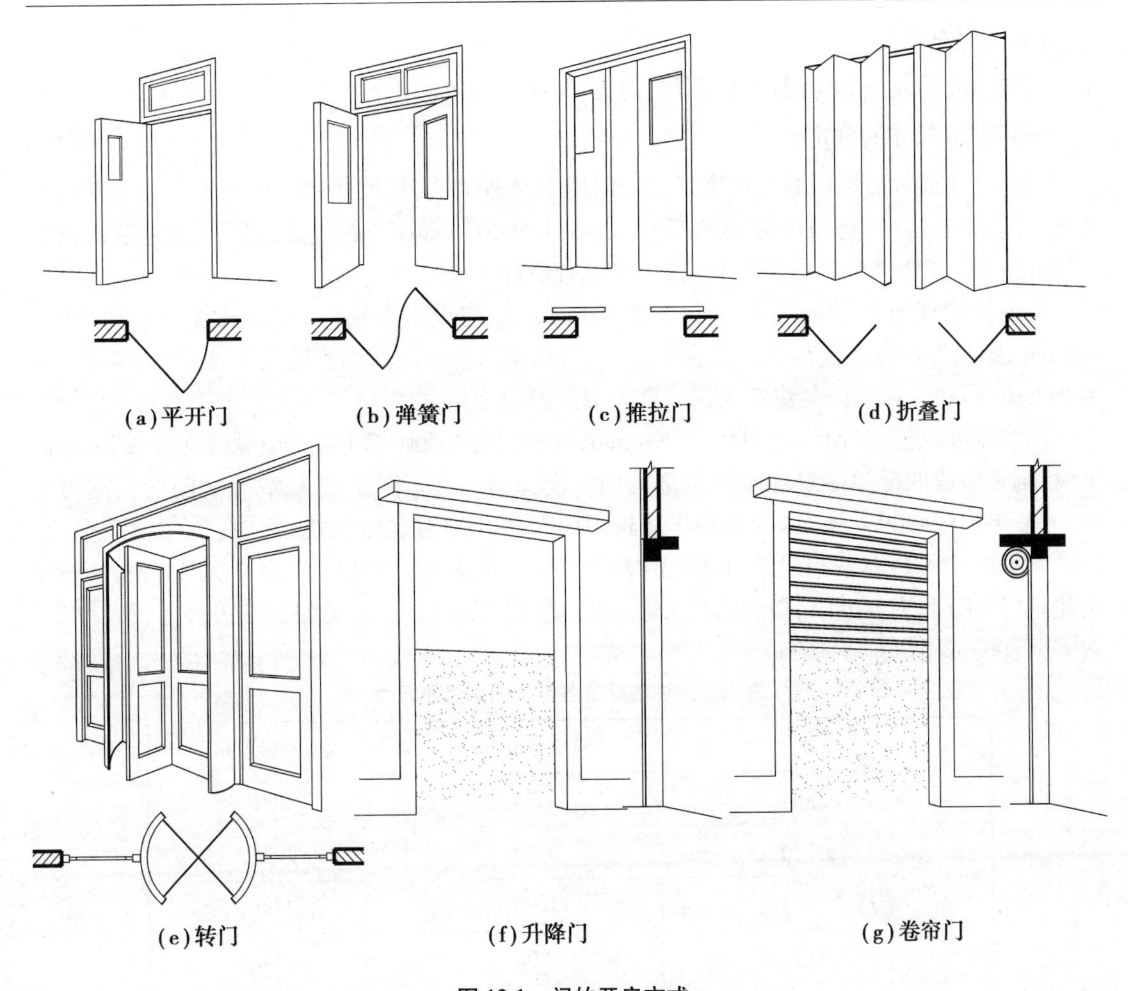

图 12.1 门的开启方式

(2)按使用材料分类

门按使用材料可以分为木门、钢门、铝合金门、塑钢门、玻璃门等。

①木门。木门常采用松木、杉木制作,为防止变形,所用材料需要干燥处理。潮湿房间不宜用木门窗,也不应采用胶合板或纤维板制作。住宅内门可采用钢框木门(纤维板门芯)以节约木材。大于 5 m^2 的木门应采用钢框加斜撑的钢木组合门。

②钢门。钢门强度高,防火性能好,断面小,挡光少,是广泛采用的形式之一。但普通钢门窗易生锈,散热快,维修费用高,由于运输、安装产生的变形又很难调直,致使关闭不严。目前推广使用的彩板钢门、镀塑钢门、渗铝钢门可大大改善钢门的防蚀性。

③铝合金门。铝合金门自重轻,密闭性能好,耐腐蚀,坚固耐用,色泽美观,但保温性差,造价偏高。如果使用绝缘性能好的材料作隔离层(如塑料),则能大大改善其热工性能。

④塑钢门。塑钢门热工性能好,耐腐蚀,耐老化,是具有很大潜能的门窗类型。目前塑钢门窗采用较广,具有广泛的市场。

(3)按构造分类

门按构造不同分为镶板门、夹板门、拼板门、百叶门等。

(4)按功能分类

门按功能不同分为保温门、隔声门、防火门、防护门等。

2)门洞口尺寸的确定

门的尺寸通常是指门洞的高宽尺寸。门用于交通疏散,其尺寸取决于人体尺寸及家具尺寸等,并要符合现行《建筑模数协调标准》(GB/T 50002—2013)的规定,以及按《建筑门窗洞口尺寸系列》(GB/T 5824—2008)规范要求进行设计。

一般民用建筑门的高度不宜小于 2 100mm。如门设有亮窗时,亮窗高度一般为 300~600 mm,则门洞高度为门扇高加亮窗高,再加门框及门框与墙间的缝隙尺寸,即门洞高度一般为 2 400~3 000 mm。公共建筑大门高度可视需要适当提高。

门的宽度取值:单扇门为 700~1 000 mm,双扇门为 1 200~2 100 mm;宽度在 2 100 mm 以上时,则多做成四扇门或双扇带固定扇的门。辅助房间(如浴厕、贮藏室等),门的宽度可窄些,一般为 700~800 mm。国家对各类建筑中门洞尺寸均有严格的规定,如《住宅设计规范》(GB 50096—2011)对住宅建筑各部位门洞的最小尺寸规定见表 12.1。为了使用方便,一般民用建筑门(木门、铝合金门、塑料门)均编制成标准图,在图上注明类型及有关尺寸,设计时可按需要直接选用。

表 12.1　住宅建筑各部位门洞最小尺寸

类　别	洞口宽度/m	洞口高度/m
公用外门	1.20	2.00
户(套)门	1.00	2.00
起居室(厅)门	0.90	2.00
卧室门	0.90	2.00
厨房门	0.80	2.00
卫生间门	0.70	2.00
阳台门(单扇)	0.70	2.00

注:①表中门洞口的高度不包括亮窗的高度。

②洞口两侧地面有高低差时,以高地面起计算高度。

▶12.1.3　窗的类型与尺寸

1)窗的类型

(1)按开启方式分类

窗的开启方式主要取决于窗扇转动的五金连接件中铰链的位置及转动方式,通常有以下几种:

①固定窗。无窗扇、不能开启的窗为固定窗。固定窗的玻璃直接安装在窗框上,可供采光和眺望之用,不能通风。固定窗构造简单,密闭性好,多与门亮子和开启窗配合使用[图12.2(a)]。

②平开窗。铰链安装在窗扇一侧与窗框相连,向外或向内水平开启。平开窗有单扇、双扇、多扇及向内开与向外开之分。平开窗构造简单,开启灵活,造价低廉,制作维修均方便,便于安装纱窗,是民用建筑中使用最广泛的窗[图 12.2(b)]。

③悬窗。根据铰链和转轴位置的不同,可分为上悬窗、中悬窗和下悬窗。

上悬窗铰链安装在窗扇的上边,一般向外开,防雨好,多采用作外窗及外门上的亮窗[图 12.2(c)]。

中悬窗是在窗扇两边中部装水平转轴,开启时窗扇绕水平轴旋转,开启时窗扇上部向内,下部向外,对挡雨、通风均有利,并且开启易于机械化,故常用作大空间建筑的高侧窗,也可用

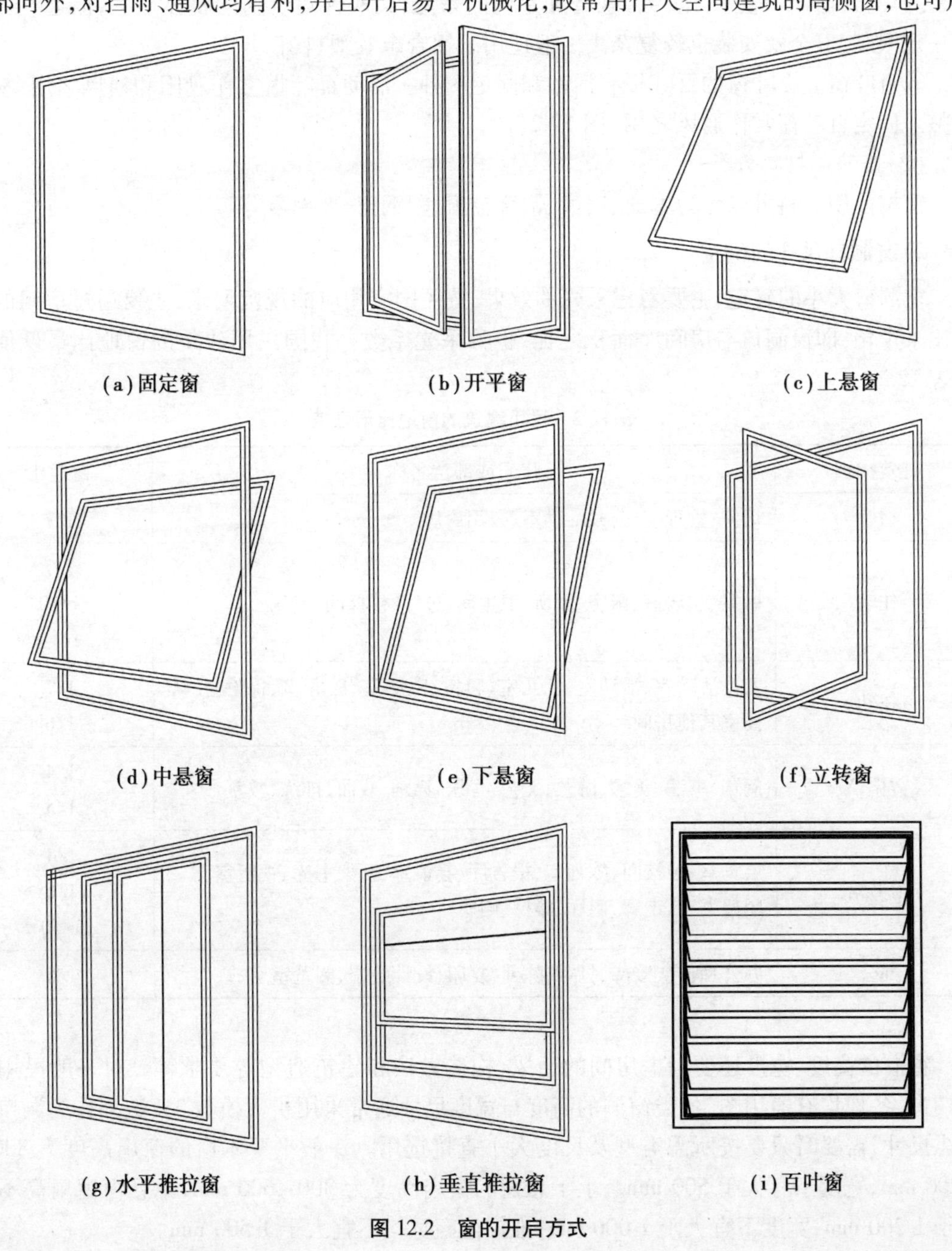

图 12.2　窗的开启方式

于外窗或用于靠外廊的窗[图 12.2(d)]。

下悬窗铰链安在窗扇的下边,一般向外开,通风较好,不防雨,不宜用作外窗,一般用于内门上的亮窗[图 12.2(e)]。

④立转窗。立转窗在窗扇上下冒头中部设转轴,立向转动,有利于采光和通风,但安装纱窗不便,密闭和防雨性能较差[图 12.2(f)],多用于低侧窗。

⑤推拉窗。分水平推拉窗[图 12.2(g)]和垂直推拉窗[图 12.2(h)]两种,不占据室内空间,外观美丽、价格经济、密封性较好。一般在窗扇上设滑轨槽,开启灵活,窗扇受力状态好、不易损坏,开窗面积较平开窗大,既增加室内的采光,又改善建筑物的整体形貌,但通气面积受一定限制,五金及安装也较复杂。一般适用于铝合金及塑料窗。

⑥百叶窗。百叶窗的百叶板有活动和固定两种。活动百叶板常作遮阳和通风之用,易于调整。固定百叶窗常作通风之用[图 12.2(i)]。

(2)按使用材料分类

窗按使用材料可以分为木窗、钢窗、铝合金窗、塑钢窗、玻璃窗等。

2)窗洞口尺寸的确定

窗洞口大小的确定,主要考虑采光的效果,按照国家相应的规范要求,主要通过房间的窗地比来量化,即窗洞口与房间净面积之比,也称采光系数。我国民用建筑的窗地比最低值详见表 12.2。

表 12.2 民用建筑的窗地比最低值

建筑类别	房间或部位名称	窗地比
宿舍	居室、管理室、公共活动室、公用厨房	1/7
住宅	卧室、起居室、厨房、厕所、卫生间、过厅、楼梯间、走廊	1/7 1/10 1/14
托幼	音体活动室、活动室、乳儿室、寝室、喂奶室、医务室、保健室、隔离室其他房间	1/7 1/6
文化馆	阅览、书法、美术、游艺、文艺、音乐、舞蹈、戏曲、排练、教室	1/4 1/5
图书馆	层览室、装裱间、陈列室、报告厅、会议室、开架书库、视听室、闭架书库、走廊、门厅、楼梯、厕所	1/4 1/6 1/10
办公	办公、研究、接待、打字、陈列、复印、设计绘图、阅览室	1/6

窗洞的高度、宽度还要考虑房间的通风、构造做法和建筑造型等要求等。对一般民用建筑用窗,各地均有通用图,各类窗洞的高度与宽度尺寸通常采用扩大模数 3M 数列作为洞口的标志尺寸,需要时只要按所需类型及尺度大小直接选用。一般平开木窗的窗扇高度为 800~1 200 mm,宽度不宜大于 500 mm。上下悬窗的窗扇高度为 300~600 mm,中悬窗窗扇高不宜大于 1 200 mm,宽度不宜大于 1 000 mm;推拉窗高宽均不宜大于 1 500 mm。

12.2　木门窗构造

▶12.2.1　木门构造

门主要由门框、门扇、亮窗、五金零件及其附件组成(图12.3)。

门扇按其构造方式不同,有镶板门、夹板门、拼板门、玻璃门和纱门等类型。亮子又称腰头窗,在门上方,为辅助采光和通风之用,有平开、固定及上中下悬几种。

门框是门扇、亮子与墙的联系构件。

五金零件一般有铰链、插销、门锁、拉手、闭门器和门挡等。

附件有贴脸板、筒子板等。

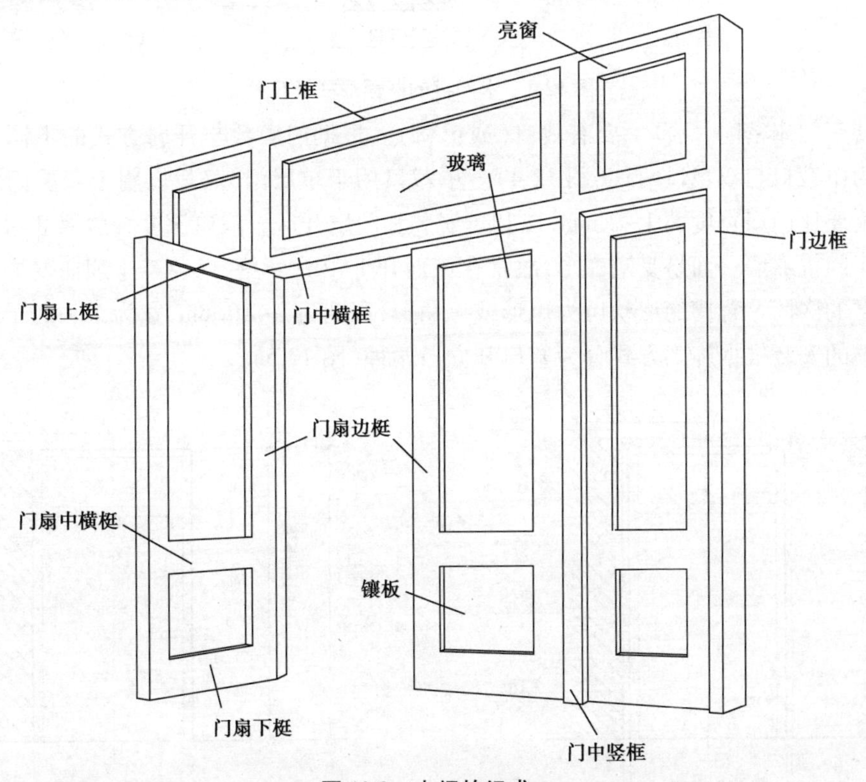

图12.3　木门的组成

(1)门框

门框又称门樘,一般由两根竖直的边框和上框组成。当门带有亮窗时,还有中横框。多扇门则还有中竖框。

门框的断面形式与门的类型、层数有关,同时应利于门的安装,并具有一定的密闭性(图12.4)。门框的断面尺寸主要考虑接榫牢固与门的类型,还要考虑制作时刨光损耗,毛断面尺寸应比净断面尺寸大些,一般单面刨光加3 mm,双面刨光则加5 mm。

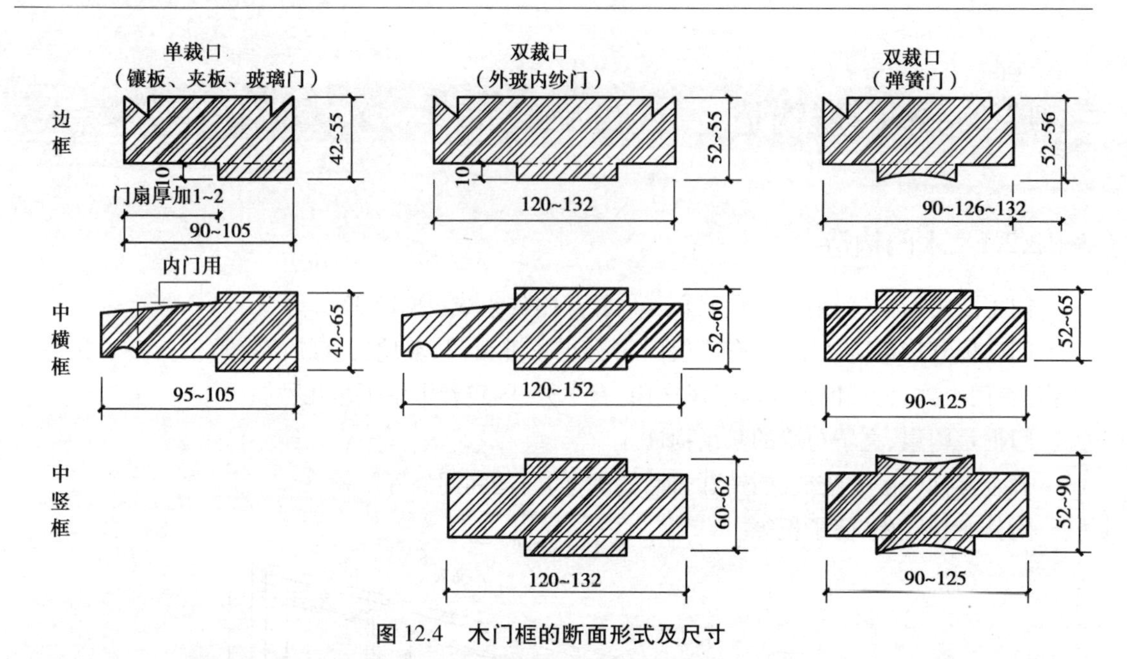

图 12.4　木门框的断面形式及尺寸

为便于门扇密闭，门框上要有裁口（或铲口）。根据门扇数与开启方式的不同，裁口的形式可分为单裁口与双裁口两种（图 12.4）。单裁口用于单层门，双裁口用于双层门或弹簧门。裁口宽度要比门扇宽度大 1~2 mm，以利于安装和门扇开启。裁口深度一般为 8~10 mm。

由于门框靠墙一面易受潮变形，故常在该面开 1~2 道背槽，以免产生翘曲变形，同时也有利于门框的嵌固。背槽的形状可为矩形或三角形，深度为 8~10 mm，宽为 12~20 mm。

门框的安装根据施工方式分为塞口和立口两种（图 12.5）：

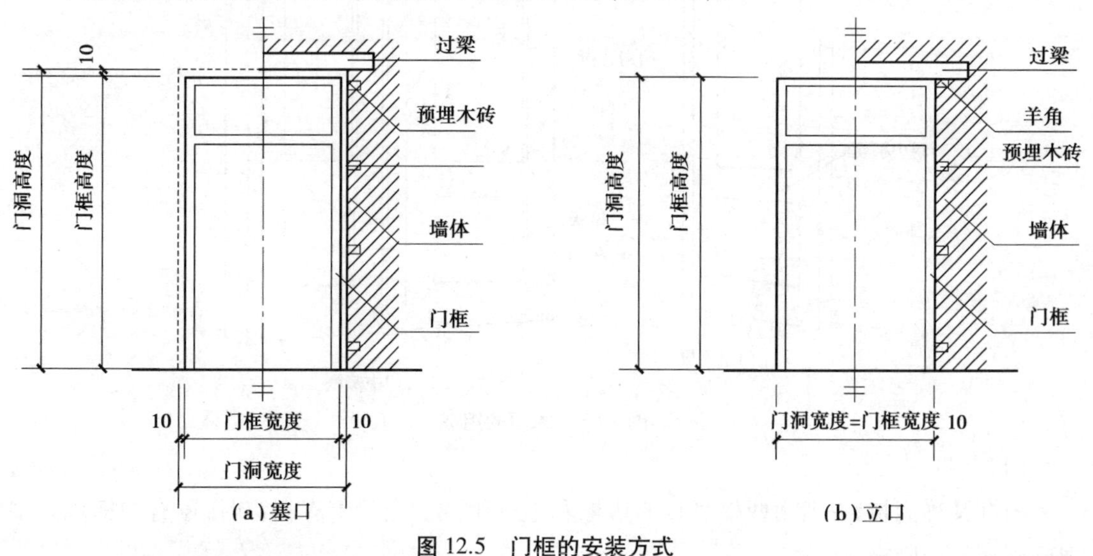

图 12.5　门框的安装方式

①塞口（又称塞樘子），是在墙砌好后再安装门框。为此，洞口的宽度应比门框大 20~30 mm，高度比门框大 10~20 mm。塞口法施工简单方便，但框与墙之间的缝隙有时较大，为加强门框与墙之间的连接，门洞两侧墙上每隔 600~1 000 mm 预埋木砖或预留缺口，以便用铁钉或水泥砂浆将门框固定。

②立口(又称立樘子)是在砌墙前先用支撑将门框立好后再砌墙。这种安装方式门框与墙之间缝隙小。为加强门框与墙之间的连接,在门框上下档各伸出约半砖长的木段(俗称羊角或走头),同时在边框外侧每 600~1 000 mm 设木拉砖或铁角砌入墙身,但是立樘与砌墙工序交叉,施工不便。

门框在墙中的位置,可在墙的中间或与墙的一边平(图 12.6(a))。一般多与开启方向一侧平齐,如门扇的开启角度较大,应尽可能使门扇开启时贴近墙面。门框四周的抹灰极易开裂脱落,因此在门框与墙结合处应做贴脸板和木压条盖缝。门框靠墙一边应开凿防止因受潮而变形的背槽(图 12.4),门框外侧的内外角做灰口,门框与墙之间接触面应刷防腐涂料,并用通过铁脚(图 12.6(c))和木垫块连接,并用水泥钉钉牢固。门框装修标准高的建筑,还可在门洞两侧和上方贴装饰性的胶合板或木板(俗称筒子板)和贴脸板(图 12.6(b))。

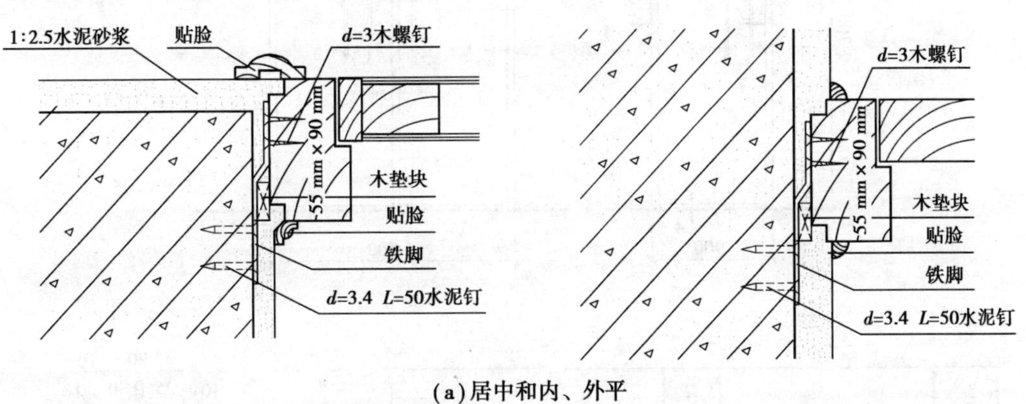

(a)居中和内、外平

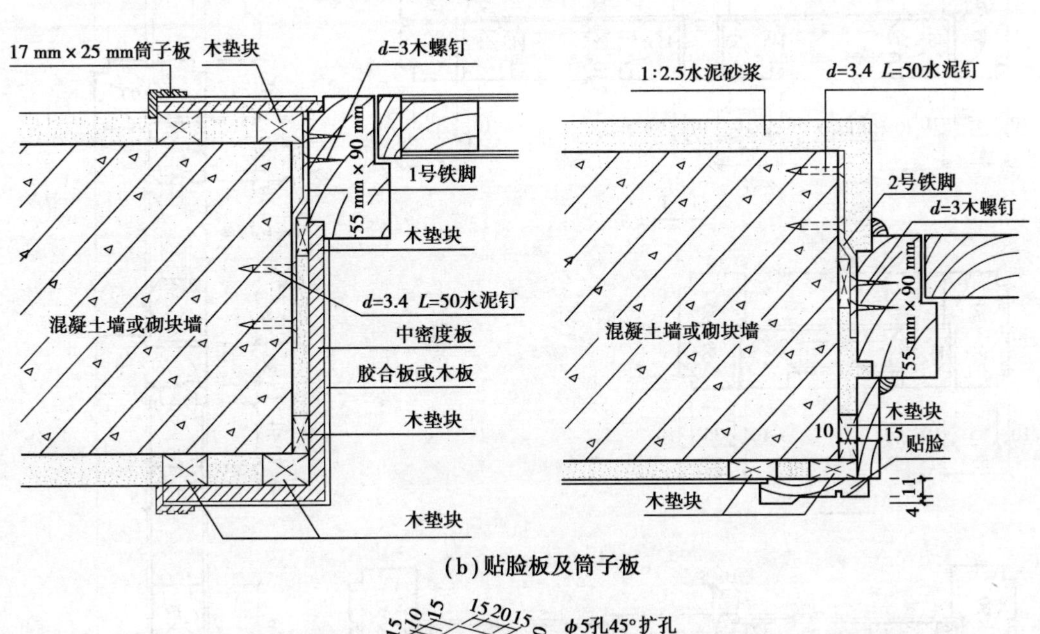

(b)贴脸板及筒子板

(c)铁脚

图 12.6　门框在墙洞边的安装位置

(2)门扇

常用的木门门扇有镶板门(包括玻璃门、纱门)和夹板门。

①夹板门。夹板门一般是用断面较小的方木做成骨架,两面粘贴面板而成(图12.7)。其特点构造简单,可利用小料、短料,自重轻,外形简洁,在一般民用建筑中广泛用作建筑的内门。门扇面板可用胶合板、塑料面板和硬质纤维板。面板和骨架形成一个整体,共同抵抗变形。夹板门的形式可以是全夹板门、带玻璃或带百叶夹板门。

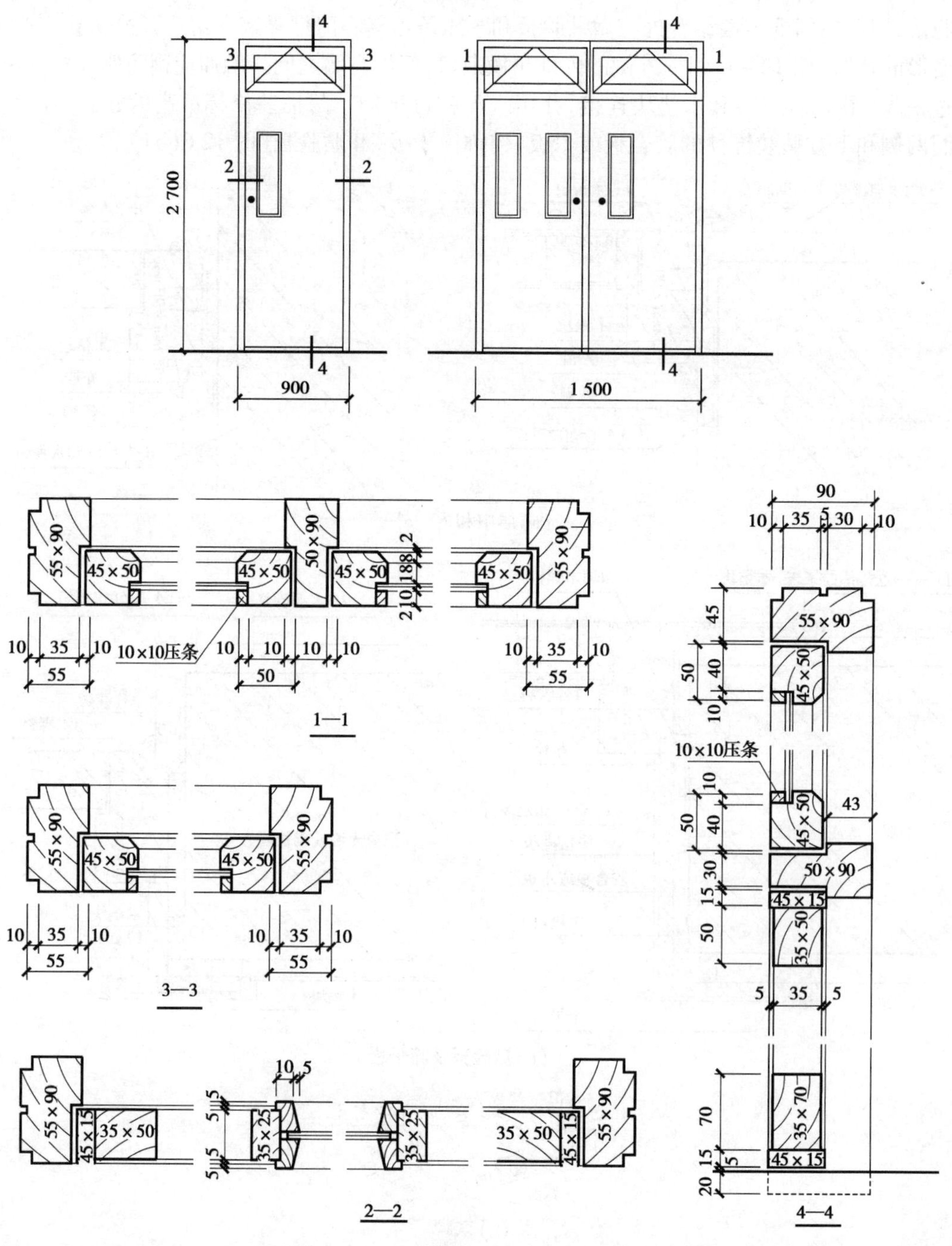

图12.7 夹板门的构造(单位:mm)

夹板门的骨架一般用厚30~35 mm、宽33~60 mm的木料做边框,中间的肋条用厚10~25 mm、宽30~60 mm的木条,可以是单向排列、双向纵横排列或密肋形式,间距一般为200~400 mm,安门锁处需另加上锁木(图12.8)。为使门扇内通风干燥,避免因内外温湿度差产生变形,在骨架上需设通气孔。为节约木材,也有用蜂窝形成浸塑纸来代替肋条的。另外,门的四周可用15~20 mm的木条镶边,以取得整齐美观的效果。

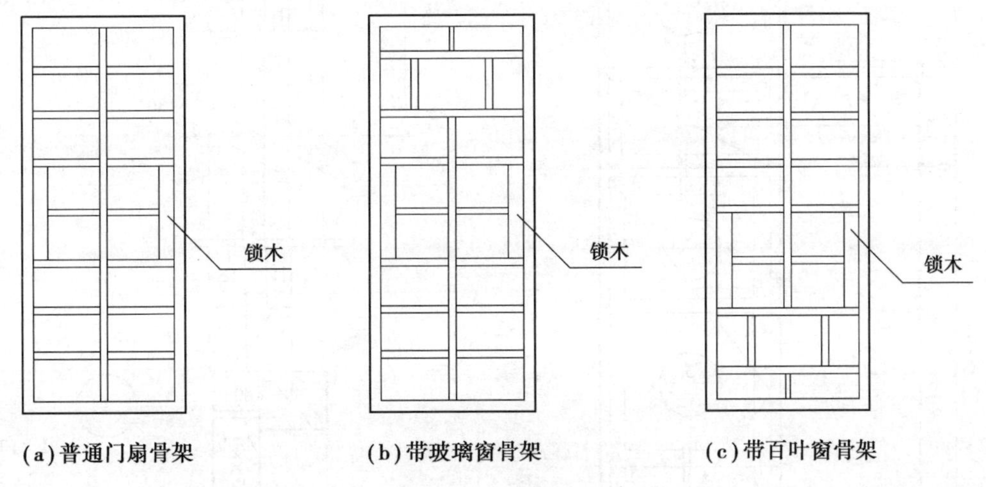

(a)普通门扇骨架　(b)带玻璃窗骨架　(c)带百叶窗骨架

图12.8　夹板门骨架

②镶板门。镶板门门扇由边梃、门扇上梃、门扇中横梃(可作数根)和门扇下梃组成骨架,内装镶板(门芯板)而构成(图12.9)。其构造简单,造型美观,易于与玻璃、纱料或百叶结合制作,适用于一般民用建筑作内门和外门。

镶板门门扇的边梃与门扇上梃、门扇中横梃的断面尺寸一般相同,厚度为40~45 mm,宽度为100~120 mm。为了减少门扇的变形,门扇下梃的宽度一般加大至160~250 mm,并与边梃采用双榫结合。

镶板(门芯板)一般采用10~12 mm厚的木板拼成,也可采用胶合板、硬质纤维板、塑料板、玻璃和塑料纱等。当采用玻璃时,即为玻璃门,可以是半玻门或全玻门。若门芯板换成塑料纱(或铁纱),即为纱门。由于纱门轻,门扇骨架用料可小些,门扇边框与门扇上梃可采用30~70 mm,门扇下梃用30~150 mm。

③弹簧门构造。弹簧门是指利用弹簧铰链,开启后能自动关闭的门,多用于公共场所通道、紧急出口通道。

弹簧铰链有单面弹簧、双面弹簧和地弹簧等形式。单面弹簧门多为单扇,与普通平开门基本相同,常用于需要温度调节及气味遮挡的房间,如厨房、厕所。双向弹簧门通常为双扇门,适用于公共建筑的大厅、走廊及人流较大的房间的门。为避免人流出入相撞,一般门上需装玻璃。

弹簧门中特别是双面弹簧门人流通过量大,需用硬木,其用料尺寸比一般镶板门稍大一些(图12.10)。门扇厚度为42~50 mm,镶板及边框宽度为100~120 mm,门扇下梃宽为200~300 mm,门扇中横梃视情况而定。为了避免门扇的碰撞而又不使其有过大的留缝,通常门扇上、下梃做平逢,边框做圆弧形断面,其弧面半径为门厚的1~1.2倍(图12.10)。

④成品装饰木门。酒店、宾馆、办公大楼、中高档住宅等民用建筑中广泛采用成品装饰木

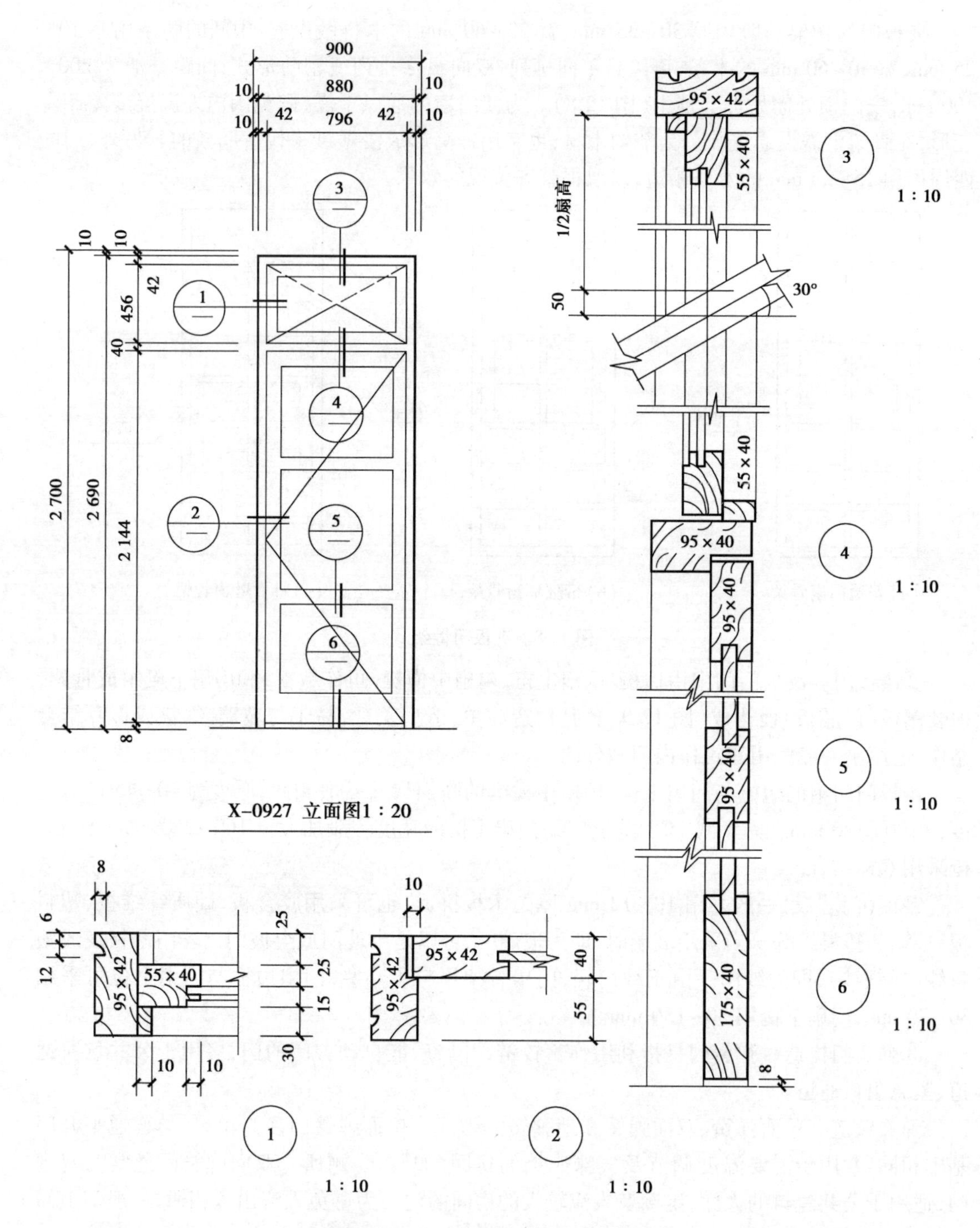

图 12.9　镶板门的构造(单位:mm)

门,该门采用标准化、工厂化生产,组装成形的新工艺,同时有很好的装饰效果(图 12.11)。

装饰木门为无钉胶接固定施工,工期短,施工现场无噪声、垃圾、污染等。木门的木材为松木、榉木或其他优良材种,内框骨架采用指接工艺,榫接胶合严密,填充芯料选用电热拉伸定型蜂窝芯。

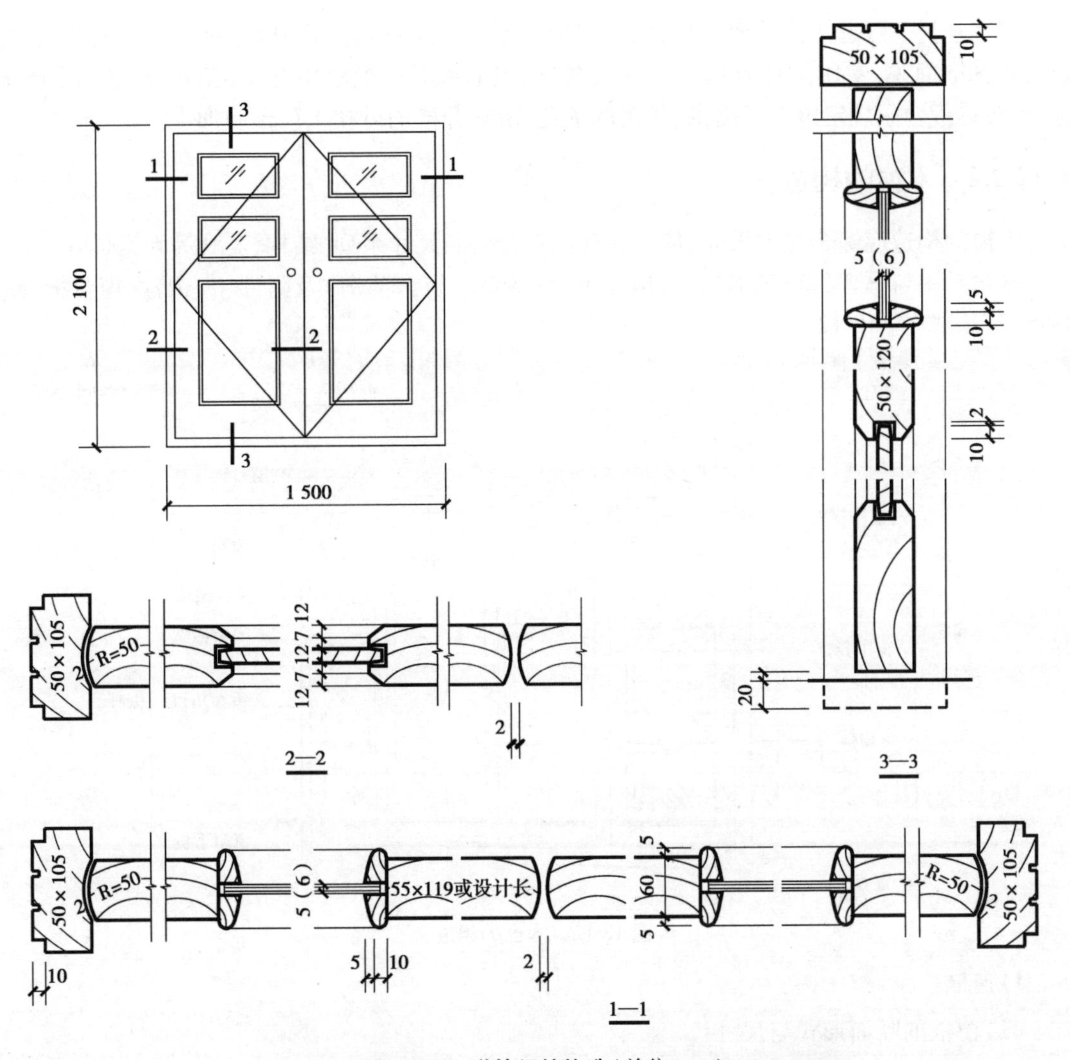

图 12.10　弹簧门的构造(单位:mm)

图 12.11　装饰木门外观效果

门套基材一般选用优质密度板，背面覆防潮层。面层饰面选用 0.6 mm 优质天然实木单板或仿真饰面膜，常用品种有枫木、红榉、樱桃、黑胡桃等。配套用合页、锁具、滑轨、门上五金，可按订货合同规定由工厂提供，相关的锁孔、滑轨开槽均可在工厂预制加工。

▶12.2.2 木窗的构造

木窗的构造应综合考虑采光、使用、节能、符合窗洞尺寸系列、结构、美观等因素。

木窗是由窗框、窗扇（玻璃扇、纱扇）、五金（铰链、风钩、插销）及附件（窗帘盒、窗台板、贴脸板）等组成（图 12.12）。

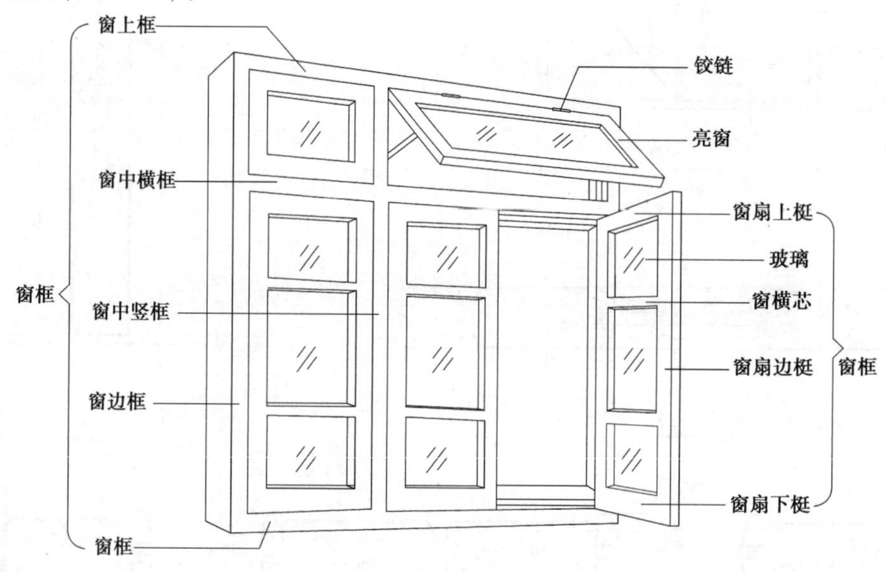

图 12.12 木窗的组成

1）窗框

（1）窗框的断面形式与尺寸

窗框的断面形式与门框类似。窗框的断面尺寸主要按材料的强度和接榫的牢固需要确定，一般多为经验尺寸，如图 12.13 所示，中横框如加披水，其宽度还需增加 20 mm。

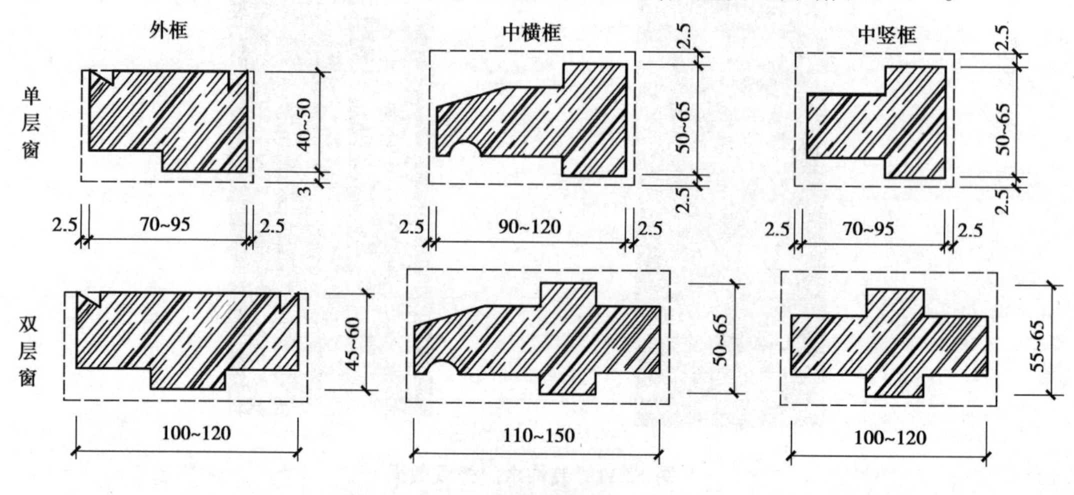

图 12.13 木窗框的断面形式及尺寸

(2)窗框的安装

窗框的安装与门框基本相同,也分立口与塞口两种施工方法。

(3)窗框与墙的关系

窗框在墙洞中的位置同门框一样,有窗框内平、窗框居中和窗框外平三种情况,窗框与墙之间的缝隙处理与门框相同。考虑到采光与躲避雨水,窗框居中的情况较为普遍一点,其安装构造如图12.14所示。

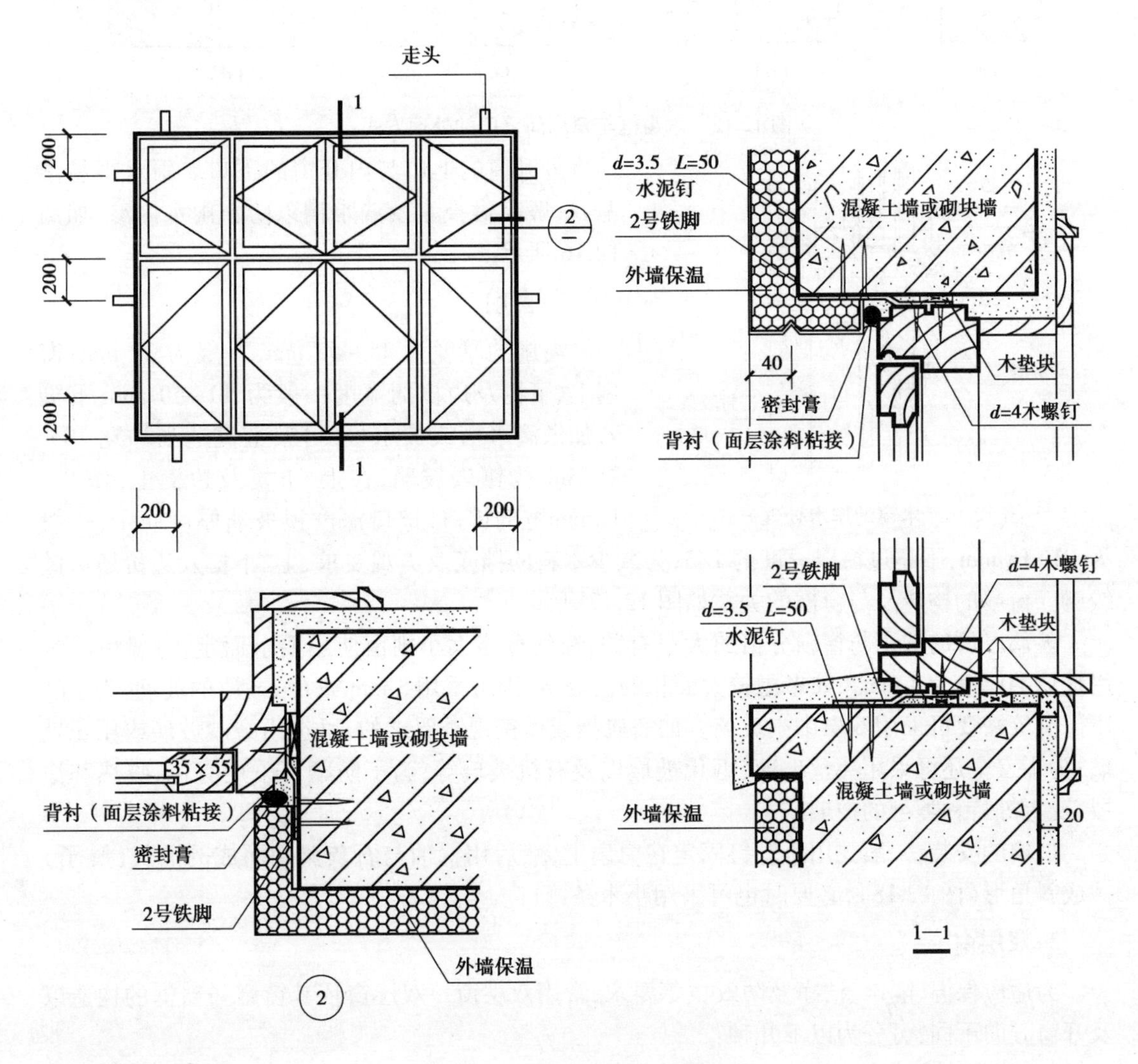

图12.14 木窗框居中安装做法

(4)窗框与窗扇的关系

窗框裁口在内侧,窗扇向室内开启。擦窗安全、方便、窗扇受气候影响小。但开启时占据室内空间,影响家具布置和使用,防水性差,因此需在窗扇的下冒头上做披水,窗框的下框设排水孔等特殊处理。

一般窗扇都用铰链、转轴或滑轨固定在窗框上,为了关闭紧密,通常在窗框上铲口,深10~12 mm,也可用木条形成铲口,以减少窗开关对窗框木料的摩擦与削弱,如图12.15(a)、(b)所示)。为了提高木窗的保温及防风功能,可适当提高铲口深度(约15 mm),或在铲口处填充橡胶密封条(氯丁橡胶、PVC 材料或三元乙丙橡胶等),或在窗框留槽形成空腔的回风槽,如图 12.15(c)、(d)所示。

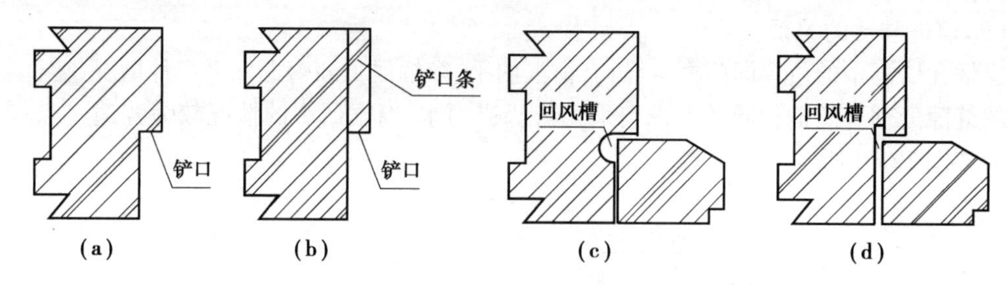

图 12.15 木窗框与窗扇间铲口的处理方式

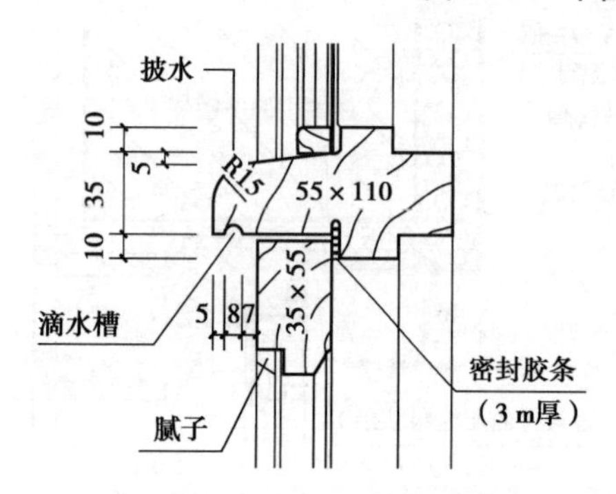

图 12.16 木窗的排水处理方式

外开窗的上口与内开窗的下口。雨水很易渗漏,一般需做披水及滴水槽以防止雨水内渗,如图 12.16 所示。

2)窗扇

窗扇的厚度为 35~42 mm,一般为 35 mm;窗扇上、下梃及边梃的宽度一般为 50~60 mm;下梃若加做滴水槽或披水板,可较上梃适当加宽 10~25 mm。为镶嵌玻璃,在上、下梃及边梃上,做 8~12 mm宽的铲口,铲口深度视玻璃厚度而定,一般为 12~15 mm,不超过窗扇厚度的 1/3,为减少木料的挡光及美观要求,上、下梃及边梃还可做线脚。窗扇的构造及与窗框的关系如图 12.17 所示。

玻璃厚薄的选用与窗扇分格的大小有关,窗的分格大小则由使用要求而定,一般情况常用玻璃的厚度为 3 mm。如考虑较大面积的窗分格,则可采用 5 mm 或 6 mm 厚的玻璃,为了隔声保温等需要可采用双层中空玻璃。如需遮挡或模糊视线要求的,可选用磨砂玻璃或压花玻璃;为了安全还可采用夹丝玻璃、钢化玻璃以及有机玻璃等;为了防晒可采用有色、吸热和涂层、变色等特种类型的玻璃。

玻璃的安装,一般先用小铁钉固定在窗扇上,然后用桐油与石灰调和而成的油灰(腻子)抹成斜角形(图 12.18),必要时也可采用小木条镶钉。

3)双层窗

为适应保温、隔声、洁净及防蚊虫等要求,常用双层窗。双层窗依其窗扇与窗框的构造以及开窗方向不同,可分为以下几种:

(1)子母窗扇

子母窗扇是单框双层窗扇的一种比较特殊的形式,如图 12.18(a)所示。子扇约小于母扇,但玻璃尺寸相同,窗扇以铰链与窗框相连,子扇与母扇相连,为便于清洁玻璃,两扇一般都内开。这种窗较其他双层窗省料,透光面积大,有一定的密闭保温效果。

(2)内外开窗

内外开窗的形式是在一个窗框上内外双裁口,一扇外开,一扇内开,也是单框双层窗的一种特殊形式,如图 12.18(b)所示。这种窗内外扇的形式、尺寸基本相同,构造简单。

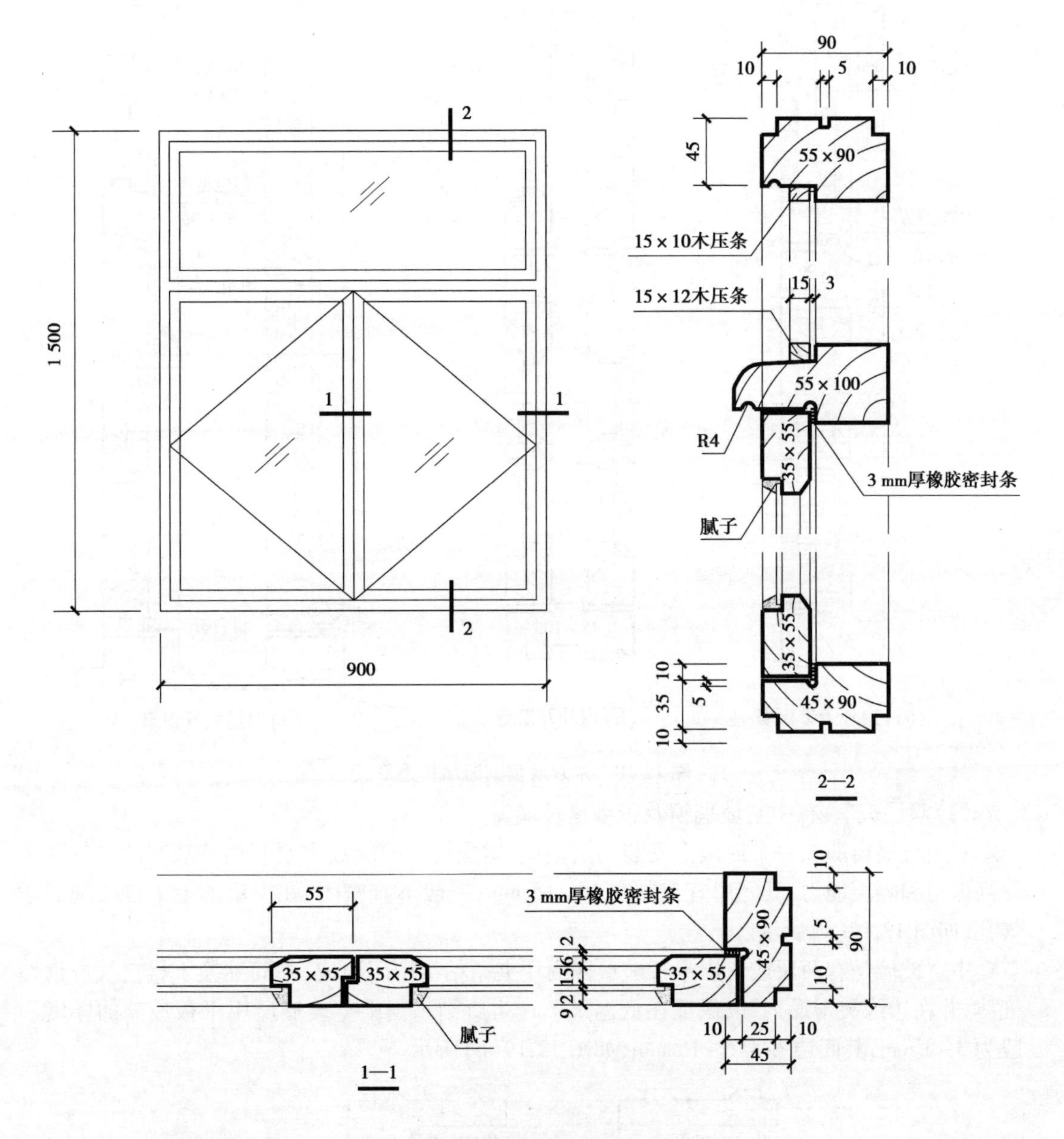

图 12.17　窗扇与窗框的构造关系

(3)分框双层窗

这种窗的窗扇可以内外开,但为了清洁玻璃,通常都内开。寒冷地区的墙体较厚,宜采用这种双层窗,内外窗扇净距一般在 100 mm 左右,不宜过大,以免形成空气对流,影响保温,如图 12.18(c)所示。

由于寒冷地区的通风要求不如炎热地区高,较大面积的窗可设置一些固定窗扇,既能满足通风要求,又能利用固定窗扇而省去一些中横框或中竖框。另外,在冬季为了通风换气,又不至于散热过多,常在窗扇上加小气窗,如图 12.18(c)所示。

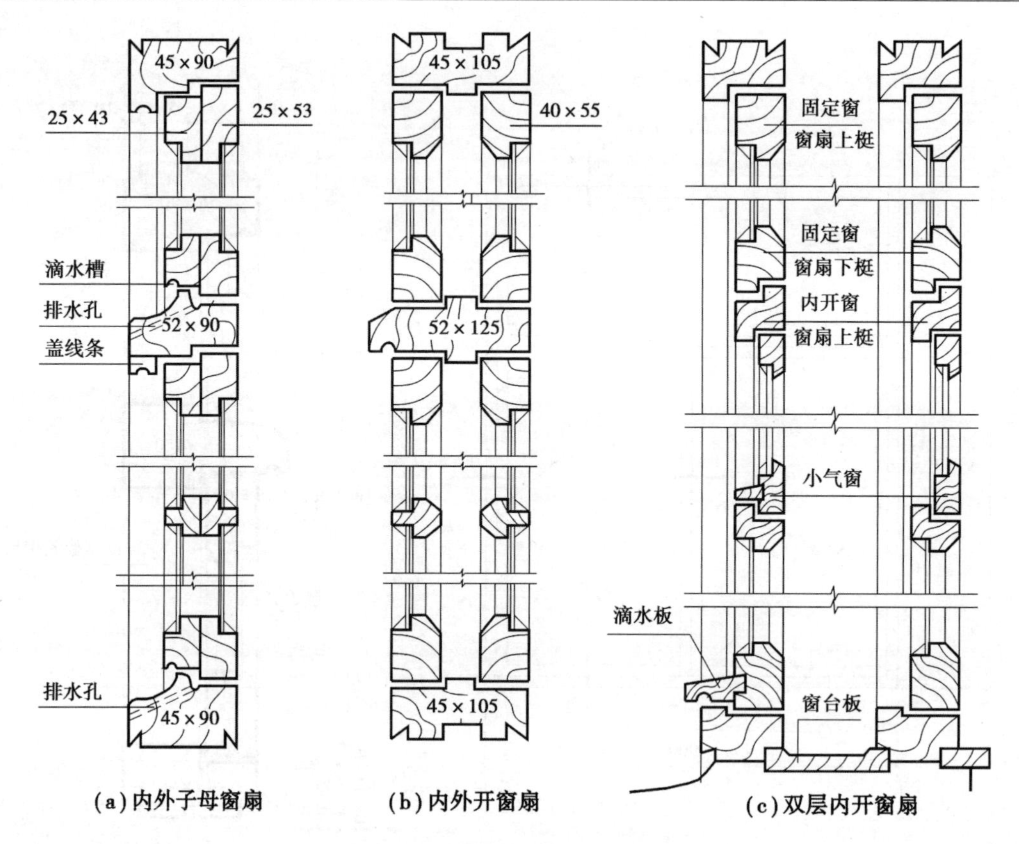

(a)内外子母窗扇　(b)内外开窗扇　(c)双层内开窗扇

图12.18　木双层窗的断面构造形式

(4)双层玻璃窗、中空玻璃窗及带纱窗玻璃窗

双层玻璃窗即在一个窗扇上安装两层玻璃,增加玻璃的层数主要利用玻璃间的空气层来提高保温和隔声能力,其间层宜控制在10~15 mm,一般不宜密闭,在窗扇的上下冒头须做通气孔,如图12.19(a)所示。

中空玻璃是有两层或三层平板玻璃四周用夹条粘结密闭而成,中间抽换干燥空气或惰性气体,并在边缘夹干燥剂,以保证在低温下不产生凝结水。中空玻璃所用平板玻璃的厚度一般为3~5 mm,其间层多为5~15 mm,如图12.19(b)所示。

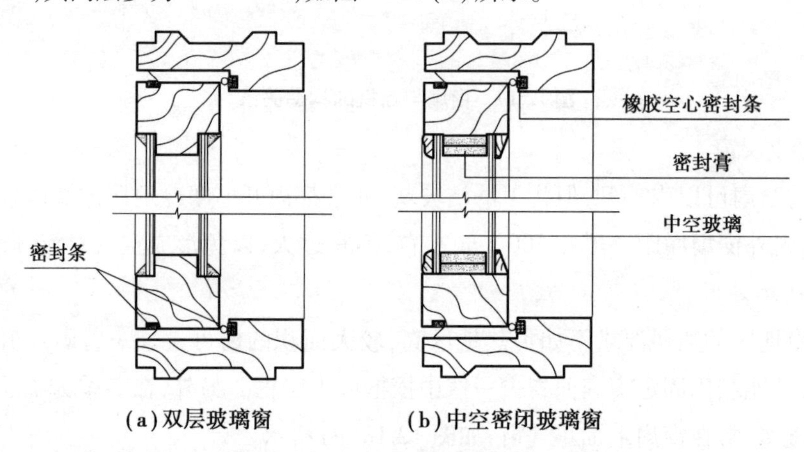

(a)双层玻璃窗　(b)中空密闭玻璃窗

图12.19　木双层窗的断面构造形式

纱窗除防蚊虫外还具有在夏季强光的情况下遮挡亮光。单层带纱窗玻璃窗与内外开窗的构造基本相同,如图 12.20(a)所示;双层带带纱窗玻璃窗则需分框三层窗扇,如图 12.20(b)所示。

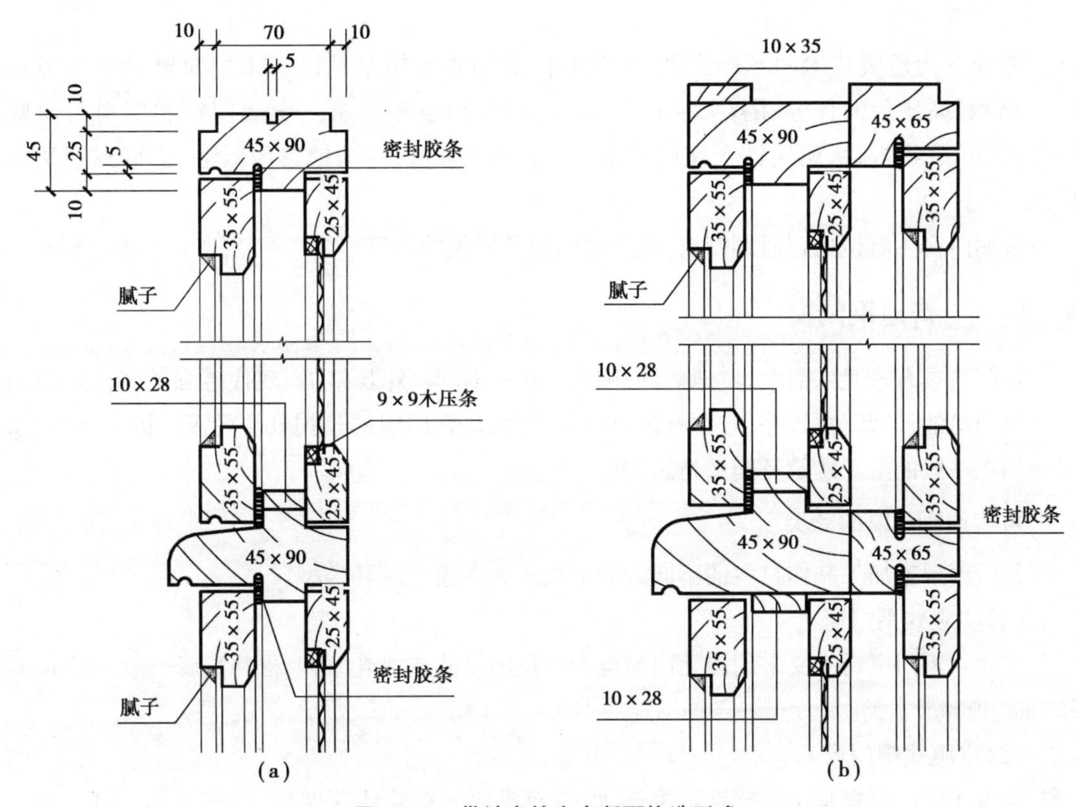

图 12.20 带纱窗的木窗断面构造形式

4)成品装饰木窗(图 12.21)

酒店、宾馆、办公大楼、中高档住宅等民用建筑中目前广泛采用标准化、工厂化、新工艺组装成形,同时有很好装饰效果的成品装饰木窗。这种窗具有工期短,施工现场无噪声、无垃圾、无污染等优点。其材质为松木、榉木或其他优良材种,内框骨架采用实木工艺,榫接胶合严密,填充芯料选用电热拉伸定型蜂窝芯。一般以推拉木窗为主,此外,门连推拉窗装饰效果也很好。

窗套基材一般选用优质密度板,背面覆防潮层。面层饰面选用 0.6 mm 优质天然实木单板或仿真饰面膜,常用品种有枫木、红榉、樱桃、黑胡桃等。

(a)成品百叶窗

(b)成品下悬木窗

图 12.21 成品装饰木窗

12.3 金属门窗及塑料门窗

随着现代建筑技术的不断发展,建筑对门窗的要求越来越高。木门窗已远远不能适应大面积、高质量的保温、隔热、隔声、防火、防尘、防盗等要求。金属门窗和塑料门窗则轻质高强、节约木材、耐腐蚀及密闭性能好、外观亮丽,长期维护费用低廉,已得到广泛的应用。

金属门窗主要包括普通钢门窗、铝合金门窗及彩板门窗等。

▶12.3.1 普通钢门窗

钢门窗具有透光系数大,质地坚固、耐久、防火、防水、外观整洁、现代感强等特点。但是由于钢门窗的气密闭性较差,且钢材的导热系数大,故钢门窗的热损耗也较多。因此,钢门窗只能用在一般的工业建筑及辅助建筑物中。

1)普通钢门窗的分类

钢门窗根据加工制作材料的不同分为空腹式和实腹式两种类型。

(1)实腹式钢门窗

实腹式钢门窗料主要采用热轧门窗框和少量的冷轧或热轧型钢,框料高度一般为25 mm、32 mm、40 mm 三类。

(2)空腹式钢门窗

空腹式钢门窗料是用低碳钢经冷轧、焊接而成的异形管状薄壁钢材,壁厚 1.2~1.5 mm,故空腹式钢门窗主料薄壁,质量轻,节约钢材,但不耐腐蚀。一般在成型后,内外表面需做防锈处理。

2)钢门窗的基本单元

为了避免钢门窗产生过大的变形而影响使用,每扇门窗的宽度及高度均不能过大。为了使用的灵活,以及组合和制作安装、运输的方便,通常由工厂将钢门窗制作成标准化的基本门窗单元,大面积钢门窗可用基本门窗单元进行组合安装。表 12.3 是实腹式钢门窗本单元尺寸。

3)钢门窗的安装与构造

钢门窗的安装较木门窗复杂一些,一般都用塞口法,图 12.22、图 12.23 为实腹式钢门的铁脚安装图。钢门窗与墙的连接通过框四周固定的铁脚与预埋件焊接或埋入预留洞口的方法来固定,铁脚每隔 500~700 mm 一个,铁脚与预埋件焊接应该牢固可靠,如图 12.22、图 12.23 的①号详图所示。铁脚若埋入预留洞内,需用 1∶2水泥砂浆(或细石混凝土)填塞严实,如图 12.23 的②号详图所示。

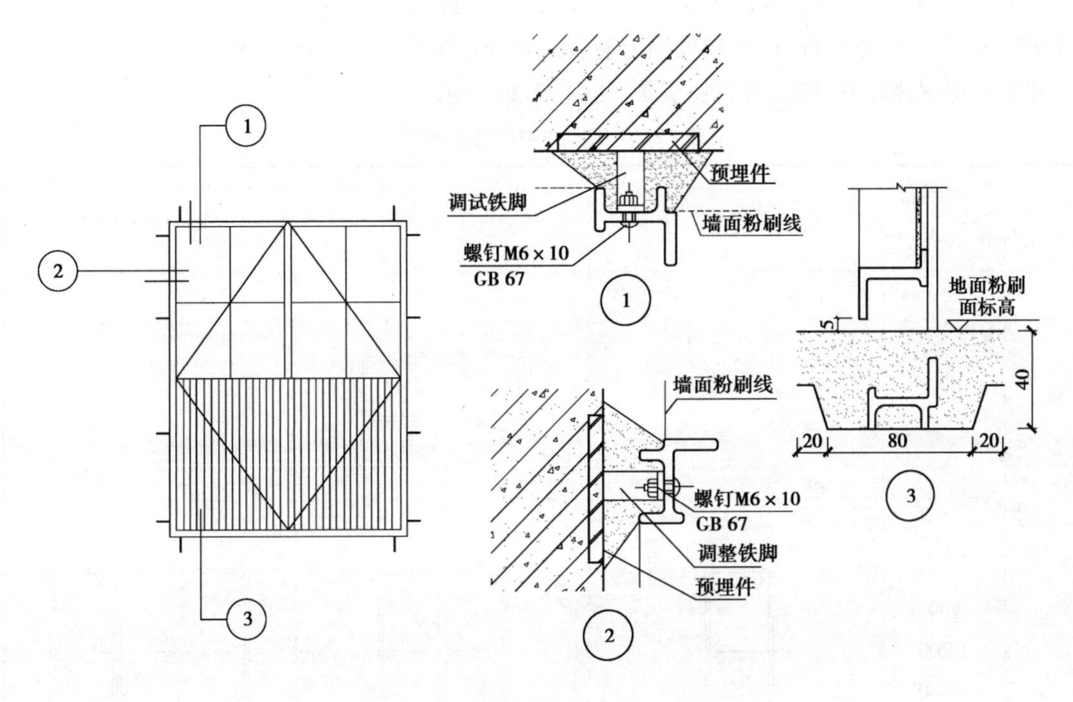

图 12.22　实腹式钢门的铁脚安装构造

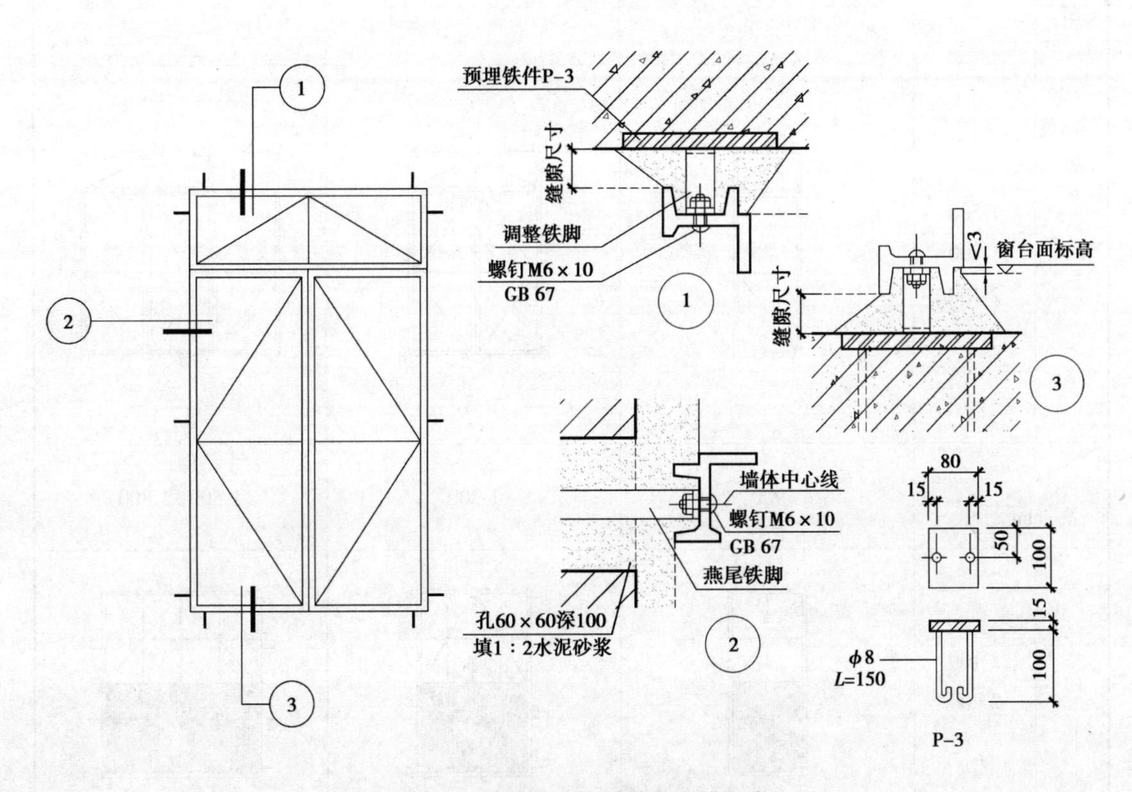

图 12.23　实腹式钢窗的铁脚安装构造

大面积钢门窗可由基本门窗单元(表 12.3)进行组合。组合时,需插入 T 型钢、管钢、角钢或槽钢等支撑、联系构件,这些构件须与墙、柱、梁等建筑部位牢固连接,然后各门窗基本单元再和它们用螺栓拧紧,缝隙用油灰填实,如图 12.24 所示。

表 12.3　实腹式钢门窗基本单元

宽/mm 高/mm		600	900~1 200	1 500~1 800
平开窗	600		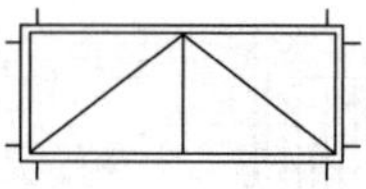	
	900 1 200 1 500	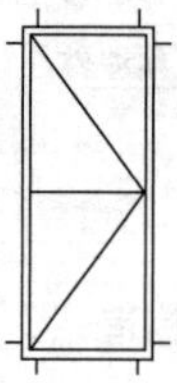	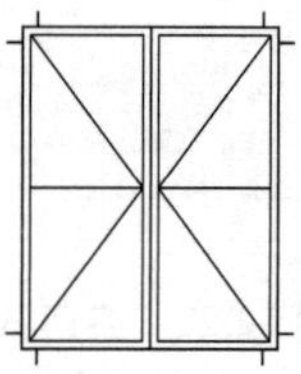	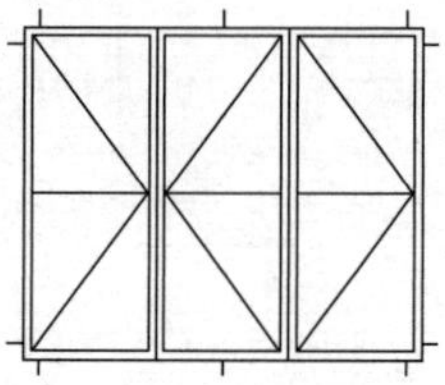
	1 500 1 800 2 100	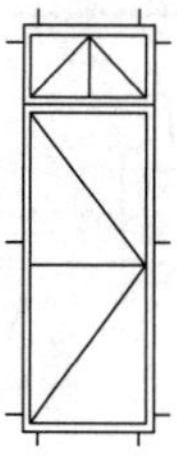	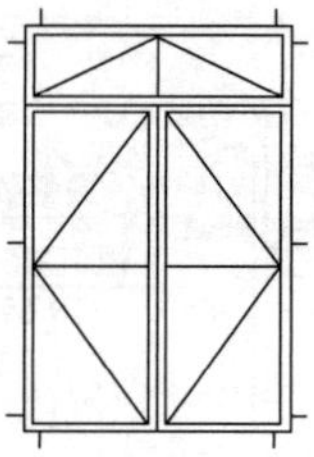	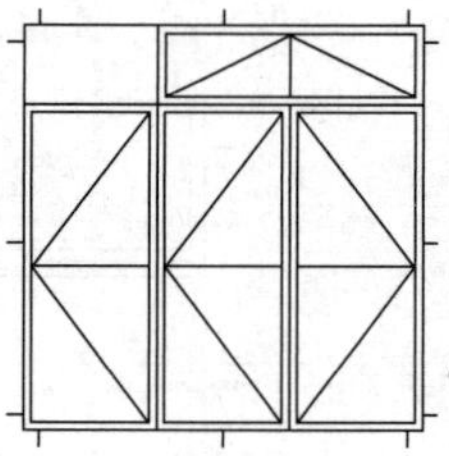
宽/mm 高/mm		900	1 200	1 500~1 800
门	2 100 2 400	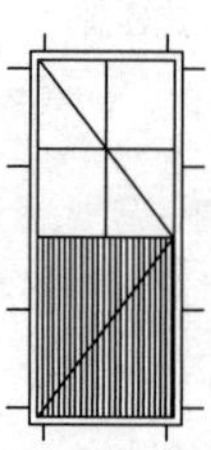	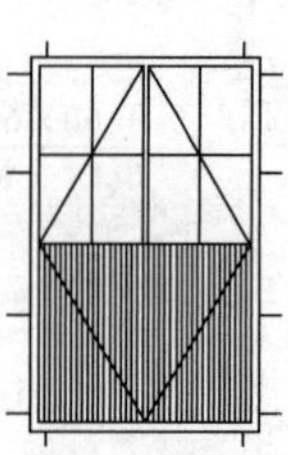	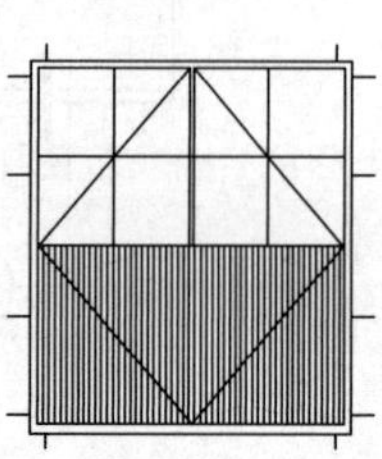

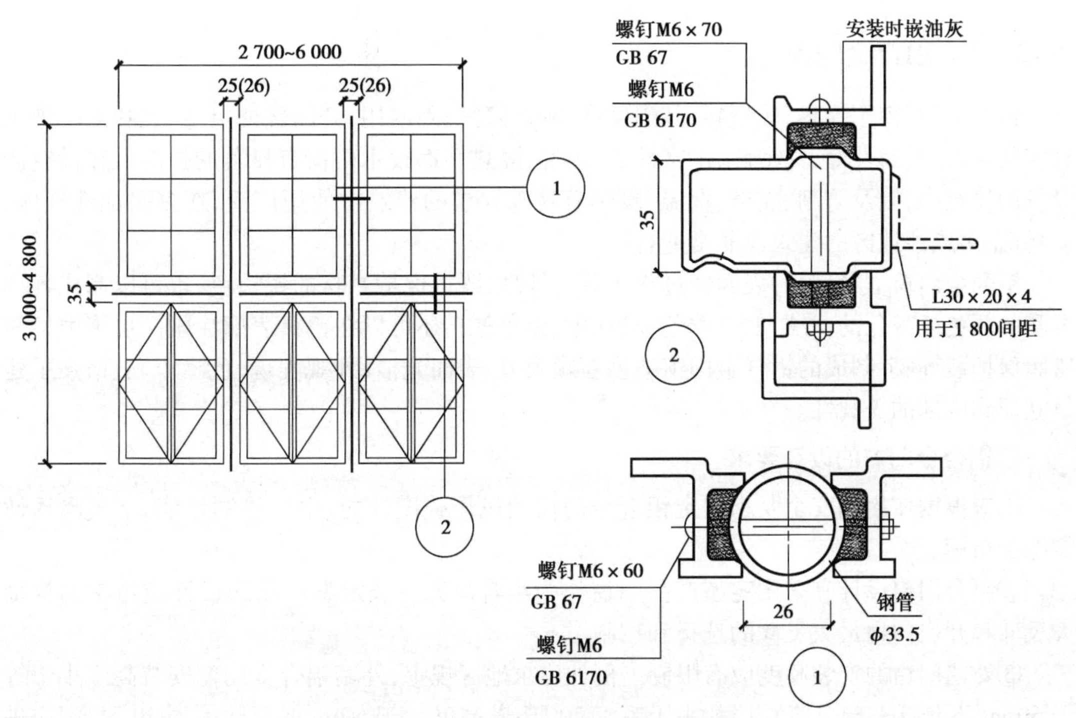

图 12.24　实腹式钢门窗单元组合拼装构造

▶12.3.2　彩板门窗

该类门窗是用涂色镀锌钢板制作的一种彩色金属门窗。这类门窗质量轻,强度高,又有防尘、隔声、保温、腐蚀、与基材粘结能力强等性能,且色彩鲜艳,使用过程中不需要保养。

彩板门窗在设计时可根据标准图选用或提供立面组合方式委托加工。彩板门窗的安装也采用塞口法,由于彩板门窗尺寸的加工精度高,而墙体洞口施工后精度低,为此在门窗框与洞口之间根据需要可设过渡门窗框,成为副框。所以彩板门窗一般情况下有两种类型,即带副框和不带副框的两种。当外墙面为花岗石、大理石等高档装修的贴面材料时,常采用带副框的门窗。安装时,先用自攻螺钉将连接件固定在副框上,并用密封胶将洞口与副框及副框与窗樘之间的缝隙进行密封[图 12.25(a)]。当外墙装修为普通粉刷时,常用不带副框的做法,即直接用膨胀螺钉将门窗樘子固定在墙上[图 12.25(b)],但洞口粉刷成型尺寸依然必须准确。

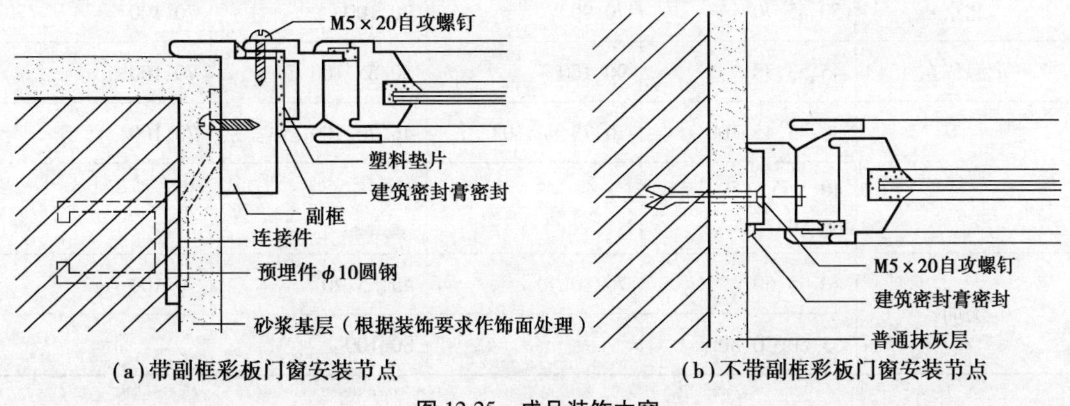

(a)带副框彩板门窗安装节点　　(b)不带副框彩板门窗安装节点

图 12.25　成品装饰木窗

▶12.3.3 铝合金门窗

铝合金门、窗用料省、质量轻,其强度高,刚性好,坚固耐用,开闭轻便灵活,无噪声。施工时安装快,且密封性好,气密性、水密性、隔声性、隔热性都较木门窗有显著的提高。在设空调设备的建筑中,以及防潮、隔声、保温、隔热有特殊要求的建筑中使用广泛,在多腐蚀性气体、多暴雨、多风沙地区的建筑也非常适合用。

铝合金门窗框料型材,表面经过氧化着色处理,既可保持铝材的银白色,也可以制成各种柔和的颜色或带色的花纹,如古铜色、暗红色、黑色等。还可以在铝材表面涂刷一层聚丙烯酸树脂保护装饰膜,制成的铝合金门窗造型新颖大方,表面光洁,外观美观、色泽牢固,增强了建筑立面和内部的美观性。

1)铝合金门窗的设计要求

①应根据使用和安全要求确定铝合金门窗的风压强度性能、雨水渗漏性能、空气渗透性能综合指标。

②组合门窗设计宜采用定型产品门窗作为组合单元。非定型产品的设计应考虑洞口最大尺寸和开启门扇最大尺寸的选择和控制。

③外墙门窗的安装高度应有限制。例如广东地区规定,外墙铝合金门窗安装高度小于等于60 m(不包括玻璃幕墙)、层数小于等于20层;若高度大于60 m或层数大于20层,则应进行更细致的设计。必要时,应进行风洞模型试验。

2)铝合金门窗框料系列

铝合金门窗系列是以其窗框的厚度构造尺寸来确定的。如:平开门门框厚度构造尺寸为50 mm宽,即称为50系列;推拉窗窗框厚度构造尺寸90 mm宽,即为90系列等。铝合金门窗设计通常采用定型产品,常用的还有38系列、55系列、60系列、70系列、100系列等。选用时应根据不同地区,不同气候,不同环境,不同建筑物的不同使用要求,选用不同的门窗框系列见表12.4、表12.5。

表12.4 我国各地铝合金门型材系列对照参考表 单位:mm

系列及门型 / 地区	铝合金门			
	平开门	推拉门	有框地弹簧门	无框地弹簧门
北京	50、55、70	70、90	70、100	70、100
上海华东	45、53、38	90、100	50、55、100	70、100
广州	38、45、45、100	70、73、90、108	46、70、100	70、100
	40、45、50、55、60、80			
深圳	40、45、50	70、80、90	45、55、70	70、100
	55、60、70、80		80、100	

表 12.5 我国各地铝合金窗型材系列对照参考表 单位:mm

地区＼窗型	铝合金门				
	固定窗	平开、滑轴	推拉窗	立轴、上悬	百叶
北京	40、45、50	40、50、70	50、60、45	40、50、70	70、80
	55、70		70、90、90-1		
上海	38、45、50	38、45、50	60、70、75	50、70	70、80
华东	53、90		90		
广州	38、40、70	38、40、46	70、70B	50、70	70、80
			73、90		
深圳	38、55	40、45、50	40、55、60	50、60	70、80
	60、70、90	55、60、65、70	70、80、90		

3)铝合金门窗安装与构造

铝合金门窗是表面处理过的铝材经下料、打孔、铣槽、攻丝等加工,制作成门窗框料的构件,然后与连接件、密封件、开闭五金件一起组合装配成型。门窗框固定好后与门窗洞四周的缝隙,一般采用软质保温材料填塞,如泡沫塑料条、泡沫聚氨酯条、矿棉毡条和玻璃丝毡条等,分层填实,外表留 5~8 mm 深的槽口用密封胶密封。这种做法主要是为了防止门、窗框四周形成冷热交换区产生结露,影响防寒、防风的正常功能和墙体的寿命,也影响了建筑物的隔声、保温等功能。同时,避免了门窗框直接与混凝土、水泥砂浆接触,消除了碱对门、窗框的腐蚀(图 12.26)。

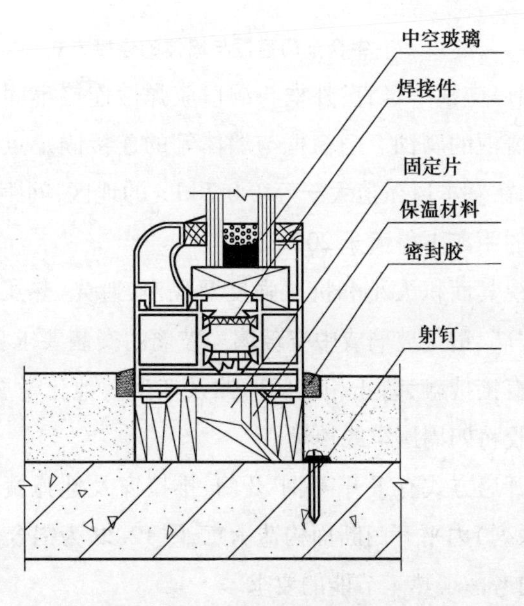

图 12.26 铝合金门窗安装节点

铝合金门窗安装时,将门、窗框在抹灰前立于门窗洞处,与墙内预埋件对正,然后用木楔将三边固定。经检验确定门、窗框水平、垂直、无挠曲后,用连接件将铝合金框固定在墙(柱、梁)上,连接件固定可采用预埋件焊接、燕尾铁脚螺钉联结、膨胀螺栓或射钉等方法(图 12.27)。

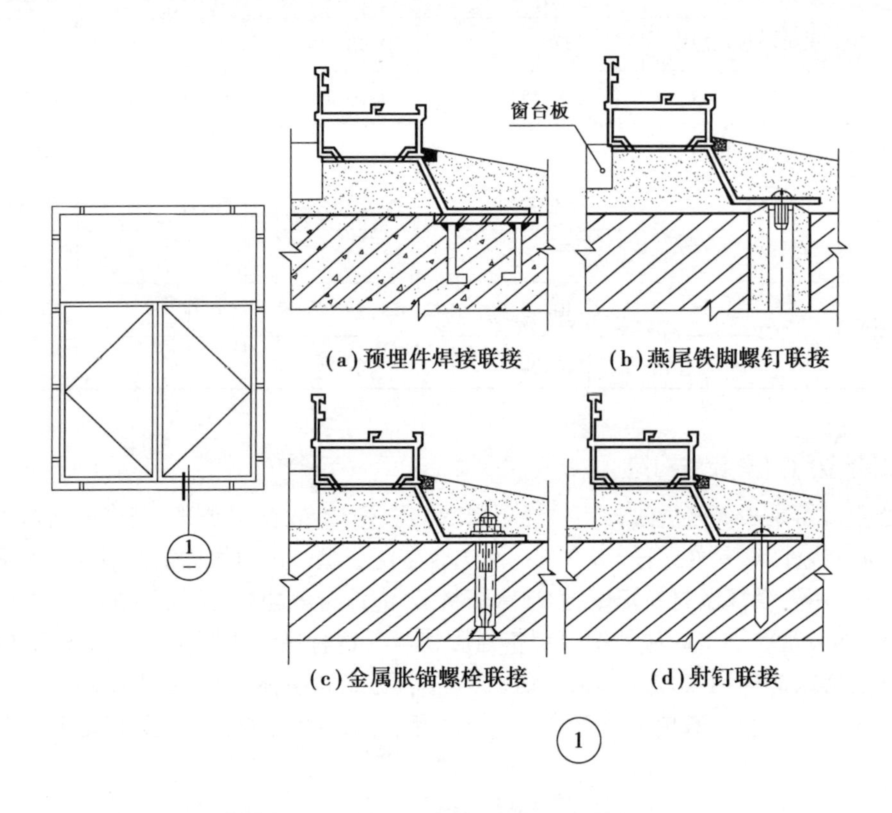

图 12.27　铝合金门窗框与墙体的连接方式

铝合金门、窗装入洞口应横平竖直,外框与洞口应弹性连接牢固,不得将门、窗外框直接埋入墙体,防止碱对门、窗框的腐蚀。门窗框与墙体等的连接固定点,每边不得少于两点,且间距不得大于 700 mm。在基本风压值大于等于 0.7 kPa 的地区,间距不得大于 500 m,边框端部的第一固定点与端部的距离不得大于 200 mm。

铝合金门窗的玻璃视其面积大小和抗风强度及隔声、遮光、热工等要求可选用 3~8 mm 厚度的平板玻璃、镀膜玻璃、钢化玻璃或中空玻璃。玻璃的安装要求各边加弹性垫块,不允许玻璃与铝合金门窗框料直接接触,防止相互间摩擦及产生其他化学腐蚀反应。玻璃安上后,要用橡胶密封条或密封胶将四周压牢或填满。

常用铝合金门窗的开启方式有平开窗、平开门、推拉窗及地弹簧门,其构造有相似之处,图 12.28 为铝合金(65 系列)内平开门断面构造示意,图 12.29 为铝合金(80 系列)推拉窗断面构造示意,两例设计时均考虑了热工节能的要求。

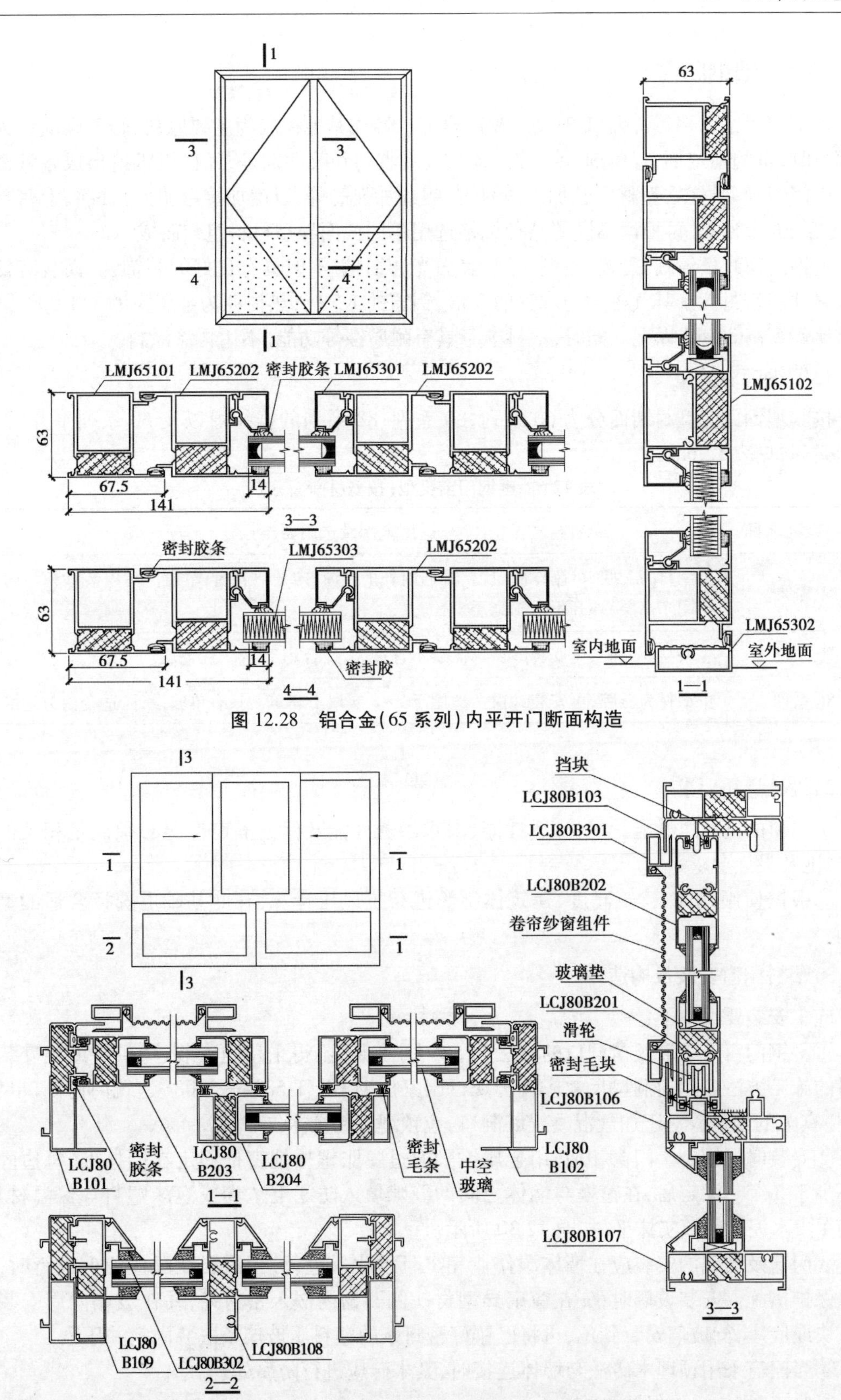

图 12.28　铝合金(65 系列)内平开门断面构造

图 12.29　铝合金(80 系列)推拉窗断面构造

▶12.3.4　塑钢门窗

塑钢门窗是以聚氯乙烯(UPVC)、改性聚氯乙烯或其他树脂为主要原料,轻质碳酸钙为填料,添加适量的稳定剂、着色剂、填充剂、紫外线吸收剂和改性剂等,经挤压机挤出成各种截面的空腹门窗异型材(在型材内腔加入内衬钢、铝或加强筋等,以增加抗弯能力),配装上密封胶条、毛条、五金件等,再根据不同的品种规格选用不同截面异型材料组装而成。

塑钢门窗线条清晰、挺拔,造型美观,表面光洁细腻,不但具有良好的装饰性,而且有良好的隔热性和密封性。其气密性为木窗的 3 倍,铝窗的 1.5 倍;热损耗为金属窗的 1/1 000;隔声效果比铝窗高 30 dB 以上。同时,塑料本身具有耐腐蚀等功能,不用再涂涂料。

1)塑钢门窗类型

按其塑钢门窗型材断面分为 60 系列、80 系列、88 系列的推拉窗以及 60 系列平开窗、平开门系列,见表 12.6。

表 12.6　塑钢门窗类型(按型材断面分)

型材系列名称	适用范围及选用要点
60 系列	主型材为三腔,可制作固定窗、普通内外平开窗、内开下悬窗;单窗。可安装纱窗。内开可用于高层,外开不适于高层。
80 系列	主型材为三腔,可安装纱窗。窗型不宜过大,适合用于 7~8 住宅层。
88 系列	主型材为三腔,可安装纱窗。适用于 7~8 层以下建筑。只有单玻设计,适合南方地区。

2)设计选用要求

①门窗的抗风压性能、空气渗透性能、雨水渗透性能及保温隔声性能必须满足相关的标准、规定及设计要求;

②根据使用地区、建筑高度、建筑体型等进行抗风压计算,在此基础上选择合适的型材系列。

3)塑料门窗安装及构造

施工安装要点如下:

①塑钢门窗应采取预留洞口的方法(塞口法)安装,不得采用边安装、边砌口或先安装后砌口的施工方法。门窗洞口尺寸应符合现行国家标准 GB/T 5824—2008《建筑门窗洞口尺寸系列》有关的规定。对于加气混凝土墙洞口,应预埋胶粘圆木。

②安装时同铝合金门窗相似,用金属铁脚通过膨胀螺栓把窗框固定在墙体上,每边固定点不少于 3 个。固定后,在窗框与墙体之间的缝隙填入防寒毛毡卷或泡沫塑料等保温材料,再用 1∶2水泥砂浆填实抹平,如图 12.30 所示。

③门窗及玻璃的安装应在墙体湿作业完工且硬化后进行,当需要在湿作业前进行时,应采取保护措施。安装玻璃时,先在窗扇异型材一侧凹槽内嵌入密封条,并在玻璃四周安装橡胶垫块或底座,待玻璃安装到位,再将已镶好密封条的塑料压玻璃条嵌装固定并压紧。

④当门窗采用预埋木砖法与墙体连接时,其木砖应进行防腐处理。

⑤施工时,应采取保护措施。

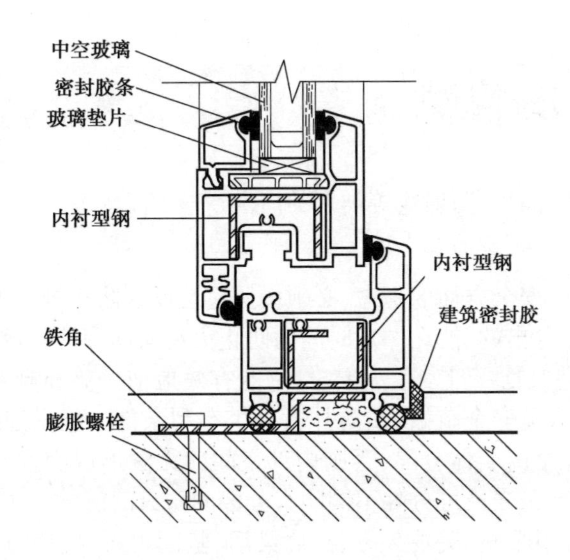

图 12.30 塑钢门窗安装节点

常用塑钢门窗有平开窗、平开门、推拉窗、推拉门等开启方式,其构造与铝合金门窗也较相似,图 12.31 所示的塑钢(80 系列)推拉窗断面构造,设计时均考虑了保温节能的功能。

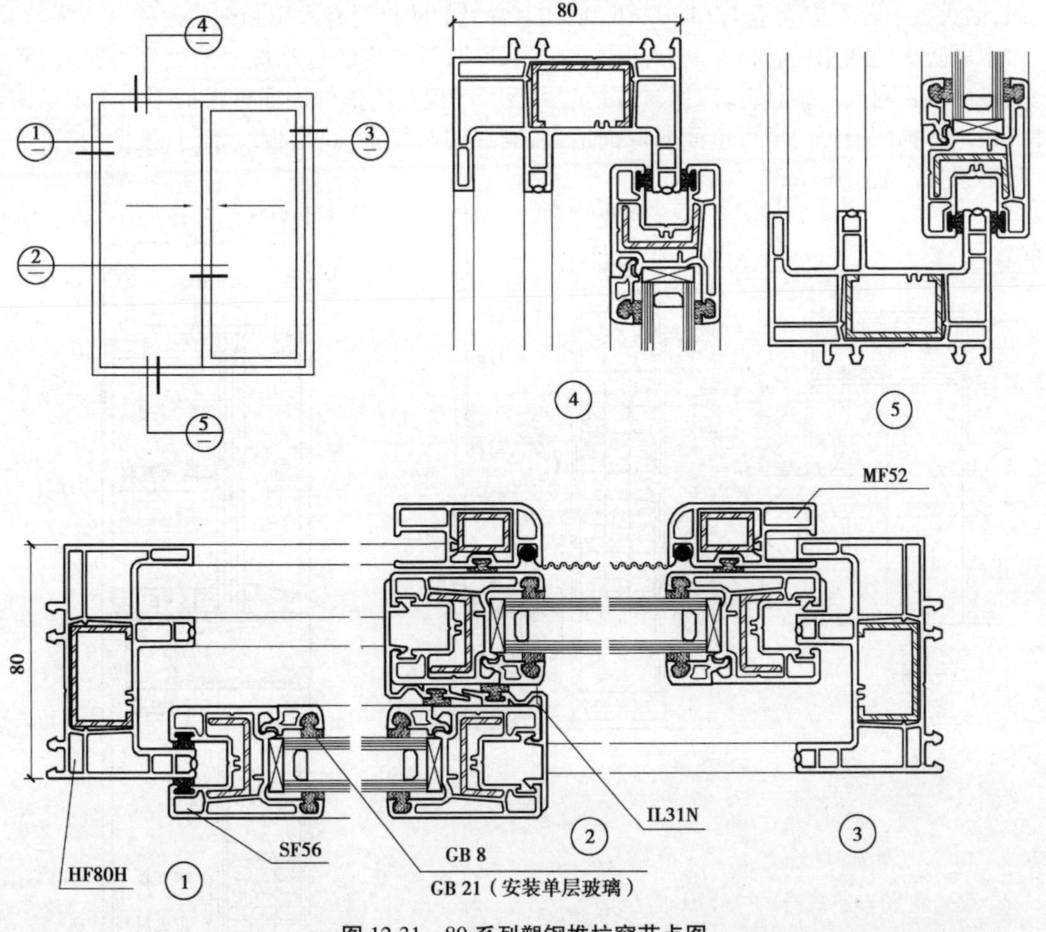

图 12.31 80 系列塑钢推拉窗节点图

12.4 特殊门窗构造

特殊门窗包括防火、隔声、防射线等类别的门窗。

1)防火门窗构造

在建筑设计中,出于安全方面的考虑,必须按照建筑设计防火规范的要求划定防火分区,即采用防火分隔措施划分出的、能在一定时间内防止火灾向同一建筑的其余部分蔓延的局部区域(空间单元)。当建筑物一旦发生火灾时,它能有效地把火势控制在一定的范围内,减少火灾损失,同时可以为人员安全疏散、消防扑救提供有利条件。但是建筑的使用功能决定了这种划分一般不可能完全由墙体分隔,否则内部空间就无法形成交通联系,影响使用。因此需要设置既能保证通行、采光又可分隔不同防火分区的防火门窗。

防火门具有表面光滑平整、美观大方、开启灵活、坚固耐用、使用方便、安全可靠等特点。防火门的规格有多种,除按国家建筑门窗洞口统一模数制(《建筑模数协调标准》GB/T 50002—2013)规定的门洞口尺寸外,还可依具体建筑设计的具体要求而订制。

防火门的主要控制的环节是材料的耐火性能及节点的密闭性能。防火门分为甲、乙、丙三级,耐火极限分别应大于1.2 h、0.9 h、0.6 h。常见的防火门有木质和钢质两种。

木质防火门选用优质杉木制做门框及门扇骨架,材料均经过难燃浸渍处理,门扇内腔填充高级硅酸铝耐火纤维材料,双面衬硅钙防火板。门扇及门框外表面可根据用户要求贴镶各种高级木料饰面板。门扇可单面或双面造型,制成凹凸线条门、平板线条门、铣形门、拼花实木门等系列产品(图12.32)。

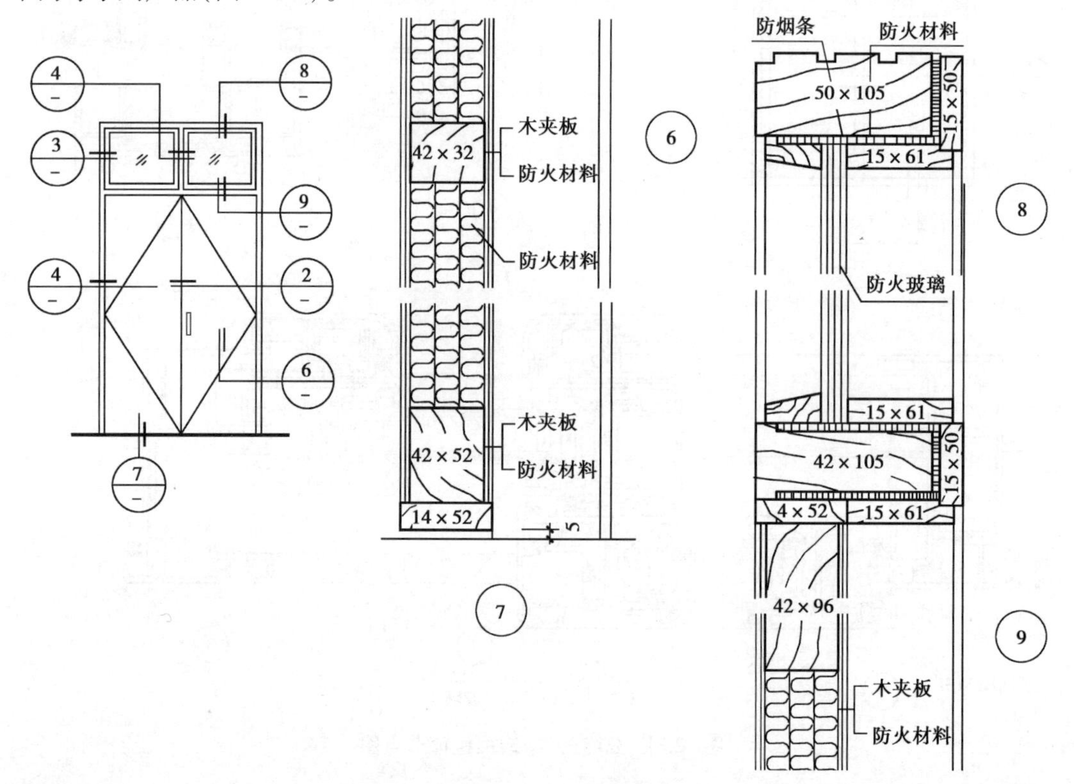

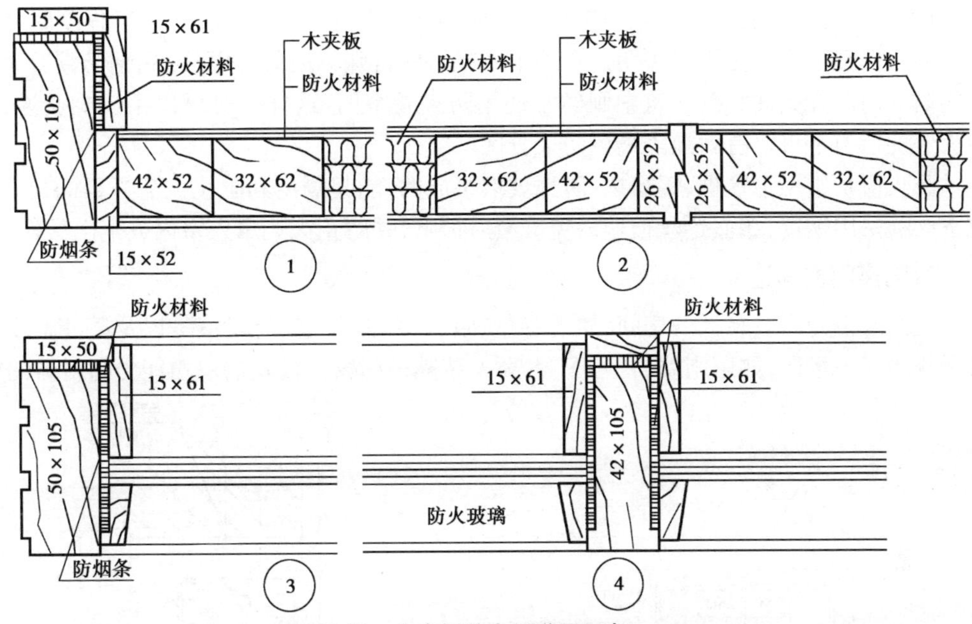

图 12.32　木夹板防火门详图示意

钢质防火门门框及门扇面板可采用优质冷轧薄钢板，内填耐火隔热材料，门扇也可采用无机耐火材料（图 12.33）。用于消防楼梯等关键部位的防火门应安装闭门器，在门窗框与门窗扇的缝隙中应嵌有防火材料做的密封条或受热膨胀的嵌条。

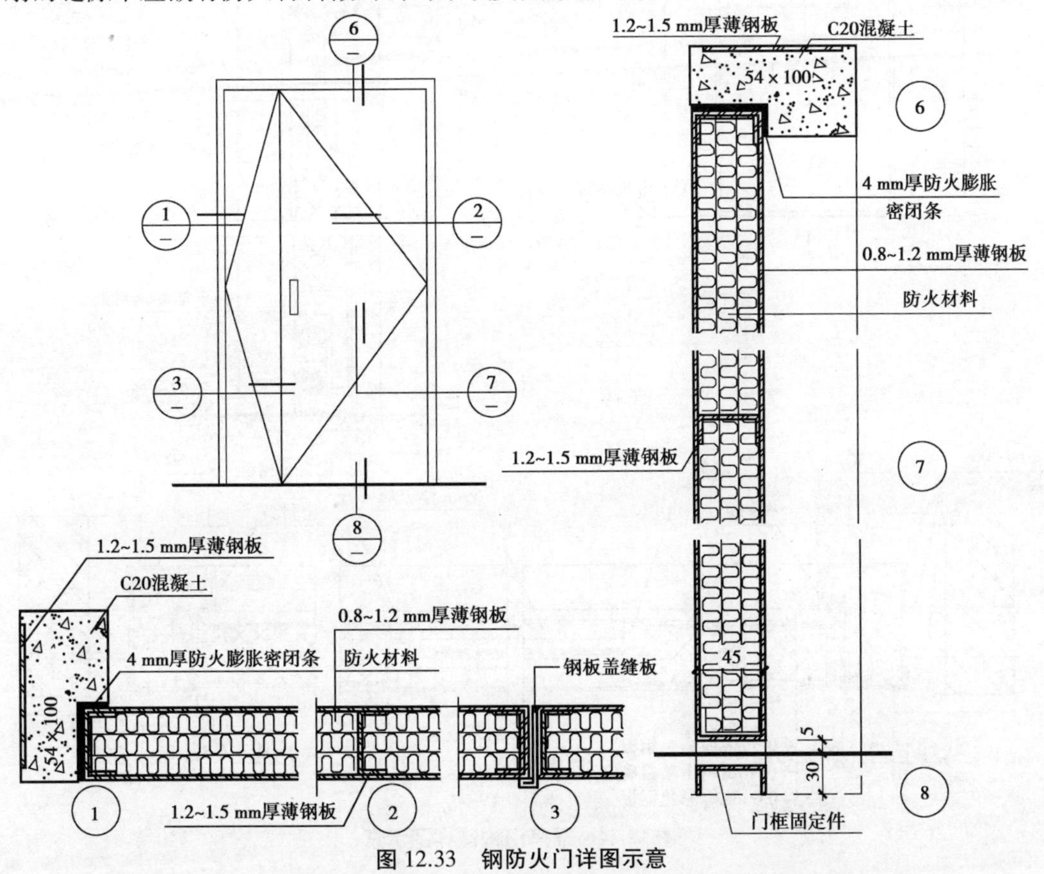

图 12.33　钢防火门详图示意

此外,还有自动防火门。此门常悬挂在倾斜的导轨上,温度升高到一定程度时易熔合金片熔断后门扇依靠自重下滑关闭。在地下室或某些特殊场所处,还可以用钢筋混凝土做成的密闭防火门。在大面积的建筑中则经常使用防火卷帘门,这样平时可以不影响交通,而在发生火灾的情况下可以有效地隔离各防火分区。

防火窗是指用钢窗框、钢窗扇、防火玻璃组成的,能起隔离和阻止火势蔓延的窗。一般情况下必须采用钢窗,镶嵌铅丝玻璃以免破裂后掉下,并防止火焰窜入室内或窜出窗外。

2)隔声门窗构造

室内噪声允许级较低的房间,如播音室、录音室、办公室、会议室等以及某些需要防止声响干扰的娱乐场所,如影剧院、音乐厅等,要安装隔声门窗。门窗的隔声能力与材料的密度、

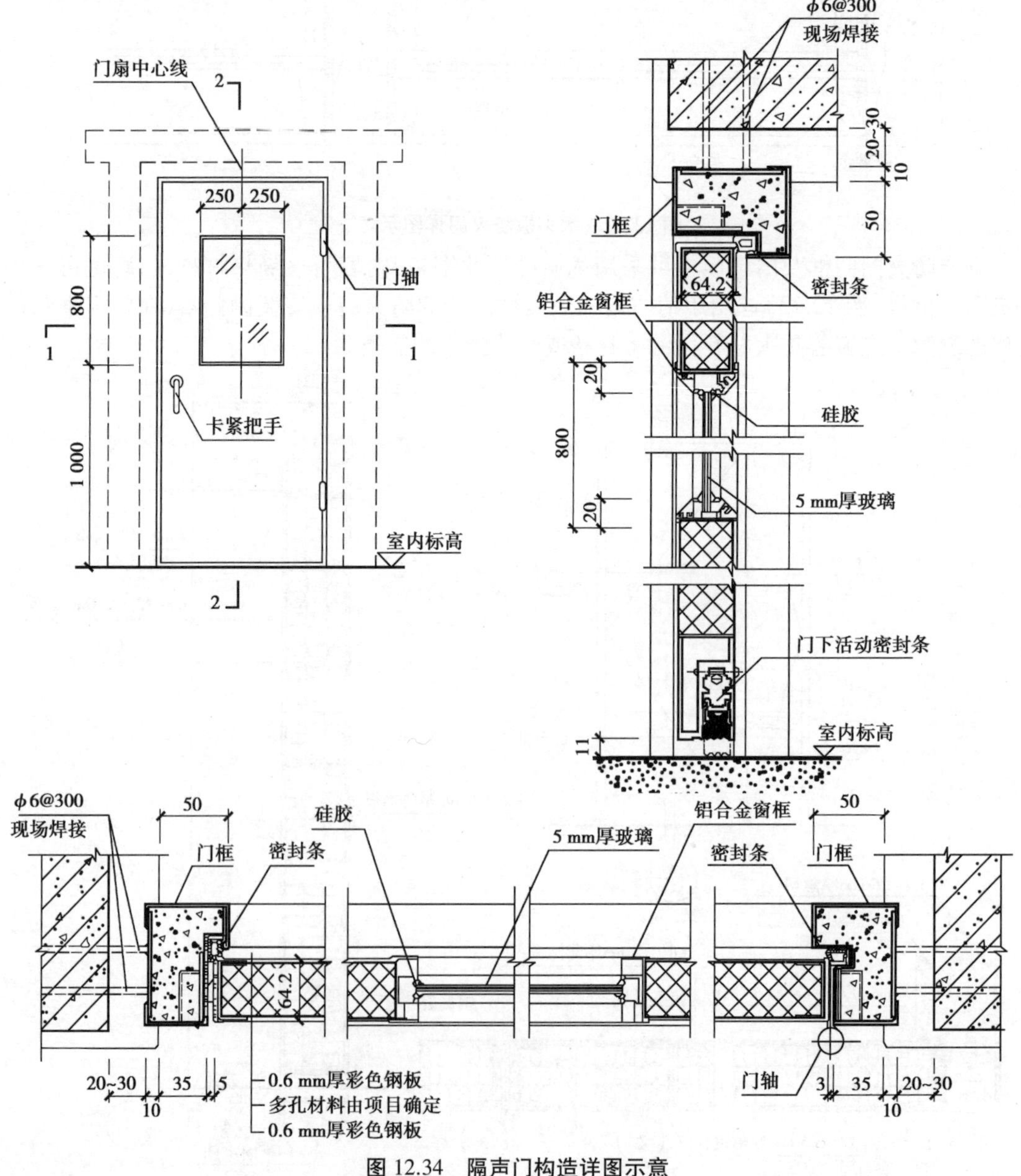

图 12.34 隔声门构造详图示意

构造形式及声波的频率有关。一般门扇越重,隔声效果越好,但过重则开关不便,五金件容易损坏,所以隔声门常采用多层复合结构,即在两层面板之间填吸声材料(玻璃棉、玻璃纤维板等)。隔声门窗缝隙处的密闭情况也很重要,可采用与保温门窗相似的方法,但也可用干燥的毛毡或厚绒布作为缝隙间的密封条(图 12.34)。

3)**防射线门窗**

放射线对人体有一定程度损害,因此对放射室要做防护处理。放射室的内墙均须装置 X 光线防护门,主要镶钉铅板。铅板既可以包钉于门板外,也可以夹钉于门板内(图 12.35)。

医院的 X 光治疗室和摄片室的观察窗,均需镶嵌铅玻璃,呈黄色或紫红色。铅玻璃系固定装置,但亦需注意铅板防护,四周均须交叉叠过。

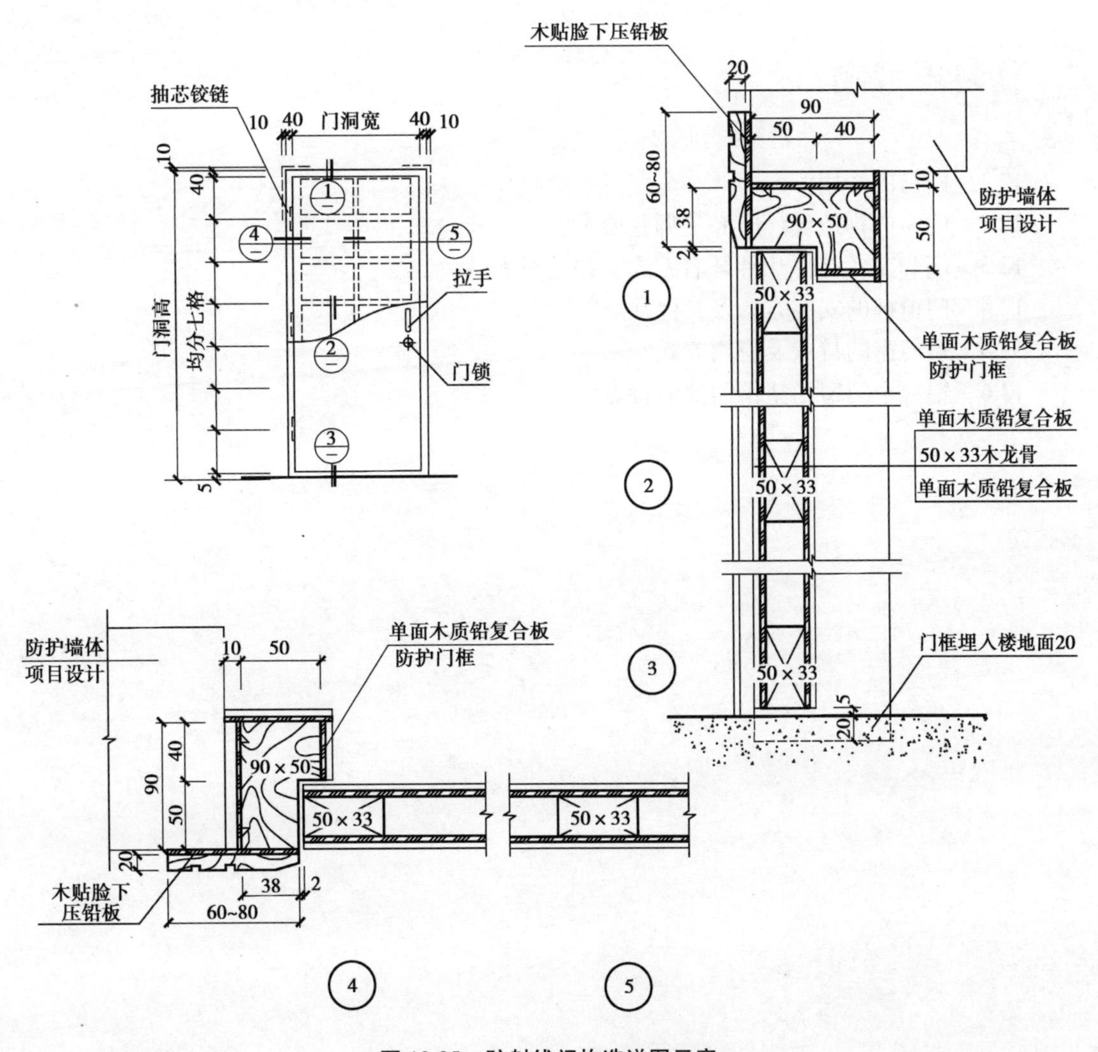

图 12.35 防射线门构造详图示意

本章小结

(1)门窗的种类。常用的门,按开启方式分为平开门、弹簧门、推拉门、折叠门、转门;按其使用材料可以分为木门、钢门、铝合金门、塑钢门、玻璃门等。常用的窗,按开启方式分为固定窗、平开窗、悬窗、立转窗、推拉窗、百叶窗。

(2)木门窗的构造,主要介绍平开木门的构造及其安装方式,门框的两种安装方式立框法和塞框法、门扇的种类等。

(3)几种常用的金属门窗的特点、构造和安装方式,主要有钢门窗、铝合金门窗和塑钢门窗。其特有的优势将不断扩大其应用范围。

(4)防火门、隔声门和保温门的特点。

复习思考题

12.1　门窗的作用?

12.2　门窗的构造设计应满足哪些要求?

12.3　门和窗各有哪几种开启方式? 并用图表示。

12.4　门窗框的安装方式及其优缺点?

12.5　钢门窗的特点及应用方式?

12.6　铝合金门窗和塑钢门窗的特点?

13

变形缝

[本章要点]

本章主要介绍建筑变形缝的设置条件、设置原则以及构造处理方案等问题,重点应掌握变形缝的设置原则和构造要求。

为防止建筑物在温度变化、地基不均匀沉降和地震等外界因素作用下,结构内部产生的附加应力和变形导致的建筑物开裂破坏,可预先设构造缝将建筑物分成若干个独立部分,使各部分能够适应自由变形的需要。这种在建筑物中预留的构造缝就是变形缝(图 13.1)。根据建筑物不同的变形情况,变形缝可分为:

①伸缩缝——对应建筑物由于温度变化的热胀冷缩引起的变形;

②沉降缝——对应建筑物由于地基不均匀沉降引起的变形;

③防震缝——对应建筑物在地震情况下可能引起的变形。

(a)建筑两柱间预留的变形缝

(b)建筑外墙面的变形缝

图 13.1　某建筑物的变形缝

13.1 伸缩缝

建筑物因温度和湿度等外界因素的变化,使结构内部产生附加应力和胀缩变形,当建筑物长度超过一定限度时,会因变形过大而产生裂缝甚至破坏。因此,常在较长的建筑物的适当部位预留缝隙,将其分离成独立的区段,使各区段有伸缩的余地。这种主要考虑温度变化而预留的构造缝叫伸缩缝,又称温度缝。

▶13.1.1 伸缩缝的设置要求

伸缩缝的设置,需要根据建筑物的长度、结构类型和屋盖刚度以及屋面有否保温层或隔热层来综合考虑。其中,建筑物的长度主要关系到温度应力累积的大小;结构类型和屋面刚度主要关系到温度应力是否容易传递并对结构的其他部分造成影响;有否设保温层或隔热层则关系到结构直接受温度应力影响的程度。

伸缩缝的最大间距,即建筑物的容许连续长度,应根据建筑材料、结构形式、施工方式等因素确定。在《砌体结构设计规范》(GB 50003—2011)和《混凝土结构设计规范》(GB 50010—2011)中,分别对砌体房屋和钢筋混凝土结构伸缩缝的最大间距作了规定,见表13.1、表13.2。

表13.1 砌体房屋伸缩缝的最大间距

屋盖或楼盖类别		间距/m
整体式或装配整体式钢筋混凝土结构	有保温层或隔热层的屋盖、楼盖	50
	无保温层或隔热层的屋盖	40
装配式无檩体系钢筋混凝土结构	有保温层或隔热层的屋盖、楼盖	60
	无保温层或隔热层的屋盖	50
装配式有檩体系钢筋混凝土结构	有保温层或隔热层的屋盖	75
	无保温层或隔热层的屋盖	60
瓦材屋盖、木屋盖或楼盖、轻钢屋盖		100

注:①对烧结普通砖、多孔砖、配筋砌块砌体房屋取表中数值;对石砌体、蒸压灰砂砖、蒸压粉煤灰砖和混凝土砌块房屋取表中数值乘以0.8的系数。当有实践经验并采取有效措施时,可不遵守本表规定。

②在钢筋混凝土屋面上挂瓦的屋盖,应按钢筋混凝土屋盖采用。

③按本表设置的墙体伸缩缝,一般不能同时防止由于钢筋混凝土屋盖的温度变形和砌体干缩变形引起的墙体局部裂缝。

④层高大于5 m的烧结普通砖、多空砖、配筋砌块砌体结构单层房屋,其伸缩缝间距可按表中数值乘以1.33。

⑤温差较大且变化频繁地区和严寒地区不采暖的房屋及构筑物墙体的伸缩缝的最大间距,应按表中数值予以适当减小。

⑥墙体的伸缩缝应与结构的其他变形缝相重合,在进行立面处理时,必须保证缝隙的伸缩作用。

表 13.2 钢筋混凝土结构伸缩缝的最大间距 单位:m

结构类别		室内或土中	露 天
排架结构	装配式	100	70
框架结构	装配式	75	50
	现浇式	55	35
框架结构	装配式	65	40
	现浇式	45	30
挡土墙、地下室墙壁等类结构	装配式	40	30
	现浇式	30	20

注:①装配整体式结构房屋的伸缩缝间距宜按表中现浇式的数值取用。

②框架-剪力墙结构或框架-核心筒结构房屋的伸缩缝间距可根据结构的具体布置情况,取表中框架结构与剪力墙结构之间的数值。

③当屋面无保温或隔热措施时,框架结构、剪力墙结构的伸缩缝间距宜按表中露天栏的数值取用。

④现浇挑檐、雨罩等外露结构的伸缩缝间距不宜大于 12 m。

建筑物受昼夜温差引起的温度应力影响最大的是建筑物的屋面,越靠近地面越小,而建筑的基础部分埋于地面以下,温度一般比较恒定,受昼夜温差变化的影响较小。所以在设置伸缩缝时,应从基础以上将建筑物的墙体、楼地层、屋顶等构件全部断开,而建筑物的基础不断开,这不会影响缝两侧的其他构件变形。伸缩缝的宽度一般为 20~30 mm。

▶13.1.2 伸缩缝构造

1)墙体伸缩缝

对应于墙体的不同位置,墙体伸缩缝有外墙伸缩缝和内墙伸缩缝。墙体伸缩缝的形式根据墙的布置及墙厚不同,可做成平缝、错口缝和企口缝等,如图 13.2 所示。

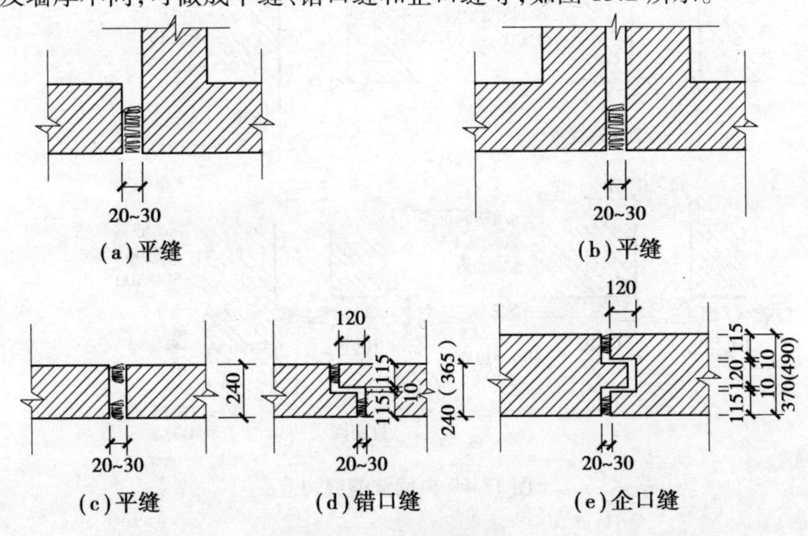

(a)平缝 (b)平缝

(c)平缝 (d)错口缝 (e)企口缝

图 13.2 砖墙伸缩缝形式

外墙上的伸缩缝,为防止风雨侵入室内,并保证缝两侧的构件在水平方向能自由伸缩,应采用防水且不易被挤出的弹性材料填塞缝隙,常用的材料有泡沫塑料、沥青麻丝、橡胶条等。内墙伸缩缝位于室内,外墙外侧的缝口可钉金属、塑料盖缝片,如图 13.3 所示。

外墙内侧或内墙伸缩缝口应结合室内装修做好盖缝处理,可采用金属、塑料等盖缝片,也可采用木制盖缝板或盖缝条(但由于防火及耐久性等原因,目前已不多见),如图 13.4 所示。对于高层建筑及防火性能要求较高的建筑物,内墙伸缩缝四周的基层,应采用不燃材料,表面装饰层也应采用不燃或难燃材料,缝内装置阻火带,以满足建筑防火的要求,如图 13.5 所示。

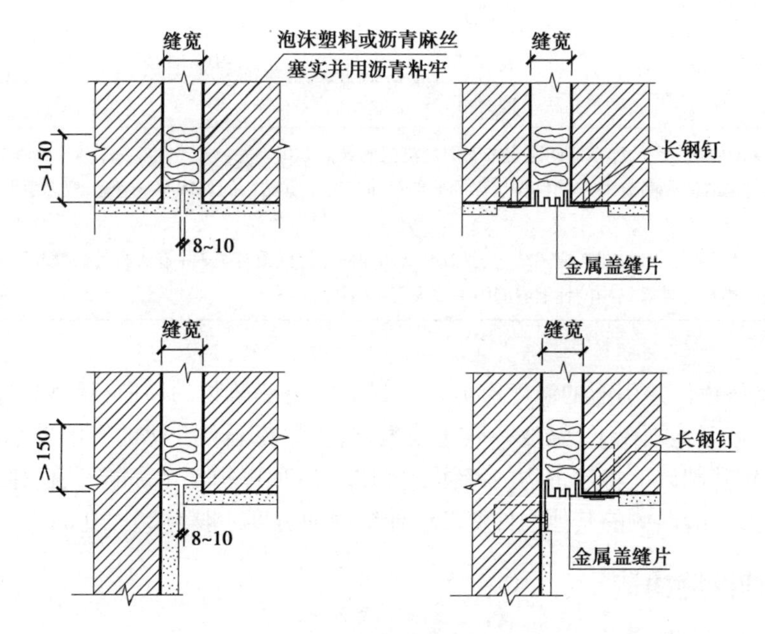

图 13.3　外墙伸缩缝构造

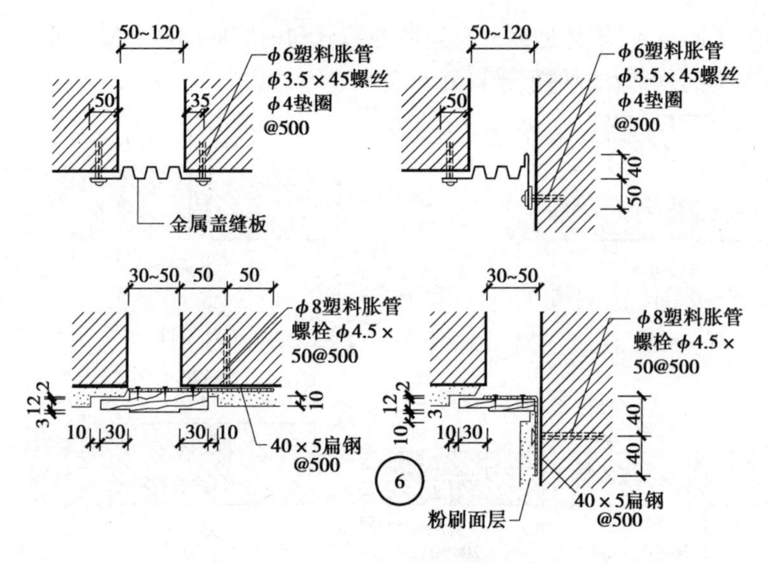

图 13.4　内墙伸缩缝构造

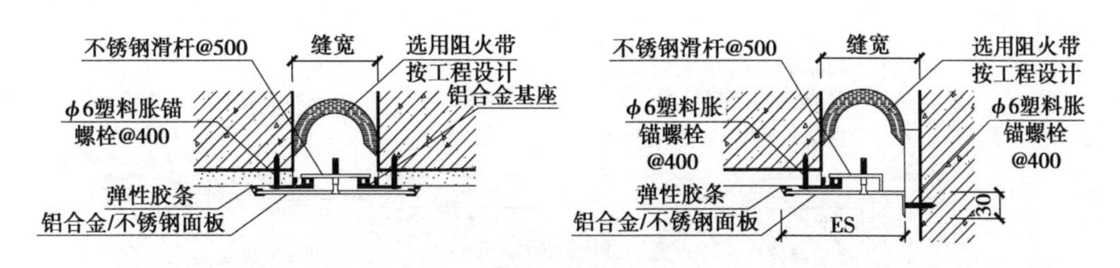

图 13.5　内墙伸缩缝(满足防火要求)

2)楼(地)层伸缩缝

楼(地)层伸缩缝的位置和宽度应与墙体伸缩缝一致。在构造上,要求面层、结构层等在接缝处全部断开,对于沥青材料的整体面层和铺在砂、沥青胶结合层上的块材面层,可只在混凝土层或楼板结构层中设置伸缩缝。

为了满足室内建筑功能要求,可在缝内配置止水带或阻燃带,使伸缩缝具备防水、防火等功能。考虑美观及防止灰尘下落,伸缩缝内常用聚苯、玻璃棉或沥青麻丝等柔性材料填缝,上铺成品金属盖板封缝,或用泡沫塑料、沥青麻丝等弹性防水材料填缝后,再直接用弹性聚氨酯嵌缝。室内顶棚伸缩缝处的构造要求与内墙伸缩缝相同,如图 13.6 和图 13.7 所示。

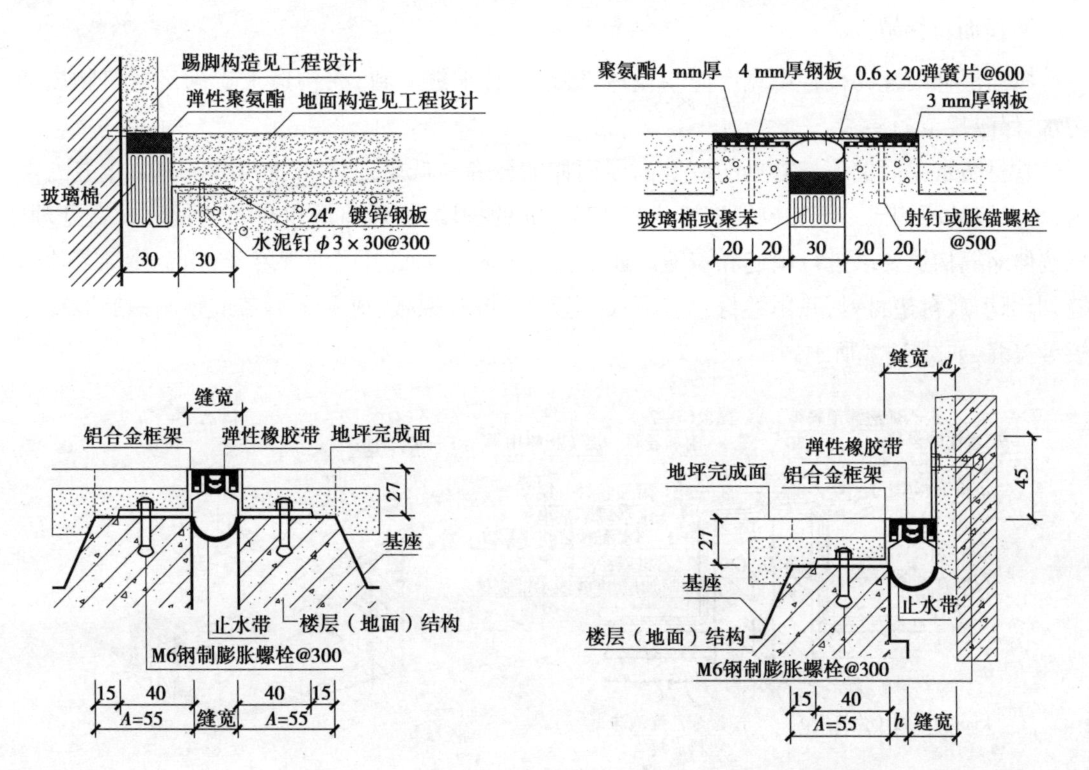

图 13.6　地面层伸缩缝

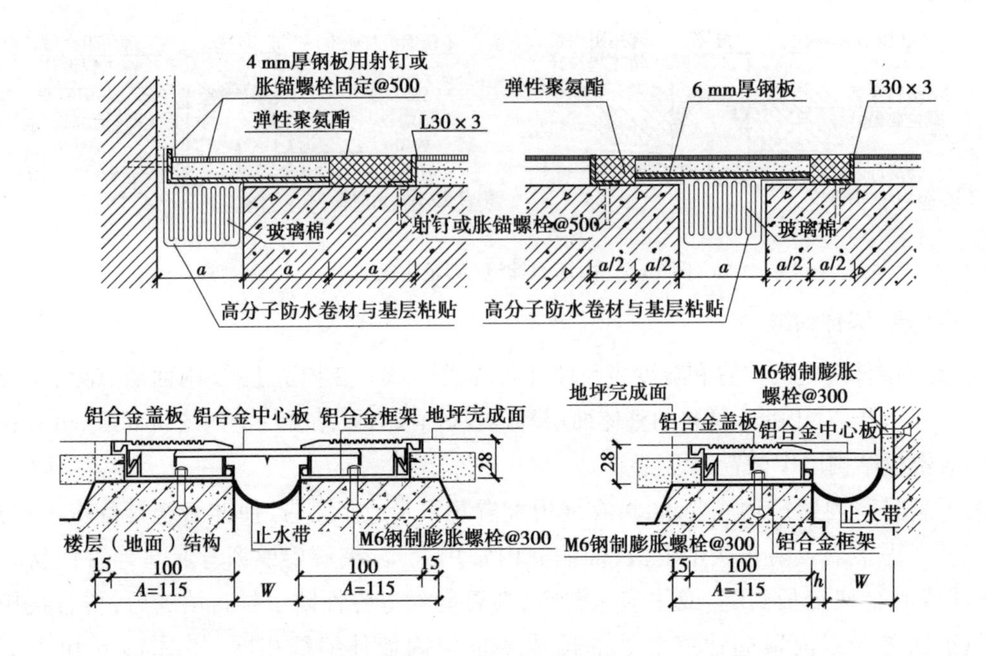

图 13.7　楼面层伸缩缝

3) 屋面伸缩缝

屋面层伸缩缝的位置和宽度应与墙体、楼地层伸缩缝一致，在构造上应满足建筑物屋面防水、保温规范的要求。

卷材防水屋面伸缩缝常见的有等高屋面伸缩缝和高低屋面伸缩缝两种。为防止缝处渗水，可在缝的两侧或一侧加砌厚度不小于 120 mm 的护墙，然后将防水层进行泛水构造处理，再按伸缩缝构造要求进行填缝和盖缝。通常缝内填充泡沫塑料或沥青麻丝，用金属调节片封缝，上部填放衬垫材料，并用卷材封盖，顶部用镀锌铁皮、铝板、成品金属盖或预制钢筋混凝土板等盖缝，如图 13.8 所示。

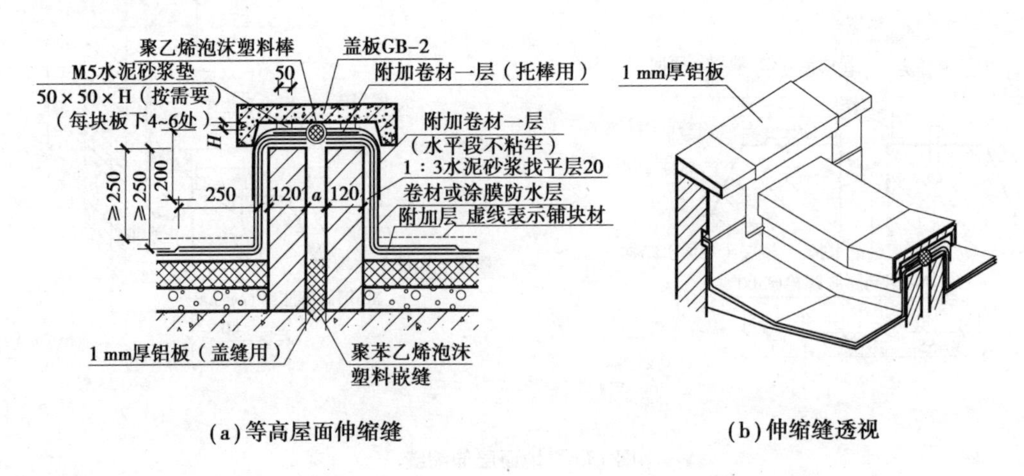

(a) 等高屋面伸缩缝　　　(b) 伸缩缝透视

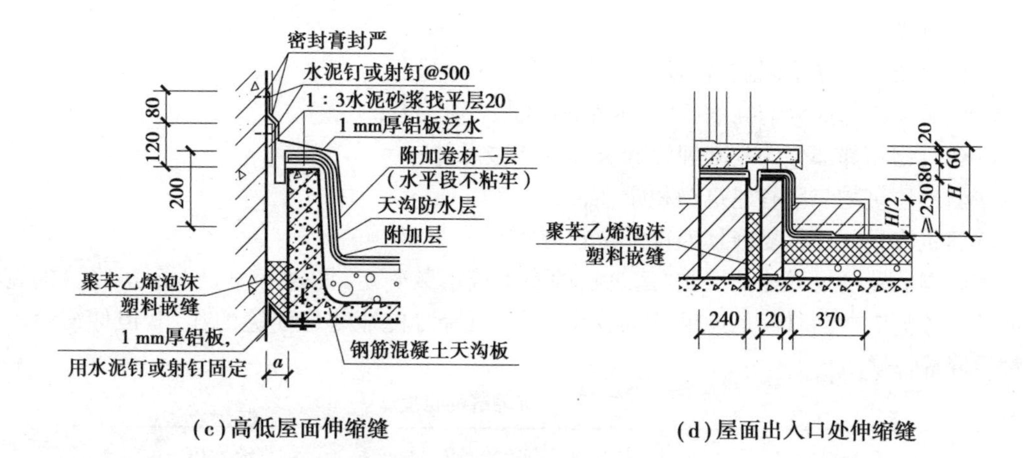

（c）高低屋面伸缩缝　　（d）屋面出入口处伸缩缝

图 13.8　卷材防水屋面伸缩缝构造

尽管现行的国家规范《屋面工程技术规范》（GB 50345—2012）中已取消刚性防水的做法，但由于传统的刚性防水屋面曾大量用于全国各地区的建筑屋面，为适应老旧建筑的维修，下面对刚性防水屋面伸缩缝的构造要求和做法特作简单介绍。其具体构造如图 13.9 所示。

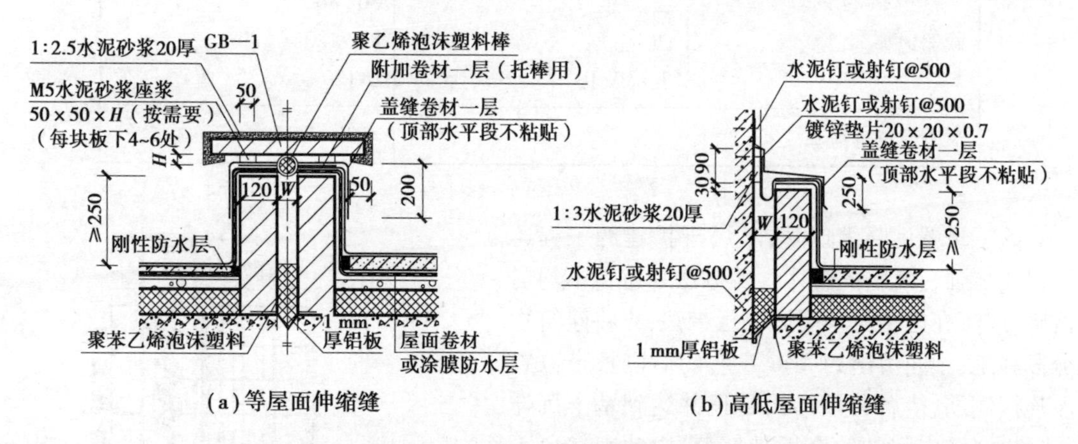

（a）等屋面伸缩缝　　（b）高低屋面伸缩缝

图 13.9　刚性防水屋面伸缩缝构造

13.2　沉降缝

▶13.2.1　沉降缝的设置要求

为抵抗建筑物由于不均匀沉降在结构内部产生的附加应力导致发生错动开裂，通常在建筑物结构变形的敏感部位，也就是可能出现裂缝的部位，沿结构全高，包括基础，全部设置贯通的垂直缝隙，将其划分成若干个可以自由沉降的独立部分。使结构的各个独立部分能够不至于因为沉降量不同，又互相产生应力而造成破坏。这种贯通的垂直分缝称为沉降缝。

沉降缝与伸缩缝的主要区别在于沉降缝是将建筑物从基础到屋顶全部贯通，即基础必须断开，从而保证缝两侧构件在垂直方向能自由沉降。当建筑物符合下列条件之一时，通常应考虑设置沉降缝：

①建筑物建造在不同土质，且性质差别较大的地基上；

②建筑物相邻部分的高度、荷载或结构形式差别较大；

③建筑物相邻部分的基础埋深和宽度等相差悬殊；

④新建建筑物与原有建筑物相毗连；

⑤建筑物平面形状复杂且连接部位较薄弱。

沉降缝的宽度根据地基性质、建筑物的高度或层数确定，见表13.3。由于沉降缝的宽度和缝的设置范围能同时满足伸缩缝的要求，所以沉降缝能兼起伸缩缝的作用，但伸缩缝不能代替沉降缝。

表13.3 沉降缝的宽度

地基情况	建筑物高度(片)或层数	沉降缝宽度/mm
一般地基	H<5 m H=5~10 m H=10~15 m	30 50 70
软弱地基	二~三层 四~五层 五层以上	50~80 80~120 ≥120
湿陷性黄土地基		≥30~70

除了设置沉降缝以外，不属于扩建的工程还可以用加强建筑物的整体性等方法来避免不均匀沉降；或者在施工时采用后浇板带法，先将建筑物分段施工，中间留出约2 m左右的后浇板带位置及连接钢筋，待各分段结构封顶并达到基本沉降量后再浇注中间的后浇板带部分，以此来避免不均匀沉降有可能造成的影响。由于这样做将延长工期，且有一定风险，必须对沉降量有把握，或在建筑的某些部位因特殊处理而需要较高的投资(图13.10)，所以目前大量的建筑还是选择设置沉降缝的方法来避免不均匀沉降。

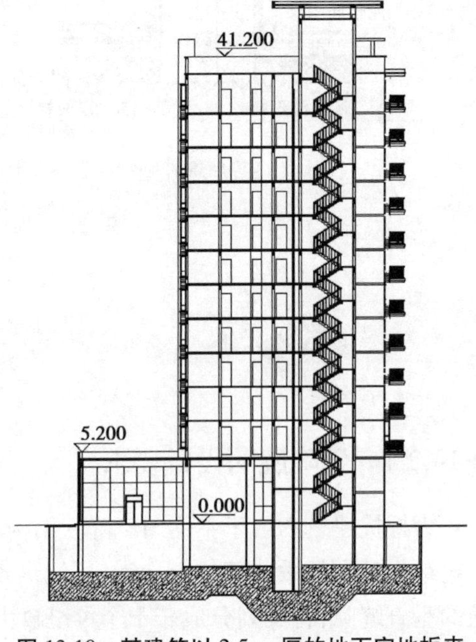

图13.10 某建筑以2.5 m厚的地下室地板来解决高层和裙房之间不设缝的问题

▶13.2.2 沉降缝构造

墙体、楼地层、屋面等部位的沉降缝构造与伸缩缝基本相同，但盖缝的做法必须保证缝两侧在垂直方向能自由沉降。如墙体伸缩缝中使用的V形金属盖缝片就不适用于沉降缝，需要换成如图13.11所示的金属调节片。

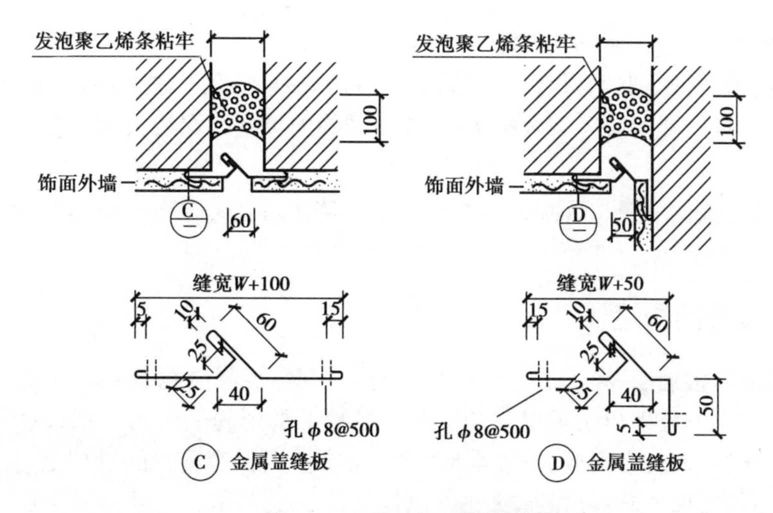

图 13.11 外墙沉降缝构造

13.3 防震缝

►13.3.1 防震缝的设置要求

建筑因为设计要求,采用的平面不规则,或因造型的需要而在纵向为复杂体型,从而导致建筑各部分结构刚度、高度等相差较大时,会在地震时相互挤压、拉伸而产生局部应力集中,发生破坏。为此在建筑变形敏感部位设置竖缝,将建筑分成若干体形简单规则、结构刚度和质量分布均匀的独立单元。这种因地震影响而设置的构造缝隙称为防震缝。

对多层砌体房屋有下列情况之一时宜设置防震缝:

①建筑物立面高差在 6 m 以上;

②建筑物有错层,且楼板高差较大;

③建筑物各部分结构刚度、质量截然不同。

对钢筋混凝土结构房屋,宜调整平面形状和结构布置,避免结构不规则,则可以不设防震缝。当建筑物平面形状复杂而又无法调整其平面形状和结构布置使之成为较规则的结构时,宜设置防震缝,将其划分为较简单的几个结构单元。

防震缝必须将建筑物的墙体、楼地层、屋顶等构件全部断开,且在缝的两侧均应设置墙体或柱,形成双墙、双柱或一墙一柱,使各部分结构封闭连接,提高其整体刚度。一般情况下,基础可不设防震缝,但在平面复杂的建筑中,各相连部分的刚度差别很大时,以及防震缝与沉降缝合并设置时,基础也应该设缝分开。

防震缝应根据设防裂度、结构类型和建筑物的高度等因素确定宽度。多层砌体建筑中,防震缝的宽度取 50~100 mm。在钢筋混凝土房屋中,防震缝最小宽度应符合下列要求:

①框架结构房屋,当高度不超过 15 m 时可采用 70 mm;超过 15 m 时,抗震 6 度、7 度、8 度和 9 度设防时,相应每增加高度 5 m、4 m、3 m 和 2 m,宜加宽 20 mm。

②框架-剪力墙结构房屋可按第①项规定数值的 70%采用,剪力墙结构房屋可按第①项

规定数值的 50%采用,但二者均不宜小于 70 mm。

③防震缝两侧结构类型不同时,应按需要较宽防震缝的结构类型确定;防震缝两侧的房屋高度不同时,应按较低的房屋高度确定;当相邻结构的基础存在较大沉降差时,宜增大防震缝的宽度。

在地震区凡设置伸缩缝和沉降缝,均应符合防震缝的要求,防震缝应与伸缩缝、沉降缝结合布置。

▶13.3.2 防震缝的构造

防震缝在墙体、楼地层、屋顶等部位的构造与伸缩缝、沉降缝构造有较小的差别,只是缝的宽度加大,盖缝板的处理与防护更复杂一些。工程上常用的做法为由铝合金基座、中心盖板、滑杆及抗震弹簧、橡胶条组成,当发生地震时,带有抗震弹簧装置的滑杆受力后变形,可使中心盖板沿基座的边框上升,以保护缝两侧建筑结构不受损坏。当受力消除后,中心盖板会自动恢复原始状态,如图 13.12 所示。

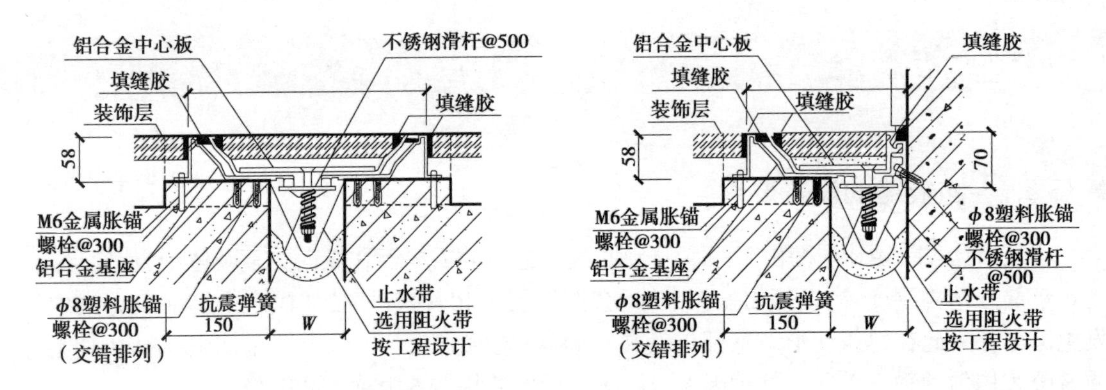

(a)楼地面防震缝

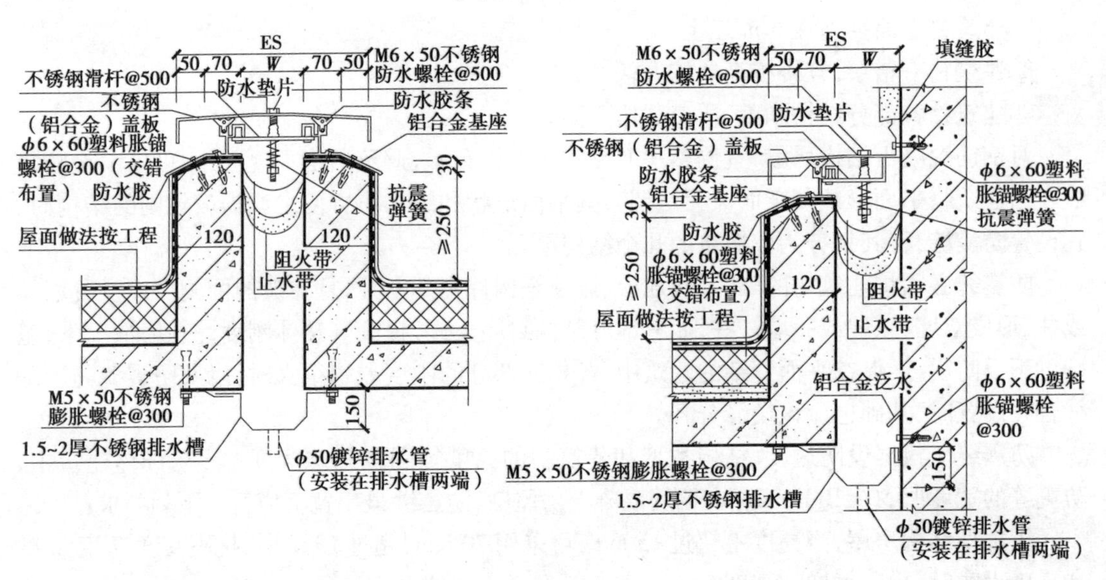

(b)屋面防震缝

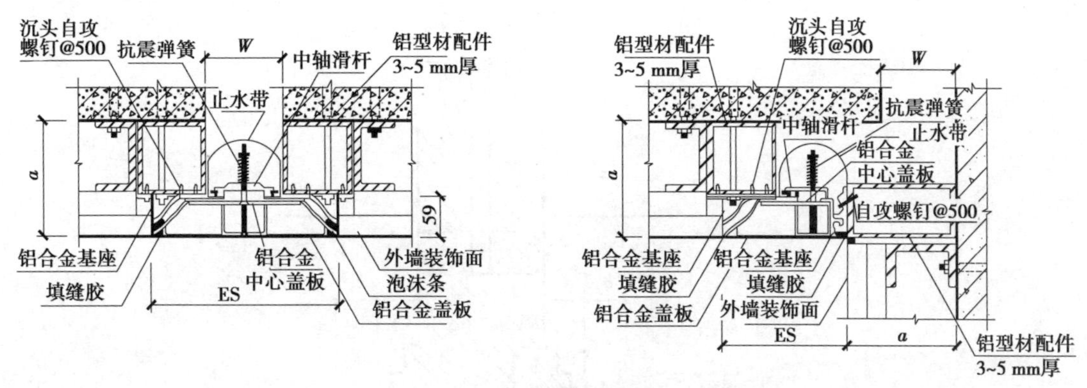

(c)外墙防震缝

图 13.12　防震缝的构造

13.4　建筑物变形缝两侧的结构处理

在建筑物设变形缝的部位,断开的两边结构要满足变形的要求,又互不影响,其对基础的处理要更加注意。主要处理的措施如下:

①按照建筑物的结构类型,在变形缝的两侧设双墙或双柱方案,如图 13.13 所示。这种方法简单明了,可以保证每个独立沉降单元都有纵横墙封闭连接,使建筑物的整体性好,但当两承重墙间距较小时,容易使缝两边的结构基础产生偏心受压,如图 13.13 所示。用于伸缩缝时,则基础不必断开,处理就更简单,如图 13.14 所示。

②为使沉降缝两侧的基础能自由沉降又互不影响,通常将沉降缝一侧的墙和基础按正常设置,另一侧的纵墙下可局部设挑梁基础。若需另设横墙,可在挑梁端部设基础梁,将横墙支承其上,横墙尽量用轻质墙,如图 13.15 所示。此种方法特别适用建筑的扩建及改建,以避免新建筑影响原有建筑的基础。

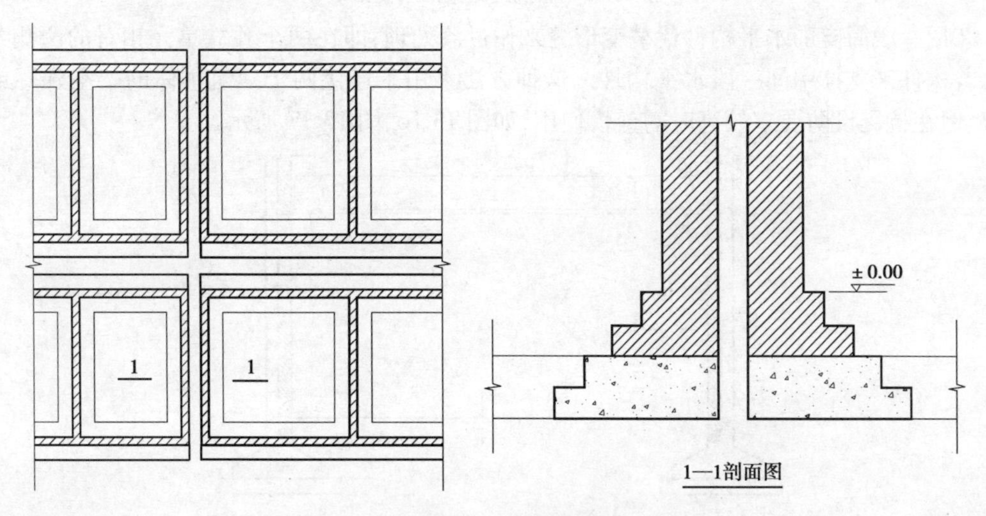

图 13.13　双墙成缝方案易使基础偏心受压

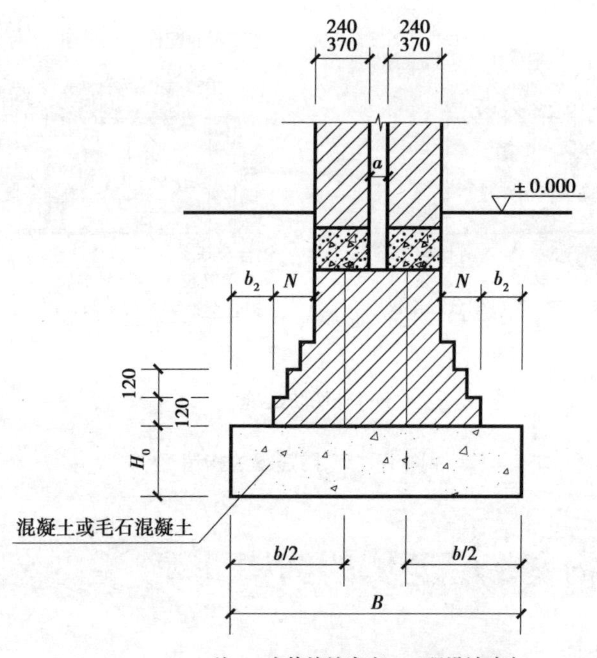

注：a为伸缩缝宽度，工程设计确定

图 13.14　基础伸缩缝的构造处理

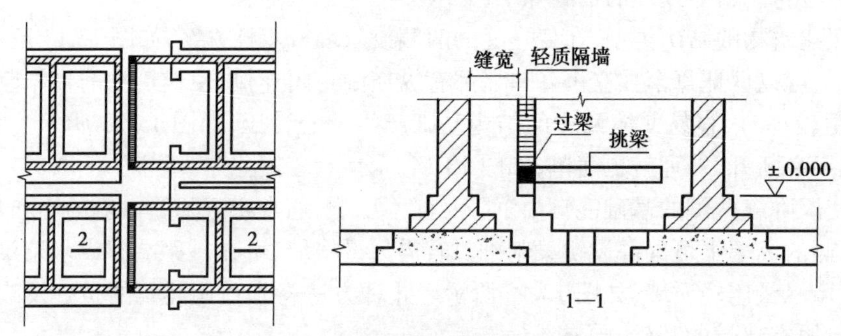

图 13.15　悬挑式方案形成变形缝

③用一段简支的水平构件代替变形缝来作过渡处理，即在两个独立单元相对的两侧各伸出悬臂构件来支撑中间一段水平构件。这种方法多用于连接两个建筑主体的架空外廊或走道等，但在抗震设防要求较高时需谨慎使用，如图 13.16、图 13.17 所示。

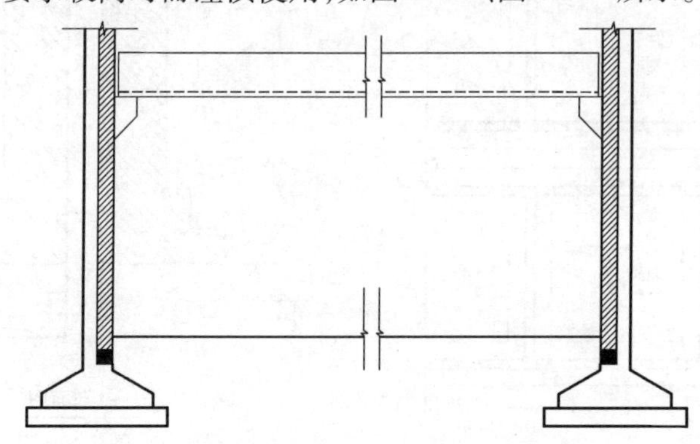

图 13.16　简支水平构件设变形缝示意

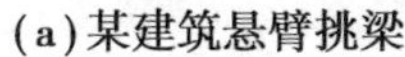

(a)某建筑悬臂挑梁

(b)简支水平构件搁置状况

图13.17 某建筑的柱廊部分用简支水平构件来代替变形缝

本章小结

(1)变形缝是伸缩缝、沉降缝和防震缝的总称。建筑物在外界因素(温度变化、地基沉降等)作用下常会产生变形,导致开裂甚至破坏。变形缝就是针对这种情况而预留的构造缝。

(2)伸缩缝要求把建筑物的墙体、楼板层、屋顶等地面以上部分全部断开,基础部分因受温度变化影响较小,不需断开。

伸缩缝的设置:伸缩缝的最大间距应根据不同材料的结构而定。伸缩缝的构造:伸缩缝将基础以上的建筑构件全部分开,缝宽一般在20~40 mm,伸缩缝的结构处理:砖混结构的墙和楼板及屋顶结构布置可采用单墙也可采用双墙承重方案,最好设置在平面图形有变化处,以利隐藏处理。框架结构一般采用悬臂梁方案,也可采用双梁双柱方式。

(3)沉降缝是为避免建筑物各部分由于不均匀沉降引起的破坏而设置的变形缝。

沉降缝构造:沉降缝与伸缩缝最大的区别在于沉降缝将墙、楼层及屋顶部分脱开,而且其基础部分也必须断开。沉降缝的宽度随地基情况和建筑物的高度不同而定。沉降缝一般兼起伸缩缝的作用,其构造与伸缩缝基本相同,但盖缝条及调节片构造必须注意能保证在水平方向和垂直方向自由变形。

(4)防震缝:为使建筑物较规则,有利于结构抗震而设置的缝,基础可不断开。它的设置目的是将大型建筑物分隔为较小的部分,形成相对独立的防震单元,避免因地震造成建筑物整体震动不协调,而产生破坏。

(5)有很多建筑物对3种接缝进行综合考虑,即所谓的“三缝合一”,即缝宽按照防震缝宽度处理,基础按沉降缝断开。

复习思考题

13.1 变形缝的作用是什么?房屋的变形缝分为哪几类?各有什么特征?

13.2 在什么情况下需设置伸缩缝?一般砖混结构建筑与框架结构建筑的伸缩缝的最

大间距是怎样规定的?

13.3　砖混结构的建筑与框架结构的建筑在预留变形缝时,各有什么结构处理措施?

13.4　什么情况下需设置沉降缝?

13.5　什么情况下需设置防震缝?各种结构的防震缝宽度如何确定?

13.6　屋顶与基础沉降缝有几种处理方案?各适用于什么情况?

14 建筑工业化

[本章要点]

本章主要介绍建筑工业化的产生和发展,建筑工业化的意义。发展建筑工业化有两种主要途径:一是发展预制装配式的建筑;二是发展现浇或现浇与预制相结合的建筑。

14.1 建筑工业化概述

建筑工业化是通过现代化的制造、运输、安装和科学管理的大工业的生产方式,来代替传统建筑业中分散的、低水平的、低效率的手工业生产方式。即尽量利用先进的技术,用尽可能少的工时,用最合理的价格来建造合乎各种使用要求的建筑。

建筑工业化的发展,涉及多学科、多部门,是跨行业的综合性的系统工程。其过程需要建筑师、工程师和生产厂商的密切合作,建立起从规划设计质量、工程施工质量、建筑相关配套的产品质量到物业管理质量等一整套的建筑质量管理体系。这样,建筑业才能由粗放型向集约型转化,不断加大科技含量和调整产业结构,以此全面提高建筑的工业化和标准化的整体水平,促进建筑产业现代化的快速发展。

要实现建筑工业化,必须形成工业化的生产体系。针对大量性建造的房屋及其产品实现建筑部件系列化开发,集约化生产和商品化供应,使之成为定型的工业产品或生产方式,以提高建筑的速度和质量。

工业化建筑体系,一般分为专用体系和通用体系两种。

①专用体系:适用于某一种或几种定型化建筑使用的专用构配件和生产方式所建造的成套建筑体系,具有一定的设计专用性和技术先进型,但缺少与其他体系配合的通用性和互换性(图 14.1)。

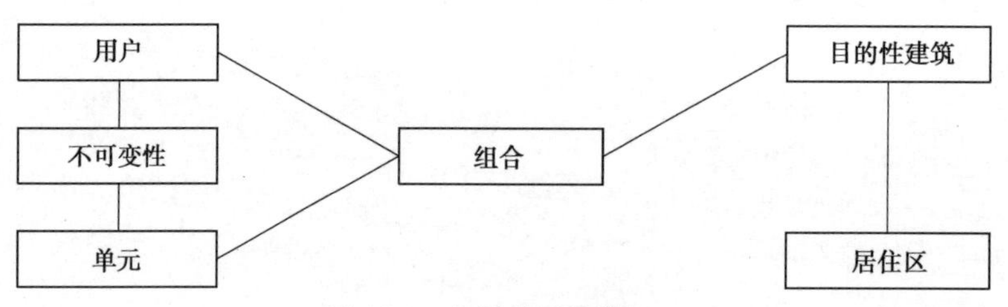

图 14.1　专用体系的特征

②通用体系:开发目标是建筑的各种预制构配件、配套制品和构造连接技术,做到产品和连接技术标准化、通用化,使得各类建筑所需的构配件和节点构造可互换通用,以适应不同类型建筑体系使用的需要(图 14.2)。

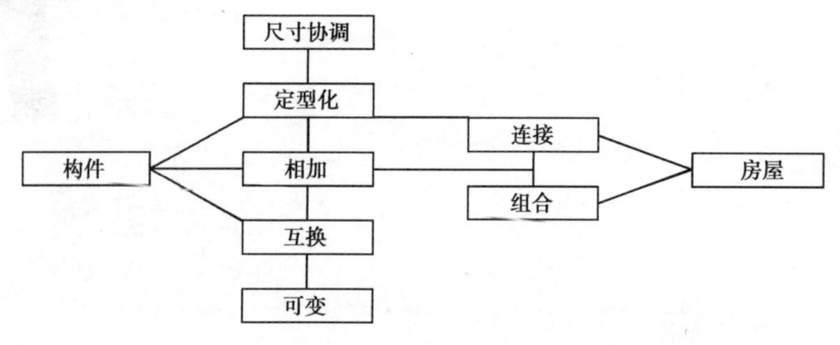

图 14.2　通用体系的特征

专用建筑体系与通用建筑体系二者的区别是:在专用体系中,其产品是建成的建筑物;而在通用体系中,其产品是建筑物的各个组成部分,即构件和相应的配件(图 14.3)。但无论哪种开发成熟的体系,都需有计划地安排包括所有装修和设备等附属配套设施在内。

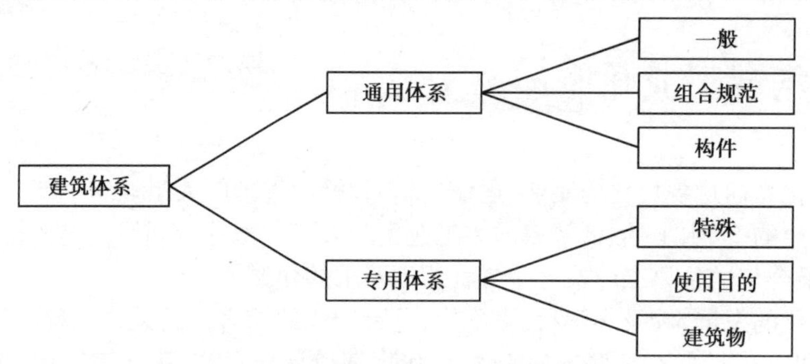

图 14.3　专用体系和通用体系之间的区别

发展建筑工业化,主要有以下两种途径:一是发展预制装配式的建筑;二是发展现浇或现浇与预制相结合的建筑。

14.2　预制装配式建筑

预制装配式建筑是用工业化的流水线生产的预制构配件产品来组装建造的房屋。其建筑主体结构形式分板材装配式、框架装配式、盒子装配式等几种。

▶14.2.1　板材装配式建筑

板材装配式建筑是开发最早的预制装配式建筑,工艺是将成片的墙体及大块的楼板作为主要的预制构件,在工厂预制后运到现场安装。预制板材按大小又可分为中型板材和大型板材两种(图14.4)。其承重方式以横墙承重为主,也可以用纵墙承重或者纵、横墙混合承重(图14.5)。

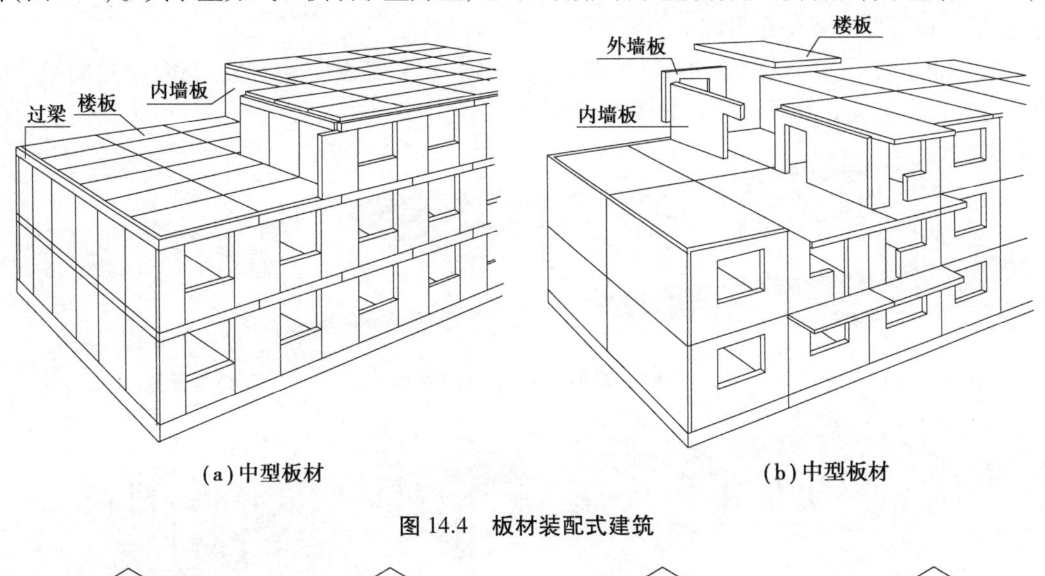

图14.4　板材装配式建筑

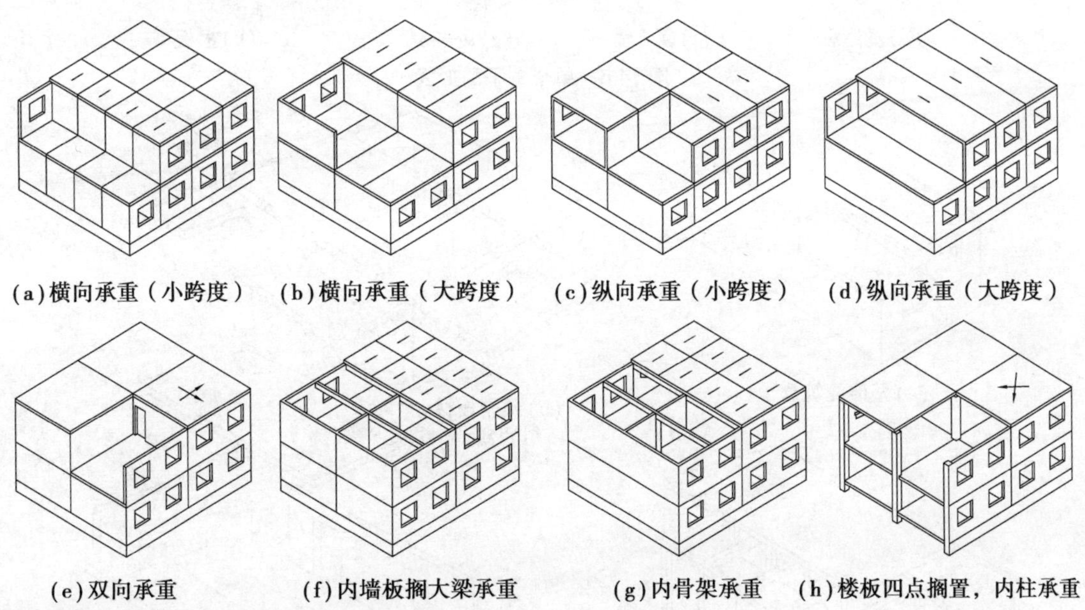

图14.5　板材装配式建筑的结构支承方式

这种建筑一般适用于抗震设防烈度在8度或8度以下地区的多层住宅,也有做到12层以上的高层建筑。但由于其墙板的位置固定,不能移动,而且受到起吊、运输设备的限制,用作一般住宅时往往采用的开间较小,因此使用不够灵活,发展受到限制,多数用在复合板材或者混凝土轻板的低层、多层或可移动的建筑中。现在更倾向于内浇外挂或内浇外砌的现浇与预制相结合的工艺。因此,对于板材装配式建筑,这里将不再作进一步的介绍。

▶14.2.2　盒子装配式建筑

这类装配式建筑是按照空间分隔，在工厂里将建筑物划分成单个的盒子，然后运到现场组装。有一些盒子内部由于使用功能明确，还可以将内部的设备甚至于装修一起在工厂完成后再运往现场。盒子装配式建筑的工业化程度高，现场工作时间短，但需要相应的加工、运输、起吊甚至道路等设备和设施。

图 14.6 介绍了单个盒子的形式，这与加工、运输、安装等设备都有关，与盒子之间组合时的传力方式也有关。其成形方式如图 14.7 所示。

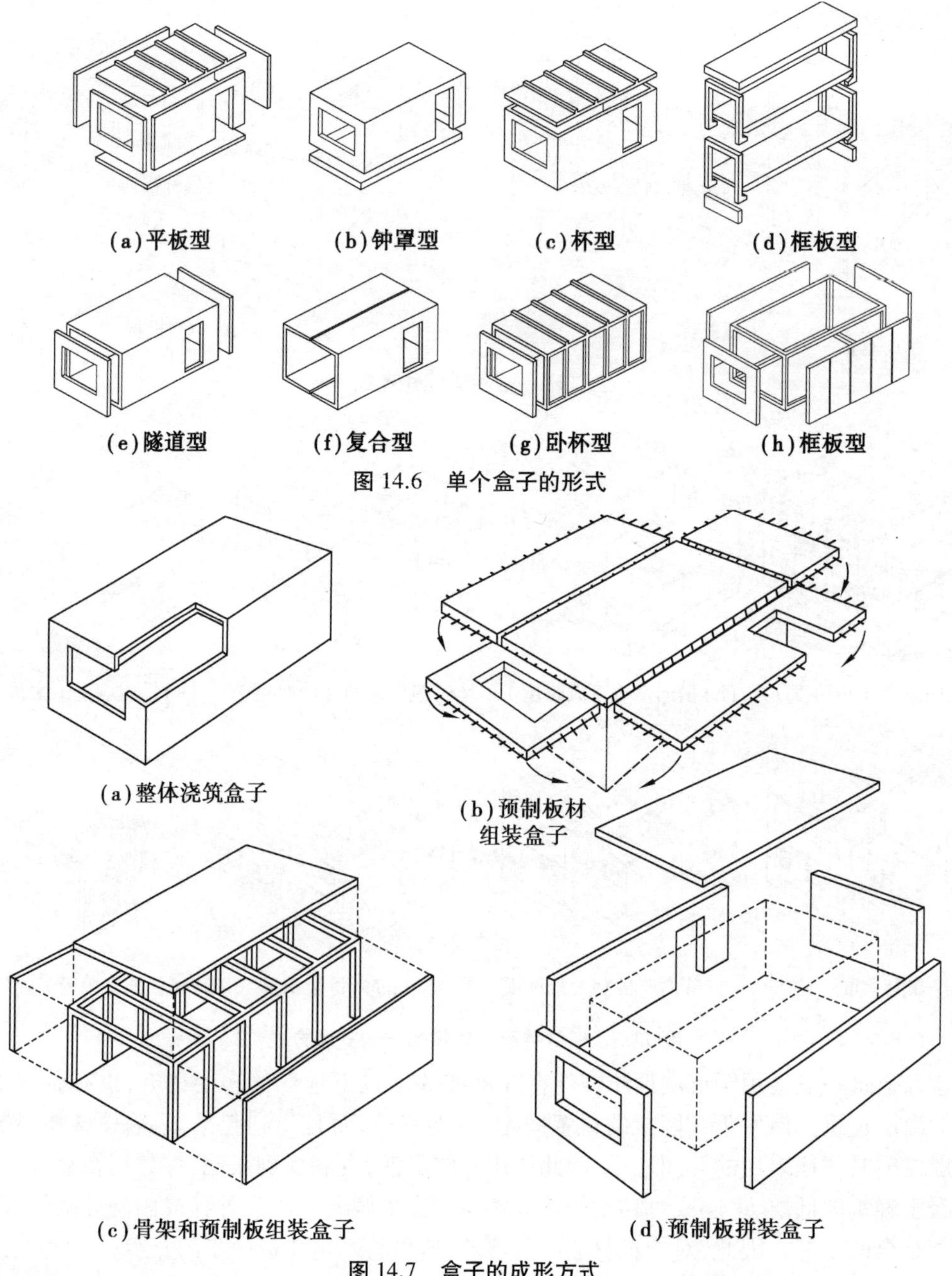

图 14.6　单个盒子的形式

图 14.7　盒子的成形方式

根据设计的要求,盒子间的组合可以是相互叠合(图14.8),也可以用筒体作为支承,将盒子悬挂或者悬吊在其周围(图14.9),还可以像抽屉一样放置在框架中(图 14.10)。叠合者用于低层和多层的建筑较为合适,而后者适用于各种高度的建筑。

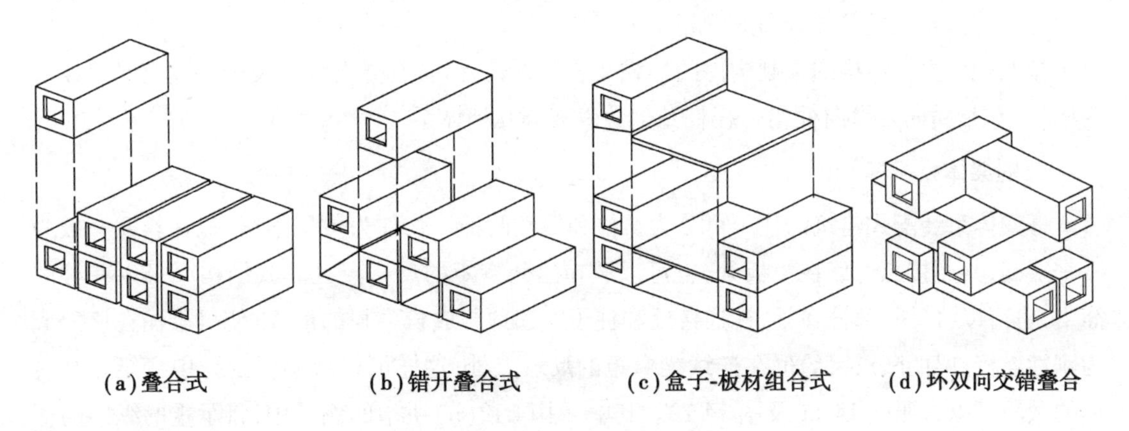

(a)叠合式　(b)错开叠合式　(c)盒子-板材组合式　(d)环双向交错叠合

图 14.8　叠合式盒子建筑的构成

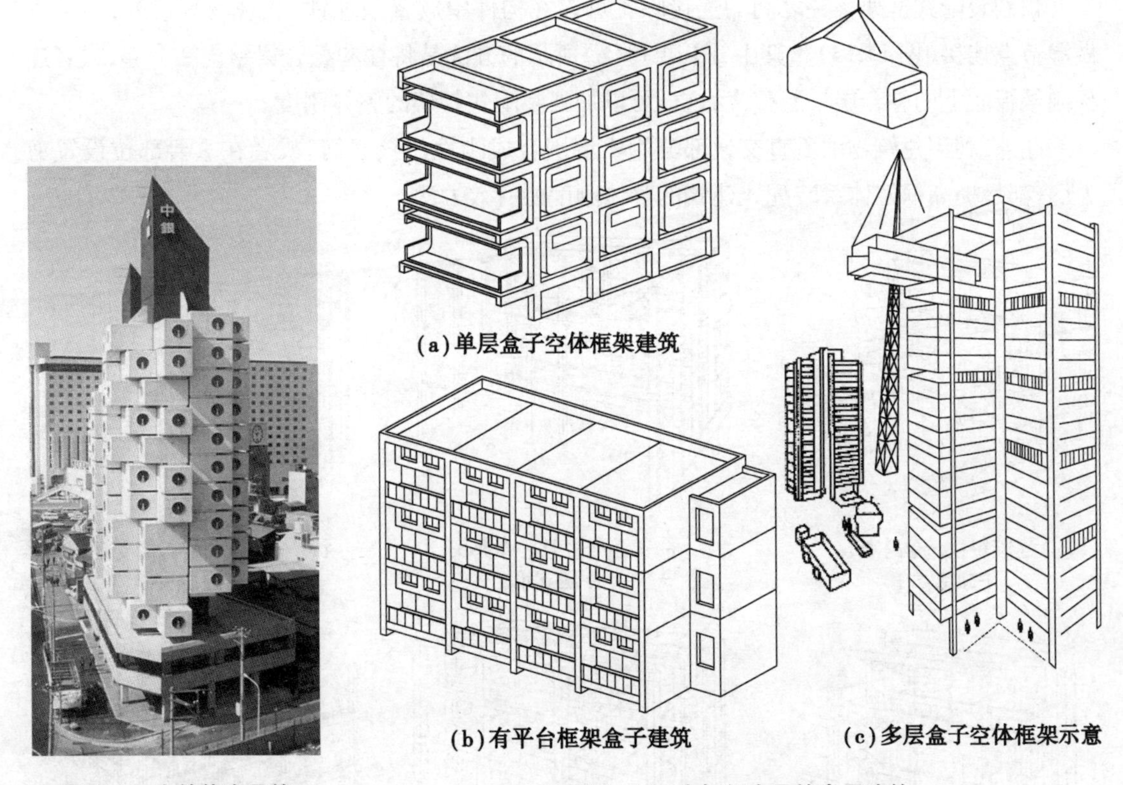

(a)单层盒子空体框架建筑　(b)有平台框架盒子建筑　(c)多层盒子空体框架示意

图 14.9　由筒体支承的盒子建筑

图 14.10　由框架支承的盒子建筑

除了钢筋混凝土材料外,盒子或者支承盒子的框架等,都可以用金属材料来制作,这可以减轻其结构的自重及简化连接方式。

▶14.2.3　钢筋混凝土骨架装配式建筑

这类装配式建筑是以钢筋混凝土预制构件组成主体骨架结构，再用定型构配件装配其围护、分隔、装修及设备等部分而成的建筑。

按照构成主体结构的预制构件的形式及装配方式，钢筋混凝土骨架装配式建筑又可以分为框架（包括横向及纵向框架）、板柱及部分骨架等几种体系。

1）框架体系

框架体系装配式建筑的柱子可分为长柱和短柱两种。长柱为数层连续；短柱长度一般为一个层高，其连接点可以在楼板处，也可以放在层间弯矩的反弯点处。其结构梁可以在柱间简支，也可以将其一部分在梁、柱连接处和柱子一起预制成长牛腿的形式，使得梁柱在该处成为刚性连接，梁的断点大约也在连续梁弯矩的反弯点处，这样可以减小梁的跨中弯矩。其具体的做法可以参照图14.11及图14.12。其中，图14.12（b）所举的例子中，将承重的纵向的框架梁和窗台板结合起来处理，可以减少构件数量以及构件之间的连接。

预制装配式框架梁柱之间的连接除了可以在构件中放置预埋铁，在现场焊接外，还可以做湿节点连接（图14.13）。其中，图14.13（c）所示的方法是将柱和叠合梁整浇在一起，或者连预制楼板面上的叠合层一起整浇，这样可以加强装配式骨架的整体刚度。

此外，利用建筑物的垂直交通部分用实墙围合成刚性的核心筒，或者在重要部位设置剪力墙，都是提高框架体系装配式建筑的整体刚度的有效方法。

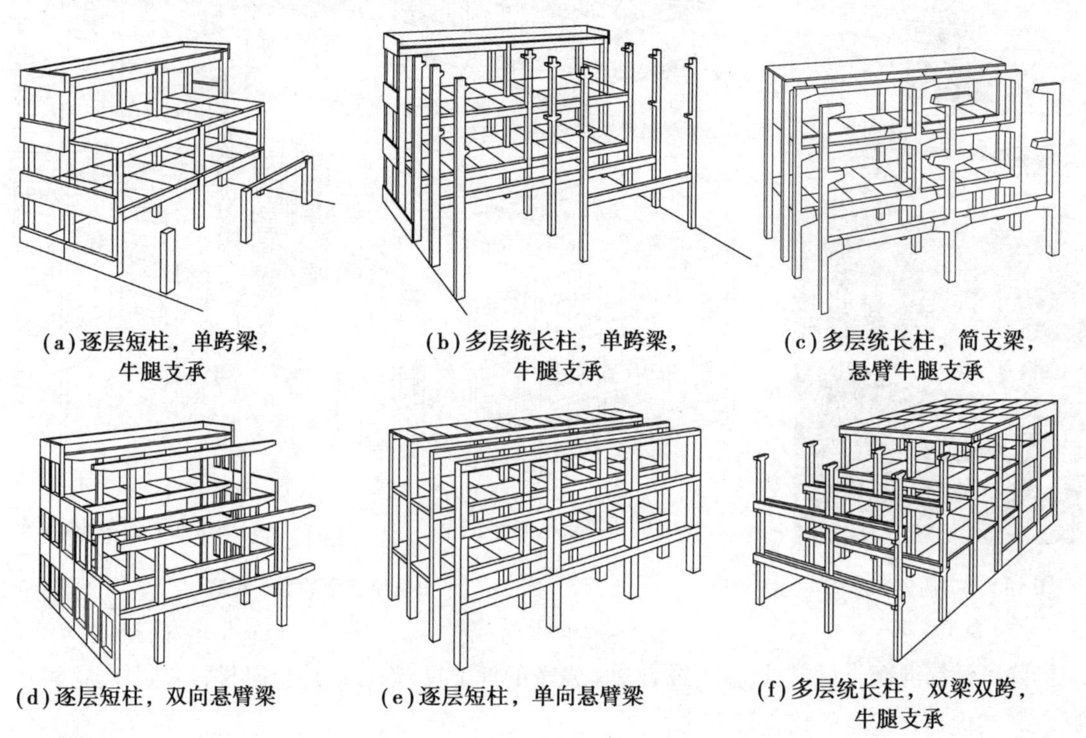

(a)逐层短柱，单跨梁，牛腿支承　(b)多层统长柱，单跨梁，牛腿支承　(c)多层统长柱，简支梁，悬臂牛腿支承

(d)逐层短柱，双向悬臂梁　(e)逐层短柱，单向悬臂梁　(f)多层统长柱，双梁双跨，牛腿支承

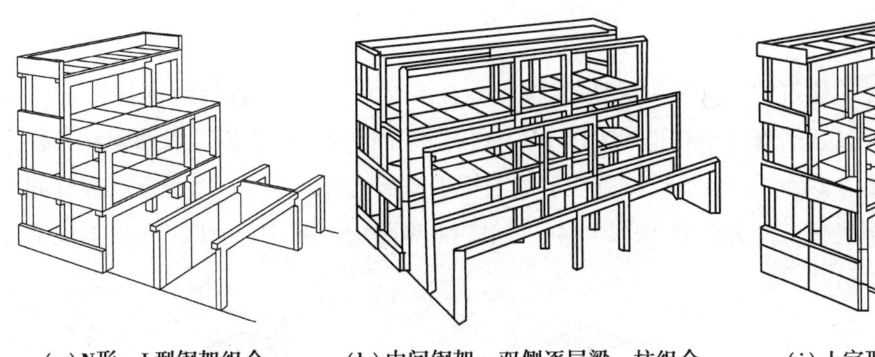
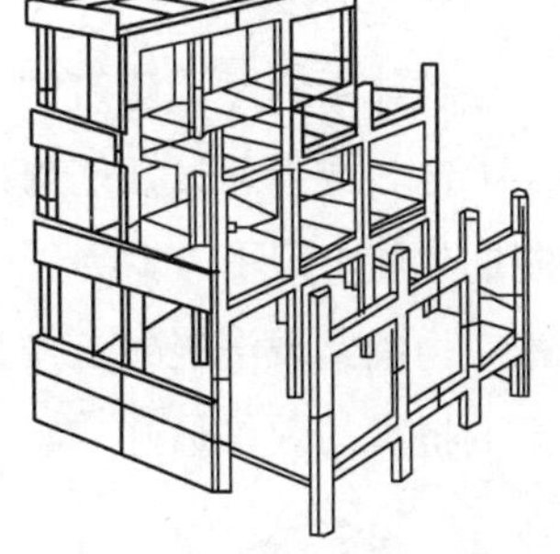

(g) N形，L型钢架组合　　(h) 中间钢架，双侧逐层梁，柱组合　　(i) 土字形梁，柱组合框架

图 14.11　横向承重的装配式框架

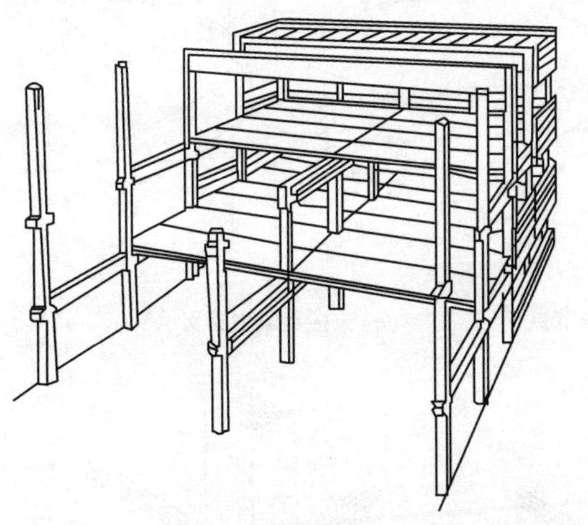
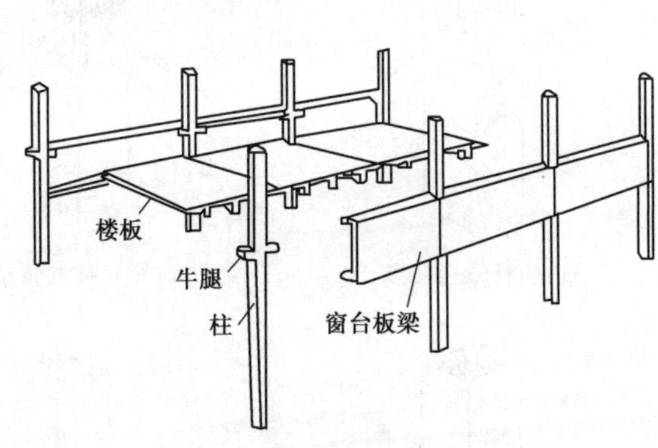

(a) 长柱暗牛腿单跨梁纵向框架　　(b) 牛腿支承窗台板纵向框架

图 14.12　纵向承重的装配式框架

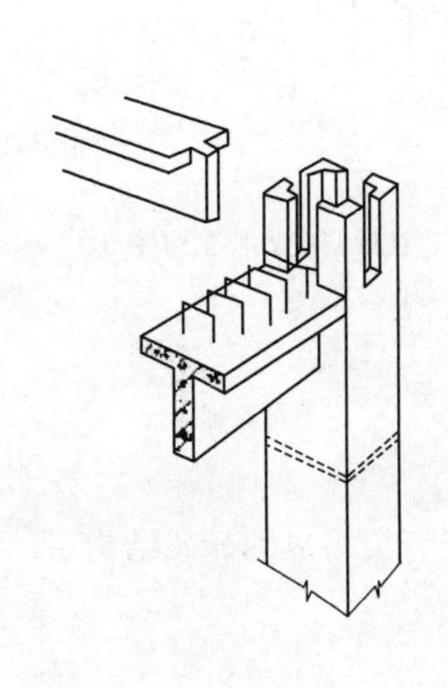
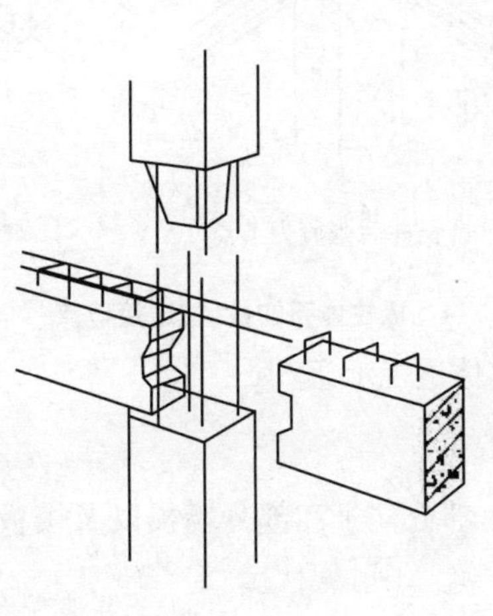
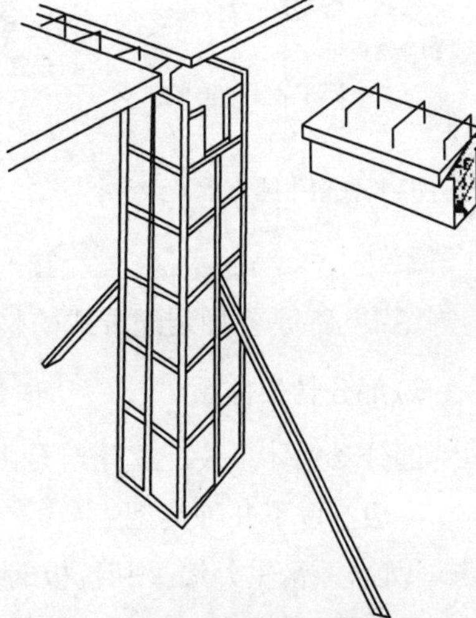

(a) 预制空心套管现浇柱　　(b) 装配整体式柱梁组合节点　　(c) 工具式模板临时搁置预制梁现浇柱

图 14.13　装配式框架的梁、柱连接节点

2)板柱体系

板柱体系装配式建筑的柱子采用短柱时,楼板多直接支承在柱子的承台(即柱帽)上[图14.14(a)],或者通过插筋与柱子相连[图14.14(b)];当采用长柱时,楼板可以搁置在长柱上预制的牛腿上[图14.14(c)],也可以搁置在后焊的钢牛腿上[图14.14(d)];另有在板缝间用后张应力钢索现浇混凝土作为支承[图14.14(e)、图14.14(f)]。其中,后张应力钢索现浇混凝土的抗震的效果最好。

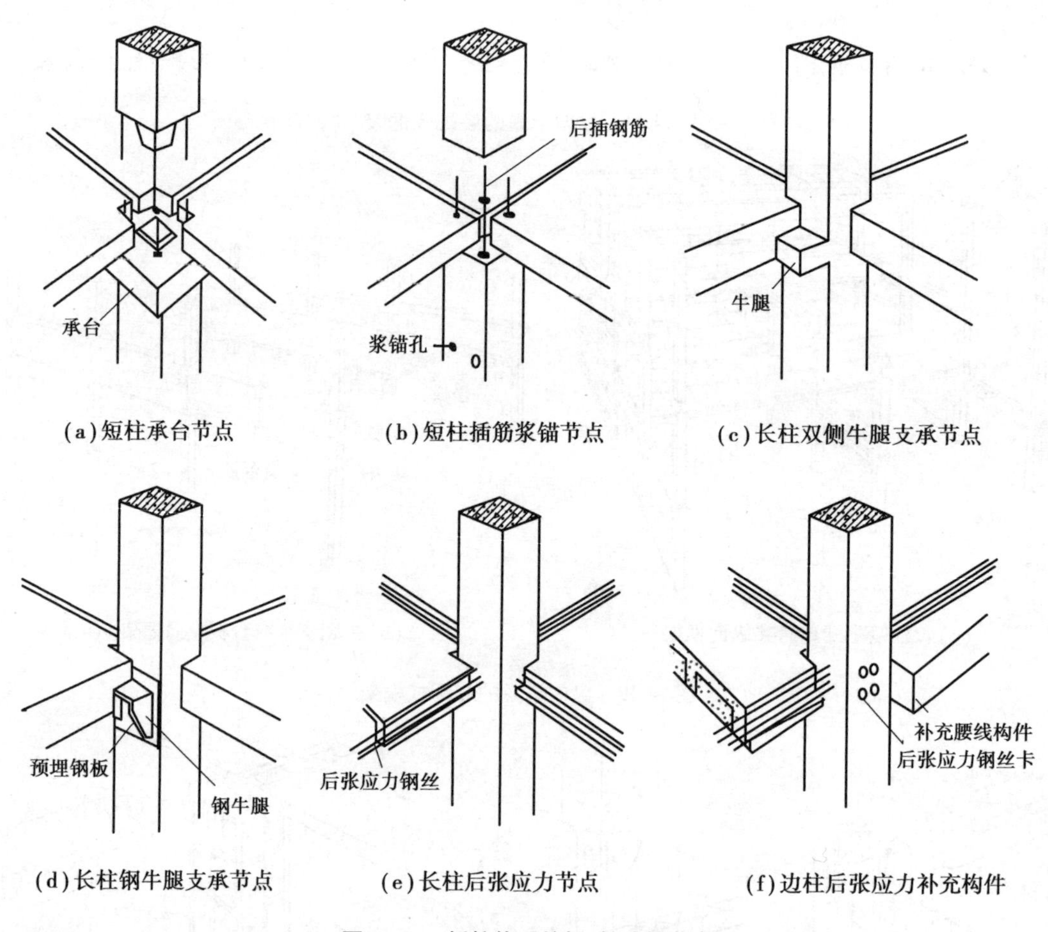

图14.14 板柱体系的板、柱连接节点

图14.15是各种装配方式的整体透视示意。

3)部分骨架体系

部分骨架体系装配式建筑是由部分柱子和部分墙板以及楼板或者梁组成的骨架结构系统。一般有以下几种类型:

①内柱、承重外墙板和楼板的组合[图14.16(a)];

②外柱、承重内墙板和楼板的组合[图14.16(b)、(c)];

③柱子和窗肚板结合的外柱与T形大跨楼板的组合[图14.16(d)]。

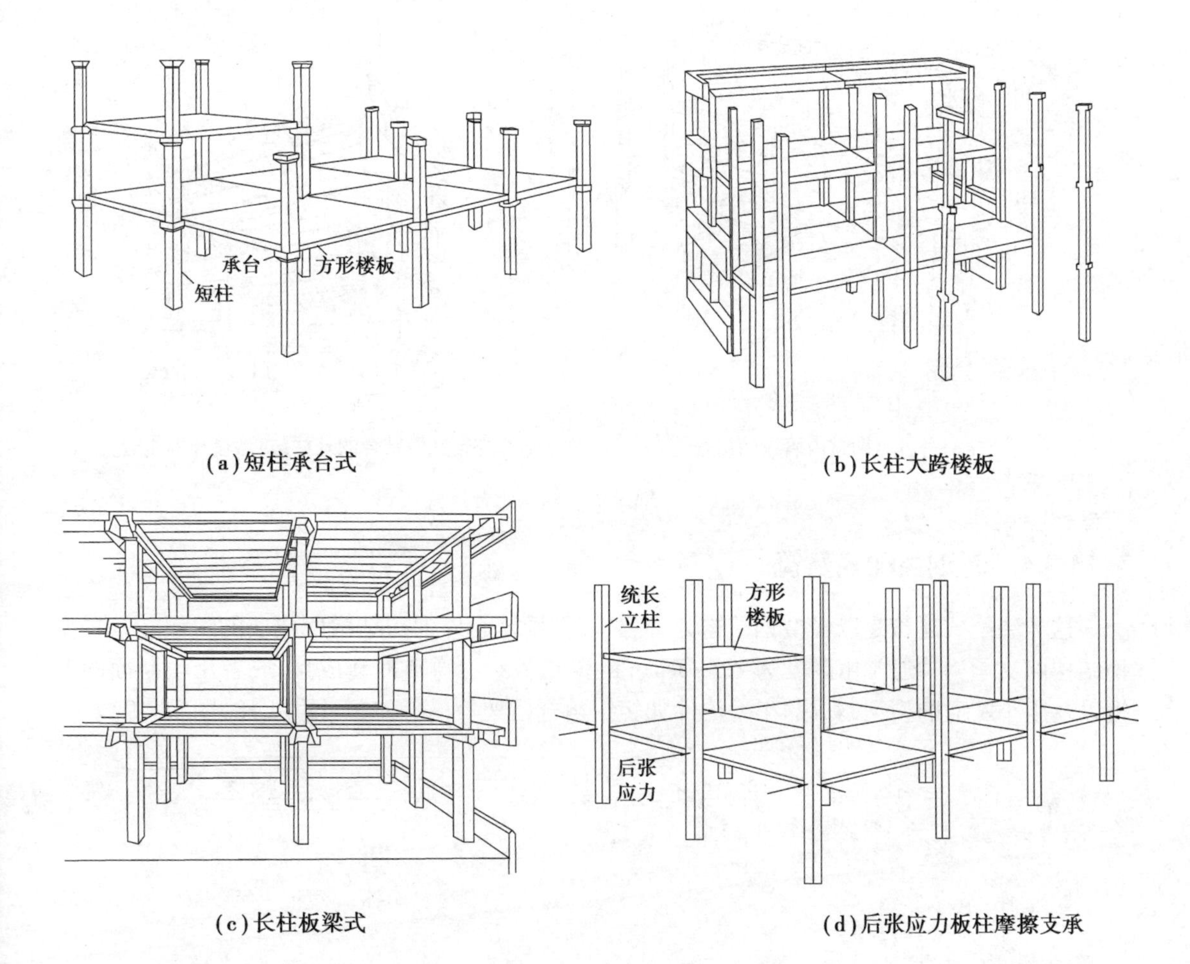

(a)短柱承台式

(b)长柱大跨楼板

(c)长柱板梁式

(d)后张应力板柱摩擦支承

图 14.15　板柱体系的装配方式整体透视

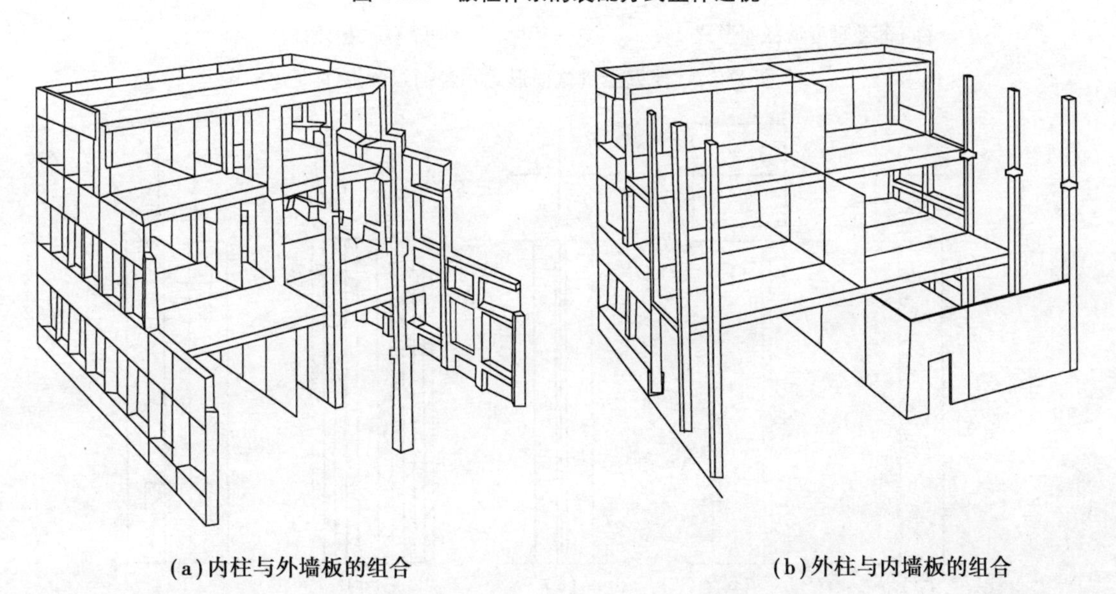

(a)内柱与外墙板的组合

(b)外柱与内墙板的组合

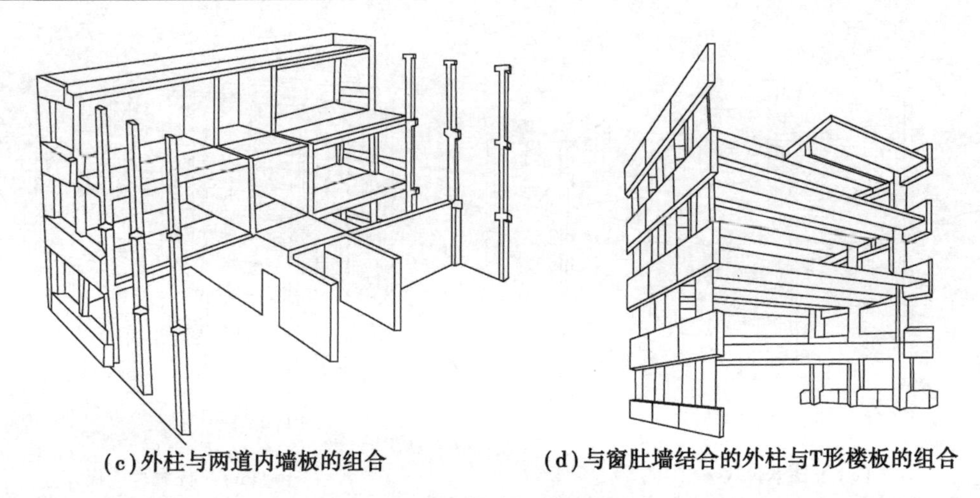

(c)外柱与两道内墙板的组合　　(d)与窗肚墙结合的外柱与T形楼板的组合

图 14.16　部分骨架结构组合形式

▶13.2.4　轻钢装配式建筑

这类装配式建筑是以轻型钢结构为骨架、轻型墙体为外围护结构所建成的房屋。其轻型钢结构的支承构件通常由厚度为1.5~5 mm的薄钢板经冷弯或冷轧成型,或者用小断面的型钢以及用小断面的型钢制成的小型构件如轻钢组合桁架等(图14.17、图14.18、图14.19)。

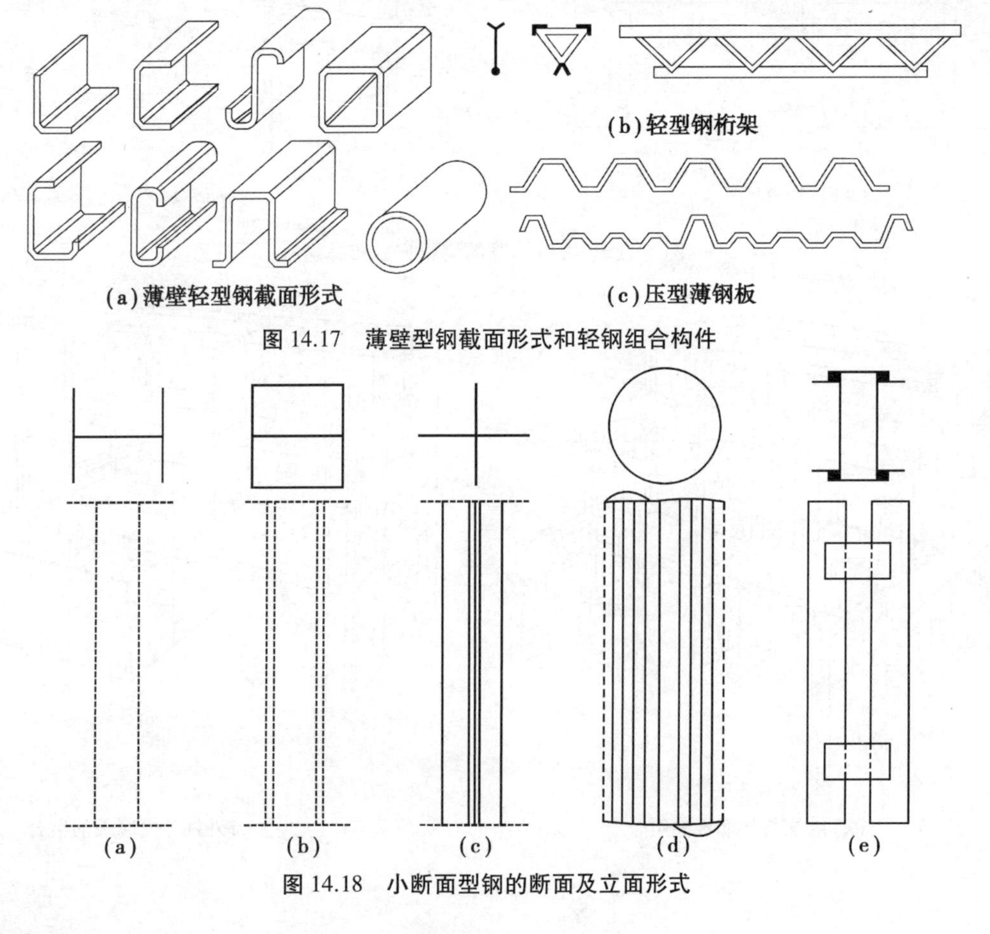

(a)薄壁轻型钢截面形式　(b)轻型钢桁架　(c)压型薄钢板

图 14.17　薄壁型钢截面形式和轻钢组合构件

(a)　(b)　(c)　(d)　(e)

图 14.18　小断面型钢的断面及立面形式

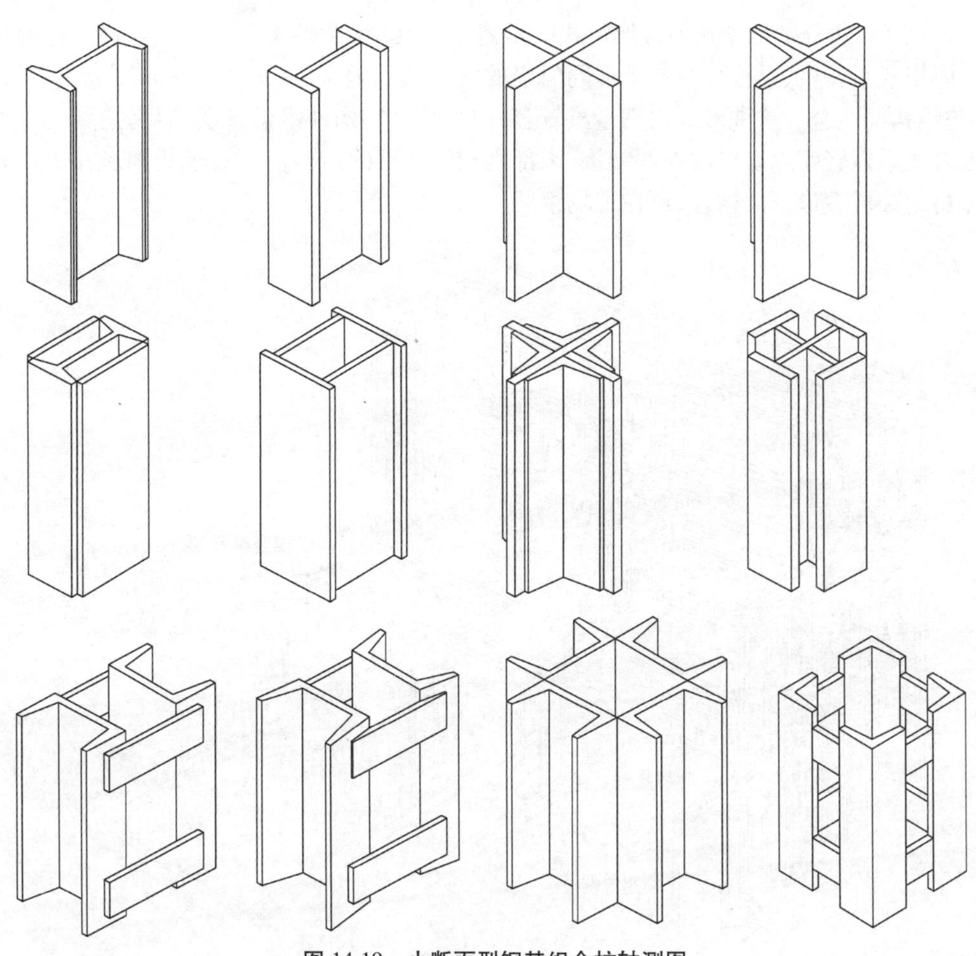

图 14.19 小断面型钢其组合柱轴测图

轻钢建筑施工方便适用于低层及多层的建筑物。由于使用薄壁型钢,与需要设置许多道圈梁、构造柱来满足抗震要求的砌体墙混合结构建筑相比,用钢量并不会高出多少,而且内部空间使用较为灵活;用复合墙板等技术,可以使建筑的防水、热工等综合性能指标得到提升。轻钢建筑骨架的构成形式分柱梁式、隔扇式、混合式、盒子式等几种。图 14.20、图 14.21、

图 14.20 柱梁式轻钢结构建筑骨架构成

图 14.22、图 14.23 分别是这几种骨架形式的示意图。其中,柱梁式为常见的柱、梁、板的结构形式。隔扇式系将柱、梁拆分为若干形同门扇的内骨架的隔扇,在现场拼装成类似“墙”的形式,再与结构梁组合。这种形式用钢量虽较多,但垂直承重构件定位方便,容易达到施工的精度。混合式系以轻钢隔扇组成外部结构,内部则辅以承重的结构柱。盒子式则系在工厂先将轻钢型材组装成盒形框架构件,再在现场组装。

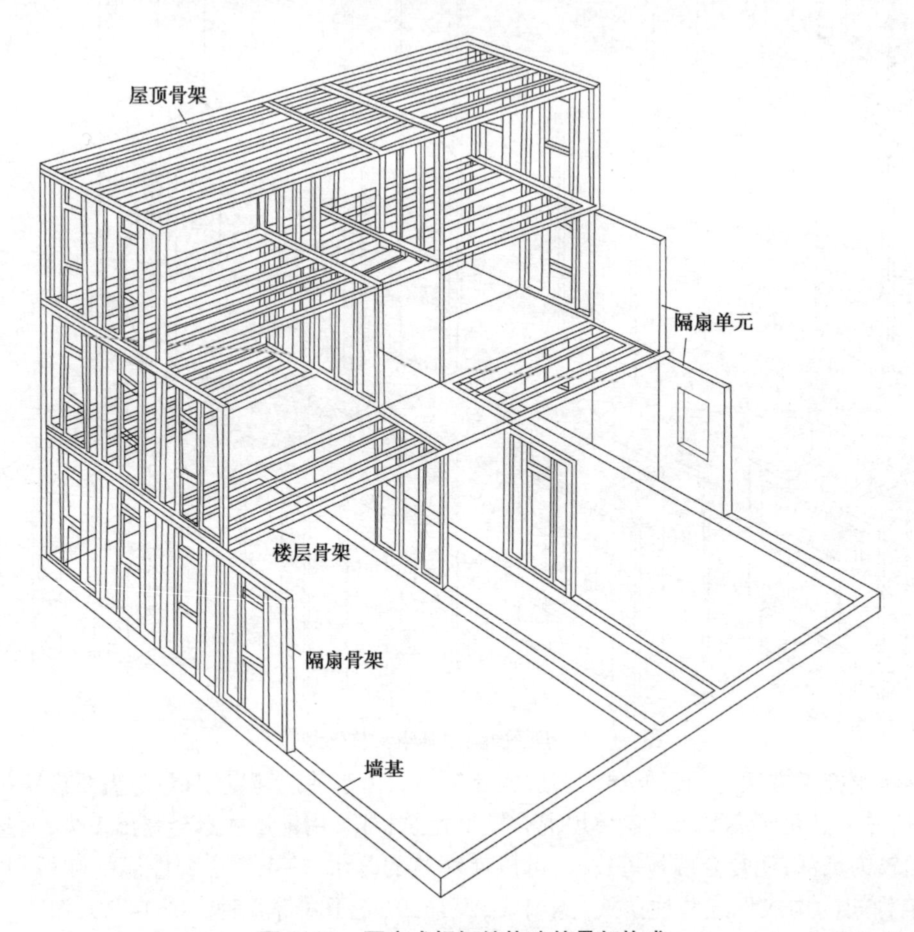

图 14.21　隔扇式轻钢结构建筑骨架构成

图 14.22　混合式轻钢结构建筑骨架构成

图 14.23　盒子式轻钢结构

和压型钢板上覆混凝土一样，图 14.24 所示的其他几种防水纤维板加钢筋网片现浇的楼板形式在轻钢结构建筑中也是经常用到的。

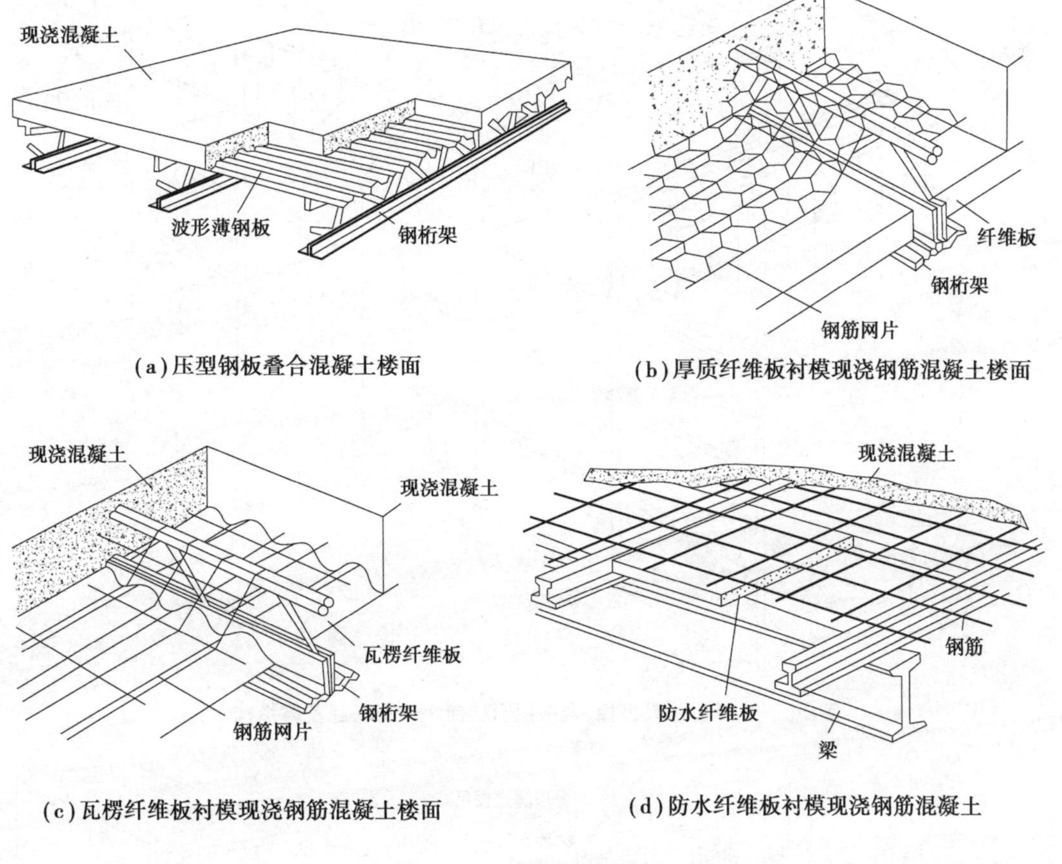

(a)压型钢板叠合混凝土楼面

(b)厚质纤维板衬模现浇钢筋混凝土楼面

(c)瓦楞纤维板衬模现浇钢筋混凝土楼面

(d)防水纤维板衬模现浇钢筋混凝土

图 14.24 现浇式轻钢楼板

14.3 现浇或现浇与预制相结合的建筑

现浇或现浇与预制相结合的建筑指在现场采用工具模板、泵送混凝土进行机械化施工的方式，将建筑结构的主体部分整体浇筑或者是浇筑其中的核心筒等部分，其他部分用装配式的方法完成。这类建筑包括内浇外挂(指内墙和楼板用工具模板现浇，外墙采用非承重预制复合外墙板)、内浇外砌(指内墙和楼板用工具模板现浇，外墙为砌体砌筑的自承重墙)以及全现浇(指内、外墙板及楼板全现浇)等几种。

现浇的钢筋混凝土墙板的厚度一般多层建筑可做到 160~180 mm，高层建筑可做到 200~250 mm。由于结构整体性好，特别是其中的内浇外挂和全现浇两种方式，其施工速度快，模具可以重复使用，更适合于高层建筑使用。其中，工业化程度较高的有：

①墙板用大模板立模、楼板用台模流水作业的方式(图 14.25)；

②墙板和楼板用一体化的整体隧道模或者隧道模与台模组合施工的方式(图 14.26)；

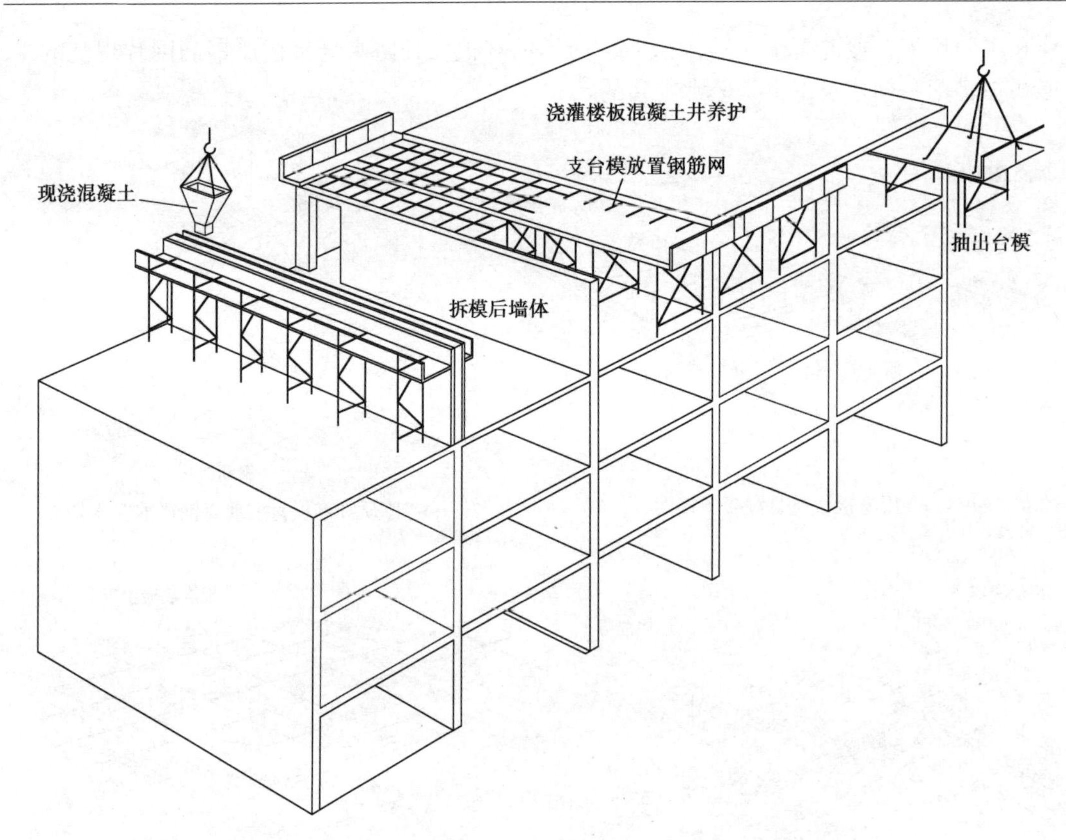

图 14.25　墙体用大模板、楼板用台模流水作业现浇主体结构

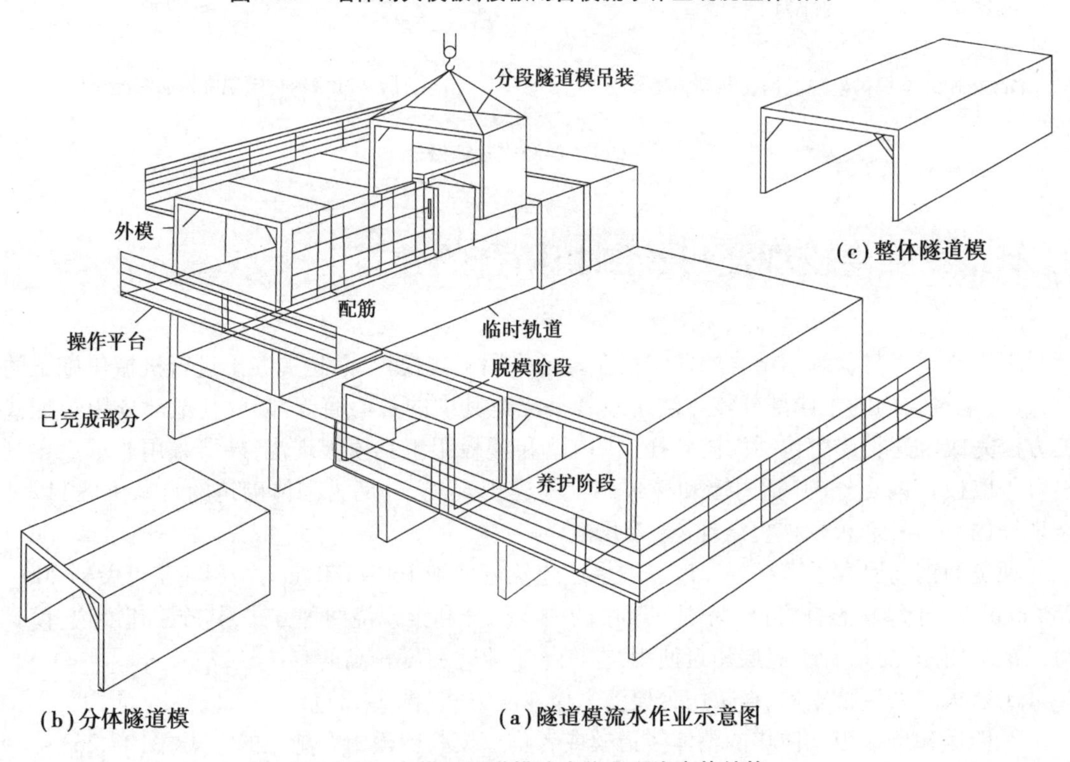

图 14.26　台模和隧道模流水作业现浇主体结构

③用滑模连续浇筑墙体或建筑的核心筒等部分,再用降台模的方式自上而下浇筑楼板或装配预制楼板的方式(图 14.27、图 14.28)。

图 14.27 滑模现浇主体结构或者核心筒

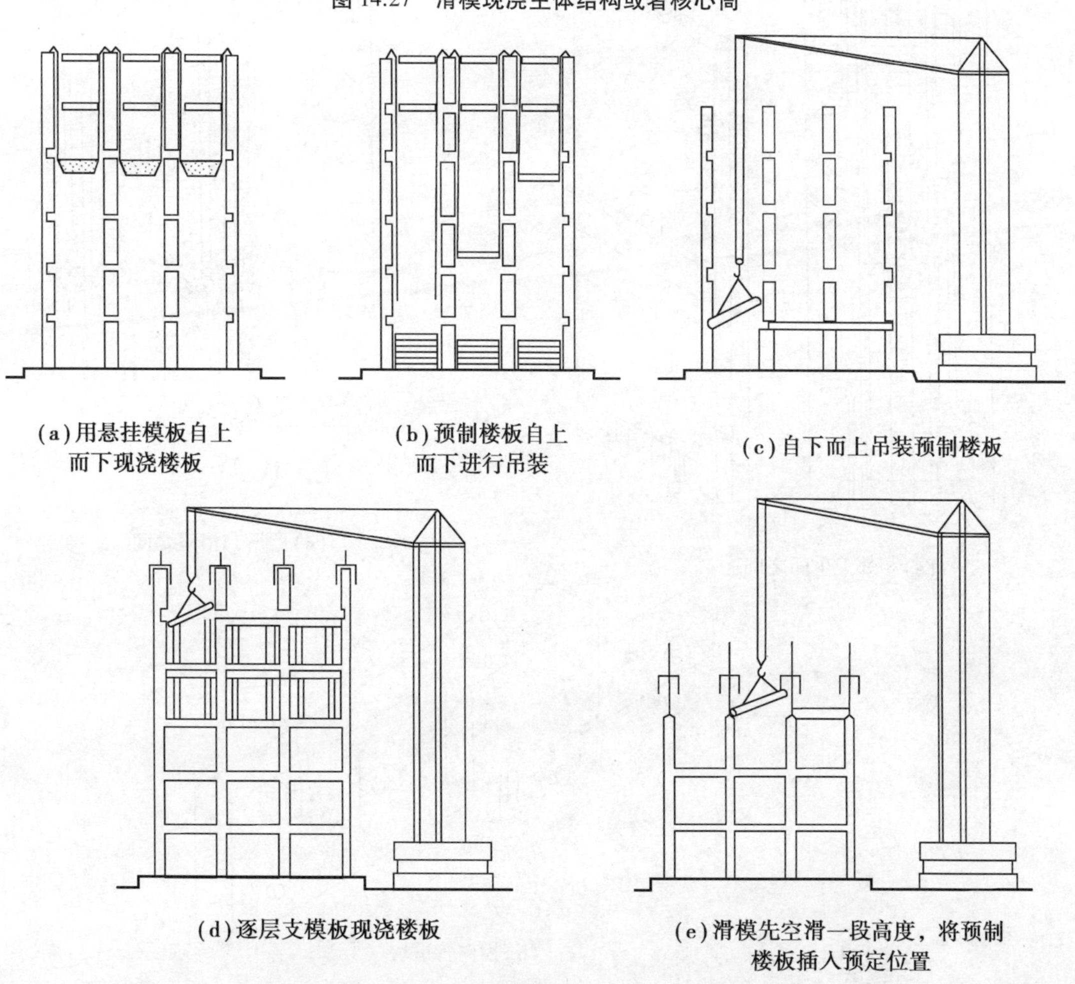

图 14.28 用滑模现浇墙体时楼板施工的不同类型

14.4 配套设备的工业化

建筑中的普通配套设备有电气设备、采暖设备、厨房、卫生设备和空调设备等，还有大量的管道会与建筑主体结构交叉。它们与建筑的主体结构的关系有以下几种：

①与主体结构交叉的设备、管线，在主体结构施工时预留设备套管、孔洞或设备井。例如：在现浇混凝土楼板中预埋电线的穿线管、在结构梁上预留设备孔洞等，等主体结构完成后，再进行设备及管线的安装。

②与主体结构不交叉的设备、管线，在主体结构完成后结合面装修等另行布置。

③将设备管道、通风管道、烟道以及卫生间、厨房的整个设备系统或部分设备做成特殊的预制构件，表面留有接插口，在现场组装后管线很容易连通。这种方法的工业化程度显然比前二者高。例如，图 14.29 中所示的相邻卫生间之间或者卫生间与浴室之间的管道墙、管道

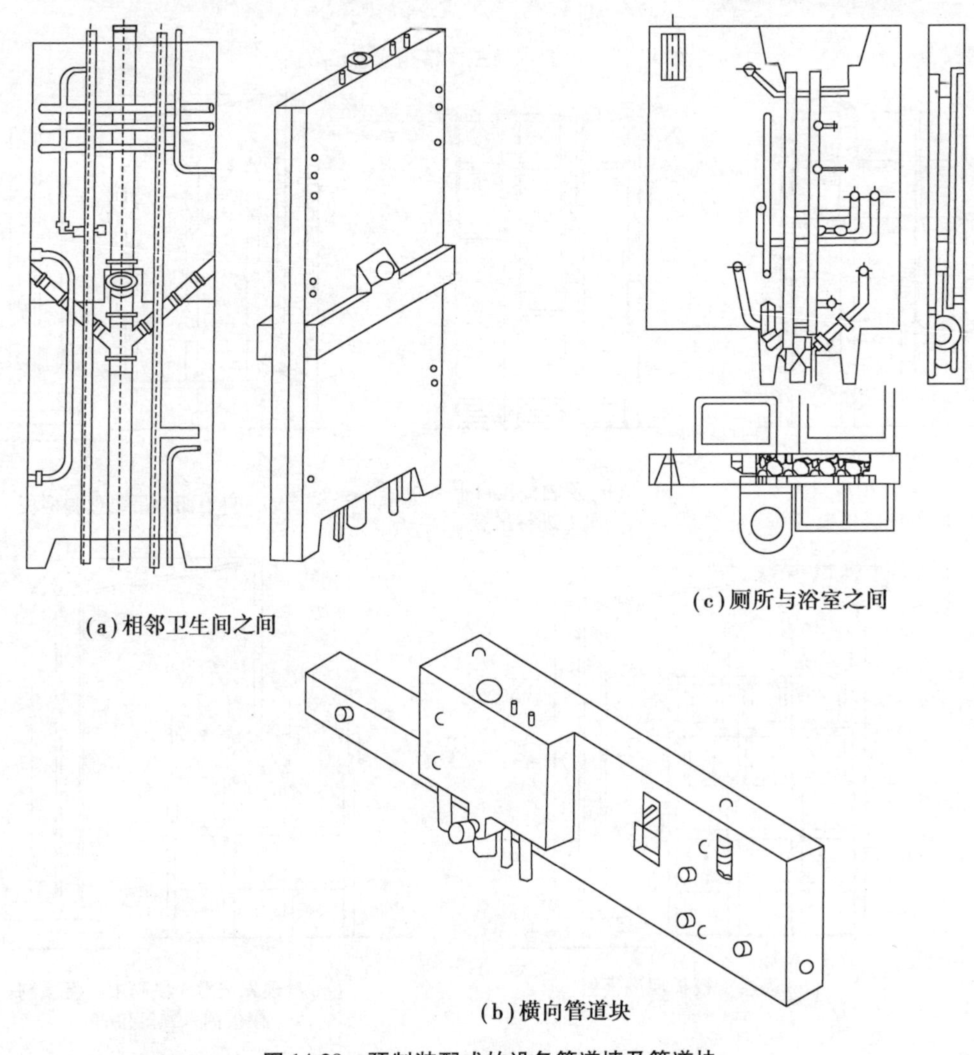

(a)相邻卫生间之间

(c)厕所与浴室之间

(b)横向管道块

图 14.29　预制装配式的设备管道墙及管道块

块，图 14.30 中所示的整体盒子式的卫生间等，经过工厂预制，有的甚至完成了部分或全部的面装修，因此现场工作量小，施工速度快。而且这样的设备预制构件在用材及加工方面容易达到较高的质量标准，例如其隔声、保温、防渗漏等方面的效果，一般都比现场现做来得好。不过这样的做法需要具有系统性，而且应该满足相关规范关于某些不同种类的管道之间必须分设井道的要求。

(a)带卫生洁具和装修的盒子卫生间

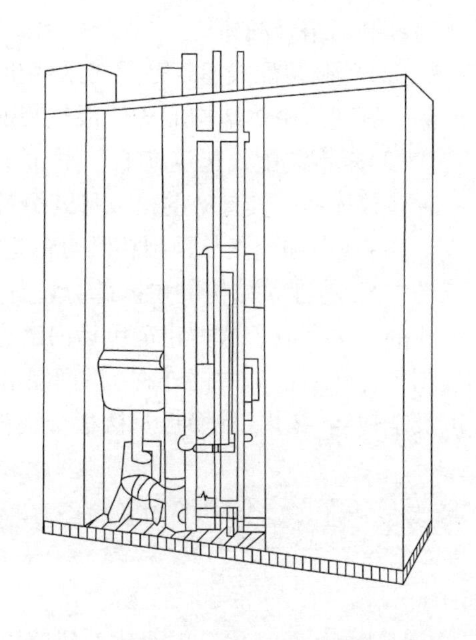

(b)盒子卫生间反面管道的布置

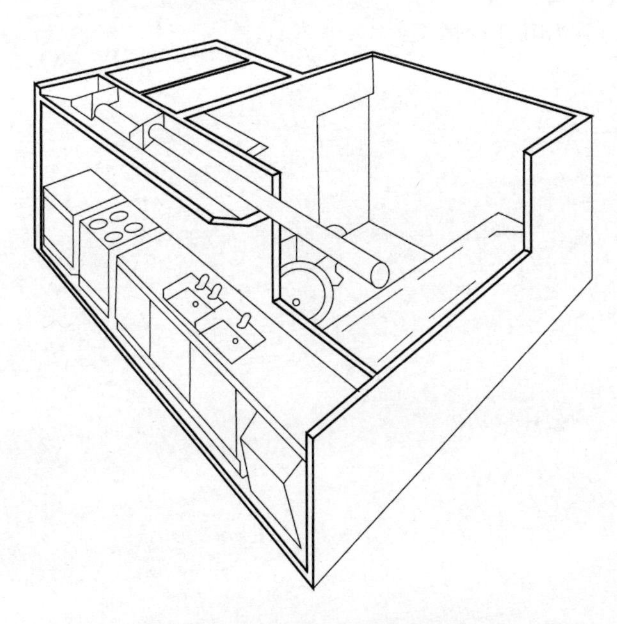

(c)组合卫生洁具与厨房设备的盒子

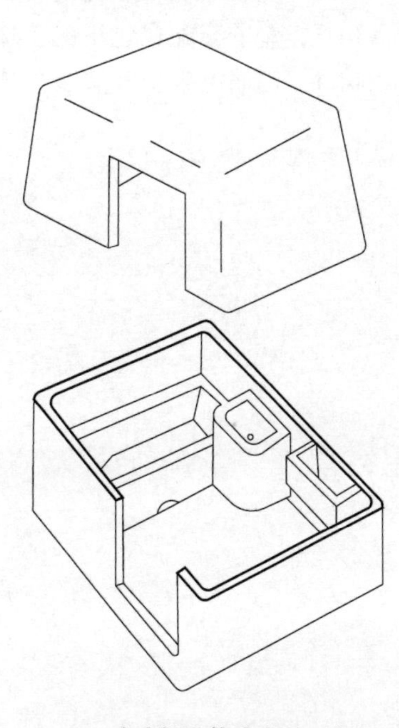

(d)玻璃钢整体式盒子卫生间

图 14.30 整体盒子式的卫生间

本章小结

(1)发展建筑工业化,主要有两种途径:一是发展预制装配式的建筑;二是发展现浇或现浇与预制相结合的建筑。

(2)预制装配式建筑是用流水线生产产品的工业化方式来组装建造房屋用的预制构配件产品。其建筑主体结构形式分板材装配式、框架装配式、盒子装配式等几种。

(3)轻钢装配式建筑施工方便,适用于低层及多层的建筑物,是近年来在我国发展较快的一种建筑体系。其骨架的构成形式分柱梁式、隔扇式、混合式、盒子式等几种。

(4)现浇和现浇与预制相结合的建筑指在现场采用工具模板、泵送混凝土进行机械化施工的方式,将建筑结构的主体部分整体浇筑或者是浇筑其中的核心筒等部分,其他部分用装配式的方法完成。这类建筑包括内浇外挂(指内墙和楼板用工具模板现浇,外墙采用非承重预制复合外墙板)、内浇外砌(指内墙和楼板用工具模板现浇,外墙为砌体砌筑的自承重墙)以及全现浇(指内、外墙板及楼板全现浇)等几种。

复习思考题

14.1　什么是建筑工业化?建筑工业化的意义是什么?

14.2　发展建筑工业化的有哪些主要途径?

14.3　盒子装配式建筑的工作特点是什么?

14.4　钢筋混凝土骨架装配式建筑可分为哪几种体系?

15

建筑节能

[本章要点]

建筑节能的内容包括建筑节能的技术及建筑节能规划设计。建筑节能技术包括墙体、门窗、屋面等新型材料与技术方法。建筑节能规划设计包括建筑布局、建筑体型、建筑间距、建筑朝向、建筑密度，与实际环境因素结合形成合理设计。

15.1 概　述

建筑节能具体是指在建筑物的规划、设计、新建（改建、扩建）、改造和使用过程中，执行节能标准，采用节能型的技术、工艺、设备、材料和产品，提高保温隔热性能和采暖供热、空调制冷制热系统效率，加强建筑物用能系统的运行管理，利用可再生能源，在保证室内热环境质量的前提下增大室内外能量交换热阻，以减少供热系统、空调制冷制热、照明、热水供应因大量热消耗而产生的能耗。图 15.1 为建筑节能策略示意图。

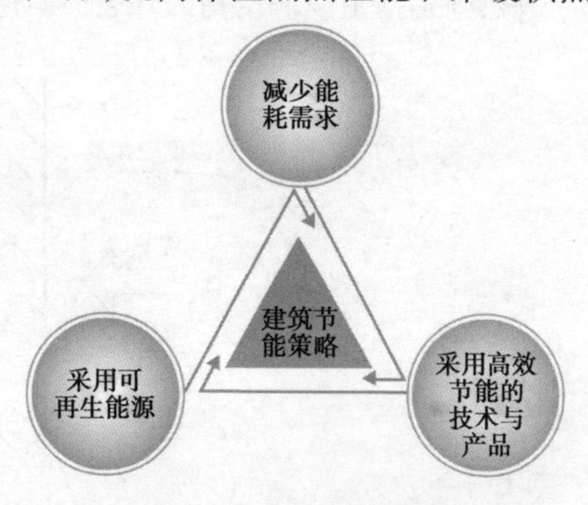

图 15.1　建筑节能策略

建筑节能可改善室内热环境，是提高经济效益的重要措施。节能建筑在一次投资后，可在短期内回收成本，并能长期受益。

15.2 建筑节能的基本原理

▶15.2.1 建筑得热与失热的途径

冬季采暖房屋的正常温度是依靠采暖设备的供暖和围护结构的保温之间相互配合,以及建筑的得热量与失热量的平衡(图15.2)得以实现,可用下式表示:

采暖设备散热 + 建筑内部得热 = 建筑物总得热

非采暖区的房屋建筑有两类:

第一类是采暖房屋有采暖设备,总得热同上;

第二类是没有采暖设备,总得热为建筑物内部得热加太阳辐射得热两项,一般仍能保持比室外日平均温度高3~6 ℃。

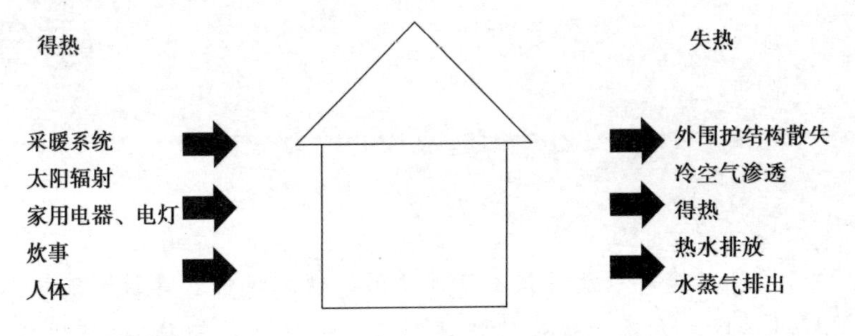

图15.2 得热与失热途径

▶15.2.2 建筑的传热方式

传热的方式可分为辐射、对流和导热3种方式。

建筑物围护结构的传热需经过吸热、传热和放热3个过程;

吸热是外围护结构的内表面从室内空气中吸收热量的过程;

传热是指在围护结构内部由高温向低温的一侧传递热量的过程;

放热则是指由围护结构的外表面向低温的空间散发热量的过程(图15.3)。

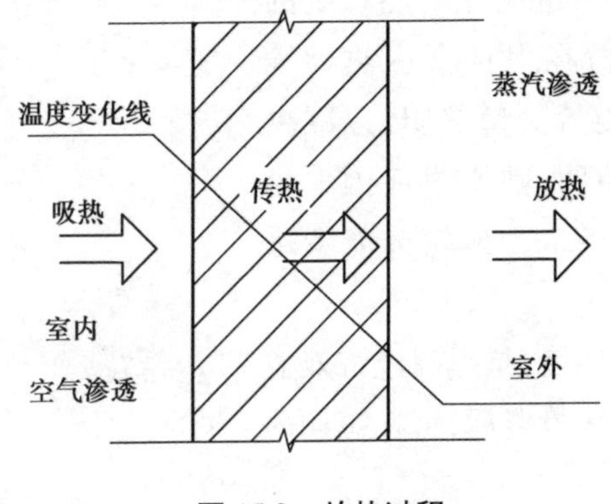

图15.3 放热过程

15.3 建筑节能技术

▶15.3.1 墙体节能技术

新型墙体材料节能、节土、利废的效果十分明显，新型墙体材料的主要类型如下：

①砖墙：实心砖或空心砖墙，在外墙内表面抹水泥型或石膏型膨胀珍珠岩砂浆。

②加气混凝土墙：加气混凝土（图 15.4）热导率较低，宜用于框架填充墙和多层住宅外墙。

③轻骨料混凝土墙：采用以浮石、火山灰渣或其他轻骨料制作的多排孔混凝土空心砌块，并用保温砂浆砌筑的墙体（图 15.5）。

图 15.4 加气混凝土砖

图 15.5 轻骨料混凝土材料

④内保温复合墙：由承重材料与高效保温材料进行复合组成的墙体。在墙体内表面上，粘贴或吊挂聚苯板或岩棉板等保温材料，然后再做抹灰面层，形成内保温复合墙（图 15.6）。

⑤外保温复合墙：在承重外墙外表面上，粘贴或吊挂聚苯板或岩棉板，然后贴上网布或挂钢筋网增强，再做抹灰面层形成外墙保温复合墙（图 15.7）。这是目前发展的方向。其优点是：保温材料对主体结构具有保护作用；有利于消除或减弱热桥的影响；由于储热能力较强的主体结构位于室内一侧，有利于房间的热稳定性，减少室温的波动；避免二次装修对内保温层造成的损坏；既有建筑改造施工时，可减少对住户的干扰。

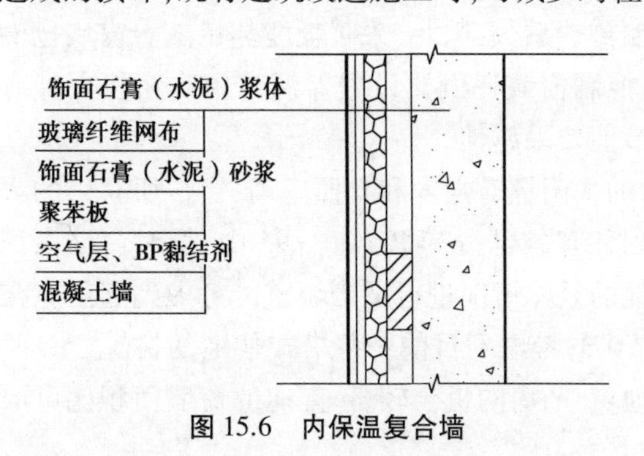

图 15.6 内保温复合墙

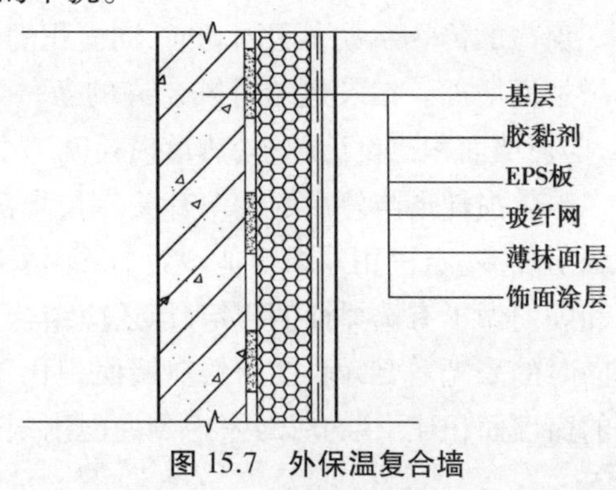

图 15.7 外保温复合墙

⑥夹芯复合墙:将保温层夹在墙体中间,主体墙采用混凝土或砖砌在保温材料两侧(图 15.8)。夹芯保温墙由黏土砖和保温材料组成,分为围护墙、保温层和承重墙三层。

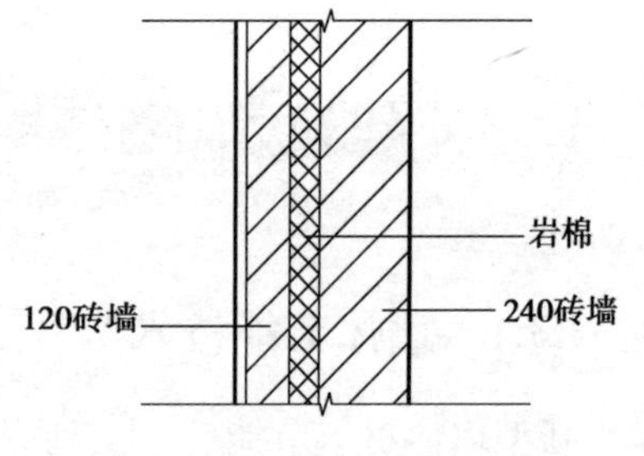

图 15.8 夹心温复合墙

▶15.3.2 门窗节能技术

影响门窗热量损耗大小的因素很多,主要有以下几方面:

门窗的传热系数:在单位时间内通过单位面积的传热量。传热系数越大,则在冬季通过门窗的热量损失就越大。门窗的传热系数又与门窗的材料、类型有关。

门窗的气密性:门窗在关闭状态下,阻止空气渗透的能力。门窗气密性等级的高低,对热量的损失影响极大,室外风力变化会对室温产生不利的影响。气密性等级越高,则热量损失就越少,对室温的影响也越小。

窗墙比系数与朝向。窗墙比例是指外窗的面积与外墙面积之比。通常,门窗的传热热阻比墙体的传热热阻要小得多,因此,建筑的冷、热耗量随窗墙面积比的增加而增加。作为建筑节能的一项措施,要求在满足采光通风的条件下确定适宜的窗墙比。一般而言,不同朝向的太阳辐射强度和日照率不同,窗户所获得的太阳辐射热也不相同。

门窗节能途径主要是保温隔热。其措施包括:提高门窗的保温性能,提高门窗的隔热性能,提高门窗的气密性。其主要节能技术如下:

1)选择节能窗型

在常见的窗型中,从结构上分析,固定窗、平开窗的节能效果较优,而推拉窗的节能效果较差。这是因为固定窗由于窗框嵌在墙体内,玻璃直接安装在窗框上,玻璃和窗框已采用胶条或者密封胶密封,空气很难通过密封胶形成对流,很难造成热损失。平开窗的窗扇和窗框间一般有橡胶密封压条,在窗扇关闭后,密封橡胶压条压得很紧,几乎没有空隙,很难形成对流。而推拉窗在窗框下滑轨来回滑动,上部有较大的空间,下部有滑轮间的空隙,窗扇上下形成明显的对流交换,热冷空气的对流形成较大的热损失,此时,不论采用何种隔热型材做窗框都达不到节能效果。

2)合理设计窗墙比和朝向

窗户的传热系数大于同朝向、同面积的外墙传热系数,因此,采暖耗能热量随着窗墙比例的增加而增加。在采光和通风允许的条件下,控制窗墙比例比设置保温窗帘和窗板更加有效,即窗墙面积比设计越小,热量损耗就越小,节能效果越佳。

热量损耗还与外窗的朝向有关,南、北朝向的太阳辐射强度和日照率高,窗户所获得的太阳辐射热多。《民用建筑节能设计标准(采暖居住建筑部分)》JGJ 26—95 中,虽对窗墙面积比和朝向做了有选择性的规定,但还应结合各地的具体情况进行适当调整。考虑到起居室在北向时的采光需要,南、北向的窗墙面积比可取 0.3;考虑到目前一些塔式住宅的情况,东、西向的窗墙面积比可取 0.35;考虑到南向出现落地窗、凸窗的机会较多,南向的窗墙面积比可取 0.45。

3)使用节能材料

由于新型材料的发展,组成窗的主材(框料、玻璃、密封件、五金附件以及遮阳设施等)技术进步很快,使用节能材料是门窗节能的有效途径。

(1)框料

窗用型材占外窗洞口面积的15%~30%,是建筑外窗中能量流失的另一个薄弱环节。目前节能窗的框架类型很多,如断热铝材、断热钢材、塑料型材、玻璃钢材及复合材料(铝塑、铝木等)。其中,断热铝材节能效果比较好。断热铝材是在铝合金型材断面中使用热桥(冷桥)技术使型材分为内、外两部。目前有两种工艺:一种是注胶式断热技术(即浇注切桥技术),这种技术既可以生产对称型断热型材,也可以生产非对称型材。由于利用浇注式处理流体填补成型空间原理,其成品精度非常高。另一种是断热条嵌入技术,即采用由聚酰胺66和25%玻璃纤维(PA66GF25)合成断热条,与铝合金型材在外力挤压下嵌合组成断热铝型材。

(2)玻璃

在窗户中,玻璃面积占窗户面积的65%~75%。普通玻璃的热阻值很小,而且对远红外热辐射几乎完全吸收,单层普通玻璃是无法达到保温节能效果的。不同种类的玻璃,其透光率、遮阳系数、传热系数是大不相同的。门窗玻璃常用的处理方法有:

①玻璃镀膜。玻璃镀膜是用物理或化学镀膜工艺,改变玻璃表面的热反射特性,将太阳辐射直接反射回去,从而提高玻璃的遮阳隔热性能。镀膜玻璃又分为热反射玻璃(又称阳光控制玻璃)和低辐射玻璃(又称Low-E玻璃)。热反射玻璃可通过配置膜层的结构和厚度,在较大范围改变遮阳性能。

②玻璃着色。玻璃着色是在玻璃制造过程中加入色剂。着色玻璃的遮阳性和隔热性能优于透明玻璃。通过吸收部分阳光的直接透过,从而减少太阳辐射热进入室内;但由于吸收热量使自身温度升高,增加了温差传热,降低了保温效果。

③采用中空玻璃。中空玻璃是以两片或多片玻璃,采用间隔条来控制内外两片的间距。双玻璃周边用密封胶翻结密封,使玻璃层间形成干燥气体,具有隔音、隔热、防结露和降低能耗的作用。

(3)密封材料

洞口密封材料的质量,既影响着房屋的保温节能效果,也关系到墙体的防水性能,目前通常使用聚氨酯发泡体进行填充。此类材料不仅有填充作用,而且还有很好的密封保温和隔热性能。另外,应用较多的密封材料还有硅胶、三元乙丙胶条。其他部分的密封用密封条,密封条分为毛条和胶条。

(4)五金附件

门窗是靠五金配件来完成开启、关闭功能的,它是建筑门窗中最易磨损和持续活动的部分,其功能的有效性不仅直接导致安全问题,而且影响建筑门窗的保温性能以及水密性、气密性。门窗五金配件主要包括:执手、滑撑、撑挡、拉手、窗锁、滑轮等。对平窗而言,按照密封性能来分类,大体可分为两类:多锁点五金件和单锁点五金件。多锁点五金件的锁点和锁坐分布在整个门窗的四周;当门窗锁闭后锁点、锁坐牢牢地扣在一起,与铰链或滑撑配合,共同产生强大的密封压紧力,使密封条弹性变形,从而提供给门窗足够的密封性能,使窗扇、窗框形成一体;而单锁点密封性相对来说就要差得多。因此,采用多锁点窗锁,可以大大减少门窗扇的变形,提高密封性能。

(5)遮阳设施

目前常用的遮阳设施有:

①活动式外遮阳:将百叶装置安装在开放式铝板幕墙内部,在室内可控制百叶升降,不用时百叶可上升进入幕墙内面。这种装置能阻隔太阳辐射于室外,但造价较高。

②百叶中空玻璃窗遮阳:将百叶安装在中空玻璃两片玻璃间,通过磁力控制百叶翻转和升降动作,以达到遮阳和保温效果。百叶处在垂直位置时能有效降低中空玻璃内的热传导,遮挡阳光直射,并有效降低中空玻璃的遮阳系数;百叶处在水平位置时,既可采光,又可起到遮阳作用;百叶处在收起位置时就有和普通中空玻璃一样的效果。这种百叶中空玻璃窗集隔热、保温、隔声、隐私性、装饰性于一体,适合于我国广大地区应用,实为节能的好产品。

(6)提高创新和安装水平

窗的安装对窗是否能获得良好的质量具有决定性的作用。测试性能好的窗,不等于安装上墙后其性能也好。窗安装上墙需满足的功能如下:在各种温度的影响下,窗的各项功能运转自如;对窗的外力能可靠分解,尤其将正负风压有效转移到墙体上去;窗不受墙体内部的各种运动以及尺寸变形的影响(沉降、振动、热胀冷缩等);安装的各向应力应排除,窗开启自如;窗与墙体连接处的防水、隔声的密封性能;窗与墙体连接处的隔热性能。

▶15.3.3 屋顶和地面的节能技术

1)屋面节能技术

(1)倒置式屋面

所谓倒置式屋面,就是将传统屋面构造中的保温层与防水层颠倒,把保温层放在防水层的上面。倒置式屋面特别强调"憎水性"保温材料。

(2)屋面绿化

城市建筑实行屋面绿化,可以大幅度降低建筑能耗、减少温室气体的排放,同时可增加城市绿地面积、美化城市、改善城市气候环境。

(3)蓄水屋面

蓄水屋面就是在刚性防水屋面上蓄一层水,其目的是利用水蒸发时带走大量水层中的热量,大量消耗晒到屋面的太阳辐射热,从而有效地减弱了屋面的传热量和降低屋面温度,是一种较好的隔热措施,是改善屋面热工性能的有效途径。

2)地面节能技术

在建筑围护结构中,通过地面向外传导的热(冷)量约占围护结构传热量的3%~5%。

地面节能主要包括3部分:一是直接接触土壤的地面;二是与室外空气接触的架空楼板底面;三是地下室(±0以下)、半地下室与土壤接触的外墙。

目前楼、地面的保温隔热技术一般分两种:

①普通的楼面在楼板下方粘贴膨胀聚苯板、挤塑聚苯板或其他高效保温材料后吊顶。

②采用地板辐射采暖的楼、地面,在楼、地面基层完成后,在基层上先铺保温材料,再将交联聚乙烯、聚丁烯、改性聚丙烯或铝塑复合等材料制成的管道,按一定的间距,双向循环的盘

区方式固定在保温材料上,然后回填细石混凝土,经平整振实后上铺地板。

▶15.3.4 太阳能利用

太阳能利用主要通过集热和蓄热实施。

集热是指将密度较低的太阳能收集起来加以利用。

蓄热是白天利用主体结构将多余热量蓄存起来,晚上逐渐将热量释放到室内,用以调节室内温度。设置屋顶水池、外壁用水墙,或者设蓄热管网、卵石蓄热床等也可取得一定效果。

15.4 建筑节能规划设计

采暖建筑节能规划设计的目的是充分利用太阳能、冬季主导风向、地形和地貌等自然因素,并通过建筑规划布局创造良好的微气候环境,达到建筑节能的要求。

▶15.4.1 建筑布局

1)建筑的合理布局,有利于改善日照条件

在住宅楼组合布置时,应注意从一些不同的布局处理中争取良好日照。如图15.9所示,平面布置的方式不同,获得的日照也不同。显而易见,图中方案4的效果最好。

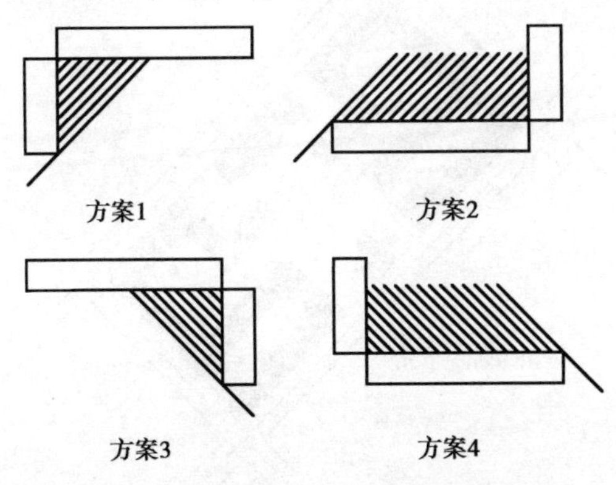

图15.9 东西向住宅4种拼接形式比较

住宅楼组合布置注意要点:

①在多排多列楼栋布置时,采用错位布局,利用山墙空隙争取日照。

②点、条组合布置时,将点式住宅布置在朝向好的位置,条状住宅布置在其后,有利于利用空隙争取日照。

③在严寒地区,城市住宅布置时可通过利用东西向住宅围合成封闭或半封闭的周边式住宅方案。南北向与东西向住宅围合一般有4种情况,如图15.9所示。

④全封闭围合时,开口的位置和方位以向阳和居中为好。

2)改善风环境

建筑节能规划设计,应利用建筑物阻挡冷风、避开不利风向,减少冷空气对建筑物的渗透(图15.10)。

在规划布局时,应避免风漏斗和高速风走廊的道路布局和建筑排列。

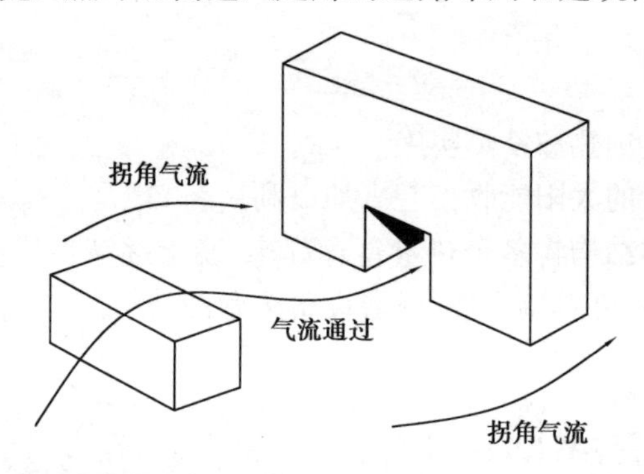

图 15.10　利用建筑物阻挡冷风、避开不利风向

3)建立气候防护单元

建筑布局宜采用单元组团式布局,形成较封闭、完整的庭院空间,充分利用和争取日照,避免季风干扰,组织内部气流,利用建筑外界面的反射辐射,形成对冬季恶劣气候条件的有利防护庭院空间,建立良好的气候防护单元(图 15.11)。

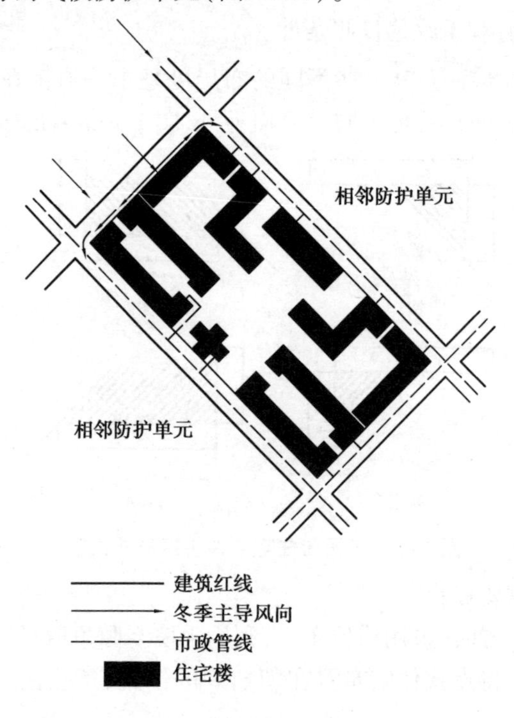

图 15.11　气候防护单元

▶15.4.2　建筑体型

在规划设计中考虑建筑体形对节能的影响时,主要应把握下述因素:

①控制体形系数。控制或降低体形系数的方法,主要有:

a.减少建筑面宽,加大建筑幢深;

b.增加建筑物的层数;

c.建筑体型不宜变化过多,严寒地区节能型住宅的平面形式应追求平整、简洁,如直线型、折线型和曲线型。在节能规划中,对住宅形式的选择不宜大规模采用单元式住宅错位拼接,不宜采用点式住宅或点式住宅拼接。

②考虑日辐射的热量。

③设计有利避风的建筑形态。单体建筑物和三维尺寸对其周围的风环境影响很大。从节能的角度考虑,应创造有利的建筑形态,减少风流、降低风压、减少耗能热损失。分析下列建筑物形成的风环境可以发现:

a.风在条形建筑背面边缘形成涡流(图 15.12),建筑物高度越高,深度越小;长度越大时,背面涡流区越大。

b.风在 L 形建筑中,图 15.13(b)所示的布局对防风有利。

c.U 形建筑形成半封闭的院落空间,图 15.14 所示的布局对防寒风十分有利。

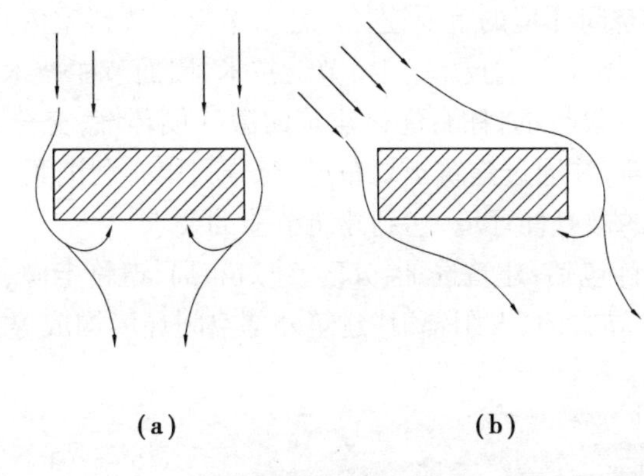

图 15.12 条形建筑风环境平面图

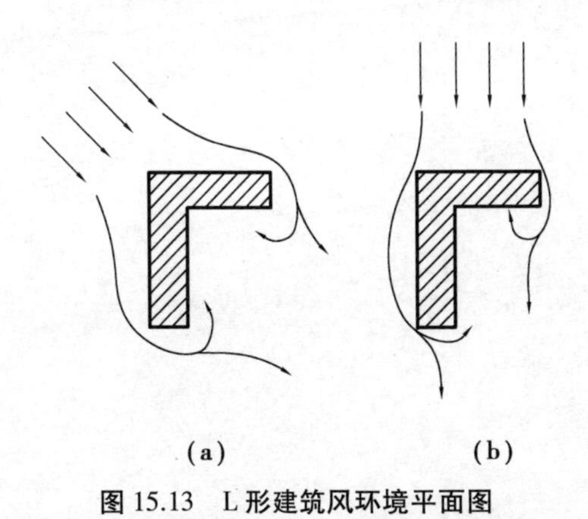

图 15.13 L 形建筑风环境平面图

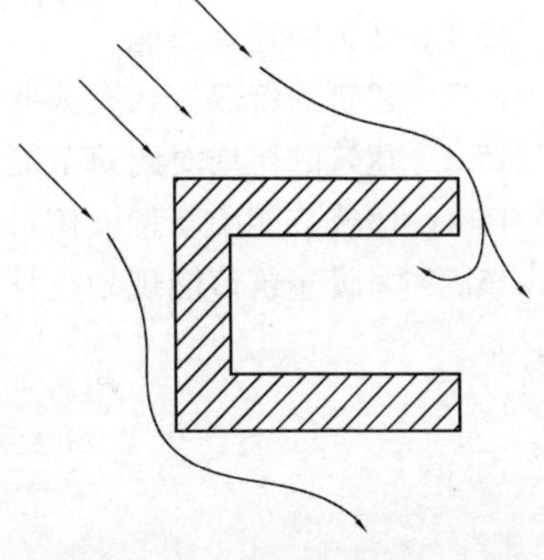

图 15.14 U 形建筑风环境平面图

▶15.4.3 建筑间距与朝向

建筑间距应保证住宅室内获得一定的日照量,并结合通风、省地等因素综合确定。

建筑朝向是节能建筑群体布置中首先考虑的问题。我国建筑规划设计,应以南北向或接近南北向为好。建筑物主要房间宜设在冬季背风和朝阳的部位,以减少冷风渗透和维护结构散热量,多吸收太阳热,并增加舒适感,改善卫生条件(参照本书第 3 章第 3.4.2 节中有关内容)。

▶15.4.4 建筑密度

按照“在保证节能效益的前提下提高建筑密度”要求，提高建筑密度最直接、最有效的方法包括：

①适当缩短南墙面的日照时间；

②在建筑的单体设计中，采用退层处理、降低层高等方法，也可有效缩小建筑间距；

③尚需考虑建筑组群中公共建筑占地问题。

本章小结

(1)建筑节能是改善空间环境的重要途径。建筑节能可改善室内热环境。

(2)建筑节能技术有：墙体节能技术、门窗节能技术、屋面节能技术、太阳能技术。

(3)采暖建筑节能规划设计的目的：优化建筑的微气候环境，充分利用太阳能、冬季主风向、地形和地貌等自然因素，并通过建筑规划布局，充分利用有利因素，改造不利因素，形成良好的居住条件，创造良好的微气候环境，达到建筑节能的要求。

(4)建筑节能规划设计包括：建筑选址、分区、建筑布局、道路走向、建筑方位朝向、建筑体型、建筑间距、冬季季风主导方向、太阳辐射、建筑外部空间环境构成等方面。

复习思考题

15.1　什么叫建筑节能？

15.2　建筑的传热方式有哪些？

15.3　建筑的布局对建筑节能有何影响？

15.4　建筑节能中新型墙体材料都有哪些？

15.5　采暖建筑节能规划设计包括哪些方面？

参考文献

[1] 李必瑜,王雪松.房屋建筑学[M].6 版.武汉:武汉理工大学出版社,2021.
[2] 何培斌.民用建筑设计与构造[M].3 版.北京:北京理工大学出版社,2019.
[3] 何培斌. 工程设计图学[M].重庆:重庆大学出版社,2022.